全国大学生电子设计竞赛系列教材

硬件电路设计与电子工艺基础

（第2版）

——零基础电子技术课程设计

曹　文　贾鹏飞　杨　超　主　编

刘春梅　李　林　蔡强明　刘　刚　副主编

電子工業出版社

Publishing House of Electronics Industry

北京 · BEIJING

内 容 简 介

本书围绕"电路设计""电子工艺"两个并重的关键词，本着够用、实用、易用的原则，贯穿完整的硬件电路设计、仿真、制作、装接、调试流程，带动读者循序渐进地学习相关知识与技能，达到拓展知识面、提升工程实践能力的目的，也为后续更专业的学习夯实基础。

全书共 14 章，主要包括：电子系统设计概论，电子元器件的分类、功能及选型，模拟电路功能模块设计，数字电路单元设计，电源电路设计基础，电路设计与软件仿真，计算机辅助电路 PCB 设计，PCB 加工及制作工艺，元器件装配、焊接及拆焊工艺，元器件参数测试、质量检测及等效代换，电路系统调试工艺，模拟电路课程设计示例，数字电路课程设计示例，电源电路课程设计示例等。作为一个从理论到实践再到创新的学习、训练体系，本书与电路、模电、数电、电工学等基础课程形成紧密互补的依托关系，同时为传统的电路、电子、电工实验注入一股开放、创新、强化的新鲜力量。本书提供配套电子课件、习题解答、授课视频、器件文档等丰富教学资源。

本书可作为高等学校、高职学院、技师学院、职业技能培训学校的电子、通信、物联网、自动化、电气、检测技术、光电信息、测控技术及仪器、计算机、机电一体化等专业的电子技术课程设计与电子工艺实训教材，主要针对电子设计基础、电子技术综合训练、模电/数电课程设计、电子创新实验、电子系统设计、电子工程技能培训等课程。除作为全国大学生电子设计竞赛赛前培训、大学生课外科技活动、"卓越工程师"计划的参考资料外，本书对于广大的电子制作爱好者也不失为一本全面的入门读本，具有较高的参考价值。

图书在版编目 (CIP) 数据

硬件电路设计与电子工艺基础：零基础电子技术课程设计 / 曹文，贾鹏飞，杨超主编. —2 版. —北京：电子工业出版社，2019.4

ISBN 978-7-121-35093-1

I. ①硬… II. ①曹… ②贾… ③杨… III. ①硬件—电子电路—电路设计—高等学校—教材 ②硬件—电子电路—电子技术—高等学校—教材 IV. ①TP303②TN

中国版本图书馆 CIP 数据核字（2018）第 218167 号

策划编辑：王晓庆
责任编辑：王晓庆
印　　刷：三河市良远印务有限公司
装　　订：三河市良远印务有限公司
出版发行：电子工业出版社
　　　　　北京市海淀区万寿路 173 信箱　　邮编：100036
开　　本：787×1092　1/16　印张：19.75　　字数：570 千字
版　　次：2016 年 6 月第 1 版
　　　　　2019 年 4 月第 2 版
印　　次：2025 年 1 月第 14 次印刷
定　　价：47.50 元

凡所购买电子工业出版社图书有缺损问题，请向购买书店调换。若书店售缺，请与本社发行部联系，联系及邮购电话：(010) 88254888，88258888。

质量投诉请发邮件至 zlts@phei.com.cn，盗版侵权举报请发邮件至 dbqq@phei.com.cn。

本书咨询联系方式：(010) 88254113，wangxq@phei.com.cn。

第 2 版前言

在当前国内的高等学校中，以新工科建设为引领的教学改革如火如荼、方兴未艾，基础知识全面、工程能力扎实的毕业生备受用人企业的青睐，这也促使在新一轮人才培养方案调整中，很多高校在压缩理论学时的基础上，大幅增加课程设计、创新型实验等实践性教学环节的比重，力图培养出更多动手能力强、创新意识突出、综合素质全面的高质量工程技术人才，以满足企业的真实需求。

电子技术课程设计环节有别于传统的验证型电子技术实验，其强调工程实践与理论基础的紧密融合，是电类、近电类专业学生进行工程技能训练的重要环节。在传统课程体系下，具有电路原理、模拟电子技术、数字电子技术等课程理论基础的学生受指导教材匮乏、整体重视不够等因素的制约，在面对一个实际的电子技术课程设计题目时，往往无从下手。作者在整理、编写电子技术课程设计资料时，重点突出了“实作”、“实操”和“实用”特色，将电路设计与仿真、电子元器件型号及参数选择、电路 PCB 设计与加工制作、电路装配焊接工艺、电路调试及参数测试工艺等知识纳入交叉融合的有机整体，并按照真实的工作流程连贯地展示给读者，旨在提供基础、完整、系统的入门培训与设计指导，使读者能够熟悉电路及电子产品设计流程，掌握基本的工作方法与技巧，降低或消除对硬件电路系统设计的担忧与畏惧。

与第 1 版相比，第 2 版教材的调整幅度较大，主要涉及以下改进。

（1）删除在电子技术课程设计环节很少涉及的知识点，如电池选择、验电笔使用等。

（2）新编模拟电路课程设计示例、电源电路课程设计示例等全新章节，与教材第 3～5 章前后呼应。

（3）仿真软件升级为 Multisim 14，同时采用汉化版本进行讲解。

（4）删除了一些较为重复、啰嗦的语言表述内容，力图使内容更加清晰明了，同时压缩了教材的篇幅。

（5）修改或更换第 1 版教材中清晰度较差的部分插图。

（6）更加注重相关知识点之间的关联引用。

（7）修正了第 1 版教材中的一些较为隐蔽的错误。

全书由西南科技大学尚丽平教授主审，西南科技大学信息工程学院曹文对全书进行了总体规划与设计，并编写第 1～2 章；西南大学电子信息工程学院贾鹏飞编写第 5～6 章、第 12～14 章；西南科技大学国防科技学院杨超编写第 9 章；西南科技大学信息工程学院刘春梅编写第 3～4 章；南京农业大学工学院李林编写第 7 章；西南科技大学信息工程学院蔡强明编写第 11 章和附录 A～H；第 10 章由绵阳师范学院刘刚编写；深圳捷多邦科技有限公司与曹文联合编写第 8 章。西南科技大学信息工程学院学生张草林、胡乾臣、何柏榆参与了教材内容的修改与校对工作，并设计制作教材的网站资源。

在本教材编写过程中，得到了四川轻化工大学国家杰出青年科学基金获得者庹先国教授，电子科技大学自动化工程学院姜书艳教授，重庆大学微电子与通信工程学院何伟教授，南京大学电子信息专业国家级实验教学示范中心庄建军主任，西南科技大学信息工程学院姚远程教授、黎恒高级工程师和理学院李斌博士，长虹电子集团国家级技能大师工作室专家何金华的悉心指导；湖南科技学院廖朝阳老师、南京工程学院褚南峰老师、成都医学院人文信息管理学院杨勇老师对本书的编写提出了很多宝贵意见，在此表示衷心感谢。

本书提供配套电子课件、习题解答、授课视频、器件文档等丰富教学资源，敬请登录华信教育资源网

（http://www.hxedu.com.cn）注册后下载，也可以联系本书责任编辑（010-88254113，wangxq@phei.com.cn）索取。

美国德州仪器（TI）公司中国大学计划部的谢胜祥工程师为本书的编写提供了大量有益的素材、资料，同时还就本书的内容提出了建设性的修改意见。

为了让教材图文并茂、通俗易懂，本书在编写过程中广泛参阅了许多相关文献资料，但限于篇幅，无法一一列出，特别是很多生动、形象的图片和资料经过多次传播已经无法获悉原作者及出处，在此特向所引资料的原作者们表示深深的敬意与感谢！

本书获得2017年度西南科技大学教材出版项目（17jczz07）的资助，同时还得到了教育部高等学校电子信息类专业教学指导委员会2015年度“重大、热点、难点问题”研究课题的支持。

电子行业及高校教学改革的高速发展有目共睹，但限于作者自身的水平和经验，恳请广大读者朋友踊跃批评指正书中出现的错误及不足之处。对本书的任何意见和建议，敬请发送邮件至caowen@swust.edu.cn、530149775@qq.com，我们会在后续的印刷或再版环节及时纠正与改进！

作　者

2019年4月

适用课程：理工类高等学校、高职学院、技师学院、职业技能培训学校开设的电子技术课程设计、电子系统设计、电子设计基础、电子技术综合训练、电子工艺等课程的理论与实践教学课程。

参考学时：按照电路设计→元器件选型→电路仿真→PCB设计→PCB制作→焊接与装配→电路调试→撰写设计（实训）报告的完整主线，可以选择16、24、32等不同学时：

序　号	基本教学内容	本书章节	推荐学时	练习题数量
1	电子系统设计概述	第1章	1～2	0
2	模拟电路设计方法及特点	第3章、第5章	1～2	1
3	模拟电路的仿真	第6章	1～2	2
4	数字电路设计方法及特点	第4章	1～2	1
5	数字电路的仿真	第6章	1～2	2
6	元器件选型及测试	第2章、第10章	2～4	3
7	电路原理图设计	第7章	1～2	1
8	PCB设计	第7章	2	1
9	原理图及封装库元器件设计	第7章	0～2	2
10	PCB加工与制作	第8章	1～4	1
11	电子焊接、装配	第9章	2	1
12	电路系统调试	第11章	1～4	2
13	撰写课程设计报告	第12、13、14章	1～2	1

在以学生为主体的课程设计环节，指导教师可根据实际的设计工作量、设计题目的难易程度、是否要求硬件装调等具体安排，在16～32学时之间进行实际选择；此时，本书可以作为学生在设计过程中的主要参考资料。

中国大学MOOC平台已上线本书的配套课程，请扫码观看。

目　录

第 1 章　电子系统设计概论

电子系统设计是按照成熟的电路原理及设计流程，采用合适的方法来设计满足任务要求的完整电路系统：除单纯的功能电路设计工作外，还包括电路系统的总体规划、结构功能模块划分、元器件选型、单元电路仿真、PCB（Printed Circuit Board，印制电路板）设计与加工、元器件装配与焊接、整机联合调试、功能测试等相互衔接的完整内容体系。

对于每个需多位工程技术人员参与的电子设计项目，都会有一位项目负责（协调）人，由他对整个工作内容、任务、进度进行有机分割，并落实给每位项目参与成员，同时对设计的进展及质量进行有效监管；项目负责人还将负责各个单元工作内容的有序衔接与协调。

每位项目参与成员除负责自己所分担的具体工作外，还需要和项目中其他相关人员进行接口方案的沟通；最后在项目负责人的协调、组织下，项目参与成员及其团队共同对整个系统设计进行联合测试与调试。

以“电子技术”课程设计为例，对于此类设计任务量较小、难度相对较低的简单电子系统设计项目，设计者势必会参与从电路方案选择与对比、单元电路设计与仿真、PCB 设计与制作、电路装配/焊接及调试、设计报告撰写等全套工作。通过全面的磨砺与锻炼，为将来参与大型电子系统设计项目奠定基础。

1.1　电子系统设计的基本工作流程

电子系统设计的基本工作流程如图 1-1-01 所示。

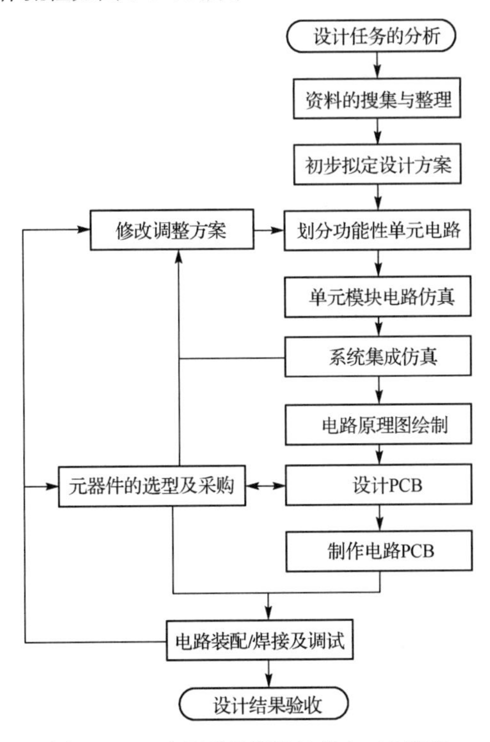

图 1-1-01　电子系统设计的基本工作流程

从图 1-1-01 可以看到，电子系统设计任务可能涉及电路方案的设计与优化调整、电路单元的设计及仿真、PCB 的设计与制作、元器件的选型及采购、电路等主要模块，各个模块相互影响、相互渗透。

【例 1-1-1】“元器件的选型及采购”模块与电路设计方案制定、PCB 设计结果密不可分，“电路装配/焊接及调试”模块会对项目前期的电路及 PCB 设计方案产生重要影响。

1.2　分设计任务、查找参考方案、初步拟定设计方案

常见的“电子技术”课程设计任务往往会提出较详细的功能指标，但不会指定具体的某种设计思路或流程，因此，课程设计任务的“破题”将是整个设计工作中的一个关键环节。

每个设计结果不是通过想象得到的，而肯定会与某些现有的设计方案之间存在千丝万缕、相互联系、相互依存的关系。通过仔细了解给定设计任务的文字陈述，设计者首先需要明确基本的设计方向，然后围绕该设计方向展开资料的搜索、查阅、汇总、整理，初步梳理出相关的设计思路。

- 随着网络技术、数据库行业的迅猛发展，现在能够为设计者提供资料查询、检索的平台异常丰富，除传统的百度、维基百科、谷歌等搜索引擎外，还有百度文库、豆丁网、360doc 个人图书馆、道客巴巴、百度学术等众多在线文档及知识分享平台。
- 对于在校学生而言，除查阅校内图书馆中丰富的馆藏纸质图书资源外，还可以获取中国知网（CNKI）、维普科技期刊数据库、万方数据知识服务平台、超星数字图书馆等电子资源。

设计者在对资料进行查阅、收集、比对的基础上，剔除相关度不高的内容，可从中筛选出可行度较好的几种参考及备用方案。在此基础上，结合已学“模拟电子技术”、“数字电子技术”和“电路分析”等课程的理论知识，对方案进行综合与集成创新，初步拟定一种优先设计方案，同时适当保留 2～3 种备用方案。

接下来设计者需要围绕前一步所得到的优先设计方案，着手开展系统总体结构框图的设计与绘制工作，主要涉及功能模块的有机划分、模块之间的信号衔接、实验测试方案的规划等，最终得到若干功能相对独立、彼此存在相关联系的电路单元。

☞**提示**　常用的设计方案结构框图绘制软件可以选择 Visio、ProcessOn、Edraw 等。

1.3　单元电路仿真及系统集成仿真

20 世纪早期的硬件电路设计工程师主要凭借个人的工程经验积累、芯片企业提供的技术文档及参考示例电路展开设计，根据设计草案（draft）搭建实际的硬件电路并进行测试，通过测试数据对原始设计草案进行电路结构及元器件参数的反复修改与调整，得到基本满意的最终设计结果（final），设计难度大、工作强度高、任务周期长，对工程师的综合能力及工程经验提出了极高的要求。

20 世纪 70 年代，加州大学伯克利分校成功开发的 PSpice 仿真软件使得硬件电路设计工程师的工作任务及重心发生了较大改变。PSpice 可对元器件进行数学建模，借助计算机强大的数据存储及运算能力，对硬件电路的工作状态进行模拟仿真，最终得到与实际电路运行结果非常接近的波形与数据。

至此，电路仿真正式开启并成为电子设计自动化（EDA）领域的重要组成部分。专业的电路仿真软件通过测试波形、计算及优化参数、分析功能，帮助工程师发现并修改设计问题，寻找故障背后隐藏的缺陷，可大幅减少烦琐的后续测试工作量、显著提高电子产品的设计效率及质量。

目前被广泛用在模拟电路、数字电路领域的主流仿真软件包括 TINA Design Suite、Multisim、OrCAD PSpice、Proteus、Altium Designer、CircuitMaker、CircuitLab、LiveWire、Circuit Wizard、Edison、

Bright Spark、Electronic Circuit Designer、Droid Tesla Pro 等，此外，Digital Works 及一些 FPGA 开发系统也能对通用型数字电路进行仿真。

☞提示　EveryCircuit是一款可在 Android 或其他智能手机平台上运行的电路仿真软件。

1. Multisim 仿真软件概述

加拿大 IIT（Interactive Image Technologies）公司自 20 世纪 80 年代推出 EWB（Electronics WorkBench）软件以来，陆续进行了多版升级，同时将软件名更改为 Multisim，意为“多功能电路仿真”。经过不断完善后推出的 Multisim 8.3.30 至今仍被广泛应用在模拟电路、数字电路仿真领域中。

美国国家仪器（NI）收购 IIT 公司后，推出了 Multisim 9、10、11 等升级版本，最大的改进在于增加了单片机编程仿真、开关电源仿真、虚拟仪器等内容，在传统的模拟电路、数字电路仿真上的变化并不大。但是，从 Multisim 10 开始，该软件运行仿真时的收敛性大大增强，精度也明显提高。

2. Multisim 进行电路仿真的基本流程

硬件电路设计工程师在 Multisim 平台中以图形的方式搭建模拟电路、数字电路，这一操作与用传统的纸、笔绘制电路的操作完全一致，然后结合 Multisim 所提供的虚拟仪器进行信号的输入与输出测试，形成“理论→设计→仿真→测试”的全新流程。Multisim 仿真软件的基本体系结构如图 1-3-01 所示。

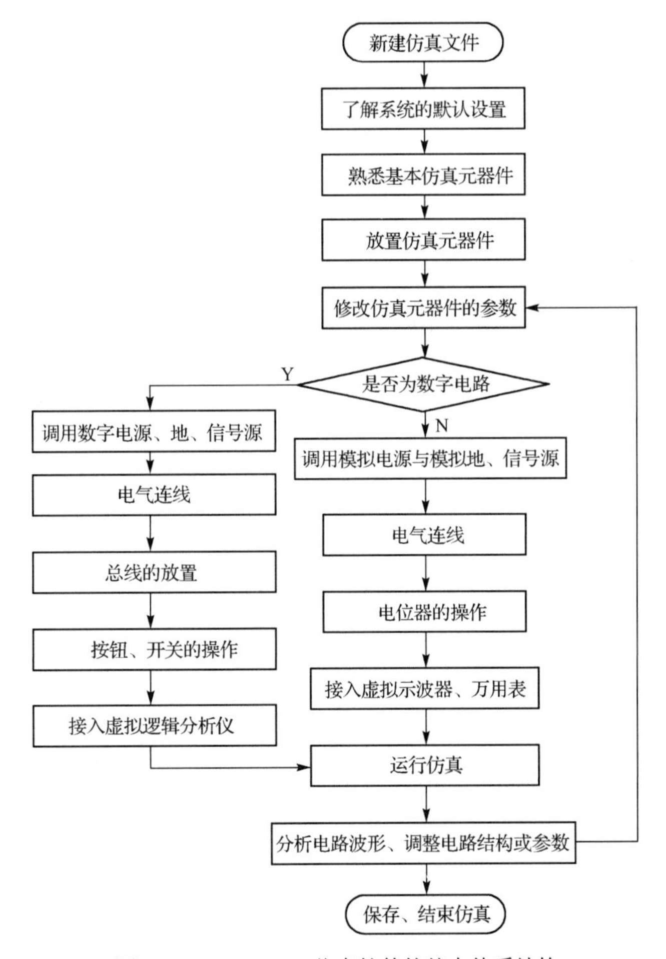

图 1-3-01　Multisim 仿真软件的基本体系结构

3. 复杂电路系统的仿真

除非电路极其简单，在进行完整电路系统设计与仿真时，均不提倡将所有元器件集中在一个文件中运行仿真，相对规范的处理流程如下：

1）将复杂的电路系统划分为功能、结构相对独立的子模块；

2）分别针对各子模块进行独立仿真，以提高仿真精度和收敛性；

3）根据各子模块之间的信号连接关系，确定是否需要进行某几个单元之间的合成仿真。

- 若任意两个相邻子模块之间只存在信号的单向流动与传递，而没有其他复杂的信号反馈关系，则系统中所有的子模块进行简单组合后，即可构建完整的电路系统。
- 若两个子模块之间存在反馈等复杂的信号连接关系，则需要选择相关子模块进行局部的合成仿真；此时应严格关注仿真时可能出现的收敛性变差、仿真报错等故障现象。

1.4　设计电路 PCB

常见的 PCB 设计软件包括 EAGLE、Ultiboard、Altium Designer、PowerPCB、Proteus、DesignSpark、CSiEDA、Protel 99SE、Circuit Wizard 等。

☞**提示**　Visio、sPlan、AutoCAD 等常用软件非常适合绘制单纯的电路原理图。

1. Altium Designer 的发展简史

20 世纪 80 年代，澳大利亚 Protel Technology 公司（后更名为 Altium）推出了基于 DOS 操作系统的 TANGO 软件，用于辅助设计电路 PCB；后续推出的 Protel 99SE（Second Edition，第 2 版）凭借其具有功能强大、设计效率高、入门简单等优势，至今仍被广大专业工程技术人员使用。

☞**提示**　在 Windows Vista、Win7、Win8、Win10 等操作系统中，Protel 99SE 无法直接加载系统自带库文件的缺陷，可以通过在网络中搜索并下载“Win7_Protel99 库添加助手”软件予以解决。

Protel 99SE 的升级版本 Altium Designer 具有与操作系统更好的兼容性，各种辅助设计功能变得更加强大，全中文操作界面更符合中国人的习惯，因此广受电子专业人士的青睐。

2. Altium Designer 的基本操作

Altium Designer 的基本操作如图 1-4-01 所示，包含原理图绘制与 PCB 设计两大基础功能。

1）在绘制电路原理图之前，首先加载必需的原理图库文件，如果已加载的原理图库文件中缺乏所需库元器件，则需要自行创建。

2）在进行 PCB 设计时，也需要加载 PCB 库文件。

3）绘制并完成电路原理图，检查无误后将其导入 PCB 设计界面。

4）系统自动将电路原理图中包含的元器件封装（FootPrint）、引脚间的电气连接关系（节点）映射至设计者事先规划好的 PCB 框图内部，并形成一一对应的关系。

5）设计者通过移动、旋转元器件，改变布局的相邻关系后，可形成初步的布局方案。

6）利用自动布线功能可生成初步的 PCB 草图，通过手工修改或调整即可得到最终的 PCB。

★**技巧**　Altium Designer 内在功能丰富，全面学习并掌握不同难度、深度的设计内容对于初学者而言并无益处。为了能够遵循实用、够用的原则，抓住“如何设计 PCB”这一关键任务，从简单电路着手，首先按步骤绘制电路原理图，然后根据电路原理图完成 PCB 初步设计，尽快熟悉软件的使用。熟练掌握软件的基本操作之后，再选择扩展性的知识内容进行深入学习，如总线绘制、库元器件设计、封装设计、高密度布局、多层 PCB 设计、信号完整性、EMC 及抗干扰设计等。

3．Multisim 仿真结果与 Altium Designer 的衔接

在 Multisim 中设计完成的各个单元仿真电路，可在 Altium Designer 软件中组合成一套完整的电路原理总图。但是需要修改、补充 Multisim 软件中欠缺或与 Altium Designer 软件不完全一致的元器件（如电源或信号源的接插件、电源引脚的滤波电容、带译码的七段数码管显示单元等）。

★技巧　Altium Designer 允许接收 Multisim 生成的网络表，添加封装参数后即可设计 PCB。

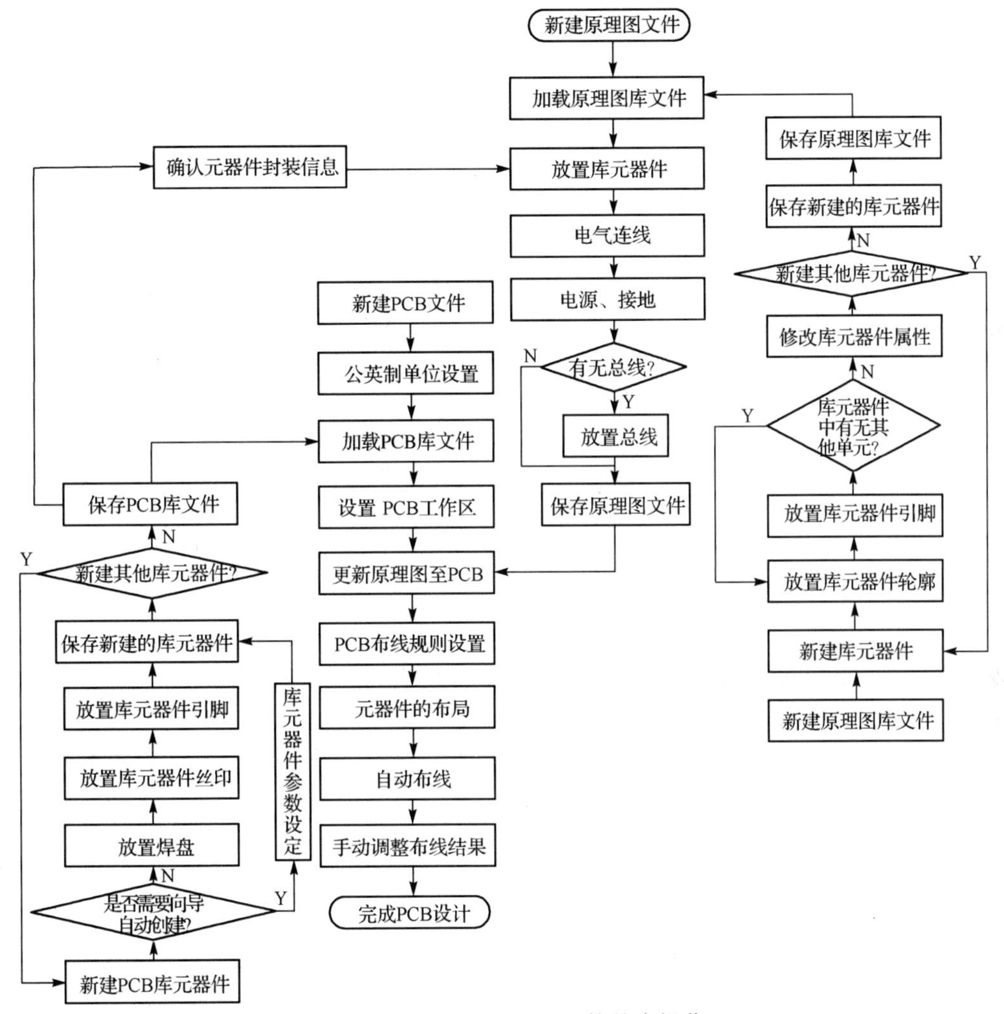

图 1-4-01　Altium Designer 的基本操作

1.5　元器件选型

电子元器件是构成硬件电路系统的基本单元。

元器件种类繁多，相同类型的元器件还存在型号、参数及生产厂家等诸多差异。深入了解常用电子元器件的功能、特性，才能在硬件电路设计过程中对元器件进行合理选型。

在电路仿真阶段就需要进行元器件的合理选择，避免在设计方案中使用已停产或难以购买的生僻元器件。在 PCB 设计阶段，设计者尤其需要关注元器件的封装参数，确保能够以合适的价格采购所需的元器件且购得的元器件能够准确无误地插入或焊接在 PCB 中。

☞**提示** Altium Designer具有元器件BOM（包含型号、数量、封装等信息）清单生成的功能。

【例1-5-1】 传统硬件电路系统中的DIP、PLCC等体积较大的封装，正在被芯片生产厂家调整为TSSOP、TQFP等体积更小的封装，此外，传统的直插式大封装集成芯片的价格往往较贵。

★**技巧** 在进行实际的元器件采购时，建议在数量上适当上浮一定比例，以避免调试过程中可能出现的元器件损坏的情况，可富余一定数量后再进行准备。

1.6 加工、制作电路PCB

设计完成的PCB方案需制作成电路板成品后，才能进入后续的装配、焊接及调试环节。电路PCB制作工艺的种类较多，不同工艺所对应的电路板质量、加工周期、成本、性能存在一定差异。常用的PCB加工、制作途径包括以下几种：

1）委托专业的电路板生产厂家进行加工与制作。

2）利用热转印工艺、曝光工艺或雕刻工艺手工进行操作完成。

3）结构简单的PCB可直接采用万能板、洞洞板、面包板作为载体进行焊接或搭建。

1.7 电路的装配、焊接及调试

当元器件采购到位、PCB制作完毕之后，电子系统设计即可进入关键的电路装配、焊接及调试阶段。电路调试的目的包括：电路预定功能的实现，电路故障的查找、分析与排除。

除技术成熟并已实现批量生产的电路产品外，通常不会采用将所有元器件全部装配至PCB之后再进行上电调试的做法。合理、规范的调试流程是将元器件按功能划分为相对独立的单元模块，在分步完成每个单元模块的装配、焊接及调试后，最后进行系统的整机联调。

★**技巧** 建议打印电路原理图及PCB分层效果图，便于在调试过程中识别、定位相应的元器件。

1.8 修改、升级原有设计方案，整理并完成设计文档

在电路调试的过程中，往往会发现在原来的设计方案中考虑不够准确、周全的内容，甚至还会发现一些隐藏的问题与错误，均需返回原来的设计方案进行修改、调整、升级，使其成为新版设计方案。

当设计方案全面达到设计任务预期的指标要求后，设计人员应整理所有设计文档，形成一系列完备的设计文档，并在此基础上开展课程设计报告或结题报告的撰写工作，详细阐述设计思路、设计流程、已实现的设计成果、设计方案的综合性能及测试指标，列出不足或有待改进的设计细节。

1.9 电子电路课程设计概述

高校一般采用作业、考试、生产实习、课程设计这4种方式对学生的知识、能力及素质进行考核。其中课程设计与作业、考试存在明显差异：课程设计的时间相对较宽松、通常不会限定标准/参考答案、考核重点是设计思路与设计方案、“没有最好、只有更好”。相比其余三种考核形式，对设计思路及方法、考核体系、指导教师水平提出较高要求的课程设计却往往被忽略或简单应付。

电子技术课程设计可分为功能设计与指标设计两大类，通常是要求学生在规定时间内完成预先布置的电路或电子系统设计任务，经过设计、制作、调试的完整教学流程，最终完成一件能实现预定功能的硬件作品。个别设计甚至会提出技术经济性指标、杜绝闭门造车，使之与真实的产品需求接轨。

参与课程设计的学生在得到设计指令（要求）后，需要结合已学的专业基础知识，通过信息检索与资料查阅，寻找、汇总可以参考的设计思路，并拟定一种与自己兴趣及能力相匹配的设计方案，通过反复的设计、实验、测试，满足设计任务的各项基本要求。对于能力突出的学生，还可以对已完成的设计方案进行完善，以得到扩展性、创新性的设计结果，使其具有更好的展示性与实用价值。在进行课程设计的过程中，学生们可以巩固已学的知识，而且有需求地去研究和学习没有学过、但对设计非常重要的知识内容。总之，课程设计这一重要的实践教学环节，对学生的专业能力、创新能力、综合素质的提高有很大的帮助。

对于难度或工作量较大的课程设计题目，单个设计者可能无法完成整个项目，但可以完成项目的局部单元，再通过团队协作完成整个项目。

指导教师在整个课程设计体系中的作用是巨大的，除需要控制整个课程设计的流程外，还需要对学生错误的思路予以纠正、对学生创新性的思路进行发散性引导，在课程设计的答辩环节中，还需要对学生的设计结果进行中肯的评价与鼓励。此外，随时掌握新的设计手段、将实际的电子产品引入课程设计题目也是指导教师的责任所在。在具体的工作中，指导教师需要对课程设计的具体方法与思路进行讲解，针对不同题目进行设计思路的提示和引导；在学生进行课程设计的过程中，指导教师往往还需要针对学生在设计过程中的困难进行思路、方法上的答疑、引导，而不是给出具体的电路与参数。

采用答辩的形式对课程设计的设计结果进行质量评判，参与设计的学生需根据自己的设计思路与实现途径，提前准备答辩提纲或 PPT，向答辩老师和参与答辩的同学进行简要陈述。答辩教师则针对学生的设计内容、设计方法进行有针对性的提问，以摸清学生的设计思路、甄别学生是否为自主完成设计，最后通过了解学生对相关知识、能力掌握的具体情况，结合学生完成的课程设计报告、硬件电路系统的质量，给出客观、公正的设计成绩。

初学者如果只学习过少量原理性电路的结构分析、参数计算的内容，那么需要直接完成模拟电路方案设计，可尝试从以下三个步骤着手展开。

1）查阅与设计题目相关的成熟的模拟电路设计方案，了解电路结构、功能及元器件的各自作用。

2）尝试对电路进行仿真，学会分析电路结构、参数变化对电路运行结果的影响。

3）搭建测试电路，尽量尝试完成电路的预定功能，感受理论与实践的差别及联系。

☞**提示**　对于已经学习了电路原理、模拟电子技术、数字电子技术的低年级的学生而言，不少同学期待利用所学知识完成一个完整电路系统或电子产品的设计，但往往事与愿违：完成的电路设计要么无法正常工作，要么功能简单、粗糙，与设计初衷相去甚远。当然，低年级所学知识范围较窄，理论学时远超实践学时，再加上设计与调试经验匮乏，设计结果不够理想也在情理之中；但是，只要坚持将一个设计题目或设计任务持之以恒地做下去，不断修改、调整、升级、创新，相信设计结果会一步一步朝着更好的方向发展，距离成功也就越来越近。

习　题

1-1　列举常用的网络文献、数据查阅平台，不同平台的文献收藏侧重点具有什么联系与区别呢？

1-2　在进行电路仿真和电路原理图绘制时，需要关注的电阻器参数有何异同？

【思政寄语】　在进行电子系统设计时，需要我们把马克思主义立场、观点、方法的教育与科学精神的培养结合起来，提高自己正确认识问题、分析问题和解决问题的能力。电子系统设计强调理论联系实际、理论学习与工程实践并重，在开展系统设计的过程中，我们需要努力培养自己追求卓越的大国工匠精神、不畏艰难险阻的长征精神，不断激发科技报国的家国情怀和使命担当。

第2章　电子元器件的分类、功能及选型

【学习重点】

1）熟记颜色对应的数值、E24 系列的 24 种数值规格、常用的耐压值。

2）掌握电阻的特性及用途，了解各种电阻的差异及选型。

3）了解电容的参数识别、极性判断及选型原则。

4）熟悉开关、继电器、接插件、蜂鸣器、MIC 的原理及使用。

5）了解电感及变压器的基本分类及工作原理。

6）掌握电位器、可变电容、可变电感等可调元器件的参数调整方法及测试技巧。

7）掌握元器件表面标注字符与实际参数之间的对应关系。

8）根据外形特征及 PCB 中的标识正确识别元器件的类型。

9）准确判断元器件引脚的排列规律，正确识别元器件的引脚极性。

10）掌握二极管、LED、三极管的典型应用电路。

11）熟悉元器件选型及质量检测的参考原则，了解元器件的替换原则或维修方法。

硬件电路由各类电子元器件按照一定规律组合而成，常用元器件的种类、功能、性能、价格、选择依据、应用范围，将直接影响待设计电路的综合性能、可靠性及硬件成本。

每年、每月甚至每日都有很多新型的电子元器件投向市场，同时也会有一些元器件停产。充分认识电阻、电容、电感、半导体分立元器件、集成芯片的基本特性、主要参数、种类特点、适用场合及检测方法，才能在电路设计过程中科学、规范地进行元器件合理选型。

2.1　元器件分类、参数及封装

无源元件（Component）在无须外加电压/电流的条件下就能表现出自身的基本特性，其他电子元器件则可纳入有源器件（Device）的范畴，两者合称为“元器件”。另外一种具有参考价值的分类标准是判断元器件内部是否存在半导体 PN 结，其中无源元件内部一般不包含 PN 结。

典型的无源元件包括电阻、电容、电感、电位器（可变电阻）、变压器、扬声器、接插件、开关、继电器等；而二极管、三极管、单向可控硅、双向晶闸管、绝缘栅型场效应管（JFET 与 MOSFET）、绝缘栅双极型晶体管（IGBT）、集成芯片则属于有源器件。

☞**提示**　半导体工艺的迅猛发展使无源元件、有源器件的界限日渐模糊，渗透与融合趋势明显。

2.1.1　元器件的参数标称值

为了让企业以较高的效率进行电阻、电容、电感等商品化元器件的规模化生产，同时兼顾技术经济性指标的合理性，国际电工委员会（IEC）在 1952 年颁布了以 $a_n = (\sqrt[E]{10})^{n-1}$ 计算得到的 E 数列数值作为元器件参数系列化规格的国际标准，其中 n 的取值为 1, 2, …, E。

1）若 E 取整数 6、12、24，则计算得到 a_n 为 6、12、24 组序列值；保留一位小数后，E24、E12、E6 系列标称值及误差范围如表 2-1-1 所示。

表 2-1-1　E24、E12、E6 系列标称值及误差范围

系　列	误 差 范 围	标 称 值												
E24	±5%		1.1	1.3	1.6	2.0	2.4	3.0	3.6	4.3	5.1	6.2	7.5	9.1
		1.0	1.2	1.5	1.8	2.2	2.7	3.3	3.9	4.7	5.6	6.8	8.2	
E12	±10%	1.0	1.2	1.5	1.8	2.2	2.7	3.3	3.9	4.7	5.6	6.8	8.2	
E6	±20%	1.0		1.5		2.2		3.3		4.7		6.8		

☞**提示**　E24 系列的 24 个标称值包含 E12、E6 系列的所有标称值，在元器件参数取值时较常见。

2）若 E 取整数 48、96、192，同时保留 a_n 计算结果的两位小数，则可得到标准更高的 E48、E96、E192 系列标称值，有效改善了 E6、E12、E24 系列标称值的元器件无法达到更高精度指标要求的特点。表 2-1-2 所示为 E192 系列的所有 192 种标称值。

表 2-1-2　E192 系列的所有 192 种标称值

1.00	1.01	1.02	1.04	**1.05**	1.06	1.07	1.09	**1.10**	1.11	1.13	1.14
1.15	1.17	1.18	1.20	**1.21**	1.23	1.24	1.26	**1.27**	1.29	1.30	1.32
1.33	1.35	1.37	1.38	**1.40**	1.42	1.43	1.45	**1.47**	1.49	1.50	1.52
1.54	1.56	1.58	1.60	**1.62**	1.64	1.65	1.67	**1.69**	1.72	1.74	1.76
1.78	1.80	1.82	1.84	**1.87**	1.89	1.91	1.93	**1.96**	1.98	2.00	2.03
2.05	2.08	2.10	2.13	**2.15**	2.18	2.21	2.23	**2.26**	2.29	2.32	2.34
2.37	2.40	2.43	2.46	**2.49**	2.52	2.55	2.58	**2.61**	2.64	2.67	2.71
2.74	2.77	2.80	2.84	**2.87**	2.91	2.94	2.98	**3.01**	3.05	3.09	3.12
3.16	3.20	3.24	3.28	**3.32**	3.36	3.40	3.44	**3.48**	3.52	3.57	3.61
3.65	3.70	3.74	3.79	**3.83**	3.88	3.92	3.97	**4.02**	4.07	4.12	4.17
4.22	4.27	4.32	4.37	**4.42**	4.48	4.53	4.59	**4.64**	4.70	4.75	4.81
4.87	4.93	4.99	5.05	**5.11**	5.17	5.23	5.30	**5.36**	5.42	5.49	5.56
5.62	5.69	5.76	5.83	**5.90**	5.97	6.04	6.12	**6.19**	6.26	6.34	6.42
6.49	6.57	6.65	6.73	**6.81**	6.90	6.98	7.06	**7.15**	7.23	7.32	7.41
7.50	7.59	7.68	7.77	**7.87**	7.96	8.06	8.16	**8.25**	8.35	8.45	8.56
8.66	8.76	8.87	8.98	**9.09**	9.20	9.31	9.42	**9.53**	9.65	9.76	9.88

在表 2-1-2 中，E192 系列元器件标称值的取值范围最广，向下兼容并包含 E96、E48 系列：

（1）第 1、5、9 列中采用加粗、下画线标注的数值为 E48 系列的 48 种标称值。

（2）第 1、3、5、7、9、11 列灰色背景的数值为 E96 系列的 96 种标称值。

☞**提示**　将标称值乘以 0.001、0.01、0.1、1、10、100、1000 等倍率即可得到实际的元器件参数值。

【例 2-1-1】 标称值为 5.6 的电阻值包括 5.6mΩ、56mΩ、0.56Ω、5.6Ω、56Ω、560Ω、5.6kΩ、56kΩ、560kΩ、5.6MΩ、56MΩ 等。

【例 2-1-2】 标称值为 3.9 的常见电容容值包括 0.39pF、3.9pF、39pF、390pF、3900pF（3.9nF）、39nF（0.039μF）、390nF（0.39μF）、3.9μF、39μF、390μF、3900μF 等。

2.1.2　元器件的型号及参数标注

除无极性贴片电容、个别小体积贴片电阻等少数产品外，绝大多数元器件表面均采用不同形式的字符或符号进行型号及参数标注，便于在装配、焊接及调试过程中准确识读。

元器件一般采用直标法、色标法、数码法、编码法这 4 种信息标注方法，标注内容主要包括元器件的型号及参数，此外也常常包括误差、生产日期、生产厂家、商标、温度范围等信息。

1. 直标法

直标法是将字母、数字或图案通过印刷、喷涂、激光雕刻等方式保留在元器件表面，字符数量较多、直观醒目，能够传达的参数信息量较大。大功率电阻、高耐压或大容量电容、功率电感、直插型三极管、集成芯片等体表面积较大的元器件普遍采用了直标法。

【例 2-1-3】 采用直标法标注参数的电阻如图 2-1-01 所示。图 2-1-01(a)所示为高精度线绕电阻，表面标注的“106 KΩ ”为电阻标称值，“±0.01%”为误差范围，“97.8”表示电阻于 1997 年 8 月生产出厂。图 2-1-01(b)所示的大功率铝壳电阻的标注内容中除包括电阻值“1K5”（1.5 kΩ ）、误差范围“±5%”、生产日期“89.20”（1989 年第 20 周）外，还包括生产厂家“DANOTHERM”、生产型号“HS50”等信息。

(a)高精度线绕电阻

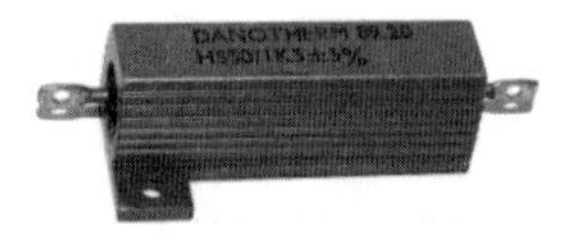
(b)大功率铝壳电阻

图 2-1-01　采用直标法标注参数的电阻

1）参数或型号

当参数中含有小数点时，若用直标法标注，则小数点可能因表面积小、印刷质量差、使用年限久远等原因被忽略而造成参数误读，故常常采用字母 R（Ω）、k（kΩ）、M（MΩ）表示电阻值的小数点，用 p（pF）、n（nF）、μ（μF）表示电容值的小数点，用 R、μ（μH）表示电感值的小数点。

【例 2-1-4】 标注 3R9、3Ω9 的标称电阻值均为 3.9Ω；标注 6k8 的电阻值为 6.8kΩ；标注 2M2 的电阻值为 2.2MΩ；标注“R051”的电阻值为 0.051Ω，即 51mΩ，多用于取样电路中。

【例 2-1-5】 标注 3p3 的瓷片电容值为 3.3pF；标注 5n6 的涤纶电容值为 5.6nF（5600pF）；标注 4μ7 的钽电容值为 4.7μF。

【例 2-1-6】 标注 R47 电感的标称电感量为 0.47μH；标注 4μ7 的电感电感量为 4.7μH。

2）参数的误差范围

采用直标法标注元器件参数时，英文字母后缀常用于表示该元器件参数的误差范围，如表 2-1-3 所示。

表 2-1-3　英文字母后缀表示的元器件参数的误差范围（单位：%）

字母后缀	A	B	C	D	F	G	J	K	M	Z
误差范围	±0.05	±0.1	±0.25	±0.5	±1	±2	±5	±10	±20	−20～+80

★技巧　后缀也常用罗马数字Ⅰ、Ⅱ、Ⅲ，分别对应±5%、±10%、±20%三种误差范围。

3）生产厂家的 LOGO

集成运放、电阻、三极管等通用元器件可能会有多个生产厂家的产品同时在市场上销售，为了引导使用者选择更合适的产品，在元器件表面往往还会印制出生产厂家的 LOGO（商标），示例如图 2-1-02 所示。

(a)四川永星

(b)德州仪器

(c)威世

nichicon

(d)尼吉康

图 2-1-02　元器件表面的生产厂家的 LOGO 示例

4）生产日期

在集成芯片、电解电容等元器件表面标注数字格式的生产日期，这种现象较为常见。

【例 2-1-7】“9936”和“0007”分别表示元器件的生产日期为 1999 年第 36 周、2000 年第 7 周。

【例 2-1-8】“82.6”表示元器件的生产日期为 1982 年 6 月，“2006.4”表示生产日期为 2006 年 4 月。

2. 色标法

在小体积圆柱形元器件的表面用直标法进行标注比较困难，故常用颜色色标（色环、色点或色带）的形式指示元器件的标称值、误差范围、温度系数、极性等信息。小功率电阻、小电流模制电感、部分小体积高频电容等轴向封装的元器件通常普遍采用色标法，常见的色环元器件如图 2-1-03 所示。

图 2-1-03　常见的色环元器件

色环元器件分为 4 环元器件、5 环元器件、6 环元器件、单色环元器件等多种类型。

1）4 环元器件

4 环元器件最为常见，如碳膜电阻、模制电感等。色环的前两环表示元器件参数的有效数值，第 3 环表示倍率，第 4 环表示元器件的误差范围。用色标法标注的元器件参数采用默认单位：Ω（电阻值），pF（电容值），μH（电感值）。色标法中各种色环颜色代表的参数含义如表 2-1-4 所示。

表 2-1-4　色标法中各种色环颜色代表的参数含义

色环颜色	有效数值	倍　率	误差范围	温度系数
黑	0	10^0	—	—
棕	1	10^1	±1%	±100ppm/℃
红	2	10^2	±2%	±50ppm/℃
橙	3	10^3	—	±15ppm/℃
黄	4	10^4	—	±25ppm/℃
绿	5	10^5	±0.5%	±20ppm/℃
蓝	6	10^6	±0.25%	±10ppm/℃
紫	7	10^7	±0.1%	±5ppm/℃
灰	8	—	±0.05%	±1ppm/℃
白	9	—	−20%～+50%	
金	—	10^{-1}	±5%	
银	—	10^{-2}	±10%	
本色（无色）	—	—	±20%	

【例 2-1-9】某色环电阻的色环颜色依次为“蓝-灰-黄-银”，对照表 2-1-4 所示各色环颜色代表的参数，可知其电阻值为 $68\times10^4=680\text{k}\Omega$，标称误差为±10%。

【例 2-1-10】可以从两个方向对色环电阻的色环进行读数，但是绝大多数情况下仅有一种方向的读数正确，采用下列技巧可以快速判断色环的正确读数方向：

（1）第一条色环的颜色不可能是金、银、本色（无色），这些颜色所在的色环只可能是误差环。

（2）4 环电阻的前两环、5 环电阻的前 3 环的读数应分别满足 E24、E192 系列的规定标称值。

（3）误差环距其他环的间隔略远，环的宽度略粗，而且不可能为橙、黄两种颜色。

（4）借助万用表、电桥对色环电阻进行电阻值测试，可以准确判断正确的读数方向。

（5）普通色环电阻的电阻值小于或等于22MΩ，若识读参数超过22MΩ，则说明色环被反读。

2）5环元器件

从表2-1-2可知，E48、E96、E192系列标称值包含3位有效数值，再加上倍率、误差范围两项内容，5环元器件也就应运而生。5环元器件的前3环表示参数的有效数值，第4环表示倍率，第5环表示误差范围。通常情况下，5环元器件的精度高于4环元器件的精度。

【例2-1-11】 "黄-白-白-金-棕"5色环电阻的电阻值为$499\times10^{-1}=49.9\Omega$，误差范围为±1%。

☞**提示**　对于具有两位有效数值的E24系列元器件，也可使用5色环进行标识，只是第3环一定为黑色。

3）6环元器件

6环元器件多为电阻，比5环电阻多的一条色环用于指示该电阻的温度系数TCR（Temperature Coefficient of Resistance）。6色环电阻主要用于指标及性能要求较高的电路系统。

4）单色环元器件

在圆柱形小功率二极管中靠近阴极的位置印刷了一条色环，用于指示二极管的极性，如图2-1-04所示。常见的二极管色环颜色有白、黑、蓝、红等。

0Ω直插式电阻具有特殊的用途，其表面只有一条色环，如图2-1-05所示。

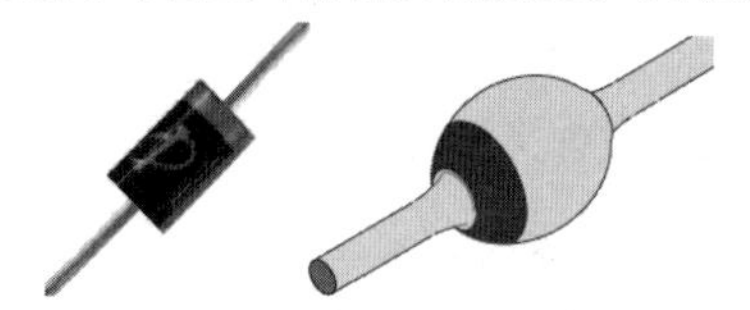

图2-1-04　圆柱形小功率二极管的色环

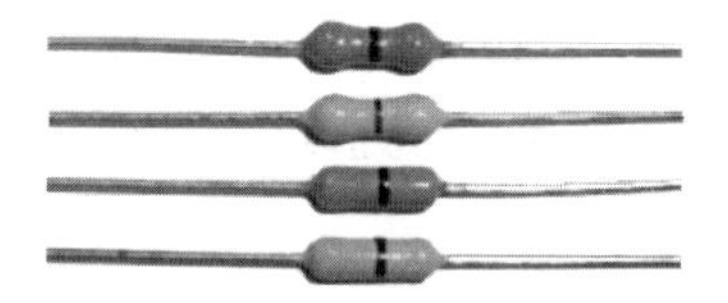

图2-1-05　采用单色环的0Ω直插式电阻

虽然标称值为0，但是0Ω直插式电阻实际上具有几乎可忽略的微小电阻值；0Ω直插式电阻的电阻膜很薄，承受电流能力差，当电流过大时会被烧毁，从某种意义上来说具有保险丝的功能。ADC（模/数转换电路）中既有模拟信号，又有数字信号，模拟地与数字地只能在某一点进行连接，此时可用0Ω直插式电阻连接数字地与模拟地，从而易于实现电路的分单元调试。

★**技巧**　在调试过程中如需测量回路的工作电流，可在回路中增加一只不影响电路正常工作的0Ω直插式电阻；拆下0Ω直插式电阻、插入电流表，即可测量回路电流，而无须切断铜箔线条。

★**技巧**　0Ω直插式电阻下方允许多根电气导线通过，可有效改善单层PCB的布线连通率。

5）元器件色标的其他作用

不同颜色的色环、色带、色点除代表数值或极性外，还有一些特殊的应用背景：

（1）彩色排线（参见2.14.2节）多按照"红-橙-黄-绿-蓝-紫-灰-白"的顺序排列。

（2）早期的国产三极管常采用色点表示该管的电流放大系数β。

（3）在两芯直流电源线中，默认红色连接电源正极、黑色连接电源负极。

3. 数码法

红与橙、灰与白、蓝和紫这些相近的颜色比较容易混淆。而当色环的颜色发生改变后（彩色颜料随着工作年限的增长，其色泽会变得暗淡；长期处于高温环境中的元器件的色环颜色改变较明显），使用者将难以准确进行颜色识别而导致元器件参数识读错误。另外，少数电子行业的从业人员可能具有色盲或色弱等先天性缺陷，难以准确识别色环颜色。此外，大型自动化生产装备中的色彩传感器对颜色进行识别的效率、精度均不及视觉传感器。

综上，采用色标法标注参数的电子元器件的种类日渐减少，而瓷介电容、独石电容、小体积薄膜电容、贴片电感、贴片电阻的参数标注无一例外地都采用了数码法进行参数标注。

数码法采用 3～4 位数字表示元器件的参数。对于 3 位数字的参数标注，前 2 位数字代表有效数值，第 3 位代表倍率；对于 4 位数字的参数标注，前 3 位数字代表有效数值，第 4 位代表倍率。

☞**提示**　与色标法类似，数码法标注的参数同样采用默认单位：Ω（电阻值）、pF（电容值）、μH（电感值）。

【例 2-1-12】 某贴片电感上标注的“100”表示其标称电感值为 $10\times10^0=10\mu H$，绝不能误读为 100μH。某贴片电阻上标注的 “1502”表示其标称电阻值为 $150\times10^2=15k\Omega$。

4．编码法

随着集成工艺的发展，贴片元器件的体积越来越小，而相同功能的元器件的封装类型（直插/贴片）、产品等级（军品/汽车/工业/民用）、环保性能（有铅/无铅）越来越多，使元器件型号的内容越来越长。这些矛盾导致部分元器件表面已经无法标注完整型号，因此，生产厂家采用了编码（marking）的方式作为解决办法。

【例 2-1-13】 小信号开关二极管 BAS16 采用图 2-1-06(a)所示的 sot23 微型贴片封装，内部结构如图 2-1-06(b)所示，1-2 引脚间距为 1.9mm，上表面尺寸仅为 3mm×1.4mm，难以容纳“BAS16”这些字符，故生产厂家用“A6”对这款二极管进行编码以表示该二极管的型号，如图 2-1-06(c)所示。

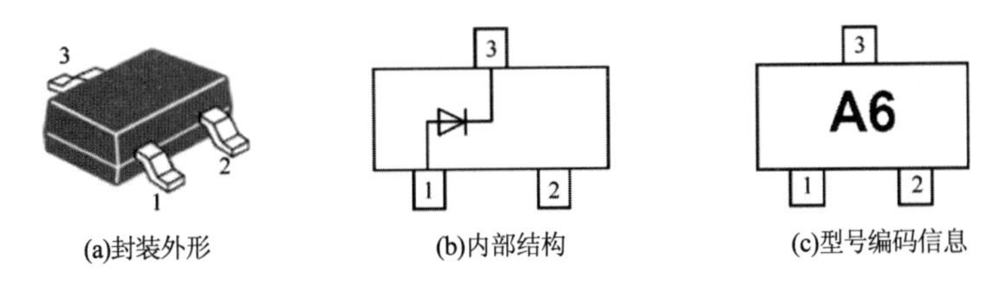

(a)封装外形　(b)内部结构　(c)型号编码信息

图 2-1-06　小信号开关二极管 BAS16 的封装、内部结构及编码信息

☞**提示**　出于保密的考虑，某些集成芯片往往不直接标注元器件的真实型号，而统一印制成内部约定的编码信息，从而避免电路被轻易抄袭，这种编码方式在汽车音响、手机电路中屡见不鲜。

2.2　电　　阻

材料对流过的电流具有阻碍作用，由此制成的元器件称为电阻，电路的常用电气符号如图 2-2-01 所示。

电阻吸收电能并把电能转换成热能，是典型的耗能元器件。根据欧姆定律 $U=IR$ 、 $\Delta u=\Delta iR$ 可知，电阻具有将电流变化转换为电压变化的功能。

(a)欧盟及中国标准　(b)美国及日本标准

图 2-2-01　电阻的常用电气符号

电阻是使用最广泛的无源元件，在电路中的功能比较简单，主要包括并联分流、串联分压、时间常数设定、I–V 转换等，被广泛用于限流、滤波、取样、偏置、反馈、降压、阻抗匹配等电路单元。随着近年来微电子工艺的蓬勃发展，芯片的集成度越来越高，电阻在电路中的应用规模呈逐步下降的趋势。

2.2.1　常见的电阻类型

电阻的类型较多，其外形、价格、性能差异较大，分别适用于不同的电路场合。在模拟和数字电路系统中使用较多的类型包括碳膜电阻、金属膜电阻、线绕电阻、贴片电阻等。

1. 碳膜电阻

碳膜电阻（Carbon Film Resistor）采用高温真空镀膜技术，将碳在白色细陶瓷棒表面沉积从而形成导电膜，然后对导电膜进行螺旋状车削后形成螺旋槽，最后在其表面涂上草绿或土黄等颜色的环氧树脂绝缘涂层，碳膜电阻的内部结构如图 2-2-02 所示。

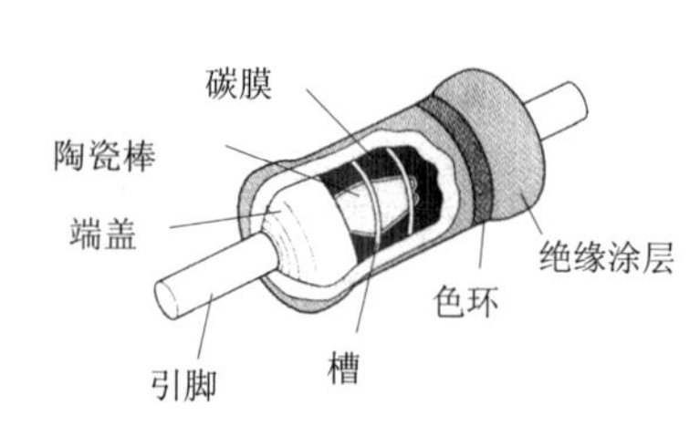

图 2-2-02　碳膜电阻的内部结构

碳膜电阻一般采用 4 色环进行参数标注；误差环多为金色（±5%）、银色（±10%）与本色（±20%）三种。常用碳膜电阻的电阻值在 0.1Ω～10MΩ 范围内。

碳膜电阻价格低廉、长期工作稳定性好，是优先考虑成本因素、指标要求低、生产数量大的消费类电子产品（如小功率开关电源、玩具）的首选。其单位体积大、噪声大、温度系数高、精度偏低的特性，决定其不适用于低频模拟电路和低噪声电路。

2. 金属膜电阻

金属膜电阻（Metal Film Resistor）是在空心陶瓷管的表面沉积一层合金膜，再将这层合金膜加工出沟槽而制成的，金属膜电阻的内部结构如图 2-2-03 所示。金属膜被加工出的沟槽越密，则电阻的等效长度 l 越大，横截面积 S 越小，由电阻值的计算公式 $R=\rho \cdot l/S$ 可知，电阻值也就越大。

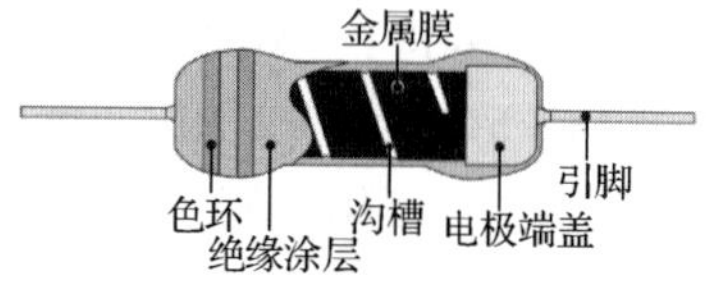

图 2-2-03　金属膜电阻的内部结构

金属膜电阻比碳膜电阻的单价略高，但温度系数低、精度较高、体积小，批量采购价低于 0.01 元/只，故应用极广。金属膜电阻的外皮主要为蓝色或蓝绿色两种，多用 5 色环标注参数。

【例 2-2-1】 碳膜电阻与金属膜电阻的外形接近，容易混淆，可通过电阻体底色、误差环颜色、膜色进行区分：用刀片刮开电阻表面的底漆观察时，碳膜电阻的膜为黑色，金属膜电阻的膜为白色。

3. 线绕电阻

线绕电阻（Wire Wound Resistor）是将镍铬合金丝、康铜丝、锰铜丝等电阻丝在瓷管表面绕制而成的，线绕电阻的结构如图 2-2-04 所示。根据电阻值计算公式 $R=\rho \cdot l/S$ 可知，电阻丝绕制匝数越多，电阻体的等效长度 l 越大，则电阻值也就越大。为获得大电阻值的线绕电阻，可采用电阻率较大的电阻丝材料进行绕制。

线绕电阻与电感的生产工艺比较接近，因而存在明显的寄生电感（绕制匝数越多，寄生电感越大）和分布参数，不适用于高频电路。线绕电阻可用于大功率、高精度两种不同的工作场合。

1）功率型线绕电阻

绕制功率型线绕电阻的合金丝较粗，能够承受的负荷额定功率一般在 1W 以上。功率型线绕电阻的电阻值范围为 0.1Ω～100kΩ，常见的精度包括±5%、±2%、±1%三种。

功率型线绕电阻的外壳多为白色的陶瓷或水泥材料，由于发热量较大，不建议靠近电路 PCB 表面安装。为增大散热面积，采用金属外壳的线绕电阻还设计有如图 2-2-05、图 2-1-01(b)所示的鳍形外壳。

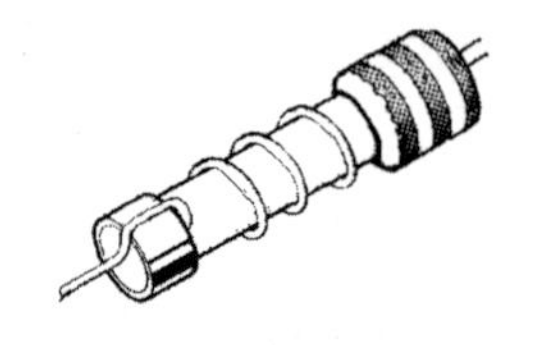
图 2-2-04　线绕电阻的结构

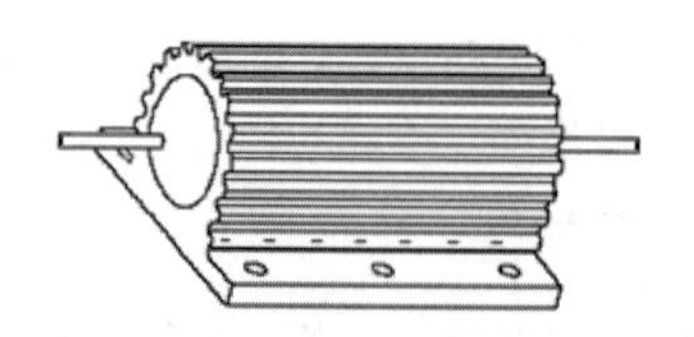
图 2-2-05　铝壳线绕电阻的外形

☞提示　功率过大的线绕电阻需采用风冷或油冷的方式进行强制主动排热，避免电阻过热而损坏。

2）精密型线绕电阻

精密型线绕电阻的精度可达±0.01%，温度系数小于10^{-6} ppm/℃，由于承受功率较小，因此精密型线绕电阻常采用细电阻丝绕制，其电阻值上限可达 MΩ 数量级。图 2-1-01(a)所示即为一种精密型线绕电阻，主要用于精度要求较高的测量仪表电路，如作为高精度电压表的分压电阻。

4．贴片电阻

贴片电阻（SMD Chip Resistor）是将金属粉和玻璃釉粉均匀混合，用黏合剂调和成糊状，在陶瓷基体表面印制出电阻膜并经高温烧结，具有防潮、耐高温、温度系数小、生产成本低等优点。

贴片电阻采用无引脚封装，贴片电阻的外形如图 2-2-06 所示，体积很小，在电子产品普遍追求“小、薄、轻”，在对 PCB 尺寸及系统体积要求极高的条件中，贴片电阻已经开始全面取代小功率直插式电阻。

图 2-2-06　贴片电阻的外形

贴片电阻的种类较多，常见型号为 0805（外形尺寸为 0.08in×0.05in，1in=2.54cm）、0603。此外还有 2510、2225、1812、1210、1206、0402、0201、01005 等其他型号。数值越小，则占据的 PCB 表面积越小，在进行焊接与拆焊操作时的难度也越大。

【例 2-2-2】 在图 2-2-06 所示的贴片电阻中，“R047”表示电阻值为 0.047Ω=47mΩ，“1502”表示电阻值为$150\times10^2=15\text{k}\Omega$，“103”表示电阻值为$10\times10^3=10\text{k}\Omega$。

2.2.2　电阻的参数及选型

电阻的主要参数包括标称值、误差范围（精度）、额定功率、封装外形等，设计者在为电路选择合适的电阻参数、规格时，并没有统一的参考标准可循，往往需要一定的经验积累。显然，充分熟悉电阻的相关参数，将有助于设计者做出相对较好的电阻选型方案。

1．标称值

标称值是电阻的关键参数，电阻的标称值需要具有表 2-1-1 所示的 E24 系列 2 位数值或表 2-1-2 所示的 E192 系列 3 位数值。数字电路选择 E24 系列金属膜电阻、E12 系列碳膜电阻均可；在模拟电路中，如果理论计算结果与 E24 系列电阻值的偏差较大，那么可选择 E48、E96、E192 系列的标称值，以减小参数误差对电路性能的影响。

电阻标称值的选取以接近理论计算结果为原则，不宜片面追求高精度、非标电阻产品，可代用如下技巧：

1）采用若干电阻并联或串联的方式，可得到某些特殊的电阻值；

2）通过调节电位器（可变电阻），使电阻值达到理论计算结果。

☞提示　对于万用表内部分压电阻等特殊电阻标称值，可向生产厂家定制非标电阻，但价格不菲。

2．误差范围

电阻的实际值与标称值之间或多或少会存在误差。普通电阻的允许误差范围包括±20%、±10%、±5%三类，而精密电阻的允许误差范围可达±0.01%。电阻的误差范围越小，价格自然也就越高，因此设计者应综合考虑硬件电路的应用背景（测试/量产）、指标精度、产品用途及价格、维修替换等多方面因素，选择最优的电阻精度，切勿盲目追求高精度。

1）在数字电路、单片机接口电路中，选择±20%、±10%误差范围的电阻已经可以满足要求。

2）在需要保证测量精度的模拟电路中，可根据产品等级选择±0.01%～±1%误差范围的电阻。

3）在开关电源、控制装置电路中，可以选择±0.5%～±5%误差范围的电阻。

4）在玩具电路这类对成本敏感的电路中，优先选择±20%误差范围的电阻。

3. 额定功率

在额定温度条件、温升范围内，电阻在电路中长期连续工作而不发生损坏的状态下所允许消耗的最大功率即为电阻的额定功率。对于相同材料的电阻，额定功率越大，则体积与质量越大、发热量越大。

电子电路中的电阻的额定功率主要包括 1/16W、1/8W、1/4W、1/2W、1W、2W 等类型。电阻的额定功率应超过通过理论计算得到耗散功率（$P = I^2R$）的 150%～200%，由于电阻的功率与体积、价格的相关度较高，因此不要选择额定功率过大的电阻，一方面成本会显著提高，另一方面还会占用过大的 PCB 面积。

☞**提示**　插装在电路 PCB 中的电阻功率需控制在 5W 以内，并与 PCB 表面保持一定的距离，留出气流通道，否则发热严重的电阻将引起 PCB 铜箔、焊盘、周围元器件发生烧焦、断裂等损坏。

★**技巧**　散热条件较好（带散热片、强制风冷或水冷）的电阻能承受比额定功率略高的实际功率。

4. 封装外形

直插式电阻具有轴向（AXIAL）与径向（RADIAL）两种封装结构，如图 2-2-07 所示。

轴向封装的电阻主要采用色标法进行参数标注，而径向封装的电阻则采用直标法或数码法进行参数标注。

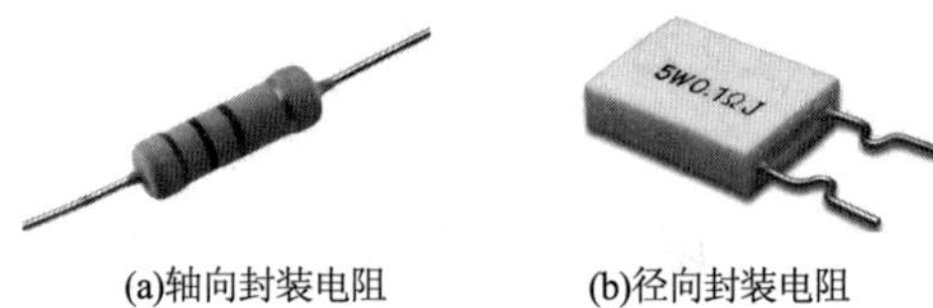

图 2-2-07　轴向封装与径向封装的电阻外形结构

2.2.3　电阻的串联与并联

将电阻串联或并联后得到新的等效电阻，这种做法在电路设计中应用得较多。电阻串联后的总电阻值增大，能够承受更大的耐压值；而电阻并联后的总电阻值减小，能够承受更大的功率消耗。

1. 电阻的串联

当 n 只电阻串联时，流经每只电阻的电流均相等，总功耗等于每只电阻的功耗之和，总电阻值等于每只电阻的电阻值之和。电阻串联后将对电源总电压进行按比例分割，每一只电阻两端的电压与电阻值成正比：电阻值越大的电阻分到的电压越高；所有串联电阻的电压之和等于电源的总电压。

【例 2-2-3】 除光电倍增管等特殊应用电路外，纯粹的电阻串联分压在实际电路中非常少见，而更多的是应用在近似的串联分压电路中，串联分压电路分析示例如图 2-2-08 所示。

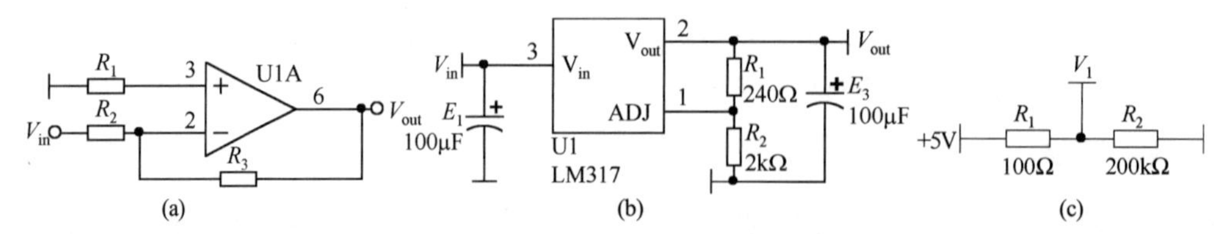

图 2-2-08　串联分压电路分析示例

图 2-2-08(a)中，R_2与R_3为分流关系，而非准确意义上的串联，但由于集成运放存在“虚断”特性，流入运放输入端的电流近似为 0，因此可近似认为R_2与R_3之间满足串联分压关系。

图 2-2-08(b)中，R_1与稳压芯片 LM317 的 1-2 引脚为并联关系，由于流入 ADJ 引脚的电流小到可近似忽略，故将R_1与R_2按串联分压进行近似估算：$V_{out}/(R_1+R_2)=V_{ADJ}/R_2$，式中$V_{ADJ}\approx 1.2\text{V}$。

图 2-2-08(c)中，由于$R_1 \ll R_2$，在近似计算时可忽略R_1，直接得出$V_1\approx +5\text{V}$。

2. 电阻的并联

当n只电阻并联时，每只电阻两端的电压均相等，总功耗等于每只电阻的功耗之和，总电导等于每只电阻的电导之和。电阻并联后将对总电流进行分割，流经所有电阻的电流之和等于总电流。流经每只电阻的电流与该电阻的电阻值成反比：电阻值越大，分得的电流越小。

【例 2-2-4】 指针式电流表的核心是一只工作电流很小的磁电式微安表头，允许直接测量的电流值很小，如果想用于测量大电流，可以对微安表头通过并联小电阻值、大功率的分流电阻实现：大部分电流流经分流电阻，只有与总电流成比例的极小的电流驱动微安表头，从而进行电流指示，如图 2-2-09 所示。

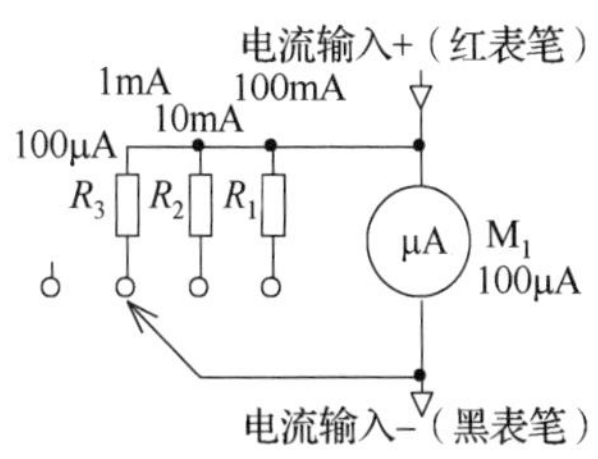

图 2-2-09　微安表头电流扩展

★技巧　电阻值较小的电流取样电阻常采用多只电阻值相等的小功率电阻并联。

2.2.4　排阻

如果电路中需使用电阻值相同（或具有一定的电阻值规律）、性能一致、温度系数相同、稳定性高的电阻，常将多只电阻集成在类似芯片的封装结构中，得到如图 2-2-10 所示的排阻。排阻占用的 PCB 空间小、单位成本低廉，能够大幅提高电子产品的系统集成度及生产组装效率。

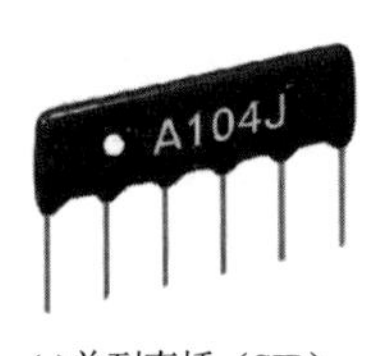

(a)单列直插（SIP）

(b)双列直插（DIP）

(c)SMT 贴片型排阻 8P4R-0603

图 2-2-10　排阻的常用封装

排阻的电阻值一般采用 3 位数值进行标注：第 1、2 位是有效数字，第 3 位是倍率。

【例 2-2-5】 图 2-2-10(a)所示单列直插型排阻标注的参数中，“104”表示排阻内部每只电阻的电阻值为$10\times10^4=100\text{k}\Omega$，“A”表示排阻类型，“J”表示排阻内部电阻的误差范围为±5%。

1. 单列直插型排阻

采用单列直插型封装的排阻较为常见，常见的单列直插型排阻如图 2-2-11 所示。

1）图 2-2-11(a)所示为串联分压型排阻，常用于模拟电路中对信号进行串联分压。

【例 2-2-6】 数字万用表的精密分压电阻R_1～R_4的电阻值依次为$1\text{k}\Omega$、$9\text{k}\Omega$、$90\text{k}\Omega$、$900\text{k}\Omega$。

2）图 2-2-11(b)所示的排阻有一只公共引脚，常作为数字电路 OC 门、OD 门的上拉电阻。

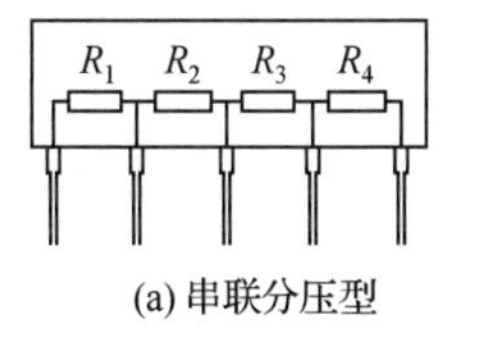

(a) 串联分压型

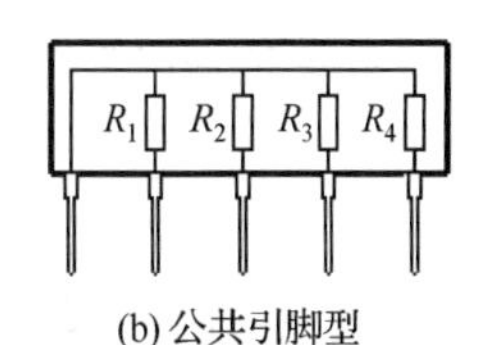

(b) 公共引脚型

图 2-2-11　常见的单列直插型排阻

2．双列直插型排阻

双列直插型排阻内部的电阻多为平行、独立结构，如图2-2-12所示。

【例2-2-7】 图2-2-10(b)所示的排阻的外形酷似集成芯片，需根据排阻表面的参数标记（marking）进行识别：MDP是DALE公司定义的排阻前缀；16代表排阻有16只引脚；03代表内部电阻的结构是图2-2-12所示的8位平行结构；103代表内部每只电阻的电阻值为$10\times10^3=10\text{k}\Omega$；G代表内部电阻的误差范围为±2%（G级）；0042代表排阻的生产日期为2000年第42周。

【例2-2-8】 当共阴极数码管与显示译码芯片CD4511连接时，需用到如图2-2-13所示的7只限流电阻R_1～R_7；若换成如图2-2-12所示的排阻，则可有效降低PCB布局、插装焊接的工作量。

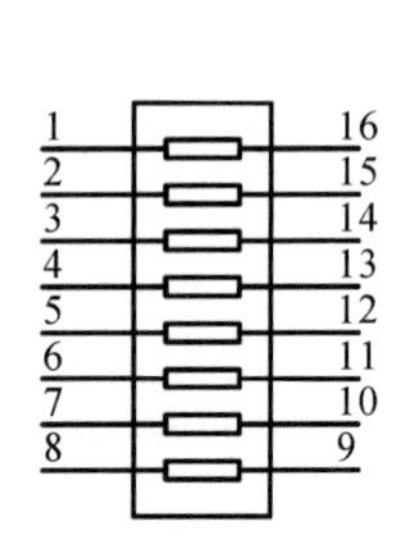

图2-2-12　双列直插型排阻

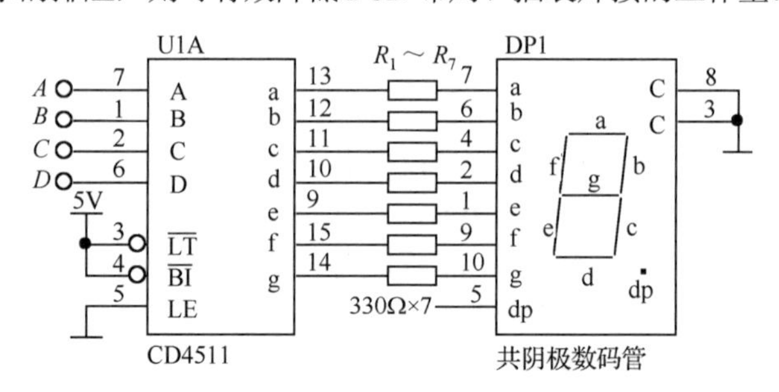

图2-2-13　CD4511驱动共阴极数码管电路

3．贴片型排阻

图2-2-10(c)所示的4位SMT贴片型排阻的型号为8P4R-0603，被大量用于计算机主板、硬盘电路板等采用并行总线结构、集成度较高的数字电路系统中。这种排阻的内部结构如图2-2-14所示。8P4R表示排阻内部有4只独立的电阻和8只引脚；图2-2-10(c)中的表面丝印103表明内部各电阻的电阻值均为$10\times10^3=10\text{k}\Omega$。此外，排阻的高度与0603封装贴片元器件一致，排阻的宽度与4只0603贴片电阻的宽度之和接近。

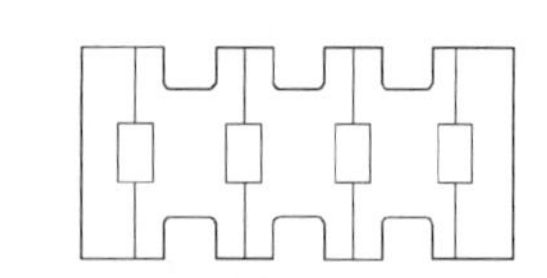

图2-2-14　8P4R-0603排阻的内部结构

☞**提示**　当任意两只贴片电阻在PCB中布局时，受安全间距规则的限制，两只电阻之间必须留出一定间隙，故8P4R-0603排阻占据的PCB空间小于4只0603贴片电阻占据的PCB空间，进一步提高了系统集成度。

2.2.5　保险管

在保险管（也称熔断器）内部，用铅、锑、锡等低熔点合金制成的保险丝是一种特殊电阻。当工作电流不大时，内阻很低的保险丝对回路的影响微乎其微；当电流异常增大并超过额定电流时，保险丝产生的瞬时热量$Q=I^2Rt$足够大而使其自身发生熔断，立即切断电源回路并实施保护。保险丝被封装在玻璃或陶瓷管壳内，既避免保险丝熔断时四处飞溅或拉出电弧，又便于损坏时能够快速更换。

常见的保险管外形及电气符号如图2-2-15(a)所示。保险管的直径主要分为Φ5×20mm与Φ6×30mm两种规格，后者的熔断电流较大，一般在5A以上。为了便于更换，保险管很少直接焊接在PCB中，多采用如图2-2-15(b)所示的在保险管座中进行装卡的方式。

1．保险管的参数

保险管的参数印制在玻璃管两头的金属壳表面，包括额定电流、额定电压、熔断速度等。

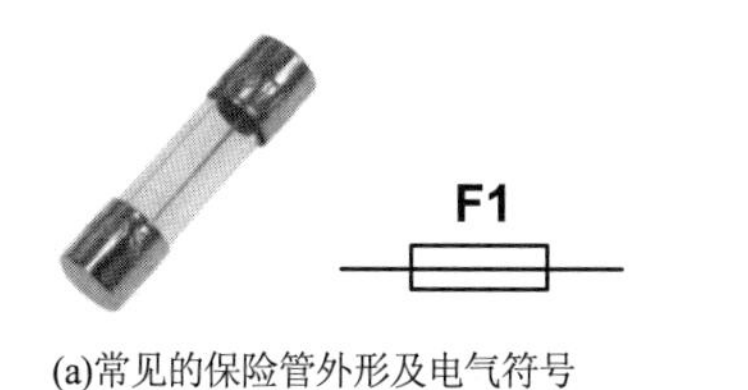

(a)常见的保险管外形及电气符号

(b)保险管座

图 2-2-15　保险管

1）额定电流：额定电流是保险管最关键的参数，是引起保险管熔断的电流有效值，主要包括 30mA、50mA、63mA、80mA、100mA、200mA、250mA、500mA 及 1A、1.5A、2A、2.5A、3A、4A、5A、6A、7A、8A、10A、12A 等多种规格。

2）额定电压：在小功率应用场合中，保险管工作时的额定电压一般为 250V。

3）熔断速度：熔断速度分为快速（F）、特快（FF）、特慢（TT）、慢速（T）等类型。

【例 2-2-9】 CRT 彩电电源中的常用保险管的参数信息为"T3.15AL250V"，表示该保险管的额定电压为 250V，额定电流为 3.15A，慢速熔断型，L 表示保险管的保险丝具有低电压分断能力。慢速熔断型保险管可以有效消除电源启动瞬间持续时间很短、超过 3.15A 的峰值电流，避免保险丝被误熔断。

2. 保险管的工作电路

保险管在电路中的连接方式非常简单，直接串联到需进行过流保护的电路支路中即可。

【例 2-2-10】 图 2-2-16 所示为故障状态指示的保险管工作电路。VD_1 为共阴型双色 LED，具有红色阳极、绿色阳极、公共阴极三只引脚。电阻 R_1 为 VD_1 的限流电阻，避免因电流过大而损坏 LED。LED 的红色阳极连接至电源输入端 V_{in}，绿色阳极连接至电源输出端 V_{out}。保险管 F_1 跨接在 V_{in} 与 V_{out} 之间。当电源电流正常时，F_1 导通，红色、绿色两组 LED 均正常发光，混合后的指示状态为褐色发光。当电源出现过流故障时，F_1 熔断，绿色 LED 熄灭，整个 VD_1 显示红光，提醒工作人员检查电路故障、更换保险丝。

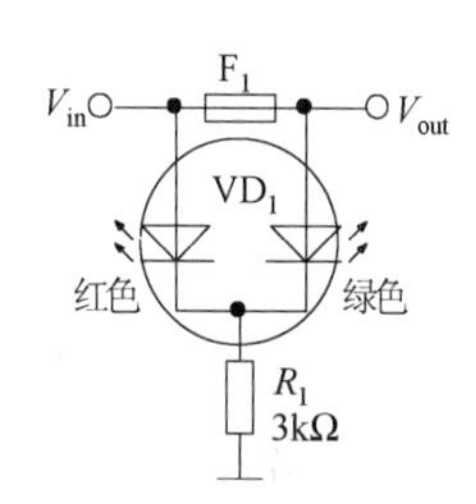

图 2-2-16　故障状态指示的保险管工作电路

2.2.6　敏感电阻

敏感电阻是一种特殊的电阻，不同类型敏感电阻的电阻值会随着不同物理量（如光照强度、温度、磁场等）的变化而发生改变。敏感电阻被广泛用于各种传感器电路中，可进行相关物理量的检测。

1. 热敏电阻

电阻的电阻值与温度之间存在密切关系，常用温度系数 $\alpha_\gamma = (R_2 - R_1)/(R_1 \cdot (t_2 - t_1))$ 衡量电阻的温度稳定性。式中，α_γ 的单位是℃$^{-1}$；R_1 和 R_2 分别是电阻处于温度 t_1 和 t_2 时测得的实际电阻值，单位为 Ω。所有电阻材料均具有温度系数。白炽灯泡冷态电阻远小于通过计算得到的灯泡额定电阻值、低温超导（温度降到一定程度时电阻值消失）等现象都是温度系数的典型案例。

☞**提示**　温度系数越小的电阻，其温度稳定性越好，电路设计中应优先选择温度系数小的电阻。

利用某些材料温度系数较大的特点，可以制成对温度敏感的热敏电阻（Thermal Resistor）。热敏电阻的电阻值随环境温度的变化而发生一定规律的变化，常被用来测量温度或进行温度控制。

热敏电阻可分为正温度系数型热敏电阻、负温度系数型热敏电阻两种。

1）正温度系数型（PTC）热敏电阻：PTC 热敏电阻在环境温度升高时，电阻值迅速增大。PTC 热敏电阻除具有测温功能之外，还常被用于延时启动、恒温加热、过流保护等电路单元中。

2）负温度系数型（NTC）热敏电阻：NTC热敏电阻的外壳一般为黑色。当环境温度升高时，NTC热敏电阻的电阻值迅速减小，多用于高精度温度检测过程中，如可充电电池及功率三极管的过热保护、数字体温计等。功率型NTC热敏电阻常用于开关电源、电机启动控制电路中，进行浪涌抑制。

☞**提示** 金属膜电阻具有较小的正温度系数，碳膜电阻具有较大的负温度系数。

常用热敏电阻的外形如图2-2-17所示。其中，图2-2-17(a)为DHT型（MF54）玻封热敏电阻，有点像玻封二极管，但没有色环，也不具有单向导电性；图2-2-17 (b)为TTS型（MF51、MF52）小体积水滴形热敏电阻，测温精度较高；图2-2-17 (c)为NTC热敏电阻（3D-25），常温下的电阻值为3Ω，圆盘形电阻体的直径为25mm，多用于开关电源；图2-2-17 (d)为高分子PTC热敏电阻，具有优良的过电流保护功能，而且能反复使用，主要用于生产自恢复保险。

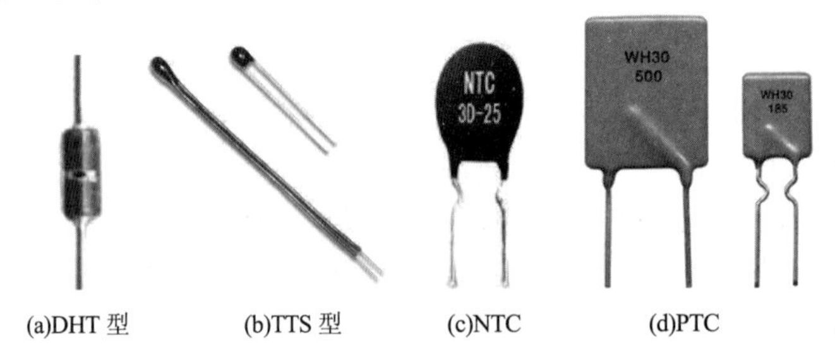

(a)DHT型 (b)TTS型 (c)NTC (d)PTC

图2-2-17 常用热敏电阻的外形

☞**提示** 将高分子PTC热敏电阻串联在电源回路中，在正常状态下呈现较小的电阻值，电流可顺利通过。当电路故障引起电流异常增大时，热敏电阻的电阻值迅速增大为高阻状态，回路电流减小，有效保护了电路中的其他元器件。当故障电流排除后，热敏电阻的电阻值减小并重新恢复低阻状态。

【例2-2-11】 如图2-2-17(d)所示的自恢复保险的最大工作电压为30V，最大工作电流分别为5A与1.85A。

2. 光敏电阻

光敏电阻（Photo Resistor）利用半导体材料的光电效应进行工作，外形及内部结构如图2-2-18(a)所示，电气符号如图2-2-18(b)所示。在遮光条件下，光敏电阻的电阻值很高；当受到特定波长的光线照射时，光敏电阻的电阻值随之减小，电导率随之增大。

光敏电阻的电极材料包括硫化镉、硒化镉、碲化镉、砷化镓、硫化锌等，不同材料的敏感波长存在差异。光敏电阻的感光面直径有3mm、4mm、5mm、7mm、10mm、12mm、20mm多种规格。为获得尽可能大的感光面积、提高光照灵敏度，两只电极面之间采用图2-2-18(a)所示的“S”形梳状啮合线条。

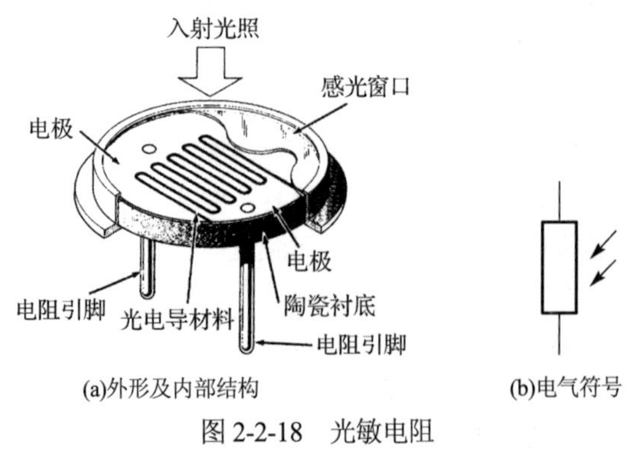

(a)外形及内部结构 (b)电气符号

图2-2-18 光敏电阻

【例 2-2-12】 5516、5549 型光敏电阻的感光面直径均为 5mm。5516 型光敏电阻在有光照时的亮电阻为 8～20kΩ，5549 型光敏电阻的亮电阻为 50～160kΩ；遮光时，5516 型光敏电阻的暗电阻在 200kΩ 以上，5549 型光敏电阻的暗电阻超过 20MΩ。Multisim 等电路仿真软件没有提供光敏电阻的仿真模型，但可用等效方式对 5516 型光敏电阻的感光行为进行模拟。

1）用可变电阻串联一只固定电阻，如图 2-2-19(a)所示。当 R_1 的滑动触点移动到底部时，等效为遮光时的暗电阻 212kΩ；当 R_1 的滑动触点移动到顶部时，等效为 12kΩ的光照亮电阻。

2）用两只固定电阻并联后代替，如图 2-2-19(b)所示。当单刀单掷开关 S_1 断开时，等效为 220kΩ 的暗电阻；当 S_1 闭合时，等效为光照条件下约 11.38kΩ的亮电阻。

☞**提示** 由于电阻值的减小趋势与光照强度并没有表现出良好的线性，因此光敏电阻主要用于“有光/无光”的开关量检测，如节能路灯、电子玩具、光控开关等，较少用于光照强度的检测。

【例 2-2-13】用光敏电阻设计的光控电路如图 2-2-20 所示。光敏电阻 R_G 与电阻 R_1 构成串联分压，R_G 遮光时，电阻值较大，比较器 U1A 的反相输入端电压 V_4 低于同相输入端电压 V_5，V_{out} 输出高电平。当 R_G 上有光照后，电阻值迅速减小，当电压 V_4 增大并超过 V_5 时，V_{out} 切换为低电平。考虑光敏电阻的型号差异、光控强度的实际需求、亮/暗电阻值离散性较大等因素，图中用电位器 P_1 代替固定电阻进行有针对性的调节。比较器 U1A 的输出端可连接三极管、MOSFET 可控制继电器、直流电机等较大负载。

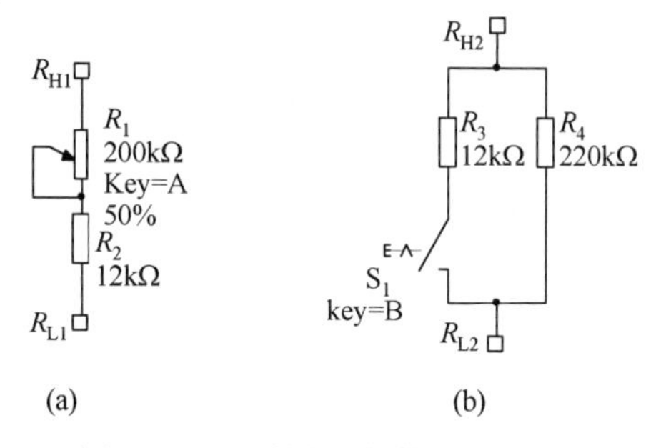

图 2-2-19 光敏电阻的等效替换

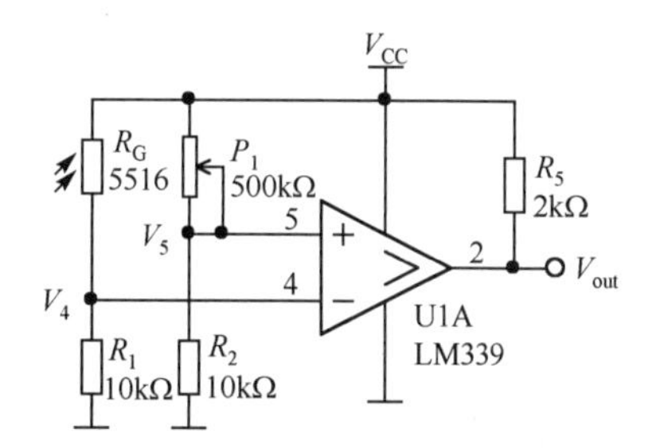

图 2-2-20 用光敏电阻设计的光控电路

2.3 电 位 器

电位器是一种能够通过滑动触点的位置改变来实现电阻值调节的特殊电阻。

2.3.1 电位器的内部结构及工作原理

根据转轴旋转角度的不同，电位器可分为单圈电位器（旋钮调节角度小于 360°）与多圈电位器（旋钮调节角度大于 360°）两大类，后者的分辨率更高。单圈电位器的外形及内部结构如图 2-3-01 所示。

电位器内部的弧形电阻体引出两只引脚，接触刷连接至中间抽头引脚。电阻体的电阻值即为电位器的标称值。当接触刷绕着电位器转轴在电阻体表面旋转时，任意一只电阻体引脚与中间抽头引脚之间的电阻值均会发生改变。电阻体的电阻值始终保持为电位器的标称值。

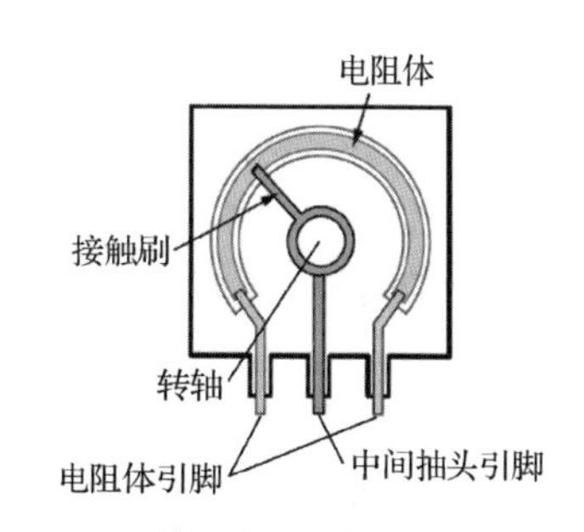

图 2-3-01 单圈电位器的外形及内部结构

2.3.2　电位器的基本工作电路

电位器的电气符号如图 2-3-02(a)所示，在电路中主要采用串联分压、可变电阻两种结构形式。

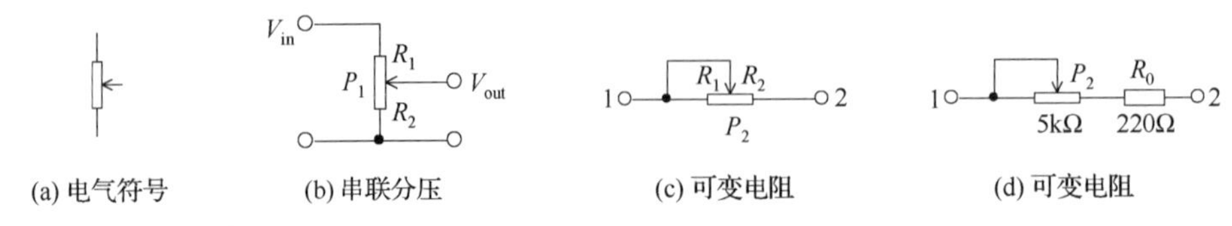

图 2-3-02　电位器

1）图 2-3-02(b)中，V_{in} 为输入电压，V_{out} 对 V_{in} 做串联分压输出。若接触刷上方的电阻为 R_1、下方的电阻为 R_2，则 $V_{out} = V_{in} \cdot R_2 / (R_1 + R_2)$。

2）在图 2-3-02(c)中，电位器的中间抽头引脚与电阻体任意一只引脚相连后构成可变电阻，电阻值与 R_2 相等，R_1 被短接。当接触刷向左滑动时，可变电阻的实际电阻值增大，反之减小。

★技巧　当图 2-3-02(d)中的电位器的接触刷调节到最右侧时，电阻值近似为 0，为避免电阻值过小导致支路电流过大，在电位器连接为可变电阻时常串联一只小电阻值的电阻 R_0。

在成熟、可靠的电路系统中，电位器的数量及种类都不宜过多，一方面是因为电位器的成本相对较高、体积较大，另一方面，电位器的存在会增大电路系统调试、维护的工作量及难度。

2.3.3　常用电位器的分类

电位器的种类及结构繁多，不同类型的电位器具有不同的结构特点与应用背景，其形状、外观、体积、质量、价格差异较大。

1．玻璃釉电位器

玻璃釉电位器是一种精密型电位器，包括 3296、3362、3006、3386、3323、3329、3266 等多种型号。其中 3296、3006、3362 电位器应用较为广泛，其外形结构如图 2-3-03 所示。在测试性电路中，一般优先选择玻璃釉电位器，便于确定实际的电阻值分配关系。

图 2-3-03　玻璃釉电位器的外形结构

1）3296、3006 玻璃釉电位器的有效调节圈数超过 10 圈，可实现较高的电阻值分辨率与精度。图 2-3-03(a)为 3296 立式多圈电位器，图 2-3-03 (b)为 3296 卧式多圈电位器，两者的封装不同，无法直接互换。其内部结构基本相同，如图 2-3-04 所示。3296 电位器内部的圆形尼龙齿轮与接触刷固定为一体，中间抽头引脚与接触刷相连。在用钟表螺丝刀旋转电位器顶端的铜螺帽时，通过螺杆带动齿轮、接触刷同步旋转，在电阻体表面发生微小的位置改变，使电位器中间抽头引脚相对两侧引脚的电阻值发生细微的线性改变，从而实现电位器参数的精密调节。

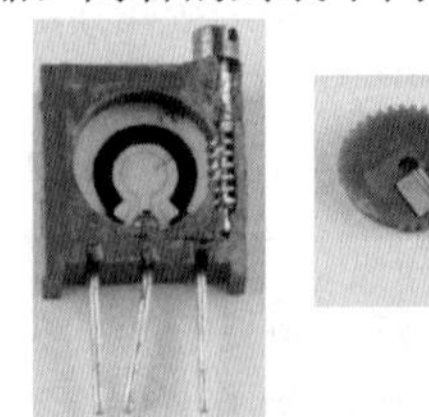

图 2-3-04　3296 电位器的内部结构

★**技巧**　3296 电位器的螺杆可以持续旋转，但当接触刷旋转到两个尽头位置时，将无法随着螺杆继续移动，此时发出轻微的“嗒嗒”声，提示接触刷目前已处于尽头位置。

2）图 2-3-03(c)为 3006 电位器，其内部的电阻体呈直线形，与图 2-3-04 中的圆弧形电阻体不同。

3）图 2-3-03(d)、图 2-3-03(e)所示 3362 电位器的十字形螺帽与内部的接触刷直接相连，没有螺杆与齿轮进行变比的调节，因而属于单圈电位器，调节角度小于 360°。三只引脚呈三角形的电位器型号为 3362S，三只引脚处在一条直线上的电位器型号为 3362M。

☞**提示**　玻璃釉电位器属于预调型电位器，参数调整完成后，建议使用油漆或胶水将铜螺帽与电位器壳体固定为一体，避免预设的电阻值参数发生改变。

2. 焊板式电位器

焊板式电位器通常直接焊接在 PCB 中，其外形结构如图 2-3-05 所示。其中图 2-3-05(a)～图 2-3-05(c)多用于电位器参数无须经常调节的场合，图 2-3-05(d)～图 2-3-05(f)的电阻值的调节频率较高，使用一定次数后往往需要更换。

1）图 2-3-05(a)为开放式碳膜电位器，左侧为卧式封装、右侧为立式封装。卧式电位器的高度较低，调节方便，但占据较大的 PCB 面积；立式电位器占据的 PCB 面积较小，但高度不适用于轻薄的电子设备。开放式碳膜电位器价格便宜、电阻体精度不高、电阻值调节分辨率差。此外，由于电阻体与接触刷均直接暴露在空气中，因此容易吸潮从而引起电阻体的电阻值改变，所以工作寿命较短、综合性能不佳。

2）图 2-3-05(b)是胶盖式碳膜电位器，性能较卧式的开放式碳膜电位器更好，使用十字、一字螺丝刀均可方便地调节电阻值，调节手感较好，在电视机、玩具等低成本电子电路中被广泛使用。

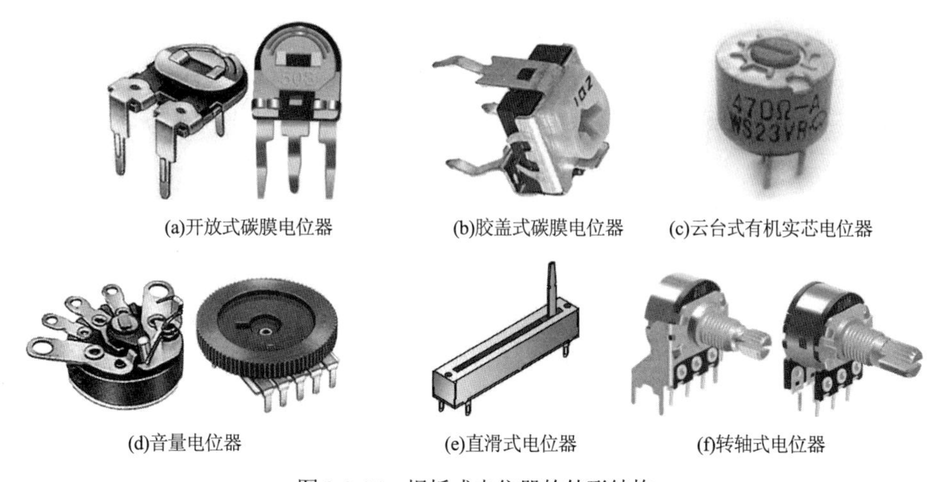

(a)开放式碳膜电位器　(b)胶盖式碳膜电位器　(c)云台式有机实芯电位器

(d)音量电位器　(e)直滑式电位器　(f)转轴式电位器

图 2-3-05　焊板式电位器的外形结构

【**例 2-3-1**】　图 2-3-05(b)所示电位器表面的“102”标记代表其标称值为 $10\times10^2=1\text{k}\Omega$。

3）图 2-3-05(c)是云台式有机实芯电位器，其电阻体采用导电材料、有机填料、热固性树脂在基座上热压而成；这种电位器的成本低、可靠性好，但温度稳定性差、耐压低、噪声大。

【**例 2-3-2**】　在图 2-3-05(c)中，470Ω 的标称值被直接标注在电位器的外壳表面，“A”代表电位器的电阻值调整规律，“WS23”代表单圈微调的产品类型，外径为 12.7mm，额定功率为 0.5W。

4）图 2-3-05(d)是常用的音量电位器，需要焊接在 PCB 中使用。左侧的音量电位器除三只基本引脚外，还设置了一组电源开关引脚，有效节省了 PCB 空间；右侧为扁平式双声道音量电位器，可以同时对两路信号进行音量调节，由于公用了信号地引脚，因此两组电位器只有 5 只引脚。

☞**提示** 带开关的音量电位器可使器件结构紧凑、功能丰富，但每次在开/关收音机时都会对碳膜造成磨损，因而音量电位器的使用寿命较短，目前已经较少采用。

5）图 2-3-05(e)是直滑式电位器，采用直线滑动的方式调节电位器参数，与常见的旋转调节方式明显不同。在早期的磁带录放机及各类调音台中较为常见，多用于调节音量、音调等参数。

6）图 2-3-05(f)所示的转轴式电位器采用旋转轴调节电位器参数，体积较大。转轴套筒中有螺纹，可通过六角扁螺母固定到机箱的电位器孔中。这类电位器的电阻体多采用碳膜或合成膜，噪声小、价格便宜，但耐磨性较差，在长期使用后需及时更换，多用于指标要求不高的民用电子产品与实验设备中。

（1）左侧电位器的三只引脚两侧设计有鱼叉形支撑脚，确保其被焊接在 PCB 上时不会前后晃动。

（2）右侧的双路同轴电位器的内部包含两套独立的电阻体与接触刷；前后两排有 6 只引脚，这种布局有助于电位器焊接至 PCB 后保持稳定。当转轴旋转时，两套电位器的电阻值按相同的规律同步改变。

【例 2-3-3】 在图 2-3-06 所示的双通道同轴电位器的应用电路中，文氏桥正弦波发生电路的频率调节、双声道音频功放的音量控制均需同步完成，P_{1A} 与 P_{1B} 为同一只电位器内部的两个独立单元，虚线表示这两个单元具有联动特性。

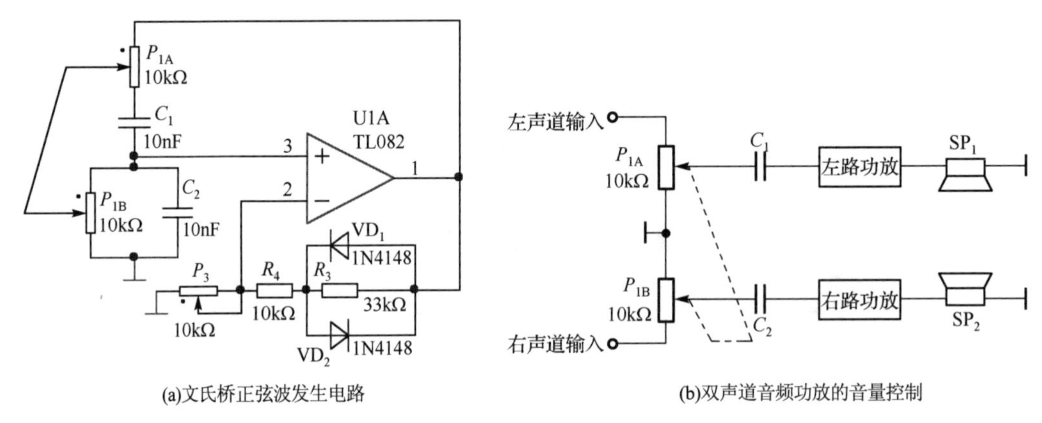

(a)文氏桥正弦波发生电路 (b)双声道音频功放的音量控制

图 2-3-06 双通道同轴电位器的应用电路

3. 特殊类型电位器

图 2-3-07 所示为一些用在特殊工作场合的电位器产品示例。

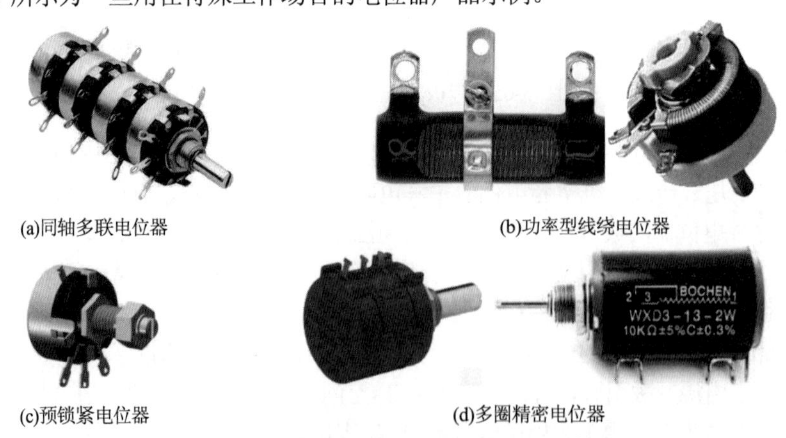

(a)同轴多联电位器 (b)功率型线绕电位器

(c)预锁紧电位器 (d)多圈精密电位器

图 2-3-07 一些用在特殊工作场合的电位器产品示例

1）图 2-3-07(a)所示的同轴多联电位器包含 4 组同步调节的电位器单元。同轴多联电位器的外形尺寸大、自身质量大，因而只采取六角扁螺母固定的装配工艺。每组电位器单元均设置了与金属外壳相连的第 4 只引脚，该引脚一般与所在电路的信号地连接，以屏蔽、抑制外界的干扰信号。

2）图 2-3-07(b)为功率型线绕电位器，左侧为直线滑动型，右侧为旋转型。功率型线绕电位器能承受的电流较大，因而电阻体多采用较粗的锰铜、康铜、镍铬合金丝在绝缘骨架上绕制，体积较大。接触刷在裸露的电阻体上滑动即可实现大功率电位器的参数调节，具有功率大、稳定性好、温度系数小、耐压高等优点。但是，类似电感绕制的工艺产生了较大的分布电感和分布电容，因此功率型线绕电位器的工作频率较低，主要用于交流电机调速等功率调节场合。

3）图 2-3-07(c)是预锁紧电位器，其接触刷在正常工作时被锁紧、不会发生移动，特别适用于参数设定完成后无须经常调节的场合。在调节预锁紧电位器的电阻值之前，需要先松动转轴上的六角扁螺母，将电位器的旋钮调节到合适位置后，重新锁紧六角扁螺母即可

★技巧　不具备预锁紧功能的电位器，可用油漆或胶水将电位器调节端与基座固定为一体。

4）图 2-3-07(d)为多圈精密电位器，参数直接标注在壳体表面，便于识读。其电阻体一般采用线绕结构，可承受较大的负载功率，主要用于电位器参数需频繁精密调节的场合，具有电阻值分辨率高、使用寿命长等优点。这类电位器的体积较大，需通过扁螺母固定在机箱电位器孔中使用。

2.3.4　电位器的参数及选型

电位器的主要参数包括标称值、误差范围、额定功率、分辨率、电阻体材料、电阻值的变化率等，此外，不同型号的电位器在外形尺寸、参数指标、综合性能、使用寿命、销售价格上存在很大差异，在选择电位器的参数及型号时，需全面考虑各种指标与影响因素。

1．标称值

电位器的标称值即为电阻体的总电阻值，也是电位器具有的最大电阻值。与固定电阻动辄具有几十上百种标称值相比，常见的电位器只有下列两种标称值序列。

- E6 序列：1、1.5、2.2、3.3、4.7、6.8，早期国产电位器与国外高端电位器采用 E6 系列较多。
- 5 的倍数：1、2、2.5、5，多圈精密电位器、碳膜电位器、音量电位器、玻璃釉电位器多采用这一电阻值序列。

【例 2-3-4】 玻璃釉电位器的电阻值种类：10Ω、20Ω、50Ω、100Ω、200Ω、500Ω、1kΩ、2kΩ、5kΩ、10kΩ、20kΩ、25kΩ、50kΩ、100kΩ、200kΩ、250kΩ、500kΩ、1MΩ、2MΩ、5MΩ。

【例 2-3-5】 玻璃釉电位器采用数码法标注标称值，“502”代表的电阻值为 $50 \times 10^2 = 5\text{k}\Omega$。

电位器的标称值应大于通过理论计算出来的电阻值，但幅度不宜过大，以免电阻值调节幅度过小。

【例 2-3-6】 当计算得到的标称值为 45kΩ时，优选 50kΩ电位器；当计算得到的标称值为 51kΩ时，选择 100kΩ会缩小电阻值的调节范围，可选择 50kΩ的电位器与 1kΩ左右的电阻串联后代替。

2．误差范围

出于制造工艺及实际功能需求的限制，常见的电位器的误差范围只有±20%、±10%、±5%三种，极少数多圈精密线绕电位器的误差范围小于±1%。对双通道电位器而言，往往还会涉及两路电位器的同步误差参数，即转轴旋转一定角度后，两路电位器的电阻值的差值。

3．额定功率

电位器的额定功率是指电阻体在规定气压、温/湿度条件下所能承受的最大功率，主要由电阻体材料、类型、体积及电位器主体密封结构决定。在低频大功率电路中优先选择线绕电位器，在高频电路

中优先选择合成膜电位器及玻璃釉电位器，尽量不使用线绕电位器。

小功率电位器的额定功率包括0.05W、0.1W、0.25W、0.5W、1W、2W等类型。

☞**提示**　3296玻璃釉电位器属于小功率器件，额定功率仅为0.25W，不能用于大电流电路。

4．分辨率

电位器的接触刷在旋转过程中可达到的最精细输出的调节能力，被定义为电位器的分辨率。理想电位器的分辨率曲线为一根倾斜的直线，如图2-3-08 中的虚线所示，而实际的电位器的分辨率曲线呈细小的阶梯状，如图2-3-08中的折线所示。

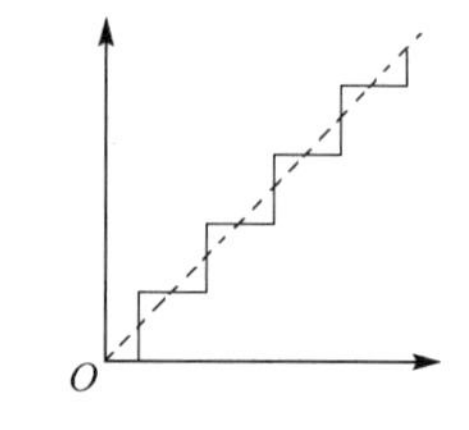

图2-3-08　电位器的分辨率曲线

多圈电位器的分辨率优于单圈电位器的分辨率，线绕电位器的分辨率优于非线绕电位器的分辨率。

5．电阻体材料

接触刷和电阻体之间存在相互摩擦，因而电位器属于易损件。在低成本应用场合一般首选碳膜电位器；在调节不频繁的电路中，可选择有机实芯电位器、合成膜电位器；对于调节频繁的音量、音调、电源电压调节，优先选择合成膜电位器；在高频、高稳定电路中，有机薄膜电位器的综合性能较好；对于高精度、高分辨率电路，选择顺序依次为导电塑料电位器、精密合成膜电位器、线绕电位器。

不同的电阻体材料还决定了电位器的噪声指标，通常碳膜电位器的噪声较大，玻璃釉电位器的噪声小于碳膜电位器的噪声，而线绕电位器的噪声相对较小。随着使用次数的增多，电位器的噪声会越来越大，当增大到一定程度时，需尽早更换为同型号的新电位器。

6．电阻值的变化率

在电位器调节过程中，电阻值的变化率可分为直线式、指数式、对数式等类型。

图2-3-09(a)所示的转轴式电位器的示意图中，1-3脚之间为黑色圆弧形电阻体；1-2脚之间的电阻值为R_{12}，接触刷与1脚之间的夹角为θ_{12}；2-3脚之间的电阻值为R_{23}，接触刷与2脚之间的夹角为θ_{23}。

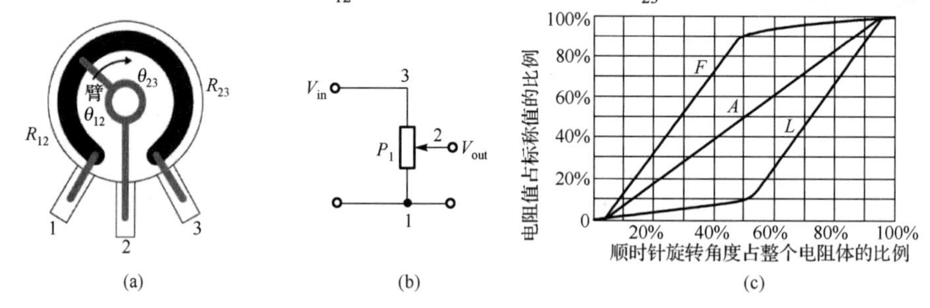

图2-3-09　转轴式电位器旋转角度与电阻值之间的比例关系

☞**提示**　转轴式电位器的操作习惯：顺时针方向增大信号输出、逆时针方向减小信号输出。直线式电位器的操作习惯：从左向右（从下向上）增大信号输出；从右向左（从上向下）减小信号输出。

1）直线式

在直线式（linear）电位器内部，电阻值的变化率处处相等。当接触刷沿顺时针方向旋转时，R_{12}与θ_{12}之间呈线性的比例关系，如图2-3-09(c)中的曲线A所示。

直线式电位器应用最为广泛，主要用于串联分压、线性控制等电压均匀变化的模拟放大电路中。

2）指数式

将电位器的1脚接信号地，3脚接信号输入，2脚输出V_{out}至功放电路，如图2-3-09(b)所示；当接触刷接近 1 脚时，V_{out} 近似为 0；当顺时针旋转接触刷时，V_{out} 逐渐变大，实现了电位器对音量的调节。

人耳对音量的主观感受遵循韦伯定律（Webber’s Law）：当音量从 0 开始逐渐增大时，人耳对音量的变化非常敏感；当音量增大到一定程度后，人耳对音量的变化逐渐迟钝。为符合人耳对音量感知的近似对数特性，当电位器的电阻值从零开始增大时，音量电路需要满足电阻值的步进幅度很小、音量增长缓慢的条件，使敏感的人耳能够明显地感受音量的变化。当电位器继续旋转而导致音量持续增大时，人耳听觉开始变得迟钝，此时需加大电阻值的步进幅度，让迟钝的人耳能够捕捉音量的变化，从而在整个音量调节过程中，使得人耳所感受到的音量变化平稳、舒适。

显然，对于音量调节电路中使用的电位器，图 2-3-09(a)所示的电阻体的电阻值的变化率不再均匀，而应遵循图 2-3-09(c)所示曲线 L 的规则：先缓慢增大、再迅速增大。曲线 L 针对人耳对数式听觉特征修正，因此按照曲线 L 设计制作的非线性电位器类型为“顺时针指数式”（Clockwise Inverse Logarithmic）。

指数式电位器主要用于音量控制领域，也被称为音量电位器或音频电位器，在标称值前加字母 A 进行说明，常用规格有 A5kΩ 、 A10kΩ 、 A50kΩ 、 A100kΩ 、 A500kΩ 。

3）对数式

图 2-3-09(c)中的曲线 F 对应的电位器类型为“顺时针对数式”（Clockwise Logarithmic），电阻体的电阻值的变化规律为“先迅速增大、再缓慢增大”，可用于音调电路的高音、中音、低音调节。

2.4　电　　容

电容由两块具有相对面积的导电极板构成，极板间填充一定介电常数 ε 的绝缘物质（如空气、有机薄膜、陶瓷、绝缘纸等）；当极板间存在电压时，两块极板将分别存储等量的异极性电荷（能量）。

电容的常用电气符号如图 2-4-01 所示。

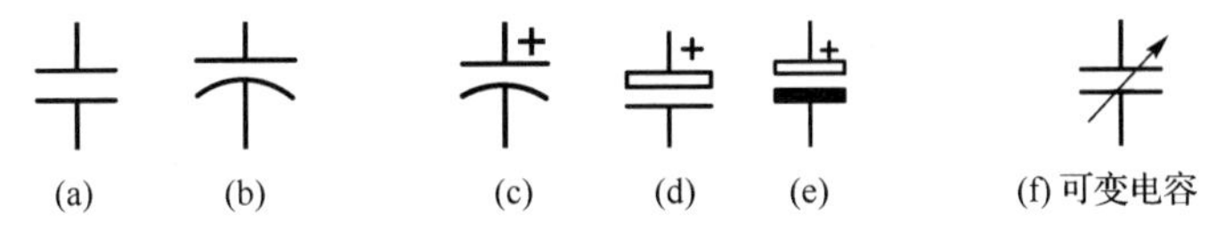

图 2-4-01　电容的常用电气符号

除图 2-4-01(f)为可变电容外，其余电容的容量均为固定值。图 2-4-01(a)为电容的通用电气符号，在国外电路图中常会遇到如图 2-4-01(b)所示的无极性电容的电气符号。图 2-4-01(c)、图 2-4-01(d)、图 2-4-01(e)为极性电容。

⚠警告　极性电容的正极须接至直流电路的高电位，否则有发生爆炸的风险。

☞**提示**　电容中的两块相对极板的结构很容易以等效形式获得：将两根由绝缘皮包裹的导线绕在一起，两根导线可等效为具有相对面积的导电极板，绝缘皮可以等效为绝缘介质，因而会产生一定的电容。PCB 中的两条平行的铜箔线条、顶层（Top Layer）与底层（Bottom Layer）（参见 7.3.3 节）相对的铜箔线条均具有大小不等的电容。上述非刻意产生的电容一般称为杂散电容或寄生电容。

电容 C 用来衡量电容两块极板在指定电压（电位差）下存储的电荷量：$C = Q/U$ 。式中，Q 为电荷量，U 为极板间的电压。但电容 C 并不是由电荷量 Q 与极板间的电压 U 所决定的，而是由电容自身的结构参数及构成电容所使用的介质材料所决定的。

电容的计算公式为 $C = \varepsilon S / 4\pi kd$ 。式中，ε 为介电常数，k 为常数，S 为两块极板的相对面积，d

为极板间距。电容与极板间填充材料的介电常数、极板的相对面积成正比，与极板间距成反比。根据公式 $X_C = 1/2\pi fC$ 可知，电容容抗 X_C 与工作频率 f、电容 C 成反比。

2.4.1　电容的功能

电容具有如下三大基本特征：

1）能够存储能量；

2）具有充电和放电特性。在充电和放电过程中，两块极板间的电荷积累或消失是一个渐变的过程，故电容两端电压不会突变；

3）两块极板之间填充导电性能不佳的绝缘介质，因而无法通过直流电流，只能允许较高频率的交流电流通过，简单表述为“隔低频通高频”或“隔直通交”。

电容在电路中的功能包括耦合（两个电路单元之间的信号连接及相互影响）、旁路（将交直流信号中的高频成分短接，保留低频成分）、谐振（自由振荡频率与输入频率相同时产生的现象）、调谐、微分、积分、滤波（滤除干扰信号或不想要的频率信号）、隔直、退耦（消除或减轻叠加在直流信号上的高频信号）、采样保持等。

2.4.2　常见的电容类型

在模拟和数字电路中常用薄膜电容、瓷介/独石电容、电解电容三种基本类型。

1. 薄膜电容

薄膜电容使用塑料薄膜作为绝缘介质，以两片很薄的金属箔作为极板分别与两只引脚连接，然后将金属箔极板、塑料薄膜重叠后紧密地卷绕成如图2-4-02所示的扁平状或圆筒状。在绕制完成的电容外表面涂覆一层保护介质后，即得到一只薄膜电容。

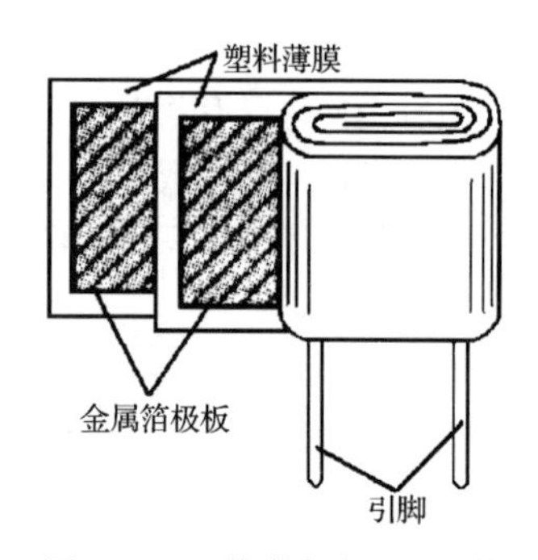

图2-4-02　薄膜电容内部结构

常用薄膜材料有涤纶、聚丙烯、聚苯乙烯、聚四氟乙烯、聚碳酸酯等。聚苯乙烯电容、聚丙烯电容的性能好，涤纶电容的性价比高。薄膜电容没有极性，绝缘阻抗很高，容量稳定性好，介质损耗小，频率特性较好，综合性能优异，是世界各国竞相研发的主要电容类型。薄膜电容主要用于模拟电路及高压电路中；受体积的限制，在数字电路系统中较少使用薄膜电容。常用薄膜电容的外形如图2-4-03所示。

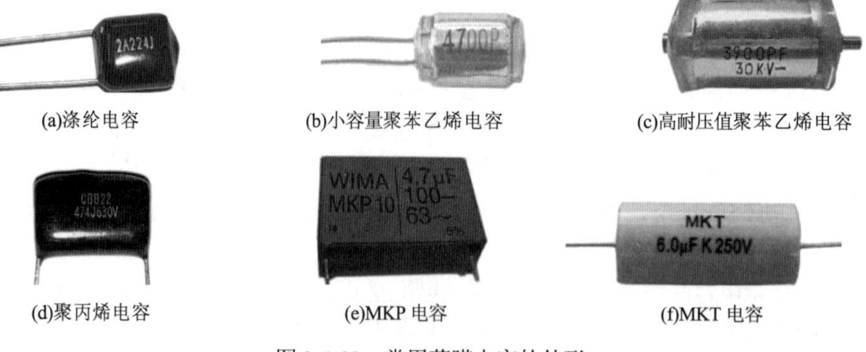

(a)涤纶电容　(b)小容量聚苯乙烯电容　(c)高耐压值聚苯乙烯电容
(d)聚丙烯电容　(e)MKP电容　(f)MKT电容

图2-4-03　常用薄膜电容的外形

1）涤纶电容（CL）

常见的涤纶电容如图 2-4-03(a)所示，具有容量范围宽（1000pF～4.7μF）、耐高温、耐压高（小于或等于 1000V）、耐潮湿、价格低廉等优点，但单位体积及正温度系数均较大，多用于家电、仪器仪表的中/低频单元中。

2）聚丙烯电容（CBB）

聚丙烯电容具有负温度系数，而且具有体积小、损耗小、性能稳定、绝缘性能好、容量较大、耐压高（小于或等于 2kV）等优点，广泛用于要求较高的中/低频电路、中/高压电路中，也可用做交流电机的启动电容。聚丙烯电容的外形如图 2-4-03(d)所示，单位体积较大、占据的 PCB 空间偏大，不宜用于便携式电子产品中。

3）聚苯乙烯电容（CB）

聚苯乙烯电容也具有负温度系数，具有容量稳定、耐压高（小于或等于 50kV）、高频损耗小、绝缘电阻高（大于或等于 1GΩ）、容量大（小于 100μF）、精度高（±0.5%）等优点。聚苯乙烯电容主要被用于中/高频电路及对电容容量精度要求较高的滤波器电路中。

聚苯乙烯电容的单位体积较大、温度系数大、耐热性差（低于 75℃），使用电烙铁进行焊接的时间不能太长。图 2-4-03(b)所示为小容量聚苯乙烯电容，图 2-4-03(c)为高耐压值聚苯乙烯电容，使用金属螺栓作为引脚。

4）金属化薄膜电容

金属化薄膜（Metalized Film）电容是在真空环境中在塑料薄膜上蒸镀一层很薄的金属层作为电极，可大大缩小相同参数下的电容体积。常见的金属化薄膜电容包括金属化聚丙烯膜（MKP）电容、金属化聚乙酯（MKT）电容两大类，其外形分别如图 2-4-03(e)、图 2-4-03(f)所示。

2. 瓷介/独石电容

瓷介电容以陶瓷材料为介质做成薄片（薄管），然后向陶瓷片两面喷涂金属导电层，最后将引脚与两侧的导电涂层分别压紧、喷涂釉浆后烧结而成。去除外壳喷釉材料后的瓷介电容的内部结构如图 2-4-04(a)所示。瓷介电容的容量较小，超过 μF 的品种非常少见，容量精度为±5%～20%。

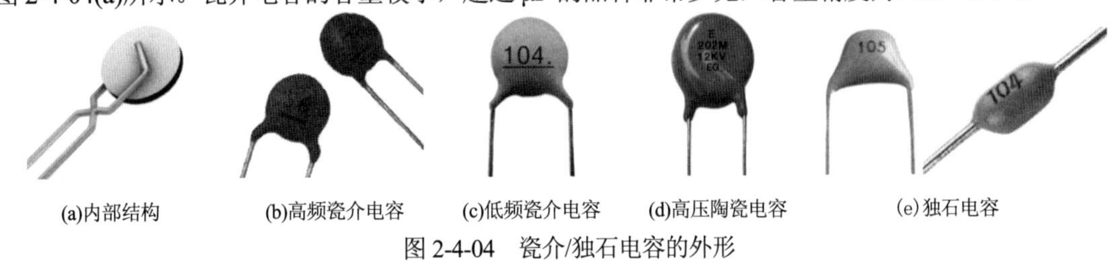

(a)内部结构　(b)高频瓷介电容　(c)低频瓷介电容　(d)高压陶瓷电容　(e)独石电容

图 2-4-04　瓷介/独石电容的外形

瓷介电容可分为高频瓷介电容、低频瓷介电容、高压陶瓷电容等多种类型。常见的瓷介电容和独石电容的外形如图 2-4-04(b)、图 2-4-04(c)、图 2-4-04 (d)、图 2-4-04 (e)所示。

1）高频瓷介电容（CC）

高频瓷介电容如图 2-4-04(b)所示，采用介电常数高、损耗低、带温度补偿的复合陶瓷材料烧结而成，具有温度系数小、稳定性高、损耗低、耐压高等优点。但高频瓷介电容的电容一般不超过 1000pF，主要用在高频、特高频、甚高频电路中进行调谐或温度补偿。

2）低频瓷介电容（CT）

低频瓷介电容用铁电陶瓷作为圆片状介质，具有介电系数高、容量较大（小于或等于 4.7μF）等优点，但耐压值比高频瓷介电容的低，介质损耗、绝缘电阻等性能也劣于高频瓷介电容。

低频瓷介电容的外形与高频瓷介电容的接近，但盘片略鼓一些，如图 2-4-04(c)所示。低频瓷介电容价格低廉，广泛用于中/低频电路的隔直、耦合、旁路和滤波电路单元中。

3）高压陶瓷电容

高压陶瓷电容是用高介电常数的“钛酸钡—氧化钛”陶瓷挤压成圆片状或圆盘状绝缘介质，然后用烧渗工艺将银层镀在陶瓷片表面形成电极后而制成的。

高压陶瓷电容的耐压上限可达 30kV，主要用于高压旁路和耦合电路中，如电力系统的计量、储能、分压等场合。与低频瓷介电容相比，高压陶瓷电容的最大特征是电容盘片更厚。

【例 2-4-1】 在图 2-4-04(d)所示的高压陶瓷电容中，表面标注的主要参数内容包括“202M”和“12kV”，表明该电容的标称容量为 20×10^2=2000pF，误差范围为±20%，交流耐压值为 12kV。

4）独石电容（MLCC）

独石电容是一种超小型电容，内部的电极用钛酸钡陶瓷材料烧结成如图 2-4-05 所示的多层叉指叠片，这种叉指状结构可等效为若干瓷介电容并联，在体积基本不变的情况下，可有效增大电容。

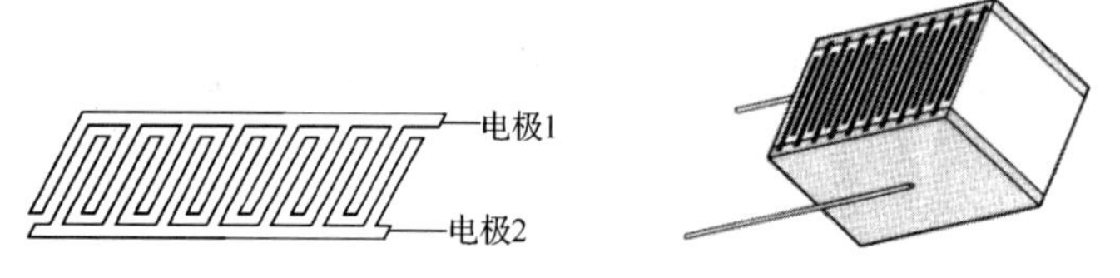

图 2-4-05　独石电容内部的多层叉指叠片

独石电容具有体积小、性能稳定、耐高温、耐潮湿、容量范围较宽（10pF～10μF）、漏电流小、成本低等优点，广泛用于各类低频电子电路及数字电路系统中，主要用于电源滤波、谐振、旁路、耦合。独石电容的直流耐压偏低，一般仅为几十伏。

图 2-4-04(e)左图为径向封装的独石电容，与瓷介电容的外形及封装接近，可直接替代容量较大的低频瓷介电容。常用独石电容的容量为 0.1～10μF，而易购得的低频瓷介电容的容量多在 0.01～1μF 范围内。图 2-4-04(e)右图所示为轴向封装的独石电容，封装参数与小功率直插式电阻的接近。

3. 铝电解电容

瓷介电容的容量较小，多为 nF、pF 数量级；薄膜电容的容量略大，但超过 10μF 的薄膜电容也不常见。一般而言，电容越大，电容的价格自然也越高。

铝电解电容的生产原料普通、工艺简单、单位成本低廉，是使用最广泛的电解电容产品，有效缓解了容量与价格之间的矛盾：额定容量可达 100 000μF 以上，其他类型的电容在当前阶段尚无此可能；在体积接近的条件下，铝电解电容的容量是其他类型电容的几十至几百倍。

铝电解电容虽然具有容量误差大、漏电流大、损耗角正切 $\tan\delta$ 大等缺点，但凭借其大容量、低价格的显著优势，被广泛应用在储能、滤波、耦合、旁路等对容量要求较高的场合。

1）内部结构

铝电解电容将阳极铝箔、电解纸（浸有电解液）、阴极铝箔、电解纸（浸有电解液）这 4 层纤维带按顺序重叠后卷绕成圆柱形，装入电容铝壳内制成，再利用压力使电容铝壳端口处产生塑性变形，紧紧箍住密封用的橡胶帽，形成圆柱形密闭空间，铝电解电容的内部结构如图 2-4-06 所示。

如果电解电容的正极、负极反接，介质被反向极化，将导致铝电解电容内部迅速发热、电解液汽化，在电容铝壳内产生较大气压，当压力增大到一定程度时，可能会致使电容铝壳脱离橡胶帽而飞出、具有腐蚀性的电解液溢出，甚至发生爆浆等严重后果。

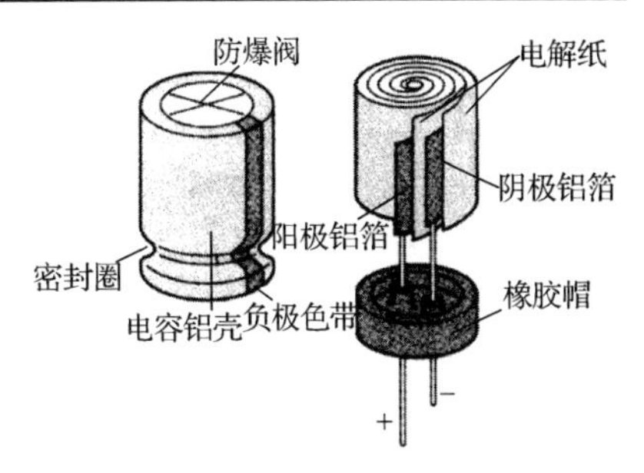

图 2-4-06　铝电解电容的内部结构

大容量电解电容的体积较大、内部电解液较多，为避免事故发生，在罩壳顶端平面上加工出 X、Y、K 等字形的细槽。细槽下部的电容铝壳相对较薄，当电容内部气压过大时将首先发生破裂，通过及时释放气体从而减压，避免电容铝壳被高速崩出。

☞**提示**　防爆阀破裂、出现电解液漏液后的电解电容不能继续使用，须及时更换。

2）耐压特性

铝电解电容的耐压值较多，包括 4V、6.3V、10V、16V、25V、35V、40V、50V、63V、100V、160V、200V、250V、400V、450V、630V，铝电解电容实际承受的电压峰值不得超过其耐压值。

★技巧　电解电容在电路中实际承受的电压峰值应比耐压值低 30%～50%。

3）工作频率特性

铝电解电容主要工作在 50Hz 工频至几百 Hz 的低频范围内，高频特性较差。

★技巧　在开关电源等具有较高纹波频率的电路中，普通铝电解电容会出现温度升高、工作寿命缩短、性能变差等现象，建议采用固态铝电解电容或钽电解电容替代。

4）温度特性

铝电解电容的温度特性很差，高温会加速电容内部电解液的干涸，显著缩短其使用年限。铝电解电容的常见温度等级为–40℃～+85℃（普通型）、–40℃～+105℃（高温型）、–25℃～+105℃（宽温型）。

【例 2-4-2】　因工作环境温度较高，荧光节能灯中应优先选择 105℃的铝电解电容进行滤波。

5）封装与极性

铝电解电容可采用径向封装、轴向封装、贴片封装这三种封装形式，如图 2-4-07 所示。大多数铝电解电容具有极性，其中正极需要接直流高电位。

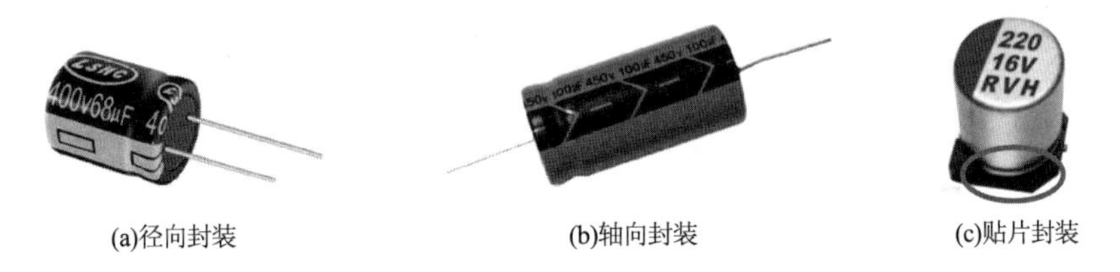

(a)径向封装　(b)轴向封装　(c)贴片封装

图 2-4-07　铝电解电容的封装及极性标识

（1）径向封装铝电解电容

径向封装（radial）铝电解电容在市场中最为常见，如图 2-4-07(a)所示。这种电容占据的 PCB 面积小、高度大。两只引脚均在 PCB 底层（Bottom Layer），难以直接将引脚设为测试点。

未剪脚的径向封装铝电解电容的较长引脚为正极。此外，在图 2-4-07(a)中，与电容外壳绝缘套皮的“▫”条形色带相邻的引脚为负极。

⚠警告　极少数铝电解电容的条形色带标注为“+”，与该色带相邻的引脚为正极。

☞**提示**　市场中销售的铝电解电容随着耐压值、容量、生产厂家及生产工艺的不同，具有不同的尺寸参数，使用者需要根据实际采购的铝电解电容产品，在封装库中寻找或自行设计对应的封装。

（2）轴向封装铝电解电容

轴向封装（axial）铝电解电容比较少见，如图2-4-07(b)所示。这类电容占据的PCB面积较大，但高度较低，能够直接针对电容引脚进行参数测试。

密封圈附近的引脚为电容的正极。在图 2-4-07(b)中的电容外壳绝缘套皮上也可以清晰地看到箭头状标记，箭头所指的右方引脚为电容的负极。

（3）贴片封装铝电解电容

随着 SMT 工艺的迅速普及，贴片封装铝电解电容的应用日益广泛，顶盖的半圆形颜色标记下方引脚为电容的负极。此外，贴片封装铝电解电容正极下方的塑料基座被裁出三角形缺口，如图2-4-07(c)所示。

4．钽电解电容

1956年，美国贝尔实验室成功研制出了采用金属钽（Ta）作为电解质阳极材料的钽电解电容。早期的钽电解电容多采用如图 2-4-08 所示的水滴形直插封装，水滴形钽电解电容用“+”标注正极，也可根据“长正短负”的引脚特征进行识别。近年来广泛采用如图2-4-09所示的贴片封装钽电解电容，电容上表面色带下方的引脚为正极，必须连接至电路的直流高电位端。

图2-4-08　水滴形直插封装的钽电解电容

图2-4-09　贴片封装钽电解电容

钽的稀缺性决定了钽电解电容价格高昂，因此钽电解电容主要用于对电气性能要求较高的电路单元中，以取代绝缘电阻小、漏电流大的普通铝电解电容，如大时间常数的定时或积分电路、高精度有源滤波电路等。

【例2-4-3】 在图2-4-09中可以直接看到钽电解电容的参数标注。左图中的“107”对应的容量为10×10^7=100μF，“10” 代表耐压值为10V。钽电解电容的耐压值比铝电解电容的低，常用表2-4-1所示的字母标注表示耐压值。右图中的“686”对应的容量为68×10^6=68μF，“E”对应的耐压值为25V，“P”对应电容的外形尺寸P（钽电解电容的外形尺寸包括A、B、C、D、E、P等类型）。

表2-4-1　钽电解电容的字母标注与耐压值的对应关系

字母标注	F	G	L、J	A	C	D	E	V	T
耐压值/V	2.5	4	6.3	10	16	20	25	35	50

5．可变电容与微调电容

电容有两块相对面积的极板，如果固定其中一块极板，而另一块极板通过机械调节其位置，那么可得到两种容量可变的电容：可变电容、微调电容。

☞**提示**　与电位器结构简单、电阻值种类多、调节范围宽等优点相比，可变电容的结构复杂、容量小且参数调节范围较窄，因而实际应用远不如电位器广泛。

★**技巧**　高频调谐电路现已大量采用2.9.2节所述的电子式变容二极管，来取代机械式可变电容。

1）可变电容

早期的金属外壳可变电容如图2-4-10所示，体积庞大，只能安装在较大的机箱内使用，主要用于需要经常对容量进行手动调节且调节范围较大的电路，如收音机频率调谐（换频道）。

【例 2-4-4】 金属单联可变电容的参数“7/270”表明其最小容量为 7pF、最大容量为 270pF。

图 2-4-11 所示为调幅收音机的双联调谐可变电容，塑盒式结构可直接装配到 PCB 中。

2）微调电容

微调电容是一种预调型元器件，参数无须经常调节。设置好合适的参数后，需要将动片的调节角度固定，以避免容量出现波动。微调电容如图 2-4-12 所示。

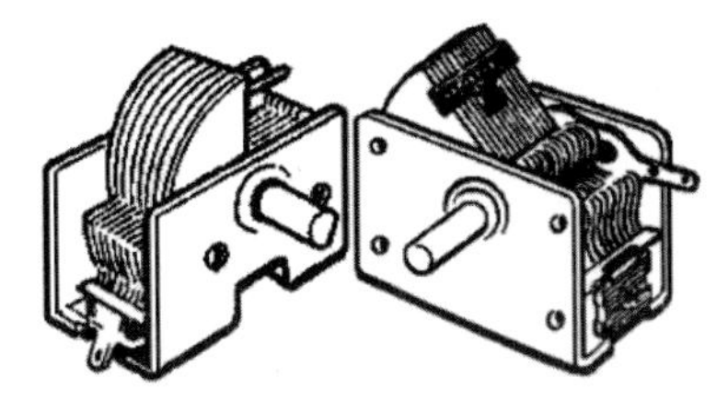

图 2-4-10　金属外壳可变电容

图 2-4-11　双联调谐可变电容

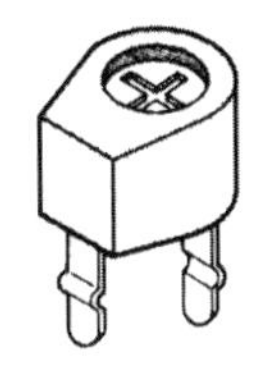

图 2-4-12　微调电容

微调电容内部的半圆形动片和定片组成平行板式结构，动片和定片之间用聚苯乙烯薄膜介质隔开。微调电容的两只引脚分别与动片、定片相连，当动片跟随旋钮转动时，动片与定片之间的相对面积发生改变，电容的容量也随之改变。微调电容体积小，可直接焊接在 PCB 中，需要采用无感螺丝刀对容量进行调节。

【例 2-4-5】 微调电容多用于高频电路，其容量调节范围较窄。参数标注为“4-15”的微调电容，其最小容量为 4pF，最大容量仅为 15pF。

6. 选择正确的电容种类

电容种类较多，外形封装及价格迥异，在选型时应综合考虑电容的性能、成本、封装尺寸、可靠性及电路功能要求等因素，这对于提高产品性能、降低产品成本尤为重要。

1）在高压（大于 200V）、大容量（大于 1000μF）、无体积限制、成本因素优先时，首选铝电解电容。

2）在容量较大（小于 100μF）、耐压不高（小于 100V）、漏电流较小、环境温度高、对容量精度具有一定要求、有体积限制等条件下，可选择钽电解电容或固态电解电容。

3）在信号耦合、滤波、振荡、音频等模拟电路中，优先选择薄膜电容。

4）对于集成芯片的电源滤波和退耦电容，优先选择独石电容、钽电解电容、贴片陶瓷电容。

5）在低成本电路方案中，优先选择涤纶电容、电解电容、瓷介电容。

6）选择大容量或高压铝电解电容时，应关注生产日期，长期未使用的全新铝电解电容应循环充/放电若干次，激活后再投入使用。高温环境中使用的铝电解电容需定期检查与维护，以及早发现故障。

7）电解电容的容量大，但漏电流也很大，不建议将其用于具有充/放电环节的电荷存储场合。

8）高频电路中常用高频瓷介电容、云母电容、聚四氟乙烯电容等损耗角小的电容。

9）在要求容量稳定的电路中，应首选有机薄膜电容。

10）当电容精度决定定时时间、输出频率等精确参数时，应选择高精度的聚苯乙烯薄膜电容。

11）当容量需经常调节时，应选择可变电容；当容量需可变但无须经常调整时，优选微调电容。

12）对于相同类型及参数的电容，体积越小，价格越贵，应根据 PCB 尺寸、产品大小进行选择。

2.4.3　电容的参数及选型

电容有很多参数，主要包括标称容量、误差范围、耐压值、绝缘电阻、频率特性等。

1. 标称容量

作为一种重要的储能元器件，电容的标称容量被用来衡量电容存储电荷（能量）的多少，容量的国际标准单位是 F（法拉）。对于数字、模拟电路中最常见的普通电容，μF（微法）、nF（纳法）和 pF（皮法）是常用单位，其换算关系为 $1\mu F = 10^3 nF = 10^6 pF = 10^{-6} F$。

☞**提示**　法拉数量级的容量非常大，目前只有工作电压很低的超级电容才能够达到。

【例 2-4-6】 图 2-4-04(c)所示电容的容量为 10×10^4 pF =0.1μF。小于 100pF 的小容量瓷介电容可采用直标法，图 2-4-04(b)中两只高频瓷介电容的容量分别为 7pF、56pF。

电容的标称容量采用了多种标准：大部分铝电解电容采用 E6 系列值，钽电解电容、固态电解电容、瓷介电容多采用 E12 系列值，薄膜电容多采用 E24 系列值，具体数值参见 2.1.1 节。

2. 误差范围

受生产工艺的限制，容量的误差范围变化较大且与电容种类密切相关，误差范围从大到小依次为铝电解电容、钽电解电容、瓷介电容、涤纶电容、聚丙烯电容、聚苯乙烯电容。除聚苯乙烯电容外，其他电容的误差范围一般都超过了±5%，某些品种的铝电解电容的误差范围甚至高达+100%。

在电路系统中，对容量的精度要求远不如电阻的严格；在电源滤波、信号耦合、旁路等电路中，电容的数量级达标即可，即便选择±20%的误差范围，对实际电路性能也不会造成太大影响。因此在进行电容选型时，应立足“够用”的原则，避免盲目使用高精度的电容产品。

【例 2-4-7】 在应急情况下，3.3μF 电解电容可用相同耐压值的 2.2μF 或 4.7μF 电容近似替代。

☞**提示**　在多谐振荡、延时、定时、音调、有源滤波等电路中的电容精度可适当提高。

3. 耐压值

耐压值一般是指电容在规定工作温度范围内长期可靠工作而不被击穿时所承受电压上限的 50%。

★**技巧**　对相同类型的电容而言，耐压值越高，电容的体积相应也越大。

对于不同种类的电容，其耐压值的差异较大，电容的耐压值标准如表 2-4-2 所示。

表 2-4-2　电容的耐压值标准（单位：V，括号内的数据主要针对电解电容）

1.6	4	6.3	10	16	25	(32)	40	(50)	63	100	(125)
160	250	(300)	400	(450)	500	630	1000	1600	2000	2500	…

（1）在体积较大的电容表面可直接标注耐压值，如图 2-4-03(c)、图 2-4-03(d)、图 2-4-03(e)、图 2-4-03(f)所示。

（2）钽电解电容较多采用英文字母表示耐压值，如表 2-4-1 所示。

（3）在体积较小的低压瓷介电容、独石电容表面，一般只标注容量，而没有标注耐压值，如图 2-4-04 所示。此时只能通过查询电容外包装中的规格型号才能获取该电容的耐压值。

为保证系统正常工作，电容的耐压值在原则上需增额选取，耐压值一般应取实际电压峰值的 120%～150%，才能确保电容长期稳定可靠地工作。但由于高耐压电容存在体积大、价格高等不利因素，因此耐压值并非越高越好，应全面综合性能、成本、外形封装等指标后均衡选取。

【例 2-4-8】 集成稳压器 LM7805（参见 5.1.5 节）输出+5V 电源电压的电路如图 2-4-13 所示。如 C_2 选择铝电解电容输出滤波，建议选 10V 耐压值；如 C_2 为瓷介电容或薄膜电容，选 6.3V 耐压值即可。

【例 2-4-9】 直接对 220V 市电整流滤波的开关电源前级电路如图 2-4-14 所示。考虑电网电压可能具有±10%的波动，根据整流滤波的计算公式可得出上限电压值 $VDC = 220\times(1+10\%)\times\sqrt{2}\approx 342V$，结合表 2-4-2，可选取滤波电容的耐压值为 400V 或 450V。

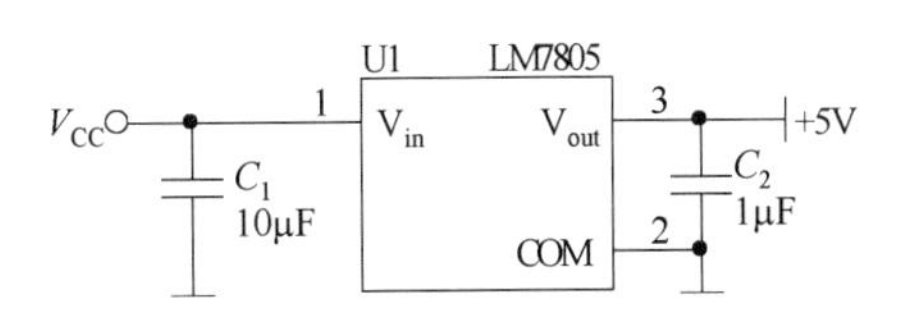

图 2-4-13　LM7805 输出+5V 电源电压的电路

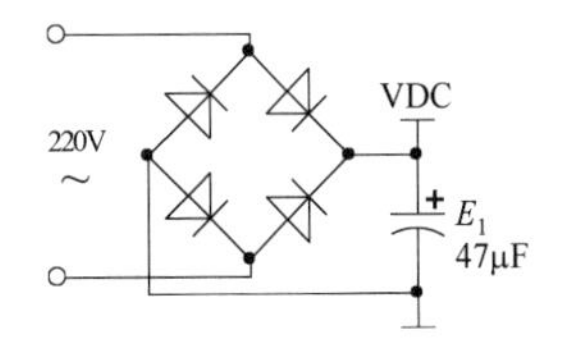

图 2-4-14　直接对 220V 市电整流滤波的开关电源前级电路

4．绝缘电阻

电容的绝缘电阻也称为“漏电阻”，是电容两只引脚（电极板）之间的电阻值。电容的绝缘电阻的理论值应为∞，但电容极板间的介质材料事实上会存在较大的电阻值（10^8 ～10^{10}Ω）。

☞**提示**　电容的绝缘电阻越大，漏电流越小，性能越好。

铝电解电容的绝缘电阻较小，可用万用表的电阻挡粗略地测出。对于绝缘电阻很大的瓷介电容，则只能使用专用的“漏电流测试仪”进行检测。

5．串联等效电阻（ESR）

实际的电容等效模型如图 2-4-15 所示，串联等效电阻 ESR 包含极板间等效电阻、引脚电阻等内容，*C* 为理想电容。

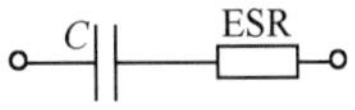

C　ESR

图 2-4-15　实际的电容等效模型

由于电阻是耗能元器件，当交流电流通过电容时，ESR 将会消耗能量从而产生损耗。虽然 ESR 对高阻抗电路、小信号模拟电路的影响轻微，但对射频电路、波纹电流很高的开关电源滤波电路而言，影响较突出：过大的 ESR 值会使电容发热，而热量又会促使 ESR 继续升高，最终可能导致电容因过热而损坏。

☞**提示**　聚丙烯电容、高频陶瓷电容的 ESR 较小，而铝电解电容的 ESR 相对较大。

【例 2-4-10】 1μF 铝电解电容的 ESR 值多处于 10^1Ω 数量级，100μF 铝电解电容的 ESR 值多处于 10^0Ω 数量级。

【例 2-4-11】 早期的计算机、显卡主板多采用 ESR 较大的液态铝电解电容对高频开关电源进行滤波，过大的高频纹波将引起电容温升明显，长期使用会发生电容外壳爆裂漏液、容量降低等故障。目前正在大力推广 ESR 值很小的固态电解电容，有效延长了上述电路板的工作年限。

6．损耗角正切（$\tan\delta$）

实际的电容产品均不是理想电容，在外接交流电压时除输出标准的无功功率 *Q* 外，电容内部介质通过等效得到的电阻将会产生有功功率损耗 *P*。有功功率损耗 *P* 与无功功率 *Q* 的比值定义为电容的损耗角正切：$\tan\delta = P/Q$ 。$\tan\delta$ 与电容的介质材料、制作工艺密切相关。

在用数字电桥测试电容参数时，仪器会同时显示 *C* 与 $\tan\delta$ 两个参数。铝电解电容的 $\tan\delta$ 较大，多处于10^{-2} ～10^0 数量级，而聚丙烯电容的 $\tan\delta$ 可小于 0.0001。

7．频率特性

当电容工作在较高频率时，其内部寄生参数的影响将变得非常明显，从而使工作在高频状态下的电容实际等效容量比该电容的静态标称容量有所减小。

☞**提示**　高频瓷介电容、聚丙烯电容的频率特性较好，铝电解电容的频率特性很差。

2.4.4　电容的串联与并联

电容的串联、并联电路的应用非常广泛，可起到增大容量或提高耐压值等作用。

1．增大容量

电容并联后的等效变换如图 2-4-16 所示，总电容明显增大。

当多只型号、耐压值相同的电容并联时，总电容为所有电容之和，即 $C_P = C_1 + C_2 + \cdots + C_m$。如并联电容的耐压值不等，并联后得到总电容的耐压值为所有并联电容的耐压值中的最低值。

★技巧　多只小容量电解电容并联得到的等效电容的性能优于单只较大容量的电解电容。

2．提高耐压值

如图 2-4-17 所示的多只耐压、容量相同的电容串联后，可等效为一只耐压值较高的电容，总耐压值为各只电容耐压值之和，但总容量会降低到单只电容容量的$1/n$（n 为电容的数量）。为确保电容串联电路可靠工作，建议为每只电容都并联一只等值的高阻值电阻，以均衡实际电容之间的参数差异。

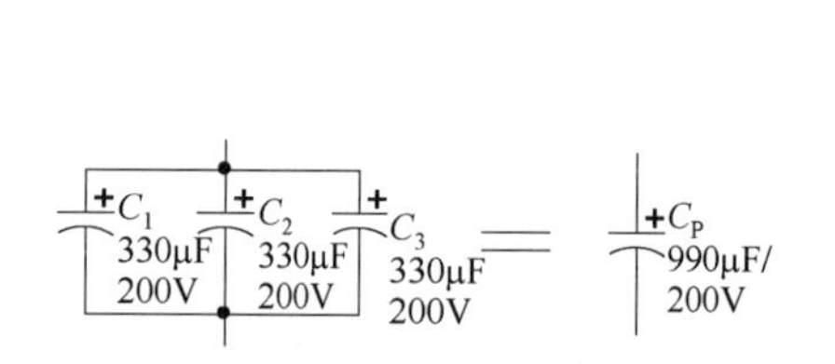

图 2-4-16　电容并联后的等效变换

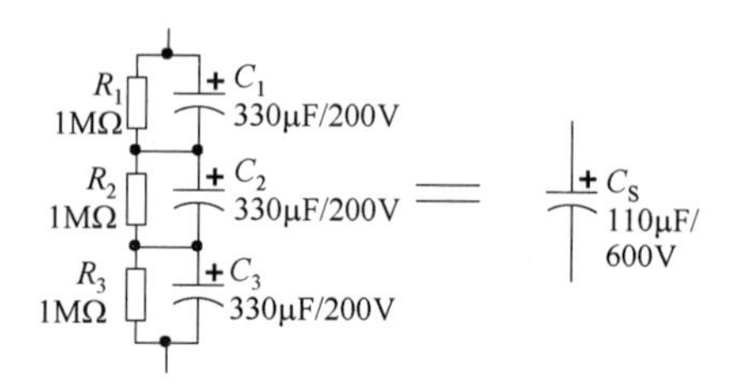

图 2-4-17　电容串联后的等效变换

☞提示　容量不等的电容串联后，每只电容的分压值与电容的容量密切相关，回路中低耐压、大容量的电容可能会首先被击穿，再引起其余串联电容发生连锁性击穿损坏，故容量不等的电容不宜串联使用。

3．改善电容性能

单只电容往往难以达到容量、体积、性能之间的完美平衡：电解电容的容量大，但频率特性、温度特性较差，漏电流较大；瓷介电容的漏电流小、频率特性优异，但容量过小。如果有选择性地将多只不同类型、不同参数的电容并联，那么可显著改善单只电容的性能。

【例 2-4-12】 集成稳压芯片 LM7905（参见 5.1.5 节）的典型工作电路如图 2-4-18(a)所示，C_2 是芯片输出端的滤波、消振电容，建议选用价格较高的 1μF 钽电解电容。实际应用中完全可以通过 10～22μF 铝电解电容 C_3 并联一只 0.1μF 瓷介电容 C_4 来进行等效变换，如图 2-4-18(b)所示。C_3 的容量较大，输出滤波效果较好；C_4 的高频特性良好，能有效消除输出端的高频纹波，同时还能抑制 LM7905 工作时可能出现的自激振荡。采用 C_3+C_4 等效电容后，LM7905 工作正常，电路成本得以降低。

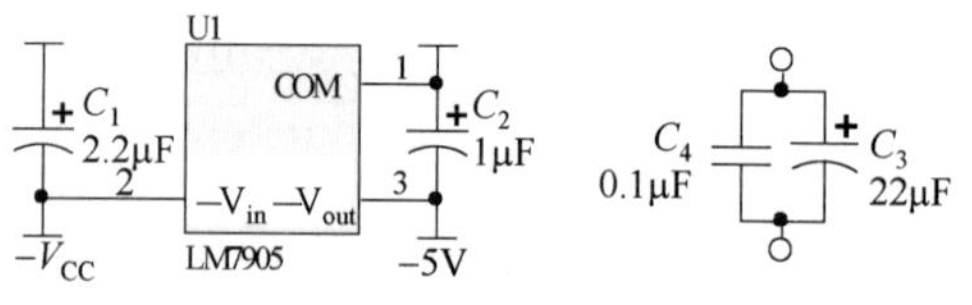

(a) LM7905的典型工作电路　　(b) C_2的等效变换

图 2-4-18　LM7905 工作电路及电容等效变换

2.5　电　　感

作为基本无源元件之一，电感在模拟电路中应用得非常广泛，具有不可替代性。当纯交流信号流经电感时，会产生自感电势阻碍交流信号顺利通过，自感电势的方向与外加交流信号的方向相反。交流信号的频率越高，电感对交流信号的阻碍越强烈，即“通低频阻高频”。由于电感的内阻较小，因此对直流信号几乎没有阻碍，这与电容的特性恰好相反。

电感能够储能，与电容、电阻结合可构成谐振、调谐、振荡、选频、延迟、滤波等电路单元。流经电感的电流不能突变，因此电感的滤波特性较“硬”，与电容很“软”的滤波特性形成鲜明的对比，被大量应用在开关电源、电力机车等功率型滤波环节。利用电感的电磁感应特性，可制作成磁头、电机、电磁铁、继电器等众多磁性元器件。

电感种类繁多，电感的常用电气符号如图 2-5-01 所示。

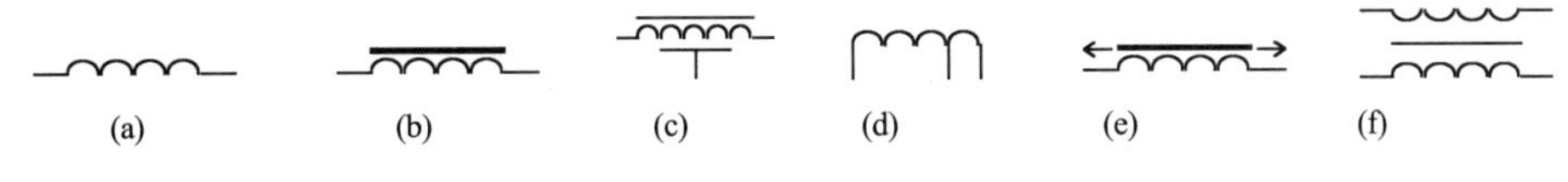

图 2-5-01　电感的常用电气符号

1）图 2-5-01(a)所示为空芯电感，图 2-5-01(b)所示的电感带有磁芯或铁芯。

2）图 2-5-01(c)所示的电感增加了屏蔽外壳，屏蔽外壳所连接的引脚在使用时应接地处理。

3）图 2-5-01(d)所示为带有中间抽头的电感，在电感三点式 LC 振荡电路中较常见。

4）图 2-5-01(e)所示为可调电感，图 2-5-01(f)所示为共模电感。

2.5.1　电感的结构

在电感的结构中，主要包括线圈绕组，此外还包括线圈骨架、芯体、屏蔽罩、固定及封装材料等。

1．线圈绕组（COIL）

电感是将外皮绝缘的金属导线（如漆包铜线、纱包线、丝包线等）一匝一匝地卷绕在绝缘支架（骨架）而制成的，如图 2-5-02 所示，也称“线圈绕组”或“电感线圈”，这是电感最基本的组成部分。

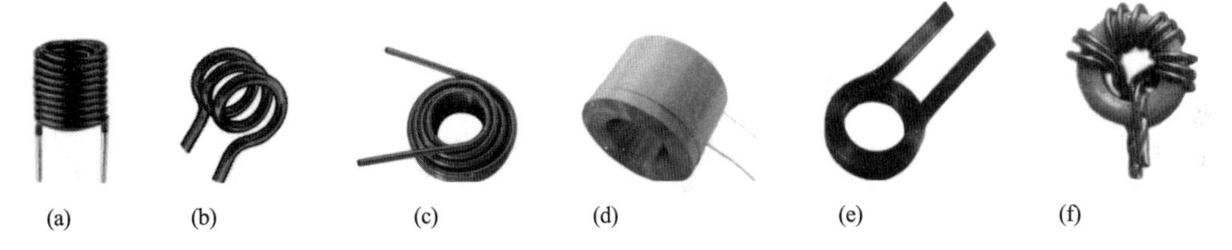

图 2-5-02　常见电感的线圈绕组

从线圈绕制完成的效果来看，线圈绕组可分为单层和多层两种类型。图 2-5-02(a)所示的电感采用单层密绕工艺，每匝电感线圈都紧密相连。图 2-5-02(b)是卧式单层空芯电感，采用单层间绕工艺，线圈间隔一定距离，匝间距将影响电感量的大小，常用于调频收音机电路。图 2-5-02(c)、图 2-5-02(d)是采用分层平绕工艺制得的多层空芯电感，在音箱分频器、电磁炉感应线圈、无线充电器线圈中较常见。

扁导线电感如图 2-5-2(e)所示，被广泛用于大电流电感的生产与制作。传统电感多使用圆柱形绝缘导线绕制，而扁导线电感采用扁平的绝缘铜板作为导线，扁平化的结构降低了电感的高度和厚度。扁导线电感的线圈的匝与匝之间贴合紧密，比由圆柱形漆包线构成的电感的传热、散热性能更好，导线的有效横截面积大，可有效减小磁芯尺寸，是目前大电流电感的重要发展方向。

当交变电流通过线圈导线时，导线横截面周围的电流密度明显大于导线中心的电流密度，该现象被称为趋肤效应。交流电频率越高，趋肤效应越明显。工程上常采用图 2-5-02(f)所示的多股较细漆包线并绕，在保证较大额定工作电流的前提下，降低趋肤效应的不利影响。

2．线圈骨架（BOBBIN）

线圈骨架采用尼龙、塑料、胶木、电木等材料制成，是电感、变压器线圈的绝缘支架，外形如图 2-5-03

所示。当绕组线径较小时，绕制得到的电感无法保持固定的形状，此时需要用线圈骨架对绕组进行支撑与固定。某些电感还需要向线圈骨架中插入铁芯或磁芯。

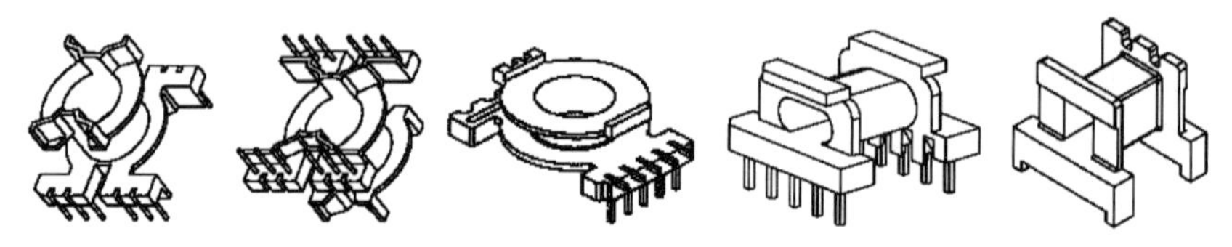

图 2-5-03　常用的电感、变压器线圈骨架的外形

线圈骨架并不是必需的电感组成部分，使用较大线径的漆包铜丝在模具上绕制完成后，摘除模具后得到如图 2-5-02(a)所示的空芯电感，也称为“脱胎电感”。空芯电感内部没有铁芯或磁芯，故电感量很小、工作频率较高，通过增减匝数或调节匝间距可以实现电感量的微调，主要用于高频电路中。

☞**提示**　经绝缘处理的铁芯或磁芯本身也可以作为绕制电感的线圈骨架。

3. 芯体（CORE）

为改变小体积电感的电感量、品质因数，可在线圈内部放置芯体（铁芯、铜芯、磁芯）。

1）铁芯

铁芯电感多用于 50Hz 工频及其他频率较低的电路。整块的铁芯在磁场中会因为涡流效应而严重发热，故实际的铁芯常采用如图 2-5-04(a)所示的 EI 形硅钢片（含碳极低的硅铁软磁合金，含硅量为 0.5%～4.5%）对插而成，插片流程如图 2-5-04(b)、图 2-5-04(c)、图 2-5-04(d)所示。多片硅钢片叠合后需要使用长螺栓固定，图 2-5-04(a)中硅钢片中的圆孔即为螺栓固定孔。

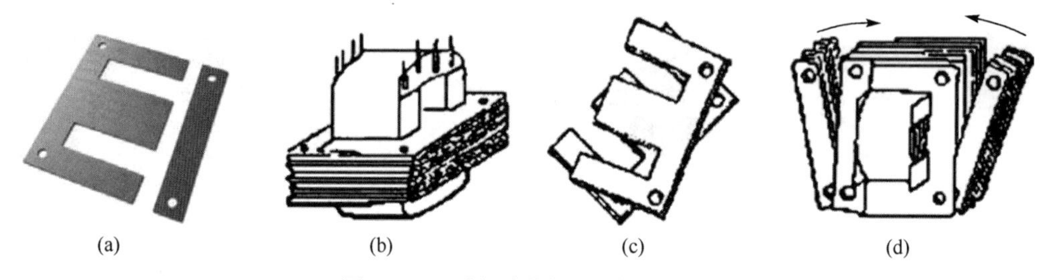

(a)　(b)　(c)　(d)

图 2-5-04　硅钢片的外形及插片流程

除了 EI 形硅钢片，还有 EE、UI、CD 形硅钢片。硅钢片的厚度有 0.23mm、0.3mm、0.35mm、0.5mm 等规格。工作频率越高，涡流损耗越大，选用的硅钢片厚度也就越薄。普通硅钢片的工作频率一般不会超过 400Hz，如果想用于频率较高的音频电路中，则可以使用坡莫合金作为电感的铁芯材料。

2）铜芯

使用铜芯材料的电感线圈在超短波接收电路中具有一定的应用。铜是抗磁性物质，加入铜芯的空心电感的电感量会减小。如果铜芯的位置在小范围内可调，那么电感量也会被微调。

3）磁芯

磁芯由铁氧体、铁粉芯等软磁材料制成，图 2-5-05、图 2-5-08、图 2-5-12(a)均代表了一些常用磁芯的外形。

将线圈在骨架上绕制完成后，插入如图 2-5-05(a)、图 2-5-05(b)、图 2-5-05(c)、图 2-5-05(d)所示的磁芯即可得到所需的电感或变压器。磁芯电感的电感量较大，工作频率高于铁芯电感的工作频率、低于空芯电感的工作频率，在开关电源、收音机等高频电路中应用较广。如图 2-5-05(e)、图 2-5-05(f)、

图 2-5-05(g)所示磁芯具有封闭的环状结构，在进行电感绕制时无须使用塑料骨架，可直接将漆包线绕制在磁环上，如图 2-5-06(a)所示。

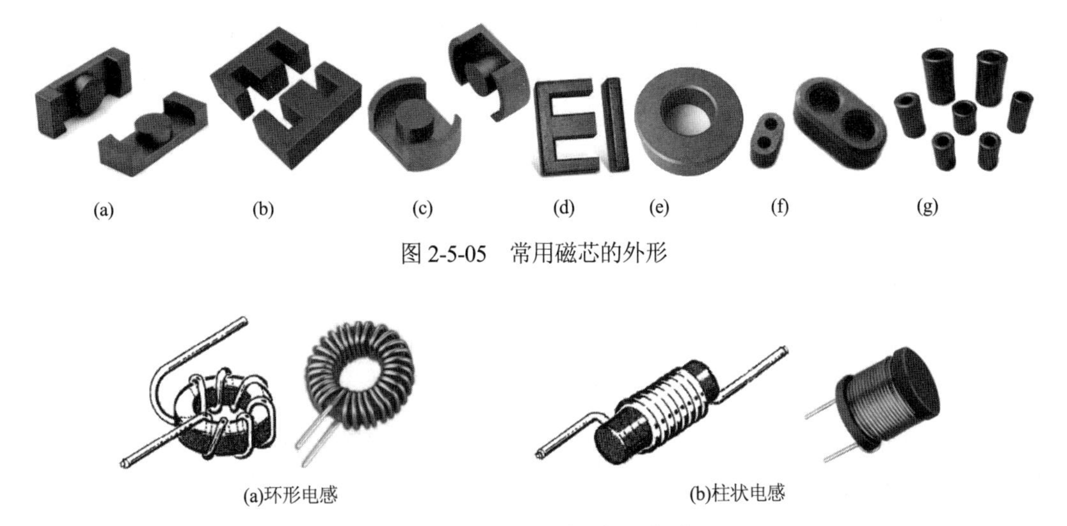

图 2-5-05　常用磁芯的外形

图 2-5-06　环形电感与柱状电感

采用环状磁芯绕出的电感磁力线主要集中在环形磁芯内部，漏磁很小。即使不加装屏蔽罩，环形电感对其周边元器件的干扰也非常有限。但在绕制环形电感时，需要用钩针拖动导线反复插入、穿出磁芯内孔，绕线工艺复杂，生产效率低于如图 2-5-06(b)所示柱状电感的生产效率。

磁芯属于易损件，需要轻拿轻放，在拆卸带有磁芯的电感时应均匀用力，避免磁芯破裂。为避免漆包线表皮的绝缘层破损而引发电感绕组匝间短路，可在磁芯与绕组间隔离一层绝缘膜（胶带）。

4. 屏蔽罩

采用柱状磁芯或无磁芯电感在工作时容易对周边电路产生电磁干扰，可用屏蔽罩进行屏蔽处理。

【例 2-5-1】 如图 2-5-07 所示为调幅收音机使用的中频变压器（中周），屏蔽铁壳需连接至 PCB 中的信号地，才能够有效抑制电磁干扰。

部分电感在线圈外部采用如图 2-5-08 所示的罐状磁帽，当两只完全相同的磁帽扣合后，既具有磁芯功能，又构成电感线圈的屏蔽材料，消除电磁干扰。这种工艺在贴片电感的生产中应用较广。

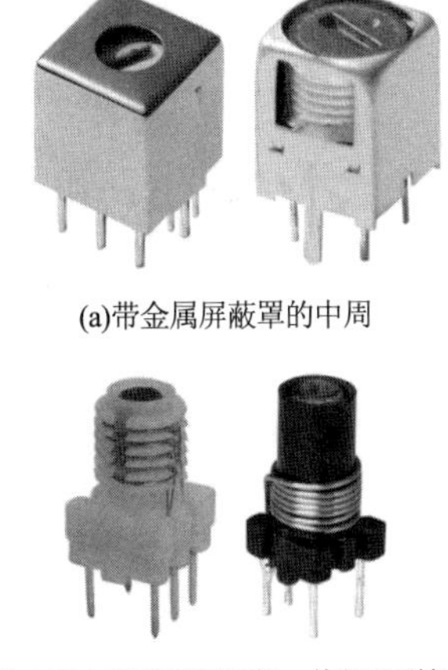

图 2-5-07　中频变压器（中周）

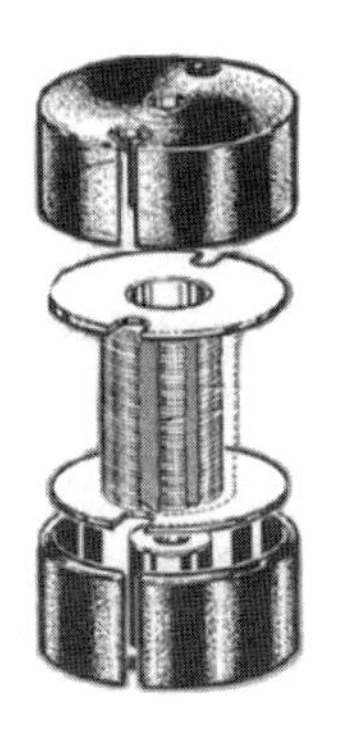

图 2-5-08　罐状磁芯电感的罐状磁帽

5. 固定及封装材料

绕制完成的电感一般还采用专用材料进行固定及封装。色环电感[参见图 2-5-12(b)]一般采用环氧树脂作为封装材料，圆柱形电感常用热缩管对线圈进行包裹与固定，如图 2-5-09(a)所示。热缩管受热后收缩、强度加大，紧密地裹住线圈与磁芯。热缩管表面可印制电感的参数或型号，便于识读。

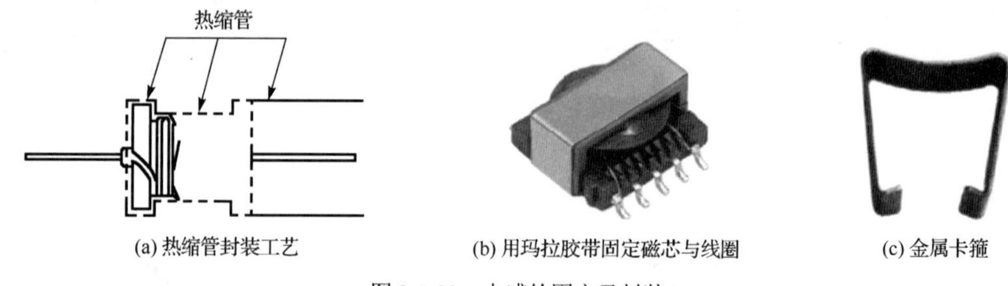

(a) 热缩管封装工艺　(b) 用玛拉胶带固定磁芯与线圈　(c) 金属卡箍

图 2-5-09　电感的固定及封装

在如图 2-5-05(a)、图 2-5-05(b)、图 2-5-05(d)所示的磁芯式电感中，为确保线圈、磁芯不发生松动、错位，可先将线圈浸漆后烘干，用玛拉胶带裹紧；接着用胶水粘牢插入骨架的磁芯，最后用玛拉胶带将磁芯裹紧，如图 2-5-09(b)所示。对于大体积的电感、变压器，还可用如图 2-5-09(c)所示的弹性“Π”形金属卡箍夹紧磁芯。

2.5.2　电感的参数

电感的主要参数包括电感量、额定工作电流、直流内阻、品质因数、误差范围等。

1. 电感量（*L*）

电感量用来反映电感存储磁场能量的多少。电感量与线圈绕制匝数、几何尺寸、层数、线圈绕制的紧密程度、绕制方式、有无磁芯/铁芯等因素密切相关：电感的横截面积越大、线圈匝数及层数越多、线圈绕制的紧密程度越高，电感量越大；当电感的线圈插入磁芯或铁芯后，电感量会大幅度增大；磁芯的磁导率越大，电感量越大。

感抗 $X_L = 2\pi fL$ 用来衡量电感对交流电流的阻碍能力的强弱，单位为 Ω。

电感量基本单位是H(亨利)，工程上的常用电感量单位是μH与mH，其中，$1\mu H = 10^{-3} mH = 10^{-6} H$。小电感在进行参数标注时，常省略电感的单位，默认为 μH。

★技巧　用于高频电路的电感量相对较小，用于工频或其他低频电路的电感量相对较大。

【例 2-5-2】 图 2-5-10(a)所示的贴片电感表面标注的 330，代表其电感量为 $33\times10^0 = 33\mu H$，而并非 330μH。同理，图 2-5-10(b)所示电感的电感量不是 331μH，而是 $33\times10^1 = 330\mu H$。

(a)　(b)

图 2-5-10　贴片电感的外形与参数示例

模拟和数字电路中常用电感的电感量范围为 $10^0 \sim 10^3$ μH，用于线性直流电源 LC 滤波（参见图 5-1-09）的电感量在 500μH 以上，较低频率开关电源中多采用 33～470μH 的电感，高频开关电源电路中的电感量较小，一般不超过 50μH。

2. 额定工作电流（IDC）

电感长期稳定工作而不发生损坏时允许通过的最大直流电流被定义为额定工作电流。若实际电流长时间超过额定工作电流，则电感线圈绕组会因过热而被烧断。

☞**提示**　当磁芯式电感的工作电流过大时，还会使电感量减小，最终也会导致线圈因过热而烧毁。

额定工作电流很少标注在电感表面，可通过漆包线直径进行观察、判断。当电感量相同时，绕制线圈的线径越大，电感的额定工作电流也就越大。线圈材料的含铜量越高，额定工作电流相应越大。

铜质漆包线可按照每平方毫米横截面积承受 2.5A 电流进行近似估算。在相同工作电流条件下，铝制漆包线的线径应为铜质漆包线线径的 1.3～1.6 倍。

【例 2-5-3】　如果电感的额定工作电流为 2A，那么漆包线的线径的估算值为 $2\sqrt{2/2.5\pi} \approx 1\text{mm}$，手工绕制时需要富余一定的电流，可以取线径为 1.1mm 的铜质漆包线。

3. 直流内阻（DCR）

电感的直流内阻多处于 10^{-3}～$10^{1}\Omega$ 数量级。相同系列中电感的电感量越大，则线圈的绕制匝数越多、直流内阻越大；对相同匝数的电感而言，绕制线圈所用金属导线的直径越大，直流内阻越小；对于电感量相同的电感，直流内阻越小越好；电感所用金属导线的含铜量越高，直流内阻越小。

☞**提示**　铝线电感、"铜包铁"电感明显降低了生产成本，但电感的直流内阻会大幅增大。

【例 2-5-4】　较大电感量的电感可用万用表的低阻挡进行内阻测试：首先短接红、黑表笔，记录表笔及万用表的内阻总读数，接着测量读出电感的名义内阻；将两次内阻读数求差后，即可计算出电感的直流内阻。对于直流内阻太小的电感，一般需要使用专用的毫欧表或数字电桥进行精确测量。

4. 品质因数（Q）

品质因数定义为电感存储能量（感抗）与消耗能量（直流内阻）之比：$Q = \omega L / R = 2\pi f L / R$（$f$ 为工作频率，L 为电感量，R 为直流内阻）。品质因数 Q 是反映电感效率与性能质量的关键指标，Q 的取值范围一般为 0.1～300，Q 值越大，则电感的功率损耗越小。

电感的品质因数 Q 主要与线圈导线的材质及线径相关，此外，多股/单股导线、导线绕制工艺、骨架的介质损耗、高频趋肤效应、有无磁芯、有无屏蔽罩等线圈结构参数也会影响 Q 值的大小。

☞**提示**　绕制电感所用的导线越粗，品质因数 Q 越大，电感承受的峰值电流也越大。

用于谐振回路的电感的 Q 值普遍较大，可减小线圈回路的损耗，获得更好的频率选择特性。滤波回路中电感的 Q 值相对较小，以避免电感与滤波电容构成谐振回路，消除对滤波电路的不利影响。

5. 误差范围

电感的标称电感量与实际测得的电感量之间会存在一定的误差。受结构、绕制工艺、磁芯材料等因素的制约，电感的误差普遍较大。除了用于振荡电路的电感需要将误差范围控制在 0.5%以内，一般电路中电感的误差范围在±10%～20%内都是可以接受的。电感量的误差范围如表 2-5-1 所示。

表 2-5-1　电感量的误差范围

符　号	S	F	G	J	K	L	M	N
误 差 范 围	±0.3%	±1%	±2%	±5%	±10%	±15%	±20%	±30%

2.5.3　电感的串联与并联

如果每只电感均为独立磁路，而且相隔较远，那么将 n 只电感串联后，总电感量 L_S 呈增大的趋势：$L_S = L_1 + L_2 + \cdots + L_n$。如果每只电感均为独立磁路，而且相隔较远，那么将 n 只标称电感量相同的电感并联后，总电感量 $L_P = L / n$。

☞**提示**　多只电感并联后总电感量有所减小，但并联后的总电感将比单只电感承担更大的电流。

在图2-5-11中，如果进行串联、并联的电感磁路存在相互交叉和影响，那么在计算总电感量时需要考虑绕组的同名端（同名端的感应电势方向一致，用黑点标注）与互感 M（$M = k\sqrt{L_1 L_2}$，k 为两只电感线圈的耦合系数，其取决于线圈结构、线圈相对位置、磁芯相对两只线圈的位置关系。当 $k = 1$ 时为全耦合，表明一只线圈产生的磁通全部穿过另一只线圈，没有漏磁通。实际的电感线圈之间或多或少存在一定的漏磁通，故 $k < 1$。采用同一副磁芯/铁芯时，漏磁通很小，可近似认为 $k \approx 1$）。

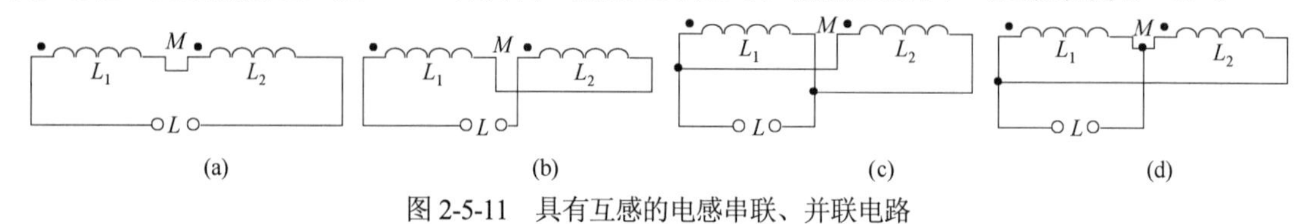

图2-5-11 具有互感的电感串联、并联电路

图2-5-11(a)中，L_1 与 L_2 正向串联的总电感量为 $L_{S1} = L_1 + L_2 + 2M$。图2-5-11(b)中，L_1 与 L_2 为反向串联，总电感量 $L_{S2} = L_1 + L_2 - 2M$。

图2-5-11(c)中，L_1 与 L_2 同向并联后的总电感量 $L_{P1} = (L_1 \cdot L_2 - M^2)/(L_1 + L_2 - 2M)$。图2-5-11(d)中，$L_1$ 与 L_2 反向并联后的总电感量 $L_{P2} = (L_1 \cdot L_2 - M^2)/(L_1 + L_2 + 2M)$。

2.5.4 常用电感

常用的电感可分为小功率模制电感、功率电感、共模电感、可调电感等，它们的外形差异较大。

1. 小功率模制电感

小功率模制电感的体积普遍较小，一般不使用骨架，而直接将细漆包线绕制在图2-5-12(a)所示的“工”字形磁芯上，磁芯两端的圆盘能够阻止线圈沿磁芯滑动。

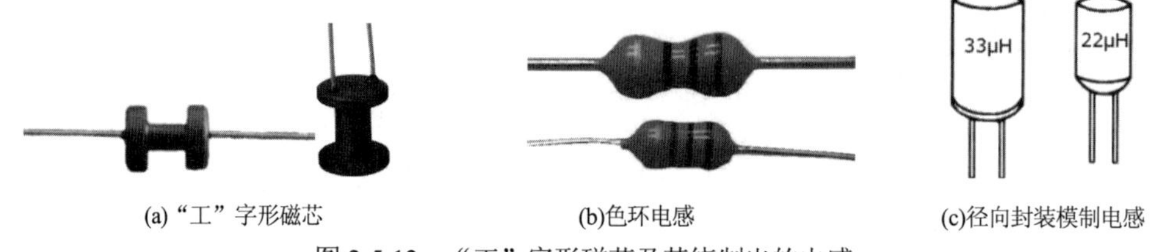

(a)“工”字形磁芯　　(b)色环电感　　(c)径向封装模制电感

图2-5-12 “工”字形磁芯及其绕制出的电感

用环氧树脂将绕制完成的线圈与磁芯黏合、固定后，用色环标注电感量，得到图2-5-12(b)所示的色环电感。图2-5-12(c)为立式模制电感，电感量用色码（色点）或文字标注在外壳表面。高频电感采用镍锌铁氧体磁芯，低频电感采用锰镍铁氧体磁芯。

小功率模制电感的电感量范围为 10^{-1} ～ 10^{3} μH，误差范围为±10%～±20%，具有质量小、体积小、耐震动、耐冲击、防潮防湿、安装使用方便等优点。由于漆包线的线径很小，因此品质因数 Q 普遍较小、额定工作电流很小，故小功率模制电感多用于信号滤波、振荡、陷波和信号延迟等小功率模拟电路中。

★技巧 色环电感的颜色与参数对应关系参见表2-1-4，与色环电阻的相同。电感量的默认单位为μH。色环电感与色环电阻的外形接近，但其直流电阻值较小，基本只有几十欧姆。此外，色环电感外形短而粗，电感体中间部位的“狗骨”状凹陷要么明显，要么没有凹陷，两侧的阶梯层次不明显，如图2-5-12(b)所示。色环电感表面有绿、灰、红等多种底色，而色环电阻的底色多以蓝色为主。

2. 功率电感

图2-5-06、图2-5-10均为常用的功率电感，具有漆包线线径大、磁芯体积大、易碎、额定工作电

流大、品质因数 Q 高、形状体积差异较大等特点。功率电感一般需要定制或自行绕制，因此只有在采购到所需电感成品或自行绕制完成后，才能确定电感在 PCB 中的准确封装。

功率电感的线圈可采用单层、多层和间隔绕制等多种工艺结构。单层电感的线圈只沿着磁芯表面绕制一层，电感量处于10^0～10^2μH 数量级；多层电感的线圈沿着磁芯表面绕制的层数更多、电感量更大、分布电容也更大，多用于储能、滤波等功率电路应用场合中；间隔绕制工艺则是在层与层之间留出一定距离，以减小分布电容，主要应用于高频大功率系统中。

功率电感的磁芯有圆形磁环与“工”字形磁芯两大类。采用“工”字形磁芯的功率电感多采用立式封装；基于圆形磁环绕制的电感采用立式、卧式封装均可，具体选择视 PCB 表面积与机箱内部高度而定。

3. 共模电感

共模电感（Common Mode Choke）也称为“共模扼流圈”，是将两只共模电感线圈 La 和 Lb 绕制在同一只磁力线封闭的磁芯或铁芯上得到的。两只线圈的匝数、相位相同，但线圈 La 和 Lb 的绕制方向正好相反，如图 2-5-13 所示。常见的共模电感的外形如图 2-5-14 所示。

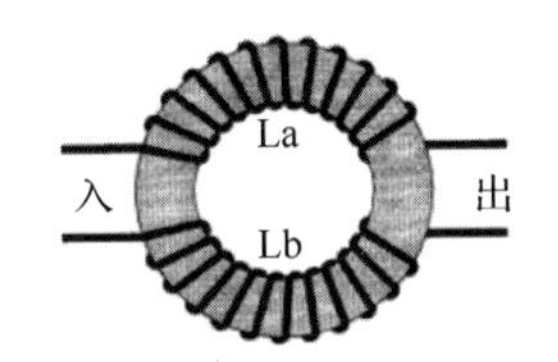

图 2-5-13　共模电感的线圈绕制

图 2-5-14　常见的共模电感的外形

当工作电流依次流经 La、Lb 构成回路时，电流在同相位绕制的电感线圈中产生反向磁场而相互抵消。但是，当电磁干扰信号同时流入两只线圈时，由于共模电流的方向相同，产生的同向磁场将增大线圈的感抗，使电感表现出很高的阻抗，对共模电流产生强烈的阻尼与抑制，从而衰减共模电流，达到滤波的目的。

【例 2-5-5】 开关电源中输入级常用的 EMI 滤波电路如图 2-5-15 所示。EMI 滤波电路的核心是一只电感量较大的共模电感 L_1，与 X 电容（C_1、C_6）和 Y 电容（C_2、C_3、C_4、C_5）组成复杂的低通滤波电路，能够允许 220V 工频电压进入设备，从而阻碍高频的共模电磁干扰信号。在高速数字电路的供电、信号端口处，共模电感也被广泛采用，以抑制高速信号线向外辐射的电磁信号。

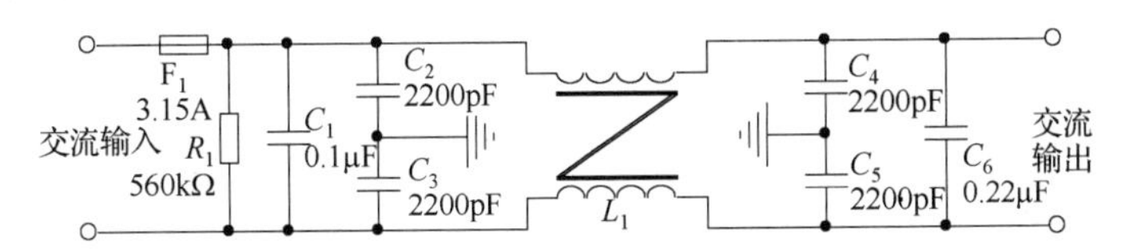

图 2-5-15　开关电源中输入级常用的 EMI 滤波电路

4. 可调电感

电感量可通过磁芯位置、线圈匝距、改变抽头、互感串联等方式实现调节，不如电位器调节方便。最常用的电感量调节方式是改变磁芯在线圈中的相对位置：当磁芯全部包入线圈时，电感量最大；当磁芯全部脱离线圈时，电感量最小。可调电感的外形如图 2-5-16 所示。

图 2-5-16　可调电感的外形

图 2-5-07 所示的中频变压器也属于可调电感，顶部磁帽下方有螺纹，与中周内部骨架的螺纹啮合，用无感螺丝刀旋转磁帽的角度，改变磁帽与线圈的相对位置，从而调节电感量。

2.6 变 压 器

当电感 A 位于电感 B 产生的交变磁场中时，电感 B 的磁场变化将影响电感 A 并产生感应电势，这种影响被称为互感（M）。互感的大小取决于两只电感的自感与两个线圈耦合的紧密程度。

变压器所包含的两个及以上的线圈均被绕制在同一铁芯/磁芯中，利用两只线圈的互感（M）传递交流电信号与交流能量，是一种工作在静止状态下的电磁装置。变压器在电路中主要被用于传递与隔离交流电压、交流电流及交流功率，兼具阻抗变换、阻抗匹配的功能，是一种常用的无源元件。

2.6.1 变压器的种类、特性及设计

变压器由线圈、铁芯（磁芯）、骨架等单元组成，其外形如图 2-6-01(a)所示。变压器接电源的线圈被称为初级绕组，输出端的线圈被称为次级绕组。

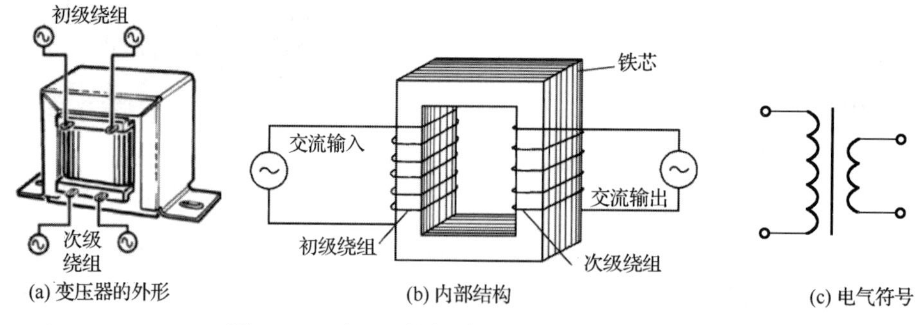

(a) 变压器的外形　　(b) 内部结构　　(c) 电气符号

图 2-6-01 变压器的外形、内部结构及电气符号

当初级绕组接入合适的交流电压时，将在铁芯中产生交变磁场，铁芯将交变磁场耦合至公用同一组铁芯的次级绕组，并在次级绕组中输出感应电压，如图 2-6-01(b)所示。变压器的电气符号如图 2-6-01(c)所示，某些变压器的次级绕组可能不止一个。

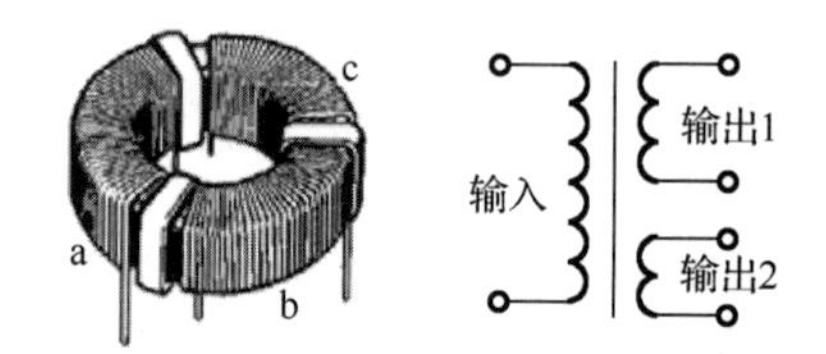

图 2-6-02 高频磁环变压器及电气符号

图 2-6-02(a)所示为一种采用圆环状磁芯的高频变压器，将 a、b、c 三个绕组绕制在同一个磁环上形成多绕组变压器，可用于 DC-DC 开关电源电路。

2.6.2 变压器的参数

变压器的参数主要包括额定电压、额定功率、变压比、效率、绝缘电阻、温升等。

1. 额定电压

变压器的额定电压包括额定输入电压与额定输出电压两部分，额定输入电压一般为 220～230V。

2. 额定功率

变压器接入额定输入电压，在不超过规定温升上限条件下长期稳定的输出功率，单位为 VA（伏安）。

3．变压比

变压比是指变压器初级电压和次级电压的比值，包括空载电压比、负载电压比两种。

设变压器初级绕组的输入电压为V_{IN}，次级绕组的输出电压为V_{OUT}，初级绕组的匝数为n_P，次级绕组的匝数为n_N，若不考虑变压器损耗，则变压器输入电压与输出电压的变换关系为$V_{IN}/V_{OUT}=n_P/n_N$，电压比被转换成了匝数比。降压型工频变压器的匝数关系为$n_P>n_N$，故输出电压小于输入电压。

当变压器的次级绕组接入负载后，将会在回路中产生次级电流I_{OUT}与初级电流I_{IN}，如果不考虑能量损耗，则两个电流的比例关系为$I_{IN}/I_{OUT}=n_N/n_P$，如果考虑变压器存在的各种能量损耗，实际测得的I'_{OUT}将小于理论计算出的I_{OUT}。

4．效率 η

变压器工作时存在铜损、铁损两种不同性质的功率损耗，变压器的效率是指次级输出功率与初级输入功率的百分比。影响变压器效率的主要因素包括铁芯所用硅钢片的质量、变压器设计水平及制造工艺、变压器额定功率。效率η并不是一个常数，变压器的额定功率越大，相应的效率也就越高。接近满负载运行状态时，变压器的效率反而较高。

【例 2-6-1】 kVA 级的变压器的效率可达 99%，5VA 以内小功率变压器的效率往往不足 90%。

5．绝缘电阻

变压器绕组与铁芯之间、各绕组之间的绝缘性能一般通过绝缘电阻来衡量，这是判断电源变压器工作安全性的一项重要指标。绝缘电阻的大小与制造变压器所用的绝缘材料、生产工艺密切相关，也与变压器周边实际工作场地的环境温度、湿度有关。

6．温升

变压器通电工作后，绕组线圈和铁芯都会不同程度地发热，满负载、过载状态下的变压器温升现象尤为明显。当温升超过变压器额定的温度上限时，将影响甚至破坏变压器的绝缘指标及阻燃性，造成绝缘漆融化、线圈老化等故障，严重时可能会因变压器整体温度过高而酿成安全事故。

☞**提示**　传统变压器的绕组使用铜质漆包线绕制，质量大、成本高、价格贵。为了降低成本，目前有一些民用变压器使用铝质漆包线或铜包铝的绝缘线制造绕组，在满负荷工作一段时间后，变压器温升较明显，存在较大的安全隐患。这类变压器的典型特征是质量小，用万用表测得的绕组的直流内阻较大。

2.6.3　变压器的分类

变压器的种类并不多，可以简单地分为以下 5 类。

1．降压型工频电源变压器

降压型工频电源变压器将不安全的电网电压转换为同频的低压交流电，经过后续的整流、滤波、稳压电路后可得到安全、稳定的直流电压，为各类电子产品、仪器设备供电。

【例 2-6-2】 降压型工频电源变压器的初级匝数n_P比次级匝数n_N大，故初级电流小于绕组电流，因而初级绕组的线径远远小于次级绕组的线径，使用时仅从绕组的粗细程度即可准确判断初级绕组与次级绕组。

☞**提示**　当变压器发生短路、过载故障时，初级绕组因为线径过小，更容易被烧毁。

除降压型工频电源变压器外，也有少量升压型电源变压器和混合型电源变压器（次级同时具有升压绕组与降压绕组），用于产生电子管、光电倍增管、高压栅栏等特种元器件所需的高压。

2. 隔离变压器

图2-6-03所示的隔离变压器是一类特殊的变压器，其初级绕组与次级绕组的匝数完全相等，变压器次级绕组的输出电压V_{OUT}与初级绕组的输入电压V_{IN}基本相等。

由于隔离变压器的初级绕组与次级绕组均经过良好的绝缘处理，因此次级绕组的引脚均未与电网的火线、零线相连，从而与大地之间没有形成电位差。即使工作人员在实际操作中不小心触碰到次级绕组的任何一根引脚，也不会引发触电事故，可确保安全。

⚠警告　直流开关电源、微波炉的部分电路单元与火线相连，具有较大的安全隐患，在进行设备调试、维修时，建议使用隔离变压器将电网电压与设备的电气部分有效隔离。

【例2-6-3】 应急情况下，两只相同型号的降压型工频电源变压器可构成如图2-6-04所示的隔离变压器。T_5的输入端与220V市电相连，经过两级变压器隔离、传递后，由T_6输出220V电压，与市电实现了完全的电气隔离。F_1为保险丝，可在T_6输出过载或短路时切断T_6的输入，确保系统安全。

⚠警告　隔离变压器的安全性较好，但若同时碰到次级绕组的两只引脚，则仍然可能导致触电事故。

3. 自耦变压器

自耦变压器也称为“单圈变压器”，初级绕组和次级绕组公用一组线圈，次级绕组通过接触刷接入初级绕组，自耦变压器的外形及电气符号如图2-6-05所示。

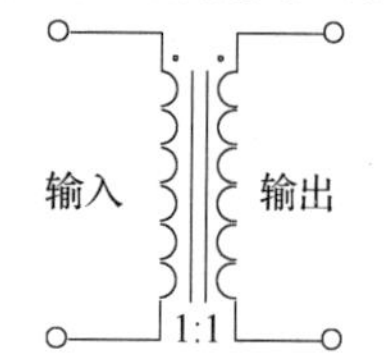

图2-6-03　隔离变压器

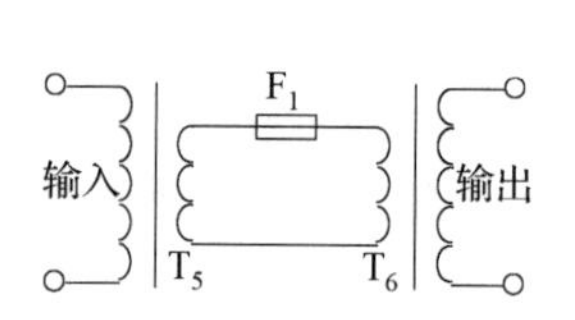

图2-6-04　隔离变压器等效设计

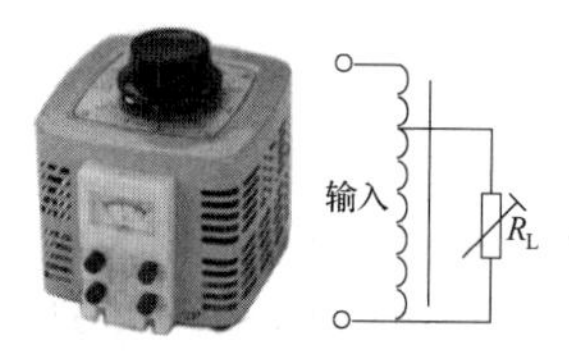

图2-6-05　自耦变压器的外形及电气符号

旋转自耦变压器顶部的大型圆旋钮，带动次级绕组的接触刷在初级绕组中滑动，从而改变变压器的匝数比，使次级绕组的输出电压发生改变。

相同功率的自耦变压器与降压型隔离变压器相比，尺寸更小、效率更高，但安全性更差。

⚠警告　自耦变压器的初级绕组与次级绕组未进行电气隔离，即使自耦变压器的次级绕组的输出电压远小于36V安全电压，在工作人员接触到二次绕组的端子时，也有造成引起触电事故。

4. 开关变压器

开关变压器是开关电源内部进行能量转换的一种高频变压器，工作频率超过20kHz，用铁氧体材料构成的磁芯取代了用硅钢片制成的低频铁芯，效率很高。

5. 音频变压器

音频变压器主要在功放电路中用来进行阻抗变换与阻抗匹配。在20Hz～20kHz的音频范围内，音频变压器可分为输出变压器、输入变压器与级间变压器三种类型。

【例2-6-4】 在商场背景音乐播放系统中，扬声器与功放的连线很长，导线的内阻不能忽略，因而广泛采用音频变压器实施阻抗匹配，确保每只远程的扬声器均能得到足够大的电压输入。

2.7　晶　　振

石英晶体是利用石英材料压电特性制成的一种电子元器件，简称晶振。采用晶振构成振荡电路的频率精准且稳定性很好，在模拟和数字电路中均有一定应用。

晶振可分为无源晶振与有源晶振两大类。

2.7.1　无源晶振

无源晶振（Crystal Resonator）如果没有放大器等有源器件的协助，将无法独立工作，其电气符号及等效电路模型如图 2-7-01 所示。

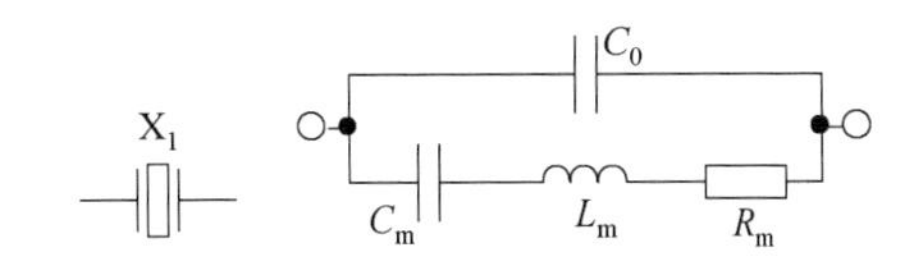

图 2-7-01　无源晶振的电气符号及等效电路模型

无源晶振的常见外形结构如图 2-7-02 所示，多为两只引脚，引脚无极性之分。少数无源晶振也采用贴片 4 脚封装。

(a)HC-49U 封装　(b)HC-49S 封装　(c)HC-49SMD 封装　(d)圆柱形封装

图 2-7-02　无源晶振的常见外形结构

图 2-7-02(a)所示的晶振采用了高度较大的HC-49U封装，综合性能较好。图 2-7-02(b)所示的HC-49S封装、图 2-7-02(c)所示的“假贴片”HC-49SMD 封装是当前电路系统中最常见的无源晶振封装形式，晶振高度比 HC-49U 的小得多。图 2-7-02(d)是圆柱形封装的晶振，也称为“钟表晶振”，在石英表、U 盘、单片机中应用得较多，常用的外形尺寸有 Φ8×3mm 与 Φ6×2mm 两种。

无源晶振的内部结构如图 2-7-03 所示。

从图 2-7-03 可以看出，无源晶振的核心是一只经过精密切割而成的石英晶片，由于无法直接焊接，因此采用两只金属电极夹住并压紧石英晶片形成欧姆接触，然后将电极接至无源晶振的外部引脚。当电子产品遭受冲击、碰撞或持续震动时无源晶振会失效，常与无源晶振的抗震性能差有关。

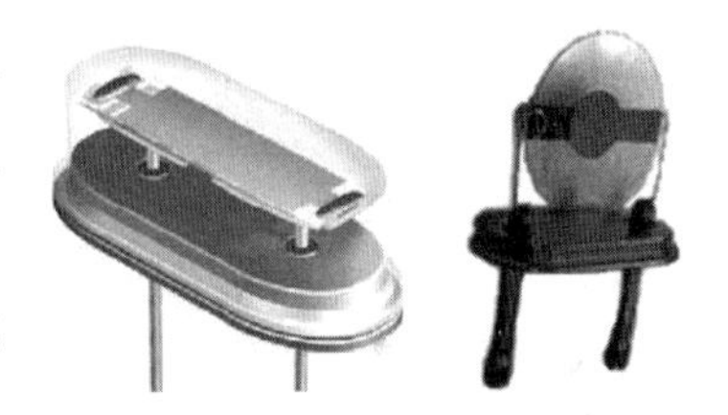

图 2-7-03　无源晶振的内部结构

【例 2-7-1】 U盘的主板基本都有一颗小体积晶振，随身携带时，晶振因震动发生损坏的概率较大。对于突然失效的 U 盘，可首先检查晶振是否发生损坏。

★技巧　为屏蔽外界干扰，石英晶振多采用金属材料作为外壳。为提高晶振的抗干扰性，建议将晶振金属外壳以焊点的形式与所在电路的地线连为一体，实现外壳的良好接地。

2.7.2　有源晶振

有源晶振（Crystal Oscillator）的结构多为 4 只引脚，其内部除包含石英晶片外，还包含完整的外围振荡电路，通电后即可输出稳定的方波。直插式有源晶振主要采用 DIP-8（半砖）、DIP-14（全砖）的兼容封装（只有 4 个边角有引脚），如图 2-7-04(a)、图 2-7-04(b)所示。贴片有源晶振的高度与表面积较直插式有源晶振大幅减小，如图 2-7-04(c)所示，已逐步成为工程应用中的主流产品。

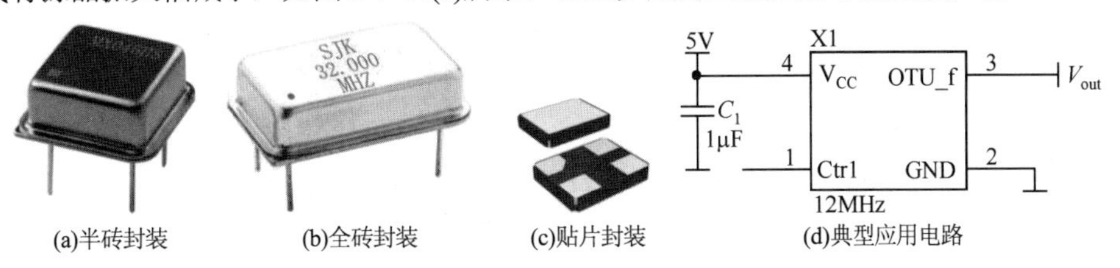

(a)半砖封装　(b)全砖封装　(c)贴片封装　(d)典型应用电路

图 2-7-04　有源晶振

★技巧　面对有源晶振的字符面，左上角为电源引脚，右下角为接地引脚，右上角为频率波形输出引脚，左下角一般为空脚。部分有源晶振的左下角为使能端，当使能端为有效电平时，有源晶振才会输出方波。

有源晶振的典型应用电路如图2-7-04(d)所示，C_1对有源晶振的内部电路进行电源滤波。

2.7.3　常用的晶振频率

常用的晶振频率非常多，在低频模拟和数字电路中常用的晶振频率如下。

1）32.768kHz：折合2^{15}Hz，经15次二分频可得1Hz的基础频率，广泛用于时钟电路。

2）4MHz、8MHz、12MHz、16MHz、24MHz：单片机中的常用整数频率，便于计算机器周期。

3）11.059 2MHz：可分解为1152×9600（Hz），主要用于UART异步通信的51系列单片机中。

2.8　电 声 器 件

电声器件是实现电-声换能的器件，具有声音信号的捕捉与释放两种基本功能。

2.8.1　麦克风

麦克风也称为传声器，是microphone的汉语音译，缩写为MIC。麦克风能够将声音信号转换为电信号，主要分为动圈式（电感式）麦克风与驻极体（电容式）麦克风两大类。

1. 动圈式麦克风

动圈式麦克风（Moving-coil Microphone）内部有一只能定向移动的线圈（音圈），与小型振膜相连；声音信号引起振膜震动，带动音圈在永久磁铁产生的磁场内定向震动，感应出电动势，实现从声音信号向电信号的转换，与扬声器的工作原理恰好相反。

动圈式麦克风具有良好的指向性，抗噪性能较好，可在50Hz～15kHz的频率范围内保持较为平坦的幅频特性曲线，工作时无须外加直流电压，因此在卡拉OK、演唱会音响的话筒中应用广泛。

外界的声音信号要有足够的强度才能引起振膜震动，因而动圈式麦克风的灵敏度偏低。音圈很小的内阻减小了动圈式麦克风的输出阻抗，一般仅为600Ω左右，需要另行设计阻抗变换电路。

2. 驻极体麦克风

驻极体麦克风（Electret Condenser Microphone）俗称“咪头”，是电容式声-电换能器件，具有清晰度及灵敏度高、体积小、电声性能好、造价低等优点，广泛用于计算机耳麦、无线话筒、声控电路中。

驻极体麦克风的外形及内部结构如图2-8-01所示，信号地引脚与驻极体麦克风的金属外壳相连。

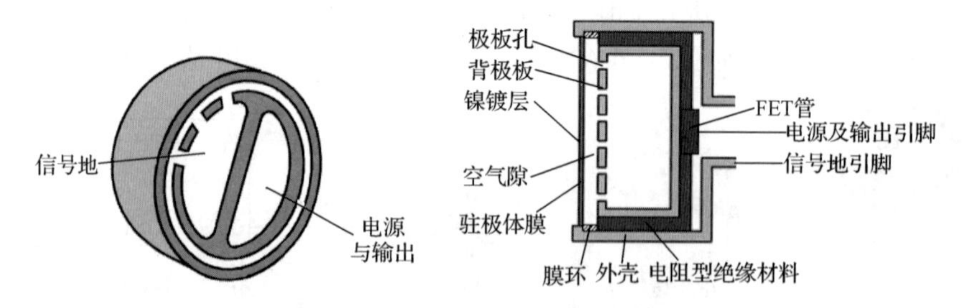

图2-8-01　驻极体麦克风的外形及内部结构

驻极体麦克风的声-电换能单元的核心是一只 20pF 左右的等效电容，电容的两只极板分别是镀镍的驻极体膜、开有若干小孔的背极板。驻极体膜与背极板同轴正对，中间隔着用膜环垫出的空气隙作为电容绝缘介质。驻极体麦克风内部填充的电阻材料正好作为 FET 管的输入电阻。

1）工作原理

厚度为 10～12μm 的驻极体膜上存有自由电荷，驻极体也由此得名。在外界声波的作用下，驻极体膜发生震动，等效电容的静态容量发生改变，并引起背极板的电荷量发生改变，经内部集成的 FET 管转换为交变电压信号输出。

等效电容的输出阻抗处于 MΩ 数量级，FET 管在放大电压的同时，具备阻抗转换的功能。

2）基本应用电路

由于内部 FET 管的存在，驻极体麦克风在工作时需外接直流电源进行供电，而驻极体麦克风仅有两只引脚，因此就需要将麦克风的电源与信号输出引脚公用，应用于驻极体麦克风的滤波电路示例如图 2-8-02 所示。

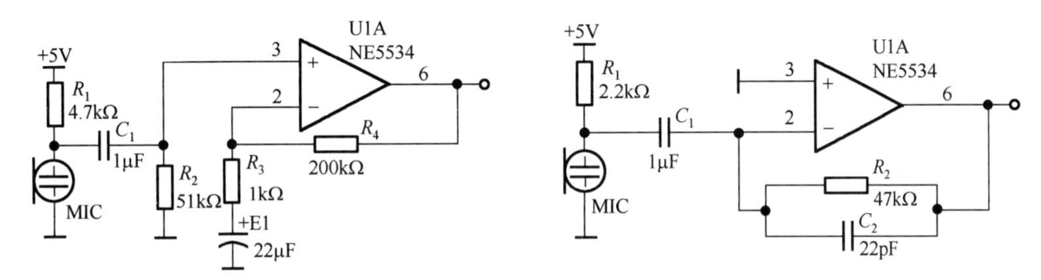

图 2-8-02　应用于驻极体麦克风的滤波电路示例

FET 管的输出阻抗较大，因此驻极体麦克风的后级放大器建议采用集成运放这类高输入阻抗器件。如果只是在声控开关电路中进行声音检测，那么后级放大器可使用廉价的三极管或场效应管。

★技巧　驻极体麦克风的灵敏度高，不适用于背景噪声较大的场合，用在安静的专业录音棚中是很好的选择。如果背景噪声较大，建议在图 2-8-02 所示放大电路的输出端接入有源滤波电路，在滤除大部分背景噪声后，再交给后续控制单元或模/数转换电路（ADC）。

2.8.2　扬声器

扬声器（speaker）与麦克风的工作原理截然相反，它将足够强度的交流电信号转换成相应的声音信号输出，用来模拟各种自然的声音。

1. 扬声器的结构

扬声器种类较多，性能差异也较大，其中以电动式（动圈式）扬声器应用最为广泛。电动式扬声器主要由磁路、震动单元、支撑件三部分组成，如图 2-8-03 所示。

电动式扬声器内部的磁铁产生固定磁场分布。处于磁场中的扬声器音圈在有音频电流通过时，会产生与音频信号一致的音频磁场，该磁场在和永久磁铁的固定磁场发生相互作用时，将带动音圈沿着扬声器中轴线震动，驱动纸盆震动并发出与音频频率一致的声音。

☞提示　立体声音乐耳机也是一种扬声器，其基本结构与如图 2-8-03 所示的结构类似。由于立体声音乐耳机发声时距离人耳的鼓膜很近，因而实际输出功率比扬声器的小得多。

2. 扬声器的主要参数

选择扬声器时需要重点关注额定功率、额定阻抗、频响范围等参数。

扬声器的额定功率及阻抗参数标注在扬声器后盖表面，常见阻抗有4Ω、8Ω、16Ω、32Ω 等。小型扬声器的功率参数主要有 1/8W、1/4W、1/2W、1W、2W、3W、5W 等类型。

【例 2-8-1】 理论上加到 8Ω/2W 扬声器两端的额定（满载）交流电压有效值 $U_o = \sqrt{P_o R_L} = 4V$，考虑标称参数具有一定裕量，实际加到扬声器两端的交流电压有效值在 4.2～4.5V 范围内即可。

理想扬声器的频响范围是 20Hz～20kHz，受工艺及结构的限制，能够达到这个范围的单一扬声器并不多见。在实际的音箱产品中，扬声器单元常由低音扬声器、中音扬声器、高音扬声器组合而成，不同的扬声器分别负责某一频响范围内的声音重放，如图 2-8-04 所示。

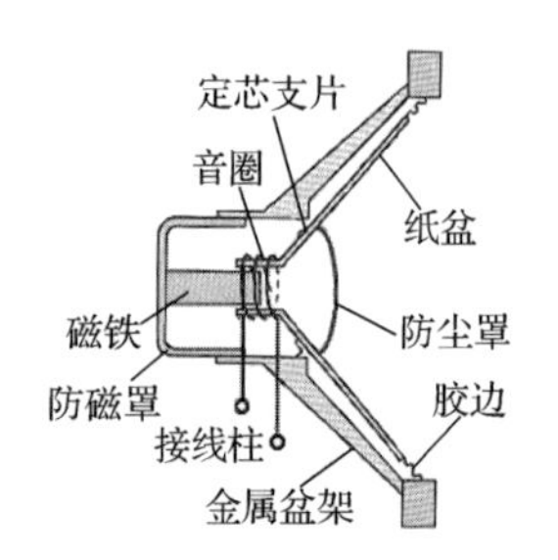

图 2-8-03　电动式扬声器的结构

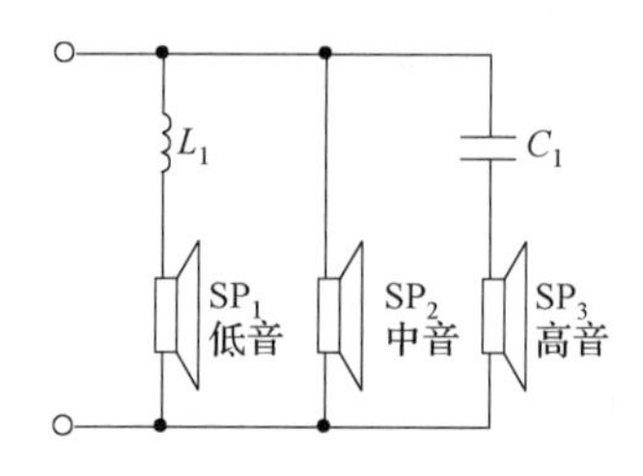

图 2-8-04　扬声器组合

【例 2-8-2】 由于电感具有“低通”特性、电容具有“高通”特性，图 2-8-04 中的 SP_1、SP_2、SP_3 扬声器分别负责低频段、中频段、高频段的声音重放。例如，低音扬声器负责重放 20～200Hz 范围内的音频信号，中音扬声器负责重放 160Hz～2.6kHz 范围内的音频信号，高音扬声器负责重放 2.5～20kHz 范围内的音频信号。

由于无源元件的频率特性曲线的下降速率很低，因而在图 2-8-04 所示的电路中，中音扬声器与低音扬声器、高音扬声器均存在频率范围的交叉。为获得良好的扬声器音频重放效果，可以在放大器的前级对音频信号进行分频，然后利用不同的功放电路对分频后的信号进行放大，再分别驱动具有不同频率响应的扬声器进行高质量的声音重放，相关资料可参考文献[8]。

2.8.3　蜂鸣器

蜂鸣器（buzzer）是一种结构小巧的一体化电子讯响器，广泛用在家用电器、仪器设备、电子玩具中作为发声元器件。常用蜂鸣器的直径为 9mm，引脚间距为 5mm，外形如图 2-8-05 所示。

图 2-8-05　蜂鸣器的外形

【例 2-8-3】 单击 Multisim 仿真软件主界面下的▣（Place Indicator）快捷按钮，在图 2-8-06(a)所示的元器件选择对话框中选择 BUZZER，完成如图 2-8-06(b)所示的蜂鸣器驱动电路。

双击蜂鸣器图标，弹出如图 2-8-06(c)所示的 BUZZER 属性对话框。蜂鸣器的工作电压（Voltage）需要设置得比电源电压 V_4 略小，才能使蜂鸣器在仿真时正常发声。此外，调整蜂鸣器的工作频率（Frequency），可以让主板上的蜂鸣器模拟产生相同频率的声音。

图 2-8-06(b)中除选择 PNP 三极管作为驱动器件外，也可使用 NPN 三极管、NMOS 替代。二极管 VD_1 是蜂鸣器的续流二极管，用于吸收蜂鸣器反向关断时内部线圈产生的反电动势。

蜂鸣器包括有源蜂鸣器与无源蜂鸣器两大类，两种蜂鸣器的驱动电路均可以参考图 2-8-06(b)。

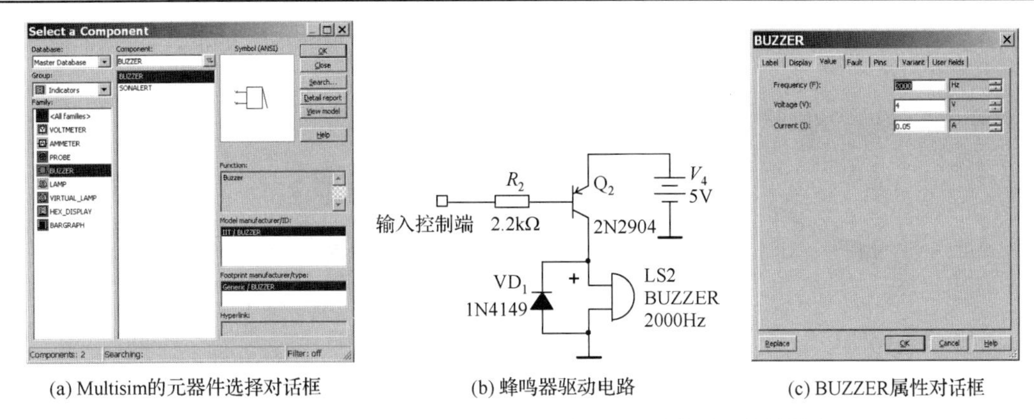

(a) Multisim的元器件选择对话框　(b) 蜂鸣器驱动电路　(c) BUZZER属性对话框

图 2-8-06　Multisim 中 BUZZER 的选择、驱动电路及属性设定

1. 有源蜂鸣器

有源蜂鸣器内置振荡电路，因此直接加入额定的直流电压（外壳⊕标记下方的引脚接电源正极，另一只引脚接电源负极），即可发出响亮的单一频率提示音。

常用的有源电磁式蜂鸣器的工作电压有 3V、5V、12V 等多种。有源蜂鸣器上有一张圆形贴纸覆盖住蜂鸣器的发声孔，揭去该贴纸后，蜂鸣器声音的分贝数将明显增大。

在如图 2-8-06(b)所示的蜂鸣器驱动电路中，输入控制端接低电平时有源蜂鸣器发声，接高电平时则停止发声，易于实现数字电路、单片机系统对蜂鸣器的控制。

2. 无源蜂鸣器

无源蜂鸣器不能使用直流信号驱动，而要向图 2-8-06(b)所示电路的输入控制端施加一定频率和幅度的电压信号（如图 2-8-07 所示的 PWM 电压波形），才能使蜂鸣器发出不同频率的声音。无源蜂鸣器特别适用于需要较多提示音种类的电子产品（如家用电器）中。

☞提示　无源蜂鸣器的两只引脚同样具有正、负极性，但如果对其直接施加直流电压，那么无源蜂鸣器不仅不会发声，而且还会因为两只引脚之间的内阻太小而使电源实施过流保护。

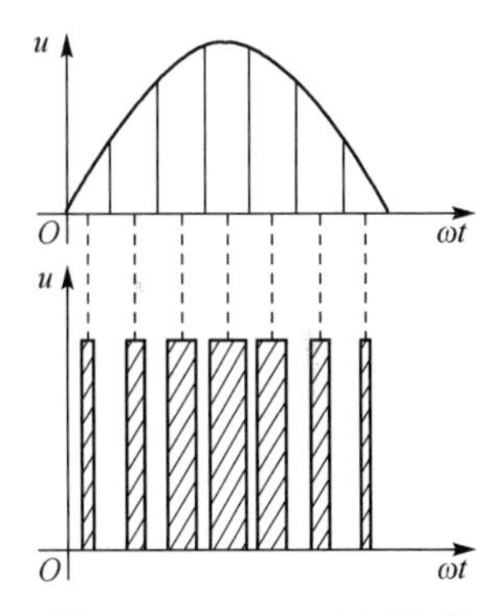

图 2-8-07　PWM 电压波形

2.9　半导体二极管

半导体二极管常简称为“二极管”，单向导电性是二极管的共有特征。

2.9.1　二极管的结构工艺及封装

根据结构及生产工艺的不同，二极管可分为点接触、面接触两种基本类型。点接触型二极管的 PN 结接触面积小，适用于高频场合，但正向工作电流和反向耐压值均较小。面接触型二极管的 PN 结接触面积大，结电容大，对高频信号的阻碍较大，但能够承受较大的正向电流。

根据二极管的生产材料的不同，二极管可分为锗管、硅管、其他材料（砷化镓、碳化硅、磷砷化镓）二极管。锗二极管的正向导通压降仅为 0.2V 左右，但反向漏电流较大，并且温度稳定性较差，另外，锗元素在地壳中的稀缺性使得锗二极管在电路中的应用愈发少见。硅二极管的正向饱和压降较大，一般为0.6～0.8V，反向漏电流很小，由于生产成本极低，所以硅二极管在模拟和数字电路中得到了广泛应用。

常用中、小功率二极管的外形封装如图2-9-01所示。

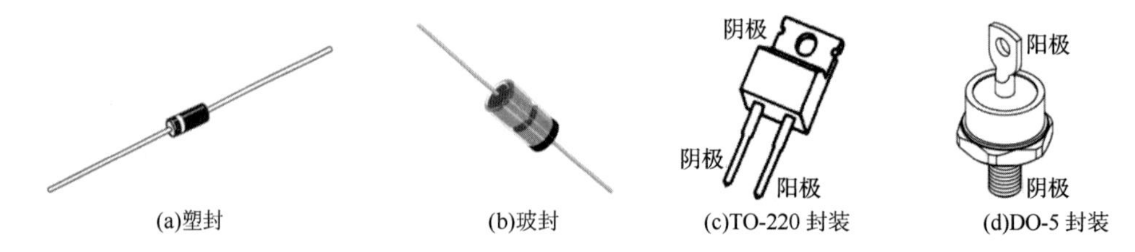

图2-9-01　常用中、小功率二极管的外形封装

- 塑封二极管最为常见，主要用于1N4007、1N5408、1N5399、6A10系列的整流二极管、快恢复二极管、肖特基二极管，阴极有色带指示。
- 玻封二极管在开关二极管、稳压二极管、检波二极管中比较常见，功率较小，但工作频率相对较高，在阴极附近的玻璃外壳上涂有色环。
- TO-220封装的二极管的反向耐压高、整流电流大，散热片固定孔便于连接、固定外置散热片。
- DO-5封装的二极管的阴极具有螺纹结构，可以直接固定到带有已经攻丝加工出固定孔的金属散热片，以利于散热。受生产成本偏高的限制，这类二极管目前应用较少。

2.9.2　二极管的分类

二极管种类繁多、功能各异，常见二极管的电气符号如图2-9-02所示。

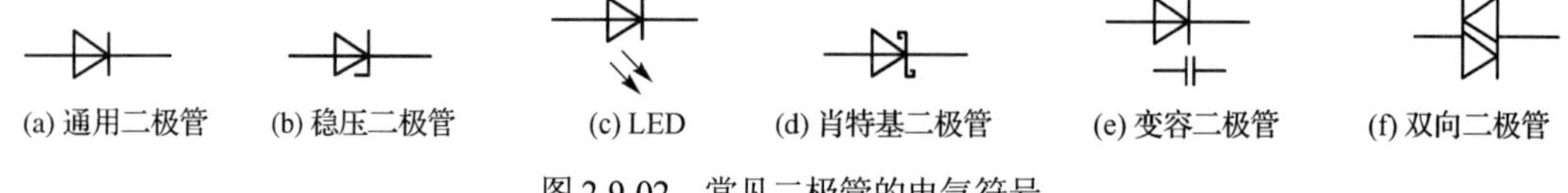

图2-9-02　常见二极管的电气符号

1. 开关二极管

开关二极管具有结电容小、反向漏电流小、开关速度快（ns 数量级）、可靠性高等特点，主要利用其内部PN结的单向导电性，广泛用于各类高速开关电路、限幅电路中。

最常用的开关二极管的型号为1N4148，有玻封和塑封两种外形封装。

2. 检波二极管

检波（解调）二极管利用二极管的非线性把调制在高频载波上的低频（音频）信号检出，常见于半导体收音机、收信机、电视机及高频通信设备中。检波二极管多为点接触型结构，具有PN结结电容小、工作频率高、反向电流小、对小信号敏感等优点。

检波二极管一般采用锗材料制成，常用型号有1N60、1SS86、1N34、BAT85、2AP9等。

3. 整流二极管

整流二极管利用内部PN结的单向导电性，把交流电转换为单向的脉动直流电。整流二极管属于面接触型二极管，正向工作电流较大，但开关特性及高频特性均较差。

常用小功率塑封整流二极管的主要型号及参数如表2-9-1所示。

表 2-9-1　常见小功率塑封整流二极管的主要型号及参数

型　号	正向整流电流	反向峰值电压	外形尺寸（直径×管体长度）	引脚直径
1N4007	1A	1000V	Φ3×6mm	Φ0.8mm
1N5399	1.5A	1000V	Φ4×8mm	Φ0.9mm
1N5408	3A	1000V	Φ6×10mm	Φ1.2mm
6A10	6A	1000V	Φ9×10mm	Φ1.3mm

【例 2-9-1】 1N4001～1N4007 是同一系列的二极管，整流电流均为 1A，1N5400～1N5408 系列二极管的整流电流均为 3A。型号中的最后一位数字决定了二极管的反向峰值电压：1N4001 为 50V，1N4007 可达 1000V。同系列二极管的价格差异很小，建议选择大尾数的型号，使其不容易因反向电压过高而损坏。

4. 肖特基二极管（SBD）

与普通二极管利用“P 型半导体-N 型半导体”接触后形成 PN 结的原理不同，肖特基（Schottky）二极管利用金属与半导体接触所形成的“金属-半导体结”进行工作，具有正向压降小（0.2～0.3V）、开关频率高等优点，被广泛用在开关电源高频整流、续流电路中。一般不超过 60V 的反向击穿电压限制了肖特基二极管在高电压电路中的应用。

常用的肖特基二极管有 1N5817（20V/1A/10ns）、1N5822（40V/3A）、16CTQ100（100V /16A /10ns）。

【例 2-9-2】 无工频变压器的开关电源电路中，一般用到以下两组整流二极管：

1）将电网电压整流为直流脉动高压。可选反向耐压较大的 1N5408 或 1N4007；

2）将开关变压器的次级整流为低压直流输出。由于开关电源的工作频率较高，因此需采用开关速度较高的二极管；其次，开关电源的输出电压小、输出电流大，如管压降过大，则损耗会明显增大。因此，开关电源次级整流二极管可选压降仅为 0.2V 的肖特基二极管，如 1N5819、1N5822。

5. 快恢复二极管（FRD）

快恢复二极管是一种开关特性很好、反向恢复时间较短的半导体二极管，主要用在开关电源、直流变频器等电路中，用来进行高频整流及续流。

快恢复二极管的内部结构不同于普通 PN 结二极管，而是一种 PIN 结构，在 P 型、N 型硅材料中间添加了基区 I，构成 PIN 硅片。很薄的基区大幅减少了二极管的反向恢复电荷，使其反向恢复时间大大缩短、正向压降减小、反向击穿电压增大。

★技巧　较高输出电压的开关电源的次级一般不使用反向耐压较小的肖特基二极管，而较多采用反向耐压较大、反向恢复时间略长的快恢复二极管。

常用的快恢复二极管的型号有 MUR460（4A/600V/35ns）、FR107（1A/1kV/300ns）、UF4007（1A/1kV/70ns）。

6. 变容二极管

变容二极管（Varactor Diodes）是一种特殊的二极管，具有很宽的容量变化范围、很大的 Q 值。其 PN 结结电容的容量与加载至二极管两端的反向电压的大小密切相关：反向电压 V_R 越大，结电容 C_d 越小；反向电压 V_R 越小，结电容 C_d 越大，如图 2-9-03 所示。

☞**提示**　给变容二极管外加 0～30V 的反偏电压，可引起 20～360pF 的结电容变化，完全可以替代可变电容这一传统的无源元件，用于调频（FM）收音机、电视接收机的调谐回路中。另外，变容二极管的体积比可变电容的体积小得多，与数字系统的接口也更加友好。

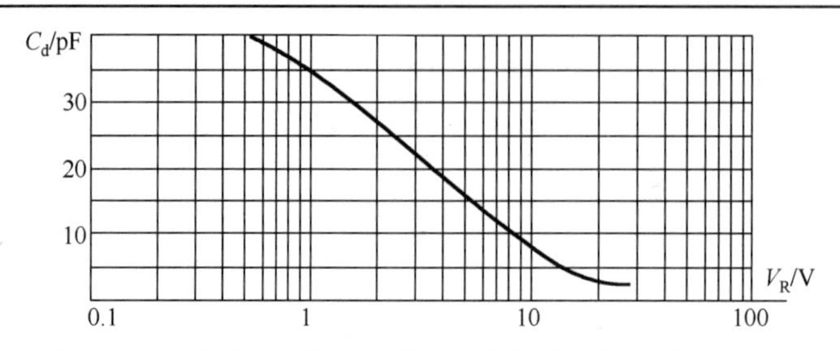

图 2-9-03 变容二极管的容量与两端的反向电压之间的关系

在变容二极管选型时，需重点关注 PN 结结电容的容量变化范围，优先选用容量变化范围大、反向偏压小的型号。常见变容二极管的型号及主要参数如表 2-9-2 所示。

表 2-9-2 常见变容二极管的型号及主要参数

型　号	反向电压	电容变化范围	Q值（品质因数）
MV201	23V	9～14pF	160（50MHz）
BB910	30V	5～40pF	—（460MHz）
2CC1	25V	3.6～6.5pF	250（50MHz）
1SV166	25V	3.5～6pF	200（50MHz）

7．稳压二极管

稳压二极管也称为齐纳（zener）二极管，当其工作在反向击穿状态时，在一定的电流范围内可提供相对较稳定的电压基准值。在选购稳压二极管时需要关注的两项参数为稳压值 V_z 和耗散功率 P_z。

☞**提示** 稳压二极管的稳压值的离散性很大，即使是同一生产厂家、同一型号甚至同一生产批号的产品，其稳压值也不尽相同。如果需要使用高精度的稳压值，推荐采用各种带隙电压基准。

稳压二极管在电路中应反接，才能获得额定的稳压值；如果稳压二极管的反向击穿电流过大，将导致稳压二极管热击穿而损坏，因此实际的稳压二极管电路如图 2-9-04(a)所示；当电源电压较小时，与稳压二极管串联的限流电阻 R_1 一般取值为 10^2～$10^3\Omega$。图 2-9-04(b)中的稳压二极管正接于电路，不会反向击穿，但 Si 二极管的正向饱和电压约为 0.7V，因此电路可得到 0.7V 左右的稳压值。

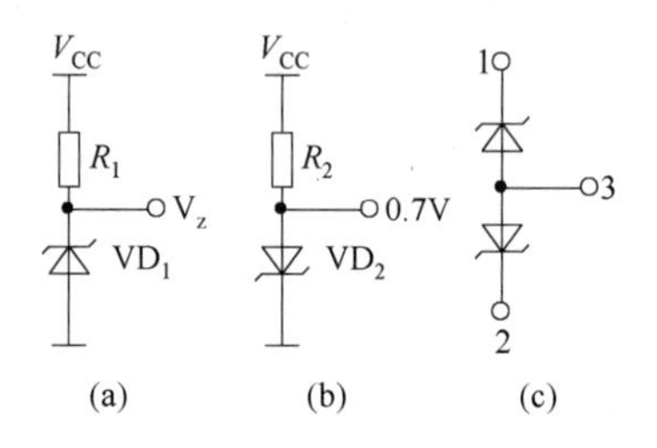

图 2-9-04 实际的稳压二极管电路

★**技巧** 将几只低稳压值的稳压二极管串联后可得到较大的稳压值；多只硅二极管或 LED 正向串联后，可代替低稳压值的稳压二极管使用；不建议并联稳压二极管使用。

【**例 2-9-3**】 用三只正向串联的 1N4007 可以替代一只 1.9～2.2V 的稳压二极管使用。

国产稳压二极管 2DW7 在同一硅片上制作出两只型号、规格近似的孪生稳压二极管，如图 2-9-04(c)所示。两只反向串联的稳压二极管的温度系数接近，极性相反，从而较好地提高了稳压二极管参数的温度稳定性。使用时将 1、2 脚不分极性地直接取代普通稳压二极管即可。

8．整流桥堆

用 4 只二极管搭建桥式整流电路（参见 5.1.1 节）时不能接反任何一只二极管，否则会导致严重的短路故障。将 4 只硅二极管接成桥式结构，再用环氧树脂或塑料封装成如图 2-9-05 所示的整流桥堆，避免了用分立二极管构成整流桥的缺陷，具有体积小、效率高、成本低等优点。

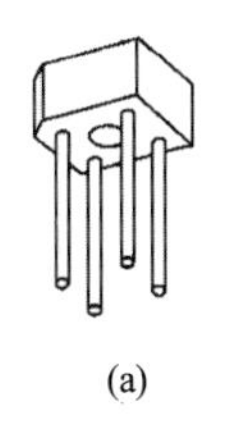
(a)

(b)

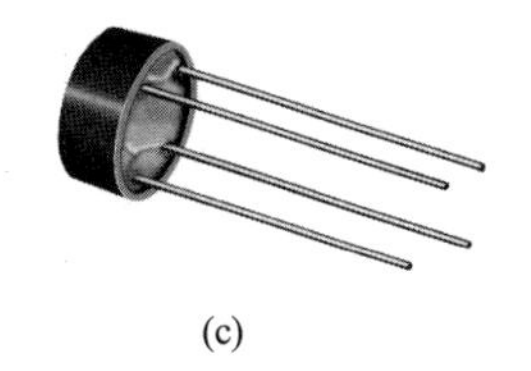
(c)

(d)

图 2-9-05　整流桥堆

整流桥堆种类较多，形状与封装各异。其表面用字符对引脚进行标注：“～”代表两只交流输入引脚，有的整流桥堆省略了该项标注；“+”代表直流高电位输出引脚，该引脚比其他三只引脚略长，便于识别；“-”代表直流低电位输出引脚。

小电流整流桥堆可以制作成如图 2-9-05(d)所示的贴片样式，以节省装配空间；大电流整流桥堆在工作时的发热量较大，需要安装散热片，如图 2-9-05(a)、图 2-9-05(b)所示整流桥堆底部的圆孔是固定散热片用的螺丝孔。常用整流桥堆的型号、参数及外形结构如表 2-9-3 所示。

表 2-9-3　常用整流桥堆的型号、参数及外形结构

型　号	参　数	外形结构	型　号	参　数	外形结构
2W10	2A/1000V	圆桥	KBU810	8A/1000V	扁桥
DB107S	1A/1000V	贴片小方桥	KBPC1010	10A/1000V	方桥
KBP310	3A/1000V	扁桥	KBPC3510	35A 1000V	方桥

整流桥堆内部二极管的连接方式及其构成的整流电路如图 2-9-06 所示。

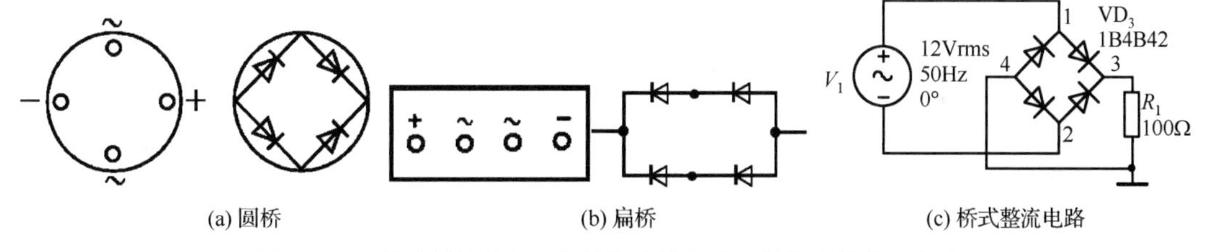

(a) 圆桥　(b) 扁桥　(c) 桥式整流电路

图 2-9-06　整流桥堆内部二极管的连接方式及其构成的整流电路

2.9.3　二极管的参数及选型

半导体二极管种类繁多，首先应根据电路的功能选择合适的二极管种类，然后根据计算出的电压、电流、频率参数来选择合适的二极管型号，最后还需根据系统的具体指标要求和电路所在电子设备内部的结构尺寸，来选择合适的二极管封装尺寸。

选择二极管时主要考虑的参数包括额定电流、反向耐压、工作频率、反向电流、正向压降等。

1）额定电流：二极管长时间工作所允许的最大正向平均电流。

2）反向耐压：二极管工作时能承受的最高反向电压，约为击穿电压的一半。

3）反向电流：在规定温度和反向耐压作用下流过二极管的电流值。该参数反映了二极管的热稳定性及单向导电能力，反向电流越小，二极管性能越好。

4）正向压降：优先选择正向压降较小的二极管品种，以减小二极管自身的损耗。

二极管抗过载能力较好，但长时间的过载依然会导致二极管损坏，故参数选择非常重要。

1）二极管的实际正向工作电流、反向工作电压建议不超过额定值的 2/3。

2）点接触型二极管在焊接时应尽量缩短焊接时间，避免二极管被烫坏。

3）稳压二极管需要串联限流电阻，避免因工作电流过大而损坏器件。

4）在直流电路中使用二极管时需要注意极性不能接反：①整流二极管、发光二极管的阳极接高电位，阴极接低电位；②稳压二极管、光敏二极管在使用时须反接，即阴极接高电位，阳极接低电位。

2.10　发光二极管

发光二极管（LED）是一种能够把电能转换为光能的二极管，同样具有单向导电性。当LED中通过一定的正向电流时，将会以可见光光子的形式释放能量。LED的发光强度与正向电流密切相关，发光颜色（波长）由LED的制造材料决定。

20世纪70年代，电路状态指示器件多采用氖气灯泡（氖泡）或电阻灯珠，但氖泡的工作电压大，电阻灯珠的电流大。凭借电压小（红色LED、绿色LED仅需1.6～2V即可点亮）、功耗低（在相同发光强度下的工作电流不足传统电阻灯珠的10%）、成本低（单位价格不足1分钱）、寿命长（可稳定工作1～10万小时，在亮灭交替的闪烁电路中，LED的寿命优势更是无以替代）、响应速度快（从上电到发光仅需毫秒级的响应时间）等优势，LED全面替代了氖泡及电阻灯珠，成为当前最重要的电路状态指示器件。

☞**提示**　随着蓝光、白光技术方案的逐渐成熟，白光LED已经被大量运用在照明电路系统中，正在逐步对传统的白炽灯、日光灯（节能灯）构成取代之势。

2.10.1　LED的外形特征

塑封LED如图2-10-01所示，外径尺寸主要有3mm、5mm、8mm、10mm等规格。在工作时，塑封LED的阳极接高电位，阴极接低电位。塑封LED引脚极性的判断方法如下：

1）对于未剪脚的塑封LED，长脚为阳极，短脚为阴极。

2）圆形塑封LED的阴极附近的塑料体被截掉一个缺口，如图2-10-01所示。

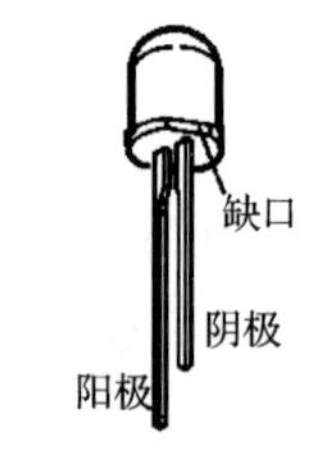

图2-10-01　塑封LED

2.10.2　LED应用电路

LED需串联限流电阻使用，以防止因正向工作电流过大而损坏。

1．LED用于状态指示电路

在数字、模拟电路中，LED主要用于状态指示电路，如图2-10-02所示。

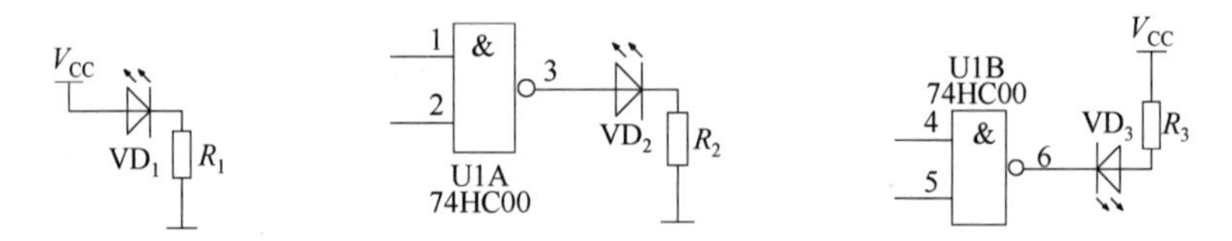

图2-10-02　LED用于状态指示电路的典型应用

图2-10-02中，R_1、R_2、R_3均为限流电阻。VD_1主要用于电源通断指示；VD_2用于指示逻辑高电平，VD_2从芯片的输出引脚拉出电流；VD_3在点亮时指示逻辑低电平，向芯片的输出引脚灌入电流。

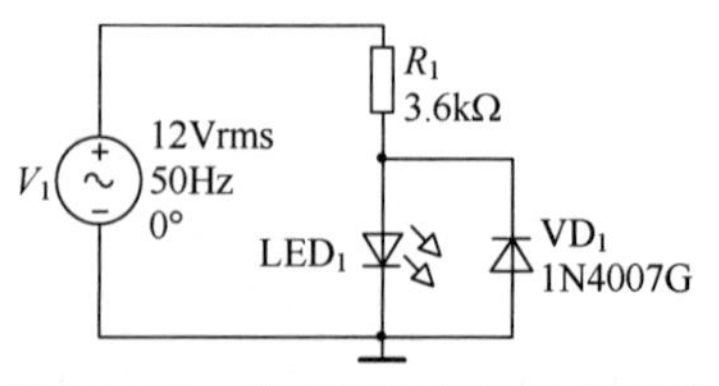

图2-10-03　交流电路中LED的保护

【例2-10-1】 LED反向击穿电压不大，如用于交流电路，需反向并联如图2-10-03所示的高反压硅二极管，如1N4007G。

2. LED 的正向导通电压及稳压特性

常见 LED 的发光颜色有红、绿、黄、蓝、白、紫等，具体颜色与 PN 结的材料有关。不同颜色 LED 的正向工作电压也不尽相同，如表 2-10-1 所示。

表 2-10-1　不同颜色 LED 的正向工作电压

颜　色	红色	橙色	黄色	黄绿色	绿色	蓝色	白色	不可见红外线
正向电压	1.6～2.3V	1.7～2.4V	1.7～2.4V	1.8～2.4V	1.8～2.4V	2.8～3.5V	2.8～3.5V	1.4～1.6V

★**技巧**　LED 的特性曲线与硅二极管的类似，正向饱和 *V-I* 特性曲线较陡，电压稳定性较好且温度特性优于普通稳压二极管的温度特性，可作为电压基准使用，以取代 3.5V 以内的低稳压值的稳压二极管。

3. LED 构成数码管

目前广泛使用的数码管和点阵是将若干 LED 封装在一个模块内组合而成的，其外形如图 2-10-04 所示。通过代码控制，数码管可以显示所需的阿拉伯数字或其他 ASCII 字符。

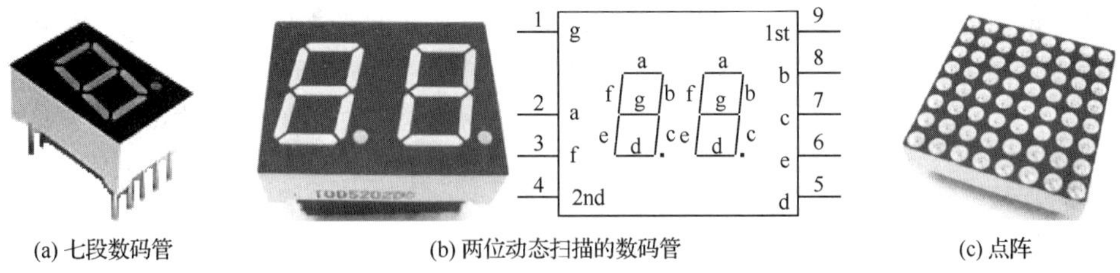

(a) 七段数码管　(b) 两位动态扫描的数码管　(c) 点阵

图 2-10-04　由 LED 组合而成的数码管及点阵

【例 2-10-2】 图 2-10-04(a)所示的七段数码管除可显示正常的 0、1、2、3、4、5、6、7、8、9 外，也可以显示 A、b、C、d、E、F 这 6 种字符，正好构成十六进制字符的显示。图 2-10-04(b)为 9 只引脚的两位动态扫描的数码管（小数点不显示），每位数码管的公共端 1st、2nd 分别被单独引出。

【例 2-10-3】 图 2-10-04(b)所示的共阴极数码管以动态扫描方式显示数字 12 的流程如下：

1）1st 接低电平，2nd 接高电平，*abcdefg*=0110000，左边数码管显示 1，右边数码管不显示；

2）1st 接高电平，2nd 接低电平，*abcdefg*=1101101，左边数码管不显示，右边数码管显示 2；

3）当 1st、2nd 以频率 *f* 轮流置为低电平时，因视觉暂留现象，人眼将看到数码管显示的 12。

☞**提示**　目前使用的 LED 外形封装材料多以塑料为主，因此 LED 的高温特性不佳。在焊接 LED 时，建议使用镊子夹住其引脚进行辅助散热，或者在保证焊接质量的前提下尽可能缩短焊接时间。

2.11　三极管（双极型晶体管）

1947 年 12 月 23 日，世界上第一只点接触双极型锗晶体管在美国贝尔实验室被研制成功，自此促进了半导体产业高速发展。双极型晶体管俗称“三极管”（BJT），能够以小电流输入控制大电流输出，在电路中主要用于信号放大、信号通/断。

三极管种类繁多、封装差异较大，图 2-11-01 所示常见三极管的封装与引脚排列规律。

图 2-11-01(a)为直插式 TO251 封装。图 2-11-01(b)为贴片式 TO252 封装，主要用于中功率管。图 2-11-01(c)为 TO220 封装，在中/大功率三极管中应用得较多，封装上方带孔的金属散热片可以连接至外置的大型散热片，以增强散热效果。图 2-11-01(d)为高频、射频三极管常用的 TO50 封装，这种封装的部分三极管可能只有三只引脚。图 2-11-01(e)为 sot-89 封装，图 2-11-01(f)为 sot-23 封装，都是目前常见的小功率贴片三极管封装。图 2-11-01(g)为 TO92 封装，主要用于小功率直插式三极管。

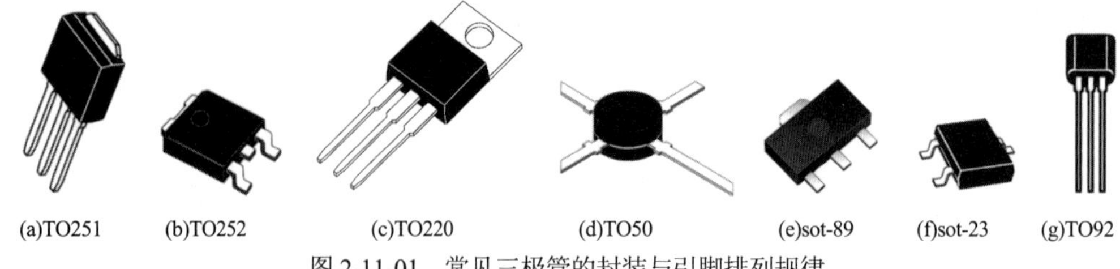

图 2-11-01 常见三极管的封装与引脚排列规律

2.11.1 三极管的常见类型

三极管的类型非常多，根据管子的“极性+制造材料”的不同，可分为 Si-NPN、Si-PNP、Ge-NPN、Ge-PNP 这 4 种类型。锗（Ge）三极管以 PNP 型居多，曾经是主流的三极管，但目前基本已很少使用。硅三极管是目前应用的主流，NPN 型硅管的性价比略优于 PNP 型硅管的性价比。

★技巧 处于放大状态的 NPN 型硅三极管，其基极电压比发射极电压大，V_{BE} 为 0.6～0.7V；而处在放大状态的 PNP 型硅三极管，其基极电压比发射极电压小，V_{BE} 为–0.7～–0.6V。

根据内部结构的不同，三极管可简单分为如图 2-11-02 所示的普通型（包括 NPN、PNP 两大类）、达林顿型（也称为复合管）、光电型、带阻型、阻尼型。

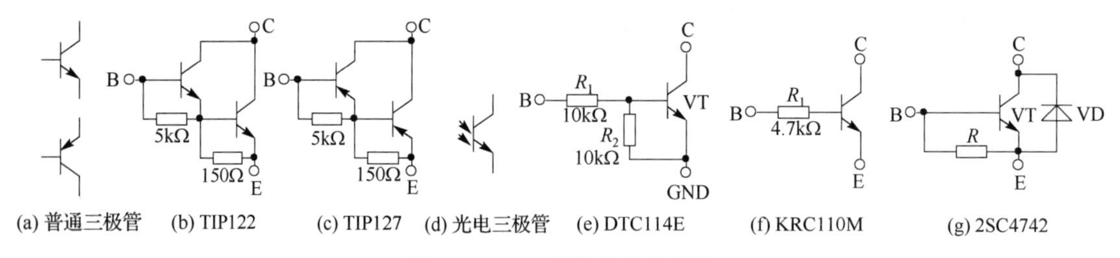

图 2-11-02 三极管的常见种类

图 2-11-02(b)、图 2-11-02(c)所示为达林顿三极管的内部结构，达林顿三极管可视为两只三极管的集成，具有电流放大系数 β 大、集电极电流 ICM 大等特点，主要用于驱动功率型负载，常用型号有 TIP122（NPN 型）、TIP127（PNP 型）。图 2-11-02(d)为无基极光电（光敏）三极管，也有个别光电管包含外置的基极。光电三极管的集电极电流除受基极的控制外，还受光照强度的控制，灵敏度很高，主要用于光控电路、滚轮式光电鼠标等产品中。图 2-11-02(e)、图 2-11-02(f)为小功率带阻三极管，在模拟、数字电路中使用广泛。带阻三极管的基极、集电极之间接有电阻，内部电阻的连接方式、参数与带阻三极管的型号密切相关，一般不能直接替代。带阻三极管主要用于驱动电路单元，由于电阻被集成到了三极管中，因此有效减少了 PCB 中元器件的数量。DTC114E 可以直接当做一个非门或反相器使用。图 2-11-02(g)为内部集成了二极管、分流匹配电阻（保护电阻）的大功率阻尼三极管，主要用于 CRT 显示器的行扫描驱动电路中。

2.11.2 三极管型号的识别

1）美国产三极管的型号以 2N 开头，N 是美国电子工业协会的注册标志，后面的数字表示登记序号。

2）日本产三极管的前缀多为 2S，后面是极性（A、B 为 PNP，C、D 为 NPN）和登记序号。

3）SMT 贴片三极管体积微小，其型号多用代码（marking）表示，真实型号需经查询得到。

2.11.3 三极管的选用原则及注意事项

传统小信号放大电路中主要考虑放大能力、输出噪声、带宽等因素，此时应重点关注三极管的电流放大系数、截止频率、反向饱和电流、噪声系数等参数，还应避开 PCB 中的干扰源与发热源。

如果数字电路中需要使用三极管，那么应重点关注三极管的开关特性及工作频率。

在当前真实的三极管电路设计领域，已经很少将普通三极管用于小信号放大，三极管更大的价值体现在负载驱动领域，如高压电路、电流放大（功放）电路等。在这类电路中，需要重点考虑电路的稳定性与可靠性，确保不超过额定的 $V_{CE(BR)}$、I_{CM}、P_{CM} 极限值，防止三极管发生永久性损坏。同时，还需要对三极管进行主动或被动的散热设计，散热片与集电极之间应做好绝缘处理。

2.12　场效应管

场效应管是一种电压控制型放大器件，通过栅极与源极之间的电压差 U_{GS} 对漏极电流 I_D 进行控制。与电流控制型的三极管相比，场效应管的栅极输入电流极小，对应高达几百 MΩ 以上的输入电阻；另外，场效应管漏极-源极之间的导通电阻 r_{DS} 很小，在低压大电流电路中可减小管耗、提高效率。此外，场效应管的噪声小、集成度高等优点使其在开关电源、功率驱动等电路中逐步开始取代传统三极管。

2.12.1　场效应管的分类

场效应管可分为结型 JFET、绝缘栅型 MOSFET 两类，其电气符号如图 2-12-01 所示。

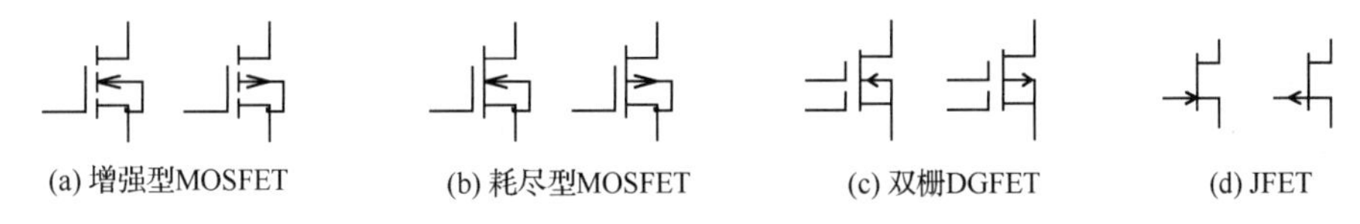

(a) 增强型MOSFET　(b) 耗尽型MOSFET　(c) 双栅DGFET　(d) JFET

图 2-12-01　场效应管的电气符号

JFET 以小功率管为主，其 D、S 引脚可交换使用，基本电路结构与小功率三极管的类似，输入阻抗较大。增强型 MOSFET 应用最广。双栅 DGFET 具有两个栅极，可等效为两只 MOSFET 的串联，主要用于高频放大、混频、解调及可控增益放大电路中。场效应管与三极管的引脚（电极）的对应关系为：基极 b↔栅极 G；集电极 c↔漏极 D；发射极 e↔源极 S。在驱动继电器、功率 LED 时，只需略微调整电阻的参数值，MOSFET 即可直接替代三极管。

☞**提示**　驻极体麦克风内部采用结型场效应管进行对微弱信号的预放大与阻抗变换。

2.12.2　MOSFET 的正确使用

MOSFET 的输入阻抗极大，栅极感应出的电荷很难泄放，加之栅极、源极之间的等效电容很小，积累的电荷容易使得栅极、源极之间的电压增大并发生击穿，故 MOSFET 的栅极应避免悬空，栅极、源极之间须保持直流通路。早期常见的处理办法是将 MOSFET 的三只引脚用铜丝或塑料套管短接在一起，待 MOSFET 焊接在 PCB 上之后，再剪开铜丝或塑料套管。

近年来生产的 MOSFET 的栅极和源极之间接有二极管电荷泄放通道，避免栅极和源极被击穿。但是在焊接 MOSFET 时，建议采取 ESD 安全的防静电措施，如使用恒温焊台、将烙铁外壳良好接地等。MOSFET 的详细检测流程可参见参考文献[4]。

2.13　集成芯片

半导体元器件可以分为半导体分立器件与半导体集成器件两大类。

1）半导体分立器件主要包括二极管、三极管、场效应管、IGBT、晶闸管（可控硅）。

2）半导体集成器件俗称集成芯片（Integrated Circuit，IC）。集成芯片是利用微电子工艺，在半导体基片上制作出若干电阻、电容、二极管、三极管、MOS 管等部件，并完成电气连接，然后引出外部引脚，再经过专门的封装工艺，从而制成的具有特定功能的电路单体。

采用集成芯片设计的电子电路与采用分立器件设计的方案相比，具有结构更简单、体积更小、功耗更低、性能更好、质量更小、可靠性更高、成本更低等诸多优点。集成芯片设计、生产水平的高低已经成为衡量一个国家、地区电子行业发展水平的关键指标。

☞**提示**　虽然集成芯片在各类电子电路设计中得到广泛应用，但受微电子制造工艺的限制，在高电压、大电流、高频（射频）、极高精度放大、极低噪声放大等特殊应用背景的电路系统中，集成芯片尚不能全面取代半导体分立器件。

2.13.1　常用集成芯片的基本分类及使用

集成芯片主要作为电路的核心单元使用，原则上需参照生产厂家提供的芯片功能、内部框图、引脚排列与外围电路结构、参数选择、计算等信息进行硬件电路设计。除极个别集成芯片的技术资料因涉密或商业协议等因素不能公开外，绝大多数集成芯片均提供了 pdf 格式的技术文档、数据表、应用指南等资料。

★**技巧**　对于集成运放、比较器、电压基准、通用数字集成芯片等无须编程的集成芯片，在进行电路设计时，除参考生产厂家提供的参考电路外，还有很多优化的设计方案与技巧可以参考。

集成芯片的生产厂家、产品型号众多，而且几乎每天都有新型集成芯片被投向市场。与模拟电子技术、数字电子技术等课程相关的半导体集成芯片的分类及示例如表 2-13-1 所示。

表 2-13-1　半导体集成芯片的分类及示例

<table>
<tr><td rowspan="5">模拟集成芯片</td><td>线性电路</td><td>运算放大器、电压比较器、乘法器、滤波器、4～20mA 转换芯片、V-f 转换器、f-V 转换器、集成功放芯片、多路复用器</td></tr>
<tr><td>光电电路</td><td>光电耦合器、光电发送/传输/接收芯片、CMOS 感光芯片</td></tr>
<tr><td>电源电路</td><td>三端集成稳压器、LDO、PWM 控制器、电压基准、电池充电管理芯片</td></tr>
<tr><td>传感器电路</td><td>霍尔效应传感器、热释传感器芯片、触觉驱动器</td></tr>
<tr><td>音/视频电路</td><td>音调控制器、音频放大器、视频放大器、视频矩阵模拟开关</td></tr>
<tr><td>接口电路</td><td colspan="2">缓冲器、ADC、DAC、电平转换芯片、模拟开关、数字选择/分配器、采样保持芯片</td></tr>
<tr><td rowspan="4">数字集成芯片</td><td>通用数字逻辑器件</td><td>门电路、译码器、编码器、触发器、计数器、加法器、锁存器、定时器、多谐振荡器、移位寄存器、单稳态触发器</td></tr>
<tr><td>微处理器</td><td>单片机、数字信号处理器（DSP）、ASIC 器件</td></tr>
<tr><td>可编程逻辑器件</td><td>FPGA、CPLD、PAL、GAL、PSoC</td></tr>
<tr><td>动态/静态存储器</td><td>ROM、RAM、E^{2}PROM、Flash、FRAM</td></tr>
</table>

表中的普通集成运放、集成稳压器、数字集成芯片多为中小规模集成芯片，而且技术成熟、芯片产量大、价格低廉，适用于电子技术、电子工艺、电子创新的课程设计与实训环节。

2.13.2　集成芯片的型号命名规则

在集成芯片表面可标注如图 2-13-01 所示的型号（含前缀、后缀）等参数。

【例 2-13-1】 图 2-13-01(a)中的“LM2576S-ADJ”是该集成芯片的完整型号：LM 为型号前缀，2576 是具体的芯片编号，S-ADJ 为型号后缀。图 2-13-01(b)中的“HC165”为芯片型号的缩写，省略了前缀“74”。图 2-13-01(c)左侧为圆形黑胶软封装集成芯片，一般不会标注型号。

(a)LM2576S-ADJ

(b)74HC165

(c)圆形黑胶软封装集成芯片与硬封装芯片的对比

图 2-13-01　常见集成芯片的外形及型号等参数

1. 前缀

集成芯片型号的前缀与公司名称的英文简写有一定联系，但随着近年来 IC 相关企业间频繁的兼并、收购，一些超大型芯片企业可能采用了多种前缀。例如，德州仪器（TI）生产的芯片前缀包括 LM、TPS、TL、TLC、TMS、MSP、ADS、INA、XTR、PGA、UC、UCC、OP、DRV、bq 等几十种。

数字集成芯片的型号往往省略前缀，使用 LS、HC 等英文标识符与数字编号构成。

【例 2-13-2】 SN74LVC138ADR 是一款 3 线-8 线译码器，“SN”是 TI 公司所生产数字集成芯片统一使用的前缀，“74LVC”表示采用高级低电压技术、兼容 TTL 数字芯片的引脚排列，“ADR”表示该芯片为 so-8 封装、采用每卷 2500 只的盘式包装。

2. 编号

集成芯片的编号一般不单独使用，而需与前缀相结合，一并作为识别芯片型号与功能的关键参数。例如，在网页中搜索“LM324”，可查询到这是一款通用集成四运放。

★技巧　对于集成运放、电压比较器、稳压器、TTL 或 CMOS 数字集成芯片，如果封装参数吻合，那么不同生产厂家生产的相同型号的集成芯片基本可直接替换。

【例 2-13-3】 TDA7240（BTL 单路功放）与 TA7240（OTL 双路功放）的编号“7240”虽然一致，但是两者的前缀有差异，因此是两种不同功能的集成芯片。

【例 2-13-4】 一些功能接近的替代芯片为了方便用户选用，采用的编号相同，但前缀有所区别，如 MN3207 是卡拉 OK 混响延迟芯片，而 BL3207 是具有同样功能的国产芯片产品。

☞提示　早期的通用型集成芯片存在相互参考、模仿、授权生产的情况，如生产双运放 TL082 的厂家包括 TI（德州仪器）、飞思卡尔、ADI、ST、安森美、UTC 等。

近年来，世界上规模较大的集成芯片生产厂家更加注重产品创新与专利保护，推向市场的集成芯片具有越来越多的独创性，出现相同或接近的芯片型号已经比较少见。

3. 后缀

集成芯片型号后缀的作用已经越来越重要，企业的物料工作人员只有获得每种芯片的完整后缀，才能采购到准确的器件。集成芯片的后缀反映了器件的生产厂家、外形封装（直插/贴片）、封装材料（陶瓷/塑料）、产品等级（军品/工业品/汽车产品/民品）、工作环境温度、引脚顺序（正序/逆序）、环保参数（有铅/无铅）、包装信息（管/卷）等相关信息。

【例 2-13-5】 在 Multisim 仿真软件中，LM358 包括 LM358D、LM358AP、LM358BP、LM358H、LM358JM、LM358P 等在内的 21 种后缀，反映了不同的生产厂家、封装参数、产品等级。由于采用了相同的仿真模型，因此使用任何一种型号都能完成相应的仿真。

2.13.3　常用集成芯片的封装及引脚排列规律

集成芯片所包含的引脚数量一般都不低于三只，随着近几年超大规模集成芯片生产工艺的不断更新升级，其引脚数量还可能继续增加，以提高电路的集成度。当前集成芯片的引脚间距、引脚宽度均越来越小，甚至集成芯片正下方呈多行/多列的矩阵方式排列，这些变化均体现了引脚增多、芯片尺寸却在进一步缩小的技术发展趋势。

1. 封装特点

直插及较大体积的贴片封装适宜在电子技术课程设计与实训环节中使用。

1）双列直插（Double In-line Package，DIP）是一种常见的集成芯片封装形式，如图 2-13-02(a)所示，在集成运放、集成比较器、通用数字集成芯片中较为常见。DIP 封装包含两排直插式引脚；两排引脚之间的间距有 300mil（窄体）与 600mil（宽体）两种（1mil=0.0254mm）；每排引脚中，相邻两只引脚间的间距一般为 100mil，即 2.54mm。

2）SOP（Small Outline Package）/SOIC 贴片封装的相邻两只引脚之间的间距仅为 50mil，由飞利浦公司首先投入商用，并派生出 SOJ（J 形引脚）、TSOP（薄小外形封装）、VSSOP（甚小外形封装）、SSOP（缩小型 SOP）、TSSOP（双列表面收缩型 SOP 薄型封装，相邻引脚间距缩小为 26mil，约 0.66mm）、SOT（小外形晶体管）、SOIC（小外形集成芯片）、MSOP（微型小外形封装）等多种类型。

2. 引脚排列

在 Multisim、Altium Designer 等 EDA 软件的电路图中，集成芯片的引脚多根据信号的流向和功能进行布置、摆放，使读图者可以总体把握电路的基本功能。但是，在电路 PCB 上安装集成芯片时，只能根据实际的封装信息来插装、焊接集成芯片。

集成芯片的外形轮廓或型号印制表面设计有引脚计数的起始标志，以方便使用者快捷、准确地找出芯片引脚的起始位置，如图 2-13-02 所示。

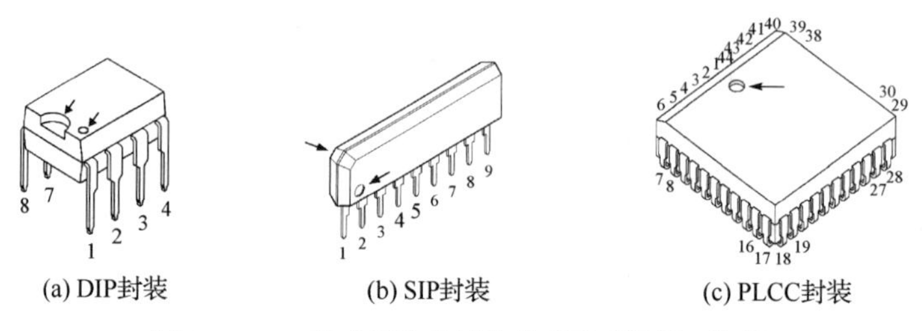

(a) DIP封装　(b) SIP封装　(c) PLCC封装

图 2-13-02　集成芯片的封装外形及引脚排列规律

1）DIP 双列直插封装的塑料体左侧可能有一个半圆形缺口，或者在型号标注面的左下角设计了一个圆形浅坑；这些标记下方即为芯片的 1 脚，然后按逆时针方向可依次读出 2 脚、3 脚……末位引脚位于型号标注面的上方最左侧，如图 2-13-02(a)所示。

2）在一些前置放大、功率放大等集成芯片中，使用如图 2-13-02(b)所示的 SIP（Single Inline Package）单列直插封装。正对 SIP 封装的集成芯片型号标注面，塑料体左上角可以观察到一个三角形缺口或左下角有一个浅圆坑，缺口或圆坑的下方即为 1 脚，然后从左向右可依次读出 2 脚、3 脚……

3）图 2-13-02(c)为四周均有引脚的 PLCC 封装，在芯片型号标注面的正上方居中处有一个浅圆坑，圆坑正上方的引脚即为 1 脚，然后按逆时针方向可识别出其余引脚。

★技巧　DIP、SIP、PLCC 封装的集成芯片既可以装在 IC 插座上、再焊接到电路 PCB 中，又可以直接焊接到 PCB 中，与贴片型集成芯片相比较，更适合初学者选用。

2.13.4 集成芯片的正确使用

集成芯片一般作为系统或电路单元的核心器件进行使用，芯片损坏后系统功能必然出现异常，甚至会引起连锁反应，导致关联器件损坏，造成较高的维修、维护成本。对于集成度高、性能优异的专用型集成芯片，由于具有技术领先、使用背景（如军用、宇航）特殊、用量较少等特点，芯片价格非常昂贵，一旦发生损坏，经济损失就会较大。

集成芯片损坏带来的影响是多方面的，因此在集成芯片的使用过程中，一定要保持正确、规范的操作，尽可能地延长集成芯片的正常工作时限。

1）工作在高压、大电流等恶劣环境中的集成芯片，发生损坏的概率较高。

2）在使用集成芯片前，应仔细查阅其技术文档和典型应用电路，注意外围元器件的配置与参数，使设计出的电路符合安全规范。

3）集成芯片的电源电压、负载不得超过数据手册中给出的极限值。

4）对线性放大集成芯片，应注意调整零点漂移、防止信号堵塞、消除自激振荡。

5）设置软启动电路，避免集成芯片在上电时因瞬间尖峰脉冲而损坏。

6）输入信号的上限电平不要超过电源电压的上限，下限电平也尽量不要低于电源电压的下限。对于单电源供电的集成芯片，应避免输入电压出现负值，必要时可在集成芯片的输入端增加一级信号电平转换电路。

7）数字集成芯片的多余输入端不要悬空，以避免产生逻辑错误。与门、与非门的多余输入端接电源正极，或门、或非门的多余输入端接地，也可把多余的输入端和正常输入端并联使用。

8）不建议用集成运放、比较器、数字逻辑芯片的输出引脚直接驱动蜂鸣器、扬声器、继电器、电机等工作电流较大的负载元器件，而应增加一级驱动单元。

9）在进行 PCB 布局时，应使集成芯片尽量远离发热源。

10）在进行元器件的手工焊接时，建议最后装配、焊接集成芯片；不要使用超过 45W 的电烙铁；集成芯片每只引脚的焊接时间不要超过 10s。

11）在测试、焊接大规模集成芯片时，要防止静电引起元器件损坏，电烙铁最好使用“ESD SAFE”的低压恒温焊台，测试仪器均要保证接地良好。

12）存放集成芯片的防静电包装一般为铁灰色或黑色，须具有如图 2-13-03 所示的静电警示标识，不能为了方便而将集成芯片插入白色包装的泡沫。对于部分贵重、脆弱的集成芯片、传感器芯片，建议用金属锡箔包裹引脚后再进行包装。

图 2-13-03　静电警示标识

13）在环保要求不严格的工作场合，有铅、无铅的集成芯片允许互换使用。

14）集成芯片是在硅片上制成的电路产品，当确认集成芯片已损坏时，只能对其更换，试图对集成芯片进行维修往往是没有效果的。

2.14　接　插　件

接插件俗称“连接器”，一般由插头与插座两部分组成。插头与插座内部的金属部件通过紧密的欧姆接触（接触电阻趋近于 0）实现传导电压或电流信号。

电气连接可通过焊接或插接的方式实现。采用插接方式可简化电子产品的装配过程，易于实现多种设计方案的快捷更换，同时方便维修与升级。插接方式存在以下不足。

1）需要额外使用专用接插件，提高了电路系统的硬件成本；

2）插接方式的稳固性略差于焊接方式：插头与插座的触点之间或多或少存在一定的接触电阻，同时接触点之间可能因氧化、受潮而出现接触不良等电气故障。

2.14.1　排针与排插

排针与排插（排母）可实现两张PCB之间电气通路的刚性“硬”连接：PCB A设计使用排针，PCB B使用相同引脚数量、形状的排插与之对应，将A板的排针对准B板的排插插入即可。排针的外形结构如图2-14-01所示。

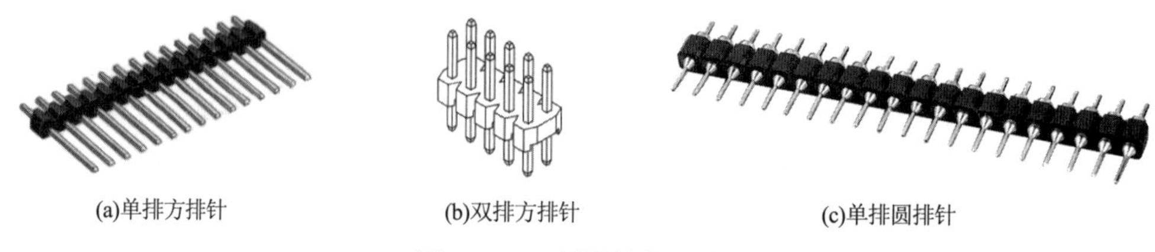

(a)单排方排针　(b)双排方排针　(c)单排圆排针

图2-14-01　排针的外形结构

电子技术课程设计中最常用的排针有单排、双排两类，最大针数一般为单排排针40针或双排排针80针，相邻两个排针之间的间距均为标准的2.54mm（100mil）。排针的横截面形状有正方形与圆形两种。方形排针的尼龙支座设计了双面凹槽，可根据实际需要将排针掰断，使之具有所需的针数。

★技巧　在电子技术课程设计环节中，建议优先选择单排排针，以利于PCB走线；而双排排针的部分电气连线需要穿过另一排两根排针之间的狭窄间距，对电气布线的线宽要求较高。

排插（排母）的外形结构如图2-14-02所示。

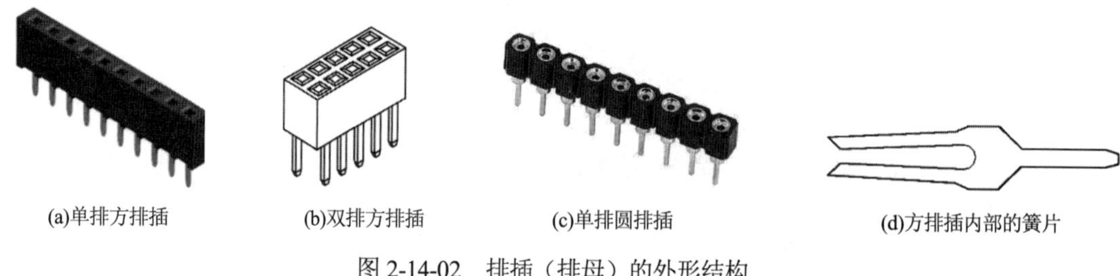

(a)单排方排插　(b)双排方排插　(c)单排圆排插　(d)方排插内部的簧片

图2-14-02　排插（排母）的外形结构

图2-14-02(a)、图2-14-02(b)内部的簧片如图2-14-02(d)所示，易于紧扣如图2-14-01(a)、图2-14-01(b)所示的方排针。

图2-14-02(c)为单排圆排插，主要配套如图2-14-01(c)所示的单排圆排针使用。

★技巧　圆排插也可用于电阻、电容等元器件引脚的插接。

☞**提示**　常用的排针、排插的相邻引脚针距有2.54mm、2mm、1.27mm三种规格。

排针、排插所使用的理想金属材料为铜材，但铜的价格较高且抗氧化性一般，因此目前较为常用的排针、排插的金属件多采用外表镀铜或金等低电阻率金属涂层的铁质材料，在降低生产成本的同时，也提高了接插件的抗氧化、抗锈蚀性能。

2.14.2　排针与杜邦线

排针与排插实现了PCB之间的刚性“硬”连接，对两块PCB的尺寸、形状、结构、位置参数提出了较为严格的要求。此外，如果在电路调试时需要实现多块PCB之间的电气连接，则“排针+排插”的组合形式并不理想。这种情况下可以采用柔性的杜邦线配合排针进行电气连接。杜邦线与杜邦插头如图2-14-03所示。

将排针焊接在不同的PCB中，然后用杜邦插头插入需要连接的排针，实施电气连接。“排针+杜邦线”这种灵活的连接结构特别适用于电子技术课程设计环节中PCB之间的电气连线。

(a)双头杜邦线　(b)杜邦插头外形　(c)杜邦插头内部的簧片

图 2-14-03　杜邦线与杜邦插头

【例 2-14-1】 在采用双电源供电的同相放大电路中，需要布置两针（信号输入及信号地）、三针（正/负电源、电源地）、两针（信号输出及信号地）共三组排针。

☞**提示**　排针的有效电气接触面积不算大，加之插拔力较小而容易导致连接松动，受杜邦插头形状的限制，杜邦线的导线横截面积不会太大，因此“排针+杜邦线”的接插件方案不适用于工作电流较大、信号频率较高的应用场合。

★**技巧**　杜邦线广泛使用了按照“黑-棕-红-橙-黄-绿-蓝-紫-灰-白”的颜色顺序排列的彩色排线压制，使用者可参照表 2-1-4 对每根线的编号进行定义。

2.14.3　接插件的防呆设计

在使用接插件进行电气连接时，如果因操作失误而导致连接错误，系统在通电后轻则不工作，重则出现严重的电气故障。因此绝大多数接插件都进行了防呆设计，避免接插件被无意插反。

【例 2-14-2】 Micro USB 为典型的防呆接插件，USB 插头只能从一个方向插入 USB 插座。

常用的防呆结构包括：锁扣式、牛角式、盲孔式，如图 2-14-04 所示。

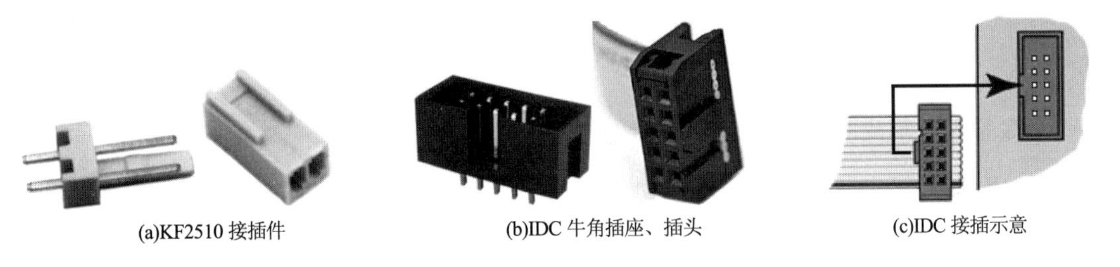

(a)KF2510 接插件　(b)IDC 牛角插座、插头　(c)IDC 接插示意

图 2-14-04　常用的防呆结构

图 2-14-04(a)中的 KF2510 接插件的排针基座的“L”形背板边缘被削去，而排插边缘则有对应的凸起，这种互补配对结构保证了 KF2510 接插件的排插只能从一个方向插入排针。

图 2-14-04(b)中的 IDC 牛角插座的一侧边沿有方形槽孔，而牛角插头的一侧外沿有方形凸起，正好以唯一正确的方向插入对应的牛角插座。

☞**提示**　IDC10、IDC14 牛角接插件常用于 51、MSP430 单片机的程序下载、JTAG 调试。

2.14.4　集成芯片插座

对于双列直插 DIP、单列直插 SIP 集成芯片，可在 PCB 中先焊接具有相同封装的集成芯片插座（IC 插座），然后在断电的条件下将集成芯片插入 IC 插座，如图 2-14-05 所示。

初学者使用 IC 插座可防止因过长的焊接时间而导致集成芯片损坏，而且在集成芯片损坏后，更换也非常方便。使用IC插座也会带来一些负面影响：系统的成本提高、PCB的高度增加、长时间使用容易引起接触不良等故障。

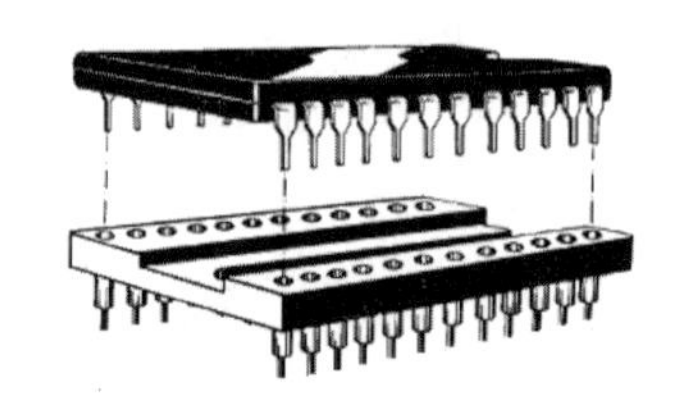

图2-14-05　集成芯片插入IC插座

1．IC插座的分类

IC插座是由接触件和绝缘安装支座组成的专用接插件，不具有集成芯片的任何功能。双列直插集成芯片常用的IC插座如图2-14-06(a)、图2-14-06(b)、图2-14-06(c)所示。

图2-14-06(a)中的IC插座采用片簧作为接触件，价格低廉。片簧与插入的集成芯片引脚形成双面接触，接触状态良好，易于插拔。图2-14-06(b)为圆孔结构的IC插座，圆孔的内芯经过镀金或其他降低接触电阻的工艺处理，具有接触可靠、插拔力小等优点，但价格较贵，多用于要求较高的模拟电路。

★技巧　图2-14-06(a)、图2-14-06(b)中的插座剪开为两排后，可作为图2-13-02(b)中SIP封装的IC插座。

图2-14-06(c)为ZIP（零插拔力）IC插座，将集成芯片放入矩形插孔后，压下右侧手柄即可实现内部动、静簧片与集成芯片引脚之间的紧密接触。ZIP IC插座的体积较大，可以兼容引脚宽度300mil、400mil、500mil的各类双列直插集成芯片，也可用于单列直插集成芯片。

【例2-14-3】 ZIP IC插座主要用在需要经常插拔集成芯片的场合（如编程器），也常被称为“测试插座”。ZIP插座的生产工艺复杂，材料性能较好，售价较高。

图2-14-06(d)左侧的PLCC封装集成芯片也经常使用IC插座。PLCC IC插座有贴片式、直插式两种；贴片式PLCC IC插座的引脚在插座体的下方，需要采用专门工艺进行焊接，因此不推荐初学者使用。

(a)片簧式结构

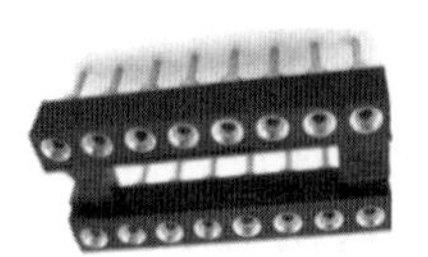

(b)圆孔结构

(c)ZIP（零插拔力）

(d)PLCC封装及其IC插座

图2-14-06　双列直插集成芯片常用的IC插座

2．IC插座与集成芯片的引脚匹配

IC插座只是集成芯片的接插件载体，加之采用了对称结构，所以IC插座没有方向的区分，即使旋转180°也能正常插入集成芯片。但是，集成芯片的引脚有顺序，不能随心所欲地插入IC插座。为了表示IC插座的方向，在塑料基座中部设置有一个半圆形缺口，如图2-14-06(a)、图2-14-06(b)所示，将缺口向左，其下方的引脚则为1脚，其余引脚按逆时针方向读取。

⚠警告　在将双列直插集成芯片插入焊接完成的IC插座时，一定要检查IC插座、集成芯片、PCB中芯片丝印三个缺口是否对齐，以防止被插反的集成芯片在上电后损坏。

3．从IC插座中插拔集成芯片时的注意事项

全新的双列直插集成芯片一般是装在如图2-14-07(a)所示梯形横截面的防静电塑料管内，两排引脚张开一定角度，如图2-14-07(b)中虚线所示；而IC插座原则上要求插入集成芯片的张角约为90°，因此，全新的集成芯片不容易直接插入IC插座内，而需要稍微弯折每一排的引脚，适当减小引脚张开角度，如图2-14-07(b)中实线所示，从而能垂直插入IC插座的插孔。

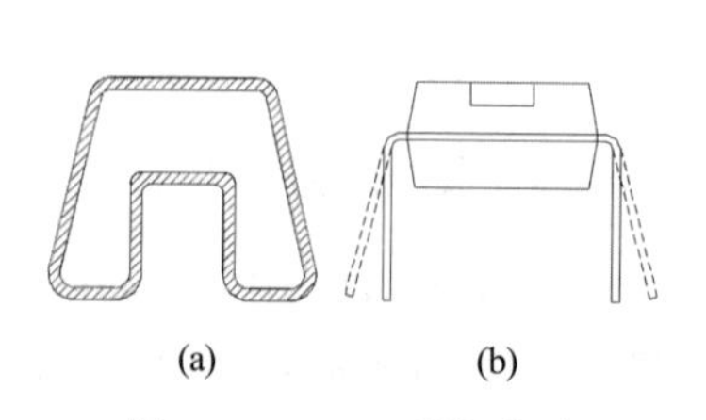

图2-14-07　IC引脚成型

☞提示　集成芯片引脚插入 IC 插座后，还需要再稍微用力将整个集成芯片压紧，以避免集成芯片引脚与 IC 插座之间接触不良。

⚠警告　如需拔下 IC 插座中的集成芯片，绝对禁止用手指直接抠集成芯片，以防止引脚变形、折断，以及尖锐的引脚插入手指尖而导致的意外伤害。正确做法是使用镊子或一字螺丝刀从两侧塞入集成芯片与 IC 插座之间的缝隙，然后从两侧撬动集成芯片，使其均匀脱离 IC 插座。

2.14.5　其他常用接插件

除上述接插件外，图 2-14-08 还给出了其他常用的接插件。

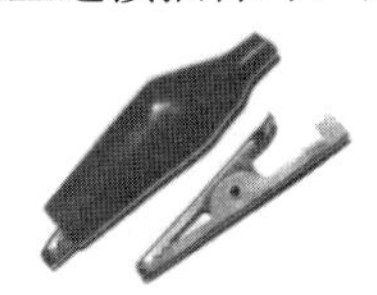

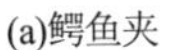

(a)鳄鱼夹

(b)DC 插座与配套的插头

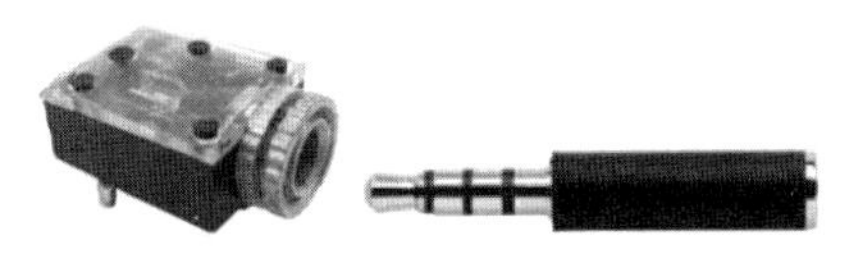

(c)耳机插座及配套的插头

图 2-14-08　其他常用的接插件

图 2-14-08(a)为鳄鱼夹，实验室中常将鳄鱼夹用于连接电源、地至 PCB 中。小电流鳄鱼夹根据体积可分为大、中、小三种规格。与鳄鱼夹配套的接插件可采用排针、导线、PCB 中的焊盘。

★技巧　为了避免金属夹体与邻近的元器件引脚发生短路，建议选购带有护套的鳄鱼夹。

图 2-14-08(b)是常用的 DC 插座与配套的插头，主要用于电源的连接。DC 插头的内芯一般为电源正极，具有较大接触面积的金属外壳则为电源负极。常用规格包括 DC3.5（5V及以下电源适用）、DC5.5×2.1（9～12V 电源适用）、DC5.5×2.5（19V 以上的笔记本电源适用）。

图 2-14-08(c)为耳机插座及配套的插头，由于在接插过程中可能存在瞬间短路的现象，因而主要用于传输语音或音频信号，不适用于电源的传输。图中的耳机插头为三段式，可同时传输两路音频信号，其中靠近塑料外壳的金属部位是公共地端。

☞提示　与智能手机配套的耳机插头一般为 4 段触点的样式，还增加了一路 MIC 信号触点。

耳机插头与插座的常用规格为 3.5mm，此外还有略细的 2.5mm 规格、较粗的 5.5mm 规格，后者主要用于卡拉 OK 话筒与音响设备之间的连接。

2.15　开关与继电器

开关与继电器是在电路设计中使用频率很高的一类无源元器件，通过人力（拨动、推动、揿压）、电磁力（吸合、断开）、机械应力（变形、弹跳）的作用使触点改变状态，从而实现信号、电源的通断或切换。开关与继电器是实现人机交互、电气控制的主要元器件。

在模拟、数字电路系统中常用的开关包括以下三类。

1） 翻转开关：开关按下后将翻转、切换到新状态并保持。

2）自复位按钮：按钮被按下后切换到新状态，松开按钮后复位到原先的初始状态。

3）电磁继电器：通过电流控制电磁铁吸合，再带动开关触点吸合或断开的电动式开关。

2.15.1　翻转开关

翻转开关（Toggle Switch）也称为投掷开关（Throw Switch），是一种常用的机械式开关。

【例 2-15-1】 房间中的照明开关属于典型的翻转开关：当照明开关被按下时，灯具点亮；反方向再次按下照明开关时，灯具熄灭。

1．翻转开关的“刀”

“刀”（Pole）是翻转开关的动触点。只有一只动触点的开关为单刀开关，有两只动触点的开关为双刀开关，有三只及以上动触点的开关为多刀开关。

由于翻转开关的“刀”多为联动结构，因此若开关内部“刀”的数量越多，则开关体积越大、结构越复杂、生产成本及价格越高。受市场需求的限制，多刀开关往往难以购得。

2．翻转开关的“掷”

“掷”（Throw）是翻转开关的静触点，包括常开触点、常闭触点两种类型。

1）常开触点（Normally-Opened）一般用 NO 表示，是开关在关断（OFF）状态下与动触点保持断开状态的触点。当开关切换到导通（ON）状态时，常开触点将与动触点连通。

2）常闭触点（Normally-Closed）一般用 NC 表示，是开关在关断（OFF）状态下与动触点保持连通状态的触点。当开关切换至导通（ON）状态时，常闭触点将与动触点脱离。

☞**提示**　翻转开关的每只“刀”对应一组常闭触点及多组常开触点。根据“刀”和“掷”数量的不同，可将电路系统中常用的翻转开关分为单刀单掷（未设计常闭触点）、单刀双掷、单刀多掷、双刀单掷、双刀双掷、多刀多掷（如数字万用表的挡位开关）等类型。

常见的单刀翻转开关的电气符号如图 2-15-01 所示。如图 2-15-01(a)所示的单刀单掷开关只有常开触点，图 2-15-01(b)则是常开触点、常闭触点完备的标准翻转开关。

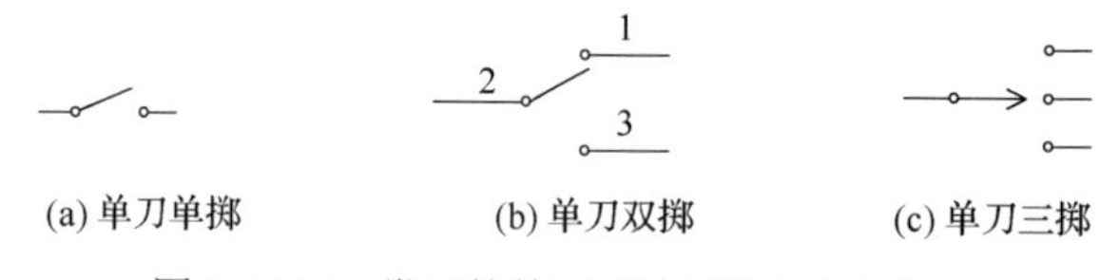

图 2-15-01　常见的单刀翻转开关的电气符号

3．翻转开关的参数选择

1）额定工作电压、额定工作电流

翻转开关的额定工作电压（Rated Voltage）与额定工作电流（Rated Current）用于限定开关触点正常工作的电压及电流范围，在交流、直流电路中的参数范围有所差别。

常用翻转开关的额定电压等级包括直流50VDC、250VDC、400VDC 等，以及交流 125VAC、250VAC 等规格，额定电流则包括 0.5A、1A、1.5A、2A、3A、5A 等规格。

（1）用于数字信号切换的翻转开关，其工作电流很小，可不考虑翻转开关的额定电压、电流；

（2）直流电源开关需要重点关注其额定工作电流，同时避免开关触点间出现反复抖动；

（3）在高压电路中，若开关动触点与静触点之间的动作距离过短，则可能引起动、静触点之间的空气发生电离而出现尖端放电（俗称拉弧）的现象，烧蚀触点接触面，使动、静触点间的接触电阻增大，影响开关正常使用。严重时可能引起开关外壳烧毁，对使用者造成人身伤害。

【例 2-15-2】 移动电源插座（插线板）设置有一只或多只通断开关，这是一种静态开关，不建议用于插座中已插入用电设备时的通断控制。

2）机械寿命

若翻转开关的动作太频繁，则容易引起翻转开关内部弹性簧片出现疲劳损伤，很多翻转开关的数据手册中都给出了机械寿命（Mechanical Life）或类似参数。

☞**提示**　小功率翻转开关的机械寿命为几万次不等，高电压、大电流翻转开关则只有几千次。

3）接触电阻

翻转开关的接触电阻（Contact Resistance）是指翻转开关动触点与静触点之间的微小电阻，一般不超过 100mΩ。对触点进行镀银工艺处理会显著减小接触电阻。

4）绝缘电阻

绝缘电阻（Insulation Resistance）主要针对工作在较高电压下的翻转开关，是衡量开关外壳、手柄等介质绝缘性能优劣的物理参数，一般处于 MΩ 数量级。

4．常用翻转开关的结构类型

单、双掷翻转开关一般采用拨动式结构，而三掷及以上的翻转开关则主要采用旋转式结构。出于制造工艺及生产成本的考虑，小电流多刀多掷开关目前正在被电子开关取代。

1）双刀双掷自锁开关

图 2-15-02(a)所示为电路设计中常用的一种双刀双掷自锁开关，具有自锁功能，因此按键帽的高度具有两种状态。这种开关常被用做小功率电源的切换开关。

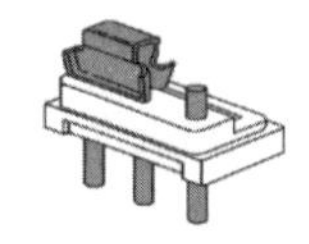

(a)双刀双掷自锁开关　(b) 多路单触点拨码开关　(c)拨动开关　(d)拨动开关的内部结构

图 2-15-02　常用翻转开关

☞**提示**　双刀双掷自锁开关有两种常用规格：7mm×7mm 和 8.5mm×8.5mm。某些不带自锁功能的自复位开关与图 2-15-02(a)所示开关的外形相似，在选购时一定要准确区分。

2）多路单触点拨码开关

多路单触点拨码开关也称为“平拨开关”，其外形如图 2-15-02(b)所示，其内部含多路的独立单刀单掷开关，常用于数字电路中的输入高/低电平设置。常用多路单触点拨码开关有 2、3、4、6、8、10、12 路等类型。

3）拨动开关

拨动开关也称为“滑动开关”，拨动开关的外形如图 2-15-02(c)所示，包括单刀双掷、单刀多掷、双刀双掷、双刀多掷等多种类型。用外力拨动图 2-15-02(c)所示的塑料手柄时，内部的倒 U 形簧片被移动到另一位置，从而实现开关状态的切换，如图 2-15-02(d)所示。如图 2-15-02(c)所示的金属外壳上有矩形小窗，是为了对手柄中的滚珠进行准确定位，以决定开关触点的位置。

☞**提示**　半开放式的簧片结构及滚珠定位方式，使拨动开关在长期不用之后，容易出现开关拨动困难、接触电阻增大等现象，因而多用于对性能、精度要求较低的产品。

4）钮子开关

与图 2-15-02 中的三种开关不同，钮子开关一般不焊接在 PCB 中使用，而是通过螺母及垫圈固定在机箱或面板中，再通过导线将开关的引脚焊接至 PCB 相应的焊点。钮子开关的外形如图 2-15-03 所示，通常只有单刀双掷、双刀双掷两种类型。

图 2-15-03　钮子开关的外形

钮子开关的工作原理与拨动开关的类似，但与拨动开关“平拨”的动作方式不同，钮子开关采用杠杆式的“撬动”方式，操作轻便、省力，触点状态准确，不易产生误动作。

钮子开关承受的工作电流较大，多用于中小功率的电源开关。

钮子开关在机箱或面板中的开孔形状为圆形，在实验室条件下加工较为方便。

5）船形开关

船形开关的工作原理与钮子开关的基本相同，但是没有使用螺母、垫圈的固定方式，而是借助开关外壳长度方向的两只 V 形弹片，卡紧在机箱或仪表面板外壳开出的矩形槽中。船形开关的外形如图2-15-04 所示。

(a)单刀单掷

(b)双刀单掷

(c)双刀双掷

(d)公用公共端的双刀单掷

(e)组合开关

图 2-15-04 船形开关的外形

图2-15-04(a)为单刀单掷船形开关，没有常闭触点。按钮表面的“｜”位置被按下后，船形开关内部的常开触点闭合；“O”位置被按下后，常开触点断开，恢复初始状态。

图 2-15-04(b)为双刀单掷船形开关，没有常闭触点，外形体积较图 2-15-04(a)所示的单刀单掷船形开关更大。按钮表面的“｜”位置被按下后，船形开关内部的两组常开触点同时闭合，可以用来切断两个不同的电路回路；“O”位置被按下后，两组常开触点同时断开。

图 2-15-04(c)为双刀双掷船形开关，共两排（6 只引脚），居中位置的两只引脚为常闭触点。

图 2-15-04(d)是另一种公用公共端的双刀单掷船形开关。这种船形开关的按键具有三种状态：左按下、右按下、水平位置。居中引脚为公共端，当按钮表面的“｜”和“‖”位置按下时，表示该位置下方的引脚与公共端接通。当此船形开关处于水平位置时，两只开关均断开。

图 2-15-04(e)的结构最复杂，内部共有 4 组开关，可认为是两只图 2-15-04(d)所示开关的组合。

6）琴键开关

琴键开关如图 2-15-05 所示，以按压的方式切换触点，按键帽具有长、短两种位置状态。

琴键开关内部包含多组常开触点，可实现对多路信号的切换。也有部分琴键开关内部触点采用了常闭结构。琴键开关需焊接到 PCB 中使用，同时将按钮端部伸出机箱外部，便于按压。按钮端部有专用的按键帽，外形较为美观。

7）波段开关

波段开关是一种单/双刀多掷开关，具有较多静触点，多采用旋转方式进行静触点的切换，波段开关的种类较多，如图 2-15-06 所示。

图 2-15-05 琴键开关

图 2-15-06 波段开关

波段开关的动作力度较大，转轴需要经常注入油脂进行润滑。大型的波段开关也称为万能开关，主要用于强电装置。

2.15.2　自复位按钮

自复位按钮一般也称为微动开关、轻触开关。当自复位按钮按下后，内部的开关触点将产生状态改变（主要是常开触点闭合）；松开自复位按钮后，开关借助内部的弹簧或簧片恢复为初始状态。

1．常用的基本类型

PCB 焊接式自复位按钮的外形及其电气符号如图 2-15-07 所示。

(a) 6mm×6mm直插式

(b) 6mm×6mm贴片式

(c) 12mm×12mm直插式

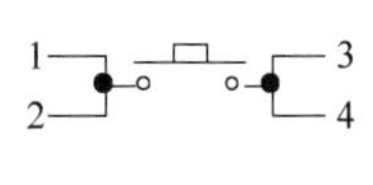

(d) 电气符号

(e) 3mm×6mm简式

图 2-15-07　PCB 焊接式自复位按钮的外形及其电气符号

图 2-15-07(a)为常用的 6mm×6mm 直插式自复位按钮，塑料按钮帽的高度略有不同；图 2-15-07(b)为 6mm×6mm 贴片式自复位按钮。这三种按钮的 4 只引脚在内部处于两两连通的状态，如图 2-15-07(d)所示。这三种按钮被广泛应用在数字电路、单片机电路等相关产品中，体积小巧、价格低廉。

图 2-15-07(c)是大尺寸的 12mm×12mm 直插式自复位按钮，内部结构与 6mm×6mm 自复位按钮的类似。方形的按键可以卡入透明的按键帽，而按键帽内部可以装入字符卡片，以便对不同编号的按键进行标识，被广泛用于台式仪器设备的键盘装置中。图 2-15-07(e)所示的自复位按钮仅有两只引脚，引脚结构已经最简，其外形尺寸只有 3mm×6mm，在紧凑型电子产品设计中具有较明显的优势。

如果需要将自复位按钮安装在仪表机箱的外壳或面板上使用，可采用如图 2-15-08(a)所示的面板式自复位按钮。面板式自复位按钮采用螺母进行固定，接线脚采用导线焊接的方式连接至 PCB。这类按钮的体积较大，内部金属簧片的质量较好，使用年限较长。

(a)面板式自复位按钮

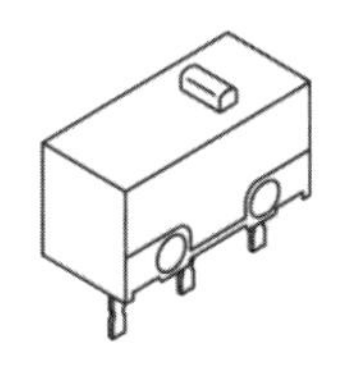
(b)鼠标按钮开关的外形

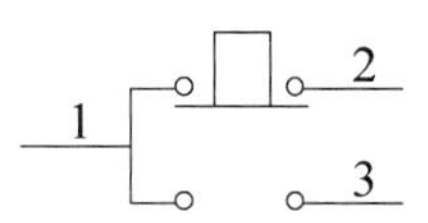

(c)鼠标按钮开关的内部结构

图 2-15-08　面板式自复位按钮与鼠标按钮开关

鼠标按钮开关的外形如图 2-15-08(b)所示，这是一种同时具有常开触点和常闭触点的自复位按钮，其内部结构如图 2-15-08(c)所示。

2．基本应用电路

自复位按钮主要应用在数字电路系统中，其基本应用电路如图 2-15-09 所示。

图 2-15-09(a)中，当自复位按钮未被按下时，无电流流经 R_1，因而输出端保持高电平；当 S_1 被按下时，+5V 电源经 R_1、S_1 形成回路，输出端被拉低为低电平；当 S_1 被松开后，输出端又重新恢复为高电平。与之类似，图 2-15-09(b)的有效输出电平为低电平。

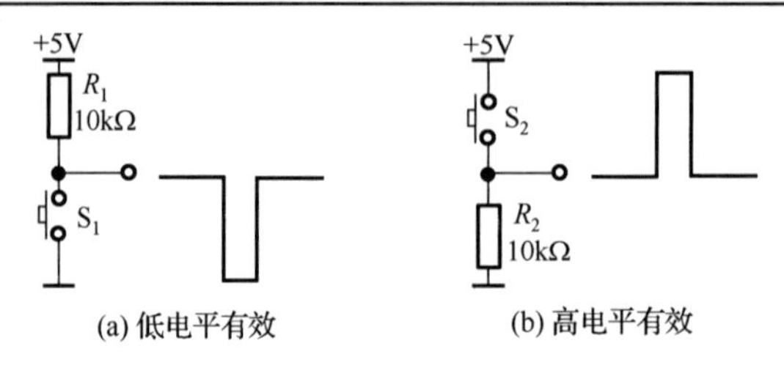

图 2-15-09　自复位按钮的基本应用电路

【例 2-15-3】 笔记本键盘中的按键、安卓手机的音量键、苹果手机的 Home 键均为自复位按钮。苹果手机中的静音开关则是典型的拨动开关。

2.15.3　电磁继电器

电磁继电器本身也是一种开关，只是电磁继电器的开关动作不是采用直接的手动操作，而是利用电磁力完成的。电磁线圈是电磁继电器的核心，采用如图 2-15-10 所示的电磁铁原理进行工作：将具有绝缘外皮的导线缠绕在铁钉的外径，在导线两端通直流电后，线圈内的铁钉开始具有磁性，能够吸引铁磁性的物质，如铁质回形针。

图 2-15-10　电磁铁原理

1. 内部结构

电磁继电器主要由铁芯、线圈、衔铁、簧片、动触点、静触点（常开或常闭）等部件构成，如图 2-15-11(a)所示。常开静触点是指当线圈没有通电时处于断开位置的触点，常闭静触点则是指当线圈没有通电时处于接通位置的触点。

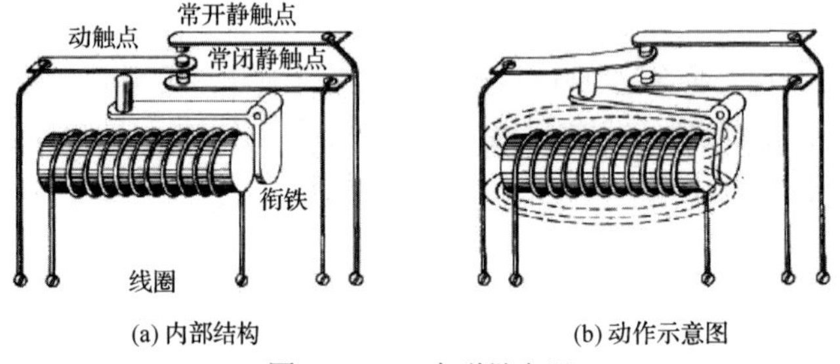

图 2-15-11　电磁继电器

2. 驱动电路设计

简单的电磁继电器驱动电路如图 2-15-12 所示。

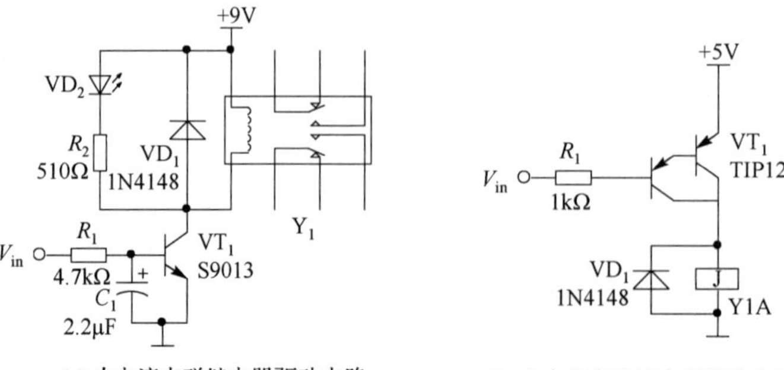

图 2-15-12　简单的电磁继电器驱动电路

在图 2-15-12(a)中，当输入信号 V_{in} 为高电平时，三极管 VT_1 导通，+9V 电源向电磁继电器的线圈通电，线圈包裹的铁芯产生磁性，吸引图 2-15-11(a)中的衔铁围绕转轴顺时针方向旋转并顶起动触点，使之与常闭静触点断开、与常开静触点接触吸合，从而实现后续电路中的导通与关断。

当 V_{in} 翻转为低电平后，VT_1 截止，线圈 Y_1 掉电，电磁吸力也随之消失，衔铁将在电磁继电器内部复位弹簧的反作用力下迅速返回初始位置：动触点与常开静触点断开、与常闭静触点重新吸合。

★技巧　二极管 VD_1 是电磁继电器线圈的续流二极管，当电磁继电器的线圈断开时，会产生较大的反电势，极性为上负下正，VD_1 可有效吸收反电势。如果希望电磁继电器能够延时吸合或断开，则可以在三极管的基极并联电解电容 C_1，延时时间与 R_1、C_1 参数有关。

对于工作电流较大的电磁继电器，可以采用如图 2-15-12(b)所示的 PNP 型达林顿三极管 TIP127 进行驱动。如果电磁继电器的吸合力度不大，可适当减小 R_1 的电阻值。

如果数字系统中需要驱动的电磁继电器的数量较多，可以采用 8 路 NPN 型达林顿晶体管阵列 ULN2803A，如图 2-15-13 所示。ULN2803A 的输入端 V_1～V_8 可直接与数字集成芯片或单片机的输出端相连。ULN2803A 将续流二极管集成在芯片内部，可节省其在 PCB 中所占的面积，电气走线更简洁。

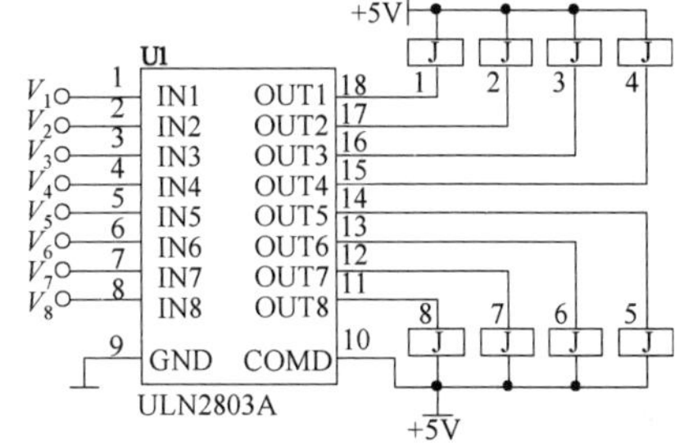

图 2-15-13　ULN2803A 驱动 8 路电磁继电器

2.15.4　开关的机械抖动与消抖

翻转开关与自复位按钮均属于机械式开关，其动触点被安装在弹性簧片的末端，因而每次开关的动作本质上都是静、动触点之间的连接或分离。由于簧片存在一定弹性，造成开关、按键在断开、闭合瞬间存在明显的弹性抖动过程：动、静触点之间不会稳定地连接、分离，而将出现一连串无规律的抖动，形成一系列复杂的通、断过程，如图 2-15-14(a)所示。

图 2-15-14(a)中，前、后沿抖动波形的形状、抖动时间长短、抖动周期主要由簧片机械特性、触点机械结构决定；此外，与操作者的按键力度、按键习惯也有一定关联。抖动时间一般处于 10^0～10^2 ms 数量级，用示波器可以很容易地观察到。

按键抖动时间虽然不长，但可能会对电路的工作造成不利影响。在数字电路中，每次单击自复位按钮，理论上都会产生一个脉冲，但开关抖动引发的无规律抖动尖峰可能会被系统错误地识别为一次脉冲跳变，使单次的击键动作被系统误判为如图 2-15-14(b)所示的波形，使得系统逻辑状态紊乱。

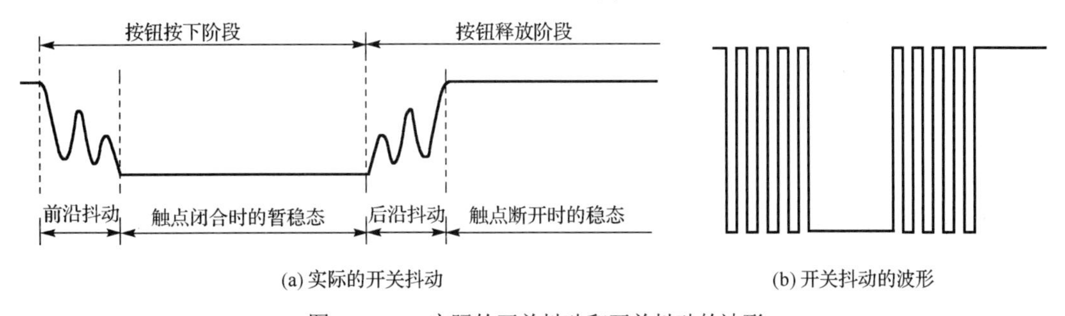

(a) 实际的开关抖动　　(b) 开关抖动的波形

图 2-15-14　实际的开关抖动和开关抖动的波形

为了消除开关抖动对电路状态的不利影响，在实际的开关电路设计中，必须采取消抖措施，使每次开关的动作输出接近理想状态。实用的消抖电路包括以下类型。

1. 利用R-S触发器的记忆功能锁定输出状态

R-S触发器（锁存器）主要用于鼠标按钮这类同时包含常开触点与常闭触点的自复位按钮的消抖，带有状态指示的鼠标按钮消抖电路如图2-15-15所示。

1）当S_1按钮的触点处在上方静触点时，U1A的输出Q为高电平，U1B的输出$\bar{Q}$为低电平。

2）按下S_1按钮，动触点将与静触点反复连接，根据R-S触发器原理可知，U1A的1脚为低电平，Q置高电平；而当1脚为高电平时，Q将保持之前的高电平，因此Q、$\bar{Q}$的状态不会发生改变。

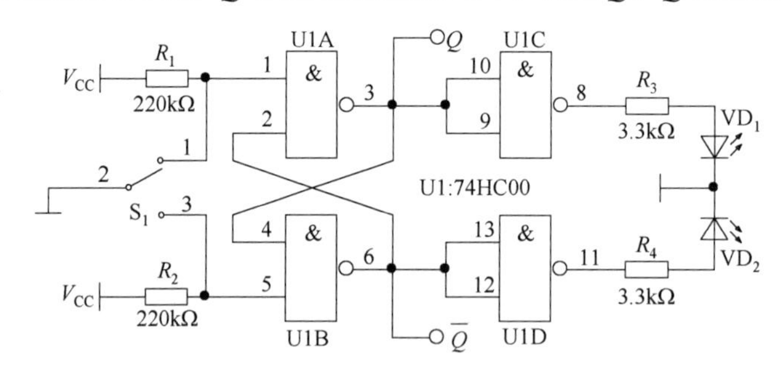

图2-15-15　带有状态指示的鼠标按钮消抖电路

3）当S_1的动触点移动到下方静触点时，动、静触点之间也会反复连接，但是此时与上方静触点已经完全分离，因此R-S触发器将发生翻转：Q为低电平，$\bar{Q}$为高电平。

4）松开按钮后，动触点与下方静触点分离并返回上方静触点，Q恢复高电平，$\bar{Q}$恢复低电平。

动触点始终无法同时接触上方静触点与下方静触点，即使存在抖动，也只能按照“置位”→“保持”→“复位”→“保持”→……的顺序来回切换，从而有效消除了因机械抖动而引起的脉冲干扰，确保每次按键只输出一个良好的单边沿脉冲波形。

2. 利用电容两端电压不能突变的特性，在动触点状态稳定后再读取按键状态

常用的自复位按钮多数只包含一组常开触点，而没有常闭触点，对于这类按钮，常利用阻容电路的充放电过程抑制按键抖动，如图2-15-16(a)所示。

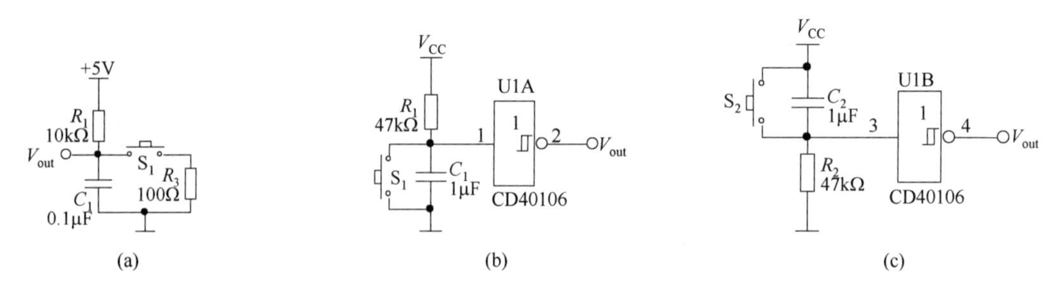

图2-15-16　阻容消抖电路

1）当S_1未被按下时，V_{out}保持高电平；

2）当S_1闭合时，R_1与R_3构成串联分压电路，由于R_1远大于R_3，因而V_{out}输出低电平；

3）当S_1因抖动而脱离触点、断开R_3回路时，+5V电源经R_1对C_1进行充电，但由于C_1两端的电压不能突变，故V_{out}仍将暂时保持低电平；

4）松开S_1后，+5V电源经R_1向C_1充电，经过一段时间延时后，V_{out}恢复为高电平。

★技巧　如果按键动作经过RC积分电路后再接入一级施密特触发器，消抖的效果会更好，参考电路如图2-15-16(b)、图2-15-16(c)所示。

电容的储能作用可以将按键的抖动限制在一定的范围内，使施密特触发器的输入端不会出现较大的抖动。而施密特触发器具有上限阈值电平 $V_{\mathrm{TH+}}$ 与下限阈值电平 $V_{\mathrm{TH-}}$，对于处在两个电平值之间的输入信号将不予响应，从而更好地抑制了按键的抖动。

3．利用单稳态电路的不可重复触发特性消除按键抖动

单稳态电路分为可重复触发（retriggerable）、不可重复触发（one-shot）两类，其中不可重复触发单稳态电路被首次触发后，在小于 t_{w}（$t_{\mathrm{w}} \approx 0.7R_1C_1$）的时间内，不接收新一轮的触发信号。因此，如果设定 R_1、C_1 的时间常数略大于按键前、后沿的抖动周期，即可在单稳态电路的输出端得到一个单脉冲方波输出，参考电路如图 2-15-17 所示。

不可重复触发单稳态触发器的常见型号为 74121、74HC221，具有 Q 与 $\overline{Q}$ 的互补输出，可根据实际需要选择高电平或低电平的脉冲输出。

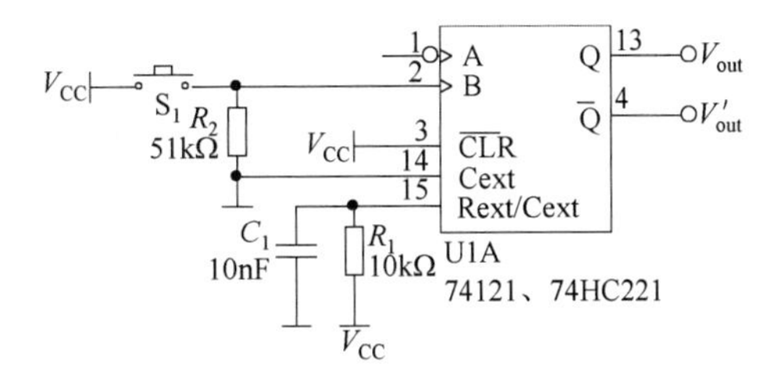

图 2-15-17　用单稳态电路实现按键消抖

★技巧　电容式按键、利用霍尔效应制成的按键基本无抖动现象存在，因而无须消抖。

习　　题

2-1　参考图 2-2-08(b)，分别选择 E24、E192 系列电阻，将 5V 的 USB 电压降至 3.3V 附近。

2-2　根据下列元器件的标注信息，准确识别其相应的参数。

（1）色环电阻：红、紫、黑、橙、金；　（2）贴片电阻：4992、R050；

（3）贴片钽电容：16V226；　（4）瓷介电容：56n、102、3p3；

（5）线绕功率电阻：2R2J、R47；　（6）立式小功率电感：1R0、330。

2-3　在某售价低廉的电子产品中，电阻用量较大，性能要求不高，应选择哪种类型的电阻？

2-4　在输出电压需要经常调节的实验室电源中，应选择哪种类型的电位器？手机充电器需要将输出电压调节至 4.2V，应选择哪种类型的电位器？

2-5　在干电池供电电路中，在电池两端并联一只容量相对较大的电容，对电池的工作寿命有什么影响？该电容应该选择薄膜电容、瓷介电容、电解电容中的哪种类型？

2-6　电炉丝具有负温度系数，请解释负温度系数对电炉丝使用寿命的影响。

2-7　简要分析熔断电阻与保险丝的区别和联系。

2-8　电阻、电容、电感的参数误差如何计算？什么样的参数误差为正偏差？

2-9　耐压值不同、容量不同的电容串联在电路中，哪种电容更容易被击穿？

2-10　为什么发热量较大的功率电阻较少采用色标法来标注参数？

2-11　将正常发热的电烙铁头靠近电阻体，如果用数字万用表读出的电阻读数的变化很大，则说明被测电阻是碳膜电阻还是金属膜电阻？

2-12　对于高频电路中使用的高精度、高稳定性、低噪声电阻，可选择哪种电阻类型？

2-13　自恢复保险与玻璃管式保险管的主要区别是什么？

2-14　为什么电源滤波电容均使用电解电容，而没有使用性能更好的薄膜电容？

2-15　如何使用开关或电磁继电器实现机械方式的直流电源输出电压极性反转？

【思政寄语】　用辩证唯物主义和历史唯物主义的思维方式去看待具体元器件，能够更好地实现元器件的科学、经济、合理、规范及安全使用。

第3章　模拟电路功能模块设计

【学习重点】

1）掌握常用模拟电路单元的结构。

2）了解常用模拟电路的参数计算。

3）熟悉简单模拟电路的基本设计方法。

模拟电路主要用于处理、产生或转换各类模拟电信号，此外，一些具有特定功能的模拟电路能够驱动继电器、扬声器、电动机的执行机构完成指定的动作。经过几十年持续的提升与进步，模拟电路已经进入一个相对成熟的稳定发展阶段。模拟电路系统目前的发展趋势主要表现为集成化、数字化、高频化、模块化等。

初学者在进行模拟电路设计时，往往只学习过少量原理性电路的分析与参数计算，如果希望能够尽快地融入电路设计者的角色，可从以下三方面着手开展学习与提高：

1）多查阅成熟的模拟电路设计方案，了解电路的功能及元器件在电路中的作用；

2）尝试对电路进行仿真，学会分析实验电路的结构、参数变化对电路运行结果的影响；

3）搭建测试电路，尽量尝试完成电路的指定功能，感受理论与实践的差别及联系。

3.1　模拟电路的典型结构

虽然模拟电路的系统结构偏复杂，但基本可以有机地划分为如图3-1-01所示的结构相对简单、基本功能清晰的若干单元模块：模拟信号源、信号处理（包括信号放大和转换）、驱动、反馈、电源等。

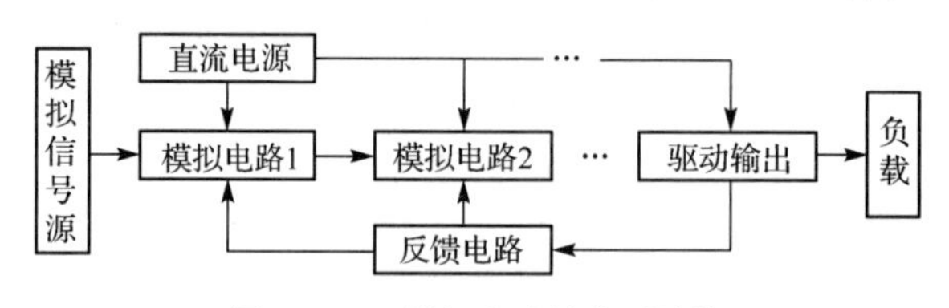

图3-1-01　模拟电路的典型结构

1）模拟信号源。利用自激振荡电路产生的正弦波、矩形波、三角波、阶跃波常被用做模拟信号源，一般只有电源、地、输出三种引脚。此外，各类传感器将外界的温度、声音、压力、光、磁等非电信号转换成的微弱电信号也常常被用做模拟信号源。

2）信号处理。模拟电路的一项重要基本功能是实现信号的放大或转换，此外还涉及振荡、滤波、求和、求差、积分、微分、整流、电压比较等衍生功能。

3）驱动。信号驱动单元利用足够的能量把电路前级传送来的电信号以某些特定的形式输出至扬声器、电铃、继电器、示波管、表头等执行机构或负载，以实现特定功能。

4）反馈。为了提高电路的工作稳定性、展宽电路带宽、改变输入阻抗与输出阻抗，反馈在整个模拟电路中必不可少。

5）电源。电源主要向电路系统中的各个模拟电路单元提供、转换电能。

经常接触并熟悉各种基本模拟电路单元的功能及特点，对其进行级联、组合、反馈及参数调整，积累经验，就能逐步具备设计复杂模拟电路系统的能力。

3.2　集成运放基础

20 世纪 80 年代之前的模拟电路主要以三极管为核心展开设计，近 40 年来，随着微电子工艺水平的高速发展，以集成运放为代表的线性集成电路和专用集成模拟器件逐步成为模拟电路设计的主流。

集成运放是一种具有很高电压放大倍数（增益）的线性集成器件，内部采用多级直接耦合的电路结构，具有集成度高、使用方便等优点，但存在一定的输出漂移（零漂/温漂）。

集成运放的增益很高，即使输入信号很微弱，也可以使得输出信号饱和。只有在集成运放的外围引脚添加合适的元器件构成负反馈网络、使运放工作在线性区，才能实现信号的放大及运算、信号处理、信号产生及其他电路功能。

3.2.1　集成运放电路的实用分析方法及步骤

1. 将集成运放视为理想运放，满足以下特征

1）开环电压增益 $A_{Vd} \to \infty$。

2）输入阻抗 $r_i \to \infty$，流入运放的工作电流 $I_i \to 0$（虚断），不会衰减输入信号。

3）运放的输出阻抗 $r_o \to 0$，暂不考虑输出电流能否满足负载的实际需求。

4）运放的带宽 $f_{BW} \to \infty$，暂不考虑电路的频率响应。

5）失调电压、失调电流、零点漂移、噪声→0。

2. 根据反馈极性，选择不同的分析方法

1）当反馈极性为负反馈时，运放工作在线性状态。

运用“虚短”概念，将运放同相输入端“+”与反相输入端“−”的电位视为相等，即 $u_+ = u_-$；同时结合“虚断”（$i_+ = i_- = 0$）、串联分压、并联分流、串联电路的电流处处相等这些基本分析要素，计算运放输出端与输入端之间的函数运算关系。

2）当没有反馈通路或反馈极性为正反馈时，运放工作在非线性状态。

将集成运放作为“电压比较器”进行分析，此时运放输出只有高电平（接近正电源电压）、低电平（接近负电源电压）两种可能的状态，再由此展开电路的功能分析。

☞**提示**　无论是工作在线性状态还是非线性状态，集成运放两个输入端的工作电流始终为 0。

3. 考虑集成运放的真实性能指标，分析电路的实际功能与实际输出

1）输入阻抗在 $10^6\Omega$ 以上，对输入信号或多或少具有一定的衰减或消耗。

2）输出阻抗在几十至几百欧姆之间，不建议用集成运放直接驱动功率型负载。

3）即使输入信号为 0（如直接接地），集成运放通电工作时，其输出端也会产生大小不一、无规律的波动输出；当集成运放用于较高精度的直流信号放大时，原则上需要对输出进行调零。

4）集成运放在精度、带宽、速度、价格等实际指标之间往往很难达成一致。

3.2.2　集成运放的电源供电

集成运放一般采用对称的正/负双电源进行供电，如图 3-2-01 所示。图中的两只无极性陶瓷电容 C_1、C_2 起到了电源退耦与滤波、改善集成运放直流供电质量的作用。

☞**提示**　很多型号的集成运放并没有设置接地（⊥）引脚。

集成运放常用的供电电压包括±18V、±15V、±12V、±9V、±5V、±3V 等，具体值可查阅集成运放

的技术文档，同时结合电路的实际指标需求进行选择。集成运放的低电压供电是发展趋势，但过低的电源电压可能会使得集成运放输出信号的动态范围过窄。

【例 3-2-1】 某些低电压运放的电源电压可以降到 1V 以下，如 LMV951，而对于为提高输出电压动态范围而设计的高压运放，电源电压可达 100V 左右，如 OPA454。

☞提示 随着 CMOS 微电子工艺的发展，近年来低电压单电源运放的增长趋势明显，很多采用+5V 或更低电源电压的集成运放被广泛运用在模拟、数字混合系统中，通过与数字电路单元公用电源电压，来简化电路的连接关系。

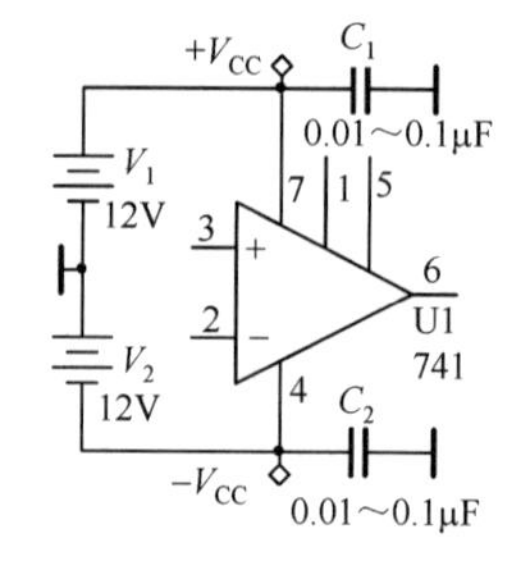

图 3-2-01 集成运放的双电源供电

3.2.3 集成运放的输出调零

许多集成运放都设置有专门的输出调零引脚，配合外接电位器即可实现对零点的调节。不同类型的集成运放所使用的调零电路略有差异，常用集成运放的调零电路如图 3-2-02 所示。

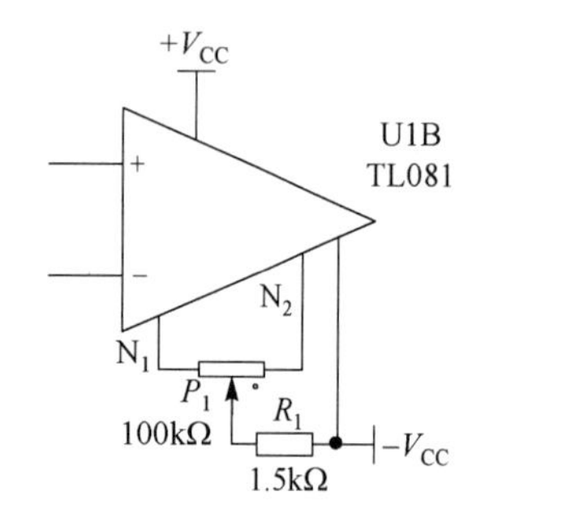

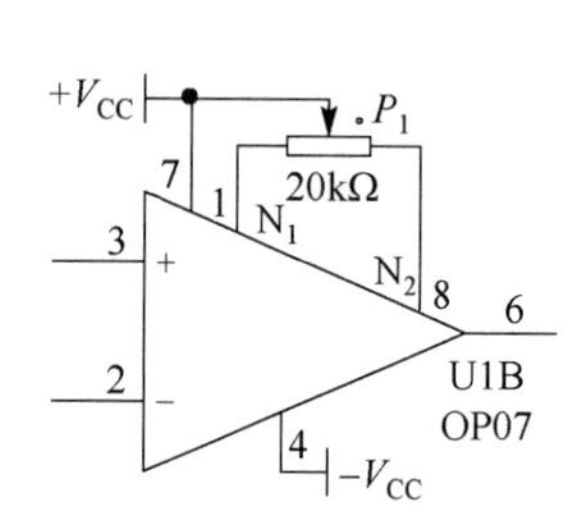

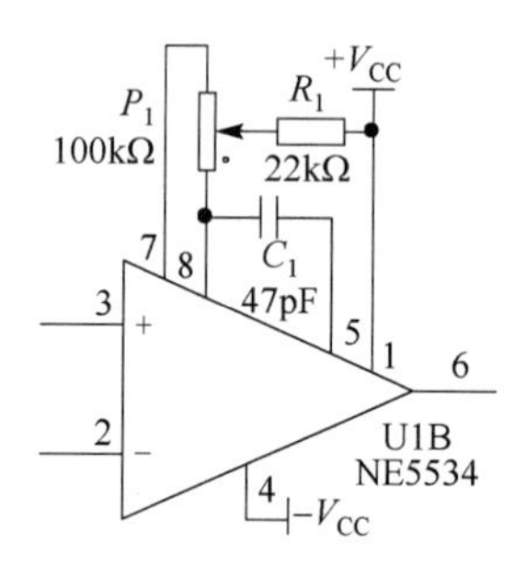

图 3-2-02 常用集成运放的调零电路

对于 8 引脚双运放、14 引脚的四运放，受引脚数量的限制，无法设置调零引脚，只能通过添加运算（加法或减法）电路单元来进行等效调零，如图 3-2-03 所示。

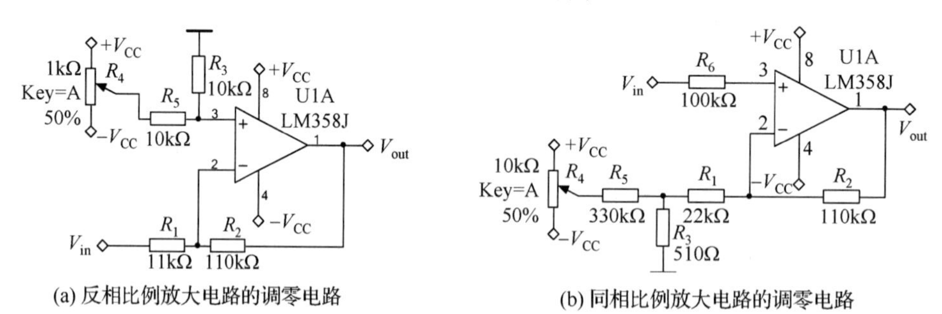

图 3-2-03 为无调零引脚的集成运放添加运算电路来进行等效调零

图 3-2-03(a)针对反相比例放大电路进行调零，添加调零单元后，实际演变为差动减法电路。图 3-2-03(b)针对同相比例放大电路进行调零设计，调零电位器改变了电路的实际负反馈量。

★技巧 在对运放输出调零时，首先对电路的输入端接地置零，然后使用数字万用表的直流电压挡检测运放输出引脚对地的电压。调零电位器首选 3296 型多圈精密电位器（参见 2.3.3 节），用钟表螺丝刀（参见 9.2.7 节）进行调节。调零完成后，可用热熔胶或油漆固定电位器的调节螺母。

【例 3-2-2】 当前很多具有自归零、低漂移特性的新型运放已无须用外接电位器进行调零了，如零漂移集成运放 OPA378 的输出漂移低至 0.1μV/℃，基本可以忽略其影响。

3.2.4　集成运放的负载驱动能力

集成运放的负载驱动（电流输出）能力普遍不强，一般仅能勉强驱动 10mA 以内的阻性负载。

【例 3-2-3】 部分集成运放驱动负载的能力较强，可以输出几百 mA 的电流，如 TLV4111 在 6V 电源电压的条件下，可向负载提供 500mA 左右的输出电流。

极个别功率型运放可以驱动 1A 以上的负载，如 LM12、OPA501 等功率型运放可以输出±10A 的电流，但这类大功率集成运放的价格非常昂贵且难以购得。在进行电子技术课程设计时，建议采用三极管、MOSFET 对集成运放的输出电流进行扩展，作为替代解决方案，如图 3-2-04 所示。

此外，当同一只集成运放内部多个单元的输出端并联时，也能增大输出电流，如图 3-2-05 所示。

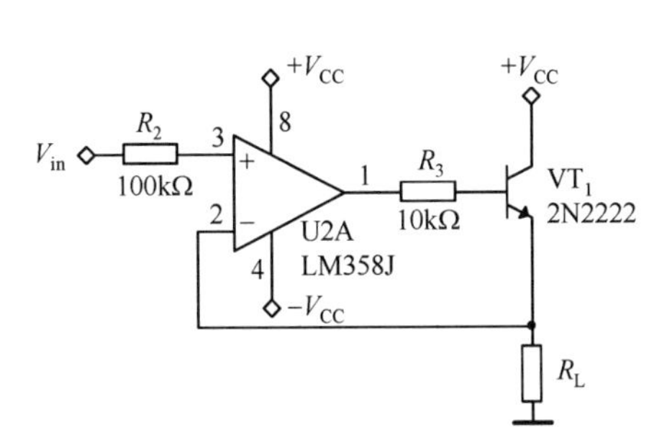

图 3-2-04　用三极管扩展集成运放的输出电流

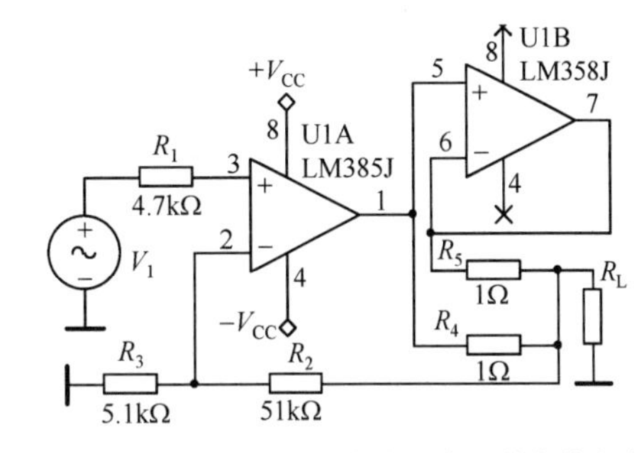

图 3-2-05　并联集成运放输出端以增大输出电流

★技巧　集成运放在进行并联扩流时，不能将两只运放的输入端、输出端直接并联，因为不同运放单元之间的失调电压存在差异，这将引起输出电压之间相互调整，可能造成其中一只运放会向另一只运放灌电流的现象，导致芯片损坏或失去应有的电流驱动能力。

☞提示　经扩流的集成运放在驱动较大的容性负载时容易出现自激振荡，调试时需加以注意。

3.3　电压放大及转换电路设计

电压放大电路的主要任务是将小信号按照一定指标进行放大，输出信号应避免失真。电压放大是模拟系统中最普遍的电路形态，多数模拟电路均可视为是由电压放大电路组合或派生而来的。

3.3.1　同相比例运算放大电路

同相比例运算放大电路简称“同相放大器”，信号从集成运放的同相端输入，集成运放的反相端连接由电阻器 R_2、R_3 构建的电压串联负反馈网络，如图 3-3-01(a)所示。

1. 同相比例运算

同相比例运算放大电路的输出电压 V_{out} 与输入电压 V_{in} 的运算关系满足 $V_{out}=(1+R_2/R_3)V_{in}$，图中的 R_1 为平衡电阻，可确保集成运放的同相输入端、反相输入端对地（⊥）的静态电阻相等。在直流放大电路中，$R_1=R_2//R_3$。

得益于集成运放外围电阻 R_2 与 R_3 构建的电压串联负反馈，同相比例运算放大电路具有很高的输入电阻与相对较低的输出电阻，常用于放大系统的输入级，以起到信号缓冲、阻抗匹配的作用。

同相比例运算放大电路的典型缺点是集成运放的两个输入端之间存在共模输入电压且不为零，即 $u_-=u_+=V_{in}\neq 0$，不建议用于高精度放大电路。

2．电压跟随器

R_3 开路后得到如图3-3-01(b)所示的电压跟随器电路，输出电压和输入电压的幅度相等、相位相同：$V_{out}=V_{in}$。负反馈电阻 R_2 的取值范围为 10^2～$10^5\Omega$，具有减小漂移和保护集成运放端口的功能，可根据实际的电路指标要求进行调整：若 R_2 电阻值过大，则可能影响输出电压的跟随效果；若 R_2 电阻值过小，则失去了对集成运放端口的保护作用。当忽略集成运放端口的保护时，可短接 R_2，得到如图3-3-01(c)所示的电压跟随器简化电路。

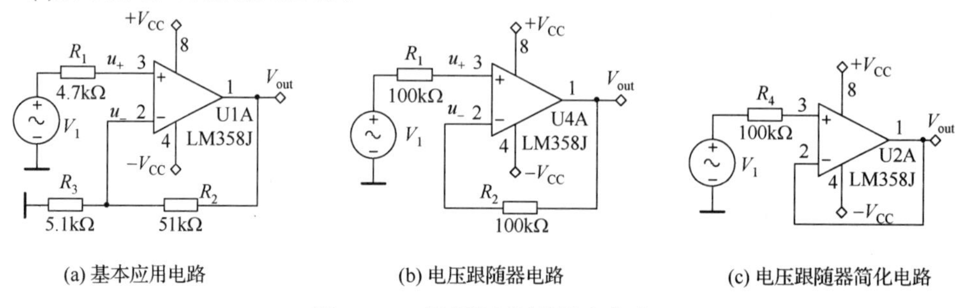

(a) 基本应用电路　(b) 电压跟随器电路　(c) 电压跟随器简化电路

图3-3-01　同相比例运算放大电路

电压跟随器电路的输出电压与输入电压相等，近似等同为一根理想的导线；但电压跟随器的阻抗变换功能则是普通导线无法比拟的。

【例3-3-1】 在图3-3-02(a)中，具有220kΩ内阻的信号源直接向1kΩ的电阻负载供电时，由于信号源内阻与负载电阻为简单的串联关系，因而在负载 R_7 两端得到的电压 V_{p-p} 近似只有9.016mV，如图3-3-02(c)上方（A通道）的仿真波形所示。如果将电压跟随器串接在信号源与负载之间，如图3-3-02(b)所示，如图3-3-02(c)下方（B通道）的仿真波形所示，负载 R_{11} 两端的电压 V_{p-p} 约为1.992V，与2V的理论输出电压相差无几。这得益于电压跟随器输入电阻高、输出电阻低的优异特性。

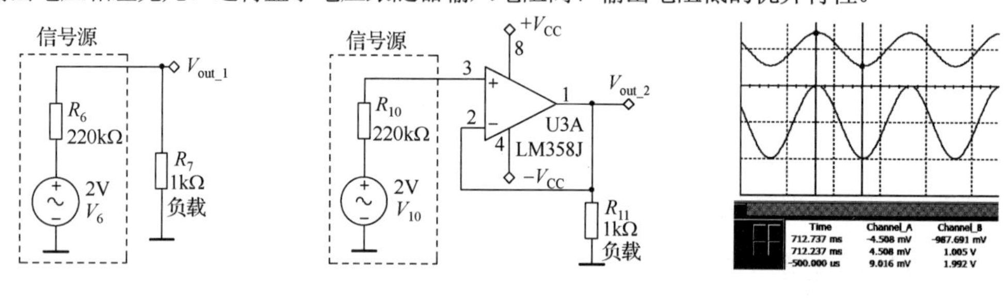

(a) 高阻信号源直接连负载　(b) 高阻信号源经电压跟随器连负载　(c) 负载两端电压波形的对比

图3-3-02　例3-3-1的电路及仿真波形

3.3.2　同相交流放大电路

同相放大电路被微调后可设计为如图3-3-03所示的同相交流放大电路，用于对音频等纯交流信号的放大。同相交流放大电路多采用双电源（$\pm V_{CC}$）供电，C_1、C_4 分别为输入耦合电容、输出耦合电容。集成运放同相端的输入阻抗很高，使 C_1 在信号耦合过程中存储的电荷无法经同相端释放，故添加 R_1 作为 C_1 的放电通路，C_1 与 R_1 还可构成无源高通滤波电路。C_2 是一只小容量无极性电容器，与 R_1 配合可滤除输入信号中的高频噪声。电容 C_3 是同相放大电路中未出现过的元器件，容量取值大于100μF，多采用电解电容。C_3 处在放大器的负反馈通道中，对直流反馈信号而言，构成100%的完全反馈，直流增益为1；对交流反馈信号而言，则实现了部分负反馈，确保电路具有合适的交流放大倍数。

★**技巧**　在音响电路中，C_3 对音质的影响较大，可选择钽电容、大体积薄膜电容来改善音质。而在不少高保真 Hi-Fi 音响电路中，采用直流伺服电路的结构方案，直接取消了 C_3。

耦合电容 C_1、C_4 的容量与同相交流放大电路的下限截止频率 f_L 及负载电阻 R_L 有关，具体取值可以参考经验公式：$C_1 = C_4 \geqslant (5 \sim 10)/(2\pi R_L f_L)$。同相交流放大电路的交流电压增益 $A_V = 1 + R_3 / R_2$，输入电阻近似等于 R_1，故 R_1 电阻值建议适当取大一些。

【例 3-3-2】 同相交流放大电路的耦合电容引入了泄放电阻，明显降低了输入电阻。此时可采用如图 3-3-04 所示的自举式同相交流放大电路提高输入电阻。

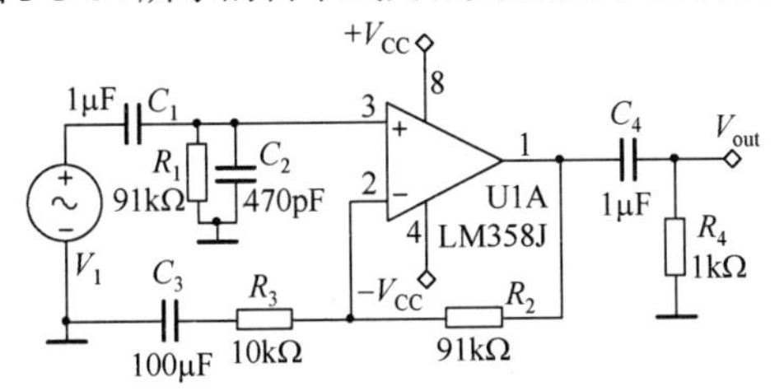

图 3-3-03　同相交流放大电路

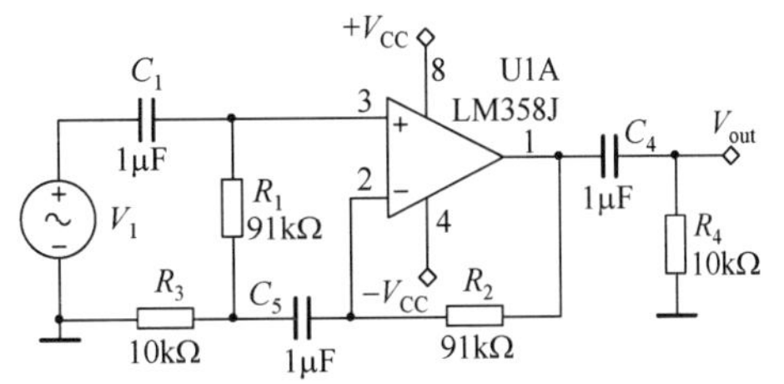

图 3-3-04　自举式同相交流放大电路

在对如图 3-3-04 所示的电路仿真测试时，可观察到电阻 R_1 两端的波形基本重合，故流经 R_1 的电流近似为 0，其等效电阻可近似视为∞，电路的输入电阻得以大幅提高。

3.3.3　反相比例运算放大电路

反相比例运算放大电路的输出电压 V_{out} 与输入电压 V_{in} 的相位相反，简称"反相放大器"，典型电路结构如图 3-3-05(a)所示，V_{out} 与 V_{in} 相差 180° 的仿真波形如图 3-3-05(b)所示。

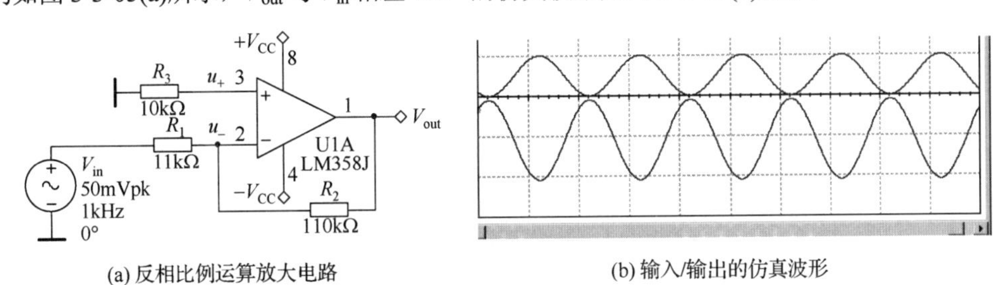

(a) 反相比例运算放大电路　　(b) 输入/输出的仿真波形

图 3-3-05　反相比例运算放大电路及其仿真波形

在图 3-3-05 中，反相比例运算放大电路的同相输入端通过平衡电阻 R_3（$R_3 = R_1 // R_2$）接地，以减小集成运放两个输入端存在偏置电流差异而导致的运算误差。

集成运放的两个输入端均具有"虚断"特性 $i_- = i_+ = 0$，故流经平衡电阻 R_3 的电流始终保持为 0，根据"欧姆定律"可知，R_3 两端的电压始终为 0，再结合集成运放的"虚短"特性 $u_- = u_+ = 0$，可推导出输出电压 V_{out} 与输入电压 V_{in} 之间的运算关系 $(V_{in} - 0) / R_1 = (0 - V_{out}) / R_2$。

反相比例运算放大电路的共模输入电压为 0，在求和、积分、微分等电路中得到了广泛应用。电路的输入电阻由 R_1 决定，过小的输入电阻是反相放大电路的主要缺点。

3.3.4　反相交流放大电路

与反相比例运算放大电路相比，反相交流放大电路新增了交流耦合电容 C_1、C_2，集成运放同相输入端的平衡电阻 R_3 可以直接接地，如图 3-3-06 所示。

音频信号的频率范围为 20Hz～20kHz，属于低频信号。采用交流反相放大的音频放大电路较为常见，如音调调节电路、MIC 前置放大电路等。NE5532、NE5534、LF356、LM833 等集成运放的交流性能较好，特别适合音频范围内的反相交流放大。便携式音频放大设备中的集成运放多采用单电源供电；对于反相交流放大电路而言，需要对集成运放的同相端进行直流偏置处理，如图 3-3-07 所示。

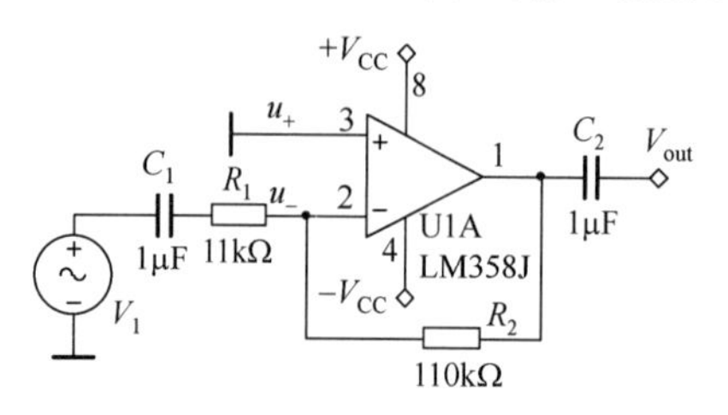

图 3-3-06　反相交流放大电路

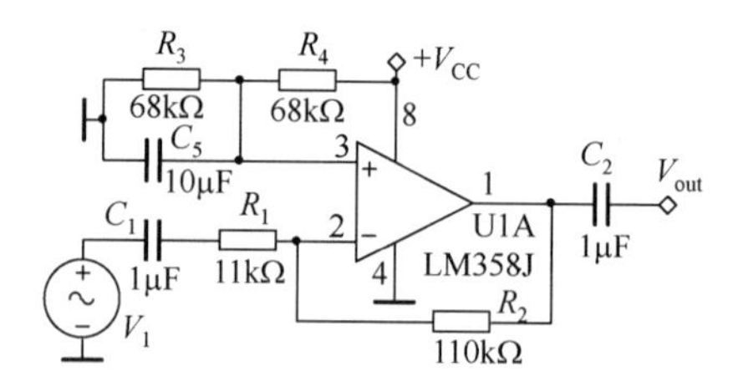

图 3-3-07　单电源供电的反相交流放大电路

电阻 R_3 与 R_4 的电阻值相等，两者串联分压后的中点电压为 $0.5V_{CC}$，根据处于线性工作区的集成运放的“虚短”特性，集成运放反相输入端的直流偏置电压同样为 $0.5V_{CC}$，从而将经过 C_1 耦合至运放反相输入端的纯交流信号抬高 $0.5V_{CC}$，与单电源三极管放大电路的工作原理类似。电容 C_5 的容量较大，可以起到稳定偏置电压及滤波的作用。

在图 3-3-07 中，运放 1 脚的输出信号包含 $0.5V_{CC}$ 的直流偏置电压、放大后的纯交流信号，经过输出耦合电容 C_2 隔断直流偏置电压之后，V_{out} 端可得到纯交流信号输出。

3.3.5　交流信号分配电路

交流信号分配电路能够将输入的单路交流信号分配为多路交流信号输出，多路输出的信号能够以不同用途进行相互独立的后续操作，如分频、检测、控制、滤波等。

【例 3-3-3】 单电源三路交流信号分配电路如图 3-3-08 所示。

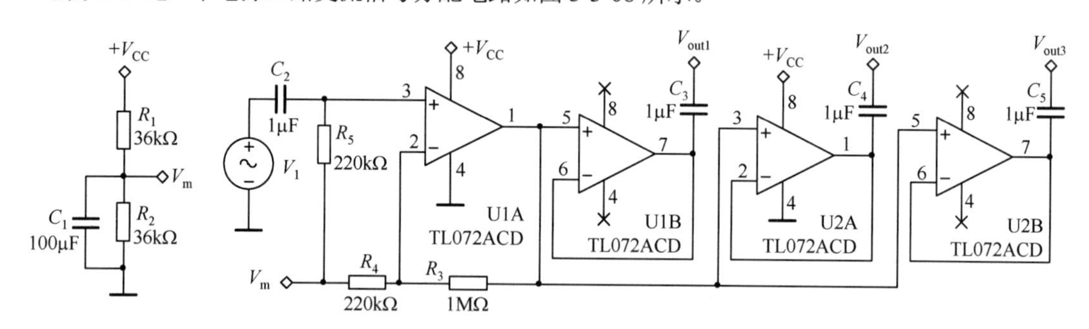

图 3-3-08　单电源三路交流信号分配电路

第一级运放 U1A 被设计为同相交流放大电路，交流增益由电阻 R_3、R_4 决定。U1B、U2A、U2B 采用电压跟随器的电路结构，具有隔离、缓冲的功能。经过耦合电容 C_3、C_4、C_5 输出三路幅度相等、相位相同、彼此独立、互不影响的交流信号。图中的集成运放均采用单电源供电，因此电路中利用 R_1、R_2 串联分压后得到的 $0.5V_{CC}$ 电压，为集成运放的输入引脚提供直流偏置电压。

3.3.6　反相加法电路

加法电路被广泛用于多路模拟信号之间的简单叠加。当多路模拟信号分别从集成运放的同相端或反相端输入时，可构成同相加法电路或反相加法电路。基本的反相加法电路如图 3-3-09 所示。

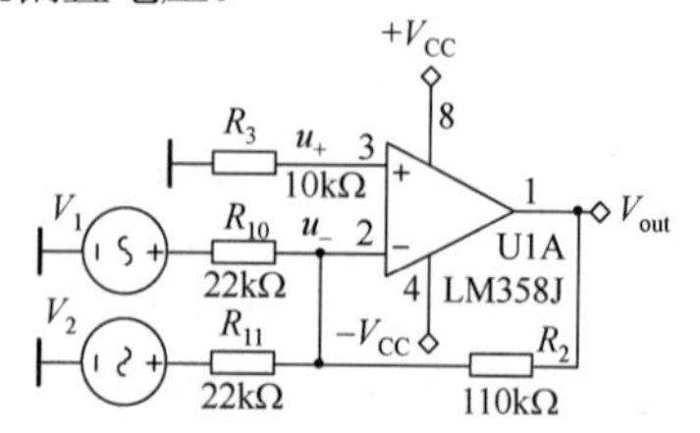

图 3-3-09　基本的反相加法电路

反相加法电路的输出电压 $V_{out} = -R_2(V_1 / R_{10} + V_2 / R_{11})$，平衡

电阻 $R_3 = R_2 // R_{10} // R_{11}$。

★技巧　参与加法运算的信号源数量如需进一步增加，可按照与 $V_1 - R_{10}$、$V_2 - R_{11}$ 相同的硬件电路结构，并联后添加到集成运放的反相输入端，$V_{\text{out}} = -R_2(V_1 / R_{10} + V_2 / R_{11} + \cdots + V_n / R_m)$。

反相加法电路结构简单且易于实现，各路输入信号之间的干扰、影响较小。其主要缺点是输入阻抗较小，图 3-3-09 中两通道的输入阻抗均只有 22kΩ。

☞提示　反相加法电路是主流的信号相加方案，之所以较少采用输入电阻更大的同相加法电路，主要是因为后者的共模噪声过大、电路结构复杂、参数计算烦琐。

3.3.7　差动减法电路

差动减法电路可进行简单的信号减法运算，如图 3-3-10 所示。为了简化运算关系，在电阻取值上一般选择 $R_1 = R_3$、$R_2 = R_4$。满足电阻等值条件后，差动减法电路的输出信号 V_{out} 与两个输入信号 V_1、V_2 之间的运算关系满足 $V_{\text{out}} = R_2(V_2 - V_1) / R_1$。

【例 3-3-4】 电阻电桥传感器常用来测量温度、压力等缓慢变化的物理量，测量精度高，但具有较大的输出阻抗。在如图 3-3-11 所示的电桥 R_b 的 A 点的输出电压约为 2.5125V，B 点的输出电压为 2.5V；真正有用的差模输出信号不足 15mV。如直接对 A、B 两点的输出信号分别进行放大，受集成运放电源电压的限制，放大器的输出极易饱和。采用如图 3-3-11 所示的差动减法电路对电桥输出信号 A、B 进行减法求差运算后，即可方便地检出并放大有用信号，而不会发生输出饱和。

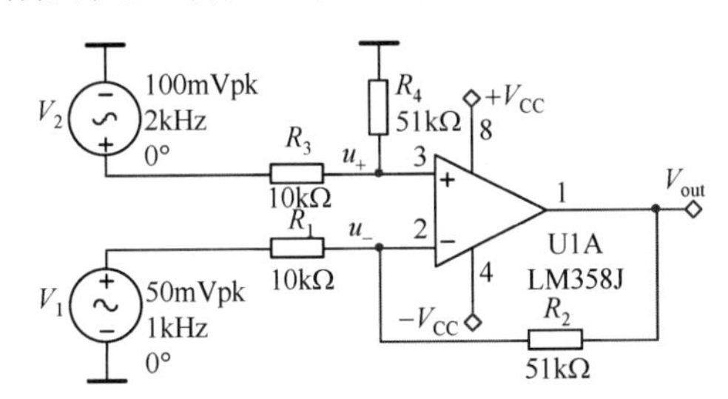

图 3-3-10　差动减法电路

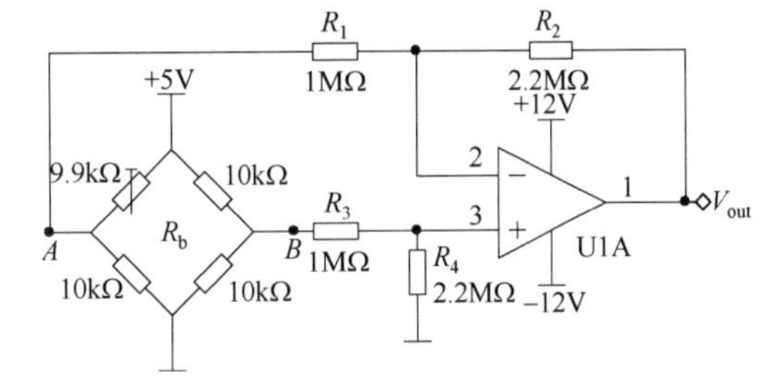

图 3-3-11　差动减法电路放大电桥输出信号

图 3-3-10 中仅由单运放构成的差动减法电路具有结构简单、性能稳定、成本低廉的优点，但由于集成运放同相输入端的输入电阻一般在 $10^5\Omega$ 以上、反相输入端的输入电阻仅处于 kΩ 数量级，造成两路输入电阻不平衡，因而不建议连接到信号源内阻较高的传感器的输出端。

【例 3-3-5】 输入电阻较大的差动减法电路如图 3-3-12 所示。由于集成运放反相端的输入电阻较小，如果在输入信号 V_1 与差动减法电路的反相输入端之间串入一级同相放大器，即可提高该路输入信号的输入电阻。V_2 从集成运放的同相端输入，本身已经具有较大的输入电阻，故无须额外添加同相放大器。

【例 3-3-6】 如图 3-3-13 所示为两级集成运放构成的减法运算电路。集成运放 U1B 构成反相放大器，实现了输入信号 V_1 的反相输出；U1A 构成反相加法电路。“负负得正”，在输出端 V_{out} 得到正极性的 V_1 与负极性的 V_2，从而实现差动减法运算。

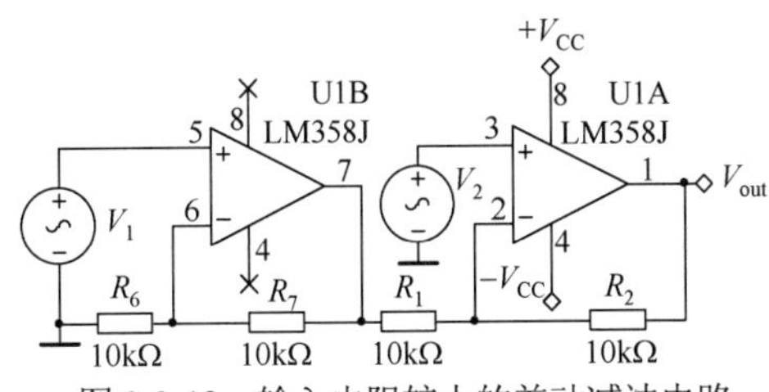

图 3-3-12　输入电阻较大的差动减法电路

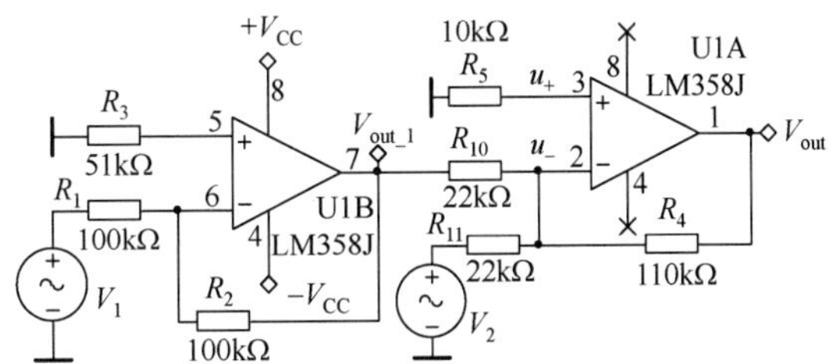

图 3-3-13　两级集成运放构成的减法运算电路

第一级运放单元U1B构成反相比例运算：$V_{out\_1}=-R_2V_1/R_1$。

第二级运放单元U1A构成反相加法电路：$V_{out}=-R_4\left(\dfrac{V_2}{R_{11}}+\dfrac{V_{out\_1}}{R_{10}}\right)=\dfrac{R_2R_4}{R_1R_{10}}V_1-\dfrac{R_4}{R_{11}}V_2$，适当调整式中的电阻参数比值，可得到相对较为简单的减法运算关系：$V_{out}=V_1-V_2$。

3.3.8　仪表放大器电路

传感器输出的信号多数较为微弱，容易被外界干扰。如果采用普通放大电路，那么可能无法达到理想的放大性能指标，而如图3-3-14所示的仪表放大器电路则是一种较好的选择。

集成运放单元U1B、U1C为对称结构，R_6、R_8构成反馈网络。输入信号V_2与V_1之差为仪表放大电路的净输入信号$V_{in}=V_2-V_1$。根据“虚短”特性可得$V_2=V_A$、$V_1=V_B$，故电阻R_0两端的电压$V_{R0}=V_A-V_B=V_2-V_1=V_{in}$。再根据“虚断”特性可得$V_{out2}-V_{out1}=(V_2-V_1)(R_0+2R_6)/R_0$。集成运放单元U1A构成差动减法电路，输出电压$V_{out}=(V_2-V_1)R_2(R_0+2R_6)/R_0R_1$。

仪表放大器电路采用双端输入、单端输出结构，输入级U1B、U1C采用同相放大电路，输入电阻很大。如果外围电阻配对精度足够高，电路的共模抑制比可做得很高，能很好地抑制共模及干扰信号，被广泛用于仪器仪表测量电路的前级，“仪表放大器”也由此而得名。

☞**提示**　如果直接采用“集成运放+电阻”搭建仪表放大器电路，由于集成运放的性能指标、电阻参数精度在事实上存在差异及不平衡，所完成的仪表放大器电路的各项性能指标往往无法令人满意。

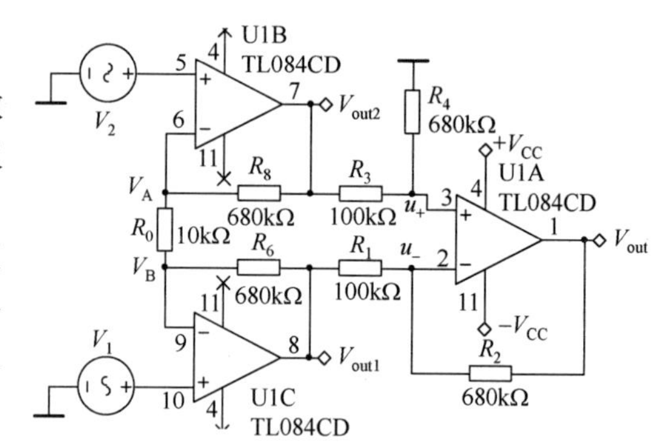

图3-3-14　仪表放大器电路

实际的仪表放大电路多用INA128、INA115、INA333、PGA205等专用芯片，以减少调试工作量、提高稳定性与可靠性。价格高、工作频率及转换速率低是仪表放大器的主要不足。

3.3.9　反相积分电路

实用的反相积分电路如图3-3-15(a)所示。信号从集成运放U1A的反相端输入，R_2与C_2并联构成负反馈网络。反相积分电路存在“虚地”特性$u_-=u_+=0$，再结合集成运放的“虚断”特性，R_1与$R_2//C_2$构成串联网络，电流保持相等$i_{R_1}=i_{R_2//C_2}$。R_2的电阻值较大，在简化分析计算时可将R_2视为开路。由此列出反相积分电路输出电压V_{out}与输入电压V_{in}之间的近似关系为$V_{out}(t)=V_c(0)-\left(\int_0^t V_{in}\mathrm{d}t\right)/(R_1C_2)$，$V_c(0)$是$t=0$时刻电容两端的初始电压值，初始状态下可取$V_c(0)=0$。

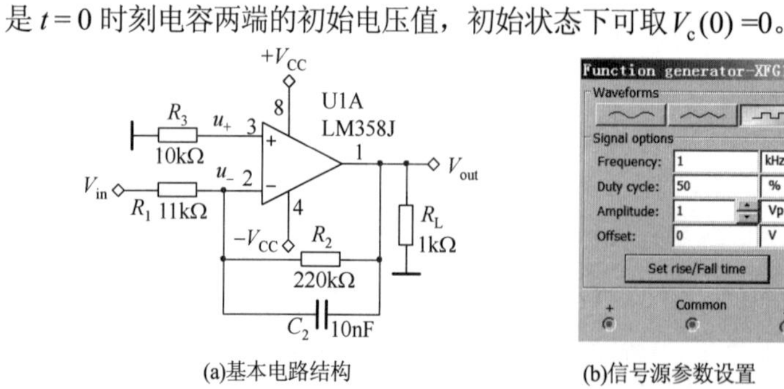

(a)基本电路结构

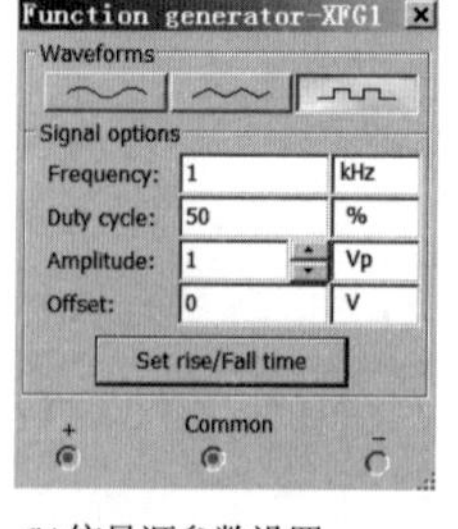

(b)信号源参数设置

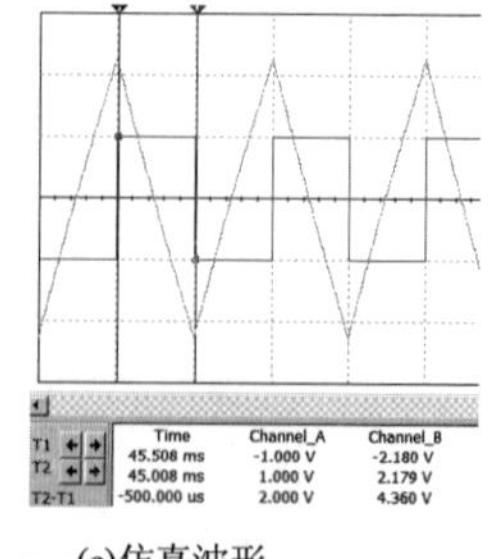

(c)仿真波形

图3-3-15　反相积分电路

☞**提示**　R_2是积分电容C_2的放电电阻，缺少R_2时，C_2存储的电荷无法泄放，将导致C_2两端电压持续增大，并最终使集成运放的输出端饱和，无法进行积分运算。

当图 3-3-15(a)的输入 V_{in} 采用如图 3-3-15(b)所示的矩形波参数时，得到如图 3-3-15(c)所示的仿真波形。

当输入电压 V_{in} 为固定的直流电压时，$V_{out}(t)=V_c(0)-V_{in}t/(R_1C_2)$，反相积分电路的输出电压 $V_{out}(t)$ 与充电时间 t 将会呈线性关系。如果输入电压只有矩形波中的两种电压取值时，再结合电容两端电压不能突变的特性，反相积分电路将输出线性较好的三角波，如图 3-3-15(c)所示。

3.3.10　反相微分电路

作为反相积分电路的逆运算电路，原理性的反相微分电路的结构比较简单，仅仅将积分电阻与积分电容进行位置交换即可，如图 3-3-16(a)所示。

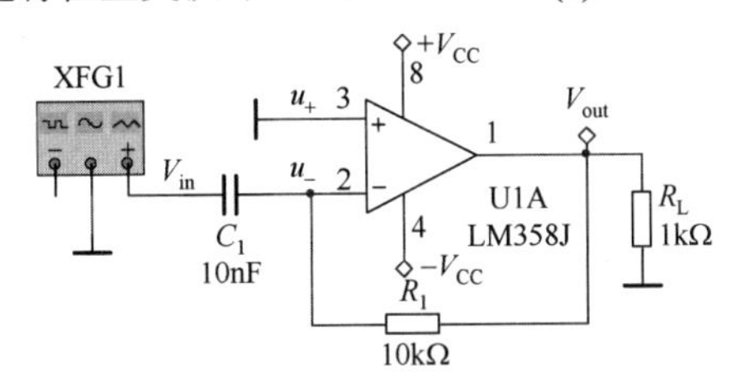

(a) 原理性的反相微分电路

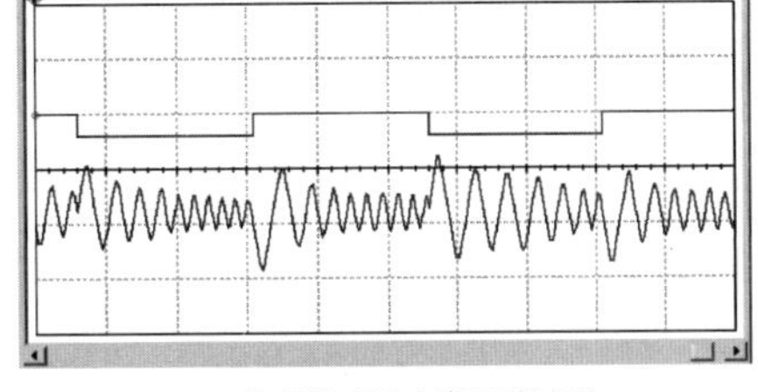
(b) 仿真得到的自激振荡波形

图 3-3-16　原理性的反相微分电路及仿真得到的自激振荡波形

原理性的反相微分电路对高频噪声非常敏感，极易产生如图 3-3-16(b)所示的自激振荡。实用的反相微分电路如图 3-3-17(a)所示，额外增加了输入端电阻 R_1 与负反馈电容 C_2，实用的反相微分电路的仿真波形如图 3-3-17(b)所示。

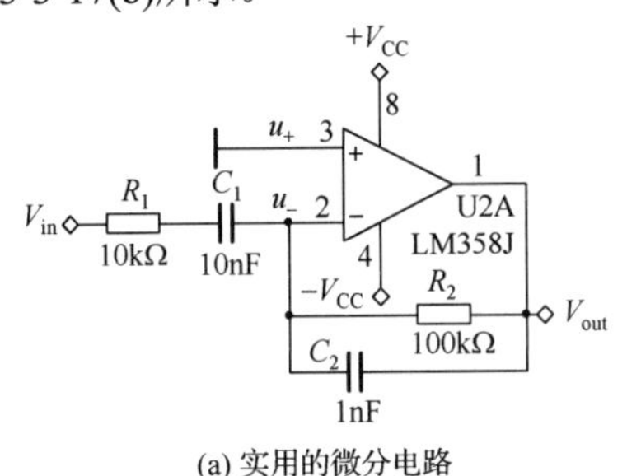

(a) 实用的微分电路

(b) 仿真波形

图 3-3-17　实用的反相微分电路

如果输入信号频率 $f<1/2\pi R_2C_2$，那么输出电压 $V_{out}=-R_1C_1\mathrm{d}V_{in}/\mathrm{d}t$。

☞**提示**　反相微分电路可以将矩形波转换为尖峰脉冲，曾经被广泛用在可控硅触发电路中。此外，反相微分电路还具有衰减高频噪声的作用。

3.3.11　峰值检测电路

峰值检测电路（Peak Detector）主要用于对输入的电压信号进行峰值的甄别并保持该峰值电压。为了实现这一目标，峰值检测电路的输出应具有较好的保持功能，直到输入电压出现下一个更大的峰值电压时才会被取代，如图 3-3-18 所示。一种简洁的峰值检测电路如图 3-3-19 所示。

图 3-3-19 中的 U1 构成线性半波整流电路，U2 构成电压跟随器电路。当输入信号 V_{in} 处在正半周时，V_{out_1} 输出正信号，使 VD_2 导通、VD_1 截止，同时向 C_1 充电、带动输出电压 V_{out} 跟随变化，直到 $V_{out}=V_{in}$ 时停止充电过程。当输入信号 V_{in} 减小时，VD_2 截止，V_{out} 保持刚才的峰值电压不变。

峰值检测电路中设置有泄放电阻 R_1，能够释放掉峰值电容 C_1 存储的电荷。R_1 的电阻值与输入电压的工作频率、电源电压的幅值大小密切相关。

- 若泄放电阻的电阻值过小，则峰值保持线将出现明显的倾斜下移；
- 若泄放电阻的电阻值过大，则 C_1 存储的电荷无法完全释放，从而会漏掉峰值保持线后续的较高峰值。

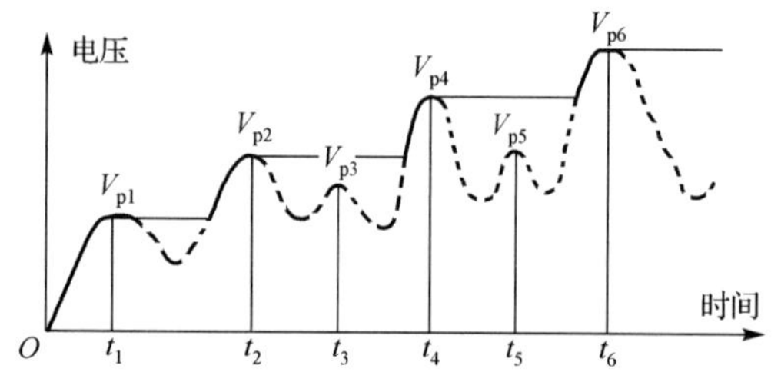

图 3-3-18　峰值检测电路的工作电压波形

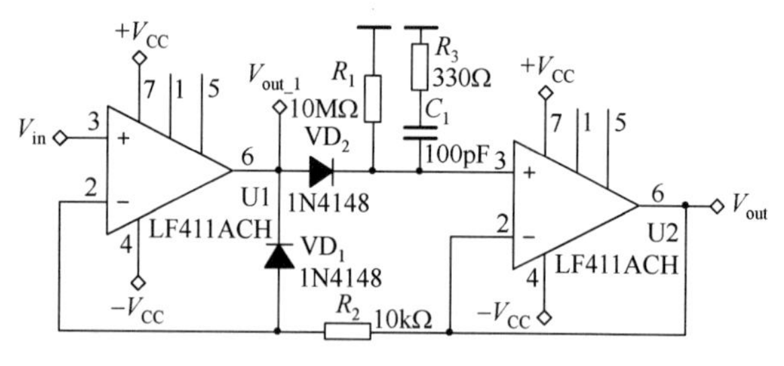

图 3-3-19　一种简洁的峰值检测电路

☞**提示**　峰值检测电路在AGC（自动增益控制）、传感器极值获取等电路中应用较广。

3.3.12　精密整流电路

整流电路可以将交流电压转换为脉动的直流电压，最常用的半导体整流器件是二极管，最简单的整流电路是由单只二极管构成的半波整流，如图 3-3-20 所示。

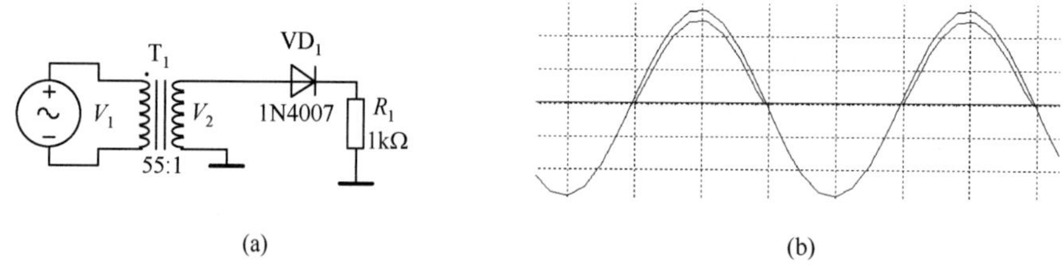

图 3-3-20　二极管半波整流电路及其仿真波形

二极管存在死区电压（Si 管 0.5V、Ge 管 0.1V），当输入电压低于死区电压时，二极管截止，整流电路没有输出。此外，Si 二极管在正向导通时具有 0.7V 的压降，经二极管整流输出的电压波形将会比输入电压略低，如图 3-3-20(b)所示的仿真结果清晰地显示了输入、输出波形在波峰处的不重合现象。

精密整流电路则可将微弱的交流电压以极低的损耗转换成直流电压输出，基本消除了二极管死区电压、饱和电压的不良影响，可以实现模拟信号的绝对值运算。全波精密整流电路的电压仿真波形如图 3-3-21 所示，输出电压保留了输入电压的形状，仅有输入电压极性的改变。

如图 3-3-22 所示为一种经典的精密整流电路示例。将集成运放与二极管结合起来，利用集成运放极高的电压增益，可确保很小的输入信号就能够产生足够的电压输出。

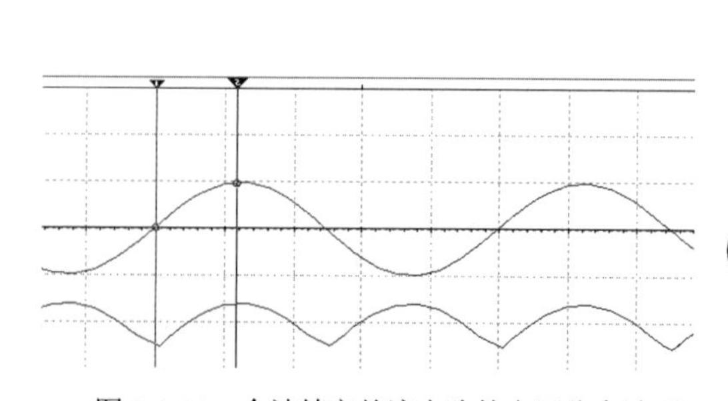

图 3-3-21　全波精密整流电路的电压仿真波形

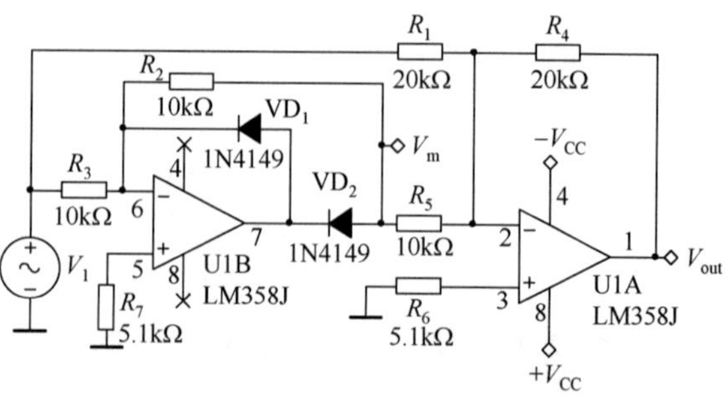

图 3-3-22　一种经典的精密整流电路示例

精密整流电路的第一级集成运放 U1B 构成反相比例运算放大电路，第二级集成运放 U1A 构成反相加法电路，具体的工作流程如下。

- 当 $V_1 < 0$ 时，U1B 输出高电平，VD_1 导通、VD_2 截止，流经 R_2 的电流为 0。VD_1 构成的负反馈确保 U1B 工作在线性区，根据运放的"虚地"特性，U1B 的 6 脚、U1A 的 2 脚电压均为 0，故 $V_m = 0$。此时，U1A 与 R_1、R_4 构成反相放大电路，故 $V_{out} = -V_1$。
- 当 $V_1 > 0$ 时，U1B 输出低电平，VD_1 截止、VD_2 导通，U1B 输出 $V_m = -R_2V_1 / R_3 = -V_1$；$V_1$ 与 V_m 经反相加法运算后得到 $V_{out} = -R_4V_1 / R_1 - R_4V_m / R_5 = -V_1 - 2V_m = V_1$。

☞**提示**　为保证整流精度，电阻 R_1、R_2、R_3、R_4、R_5 的精度等级应较高。

★**技巧**　如果在电阻 R_4 的两端并联一只电容器，那么可以将脉动的绝对值信号转换为较为平滑的直流电压。电容的容量与信号频率、负载参数密切相关。

3.3.13　电流-电压转换电路

电流-电压（*I–V*）转换电路将微弱的输入电流转换为与之成比例、易于测量的电压输出，在光电二极管、光电池、光电倍增管等传感器前置放大单元中较为常见。

I–V 转换电路如图 3-3-23 所示，增益单位为 Ω（V_{out} / I_{in}），俗称互阻放大电路（TIA）。

I–V 转换电路的输出电压 $V_{out} = -i_1R_1$。

★**技巧**　光电二极管、光电倍增管等电流输出型传感器的输出寄生电容一般较大，因此需要在 *I–V* 转换电路的反馈电阻两端并联一只负反馈电容 C_1，进行相位超前补偿，以防止电路发生自激振荡，确保电路稳定。此外，C_1 还具有限制带宽、降低宽频带噪声的作用。C_1 的准确参数一般需经过实际测试后才可得出。

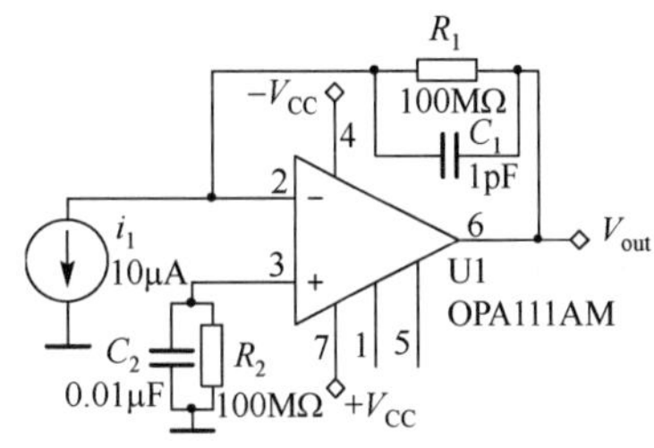

图 3-3-23　*I–V* 转换电路

☞**提示**　*I–V* 转换电路与电荷放大器的结构类似，但 *I–V* 转换电路的关键反馈元器件为电阻，电荷放大器的关键反馈元器件为电容。

3.3.14　电压-电流转换电路

电压-电流（*V–I*）转换电路将输入电压转换为成比例的电流输出，可用于制作各类恒流源、电池恒流充电器，也常被用来驱动仪表、传感器。

V–I 转换电路的增益单位为 S（I_{out} / V_{in}），也被称为"互导放大器"。

1. 利用 NPN 型达林顿管构成 *V–I* 转换电路

集成运放结合 NPN 型达林顿管 TIP122 构建的 *V–I* 转换电路如图 3-3-24 所示。

图 3-3-24 中的 R_2、Q_1 的 b-e 结、R_3、R_5 构成负反馈通道，确保集成运放工作在线性状态，具有"虚短"特性：$u_+ = u_-$；根据"虚断"特性可知，流经电阻 R_5 的电流 $i_{R5} = 0$，R_3 对地电压 $V_S = u_- = u_+ = V_1$（输入电压），从而计算出流经 R_3 的电流 $I_{R3} = V_1 / R_3 = 100\text{mA}$。

负载电阻 R_L 与 R_3 为近似串联关系，即使 R_L 的电阻值在一定范围内小幅波动，流经 R_L 的电流也能够基本维持不变，从而实现了恒流输出，恒流电流 I_L 与输入电压 V_1 成正比：$I_L = I_{R3} = V_1 / R_3$。

除使用 NPN 型达林顿管外，也可以使用大功率 NMOS 替代图中的电流驱动管 Q_1；如果输出电流不大，普通 NPN 型三极管、N 型 JFET 管均可胜任。

☞**提示**　如图 3-3-24 所示的 *V–I* 转换电路的结构简单，元器件易于获取，缺点是负载 R_L 没有接地引脚，与后续电路的接口不太友好，相关参数不易测得。

2．利用PNP型达林顿管构成 *V–I* 转换电路

集成运放结合PNP型达林顿管同样可以构建出如图3-3-25所示的 *V–I* 转换电路。

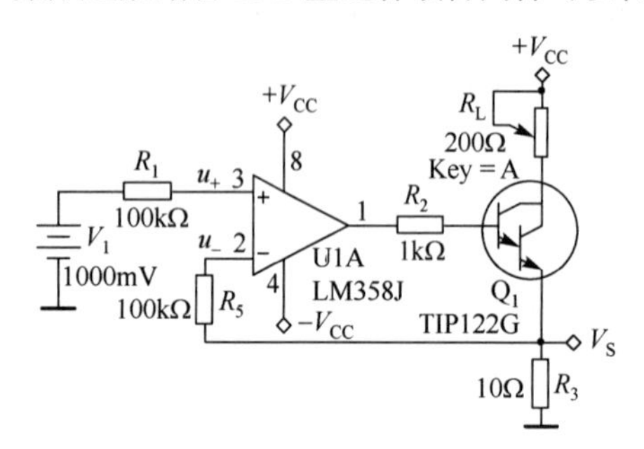

图3-3-24　NPN型达林顿管构成 *V–I* 转换电路

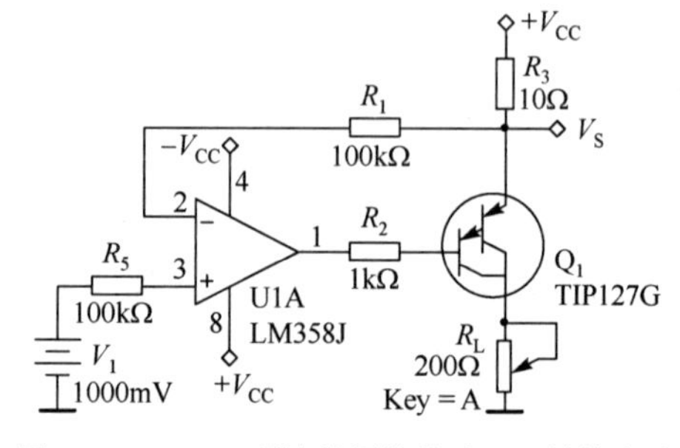

图3-3-25　PNP型达林顿管构成 *V–I* 转换电路

图3-3-25所示 *V–I* 转换电路输出的恒流值为 $I_L = (V_{CC} - V_1)/R_3$，电源电压 $+V_{CC}$ 的波动将影响电流输出的精度。负载 R_L 的一只引脚接地，实现了单点测量，与其他电路的接口变得相对较为简单。

3.4　电压比较器电路设计

电压比较器对输入电压与参考电压进行电压值的比较，输出“高”和“低”两种电平值，用以指示电压比较的结果。常用的电压比较器芯片包括单电压比较器LM311、双电压比较器LM393、四电压比较器LM339，这些芯片的引脚排列参见附录A。

电压比较器的电气符号与集成运放的类似，如图3-4-01所示，包含同相输入、反相输入、比较输出、电源正极、电源负极（或电源地）等基本引脚。

☞**提示**　电压比较器的输出端大多采用集电极开路输出（OC）或漏极开路输出（OD）的结构，工作时需要外接上拉电阻，否则芯片的输出状态不确定。OC或OD结构允许多个比较器的输出端直接并联，如图3-4-01所示。

★**技巧**　在一些切换速度要求不高的场合，处于开环（正反馈或无负反馈）状态的集成运放可应急替代电压比较器使用，但是其综合性能较差，不推荐在实际电路中应用。而电压比较器原则上无法替代工作在放大状态的集成运放。

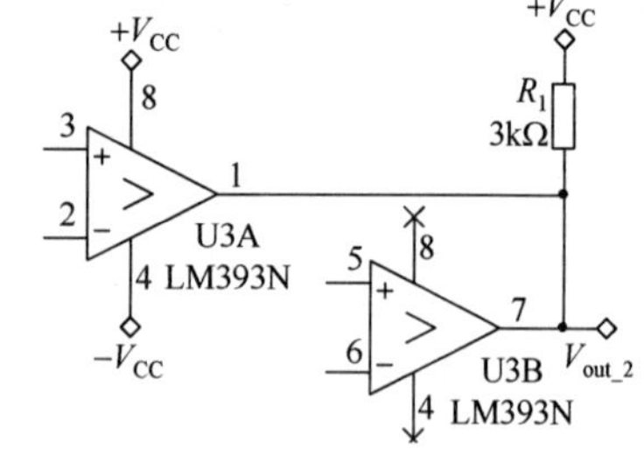

图3-4-01　上拉电阻 R_1 及输出端并联

常用的电压比较器包括单限（过零）比较、迟滞比较、窗口比较等类型，主要用于非正弦模拟波形的变换及产生、模拟信号向数字信号的转换、电压高低比较等场合。

3.4.1　单限电压比较

单限电压比较包括同相比较与反相比较两大类，是电压比较器的最简单应用。

1．同相单限电压比较

如图3-4-02(a)所示为同相单限电压比较电路的结构，输入电压 V_{in} 从比较器的同相端输入，与比较器反相输入端所接的参考电压 V_2 进行比较。如果 $V_{in} > V_2$，那么 V_{out} 输出高电平；如果 $V_{in} < V_2$，那么 V_{out} 输出低电平。当 V_{in} 按照上升或下降的规律穿过 V_2 的电压值时，V_{out} 将出现阶跃跳变。

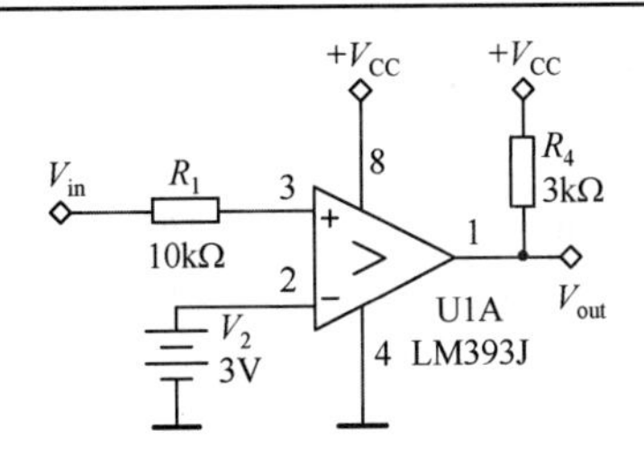

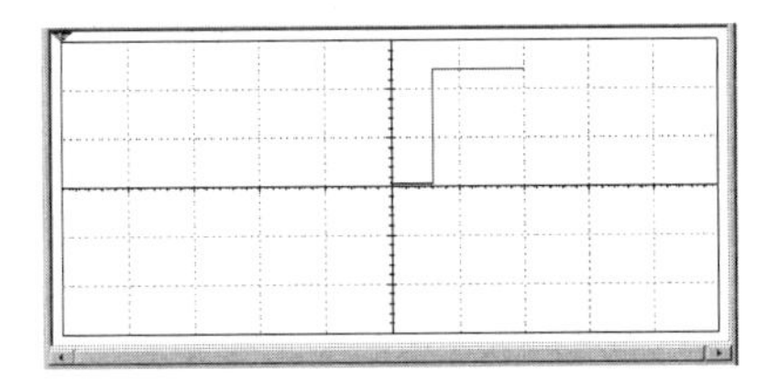

(a) 同相单限电压比较电路的结构　　(b) 电压传输特性曲线

图 3-4-02　同相单限电压比较电路

☞**提示**　表征电路输出电压（电流）与输入电压（电流）之间变化关系的曲线，被称为传输特性曲线，其中 V-V 传输特性曲线可利用示波器进行观测。同相单限电压比较电路的电压传输特性曲线如图 3-4-02(b)所示。

2. 反相单限电压比较

反相单限电压比较电路的结构如图 3-4-03(a)所示，输入电压 V_{in} 从比较器芯片的反相端输入，与同相输入端的参考电压V_2进行比较。如果$V_{in} < V_2$，那么V_{out}输出高电平；如果$V_{in} > V_2$，那么V_{out}输出低电平。反相单限电压比较电路的电压传输特性曲线如图 3-4-03(b)所示。

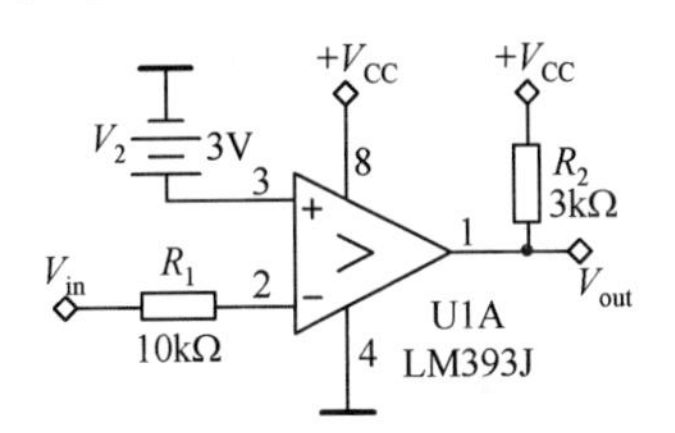

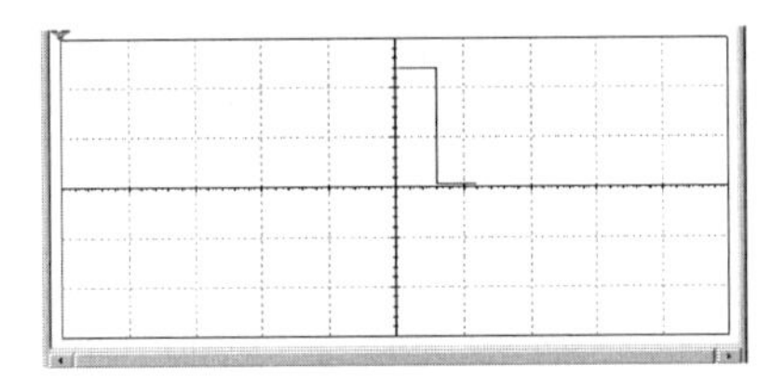

(a) 反相单限电压比较电路的结构　　(b) 电压传输特性曲线

图 3-4-03　反相单限电压比较电路

☞**提示**　单限电压比较电路结构简单，灵敏度高，但抗干扰能力差：当输入电压V_{in}的大小在V_2附近来回波动时，V_{out}将不断地在正向饱和电压与负向饱和电压之间切换，产生如图 3-4-04 所示的错误的矩形波输出，如果这些无序的输出抖动出现在控制系统中，将会对执行机构造成严重的影响。

图 3-4-02、图 3-4-03 中的参考电压 V_2 可通过如图 3-4-05 所示的两种电路结构获得：电阻器（电位器）串联分压、稳压二极管反向击穿稳压。

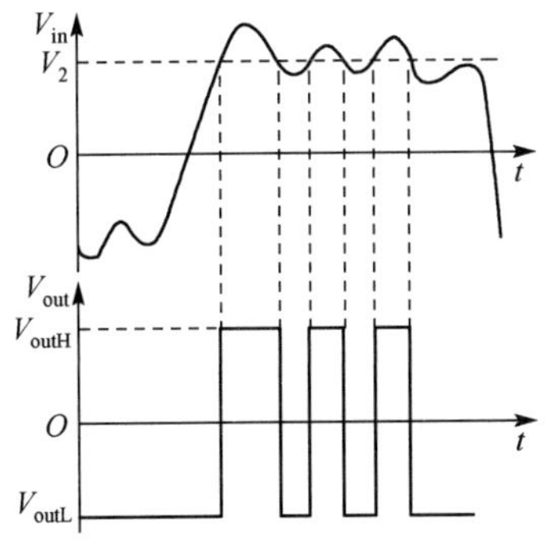

图 3-4-04　单限比较引起输出抖动

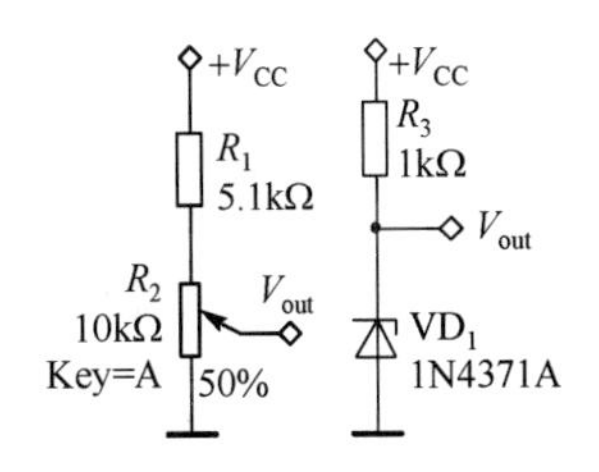

图 3-4-05　获取参考电压

【例 3-4-1】 智能小车循光检测电路如图 3-4-06 所示，其核心单元为电压比较器 LM393。（1）当环境中的光线较暗时，光敏电阻 X_1 的电阻值较大，与 R_3 串联分压后的电压较大，使 3 脚同相输入端的电压大于 2 脚反相输入端的电压，V_{out} 输出高电平，VD_1 熄灭。（2）当环境中的光线较亮时，X_1 的电阻值减小，与 R_3 的串联分压减小，当 3 脚电压低于 2 脚电压后，V_{out} 跳变至低电平并点亮 VD_1，提示环境光亮度已经发生改变。电位器 R_2 用于调节电路的灵敏度，以适应不同环境的光亮度及不同型号的光敏电阻 X_1。检测电路的输出 V_{out} 可用于触发继电器模块的控制端、单片机的中断引脚。

3．过零比较

如果将单限比较电路的基准电压接地，则可构成过零比较电路，如图 3-4-07 所示。

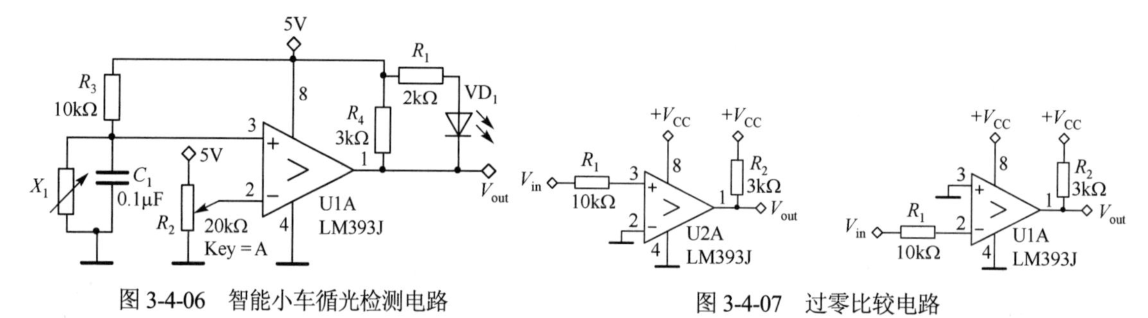

图 3-4-06　智能小车循光检测电路　　　　图 3-4-07　过零比较电路

☞**提示**　过零比较电路可将不规则的输入波形（包括交流输入电压）转换成高、低两种规范的电平输出，常用于模拟电路与数字电路的接口单元。

3.4.2　迟滞电压比较

通过向单限电压比较器添加如图 3-4-08(a)所示的正反馈通道（R_1、R_2）后，比较器不再按照单一的基准电压跳变，而是具有“上限阈值电平 V_{TH+}”和“下限阈值电平 V_{TH-}”两套基准电压：

- 当输入电压 V_{in} 从低电压向高电压变化时，上限阈值电平为比较器的参考电压；
- 当输入电压 V_{in} 从高电压向低电压变化时，下限阈值电平为比较器的参考电压。

具有“滞回”（施密特）特性的电压比较器也称为迟滞电压比较器、滞回比较器、施密特比较器，由于存在上、下限阈值电平，因此可有效消除因输入电压波动引发的输出抖动、频繁翻转等故障。

1．同相输入的迟滞电压比较

同相输入迟滞电压比较电路的输入信号从比较器的同相端输入，如图 3-4-08(a)所示。

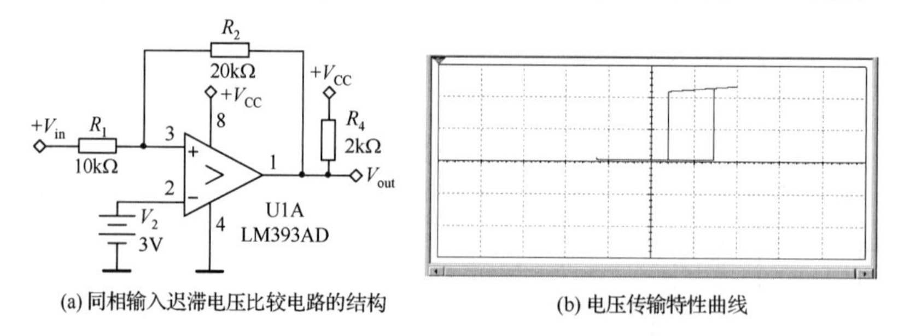

(a) 同相输入迟滞电压比较电路的结构　　(b) 电压传输特性曲线

图 3-4-08　同相输入迟滞电压比较电路

同相输入迟滞电压比较电路的电压传输特性曲线如图 3-4-08(b)所示，图中有两根垂直于时间轴（横轴）的跳变沿，右侧的跳变沿在横轴的投影即为“上限阈值电平 V_{TH+}”，左侧的跳变沿在横轴的投影则为“下限阈值电平 V_{TH-}”。

☞**提示**　迟滞电压比较电路引入正反馈，以加速电压跳变（翻转）过程，使跳变沿非常陡峭。

2．迟滞电压比较电路的阈值电平计算

在如图 3-4-08 所示的同相输入迟滞电压比较电路中，在 LM393 的输出发生翻转的瞬间，3 脚的同相输入端电压与 2 脚的反相输入端电压应近似相等。据此可以推导出迟滞电压比较电路的上限阈值电平 $V_{TH+} = V_2(R_1 + R_2) / R_2 - V_{outL} R_1 / R_2$ 与下限阈值电平 $V_{TH-} = V_2(R_1 + R_2) / R_2 - V_{outH} R_1 / R_2$。

☞**提示**　当 LM393 采用单电源供电时，高电平输出电压近似等于（实际略低于）电源电压 $+V_{CC}$，在粗略计算时可取 $V_{outH} \approx +V_{CC}$；低电平输出近似等于（实际略高于）0V，近似可取 $V_{outL} \approx 0$。当迟滞电压比较电路采用正/负双电源供电时，则 $V_{outL} \approx -V_{CC}$。

3．反相输入的迟滞电压比较

除同相输入的迟滞电压比较电路外，还有如图 3-4-09(a)所示的反相输入迟滞电压比较电路，如图 3-4-09(b)所示为其电压传输特性曲线。两种迟滞电压比较器在实际运用中的差别不大。

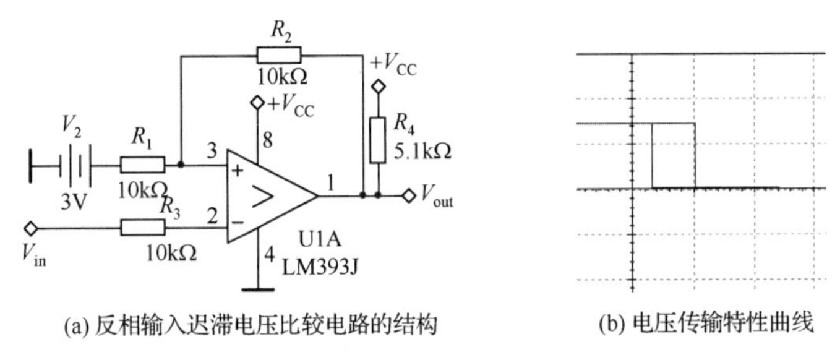

(a) 反相输入迟滞电压比较电路的结构　　(b) 电压传输特性曲线

图 3-4-09　反相输入迟滞电压比较电路及其电压传输特性

【例 3-4-2】　锂电池供电系统的低压保护电路可避免锂电池因过放电而导致的损坏：当锂电池的端电压低于 2.75V 时，保护系统切断供电回路；此时锂电池因负载突然减小，端电压会出现小幅反弹，如果低压保护单元采用迟滞电压比较电路，将上限阈值电平 V_{TH+} 设为 3.7V，而将下限阈值电平 V_{TH-} 设为 2.75V，就能避免锂电池与负载之间发生反复接通、断开的故障现象。

3.4.3　窗口电压比较

简单的单限电压比较电路仅能鉴别输入电压 V_{in} 比参考电压 V_2 “高”或“低”的状态，而窗口电压比较电路采用两个单限电压比较电路组合为双限电压比较电路，可用来判断输入电压是否处在两个不相等的窗口基准电压（V_{R_1}、V_{R_2}）之间，如图 3-4-10(a)所示。当 $+V_{CC}$=+12V、V_{R_1}=2V、V_{R_2}=5V 时，测得窗口电压比较电路的电压传输特性曲线如图 3-4-10(b)所示。

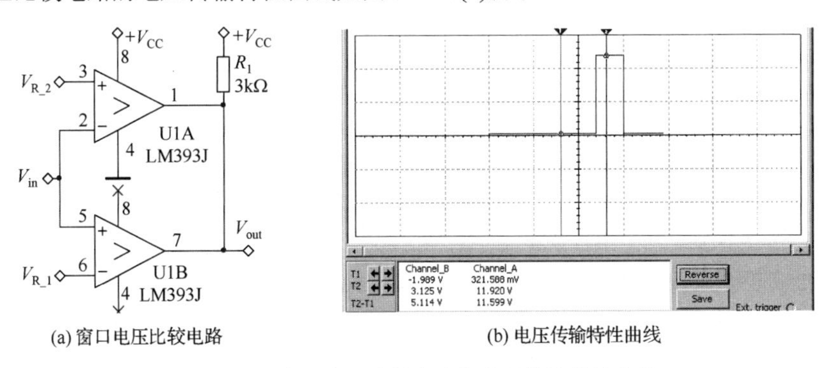

(a) 窗口电压比较电路　　(b) 电压传输特性曲线

图 3-4-10　窗口电压比较电路与电压传输特性曲线

当输入电压 V_{in}< 2V 或 V_{in}> 5V 时，窗口电压比较电路的输出电压 V_{out} 约为 321mV（左侧游标），呈低电平状态；当 2V< V_{in}< 5V 时，窗口电压比较电路的输出电压 V_{out} 约为 11.92V（右侧游标），接近电源电压值，呈高电平状态。

3.5　功率放大电路设计

功率放大电路（简称功放）能够输出较大的功率来驱动扬声器、直流电机等负载。衡量一个功率放大电路性能优劣的常用评价指标体系包括输出功率是否足够大、能量转换效率是否足够高、失真系数是否足够小、静态待机电流是否足够小等。

☞**提示**　能量并不能被放大，因而功放的本质是电流的放大或功率的转换。

20 世纪 80 年代，受工艺的限制，功放的价格高、故障率高、输出功率小，商品功放多由晶体管搭建，结构复杂、调试工作量大、生产成本高。随着近年来集成工艺技术的发展，功放芯片凭借其电路简洁、工作可靠、调试方便等优点，成为绝大多数中小功率的功放电路的首选。

功放芯片内部除包含基本的前置放大和功率输出单元外，还包含噪声抑制、短路保护、过热保护、输出使能、电源升压等功能单元。

3.5.1　OTL 功放

OTL（Output Transformer Less）功放相对于古老的变压器功放而得名。OTL 功放采用单电源供电，将变压器功放的输入、输出变压器用耦合电容进行替代。

LM4950 是一款双通道立体声 OTL 功放芯片，其典型电路结构如图 3-5-01(a)所示。

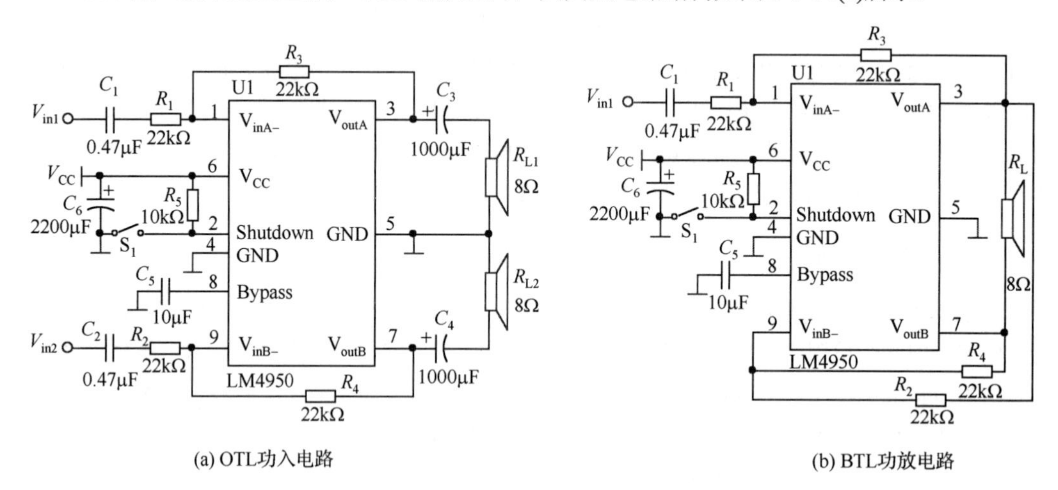

图 3-5-01　OTL 功放 LM4950 的典型应用电路

图中的 1 脚、9 脚为 OTL 功放的反相输入端，C_1、C_2 为输入耦合电容，对前后级的直流通路进行隔离。3 脚、7 脚是功放的输出引脚，经放大的电压与电流信号经 C_3、C_4 耦合至扬声器。从 OTL 功放的工作原理可知，C_3、C_4 的容量较大，兼有隔离直流与储能的双重功能，多采用大体积的圆柱形极性电解电容，比较容易识别。

LM4950 的负反馈系数由外接电阻网络（R_3–R_1、R_4–R_2）设定，用以调整功放的电压放大倍数。2 脚具有启、停功能，作为功放与单片机等数字器件的接口：①当开关 S_1 断开时，LM4950 正常工作；②当 S_1 闭合时，2 脚被拉低，LM4950 处于关断状态，扬声器无输出，芯片的静态功耗很小。

3.5.2　OCL 功放

OCL（Output Capacitor Less）功放因省去 OTL 功放输出端所连接的大体积、大容量电解电容而得名。OCL 功放较好地改善了输出信号的频率响应（电容具有通高频、隔低频的特性），但电路供电方式从单电源调整为双电源，与普通运放的供电结构类似。OCL 功放电路的调试稍显复杂，输出端直流电压必须严格确认为 0V 后，才允许接入扬声器等负载。

LM1875 是应用较广泛的 OCL 功放，其电路结构如图 3-5-02(a)所示，非常简洁。

图 3-5-02(a)中，LM1875 仅有 5 只引脚，电路结构酷似集成运放构成的同相交流放大器。外部信号经输入耦合电容 C_1 连接至 LM1875 的同相输入端，R_2、R_3、C_2 构成负反馈网络。二极管 VD_1、VD_2 构成保护单元，防止双电源被反接。R_4、C_4 为输出端的消除振荡单元。

★技巧　OCL 功放与 OTL 功放在电路原理上具有一致性，因此可以通过增加直流偏置的方法，将 OCL 电路方案改造成为单电源工作的 OTL 功放电路，如图 3-5-02(b)所示。

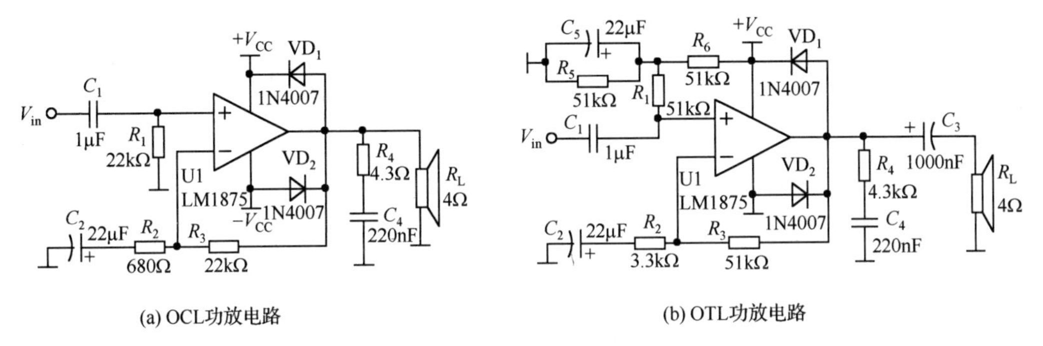

(a) OCL功放电路　　(b) OTL功放电路

图 3-5-02　LM1875 构成的功放电路

与 OCL 电路相比，LM1875 构成 OTL 电路时的 3 脚不再连接至负电源，直接接地即可。电阻 R_5、R_6 串联分压后得到的 $0.5V_{CC}$ 连接至同相输入端，为 LM1875 芯片提供合适的偏置电压。此时，LM1875 的输出端将被抬高至 $0.5V_{CC}$ 的直流电压，因而需要在功放的输出引脚与负载 R_L 之间串联一只大容量电解电容 C_3，以起到储能、隔离直流的双重作用。

【例 3-5-1】 OCL 功放电路采用正/负双电源供电，与大多数集成运放的供电方式相同。如果将集成运放与 OCL 功放的输出单元（推挽放大器）结合起来，可以设计出功率更大的功放电路。如图 3-5-03 所示为一种采用集成运放驱动 OCL 推挽电路构成的较大功率的功放。

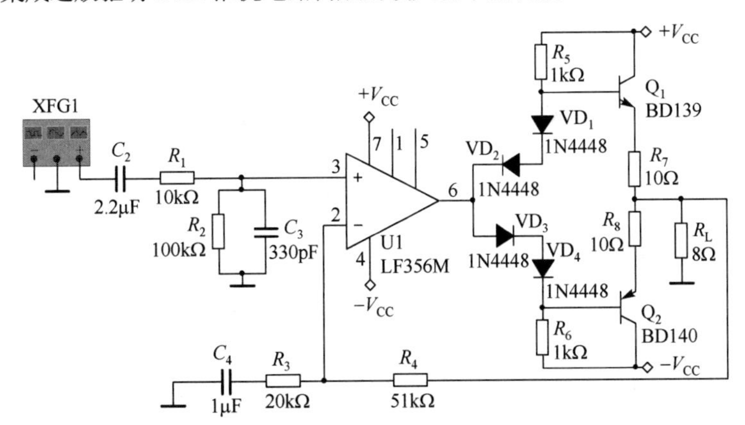

图 3-5-03　采用集成运放驱动 OCL 推挽电路构成的较大功率的功放

集成运放 LF356M 接为同相放大器，负反馈电阻网络 R_3、R_4 决定放大器的增益。R_1、C_3 构成低通滤波电路，R_2 是输入耦合电容 C_2 的泄放电阻。R_5、R_6 可调节推挽电路的静态工作点，建议采用 3296 多圈电位器，使功率对管 Q_1、Q_2 的静态电流被设定在 20～50mA 范围内，以减小交越失真。R_7、R_8 是电流负反馈电阻，可以起到稳定功放电路的输出电流的作用。

☞**提示**　通过选择功率对管的参数型号及较高的电源电压，同时适当调整阻容元器件的参数，即可设计出具有较大输出功率、适应不同负载类型的组合式功放电路，灵活性较高。

3.5.3　BTL 功放

BTL（Bridge Tied Load）功放也称为桥式推挽功放，可等效为两只极性相反的 OCL（或 OTL）功放单元的组合，具体原理见参考文献[14]。两只功放的输出端与负载（如扬声器）之间采用了“H”桥式连接，如图 3-5-04 所示。

如图 3-5-04(a)所示为 OCL 功放的推挽输出结构，输出端的中点与负载相连。图 3-5-04(b)使用了输入信号相位相反的两组 OCL 功放，负载引脚被分别接至两组功放电路的输出端，均没有接地。

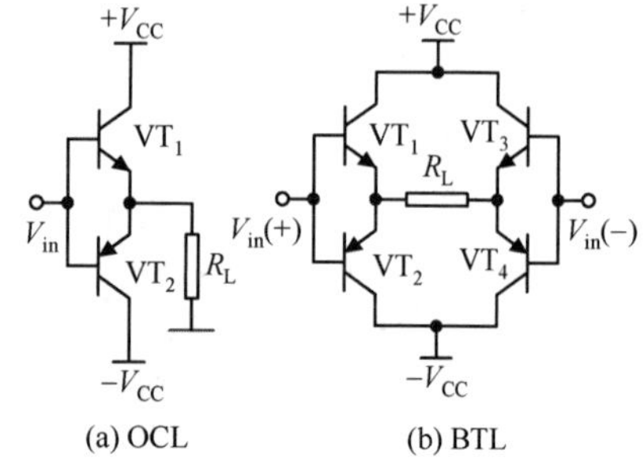

图 3-5-04　功放输出端与负载的连接

☞**提示**　与 OTL 功放、OCL 功放相比，BTL 功放充分利用了系统电源电压、提高了直流电源的利用效率，适用于低压蓄电池供电、功率输出较大的场合，如汽车功放。在相同电源电压和负载的条件下，BTL 功放的输出功率可达 OTL/OCL 功放的 3～4 倍。

★**技巧**　对单电源 OTL 功放进行 BTL 电路改造之后，不仅可使功率增大，还能舍去大容量输出耦合电解电容、展宽 OTL 功放的带宽。

【例 3-5-2】 LM4950 内部包含的两路 OTL 功放单元组合成如图 3-5-01(b)所示 BTL 电路的步骤如下：

① 短接两路功放单元的输出耦合电容 C_3、C_4；

② 去掉第 2 路功放单元的输入信号 V_{in2}、输入耦合电容 C_2、负载 R_{L2}；

③ 断开第 1 路功放单元的负载 R_{L1} 的接地端，并将其连接至第二组功放单元的输出端 V_{outB}；

④ 连接第 2 路功放单元的输出端 V_{outB} 至第二路功放单元的输入电阻 R_2；

⑤ 连接第 1 路功放单元的输出端 V_{outA} 至第二路功放单元的负反馈电阻 R_4。

上述改动完成后，两组功放单元的输入信号之间存在 180° 的相位差。为确保两组功放单元的参数平衡，R_1、R_2、R_3、R_4 的精度建议选择优于±5%。

3.6　波形发生器电路设计

模拟电路中通常以自激振荡的形式产生正弦波、矩形波、三角波（锯齿波）。

3.6.1　正弦波振荡电路

从结构上看，正弦波振荡电路没有外接的输入信号，而是利用带选频网络的正反馈放大单元对系统内部的微小电压扰动进行放大、起振后维持振荡过程，以形成持续的波形输出。

☞**提示**　用于产生 0.1Hz～1MHz 频率范围内的正弦低频信号的振荡电路多采用电阻、电容元器件构成选频网络，也称为“RC 正弦波振荡电路”。常见的 RC 正弦波振荡电路包括文氏桥正弦波振荡电路、RC 移相振荡电路、双 T 选频网络电路等。

1．文氏桥正弦波振荡电路

文氏桥正弦波振荡电路是 RC 正弦波振荡电路中较为常用的一种，电路的基本结构如图 3-6-01 所示，由 4 只电阻、电容元器件的参数决定振荡频率。

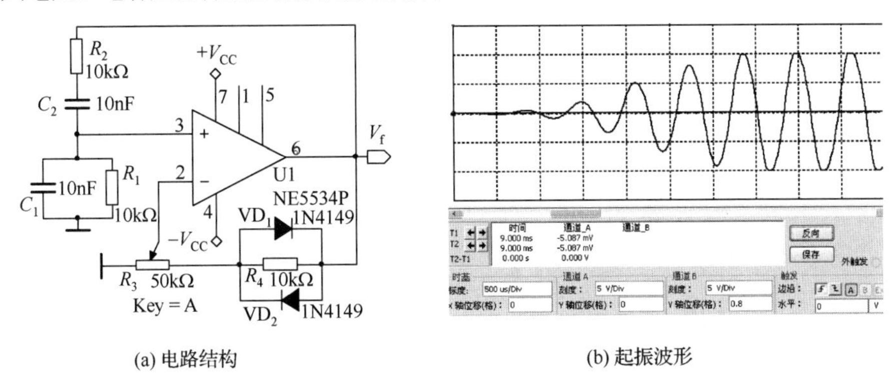

(a) 电路结构　　(b) 起振波形

图 3-6-01　文氏桥正弦波振荡电路

图 3-6-01 中的 R_1、C_1、R_2、C_2 是集成运放 U1 的正反馈网络，同时也组成了设计巧妙的文氏桥，其串并联的结构具有选频的功能。在进行参数选择时，需保证 $R_1 = R_2$、 $C_1 = C_2$。

R_3、R_4、VD_1、VD_2 是集成运放的负反馈回路，同时具有稳定输出波形幅度的功能。开关二极管 VD_1、VD_2 反向并联，利用二极管的非线性（端电压低时，等效电阻较大；反之亦然）协助振荡电路顺利起振及稳幅。电阻 R_4 除能决定电路的反馈系数外，同时能削弱二极管 VD_1、VD_2 的非线性，防止波形失真。

在实际调试文氏桥正弦波振荡电路时，需要首先调节电位器 R_3，以满足正弦波振荡电路起振的幅值条件，尽可能减小输出波形的失真程度。文氏桥正弦波振荡电路的输出频率 $f_{out} = 1/2\pi R_1 C_1$。

在如图 3-6-02 所示的实际文氏桥电路中，多采用 2.15.1 节讲述的双刀多掷开关 S_1（包含 S1A 和 S1B 两个单元）进行电容的容量切换，实现振荡频率的粗调或量程切换；而电阻的电阻值的同步调节则多采用双联电位器（参见 2.3.3 节），以实现振荡频率的微调。图中的虚线代表“联动”的含义，即：每次动作使开关切换至相同的刀口位置，电位器按照相同的角度进行旋转。

2．RC 移相振荡电路

采用三极管作为放大单元的 RC 移相振荡电路如图 3-6-03 所示。

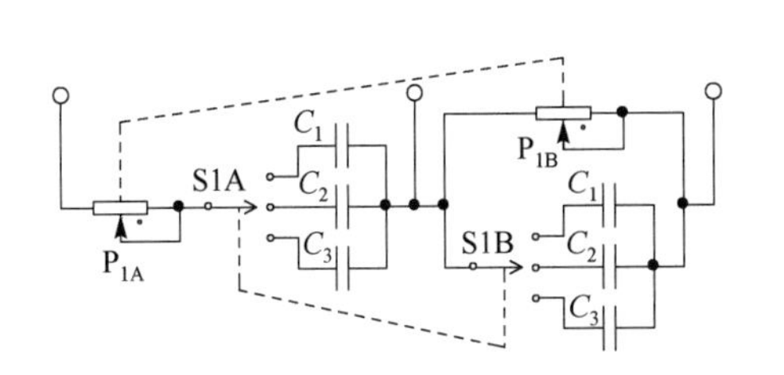

图 3-6-02　文氏桥阻容参数的粗调与微调

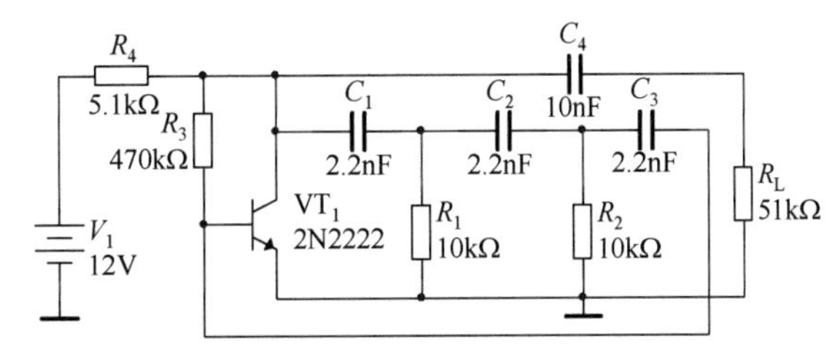

图 3-6-03　RC 移相振荡电路

R_1-C_1、 R_2-C_2、 R_3-C_3 各构成一级移相网络，由于每级的相位超前量均小于 90°，因而三级移相网络总的相位超前量小于 270°，与具体工作频率有关。而 VT_1 构成的共射放大器具有 180° 的相移量，因此存在某个频率，使 RC 移相振荡电路出现 360° 的总相移，满足起振的相位条件。如果放大器的参数满足起振的幅值条件，电路将会产生正弦波自激振荡。

在对 RC 移相振荡电路进行参数设计时，R_1、R_2 的电阻值应大于放大器的输入电阻 R_i；增益大小不应低于29；输出频率的计算公式为 $f_0 = 1/(\sqrt{6}\pi R_1 C_1)$ 。

☞**提示**　RC移相振荡电路结构简单，但频率调节比较麻烦（需要同时改变三个元器件的参数），选频特性较差，输出波形存在明显的失真，幅度稳定性也不太好，因而主要用于频率相对固定、对波形稳定性要求不高的电路中，如警报器、警笛等。

【例3-6-1】 RC移相振荡电路的输出信号的频率范围为10Hz～100kHz，因此也可用集成运放构建放大单元，甚至还可以直接使用集成功放芯片与移相网络构成“振荡+功放”电路，直接驱动扬声器发声，如图3-6-04所示。

LM380同时具有自激振荡与功放的功能，电路简洁、性价比高，被广泛用于各种警笛电路。

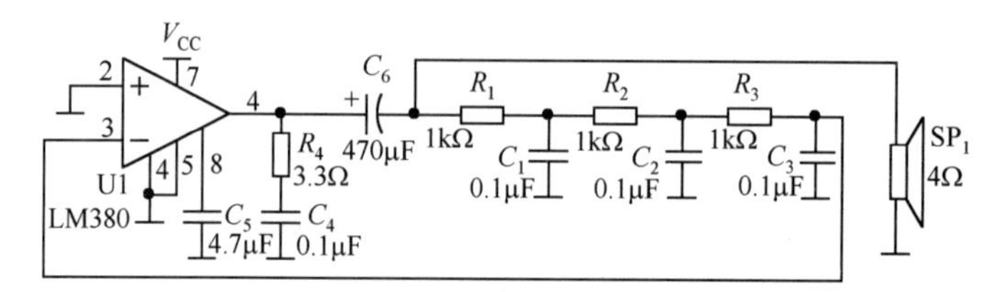

图3-6-04　移相振荡及功放电路

3.6.2　矩形波振荡电路

从形状上看，矩形波与数字电路中常见的方波非常类似，但方波输出的是高电平与零电平，而在模拟电路中较为常用的矩形波则具有正、负两种极性的电平输出。

产生矩形波的振荡电路方案较多，其中以采用集成运放、集成电压比较器构成的振荡电路结构最为简单，而且易于调试，在实际产品中应用得较多。

1．利用集成运放构成矩形波振荡电路

如图3-6-05(a)所示为典型的矩形波振荡电路的电路结构，采用JFET型的双运放芯片TL072CP作为有源放大器件。电路的起振波形及电容器 C_3 对地的充放电波形如图3-6-05(b)所示。

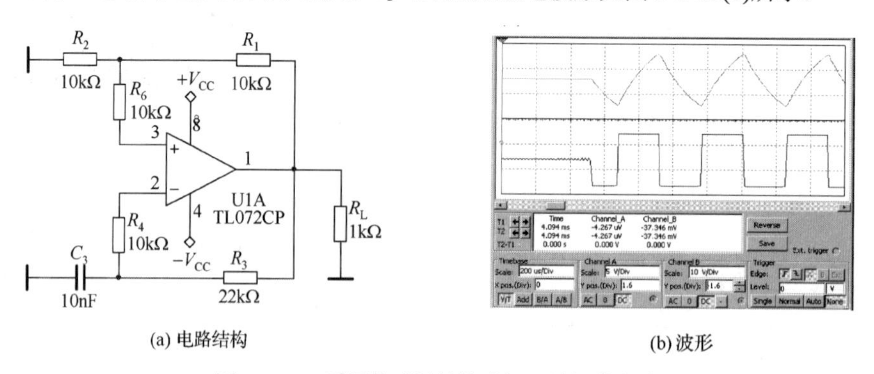

(a) 电路结构　　(b) 波形

图3-6-05　采用集成运放构成矩形波振荡电路

图3-6-05(a)中的 R_1 、R_2 构成正反馈网络，使运放U1A工作在迟滞电压比较器状态。R_3 、C_3 组成积分电路，将运放输出端的状态反馈至运放的反相输入端，通过电容 C_3 的充放电状态切换，使得集成运放的输出反复跳变，如图3-6-05(b)所示。电路输出矩形波的频率为 $f = 1/[2R_3C_3\ln(1+2R_2/R_1)]$ 。

2．利用集成电压比较器构成矩形波振荡电路

在如图3-6-05(a)所示的矩形波振荡电路中，集成运放实际扮演了“迟滞电压比较器”的角色，因

此完全可以直接使用集成电压比较器替代集成运放来构建矩形波振荡电路，如图 3-6-06(a)、图 3-6-06(b)所示。对图 3-6-06(b)运行仿真后得到的仿真波形如图 3-6-06(c)所示。

★技巧 集成运放、集成电压比较器构成的矩形波振荡电路在结构上非常接近，但多数集成电压比较器的输出引脚为集电极开路结构，因此需要通过一只上拉电阻连接至电源正极。

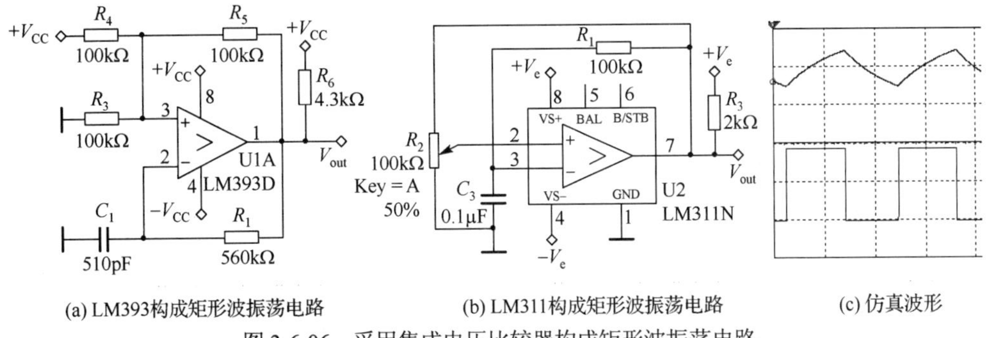

(a) LM393构成矩形波振荡电路　(b) LM311构成矩形波振荡电路　(c) 仿真波形

图 3-6-06　采用集成电压比较器构成矩形波振荡电路

☞提示 集成运放构成的矩形波振荡电路的输出频率除与 R、C 元器件参数密切相关外，还受集成运放带宽的限制。集成电压比较器构成的矩形波振荡电路的输出频率明显高于集成运放构成的矩形波振荡电路的输出频率。

3.6.3 矩形波-三角波振荡电路

常用的三角波发生电路一般由迟滞电压比较电路和 RC 有源积分电路首尾相连而成，电路结构如图 3-6-07(a)所示。集成运放 U1A、R_3、C_3 构成有源反相积分电路（参见 3.3.9 节），集成运放 U1B、R_4、R_6 构成典型的迟滞电压比较器（施密特触发器，参见 3.4.2 节）。

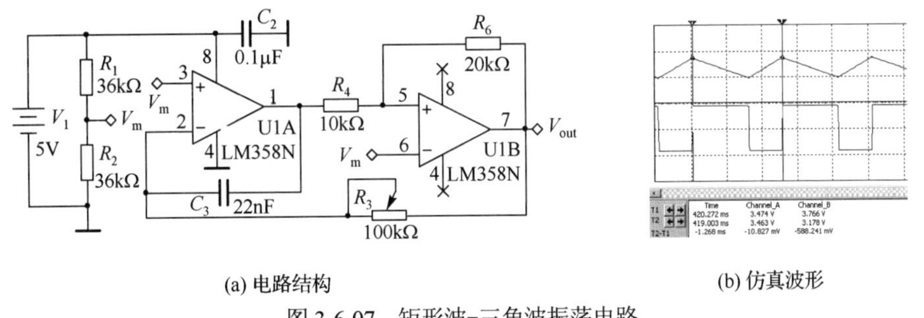

(a) 电路结构　(b) 仿真波形

图 3-6-07　矩形波-三角波振荡电路

迟滞电压比较器中 U1B 输出的矩形波被加载到有源反相积分电路的 U1A 的反相输入端。由于矩形波每一段的高、低电平均为恒定的直流电压，因此可以实现对积分电容的恒流充电，从而能够输出线性较好的斜坡沿，如图 3-6-07(b)所示。R_3 与 C_3 决定积分电路的时间常数。

有源反相积分电路的 U1A 输出的三角波经迟滞电压比较器中的 U1B 后，被重新转换为矩形波。R_4、R_6 构成正反馈网络，其电阻值参数决定了有源反相积分电路的充放电过程在何时切换。

矩形波-三角波振荡电路采用单电源供电，输出波形的频率 $f_0 = R_6 / (4R_3R_4C_3)$，C_2 为电源滤波电容，R_1、R_2 对电源电压进行串联分压后，向两只运放单元提供 $V_{CC}/2$ 的直流偏置电压。

矩形波-三角波振荡电路具有结构简单、成本低廉等优点，常用于设计呼吸灯电路。

【例 3-6-2】 高大建筑顶部的航空障碍指示灯、计算机待机、部分 Android 手机来电未接的状态指示均可采用“渐亮—渐灭—渐亮……”的呼吸灯，无疑比单纯的“亮-灭”闪烁具有更佳的展示效果。

3.7　晶体管驱动电路设计

晶体管（三极管、JFET、MOSFET）是具有放大功能的有源分立元器件，但用来搭建放大电路的工程实例却较为少见，主要原因是各类晶体管的外围电路的复杂程度高、调试与维修工作量繁重、综合性能并不突出，仅在高电压、大电流、高频、极低噪声等特殊需求电路中才有部分应用。

另外，晶体管在各类驱动电路中得到了广泛应用，主要是因为普通运放、电压比较器等集成芯片难以直接驱动继电器、蜂鸣器、直流电机等较大电流的负载，此时，最佳的解决途径是在集成芯片的输出端与较大功率负载之间添加一级由各种晶体管构成的驱动电路。

3.7.1　NPN 管实现信号反相

在图 3-7-01(a)中，三极管作为简单的反相器电路使用，可以将较小的输入波形转换为与数字电路系统兼容的电平。基极电阻 R_2 两端并联的二极管 VD_1 可以提高开关速度。

从如图 3-7-01(b)所示的仿真波形可以看出，输入脉冲的高电平仅为 1V 左右，无法被 TTL 集成芯片识别为高电平；在经过三极管 VT_1 驱动之后，高电平达到 5V，低电平为 138mV 左右，即可被 TTL 系统准确地识别。需要注意的是，驱动电路的输入、输出信号的相位相反（相差 180°）。

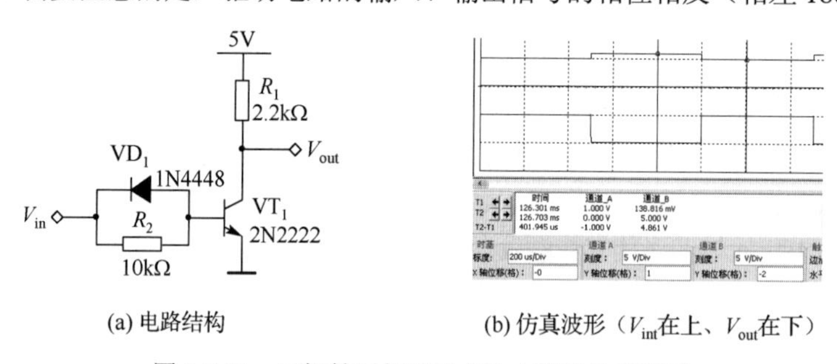

(a) 电路结构　　(b) 仿真波形（V_{int}在上、V_{out}在下）

图 3-7-01　三极管反相驱动方波电路及仿真波形

3.7.2　NPN 型三极管功率负载驱动电路

采用 NPN 型三极管驱动大功率 LED、继电器等功率型负载的电路如图 3-7-02 所示。

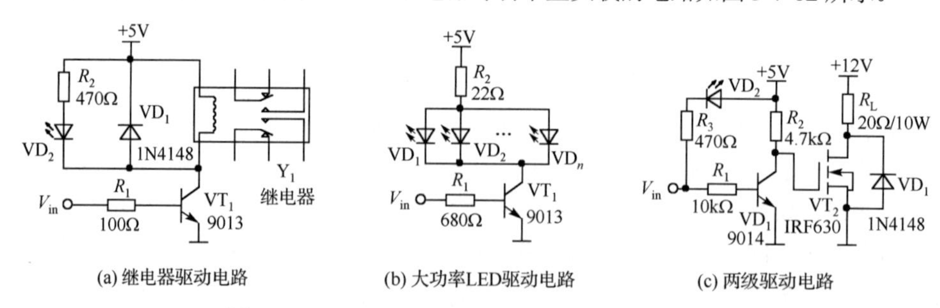

(a) 继电器驱动电路　　(b) 大功率LED驱动电路　　(c) 两级驱动电路

图 3-7-02　NPN 型三极管构成的功率负载驱动电路

对继电器、蜂鸣器等电感性负载元器件而言，线圈绕组断开时会产生很大的反向电动势，足以击穿驱动晶体管。在实际应用时，需要在被驱动线圈绕组的两端反向并联一只保护二极管，以吸收反向电动势，如图 3-7-02(a)中的 VD_1 所示。VD_1 的型号选择廉价的 1N4148 或 1N4007 均可。

★技巧　当继电器 Y_1 的绕组吸合后，点亮的发光二极管 VD_2 可用来指示工作状态。

图 3-7-02(b)所示的大功率 LED 驱动电路不会产生反向电动势，可以省去保护二极管。

图 3-7-02(c)为两级驱动电路，能够适应不同的工作电压，VD_1 为保护二极管。

★**技巧**　在驱动高电压、大电流负载的电路中，建议用达林顿管或复合管替代普通功率三极管。

3.7.3　PNP 型三极管功率负载驱动电路

PNP 型三极管也适用于功率型负载的驱动，典型应用电路如图 3-7-03(a)所示。当 V_{in} 接近 5V 的电源电压时，VT_1 截止，电机 M 停止转动；当 V_{in} 为 0V 左右时，VT_1 导通，电机上电后开始单向运转。

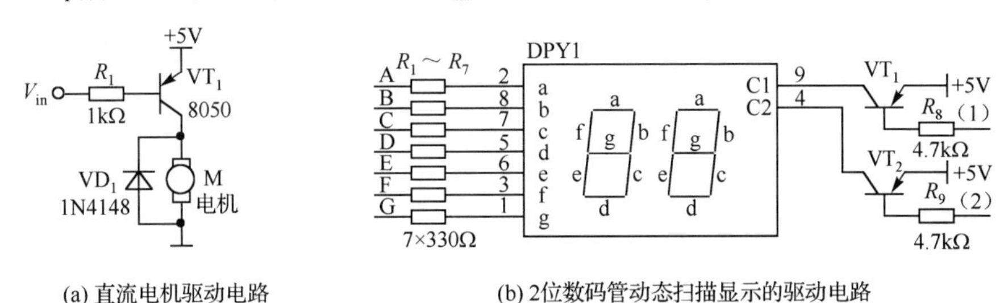

(a) 直流电机驱动电路　　(b) 2位数码管动态扫描显示的驱动电路

图 3-7-03　PNP 型三极管构成的功率负载驱动电路

图 3-7-03(b)为经典的 2 位数码管动态扫描显示的驱动电路。当（1）为低电平、（2）为高电平时，VT_1 导通、VT_2 截止，配合 A～G 输出段位码，将字形显示在左侧的十位数码管上；当（2）为低电平、（1）为高电平时，VT_2 导通、VT_1 截止，A～G 输出段位码决定了显示在右侧个位数码管上的字形。如果（1）、（2）交替高低变化的扫描时间足够短，人眼在视觉暂留的影响下，将看到两只数码管被同时点亮。

3.7.4　H 桥驱动电路

H 桥驱动电路如图 3-7-04 所示，因其外形酷似字母“H”而得名。H 桥驱动电路常被用于直流电机驱动及 DC-AC 逆变转换电路。

当 A、B 均为高电平（接近电源电压 V_{CC}）时，直流电机无法与电源的正负极构成回路，故电机停转；当 A 为高电平、B 为低电平时，电源 V_{CC} 将经过 VT_3、电机、VT_2 形成回路，使电机反转；当 A 为低电平、B 为高电平时，电源 V_{CC} 将经过 VT_1、电机、VT_4 形成回路，使电机正转；当 A、B 均为低电平时，直流电机同样无法与电源接通，故电机再次停转。

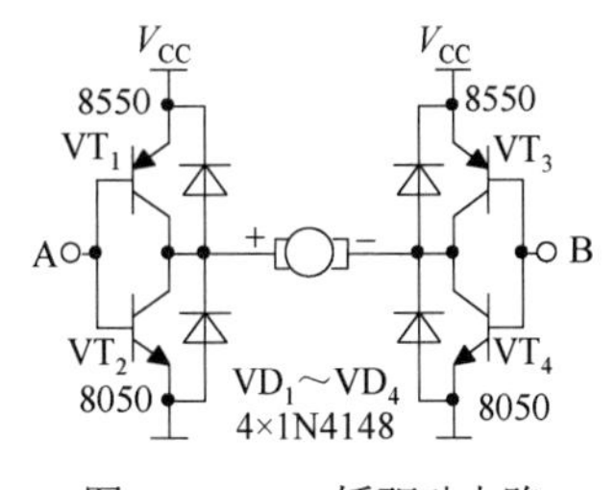

图 3-7-04　H 桥驱动电路

3.8　有源滤波电路设计

有源滤波电路被广泛用于信息处理、数据传输、干扰抑制等领域，由电阻、电容与放大器按照一定拓扑结构组合而成。

有源滤波电路允许某些特定频率范围内的信号通过，抑制或急剧衰减该频率范围之外的信号。根据对频率的选择性不同，可将有源滤波电路分为低通（LPF）、高通（HPF）、带通（BPF）与带阻（BEF）4 种基本类型。滤波电路的幅频特性曲线分别如图 3-8-01(a)、图 3-8-01(b)、图 3-8-01 (c)、图 3-8-01 (d)所示。

具有理想幅频特性（图 3-8-01 中的虚线）的滤波电路几乎无法实现，在实际应用时都是以近似的幅频特性（图3-8-01中的实线）去逼近理想的幅频特性曲线。滤波电路的阶数越高，幅频特性的衰减速率越快，越接近理想的幅频特性。高阶滤波电路的元器件参数计算复杂，电路调试困难，相频特性较差，因而很多实际的高阶滤波电路常由多组低阶滤波电路级联而成。

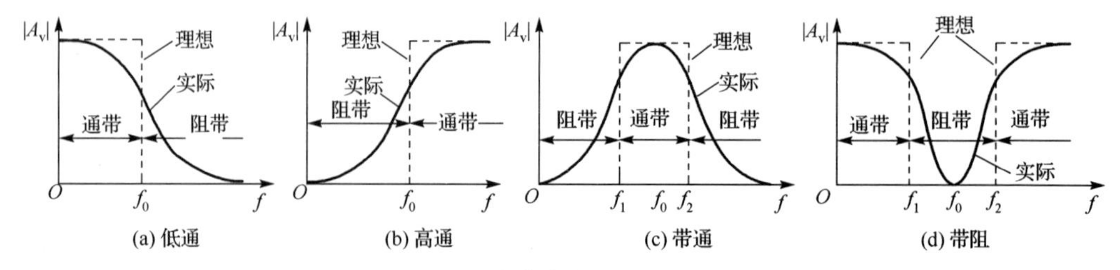

图3-8-01　基本滤波电路的幅频特性曲线

3.8.1　滤波电路的计算机辅助设计

FilterPro是一款由TI公司推出的简单、易用的滤波电路的计算机辅助设计软件，通过简化复杂的参数计算过程，能够帮助使用者以较快的速度完成滤波电路结构、阻容元件参数的设计。

【例3-8-1】 基于FilterPro软件的二阶低通滤波电路的设计流程。

解：（1）运行FilterPro软件，系统弹出如图3-8-02(a)所示的主界面。

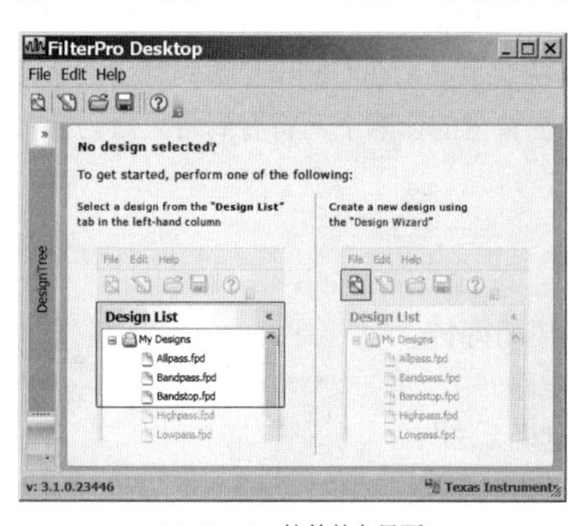

(a) FilterPro软件的主界面

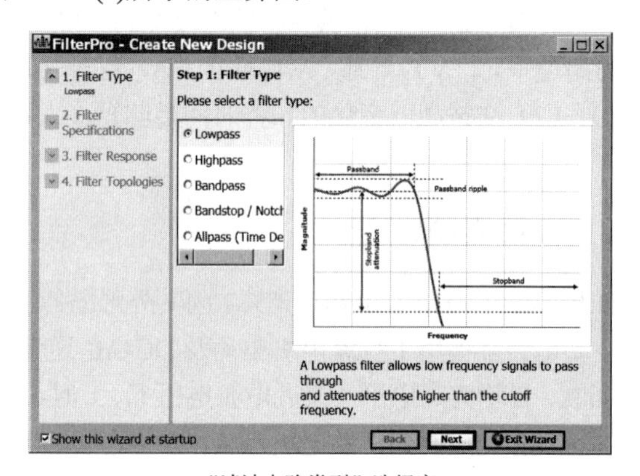

(b)“滤波电路类型”选择窗口

图3-8-02　FilterPro软件的主界面及“滤波电路类型”选择窗口

（2）单击【File】→【New】→【Design】菜单项，系统弹出如图3-8-02(b)所示的“滤波电路类型”（Filter Type）选择窗口。

（3）在图3-8-02(b)中的“Filter Type”框中，选择“Lowpass”（低通）单选按钮，单击“Next”按钮，进入如图3-8-03所示的“滤波电路规格”（Filter Specifications）窗口。

（4）在图3-8-03中勾选“Optional-Filter Order”复选框，然后在右侧的下拉列表框中选择“2”（进行二阶滤波器的设计），如图3-8-04(a)所示。

（5）在如图3-8-03所示窗口中的“Gain”（增益）文本框中输入2（2倍的电压增益），在“Passband Frequency (fc)”（截止频率）文本框中输入15000（截止频率为15000Hz），在“Allowable Passband Ripple (Rp)”（通带纹波）文本框中输入2（不超过2dB的纹波抖动），如图3-8-04(b)所示。最后单击“Next”按钮，弹出如图3-8-05所示的“滤波电路响应”（Filter Response）窗口。

（6）在列表框中选择第一行的“Bessel”单选项，设置滤波电路的截止特性；接着单击 “Next”按钮，弹出如图3-8-06所示的“滤波电路拓扑结构”（Filter Topology）窗口。

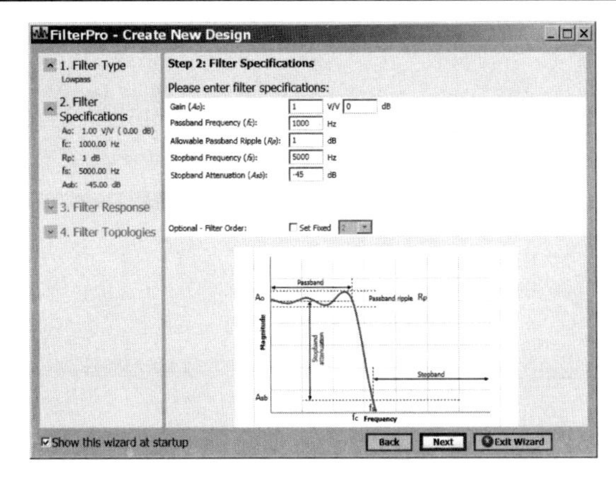

图 3-8-03 “滤波电路规格”窗口

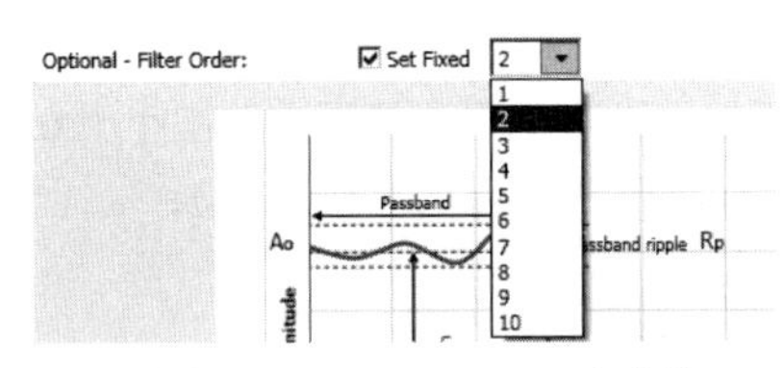

(a)勾选“Optional-Filter Order”复选框

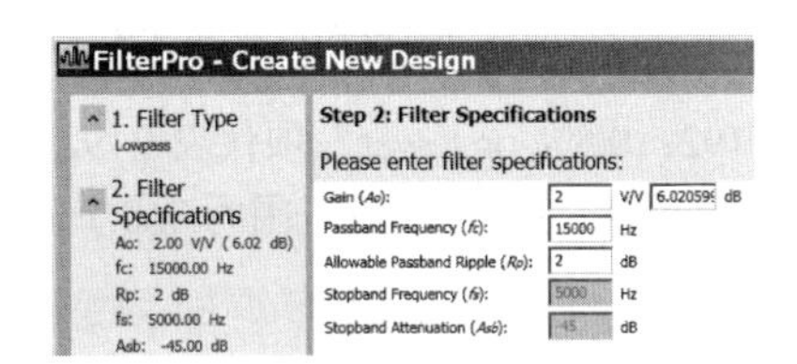

(b)设置滤波电路参数

图 3-8-04 设置“滤波电路规格”（Filter Specifications）

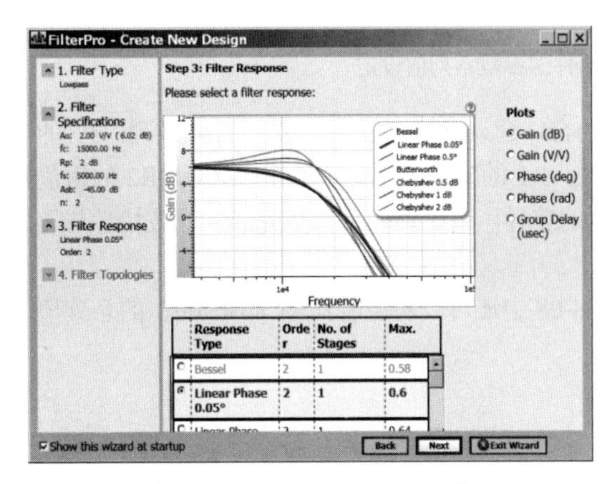

图 3-8-05 “滤波电路响应”窗口

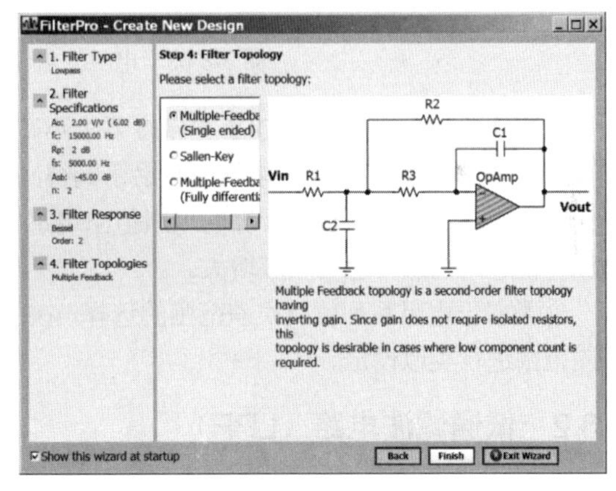

图 3-8-06 “滤波电路拓扑结构”窗口

☞**提示** 常用有源滤波电路的类型包括贝塞尔（Bessel）、线性相位（Linear Phase）、巴特沃斯（Butterworth）、切比雪夫（Chebyshev）等。

（7）图 3-8-06 给出了常用的三种滤波电路的拓扑结构，其中的 Multiple-Feedback（多重反馈型，简称 MFB）与 Sallen-Key（电压控制电压源型，简称 VCVS）具有简单易用的特点，适合初学者学习、测试。选择 Multiple-Feedback 型的拓扑结构，然后单击“Finish”按钮，系统将设计有源滤波电路的结构，得到增益、群延迟波形等仿真结果，如图 3-8-07 所示。

（8）如图 3-8-07 所示的设计电路并没有考虑电阻、电容的生产系列值（参见 2.1.1 节）及误差范围。如果采用系统默认选项“Exact:0%”（没有参数误差的准确计算值），那么电阻值会出现 360.7Ω、721.4Ω 这类需特别定制的数值，难以购得且价格昂贵。如果希望选择易购的通用阻容元器件，可按照如图 3-8-08 所示的参数系列值进行相应设定。

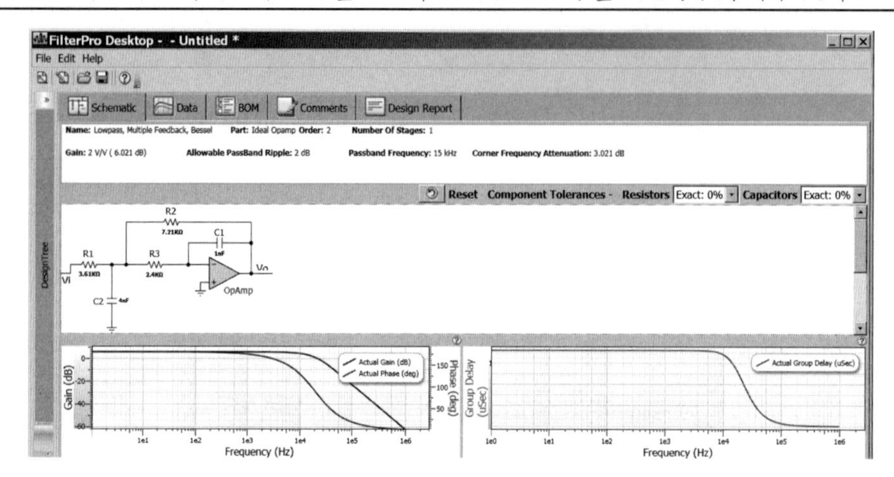

图 3-8-07　FilterPro 完成的滤波电路设计电路及仿真波形

①“E192：0.5% or lower”项代表 E192 系列的电阻器，这类电阻器的误差范围小于 0.5%，价格较高。选择该项后，R1 的阻值范围为 360.7～361Ω，R2 的阻值范围为 721.4～723Ω。

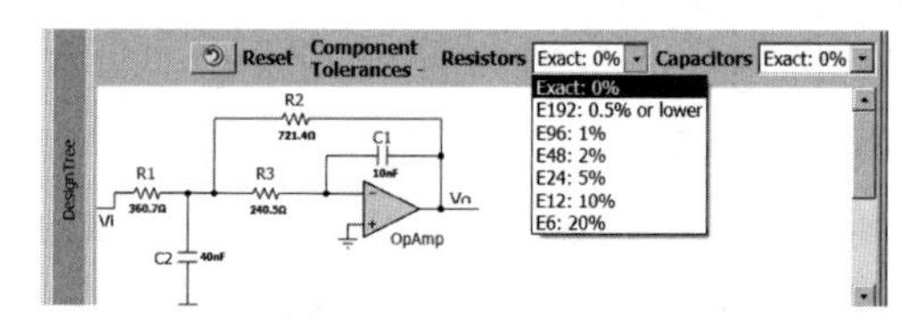

图 3-8-08　电阻、电容元器件的参数系列值设定

②在实验室环境、手工 DIY 等精度要求不高的场合，建议选择“E24：5%”（E24 系列，5%的误差范围），E24 系列的电阻价格低廉且易于购得。此时，R1 的阻值范围为 360.7～390Ω，R2 的阻值范围为 721.4～750Ω，与理论计算的电阻值出现了一定的差异，毫无疑问，实际完成的滤波特性与理想滤波特性之间的差异也会相应增大。

③类似于电阻系列值及误差范围的选择，在图 3-8-08 中还可以对电容器（Capacitors）的系列值及误差范围进行类似设定。

3.8.2　低通滤波电路（LPF）

低通滤波电路允许低于截止频率 f_c 的信号通过，而高于 f_c 的信号将被衰减、抑制或滤除。

【例 3-8-2】 截止频率为 1000Hz 的 Bessel 型二阶 MFB 低通滤波电路的电路结构如图 3-8-09(a)所示，对应的幅频/相频特性曲线如图 3-8-09(b)所示。

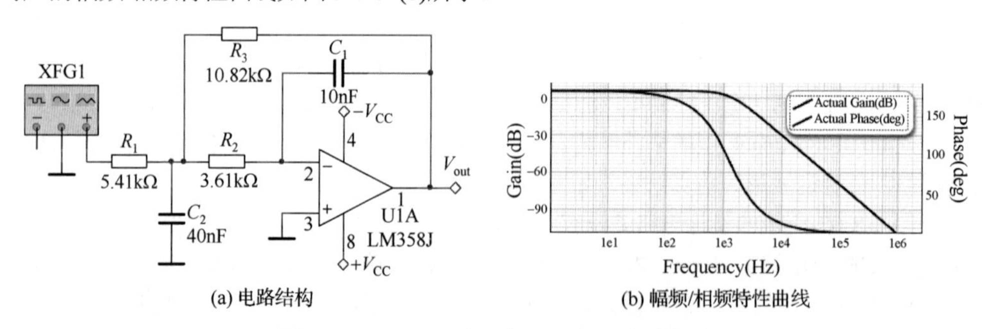

(a) 电路结构　　(b) 幅频/相频特性曲线

图 3-8-09　Bessel 型二阶 MFB 低通滤波电路

【例 3-8-3】 如图 3-8-10 所示为典型的 Sallen-Key 型二阶 Bessel 有源低通滤波电路，由两级 RC 滤波环节与同相比例运算电路组合而成，其中第一级滤波环节的电容 C_2 接至滤波电路的输出端，引入了适量的正反馈，以改善滤波电路的幅频特性。

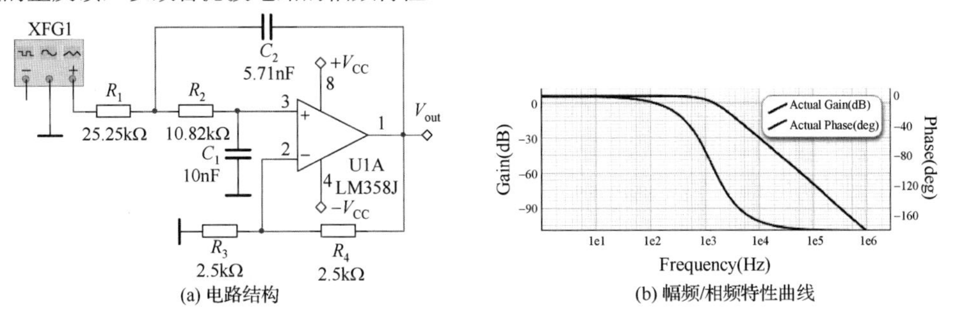

图 3-8-10　Sallen-Key 型二阶 Bessel 有源低通滤波电路

☞**提示**　低通滤波是应用最为广泛的滤波电路形式，低音炮音响中的重低音分频电路即为低通滤波器的典型应用。此外，低通滤波器还具有防止电路发生高频振荡的功能。

3.8.3　高通滤波电路（HPF）

高通滤波电路的性能与低通滤波电路的正好相反，允许高频信号通过，衰减或抑制较低频率的信号，其频率响应特性与低通滤波电路为“镜像”关系。参考低通滤波电路的结构及分析方法，将电阻、电容位置互换，并对参数进行适当调整后，即可设计出有源高通滤波电路。

【例 3-8-4】截止频率为 10kHz 的 Bessel 型二阶 MFB 高通滤波电路的电路结构如图 3-8-11(a)所示，对应的幅频/相频特性曲线如图 3-8-11(b)所示。

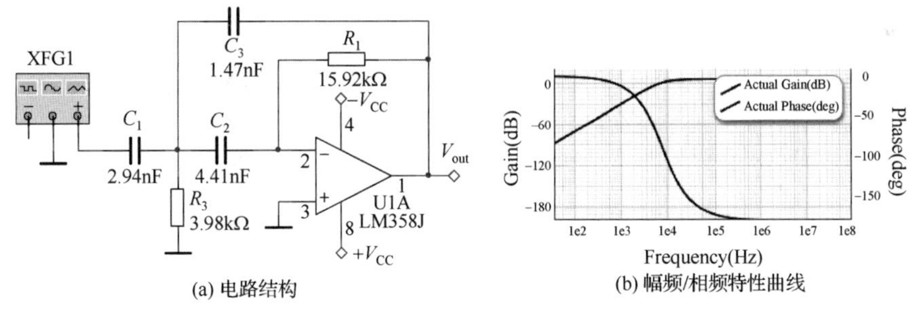

图 3-8-11　Bessel 型二阶 MFB 高通滤波电路

【例 3-8-5】截止频率为 10kHz 的 Bessel 型二阶 Sallen-Key 高通滤波电路的电路结构如图 3-8-12(a)所示，对应的幅频/相频特性曲线如图 3-8-12(b)所示。

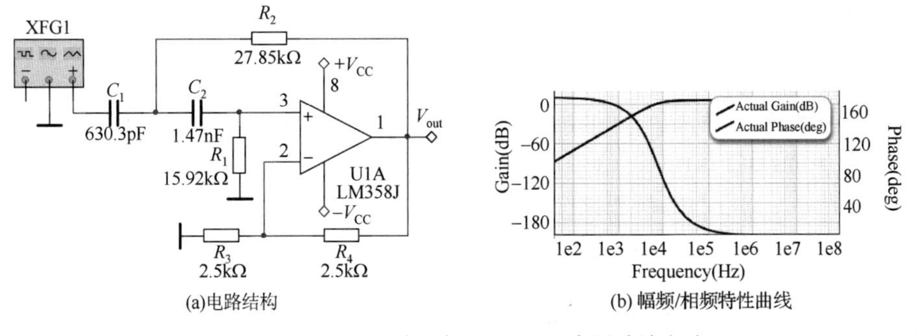

图 3-8-12　Bessel 型二阶 Sallen-Key 高通滤波电路

☞**提示**　高通滤波电路可被用于抑制低频噪声，在音响设备的前级有源分频电路中应用较多。此外，高通滤波电路还被广泛用于电子载波通信设备、皮肤肌电图机（EMG）中。

3.8.4　带通滤波电路（BPF）

带通滤波电路允许指定通频带范围内的波形通过，抑制、衰减或滤除频段范围外的低、高频信号。带通滤波电路的幅频特性可以理解为低通通带与高通通带之间的交叉部分，类似于闸门。

【例 3-8-6】 二阶 MFB 带通滤波电路的电路结构如图 3-8-13(a)所示，从如图 3-8-13(b)所示的幅频/相频特性曲线可以观察到：在中心频率附近，带通滤波电路具有一定的增益，当频率向高频段、低频段两端延伸时，增益迅速减小。

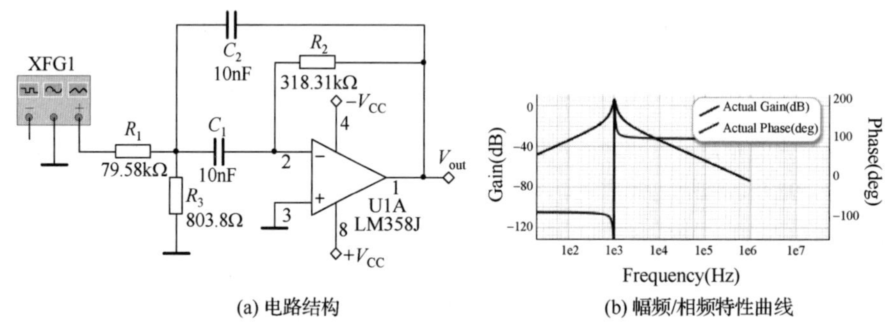

(a) 电路结构　　(b) 幅频/相频特性曲线

图 3-8-13　二阶 MFB 带通滤波电路

【例 3-8-7】 Sallen-Key 型二阶带通滤波电路的电路结构如图 3-8-14(a)所示，与 Sallen-Key 型二阶低通滤波电路的结构比较类似，只是将其中一路的低通滤波电路修改为高通滤波电路。

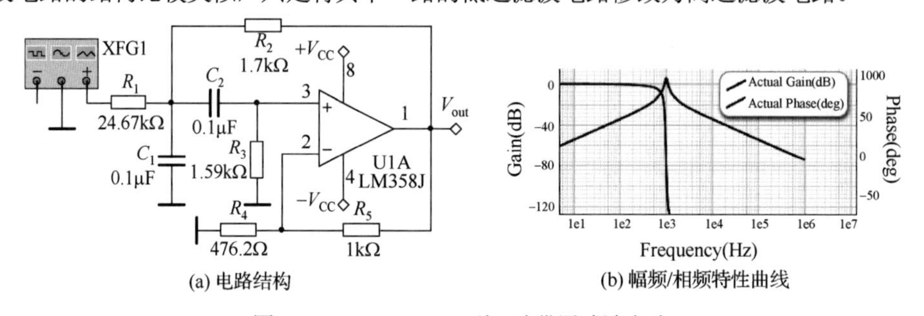

(a) 电路结构　　(b) 幅频/相频特性曲线

图 3-8-14　Sallen-Key 型二阶带通滤波电路

☞**提示**　某些音响设备的频谱控制单元中，常用带通滤波电路选出不同频段的信号进行音乐重放，以达到不同的听觉效果。此外，带通滤波电路还被广泛用于天线伺服装置及语音通信系统。

3.8.5　带阻滤波电路（BEF）

带阻滤波电路的性能和带通滤波电路的正好相反，在规定频带内的信号将被大幅度衰减或抑制，而在规定频带之外的频率信号则能顺利通过。

【例 3-8-8】 中心频率为 1kHz、通带宽度为 1kHz 的 MFB 型二阶切比雪夫带阻滤波电路的电路结构如图 3-8-15(a)所示，对应的幅频/相频特性曲线如图 3-8-15(b)所示。

【例 3-8-9】 中心频率为 1kHz、通带宽度为 1kHz 的 Sallen-Key 型二阶切比雪夫带阻滤波电路的电路结构如图 3-8-16(a)所示，从结构上看，该电路是在一个双 T 网络的基础上添加一级同相比例运算电路构成的，对应的幅频/相频特性曲线如图 3-8-16(b)所示。

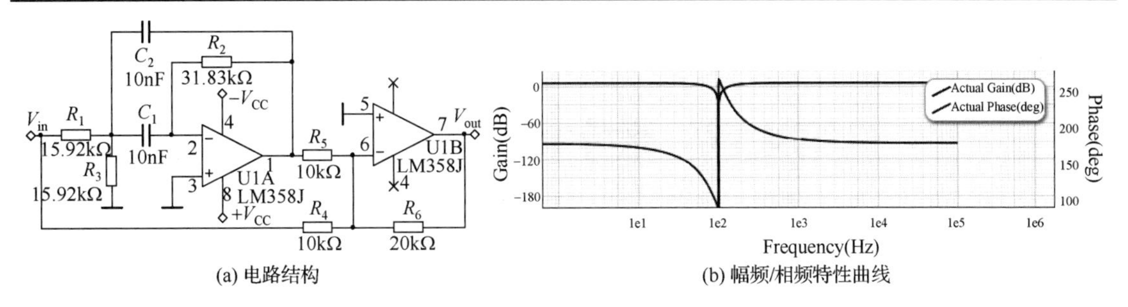

(a) 电路结构　　(b) 幅频/相频特性曲线

图 3-8-15　MFB 型二阶切比雪夫带阻滤波电路

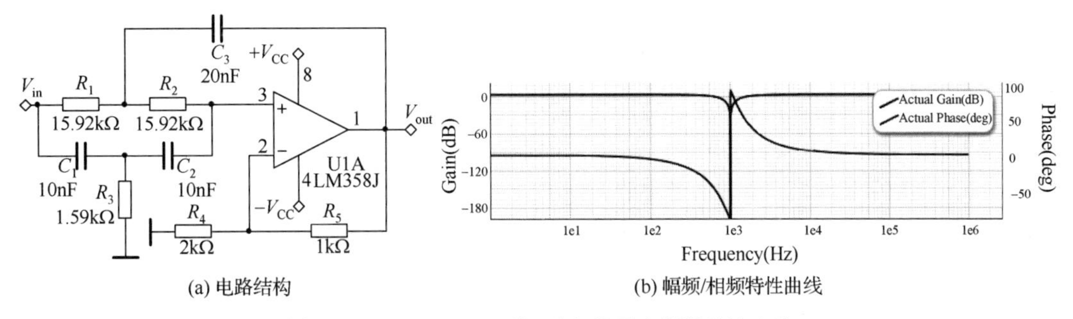

(a) 电路结构　　(b) 幅频/相频特性曲线

图 3-8-16　Sallen-Key 型二阶切比雪夫带阻滤波电路

☞**提示**　心电图机（ECG）使用带阻滤波电路滤除 50Hz 工频电网的干扰；在无线通信系统中，BEF 被广泛用于抑制高功率发射机的杂散输出及非线性功放、带通滤波电路生成的寄生通带。

习　　题

3-1　18650 锂离子电池的工作电压范围是 2.75～4.2V，设计一个窗口电压监控电路，当电压超过 4.2V 或低于 2.75V 时，点亮一只 LED 进行报警。

3-2　参考例 3-4-1 所示的循光检测电路，设计一种写字台光暗报警电路，当光线较强时，LED 熄灭，当光线降低至影响儿童视力时，LED 点亮报警。

3-3　将图 3-3-10 中的 R_4 开路后，输出电压 V_{out} 与输入信号 V_1、V_2 之间的运算关系将如何变化？

3-4　当电源电压等于+6V 时，推导如图 3-6-07 所示的矩形波-三角波振荡电路的频率计算公式，计算出方波的高、低电平值，并与仿真结果进行比较，分析产生误差的原因。

3-5　设计三路同相加法电路，每路的增益分别为 5 倍、10 倍、15 倍。

【思政寄语】　在模拟电路模块的设计过程中，一定要注重学思结合、知行统一，培养勇于探索的开拓创新精神，提高善于解决复杂工程问题的实践能力。在实践中不断增长智慧才干，在艰苦奋斗、勤俭节约中锤炼自己的意志品质。

第 4 章　数字电路单元设计

【学习重点】

1）熟悉常用数字电路单元的结构与功能。

2）掌握简单数字电路的基本设计方法。

传统数字电路系统设计主要针对中小规模 TTL、CMOS 集成芯片展开，可以完成二进制信息的产生、转换、运算、处理、传输及输出等功能，某些数字系统还可以实现控制功能或复杂逻辑。随着近年来可编程逻辑器件及嵌入式系统的迅猛发展，数字电路系统的设计载体已经逐步过渡到超大规模的 FPGA、单片机、DSP 等复杂数字平台，采用中小规模数字集成芯片的设计越来越少。

但中小规模数字集成芯片并没有整体停产或消失，在方波振荡、按键消抖、模拟开关、译码、缓冲、锁存及其他功能简单、成本控制严格的数字电路方案中，依然发挥着重要作用。

【例 4-0-1】 俄罗斯的高性能 S-300-2 导弹防空系统仍在沿用小规模数字集成电路。

☞**提示**　采用全硬件数字集成芯片进行简单数字电路系统的设计，有助于深入学习布尔代数、卡诺图、基本逻辑关系、逻辑函数、逻辑电路图、逻辑真值表（功能表）、组合逻辑、时序逻辑等基础概念，对于锻炼电子技术初学者的芯片文档阅读能力、电路方案设计及仿真能力，积累硬件电路设计—调试—排错的经验具有重要的实用价值。

4.1　CMOS 逻辑门

逻辑门是当前中小规模数字集成芯片领域中最活跃的品种。不推荐使用古老的 TTL 逻辑门（74LS00、7407 等），建议优先选择高速 74HC××系列、低速 40××或 45××系列的 CMOS 逻辑门。

☞**提示**　高速、低速两大系列逻辑门的引脚排列无对应关系，一般情况下不能直接替换。

常用高速逻辑门、低速逻辑门电路的逻辑符号参见本书附录 F。

基本逻辑门包括与门、或门、非门、与非门、或非门、与或非门、传输门、异或门、同或（异或非）门，此外，OD 门、三态门、施密特触发器也是常用逻辑门。

1. OD 门

漏极开路输出的 OD 门可提高逻辑门驱动负载的能力。相同型号的 OD 门在输出并联时可实现“线与”的逻辑功能。但是，OD 门的输出引脚需外接上拉电阻到电源正极才能正常工作，如图 4-1-01 所示。

【例 4-1-1】 单片机 I^2C 同步串行总线的时钟 SCL、串行数据 SDA 均采用 OD 门的结构。

2. 三态门

与普通逻辑门相比，三态门增加了使能引脚 EN（高电平有效）或 $\overline{EN}$（低电平有效），如图 4-1-02 所示。当使能引脚有效时，三态门按正常逻辑功能工作；当使能引脚无效时，三态门输出为高阻状态，断开后续的电路连接。

【例 4-1-2】 74HC125、74HC126 是常用的三态门，总线收发器 74HC244、74HC245 内部包含 8 路独立的三态门，不少芯片的输出端都具有三态门的功能。

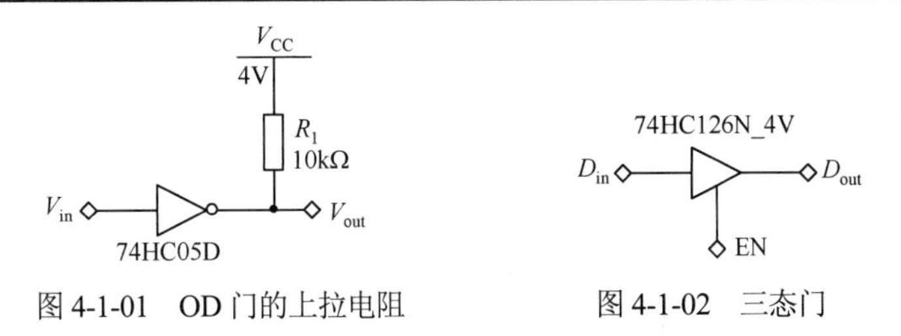

图 4-1-01　OD 门的上拉电阻　　　图 4-1-02　三态门

3. 施密特触发器

与普通逻辑门明显不同，施密特触发器（Schmitt Trigger）具有两个触发阈值电平：V_{T+}（上限阈值电平）、V_{T-}（下限阈值电平），当输入信号从低电平上升到高电平时，在V_{T+}产生输出状态跳变；当输入信号从高电平下降到低电平时，在V_{T-}产生输出状态跳变，施密特非门的触发波形如图 4-1-03 所示。

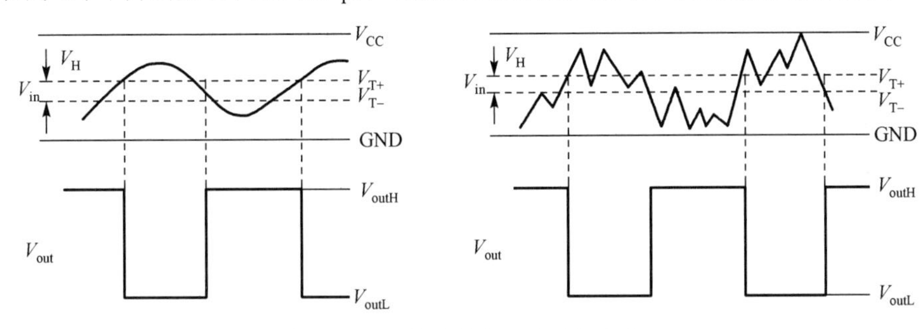

图 4-1-03　施密特非门的触发波形

☞**提示**　模拟电路也存在具有类似功能特征的施密特触发器，具体内容参见 3.4.2 节。

施密特非门 CD40106 与 74HC14 的引脚排列与内部结构如图 4-1-04(a)所示，可相互替换。施密特与非门 CD4093 与 74HC132 的引脚排列不完全一致，如图 4-1-04(b)、图 4-1-04(c)所示，不能直接替换。

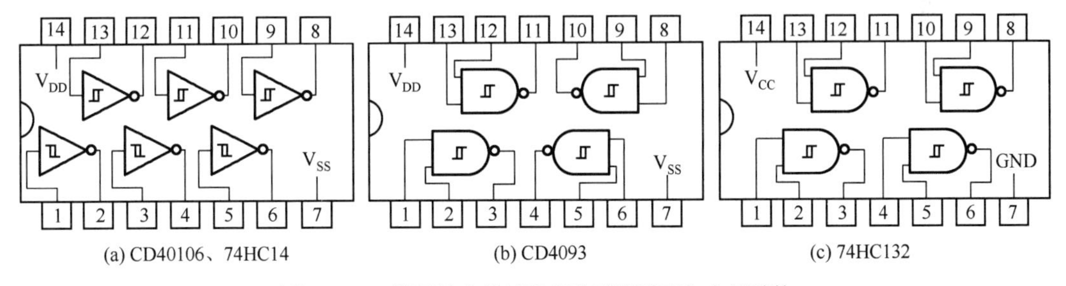

图 4-1-04　常用施密特触发器的引脚排列与内部结构

☞**提示**　施密特触发器可用于脉冲整形、消除波形的噪声成分、按键消抖、多谐振荡等电路。

4.1.1　逻辑门等效替换、多余引脚的处理

系统内部某些数字芯片的闲置逻辑门单元通过逻辑关系的等效变换后，可实现逻辑门的等效替换，以减少系统所需逻辑门的种类或数量、降低物料采购成本，如图 4-1-05 所示。

【例 4-1-3】 系统中需要用到与非门、与门、非门各 1 只，本来需要购买 74HC00、74HC08、74HC04 三种芯片。考虑 74HC00 内部包含 4 个独立的二输入与非门，按图 4-1-05(a)短接 74HC00 内部与非门的输入端，即可实现非门的逻辑功能；参考图 4-1-05(c)的结构，用两只与非门可得到与门的逻辑功能。这样，仅需一只 74HC00 即可在电路中同时得到与非门、与门、非门。

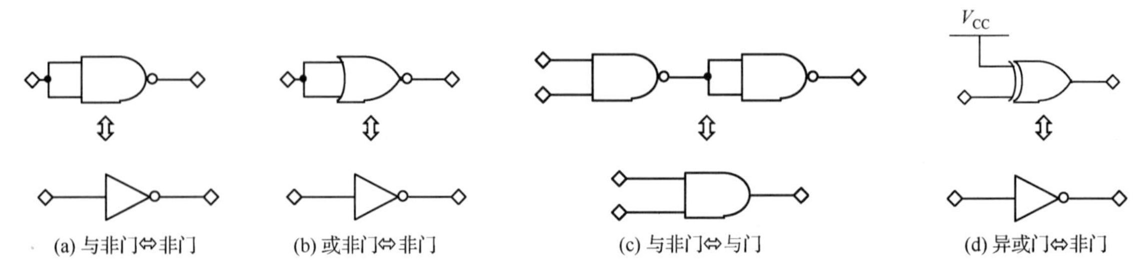

(a) 与非门⇔非门　(b) 或非门⇔非门　(c) 与非门⇔与门　(d) 异或门⇔非门

图 4-1-05　简单的逻辑门等效替换

☞**提示**　很多数字电子技术教材讲述了将或门、或非门、异或门用与非门表示的方法，这种操作值得商榷，毕竟门电路之间的价格差异并不大，如果采用复杂逻辑关系进行等效替换，将使得电路连线复杂、增加PCB的布线工作量，容易增大系统故障的概率。

【例 4-1-4】 与门、与非门多余的输入引脚，可与已使用的输入引脚并联或将其连接至电源正极等方式处理，如图4-1-06(a)、图4-1-06(b)所示。或门、或非门的多余输入引脚可以直接接地，如图4-1-06(c)所示。集成芯片内未使用的非门，建议将输入端接地以降低功耗，如图4-1-06(d)所示。

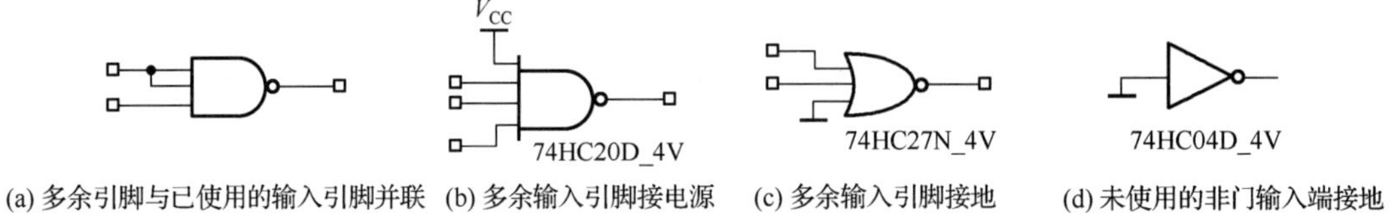

(a) 多余引脚与已使用的输入引脚并联　(b) 多余输入引脚接电源　(c) 多余输入引脚接地　(d) 未使用的非门输入端接地

图 4-1-06　逻辑门未使用引脚的处理

4.1.2　提高 CMOS 逻辑门的驱动能力

单个CMOS逻辑门驱动负载的能力有限，将多只相同类型的逻辑门并联后，可提高驱动能力。

【例 4-1-5】 CD4069内部有6只非门，在如图4-1-07所示的方波发生电路中，U1E、U1F配合阻容元器件以自激振荡的方式即可输出方波。如果再将CD4069内部剩余的4只非门并联，可进一步改善方波驱动能力，适用于待驱动后续负载逻辑单元多、信号传输距离远、负载电容大等场合。

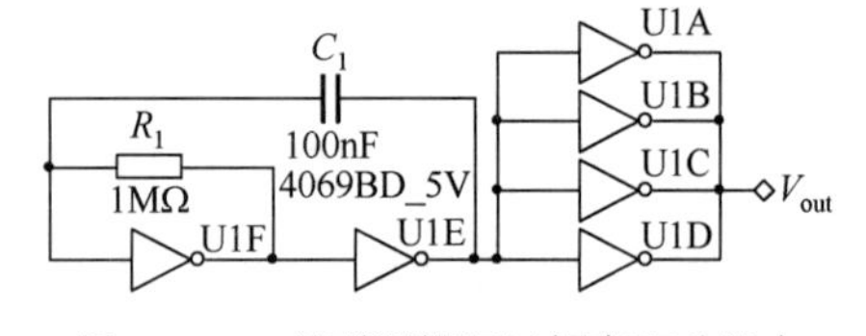

图 4-1-07　并联逻辑门以提高驱动能力

☞**提示**　TTL型逻辑门的输出引脚不能并联使用。

4.2　集成组合逻辑器件的设计应用

组合逻辑电路在任何时刻的输出仅取决于该时刻各输入变量的取值，功能相对简单。组合逻辑电路的逻辑功能可用逻辑门搭建，但更推荐选择中规模集成组合逻辑芯片，以简化硬件电路的结构。

4.2.1　二进制译码器 74HC138

二进制译码器能够“翻译”输入引脚给定的二进制信息，然后指定某只输出引脚产生有效电平，以对应输入代码所包含的信息，其他输出引脚则继续保持先前的无效电平状态。

☞**提示**　二进制译码器是“以少控多”的典型数字器件，在51系列单片机电路中应用得较多。

74HC138是常用的3线–8线二进制译码器芯片，74HC139（双2线–4线）、74HC154（4线–16线）与其功能类似。74HC138的逻辑符号如图4-2-01所示，隐藏了16脚电源和8脚接地。

74HC138 的 G1、$\overline{G2A}$、$\overline{G2B}$ 引脚均为使能端，只有 G1 接高电平、$\overline{G2A}$ 与 $\overline{G2B}$ 均接低电平时，74HC138 才会对 *A*、*B*、*C* 三只地址输入引脚的状态进行译码。否则，$\overline{Y_0}$ ～$\overline{Y_7}$ 这 8 只输出引脚全部输出无效的高电平。74HC138 的 8 只输出引脚在每个时刻最多有一只引脚输出有效的低电平，具体对应关系如表 4-2-1 所示。

表 4-2-1　74HC138 输出、输入对应关系

输入引脚 *ABC* 的状态	000	001	010	011	100	101	110	111
低电平有效输出的引脚	$\overline{Y_0}$	$\overline{Y_1}$	$\overline{Y_2}$	$\overline{Y_3}$	$\overline{Y_4}$	$\overline{Y_5}$	$\overline{Y_6}$	$\overline{Y_7}$

1. 74HC138 的片选功能

74HC138 常用来选通控制其他芯片，实现片选功能。

【例 4-2-1】 如图 4-2-01 所示的电路中有 8 只不能同时工作的芯片 U1～U8，所有芯片的选通端 $\overline{CS}$ 均为低电平有效，将 8 只芯片的 $\overline{CS}$ 分别连接至 74HC138 的输出引脚，通过设定 *A*、*B*、*C* 的状态，选择 U1～U8 中的某只芯片正常工作，例如，若 *ABC*=000，则选择 U1 工作；若 *ABC*=100，则选择 U5 工作。

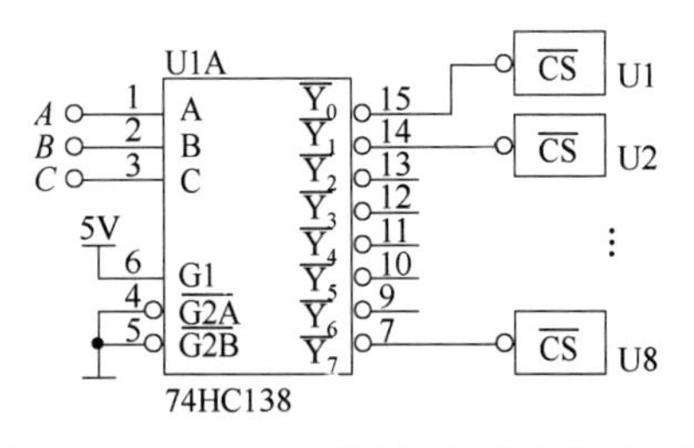

图 4-2-01　74HC138 控制 8 只芯片分时工作

2. 74HC138 构成数据分配器

数据分配器（DeMUX）与数据选择器（MUX，参见 4.2.4 节）的功能正好相反，输入的信号在通道地址信号的控制下，经某只引脚输出，等效为一只如图 4-2-02(a)所示的单刀 2^n 掷的数控开关，在 *n* 位地址的控制下，将一个信号源的数据有选择地分时传送给 2^n 个不同的目标用户。

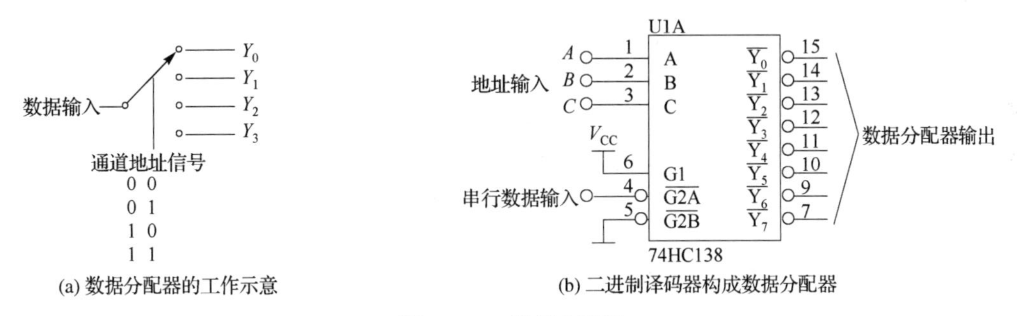

图 4-2-02　数据分配器

数据分配器可通过 74HC138 按照如图 4-2-02(b)所示的等效变换后得到：将 74HC138 的 $\overline{G2A}$ 或 $\overline{G2B}$ 使能引脚作为串行数据输入端，*A*、*B*、*C* 作为地址端，$\overline{Y_0}$ ～ $\overline{Y_7}$ 作为数据分配器的输出。

【例 4-2-2】 当地址 *ABC*=011 时，$\overline{Y_3}$ 输出端被激活，其余输出端均处于高电平无效状态。

① 当 $\overline{G2A}$ 为高电平时，74HC138 不工作，$\overline{Y_3}$ 输出高电平，相当于高电平信号传递给 $\overline{Y_3}$；

② 当 $\overline{G2A}$ 为低电平时，74HC138 正常工作，$\overline{Y_3}$ 输出低电平，相当于低电平信号传递给 $\overline{Y_3}$。

3. 74HC138 的级联扩展

4 线-16 线译码器 74HC154 的逻辑符号如图 4-2-03(a)所示，价格较贵，但可用如图 4-2-03(b)所示的两片 74HC138 以级联的方式获得与 74HC154 相同的逻辑功能：当输入引脚 *D*=0 时，U1 完成 74HC154 低 8 位的译码输出；当 *D*=1 时，U2 完成高 8 位的译码输出。

当 74HC154 的 $\overline{G1}$、$\overline{G2}$ 同时为 0 时，才能正常译码，因此在图 4-2-03(b)中添加 1 只或非门，当 $\overline{G1}$、$\overline{G2}$ 中任意一只引脚为 1 时，U1、U2 均无效，与 74HC154 的逻辑功能一致。

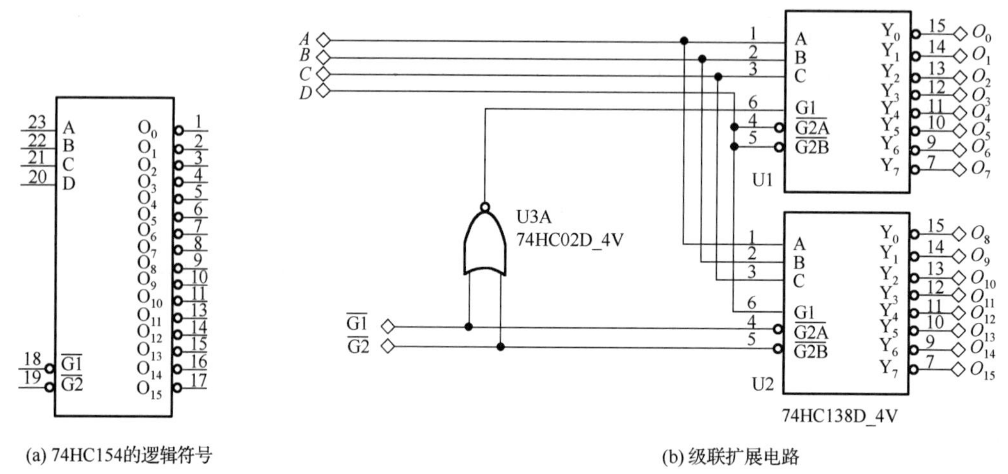

(a) 74HC154的逻辑符号　　(b) 级联扩展电路

图 4-2-03　用两片 74HC138 级联扩展为 74HC154

★技巧　如仅需实现 4 线-16 线的译码功能，直接将两片 74HC138 按图 4-2-03(b)连接即可。

4. 利用 74HC138 实现组合逻辑函数

从表 4-2-1 中可以看出，3 线-8 线译码器 74HC138 的 8 个输出端包含 3 变量逻辑函数的所有最小项，因而可以方便地实现 3 输入变量的任意组合逻辑函数。

【例 4-2-3】 用 74HC138 实现组合逻辑函数 $\text{ZuH} = \overline{A}\overline{B}\overline{C} + A\overline{B}\overline{C} + ABC$ 。

解：令输入变量 A、B、C 依次对应 74HC138 的 A、B、C 输入端，则 $\overline{A}\overline{B}\overline{C}$ 的编码 000 对应 Y_0、$A\overline{B}\overline{C}$ 的编码 100 对应 Y_4，ABC 的编码 111 对应 Y_7，等效变换后得到 YMQ= Y_0+ Y_4+ Y_7。由于 74HC138 的实际输出为反码 $\overline{Y_0} \sim \overline{Y_7}$，故需用反演律进一步变换得到 $\text{YMQ} = \overline{\overline{Y_0}\,\overline{Y_4}\,\overline{Y_7}}$ 。对此，还应向 74HC138 的输出添加一只 3 输入与非门，以取出 $\overline{Y_0}$、$\overline{Y_4}$、$\overline{Y_7}$ 三路输出，从而实现与组合函数 ZuH 相同的功能，如图 4-2-04(b)所示，比如图 4-2-04(a)所示的由逻辑门构成的相同功能的逻辑电路更简洁，电气连线更简单。两套电路的仿真结果完全相同，如图 4-2-04(c)所示。

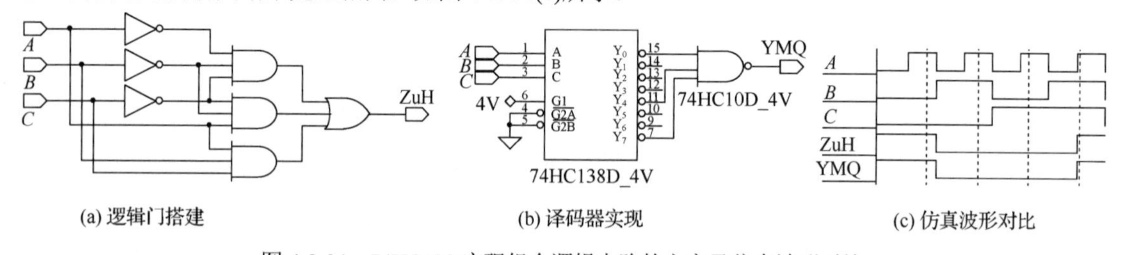

(a) 逻辑门搭建　　(b) 译码器实现　　(c) 仿真波形对比

图 4-2-04　74HC138 实现组合逻辑电路的方案及仿真波形对比

利用二进制译码器 74HC138 实现组合逻辑函数的过程并不复杂，最终的电路结构也非常简洁。这种思路的另外一个特点是：通过向同一只译码器芯片输出端添加其他的与非门，还可以实现若干具有相同变量的逻辑函数 F_2、F_3、F_4 等，在设计多变量输出的组合逻辑电路时，优势非常明显。

★技巧　3 线-8 线译码器可实现 3 输入变量组合逻辑函数、4 线-16 线译码器可实现 4 输入变量组合逻辑函数。若希望实现 5 输入变量组合逻辑函数，则可根据前面的内容，将 3 线-8 线译码器级联扩展为 5 线-32 线译码器即可。

4.2.2 显示译码器

七段数码管是将多只 LED 按表 4-2-2 所示的对应关系封装在同一器件内得到的集成数码显示器

件，其外形参见图 2-10-04。除了数字 0～9，还可显示 A、b、C、d、E、F、H、L、P、U 等英文字符。

根据内部 LED 的连接方式，七段数码管可分为共阴极、共阳极两大类，如图 4-2-05 所示。共阴极数码管内部所有 LED 的阴极连接为公共阴极，当公共阴极接地时，若 a～g、dp 各段阳极接正向电压，则可点亮相应的段位。共阳极数码管则是将所有 LED 的阳极连接为公共阳极，当公共阳极接高电位、各段阴极接低电位时，可以点亮相应的段位。

表 4-2-2　七段数码管字形与 8421 码的对应关系

a b c d e f g dp	数码管显示字形	0	1	2	3	4	5	6	7	8	9
	阿拉伯数字	0	1	2	3	4	5	6	7	8	9
	8421 码	0000	0001	0010	0011	0100	0101	0110	0111	1000	1001

显示译码器在数码管显示字形所对应的段位码与 8421 码之间建立了一种映射关系，共阴极、共阳极数码管的段位驱动码不相同，故显示译码器的芯片型号也有所区别。

1．74LS47 与 74LS247

74LS47 与 74LS247 的引脚排列、逻辑功能均相同，但 74LS47 显示数字 6、9 时的字形为b、9，不如 74LS247 显示的字形6、9美观。74LS47 驱动共阳极数码管的基本电路如图 4-2-06 所示。

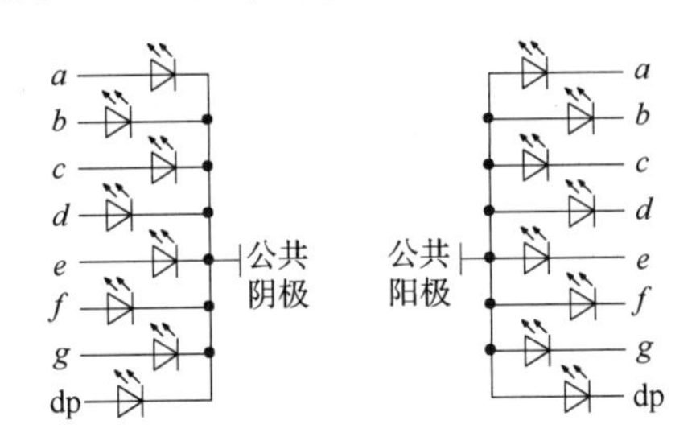

图 4-2-05　数码管内部的 LED 连接方式

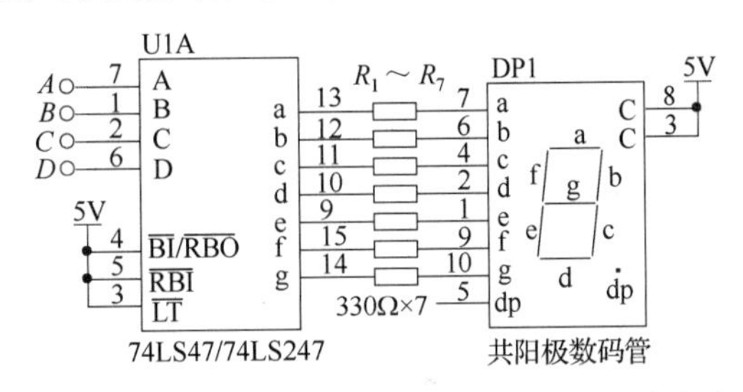

图 4-2-06　74LS47 驱动共阳极数码管的基本电路

74LS47 包含三只功能引脚：①当质量检测引脚$\overline{\mathrm{LT}}$=0 时，7 段 LED 全部被点亮，可测试数码管有无缺划显示的故障；②$\overline{\mathrm{RBI}}$用于隐藏前导 0 的显示，当$\overline{\mathrm{RBI}}$=0 且 *DCBA*=0000 时，7 段 LED 熄灭；③当$\overline{\mathrm{BI}}/\overline{\mathrm{RBO}}$引脚输入低电平时，无论 *DCBA* 输入任何值，7 段 LED 均熄灭，俗称"消隐"；当$\overline{\mathrm{BI}}/\overline{\mathrm{RBO}}$引脚作为输出引脚时，用于多位静态数码管的级联消隐，可将消隐输出至下一级。

【例 4-2-4】 将$\overline{\mathrm{BI}}/\overline{\mathrm{RBO}}$连接至单片机的输出引脚，当单片机引脚输出高电平时，数码管正常显示；当单片机引脚输出低电平时，数码管无显示，系统进入低功耗的省电状态。

☞**提示**　74LS47 与 74LS247 均为 TTL 芯片，用于 CMOS 电路时需考虑电平兼容性及必要的转换。

2．CD4511

CD4511 是 74LS48 显示译码器的廉价替代型号，驱动共阴极数码管的电路参见图 2-2-13。

CD4511 的三只功能引脚分别为$\overline{\mathrm{LT}}$（测灯输入）、$\overline{\mathrm{BI}}$（前导 0 消隐输入）、BE（锁存允许）。

R_1～R_7是数码管内部每只 LED 的限流电阻，具体电阻值建议根据 LED 的颜色及正向工作电压、实际亮度需求经计算或测试后做出合理选择，不同颜色 LED 的正向工作电压参见表 2-10-1。

☞**提示**　除了 CD4511，驱动共阴极数码管的显示译码器还有 MC14513、74HC4511 等型号。

3．CD4543

CD4543 既可作为共阴极数码管的显示译码，又可用于驱动共阳极数码管，甚至还可作为段位式液晶屏的驱动，使用灵活、应用广泛。CD4543 的数码管驱动电路如图 4-2-07 所示。

CD4543 包含三只功能引脚：①LD 为数据控制引脚，当 LD=1 时，数据传输至输出端，当 LD=0 时，数据被锁存；②$\overline{\text{BI}}$ 为消隐输入端，当 $\overline{\text{BI}}$ =1 时，数码管熄灭，当 $\overline{\text{BI}}$ =0 时，数码管正常显示；③ PH 是数码管极性选择引脚，当 PH=1 时，驱动共阳极数码管，当 PH=0 时，驱动共阴极数码管。

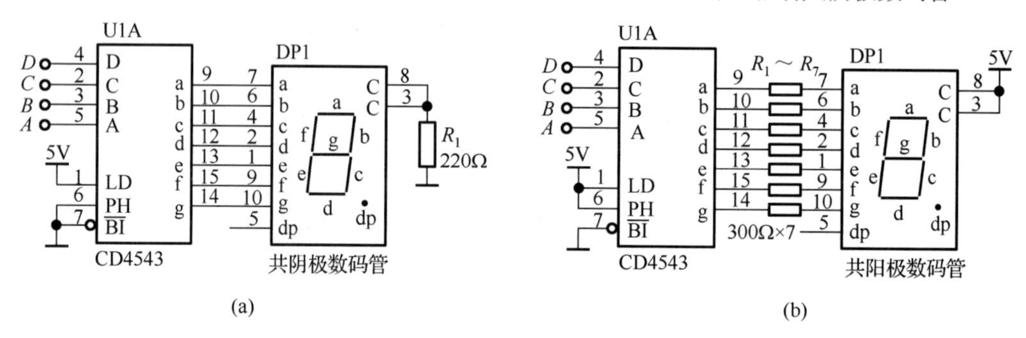

图 4-2-07　CD4543 的数码管驱动电路

4.2.3　数值比较器 74HC85

数值比较器用来对两个相同位数的二进制数进行数值大小的比较，以判断两个二进制数的大小。

★技巧　数值比较器常被用来实现密码锁等功能的逻辑电路。

74HC85 是 4 位数值比较器，可进行二进制编码或比较 BCD 码，主要引脚包括：数值 A 的输入端 A_3～A_0，数值 B 的输入端 B_3～B_0，低位数值比较结果输入端 AGTB（$A>B$）、AEQB（$A=B$）、ALTB（$A<B$），数值比较结果输出端 OAGTB（$A>B$）、OAEQB（$A=B$）、OALTB（$A<B$）。

低位数值比较结果输入端 AGTB、AEQB、ALTB 使 74HC85 可以通过级联方式实现更多位数的数值比较。按照并行级联、串行级联的结构搭建的数值比较电路分别如图 4-2-08、图 4-2-09 所示。

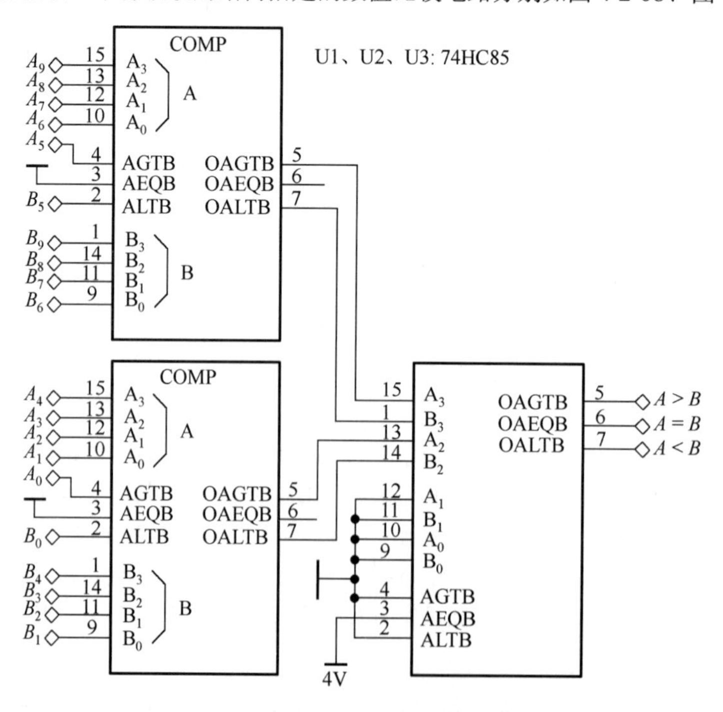

图 4-2-08　并行数值比较电路

串行数值比较器的电路结构简单，但随着参与比较数值的位数增多，传输延迟将会越来越大。

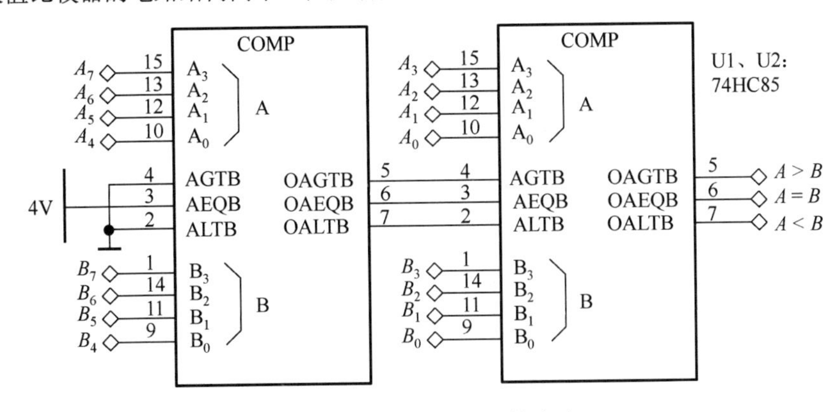

图 4-2-09　串行数值比较电路

☞**提示**　模拟电路中常用的电压比较器（参见 3.4 节）习惯上也简称为“比较器”，但与数值比较器在功能上的差异巨大，应注意正确区分。

4.2.4　数据选择器 74HC151

数据选择器（MUX、multiplexer）在地址码的控制下，从若干数据输入端中选出其中的某一路指定信号（2 选 1、4 选 1、8 选 1、16 选 1 等）传送至公共的输出端。

☞**提示**　数据选择器是目前仍然活跃在数字电路系统设计中的重要逻辑器件，其用途非常广泛，如多通道数据传输、并行码转串行码、实现组合逻辑函数等。

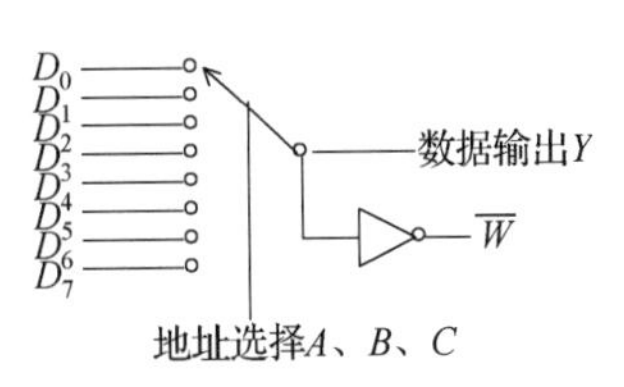

图 4-2-10　数据选择器内部结构

1. 74HC151 的基本逻辑功能

74HC151 是一款常用的 8 选 1 数据选择器，类似于如图 4-2-10 所示的单刀多掷开关，主要功能引脚包括：8 路数据输入端 D_0～D_7，3 通道的地址选择端 A、B、C，两个具有相同逻辑关系但互补的数据输出端 Y、$\overline{W}$，低电平有效的使能端 $\overline{G}$。

当芯片使能端 $\overline{G}$ 有效时，通过设定地址选择端 A、B、C 的地址码 000, 001, ⋯, 110, 111，从 8 路数据输入端 D_0～D_7 中选出一路数据传送至输出端 Y，相应的逻辑功能如表 4-2-3 所示。

2. 利用 74HC151 设计组合逻辑函数

具有三个地址选择端的 8 选 1 数据选择器 74HC151 可以实现 3 输入变量的组合逻辑函数，电路硬件连接非常简单：将逻辑函数的 3 个输入变量连接至数据选择器 74HC151 的地址选择端，而 74HC151 的数据输入端只需按照逻辑函数的输出值进行赋值即可。

【例 4-2-5】 在用 8 选 1 数据选择器 74HC151 实现逻辑函数 $F = A\overline{B} + \overline{A}C + B\overline{C}$ 时，列出如表 4-2-4 所示的真值表，将 74HC151 的地址端 A、B、C 作为逻辑函数 F 的输入端 A、B、C，则只需将 F 的逻辑结果和 74HC151 的数据输入端一一对应，即可说明逻辑函数与数据选择器的真值表相同，反映了相同的逻辑关系。利用 74HC151 完成组合逻辑函数 F 的逻辑电路图如图 4-2-11 所示。

★**技巧**　通过适当添加逻辑门，8 选 1 数据选择器也能实现 4 个或更多输入变量的组合逻辑函数。

表 4-2-3　74HC151 的逻辑功能

输入				输出	
$\overline{G}$	A	B	C	Y	$\overline{W}$
1	×	×	×	0	1
0	0	0	0	D_0	$\overline{D_0}$
	0	0	1	D_1	$\overline{D_1}$
	0	1	0	D_2	$\overline{D_2}$
	0	1	1	D_3	$\overline{D_3}$
	1	0	0	D_4	$\overline{D_4}$
	1	0	1	D_5	$\overline{D_5}$
	1	1	0	D_6	$\overline{D_6}$
	1	1	1	D_7	$\overline{D_7}$

表 4-2-4　逻辑函数 F 的真值表

选择器地址作输入变量			F 的真值表与数据选择器的输出对比	
A	B	C	$F=A\overline{B}+\overline{A}C+B\overline{C}$	Y
0	0	0	0	D_0
0	0	1	1	D_1
0	1	0	1	D_2
0	1	1	1	D_3
1	0	0	1	D_4
1	0	1	1	D_5
1	1	0	1	D_6
1	1	1	0	D_7

3. 利用 74HC151 实现并行数据的串行转换

【例 4-2-6】 8 选 1 数据选择器 74HC151 有 8 个数据输入端、1 个数据输出端，如果将 3 位地址输入按照+/–方式进行递增或递减计数，那么 74HC151 输入端的 8 位数据将会依次从输出端送出，从而实现并行数据的串行转换，相应的电路如图 4-2-12 所示。

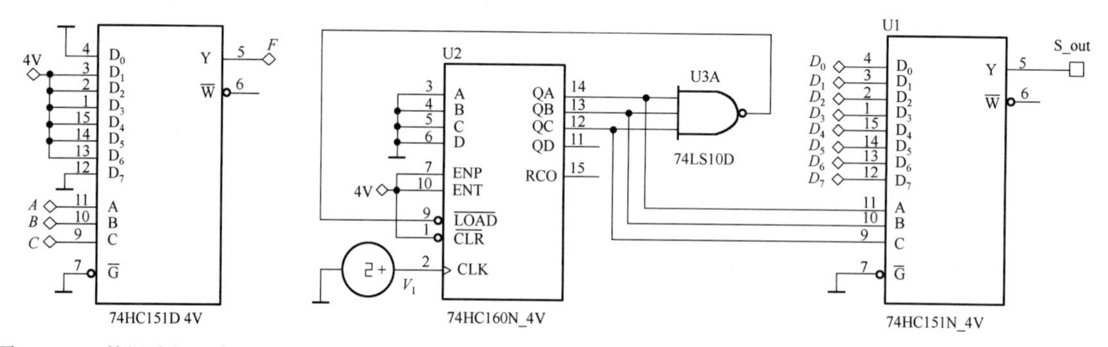

图 4-2-11　数据选择器实现逻辑函数　　　图 4-2-12　74HC151 实现并行数据的串行转换

4.3　计数器电路设计

计数器（counter）除具有基本的脉冲计数功能外，还具有定时、分频等逻辑功能。按照计数值的增/减趋势，可分为加法计数器（递增计数）、减法计数器（递减计数）和可逆计数器（递增+递减）。

4.3.1　同步计数器 74HC160/161

同步计数器 74HC160 和 74HC161 都具有计数、初值预置、保持和清零功能。74HC160 按照十进制方式自由计数：0000→0001→0010→0011→0100→0101→0110→0111→1000→1001→0000……；74HC161 按照 4 位同步二进制（十六进制）方式自由计数：0000→0001→0010→0011→0100→0101→0110→0111→1000→1001→1010→1011→1100→1101→1110→1111→0000……。

74HC160/161 均可通过对输出信号取样并反馈至同步置数端 $\overline{\text{LOAD}}$ 或异步复位端 $\overline{\text{CLR}}$，来设置不同的计数进制（模 M）。多只 74HC160/161 级联扩展后，可实现 M>16 的计数。

【例 4-3-1】 74HC160 构成 1→7（从 1 到 7 的七进制）计数电路及仿真波形如图 4-3-01 所示。

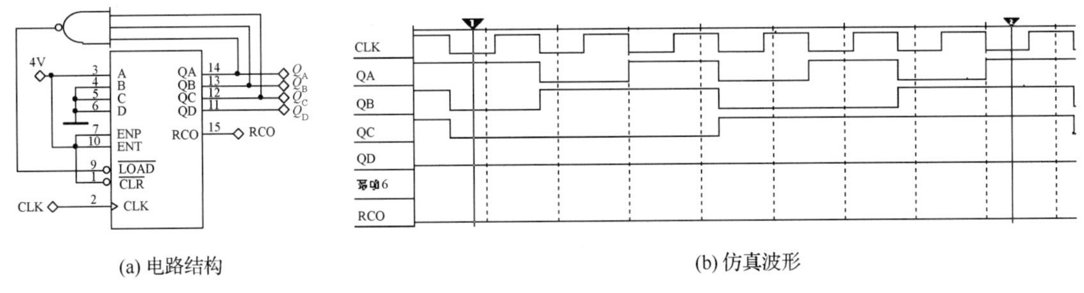

(a) 电路结构　　(b) 仿真波形

图 4-3-01　74HC160 构成的七进制计数电路及仿真波形

★技巧　如果需要将计数结果用数码管进行显示，可优先选择 74HC160。

4.3.2　可逆计数器 74HC192/193

74HC192 是十进制可逆计数器，74HC193 是十六进制可逆计数器。

74HC192/193 的 D、C、B、A 为并行置数输入端，通过与置数引脚 $\overline{\text{LOAD}}$ 配合使用，可灵活地设定计数进制（模 M），如图 4-3-02(a)所示。当 Q_D、Q_C、Q_B、Q_A 计数至 1000 状态时，非门将输出低电平，触发 $\overline{\text{LOAD}}$ 有效，74HC192 立即将 D、C、B、A 的状态 0001 并行置入 Q_D、Q_C、Q_B、Q_A，计数器实际循环状态调整为 0000→0001→0010→0011→0100→0101→0110→0111→0001→……

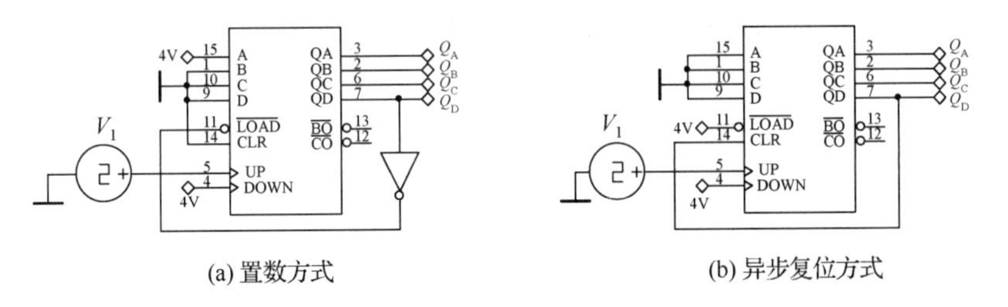

(a) 置数方式　　(b) 异步复位方式

图 4-3-02　74HC192 构成加计数电路

图 4-3-02(b)采用异步复位方式实现 74HC192 的加计数变模设计。当 Q_D、Q_C、Q_B、Q_A 计数至 1000 状态时，CLR 引脚为高电平有效，复位 74HC192，Q_D、Q_C、Q_B、Q_A 立即跳变为 0000，计数实际循环状态调整为 0000→0001→0010→0011→0100→0101→0110→0111→1000（瞬间消失）→0000→……

74HC192 还可以实现与 51 单片机内部定时器功能类似的减计数。

☞提示　除了 74HC192/193，CD4510（十进制）与 CD4516（十六进制）也是数字电子技术实验及课程设计中常用的可逆计数器，如计数结果需用数码管显示，应优先选择 74HC192、CD4510。

4.3.3　计数器的级联扩展设计

单个十进制计数器只能实现 0～9 范围内的计数，多个计数器级联后可获得更大的计数范围。根据参与级联的各个计数器时钟端（CLK/CP/CP_U/CP_D）是否连为一体，可分为同步计数器、异步计数器两类。

- 将计数器芯片的进位（借位）输出端连接到下一级计数器的时钟端，即可得到结构简单的异步计数器，如图 4-3-03 所示。异步计数器的设计难度小，但存在计数速度慢、精度不高的缺点。
- 同步计数器的所有时钟端连为一体，如图 4-3-04 所示，各计数器芯片实现了计数状态的同步切换，因而具有很好的计数精度，并能够达到很高的计数率，多用于要求较高的逻辑电路。

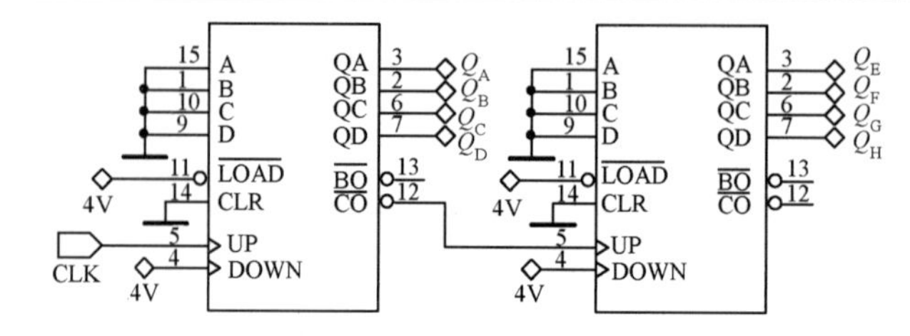

图 4-3-03　74HC192 构成两级异步计数器

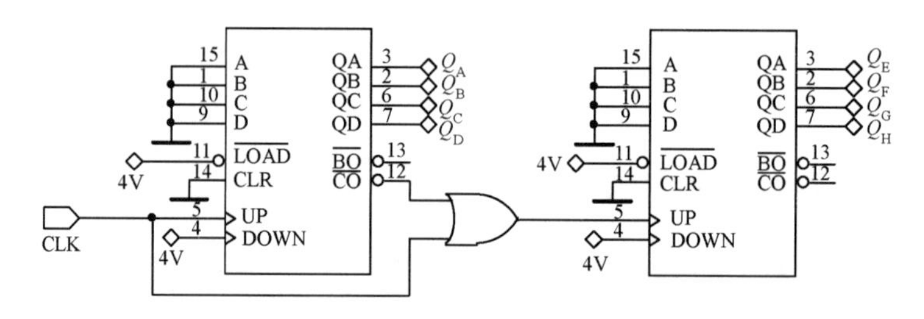

图 4-3-04　74HC192 构成两级同步计数器

☞**提示**　同步计数器的结构复杂、设计难度大，对时钟源的驱动能力也提出了较高要求。

4.4　移位寄存器电路设计

寄存器（Register）在数字电路系统中用来存放二进制数据，而移位寄存器（Shift Register）除具备寄存器的功能外，其数据输出端还能够在移位脉冲的作用下进行数据的单向（如 74HC164、74HC165、74HC166、74HC595、74HC195）或双向（如 74HC194）移动。

☞**提示**　根据移位寄存器二进制数据输入与输出的存取方式的不同，可分为串入并出、串入串出、并入串出、并入并出 4 种基本类型。

4.4.1　74HC164

74HC164 是“串入→串出+并出”式 8 位单向移位寄存器，信号从 A 或 B 引脚输入，在 CLK 时钟脉冲的作用下，输入的数据将依次从 Q_A、Q_B、Q_C、…、Q_G、Q_H 引脚输出，如图 4-4-01 所示。

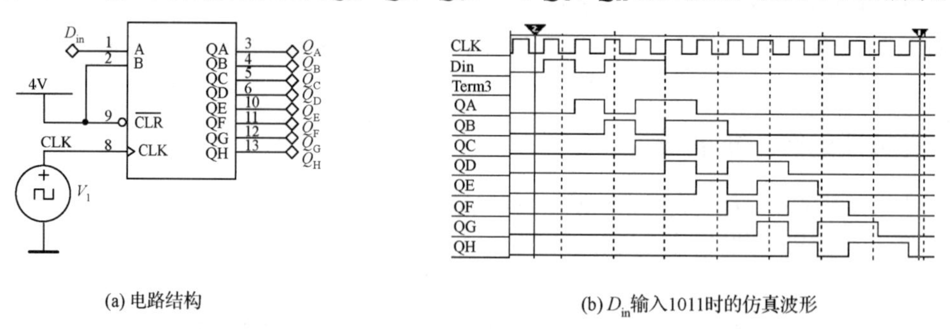

(a) 电路结构　　(b) D_{in}输入1011时的仿真波形

图 4-4-01　74HC164 实现“串入→串出+并出”

74HC164 在早期的七段数码管及 LED 点阵驱动电路、流水灯电路中应用广泛，可惜 74HC164 的输出没有设置锁存单元，因此在数据传输过程中，Q_A～Q_H 输出引脚的电平将跟随时钟脉冲而发生改变，在驱动七段数码管或 LED 点阵时，会出现较为明显的闪烁现象，影响显示的效果。

4.4.2　74HC595

74HC595 是具有输出端锁存功能的“串入→并出”式单向移位寄存器，功能类似于 74HC164，但 74HC595 的输出端相比 74HC164 增加了锁存单元，因此 74HC595 的输出端 Q_0、Q_1、…、Q_7 在数据移位过程中得以保持高阻态，直到输出使能引脚 $\overline{\text{OE}}$ 切换至低电平时，才会同步发生改变。

☞**提示**　74HC164 的应用方案原则上均可以使用 74HC595 进行替换，但遗憾的是，74HC595 在 Multisim 平台下暂时还无法进行仿真，可以在 Proteus 软件中进行仿真。

（1）如图 4-4-02 所示为 74HC595 动态扫描驱动共阴极数码管的电路。SER、$\overline{\text{SRCLR}}$、SRCLK 引脚与 SPI 总线接口协议兼容，可连接到单片机的 SPI 接口（MOSI、SCK、MISO）进行编程控制。

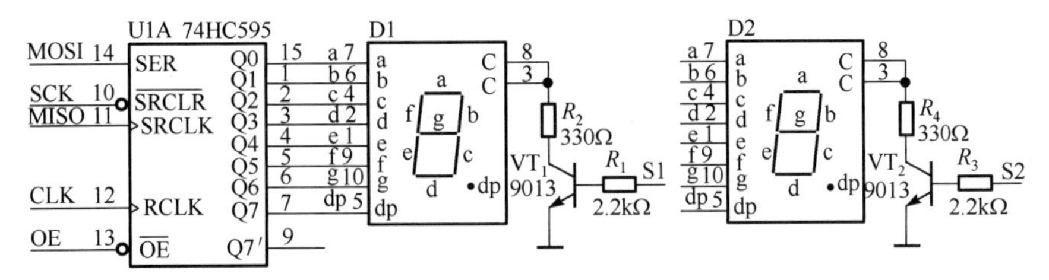

图 4-4-02　74HC595 动态扫描驱动共阴极数码管

如需驱动更多的数码管，只需将新添加数码管的 a、b、c、d、e、f、g、dp 引脚直接并联至 74HC595 的 Q_0～Q_7，然后为数码管的公共端增加三极管驱动及对应的选通控制端。

（2）74HC595 以静态级联方式驱动共阴极数码管的电路可参考图 4-4-03，每只 74HC595 对应一只数码管，成本略高，但这种驱动电路的结构相对简单，同时还适用于 LED 点阵的驱动。

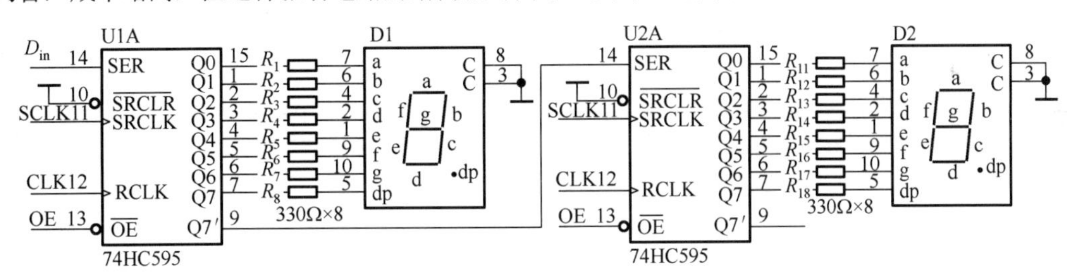

图 4-4-03　74HC595 以静态级联方式驱动共阴极数码管

☞**提示**　74HC595 的输出电流有限，如需功率型的移位寄存器芯片，可选择 TPIC6B595。

4.4.3　74HC165 与 74HC166

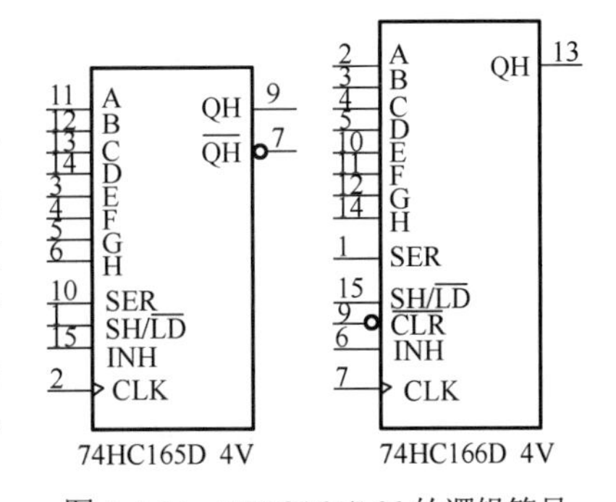

图 4-4-04　74HC165/166 的逻辑符号

74HC165 与 74HC166 均为 8 位“串入+并入→串出”式移位寄存器，逻辑符号如图 4-4-04 所示。74HC165、74HC166 采用 8 位并行（A～H）或串行（SER）两种方式输入信号；当 INH 为高电平时，Q_H 处于保持状态；CLK 为移位信号提供上升沿有效的时钟脉冲；Q_H 为移位输出引脚；SH/$\overline{\text{LD}}$ 用于设置串行输入模式（低电平）或并行输入模式（高电平）。当 74HC166 特有的复位引脚 $\overline{\text{CLR}}$ 低电平有效时，Q_H 的输出状态被强制清零。

74HC166 的测试电路如图 4-4-05(a)所示，并行输入端状态被设置为 $ABCDEFGH$=01011001，仿真波形如图 4-4-05(b)所示。单刀单掷开关用于切换串行、并行工作模式，当 S_1 由低电平（串行输入模式）切换到高电平（并行输入模式）时，等待 CLK 引脚出现上升沿后，Q_H 根据并行输入端状态进行相应改变。仿真波形中 8 个连续脉冲的状态依次为 10011010，与 *ABCDEFGH* 的设置状态恰好相反，这表明串行输出端 Q_H 的数据是依次将 $H\to G\to F\to E\to D\to C\to B\to A$ 的输入端状态串行移位输出的。

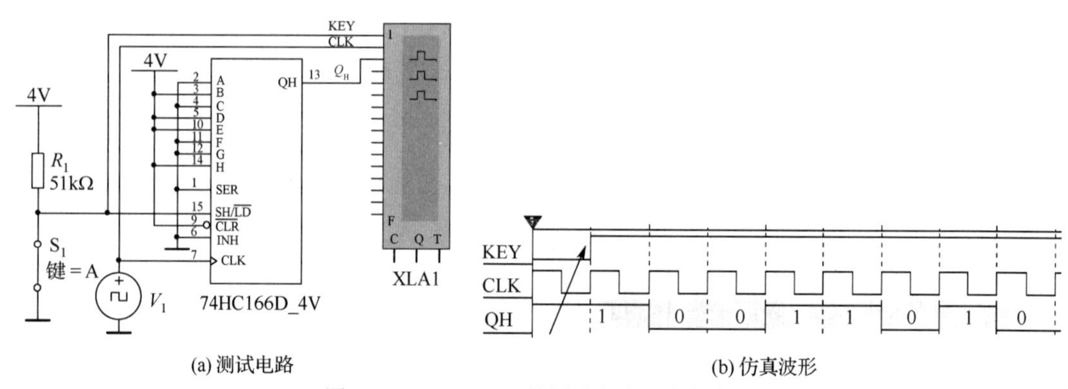

(a) 测试电路　　(b) 仿真波形

图 4-4-05　74HC166 的测试电路及仿真波形

4.4.4 74HC194

74HC194 是少数几种双向移位寄存器之一，可用于并行数据的串行转换、环形计数器、顺序脉冲发生器、串行累加器等电路，在数字电路系统设计中应用得较多。

74HC194 输入端的 *A*、*B*、*C*、*D* 为并行置数引脚；Q_A、Q_B、Q_C、Q_D 为并行输出及移位引脚；SL 为左移串行数据输入引脚；SR 为右移串行数据输入引脚；CLK 为上升沿有效的时钟脉冲输入引脚；$\overline{\text{CLR}}$ 为异步清零引脚，清零时不受 CLK 的控制；S_1、S_0 用于设定表 4-4-1 所示的 4 种功能控制模式。

表 4-4-1　74HC194 的基本功能表

CLK	S_1	S_0	SR	*A B C D*	SL	$Q_A^{n+1}Q_B^{n+1}Q_C^{n+1}Q_D^{n+1}$	功能模式
↑	1	1	×	*x y z w*	×	*xyzw*	置数
↑	0	1	*R*	××××	×	$\overrightarrow{RQ_A^nQ_B^nQ_C^n}$	右移
↑	1	0	×	××××	*L*	$\overleftarrow{Q_B^nQ_C^nQ_D^nL}$	左移
①	×	×	×	××××	×	$Q_A^nQ_B^nQ_C^nQ_D^n$	保持

注：①CLK 的除上升沿外的其余所有状态。

1．74HC194 的左移与右移

当 74HC194 的控制引脚 S_1S_0=10 时，可实现寄存器输出状态的左移，如图 4-4-06(a)所示。从如图 4-4-06(b)所示的仿真波形可以看到，74HC194 的输出引脚 Q_A、Q_B、Q_C、Q_D 的初态为 1111，当 SL 出现从 1 到 0 的跳变时，在下一个时钟脉冲的上升沿，Q_D 被置 0；在第二个时钟脉冲上升沿，Q_D 重新被填 1，Q_C 被置 0，实现了左移的操作；同理，Q_B、Q_A 将依次被置 0。

当 74HC194 的控制引脚 S_1S_0=01 时，寄存器的输出状态右移，如图 4-4-07(a)所示。从如图 4-4-07(b)所示的仿真波形可以看出，移位寄存器输出状态右移的方向是 $Q_A\to Q_B\to Q_C\to Q_D$。

2．74HC194 设计环形计数器

74HC194 的输出引脚按照一定逻辑关系，将移位输出的状态反馈到串行输入引脚 SR 或 SL 后，在时钟脉冲的作用下即可实现自动的循环移位（特殊的环形计数器），如图 4-4-08(a)所示。

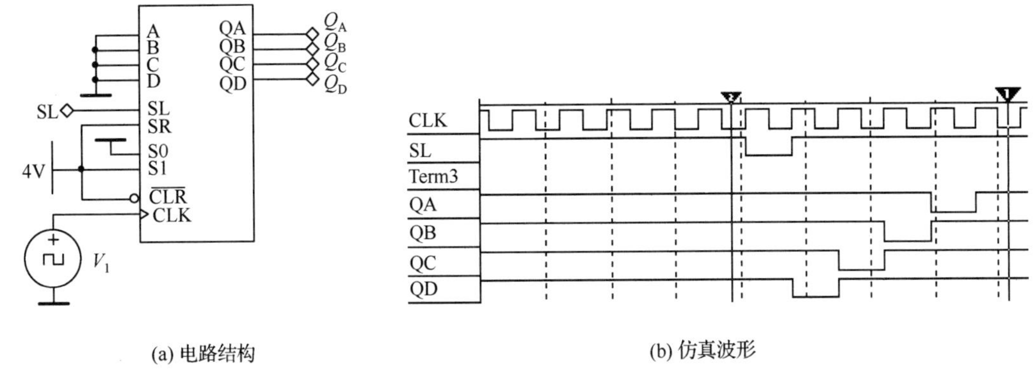

(a) 电路结构　　(b) 仿真波形

图 4-4-06　74HC194 构成左移电路

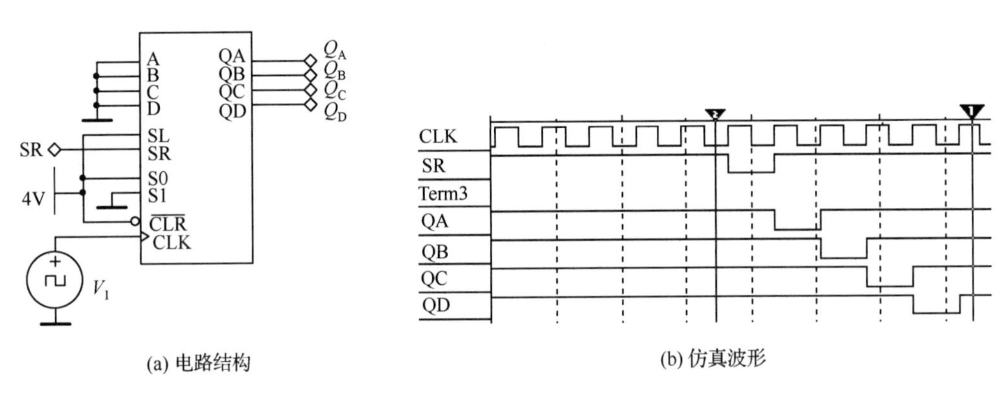

(a) 电路结构　　(b) 仿真波形

图 4-4-07　74HC194 构成右移电路

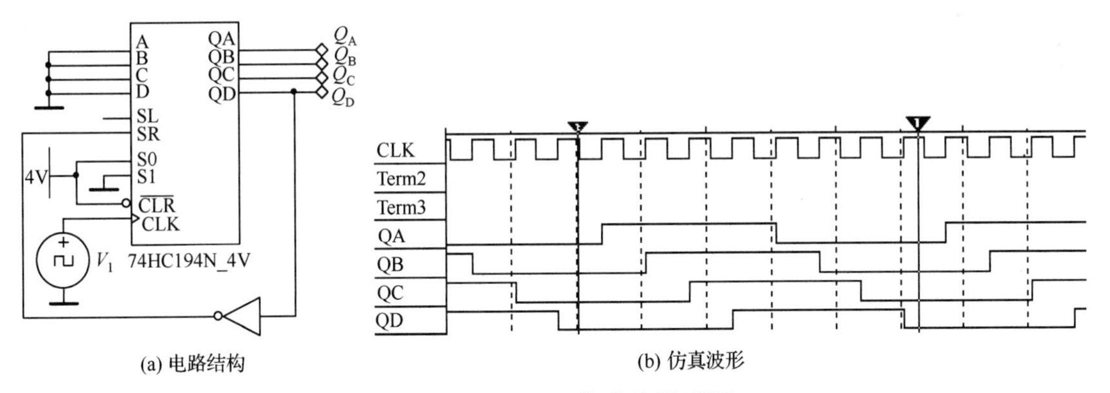

(a) 电路结构　　(b) 仿真波形

图 4-4-08　74HC194 构成环形计数器

图 4-4-08(a)中，74HC194 的 Q_D 引脚状态经过取反后连接至右移串行输入引脚 SR，在 CLK 时钟脉冲的作用下，Q_A、Q_B、Q_C、Q_D 的 8 个有效逻辑状态依次为 0000→1000→1100→1110→1111→0111→0011→0001→0000→……恰好产生了一组 4 位的二进制循环码，如图 4-4-08(b)所示。同理，如果将输出引脚 Q_A 通过非门连接至左移串行输入引脚 SL，则可以实现左移循环移位。

★**技巧**　Q_A、Q_B、Q_C、Q_D 输出脉冲在时间上具有先后顺序，常被称为顺序脉冲发生器。

3. 74HC194 级联电路设计

单只 74HC194 仅能实现 4 位数据的移位寄存，如需扩展移位寄存的位数，可采用如图 4-4-09(a)

所示的级联电路，将第一级的 Q_D 引脚连接至第二级的右移串行输入引脚 SR，即可实现简单的级联数据移位，仿真波形如图 4-4-09(b)所示。

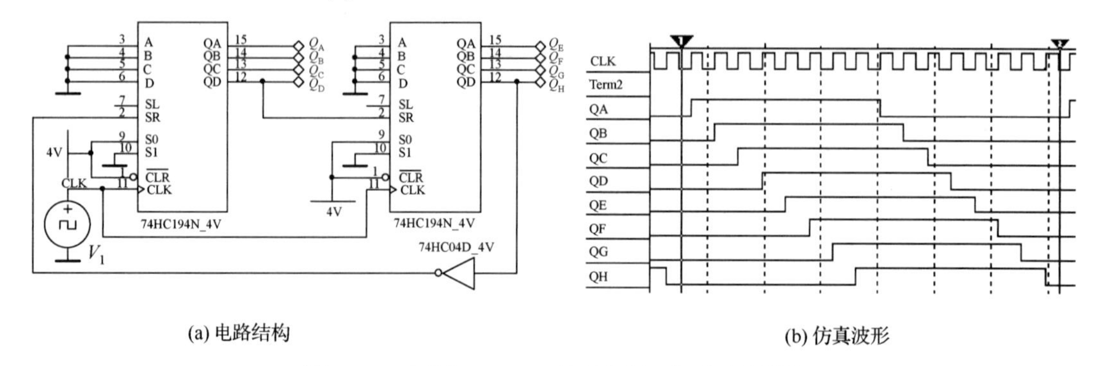

(a) 电路结构　　(b) 仿真波形

图 4-4-09　两只 74HC194 级联实现 8 位环形计数器

4.4.5　CD4017

十进制脉冲分配器 CD4017 是一种设计巧妙的 Johnson 计数器，具有 O_0～O_9 共 10 只译码输出引脚，可以用来灵活地搭建十进制脉冲分配器、扭环计数器、时序译码器、分频器等多种电路结构。CD4017 的功能测试电路如图 4-4-10(a)所示，仿真波形如图 4-4-10(b)所示。

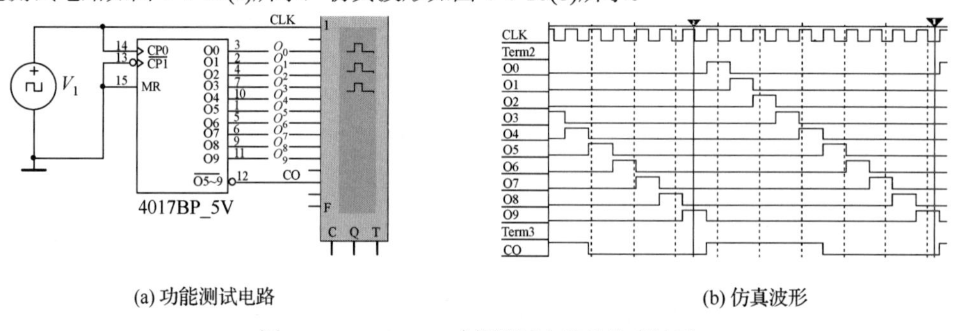

(a) 功能测试电路　　(b) 仿真波形

图 4-4-10　CD4017 功能测试电路及仿真波形

除了 10 只 O_0～O_9 译码输出引脚，CD4017 还提供进位脉冲输出引脚 $\overline{O_{5\sim9}}$。输入引脚包括时钟 CP_0、低电平有效的时钟使能 $\overline{CP_1}$、高电平复位 MR。CD4017 的逻辑功能表如表 4-4-2 所示。

表 4-4-2　CD4017 的逻辑功能表

输　入			输　出	
CP0	$\overline{CP_1}$	MR	O_0～O_9	$\overline{O_{5\sim9}}$
×	×	1	清零	计数状态为 O_0～O_4 时：$\overline{O_{5\sim9}}=1$ 计数状态为 O_5～O_9 时：$\overline{O_{5\sim9}}=0$
↑	0	0	计数	
1	↓	0		
0	×	0	保持	
×	1	0		
↓	×	0		
×	↑	0		

将图 4-4-11(a)中 CD4017 的 O_7 输出引脚反馈回 MR 复位引脚，O_0～O_6 引脚每 7 个时钟得到一个新的计数周期，实现了 7 分频功能，仿真波形如图 4-4-11(b)所示。

单只 CD4017 能实现 2～10 的分频或计数，如果希望得到更大的分频比或计数范围，可将多只 CD4017 级联，级联电路如图 4-4-12 所示，每一级 CD4017 的输出引脚均可通过反馈电路单元连接至复位引脚 MR，以获得不同的分频/计数值。

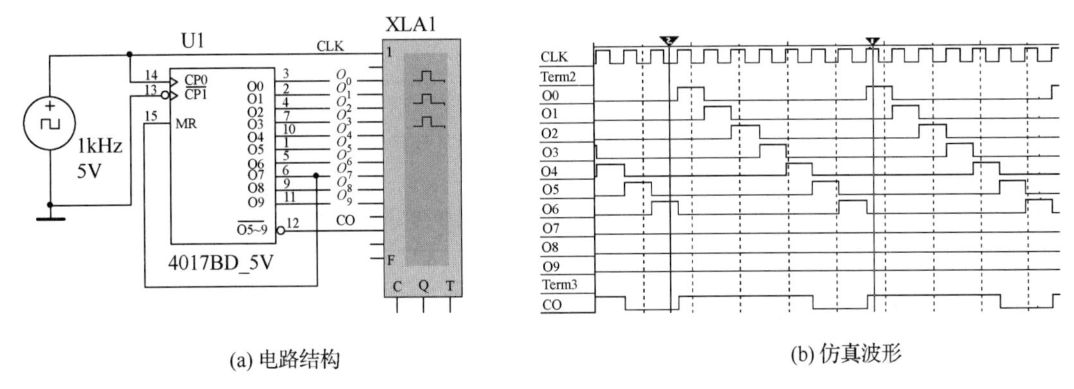

(a) 电路结构　　(b) 仿真波形

图 4-4-11　CD4017 构成分频/计数电路

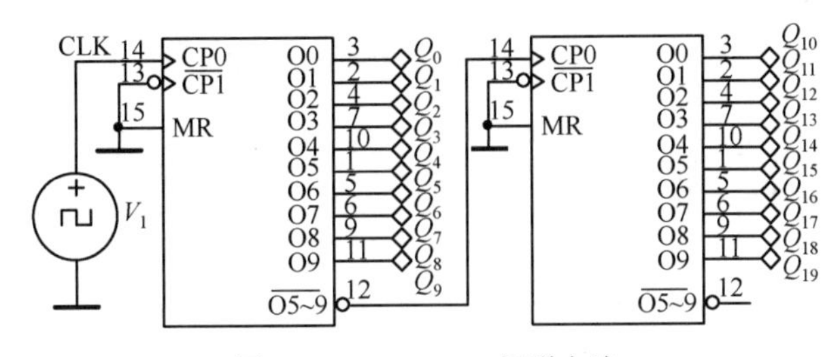

图 4-4-12　CD4017 级联电路

☞**提示**　与 CD4017 功能基本类似的芯片为八进制脉冲分配器 CD4022。

4.5　锁存器设计

锁存器（Latch）是数字电路中的一种具有记忆功能的逻辑芯片，其输出端的二进制数据能够被暂时存储，直到下一个锁存信号来到时才可能发生改变，而不会因输入端状态的变化而随意改变。锁存器有效地解决了高速 CPU 与慢速外设之间数据传输时的不同步问题。

☞**提示**　锁存器输出端往往采用三态门结构，以便将多只锁存器的对应输出端进行并联处理。

74HC573 是含有 8 路同相输出的透明锁存器，输出采用三态门结构。8 路三态输出 D 触发器 74HC574 的引脚排列、逻辑功能与 74HC573 的非常接近。主要差别在于 74HC573 采用了高电平锁存输出引脚的数据，而 74HC574 则在时钟脉冲的上升沿锁存输出引脚的数据。

☞**提示**　锁存器 74HC373 与 74HC573 的逻辑功能相同，但输入、输出引脚不如 74HC573 那样按顺序整齐地分布在芯片两侧，增大了 PCB 布线的难度，在新设计方案中建议优先选择 74HC573。

★**技巧**　Multisim 未提供 74HC573/574 仿真元器件，可采用引脚排列、逻辑功能均相同的 74F573/574 替代，也可用 74HC373/374 进行功能模拟，前述这些芯片的逻辑符号如图 4-5-01 所示。

74HC573、74HC574 的逻辑功能表如表 4-5-1 所示，主要包含保持与置数两种功能，结合其输出端的 OC 门结构，通过较少的驱动引脚可实现数码管的静态显示电路。

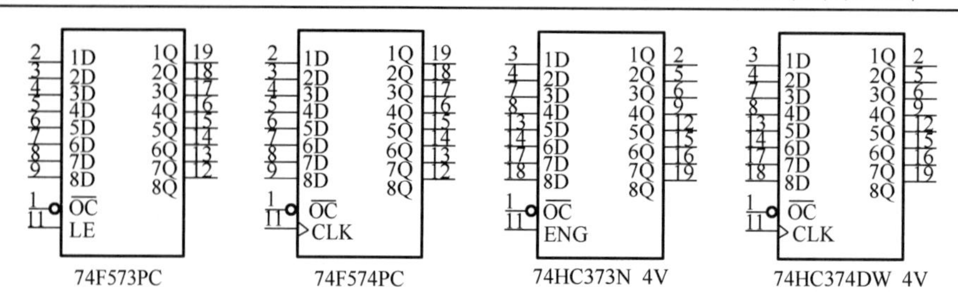

图 4-5-01　常用的 8 位锁存器的逻辑符号

表 4-5-1　74HC573、74HC574 的逻辑功能表

74HC573 的输入			输　出	74HC574 的输入		
$\overline{OC}$	LE	nD	nQ	nD	CLK	$\overline{OC}$
1	×	×	高阻	×	×	1
0	1	1	1	1	↑	0
0	1	0	0	0	↑	0
0	0	×	保持	×	非↑	0

【例 4-5-1】 74HC573 静态驱动两只共阴极数码管显示 60 的硬件电路如图 4-5-02 所示。

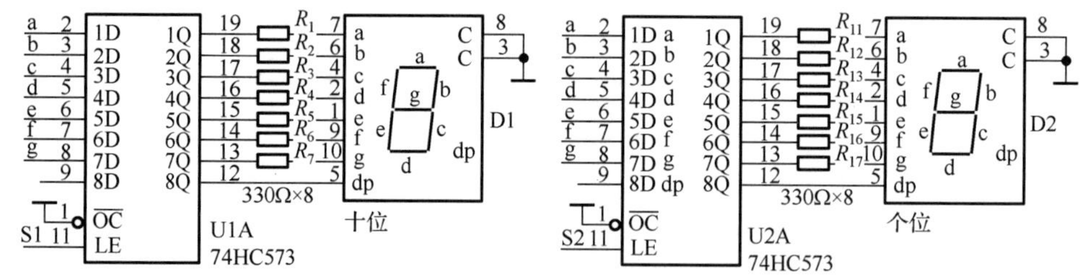

图 4-5-02　74HC573 静态驱动两只共阴极数码管

两只 74HC573 输入端并联后接至单片机的 8 位 I/O 口，LE 引脚分别连至单片机的两个 I/O 口。

（1）将 6 的字形编码 *abcdefg*=1011111 送至两只 74HC573 的 1D～8D 引脚，同时拉高 U1A 的 LE，使 U1A 的 1Q～7Q 输出 1011111，数码管 D1 显示字符 6；U2A 的 LE 为低电平，D2 无显示。

（2）下一时刻，将 0 的字形码 1111110 送至公用的 1D～8D 引脚，同时拉高 U2A 的 LE，D2 显示字符 0；而 U1A 的 LE 置低，D1 先前显示的字符 6 保持不变，从而显示静态无闪烁的 60。

4.6　触发器设计

触发器（Flip-Flop）的输出可维持在两种稳态（0 或 1），实现了记忆功能；在时钟信号的触发下，触发器的输出可在两种稳态之间跳变（1→0 或 0→1）。

触发器是时序逻辑电路的基本存储单元，根据逻辑功能的不同，可分为 RS 触发器、D 触发器、JK 触发器和 T 触发器 4 种主要类型。在数字电路设计中的应用主要集中在脉冲发生、翻转计数、延时等方面。

【例 4-6-1】 如图 4-6-01(a)所示电路，利用 JK 触发器将占空比为 10%的脉冲信号转换成占空比为 50%的二分频互补脉冲。JK 触发器的特征方程为 $Q^{n+1}=J\overline{Q^n}+\bar{K}Q^n$，根据图中的连接关系 $J_1=\overline{Q_1^n}$、$K_1=Q_1^n$，可推导出逻辑方程为 $Q_1^{n+1}=\overline{Q_1^n}$。在每次时钟脉冲的有效沿到来时，触发器的输出自动翻转一次，俗称 T′ 触发器。从如图 4-6-01(b)所示的仿真波形看出，Q_1 对时钟信号进行二分频，占空比为 50%。

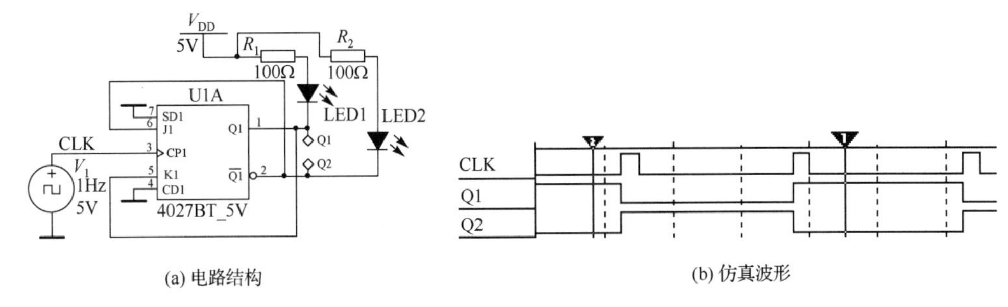

(a) 电路结构　　(b) 仿真波形

图 4-6-01　利用触发器产生二分频互补脉冲

★技巧　将 D 触发器的 D 输入引脚连接至 $\overline{Q}$ 输出引脚，同样可以构成 T′ 触发器。

4.7　单稳态触发器设计

单稳态（Monostable、Multivibrator）触发器的输出包含稳态、暂稳态，在没有外加信号触发时，单稳态触发器输出稳态；在外加信号的触发下，单稳态触发器将从稳态翻转到暂稳态；经过一定时间的延时后，单稳态触发器从暂稳态恢复为稳态。

☞提示　暂稳态维持时间的长短取决于电路自身阻容元器件的参数，与触发信号无关。

用门电路配合阻容元器件可构成微分型或积分型单稳态触发器，但由于电路结构复杂、参数计算烦琐，在实际的设计中多采用单稳态集成芯片。集成的单稳态触发器分为不可重复触发（Non Retriggerable 或 one-shot）与可重复触发（Retriggerable）两大类。

4.7.1　不可重复触发单稳态触发器

不可重复触发单稳态触发器只能在稳态响应输入的触发信号，一旦电路被触发进入暂稳态，再次接收的触发脉冲就不会影响已经开始的暂稳态进程，输出脉冲宽度 T_W 也不会改变。只有在暂稳态结束进入稳态后，才能响应新的触发脉冲，进入下一个暂稳态。

不可重复触发单稳态触发器的常用型号为 SN74121，其测试电路及仿真波形如图 4-7-01 所示。

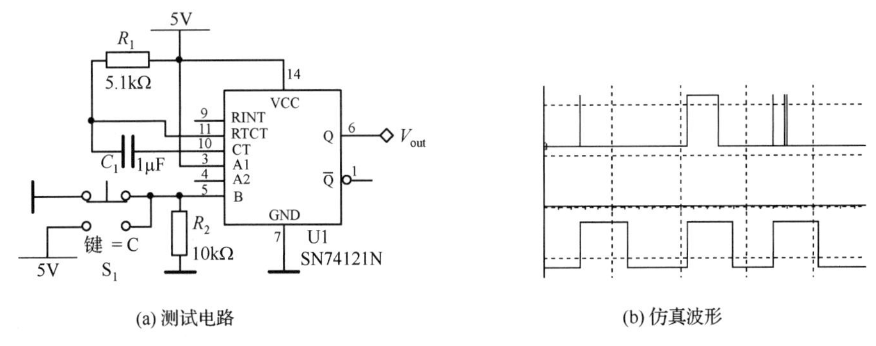

(a) 测试电路　　(b) 仿真波形

图 4-7-01　不可重复触发单稳态触发器 SN74121 的测试电路及仿真波形

SN74121 触发后的暂稳态脉冲宽度 $T_W \approx KR_1C_1$，式中的系数 K 约为 0.7，R_1 的单位为欧姆（Ω），C_1 的单位为法拉（F），T_W 的单位为秒（s）。C_1 的取值不应低于 1000pF。

★技巧　如图 4-7-01(a)所示电路可用于按键消抖电路（参见 2.15.4 节）：即使按键在按下的过程中发生了多次抖动，单稳态触发器也只会输出一个脉冲，从而消除了抖动。

4.7.2　可重复触发单稳态触发器

可重复触发是指单稳态触发器在暂稳态期间如果接收到新的触发信号，会立即重新开始新一轮单稳态进程；经多次连续重复触发，实际输出脉冲宽度将会大于暂稳态触发器的额定脉冲宽度 T_W。

可重复触发单稳态触发器的种类较多，常见型号有 CD4538、CD4098、CD4528、74HC123 等。CD4538 的测试电路及仿真波形如图 4-7-02 所示。

CD4538 触发后维持暂稳态的时间周期 $T_W \approx R_2C_2$（R_2、C_2、T_W 的单位分别取 Ω、F、s）。

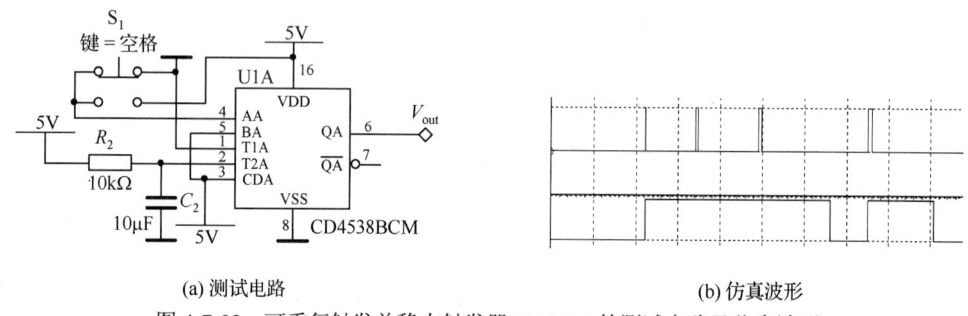

(a) 测试电路　　(b) 仿真波形

图 4-7-02　可重复触发单稳态触发器 CD4538 的测试电路及仿真波形

4.8　多谐振荡电路设计

多谐振荡电路以自激的方式输出方波，为数字逻辑电路提供时钟信号。模拟电路中也包含具有类似功能的矩形波振荡电路，参见 3.6.2 节。多谐振荡电路产生方波的原理分为以下两种。

- 利用阻容网络的充放电特性，配合有源器件产生方波。该方式产生的方波具有起振容易、方波频率易于调节等优点，但方波输出频率的稳定性一般。采用逻辑门作为有源器件产生方波的电路较为常用，专用的集成多谐振荡芯片包括 CD4047、CD4060、555 定时器等。
- 将晶振的标称频率分频后得到不同频率的方波。通过这种方式产生方波的频率精度及稳定性均很好，但方波的频率值固定，而且难以实现频率的连续可调。

4.8.1　CD4047 构成多谐振荡电路

CD4047 可以实现单稳态电路（参见 4.7 节），也可通过外接阻容元器件构成多谐振荡电路，输出一对互补方波。OSC 引脚还能输出一路二倍频的方波，基本应用电路如图 4-8-01 所示，产生互补方波（Q、$\bar{Q}$）的频率为 $f = 1/(4.4R_1C_1)$。R_1 更换为多圈电位器后可微调输出方波的频率，C_1 建议选择小容量的薄膜电容（参见 2.4.2 节），以提高输出频率的稳定性。

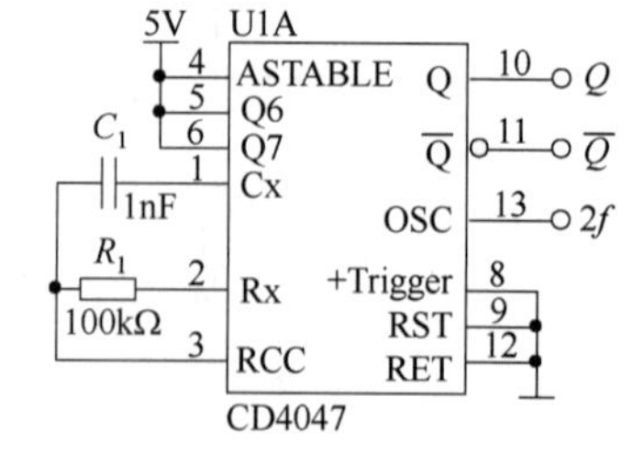

图 4-8-01　CD4047 基本应用电路

☞**提示**　Multisim 暂不支持 CD4047 的仿真；CD4047 仅通过两只外围元器件即可得到互补、倍频等多路方波输出，在数字电路课程设计、实验教学中应用广泛。

4.8.2　CD4060 构成多谐振荡/分频电路

CD4060 是一款特殊设计的 14 位二进制振荡/分频电路，芯片内部集成的非门配合外围阻容元器件或晶振，可自行产生一定频率的方波，经内部的分频单元后可输出多种频率的方波信号。CD4060 的控制功能非常简单：当 MR 引脚为高电平时，芯片复位；当 MR 被置为低电平时，芯片开始振荡/分频。

CD4060 构成的基本振荡电路及仿真波形如图 4-8-02 所示。

☞**提示**　在实际的振荡电路中，将 R_3 直接开路，也可产生合适的波形输出。

CD4060 输出方波的频率为 $f = 1/(2.2R_1C_1)$，其中 $R_2 \approx (2 \sim 10)R_1$。但 CD4060 未输出基本频率 f，而是将 f 进行 16 分频、32 分频……2^{14} 分频后经 O_3～O_{13} 引脚输出，共 10 种频率，缺 O_{10} 输出。

如果按照图 4-8-03 所示，弃用 CD4060 内部的振荡单元，而将外部的方波信号从 CTC 引脚输入，同样可在 O_3～O_{13} 引脚输出不同分频系数的方波脉冲。其中，从 CTC 引脚输入的时钟信号经 O_3 引脚二分频后输出，其余引脚的分频系数以此类推，此时 CD4060 几乎无须外接其他元器件。

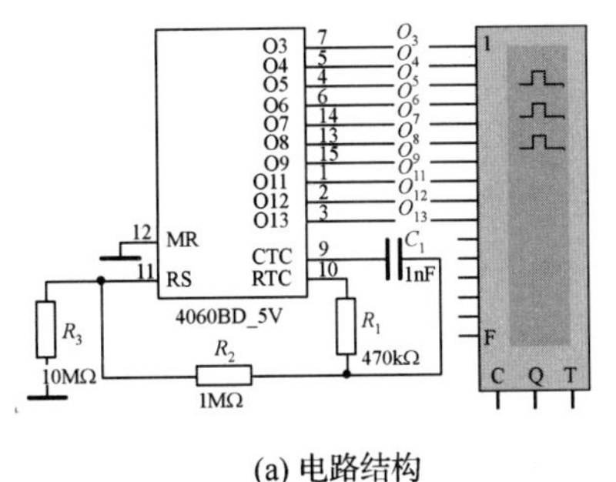

(a) 电路结构

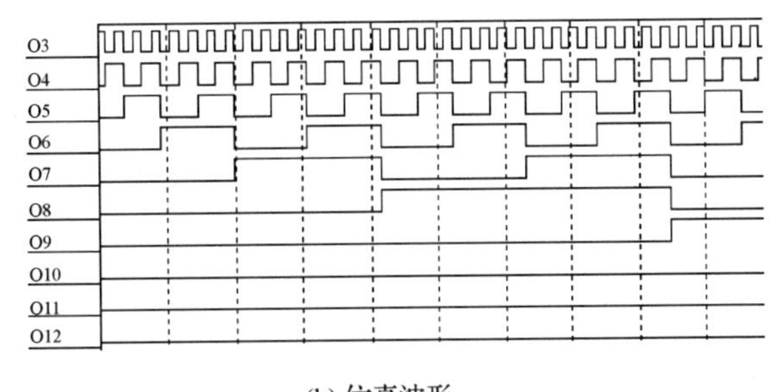

(b) 仿真波形

图 4-8-02　CD4060 构成的基本振荡电路及仿真波形

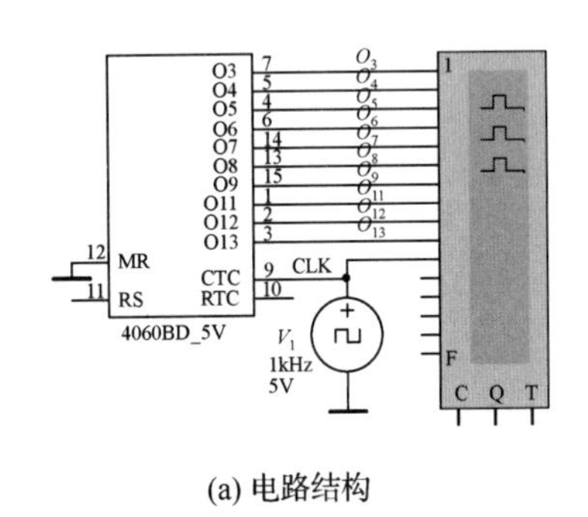

(a) 电路结构

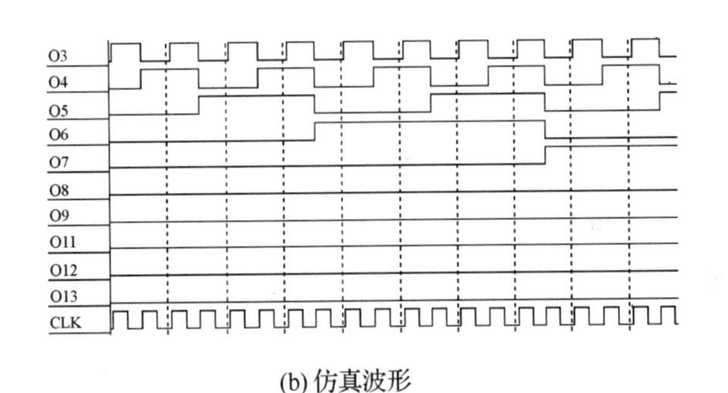

(b) 仿真波形

图 4-8-03　CD4060 对外部输入的方波信号进行分频

☞**提示**　将 CD4060 的 O_3～O_{13} 输出引脚反馈回 CTC 引脚，可获得不同占空比的方波输出。

4.8.3　逻辑门构成多谐振荡电路

对于采用非逻辑输出的门电路而言，其输入与输出之间存在上升沿或下降沿的反相跳变关系。如果将由电阻、电容构成的 RC 电路的充放电特性同“非”逻辑的电平转换过程结合起来，电路即可在没有外接控制端的情况下自动产生高、低电平的交替变换，从而输出稳定的方波信号。

（1）将电容 C 连接至逻辑门的输入端，在电容 C 充电时将引起逻辑门输入端的电压升高；当电压超过逻辑门的阈值电平时，引起“非”逻辑门电路输出端的状态发生跳变。

（2）将“非”逻辑门电路的输出端通过电阻 R 连接至电容 C，当电容 C 放电时，逻辑门输入端的电压下降，当电压低于阈值电平时，引起“非”逻辑门电路输出端的状态发生跳变。

（3）整个多谐振荡电路系统恢复为初态，重新开始新一轮的振荡循环。

门电路产生方波脉冲的周期 T、脉冲宽度 T_W、占空比 q 等指标主要取决于阻容元器件参数、门电路阈值电平、电源电压，而方波的高/低电平幅值则与阈值电平、电源电压密切相关。

【例 4-8-1】 包括 MSP430 系列单片机在内的很多单片机系统无须外接晶振即可正常工作，这是因为利用了单片机内部集成的逻辑门、电阻、电容构成多谐振荡电路，产生方波时钟脉冲。

1．施密特门构成多谐振荡电路

具有施密特（回差、迟滞）特性的非门借助少量的外围阻容元器件，即可输出频率稳定性较好的方波脉冲，典型电路如图 4-8-04 所示。

在图 4-8-04(a)所示的多谐振荡电路中，R_1 与 C_2 构成充放电回路，电阻 R_1 的取值范围为 47kΩ～2MΩ，电容 C_2 的取值为 100pF～1μF。施密特方波发生电路的输出频率 f 除与阻容元器件的参数有关，还与逻辑门的电源电压、上限阈值电平 V_{T+}、下限阈值电平 V_{T-} 相关，计算过程比较复杂。

为避免负载在 CD40106 逻辑门的输出端因分流、分布电容而影响方波参数，图 4-8-04(a)所示电路在方波发生单元与负载之间串联了非门 U2B，从而进行信号整形与缓冲。图 4-8-04(b)所示电路利用二极管的单向导电性，使电容 C_1 的充电回路采用 R_1、R_2 并联的结构，而放电回路仅有 R_2，使输出方波的占空比可以得到调节。

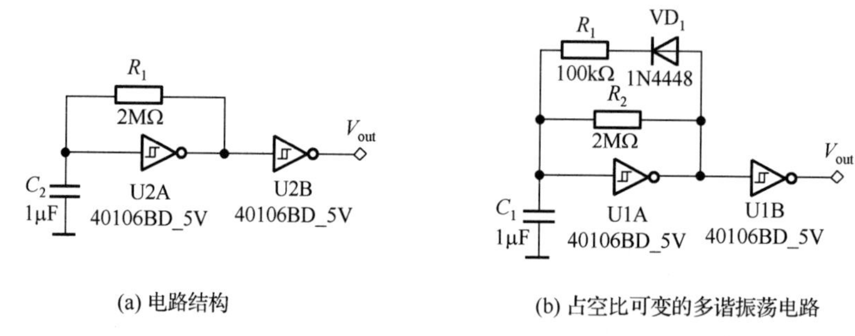

(a) 电路结构　　(b) 占空比可变的多谐振荡电路

图 4-8-04　施密特非门 CD40106 产生方波

2．非门构成多谐振荡电路

利用普通非门同样能够构成多谐振荡电路，如图 4-8-05 所示。

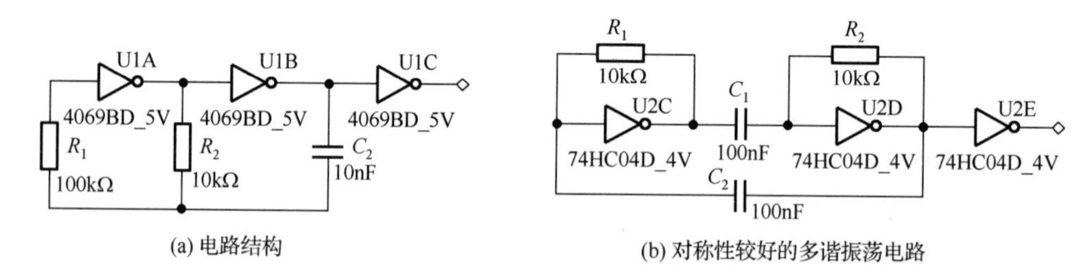

(a) 电路结构　　(b) 对称性较好的多谐振荡电路

图 4-8-05　使用普通非门构成多谐振荡电路

图 4-8-05(a)采用 CD4069 构成多谐振荡电路，方波的输出频率为 $f = 1/2.2R_2C_2$，R_1 是补偿电阻（$R_1 \geqslant 10R_2$），可改善因电源电压不稳而导致的输出频率波动。图 4-8-05(b)所示的电路结构具有较好的对称性，故充、放电时间常数基本相等，从而可得到近似对称的方波，输出方波的频率为 $f = 1/1.4R_2C_2$。

3．异或门构成多谐振荡电路

异或门具有“相异为 1、相同为 0”的逻辑关系，构成的多谐振荡电路如图 4-8-06 所示。

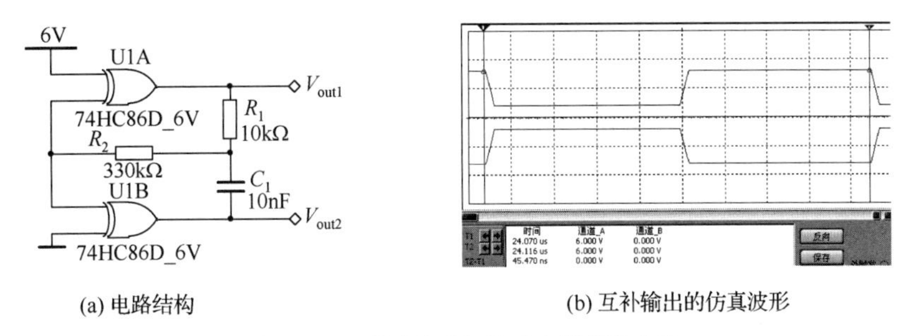

(a) 电路结构　(b) 互补输出的仿真波形

图 4-8-06　利用异或门构成多谐振荡电路

V_{out1} 与 V_{out2} 输出一组互补对称方波，振荡频率由电阻 R_2、电容 C_1 共同决定。

4.8.4　采用晶振的多谐振荡电路

逻辑门、CD4047、CD4060 构成多谐振荡电路均利用 RC 电路充放电的原理工作，输出的方波频率易受外围阻容元器件的参数误差及温度、电源波动的影响。即使电路结构、参数相同，不同电路输出的方波频率也会出现差异。如对方波的频率稳定性要求较高，可采用晶振作为信号频率基准。

1．非门与晶振结合产生方波

晶振（石英晶体）是一种机电型无源元器件，工作原理参见 2.7.1 节。晶振本身并不能产生振荡输出，需要结合有源器件构成放大及正反馈网络后才能产生稳定的自激振荡。考虑方波多被用于数字电路系统中，因而采用非门作为有源器件显得更加合适，典型电路如图 4-8-07 所示。

图 4-8-07 中的晶振频率均为 32.768kHz，在电子钟表、单片机、计算机主板中得到了广泛应用。非门 U1A 产生多谐振荡，U1B 起波形缓冲、整形的作用；R_1 是反馈电阻，电阻值为 MΩ 量级；R_2 具有稳定振荡的功能，电阻值一般为几百 kΩ；C_4 为温度补偿电容。

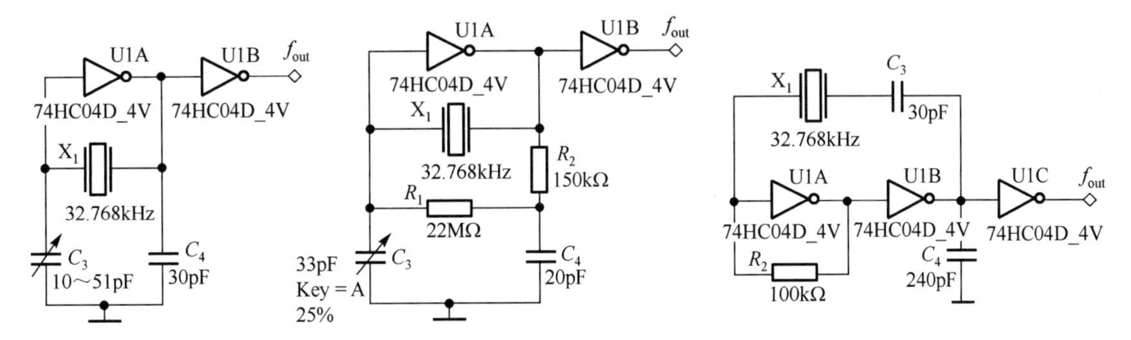

图 4-8-07　三种晶振配合非门构成多谐振荡电路

★技巧　频率微调电容 C_3 能够改善电路的起振性能。由于可变电容具有（参见 2.4.2 节）体积大、参数稳定性差等特点，因此不适用于晶振电路。在电路调试时可先试着接入一只 22pF 左右的高频瓷介电容或 SMT 贴片陶瓷电容，观察电路能否起振。如无法正常起振，可向 C_3 两端并联小容量电容，继续观察有无起振；如并联电容后仍无法起振，说明 C_4 容量过大，可调整为 10～20pF 后再重新测试。

☞提示　在门电路与晶振结合产生方波的过程中，除利用门电路的数字反相特点外，还考虑了门电路的线性放大模型。但多数仿真软件中的逻辑门只包含二进制布尔代数模型，缺乏线性放大模型，故用逻辑门搭建的晶振电路在仿真时得到的振荡频率与实际频率参数并不一致。

2．与非门、或非门结合晶振产生方波

将具有非逻辑输出的门电路的输入端短接后，可等效为一只非门，因而也可用与非门、或非门产生方波输出，输入端的多余引脚可作为电路的“选通”端，以提高电路设计的灵活性。

使用与非门、或非门结合晶振产生方波的多谐振荡电路如图 4-8-08 所示。

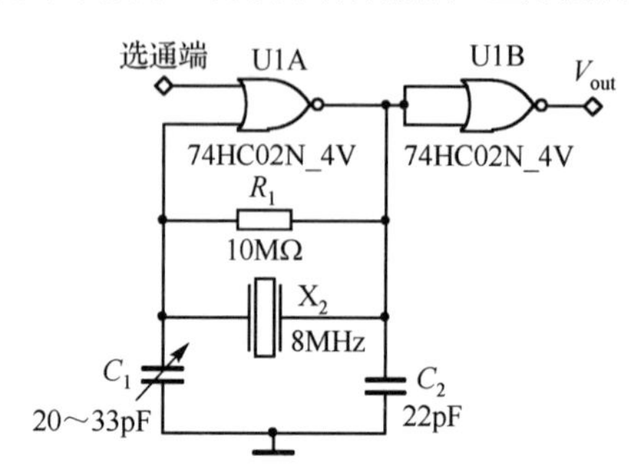

(a) 使用或非门构成方波输出电路

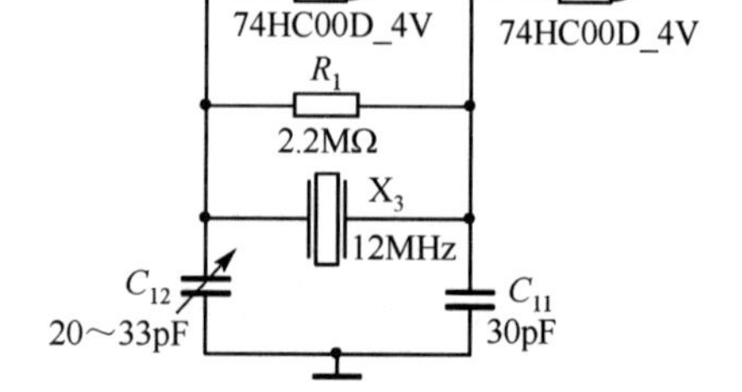

(b) 使用或与非门构成方波输出电路

图 4-8-08　使用与非门、或非门配合晶振产生方波的多谐振荡电路

图 4-8-08(a)中使用或非门作为有源器件，当选通端为低电平时，U1A 等效为一只非门；当选通端为高电平时，U1A 的输出端为零电平，多谐振荡电路停止工作，有效减小了电路的功耗，这种结构在低功耗电路的设计中常被采用。图 4-8-08(b)中使用与非门作为有源器件，此时的选通端为高电平；当选通端被设置为低电平时，振荡电路停止工作，V_{out} 没有方波输出。

3．CD4060 结合晶振产生方波

CD4060 的 CTC、RTC、RS 引脚除可以连接阻容元器件构成振荡电路外，也可以外接精度更高的晶振构成振荡电路，如图 4-8-09 所示。

图 4-8-09(a)所示电路中晶振的频率不同，电阻 R_1 的取值也略有差异，一般在 1～10kΩ 范围内选取，反馈电阻 R_2 在 1～10MΩ 范围内选取，C_1、C_2 的容量均不宜超过 100pF。

采用 32.768kHz 低频晶振的多谐振荡电路如图 4-8-09(b)所示，相比图 4-8-09(a)所示电路，阻容参数略有调整。图中 CD4060 的 O_{13} 引脚输出 2Hz 方波信号并连接至由 CD4013 构成的T′触发器（二分频电路），通过微调电容 C_2 的容量，即可得到较为精准的 1Hz 的秒脉冲信号。

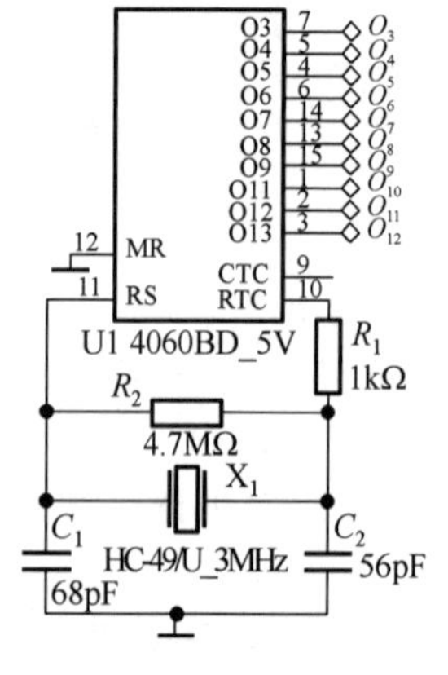

(a) 晶振频率高于1MHz

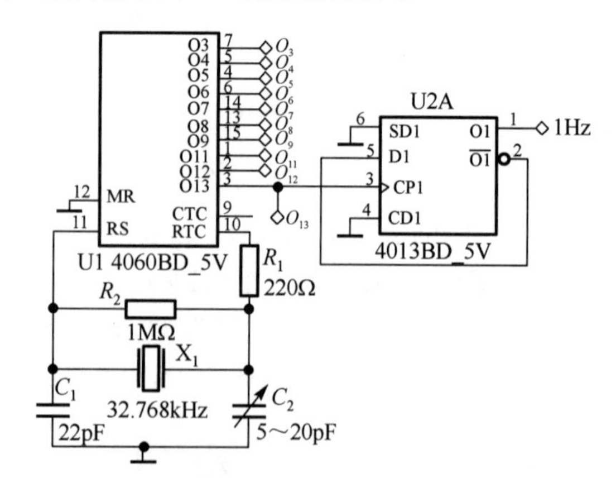

(b) 产生1Hz秒脉冲

图 4-8-09　CD4060 结合晶振构成方波发生电路

4.9　模拟开关设计

模拟开关具有接通、传输、断开模拟信号或数字信号的功能，与机械式开关相比，模拟开关的工作电流较小，但模拟开关的体积及功耗都可以做得很小且控制灵活，在各类电路设计方案中应用广泛。

常用模拟开关的型号包括 CD4016/4066（单 4 路双向）、CD4051（单 8 路）、CD4052（双 4 路）。随着芯片制造工艺的升级，上述芯片的导通阻抗、开关速度等性能已经不能满足较高指标的电路要求，建议用功能接近的 74HC4066、ADG608、ADG609 替换，相应的逻辑符号如图 4-9-01 所示。

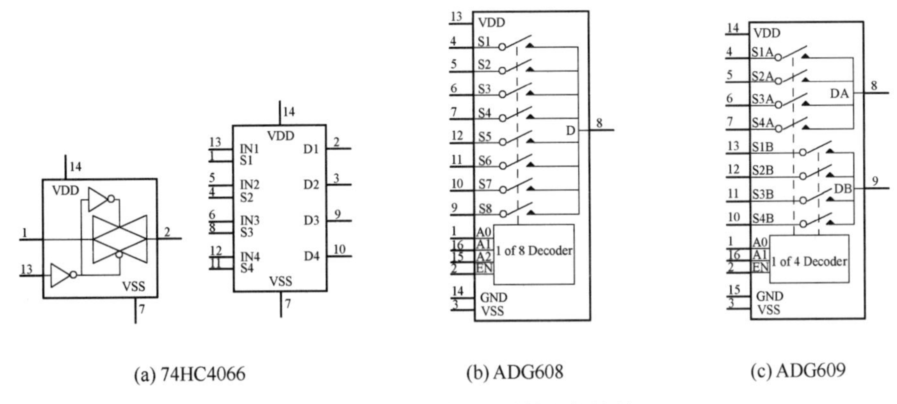

图 4-9-01　常用模拟开关的逻辑符号

4.9.1　4 路双向模拟开关 74HC4066

74HC4066 的引脚排列与 CD4046、CD4016 兼容，其内部集成了 4 组独立控制的单刀单掷（SPST）双向模拟开关，如图 4-9-01(a)所示，每组模拟开关包含输入/输出引脚 S_n/D_n、使能端 IN_n。

74HC4066 的功能表很简单，当使能端 IN_n 为低电平时，模拟开关截止（断开）；当 IN_n 变为高电平时，模拟开关双向导通，可实现模拟或数字信号的双向传输：$S_n \to D_n$ 或 $D_n \to S_n$。74HC4066 在采用 5V 电压供电时，开关的导通电阻 r_{on} 的典型值仅为 70Ω 左右；电源电压越大，r_{on} 的值反而越小。

【例 4-9-1】 采用 74HC4066 设计的可编程增益放大电路（PGA）如图 4-9-02 所示。在 S_1～S_4 的控制下，4 只 74HC4066 轮流导通，与 R_1～R_4 分别构成集成运放 U1A 的负反馈电阻，实现了近似的−1 倍、−2 倍、−3 倍、−5 倍的信号增益。74HC4066 的极限工作电压范围仅为 7V 左右，如果希望传输±5V 的电压信号，建议选用电源电压范围更宽的 CD4066，芯片的 14 脚接+5V 电源，7 脚接−5V 电源。

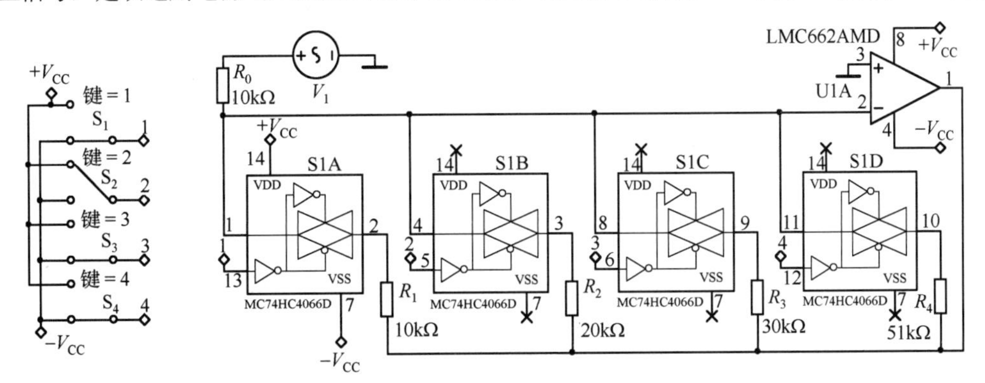

图 4-9-02　采用 74HC4066 设计的可编程增益放大电路

4.9.2　单8/双4路模拟开关ADG608/609

多数教材以CD4051、CD4052作为典型的多选一模拟开关进行讲述，但这类器件的实际性能一般，且在Multisim中缺乏相应的仿真元器件，因此建议采用ADG608、ADG609进行替代。

从图4-9-01(b)所示电路可以看到，ADG608根据3位二进制地址线A_0、A_1和A_2的取值，切换S_1, S_2, …, S_8这8路输入引脚中的一路信号至输出引脚D，可等效为“单刀8掷”的机械式开关。ADG608的双电源仿真测试电路如图4-9-03(a)所示。如果S_1～S_8的输入信号幅度超过芯片V_{DD}与V_{SS}引脚之间的正负电压摆幅，则引脚D输出的波形会出现双向限幅失真，如图4-9-03(b)所示。

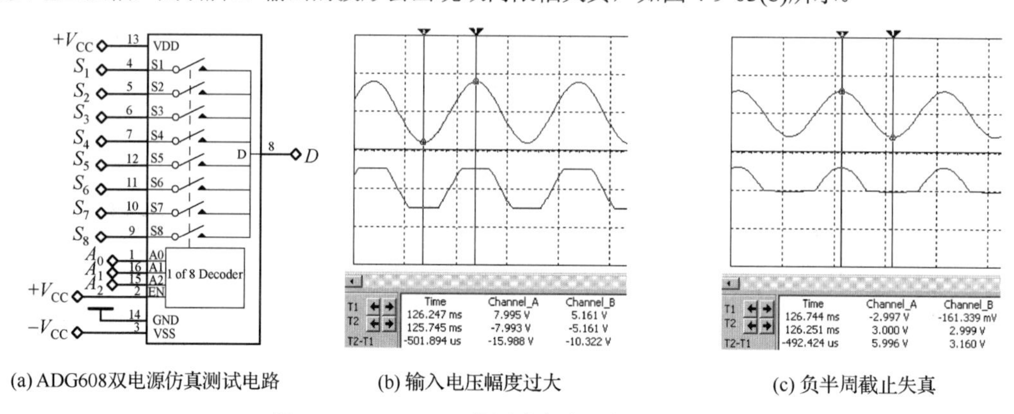

(a) ADG608双电源仿真测试电路　　(b) 输入电压幅度过大　　(c) 负半周截止失真

图4-9-03　ADG608的测试电路及常见错误波形

在数字电路系统中允许ADG608采用单电源供电，此时只需将V_{SS}、GND引脚同时接地即可。如果S_1～S_8输入信号出现负电压，则会导致如图4-9-03(c)所示的负半周截止失真。

ADG609的基本用法与ADG608的类似，在其内部包含两组受相同地址位控制的4路模拟开关，等效为一只“双刀4掷”模拟开关。

4.10　555定时器设计

555集成定时器是Hans R. Camenzind于1971年为美国Signetics公司开发、用于取代机械定时器的数字、模拟混合型中规模集成电路，仅需少量的外接阻容元器件即可创建施密特触发器、多谐振荡电路、单稳态触发器、脉宽调制（PWM）电路。广泛的应用、强大的功能、低廉的价格使555至今仍活跃在电子产品、电路设计方案中，是迄今为止产量最大的芯片之一，获得了“万金油”的美誉。

★技巧　双极型555定时器的常见型号为NE555、MC1555、μA555；CMOS型555定时器的常见型号为LMC555、TLC555、TS555、ICM7555，供电电压可低至1.5V，功耗不到双极型555定时器的1/10。一个芯片内部集成两个555单元的型号为NE556、LM556，集成4个555单元的型号为NE558。

555定时器的工作原理在各种数字电子技术教材中均有详细讲述，Multisim也提供了555电路设计向导，帮助设计人员在较短时间内完成电路的设计、仿真及参数选择。

4.10.1　多谐振荡电路设计

在数字电路的仿真、设计过程中，可借助Multisim自带的时钟源（CLOCK_VOLTAGE）、虚拟信号发生器（Function Generator）进行模块单元的功能仿真。但在后续的硬件电路设计与调试环节中，往往需要补充设计时钟电路，确保系统的完整性。

555构成的多谐振荡电路具有结构简单、起振容易、方波频率连续可调等优点。在Multisim界面依次单击【Tools】→【Circuit Wizards】→【555 Timer Wizard】菜单项，系统弹出如图 4-10-01 所示的“555 Timer Wizard”向导对话框。

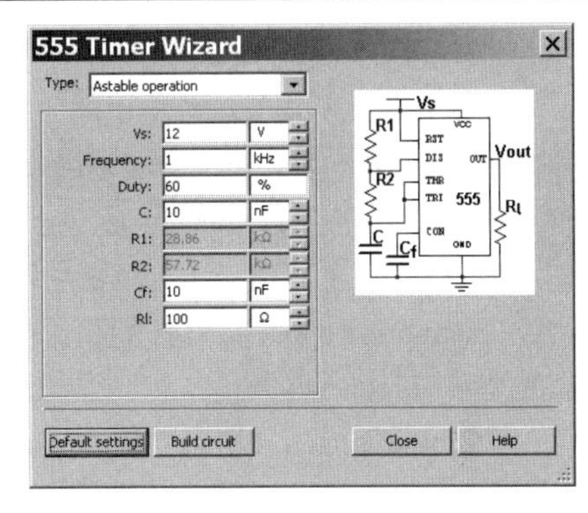

图 4-10-01　“555 Timer Wizard”向导对话框

在对话框左上方“Type”下拉列表框中选择“Astable operation”（多谐振荡）电路拓扑结构，窗口右侧将显示出多谐振荡电路的基本结构。元器件参数、输出方波的指标需要在窗口左侧进行设定：①555 定时器的电源电压（Vs）；②方波频率（Frequency）及占空比（Duty）；③电容 C、C_f的容量、负载电阻 R_l的阻值。

【例 4-10-1】 设计占空比为 75%、频率为 4.096kHz 的 TTL 电平方波发生器电路。

解：① 在图 4-10-01 所示的对话框中，将电源电压 Vs 设定为+5V。

② 将方波频率 Frequency 设定为 4.096kHz，将占空比 Duty 设定为 75%。

③ 电容 C 的容量保持 10nF 不变，如果容量设置不合理，则对话框下方的“Build circuit”按钮将会变为失效的 Build circuit 状态，提示设计者重新选择电容参数。

④ 保持 C_f、R_1、R_2 的参数为默认值，单击“Build circuit”按钮，一个电路图形将跟随鼠标的移动出现在 Multisim 的仿真设计区。在设计区合适的位置单击，即可得到系统设计完成的方波发生器电路，如图 4-10-02(a)所示。

⑤ 将虚拟示波器的探头分别连接至电容 C、555 输出引脚并运行仿真，得到如图 4-10-02(b)所示的波形，拖动游标可测出方波的周期为 244.318 μs，高电平脉宽为 182.712 μs。计算出方波频率为 f= 4.093kHz、占空比为 74.78%。方波的高电平电压为 5.000V，低电平电压为 0.000V，符合 TTL 电平的电压标准。

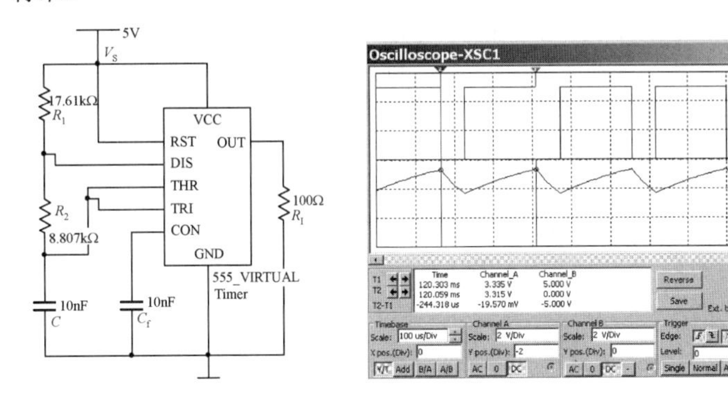

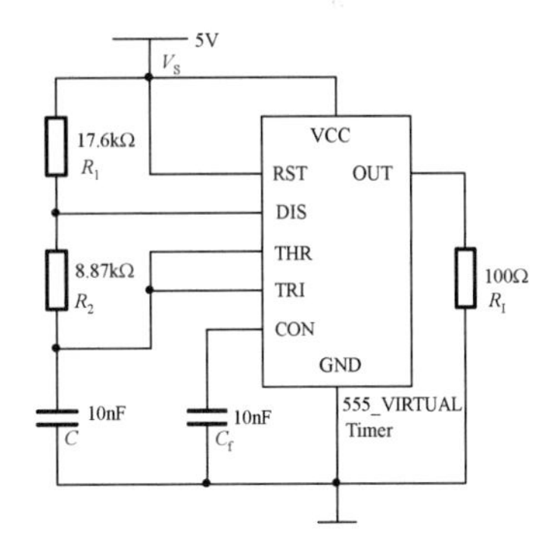

(a) 设计向导创建的电路　　(b) 仿真波形　　(c) 实际的方波发生器电路

图 4-10-02　555 定时器设计向导创建的方波发生器电路及仿真波形

⑥ 555 定时器设计向导设计出的电阻 R_1=17.61 kΩ、R_2=8.807 kΩ，均为非标电阻，按照较高精度电阻常采用的 E192 系列标称值（参见 2.1.1 节），选择 R_1=17.6 kΩ、R_2=8.87 kΩ，实际完成的占空比为 75%、频率为 4.096Hz，实际的方波发生器电路如图 4-10-02(c)所示。

☞**提示**　在用 555 设计多谐振荡电路时，R_1、R_2 均应大于 1 kΩ，R_1+R_2 不要超过 3.3 MΩ。

4.10.2　单稳态电路设计

单击图 4-10-01 中的“Type”下拉列表框，选择“Monostable operation”，即可展开单稳态电路的设计向导，此时，定时器设计向导对话框中的内容如图 4-10-03 所示。

图 4-10-03 所示的单稳态电路设计向导对话框中需要调整的主要参数包括：555 定时器的电源电压（Vs）；输出单稳态脉冲的宽度（Output pulse width）；电容 C、C_f 的容量，负载电阻 R_l 的阻值；仿真测试用输入脉冲的参数[脉冲宽度（Input pulse width）、脉冲的高低电平（Vini、Vpulse）、脉冲频率（Frequency）]。

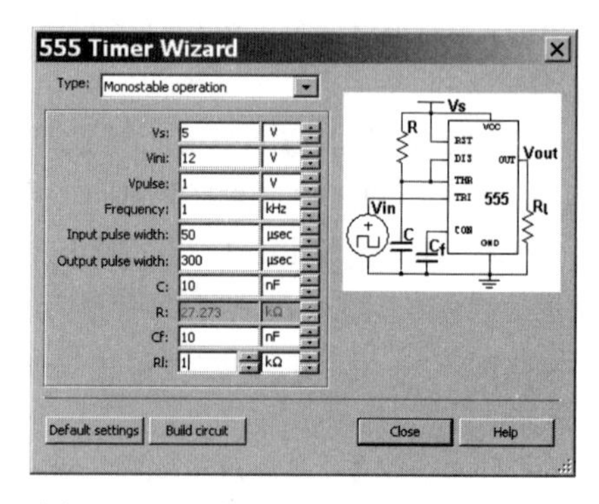

图 4-10-03　单稳态电路设计向导对话框

参数设计完成后，单击“Build circuit”按钮，系统创建如图 4-10-04(a)所示的单稳态电路。

在图 4-10-04(a)所示电路中添加示波器，探头分别连接至信号源、555 的输出引脚，测得的输入脉冲与单稳态输出脉冲之间的仿真波形如图 4-10-04(b)所示。

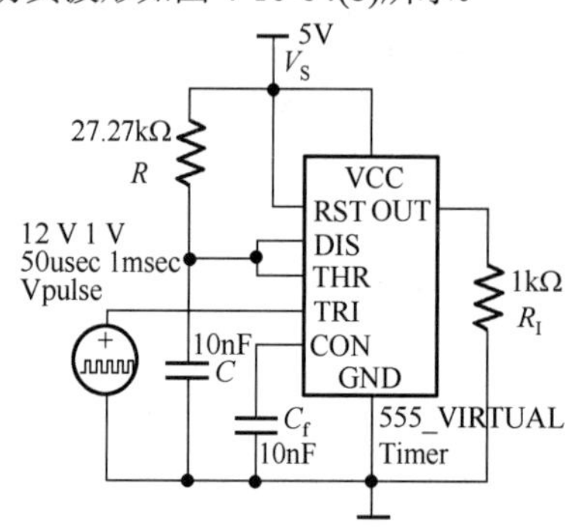

(a) 设计向导创建的单稳态电路

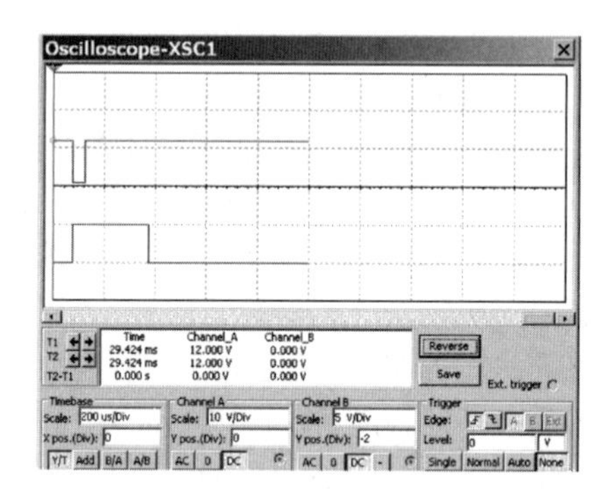

(b) 仿真波形

图 4-10-04　555 设计向导创建单稳态电路

4.10.3　施密特触发器设计

将 555 定时器的 THR、TRI 引脚短接后接至信号输入端，可构成如图 4-10-05(a)所示的施密特触发器，其上限触发阈值为 $V_{TH+}=2V_{CC}/3$，下限触发阈值为 $V_{TH-}=V_{CC}/3$，运行仿真得到的波形如图 4-10-05(b)所示。根据图 4-10-05(b)所测得的 $V_{TH+}=3.327\text{V}\approx 2\times 1.632\text{V}=2V_{TH-}$。555 定时器构成的施密特触发器的电压传输特性如图 4-10-5(c)所示，回差电压近似等于 $V_{CC}/3$。

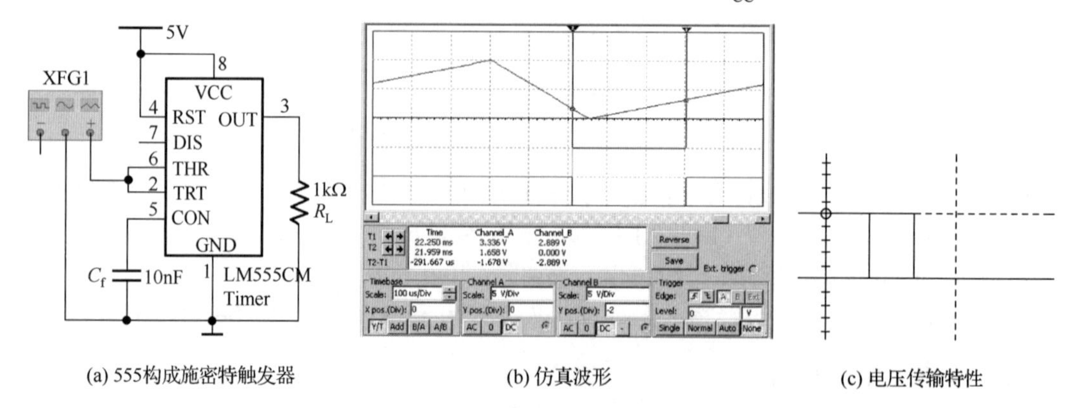

(a) 555构成施密特触发器　　(b) 仿真波形　　(c) 电压传输特性

图 4-10-05　555 定时器构成的施密特触发器的电路、仿真波形、电压传输特性

习　题

4-1　利用 74HC138 设计得到具有 5 线-32 线二进制译码功能的逻辑电路。

4-2　用共阴极数码管模拟眨眼效果，交替显示“0”和“-”，此时数码管的 a～g 引脚需如何设置？

4-3　逻辑笔电路中的共阳极数码管常需显示 H、L 两种字符，用于指示高电平与低电平，对应的数码管的 a～g 引脚需分别设置为何种状态？

4-4　为了提高电路的抗干扰性、降低线路系统的功耗，74HC27、74HC14 内部未使用的逻辑门引脚需怎样进行处理？

4-5　计数器、移位寄存器的输出端经过逻辑门处理后反馈至芯片的控制端，可以采用哪些方式改变电路的正常工作状态，以得到不同的计数进制，以及完成不同的移位动作？

【思政寄语】 我们平常见到的或者正在使用的 TTL/CMOS 数字芯片几乎全部产自我国。不仅如此，国产的 FPGA 高性能数字芯片及 EDA 设计软件也逐步在世界上崭露头角。

第5章　电源电路设计基础

【学习重点】

1）熟悉并掌握线性电源的电路结构及元器件参数的选型。

2）了解开关电源的工作原理及基本电路拓扑、电流检测电路的工作原理。

直流稳压电源向电路提供直流电能，是模拟电路、数字电路正常工作的能量基础。电源电路的拓扑结构、输出电压、输出电流种类繁多，外形差异也比较大。在电子技术课程设计、实验实训环节中，以小功率线性电源、开关电源为主，输出电压及输出电流均较小，部分输出电压可调。

5.1　线性直流电源电路设计

线性电源的电路结构简单、输出纹波小、高频谐波干扰小，在实验室可调电源、传感器电路、微弱信号放大电路中应用广泛。小功率线性直流稳压电源的基本电路结构及相关波形如图 5-1-01 所示。

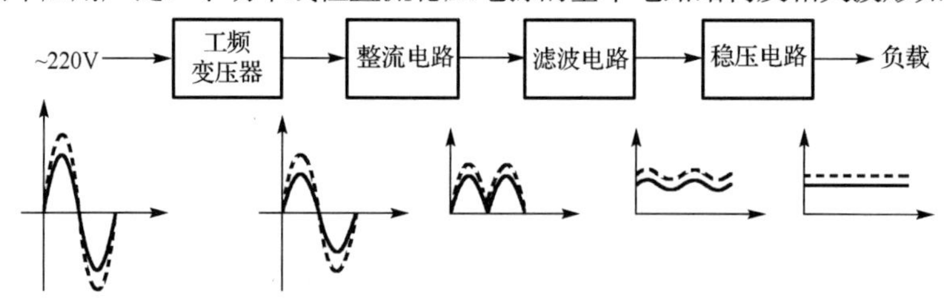

图 5-1-01　小功率线性直流稳压电源的基本电路结构及相关波形

工频变压器将 220V 电网电压降低为同频的交流低压；整流电路将交流电压转换成单向的脉动直流电压；滤波电路滤除脉动直流电压中的部分交流成分，使直流电压的波形变得平滑；当电网电压发生波动、负载或环境温度发生改变时，稳压电路仍然能够向负载提供较为稳定的直流电压。

5.1.1　整流电路

整流电路将交流电压转换为脉动直流电压，多数是利用半导体二极管的单向导电性进行实现的。常见的整流电路结构包括半波、桥式、倍压整流等多种类型。

☞**提示**　除半导体二极管外，电子管、矽整流器、单向可控硅也具有整流功能。

1．半波整流电路

半波整流电路仅用一只二极管即可完成交流电压的直流变换，电路结构参见图 3-3-20，输出波形如图 5-1-02(a)所示，输出脉动直流电压的平均值 $V_{\rm out} \approx 0.45\,V_2$，二极管 $\rm VD_1$ 承受的最大反向电压为 $\sqrt{2}V_2$。

半波整流电路最直观的优点是结构简单、使用的整流元器件的数量很少；但输出的直流电压波形只有交流电压波形的一半，因此电源利用率较低，输出直流电压的脉动成分较多，主要用于输出电流很大、整流电压很高、对电压纹波不敏感的场合，如开关电源次级输出的整流、kV 级电压输出的整流。

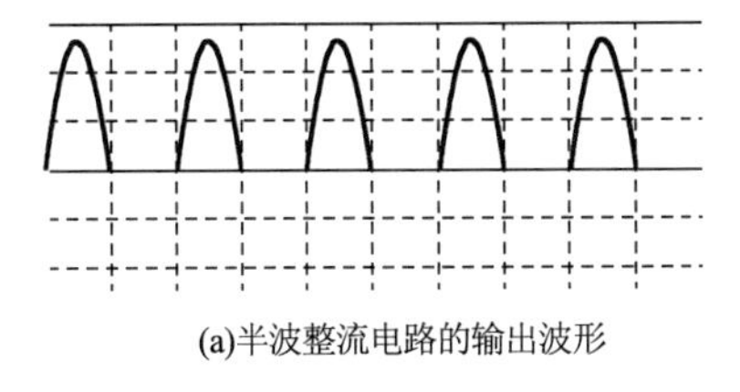
(a)半波整流电路的输出波形

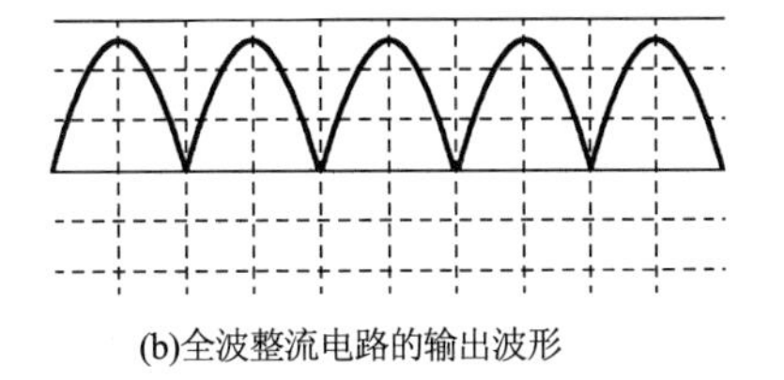
(b)全波整流电路的输出波形

图 5-1-02　半波整流电路、全波整流电路的输出波形

2．全波整流电路

全波整流电路可以视为两个半波整流电路的互补组合，其电路结构如图 5-1-03 所示。

全波整流电路使用了一种带有中间抽头的变压器，变压器次级由两只绕组串联而成。当交流电压 V_2 的极性为"上正下负"时，根据变压器同名端的特性，V_3 输出的交流电压同样为"上正下负"；故 VD_1 导通、VD_2 截止，V_2 向负载 R_1 供电；同理，当 V_2 的电压极性为"上负下正"时，VD_1 截止、VD_2 导通，V_3 将向负载 R_1 供电；综上，全波整流电路在整个周期内均有波形输出，如图 5-1-02(b)所示。

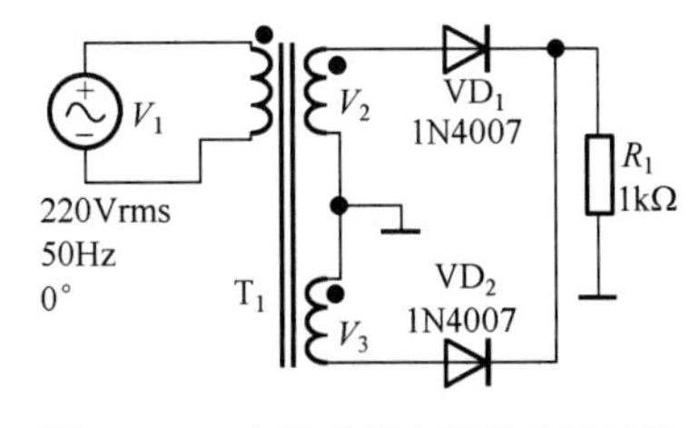

图 5-1-03　全波整流电路的电路结构

☞**提示**　全波整流电路同样存在变压器利用效率不高的问题，在实际中使用得并不多。

3．桥式整流电路

桥式整流电路的核心是 2.9.2 节介绍的整流桥堆，其内部按如图 5-1-04 所示的顺序集成了 4 只二极管。

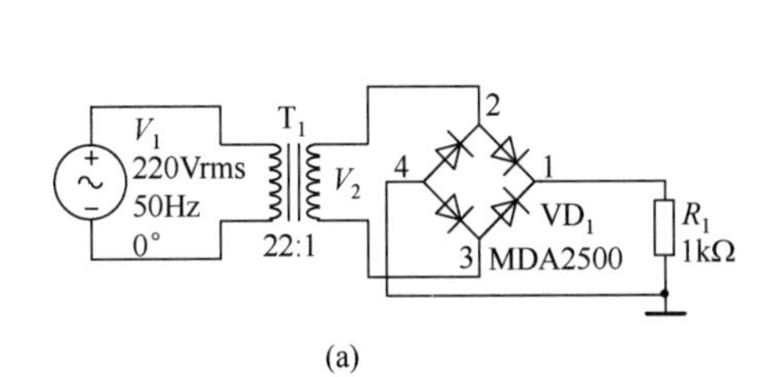

(a)

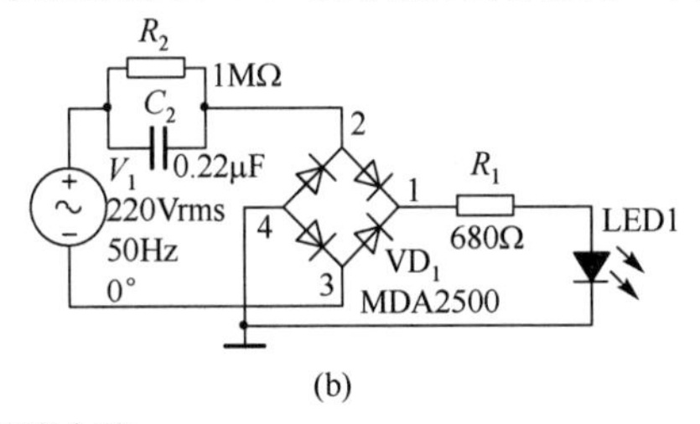

(b)

图 5-1-04　桥式整流电路

当变压器 T_1 输出的次级交流电压为"上正下负"时，交流电经 $VD_{2\text{-}1}$、R_1、$VD_{4\text{-}3}$ 后形成回路；当变压器 T_1 输出的次级交流电压为"上负下正"时，交流电经 $VD_{3\text{-}1}$、R_1、$VD_{4\text{-}2}$ 后形成回路。这样，在一个完整的周期之内，将组合输出如图 5-1-02(b)所示的波形，充分利用了变压器的完整周期，输出电压的脉动程度较小，应用广泛。桥式整流电路输出的直流电压的平均值为 $V_{out} \approx 0.9V_2$。

【例 5-1-1】　如图 5-1-04(b)所示的桥式整流电路用 RC 并联网络代替工频变压器来降低电网电压，在白光 LED 灯具中应用较为广泛，但该电路存在输出电流小、低压电路未与电网隔离等严重缺点。

4．正/负双电源整流电路

许多集成运放、集成功放电路采用对称的正/负双电源供电，其对应的整流电路需要使用图 5-1-03 中那种次级带中间抽头的变压器配合二极管整流桥来实现，如图 5-1-05(a)所示。

负载电阻 R_1、R_2 两端的整流电压仿真波形如图 5-1-05(b)所示，其中 R_1 上方的直流电压为正电压（向上正偏移 0.6V，以利于波形对比），R_2 下方的直流电压为负电压（向下负偏移 0.6V）。

☞**提示**　正/负双电源整流电路一般用于负载对称的场合，如果负载的电阻值差异较大，那么需要在整流电路的输出分别串入一组正/负稳压电路单元（参见 5.1.5 节）。

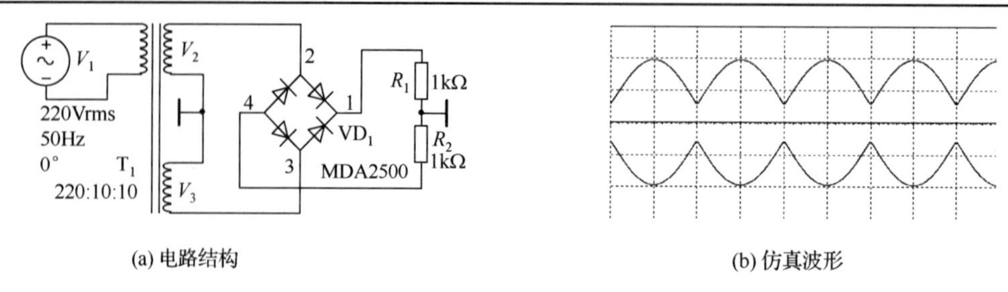

(a) 电路结构　　(b) 仿真波形

图 5-1-05　正/负双电源整流电路及仿真波形

5. 倍压整流电路

倍压整流电路可将变压器次级绕组输出的较小的交流电压转换为幅值较大的直流电压，多用于高电压、低电流（≤10mA）的电路，2倍压整流电路的电路结构如图5-1-06(a)所示。

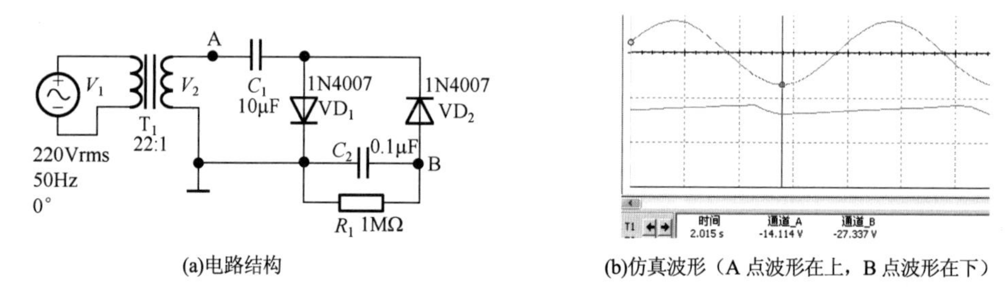

(a)电路结构　　(b)仿真波形（A点波形在上，B点波形在下）

图 5-1-06　2倍压整流电路

2倍压整流电路在传统整流电路的基础上增加了电容 C_1、C_2。当变压器次级输出“上正下负”的正半周电压时，VD_1 导通、VD_2 截止，交流电压经 VD_1 向 C_1 充电，使 C_1 两端的峰值电压接近 $\sqrt{2}V_2$，且“左高右低”。当变压器次级输出“上负下正”的负半周电压时，VD_2 导通、VD_1 截止，C_1 两端的电压与变压器次级电压串联后向 C_2 充电，使 C_2 两端电压的幅值接近 $2\sqrt{2}V_2$。仿真波形如图5-1-06(b)所示，实测A点的峰值电压为14.114V，B点得到的倍压值为27.337V。增大 C_2 的容量，可减小输出电压纹波。

★技巧　如图5-1-06(a)所示2倍压整流电路如果按照 C_2-VD_2 的组合向右继续增大倍压的级数，那么可以得到输出电压更高的3倍压、4倍压等整流电路。

5.1.2　滤波电路

交流电压经整流电路后，输出脉动直流电压中含有较多的交流成分。利用电容两端电压不能突变、流过电感的电流不能突变这类电抗元器件的储能特性，可以有效地滤除、削弱整流电路输出脉动直流电压中的交流成分，起到“削峰填谷”、平滑输出电压波形的作用，这一过程称为滤波。

☞**提示**　电源滤波属于功率型无源滤波的范畴，与小信号的有源滤波存在较大的差异。

1. 电容滤波

在电容滤波电路中，电容与负载是并联关系，如图5-1-07所示。

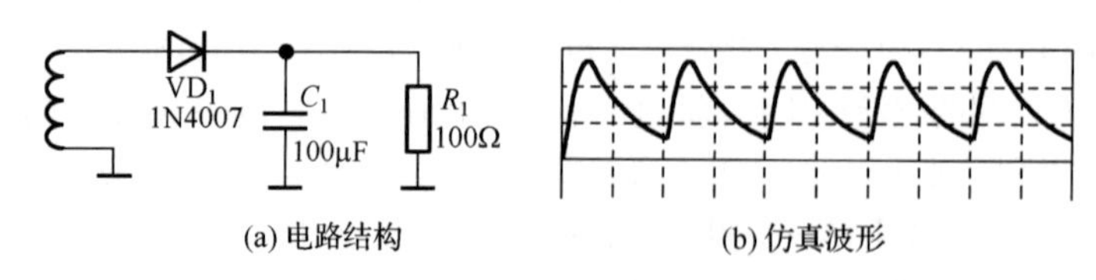

(a) 电路结构　　(b) 仿真波形

图 5-1-07　电容滤波电路

电容具有储能的作用，当整流二极管 VD_1 提供的电压较大时，C_1 存储能量；当 VD_1 提供的电压减小时，C_1 释放先前存储的能量，削峰填谷，减小了输出电压的纹波。

☞提示　由于电容的内阻很大，因此输出特性比较软，仿真波形如图 5-1-07(b)所示。

滤波电容的容量越大，滤波输出的波形相对越平滑，对中、低电压进行滤波的电路主要采用了“容量/体积比”较大的极性铝电解电容。铝电解电容的详细特性可参见 2.4.2 节。

2. 电感滤波

在电感滤波电路中，电感元器件串联在整流电路的输出端与负载之间，如图 5-1-08 所示。

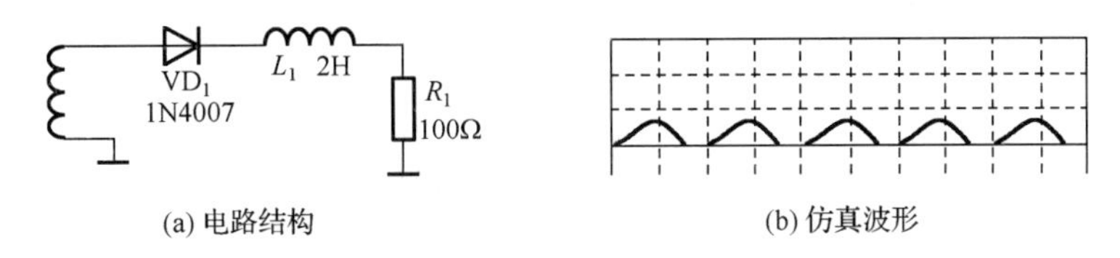

(a) 电路结构　　(b) 仿真波形

图 5-1-08　电感滤波电路

当流经电感的电流增大时，电感线圈产生的自感电动势将阻止电流继续增大，同时将一部分电能转换为磁场能量并临时存储在电感中；当流经电感的电流减小时，存储在电感中的磁场能量被释放，以补偿电流减小的趋势，有效地减小输出电压的纹波。

☞提示　电感的内阻比较小，因而电感滤波的输出特性比较硬，输出波形较为平滑，多用于输出电流较大的场合，如开关电源次级低压的输出滤波。

★技巧　滤波电感大多带有磁芯或铁芯以增大电感量，但这可能对周围电路造成不良的电磁辐射影响；建议优先选择磁芯封闭的环形电感，尽量屏蔽或降低电磁干扰。

3. LC 组合滤波

为进一步减小负载两端的纹波、改善滤波效果，可将电感与电容结合，设计 π 形 LC 组合滤波电路。这种滤波电路的滤波电感与负载串联、滤波电容与负载并联，如图 5-1-09 所示。

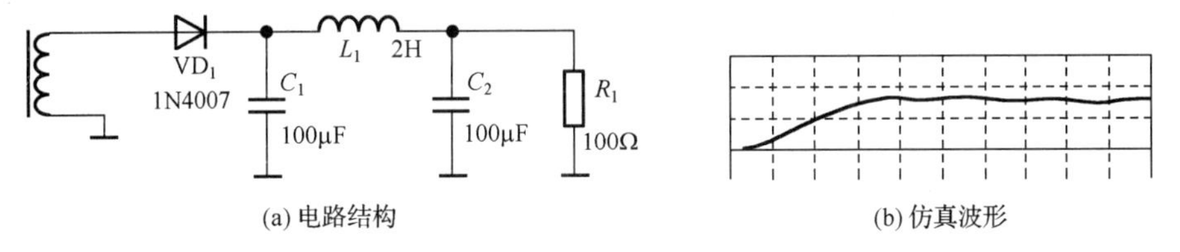

(a) 电路结构　　(b) 仿真波形

图 5-1-09　π 形滤波电路

LC 组合滤波电路具有电感滤波与电容滤波的优势，输出纹波更小、波形更平滑，滤波性能更佳，对比图 5-1-09(b)与图 5-1-08(b)、图 5-1-07(b)，可看出实际的滤波效果。但 LC 组合滤波电路的元器件数量较多、电路成本增加、占用的电路 PCB 面积也相对较大。

5.1.3　电压基准 TL431

稳压二极管常被用做电源电路的电压基准，但稳压二极管的实际稳压值往往是在一个范围内的，而且容易受温度的影响而产生波动。建议采用高性价比的带隙基准源替代普通的稳压二极管作为电压基准。

三端可调式电压基准源 TL431 包含阳极 A、阴极 C、参考端 ref 三只引脚，如图 5-1-10(a)所示。

TL431 内部含有一个 2.5V 的基准电压，将阴极与参考端短接即可获得，如图 5-1-10(b)所示。图中的 R_1 为限流电阻，以确保 TL431 的阳极电流 1mA≤I_{KA}≤10mA。

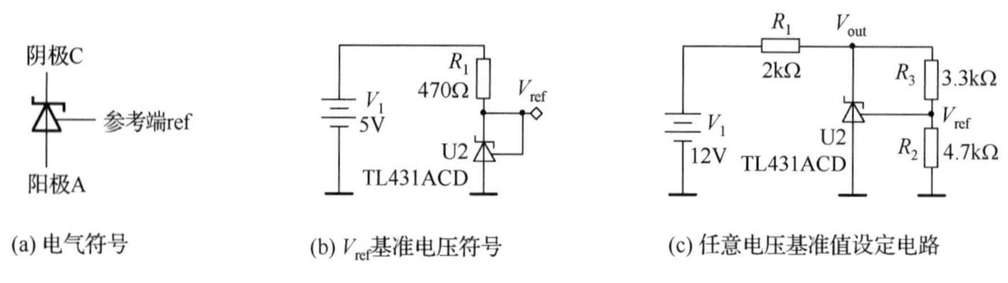

(a) 电气符号　(b) V_{ref}基准电压符号　(c) 任意电压基准值设定电路

图 5-1-10　TL431 的电气符号及基本应用电路

☞**提示**　在 Multisim 仿真软件中，V_{ref} =2.494V。

将两只电阻与 TL431 按照如图 5-1-10(c)所示的电路结构进行连接，在电源电压足够大的条件下，可以得到从V_{ref}到上限电压（30V 左右）的任意电压值$V_{out}=(1+R_3/R_2)\times V_{ref}$。

☞**提示**　TL431 输出的可调稳压值必须低于电路的供电电源电压，否则电路无法正常工作。

5.1.4　串联反馈型稳压电源电路

稳压二极管、带隙基准电压源具有稳压特性，但是向负载提供的电流却非常有限，对此可通过 BJT 三极管、MOSFET 场效应管进行扩流，设计得到串联反馈型稳压电源电路。

串联反馈型稳压电源电路本质上是一个包含深度负反馈的闭环控制系统，由执行元器件（调整管）、反馈支路（取样网络）、电压基准、比较放大器 4 部分组成，如图 5-1-11 所示。

【例 5-1-2】 采用 TL431 与功率型 NPN 三极管构成的串联反馈型稳压电源电路如图 5-1-12 所示。

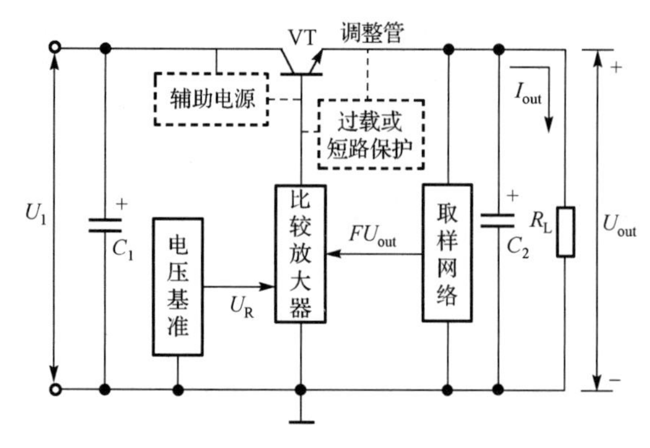

图 5-1-11　串联反馈型稳压电源电路的组成结构

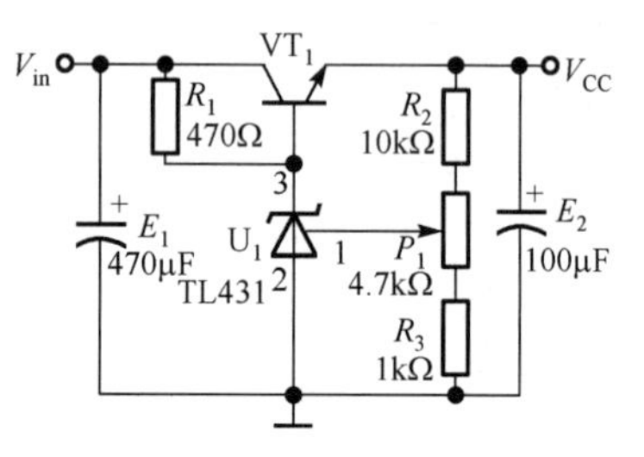

图 5-1-12　串联反馈型稳压电源电路

在图 5-1-12 所示的串联反馈型稳压电源电路中，输出电压V_{CC}与基准电压V_{ref}、取样网络中的电阻R_2、P_1、R_3的参数有关：$V_{CC}=[1+(R_2+P_{1上})/(R_3+P_{1下})]\times V_{ref}$。

TL431 同时具有“电压基准”与“比较放大器”两个单元的功能，有效简化了电路的结构。

☞**提示**　由于三极管 VT_1 存在饱和压降V_{CES}，故V_{in}需要比输出电压V_{CC}高 2～3V。

5.1.5　三端集成稳压器

三端集成稳压器把调整管、比较放大器、电压基准集成到一个硅片中，只有电源输入、稳压输出、接地或电压调整 3 只引脚，具有体积小、可靠性高、价格低等优点，广泛用于小功率电源电路。

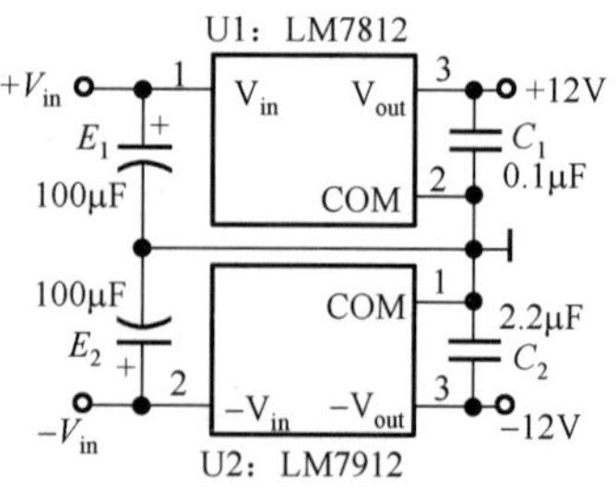

图 5-1-13　固定电压输出的三端集成稳压器应用电路

LM78××输出固定的正电压值，LM79××输出固定的负电压值。主要的输出电压规格包括 5V、6V、8V、9V、10V、12V、15V、18V、24V。如果配合散热片进行有效散热，那么三端集成稳压器的最大输出电流可达 1A 左右。固定电压输出的三端集成稳压器应用电路如图 5-1-13 所示，若只需要+12V 电压，则可以只保留 U1 及其外围元器件，若只需要–12V 电压，则只采纳 U2 及其外围元器件即可。输入电压 V_{in} 的大小应超过输出电压的数值，以确保集成稳压芯片能可靠地工作于线性区。

输出滤波电容 C_1、C_2 在 0.1～4.7μF 范围内选取，以改善输出电压的暂态响应。对于 LM79××负压集成稳压器，C_2 的取值建议大于 1μF。此外，输出滤波电容在 PCB 中需布置在三端集成稳压器附近，消除过长的电气连线所带来的电感效应，避免出现自激现象。

如果系统中需要一些比较特殊的非标电压值，那么可采用 LM317（正电压输出）、LM337（负电压输出）三端可调集成稳压芯片，通过外接电阻或电位器对输出电压进行精密调节。

LM317 的输入电压一般可达 40V，输出电压可以在 1.25～37V 范围内进行调节，典型工作电路如图 5-1-14 所示。输出电压 V_{out} 的估算过程请参见第 2 章的例 2-2-3。

电位器 P_1 被连接成可变电阻的结构，改变电位器中间抽头的位置，可以实现输出电压 V_{out} 的连续调节。VD_1、VD_2 是 LM317 的保护二极管，E_2、E_3 具有滤波的作用。

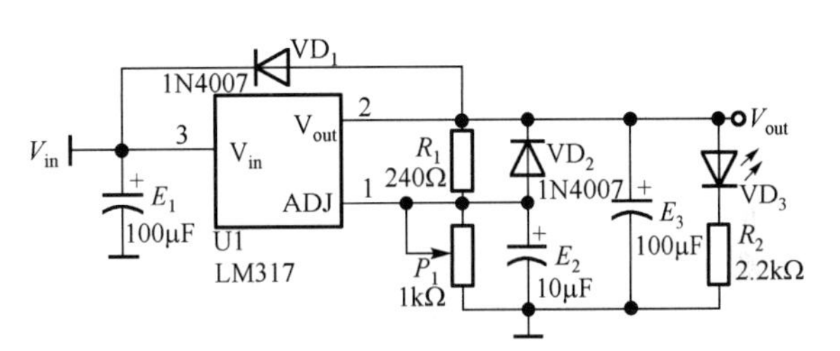

图 5-1-14　LM317 的典型工作电路

5.1.6　低压差 LDO 集成稳压电路

无论是固定电压，还是电压可调的三端集成稳压芯片，输入电压均需要超过输出电压一定的幅度；在当前电源供电电压日趋降低的趋势下显得有些不合时宜，因此，低压差 LDO（Low Dropout Regulator）线性稳压器开始得到广泛应用，逐步取代原有的线性集成稳压器。

★技巧　LDO 稳压器 LM2940-5.0 可替代 LM7805，LM1086 可替代 LM317。

1117 是一款在模拟电路、数字电路中应用很广的正极性 LDO 稳压芯片，多采用贴片封装，体积小巧、价格低廉、自身功耗较低。1117 有固定电压输出型、可调电压输出型两种。固定输出电压值包括 1.2V、1.5V、1.8V、2.5V、2.85V、3V、3.3V、5V 等。1117 构成的稳压电路如图 5-1-15 所示。

输入电压只需比输出电压大 1V 左右，1117 即可稳定工作。当输出电压较小时，1117 的输出电流可达 1A，被广泛用于各类 USB（+5V）供电的单片机电路中。

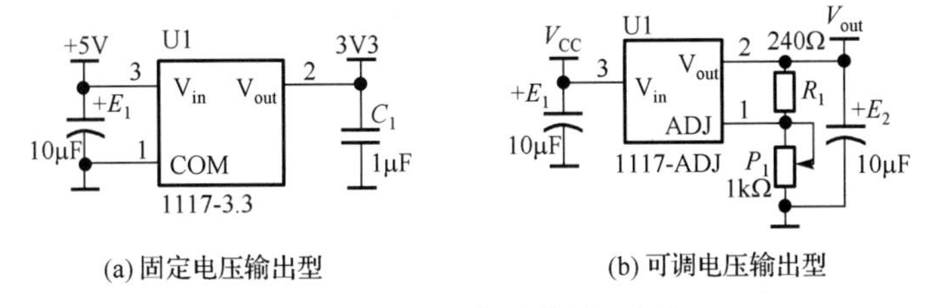

(a) 固定电压输出型　　(b) 可调电压输出型

图 5-1-15　1117 构成的稳压电路

5.2　开关电源电路

开关电源使用 BJT 三极管、MOSFET 管等半导体器件作为开关，将一种形式的直流（DC）电源转换为其他形式的直流（DC）电源，俗称 DC-DC 电路。开关电源通过闭环系统进行电压参数的调节，以保持输出电压的稳定。开关电源的输出功率可以做得很大，而自身功耗则相对较小，在电源效率、体积、质量、输入电压的范围等指标上远远优于线性电源，特别适用于数字电路系统。

☞**提示**　开关电源属于非线性电源，功率器件的高频开关动作所产生的高次谐波容易对负载或电网产生干扰，不适用于传感器、微弱信号放大、测量电路等高精度应用领域。

5.2.1　降压型 BUCK 电路

LM78××、LM317 将电源电压降低后向负载供电，但从线性稳压器的工作原理可知，输出电流的值不会超过输入电流，因而工作效率较低。为提高电源的工作效率，可以改用降压型 BUCK 电路。

典型的降压型 BUCK 电路拓扑如图 5-2-01 所示，这是一种输出电压小于输入电压的非隔离式 DC-DC 变换器，输出电压与输入电压的极性相同，输出电流可以超过输入电流，工作效率高达 90%以上。

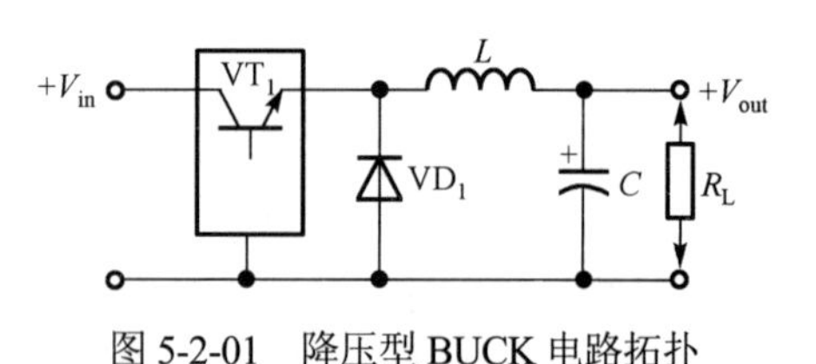

图 5-2-01　降压型 BUCK 电路拓扑

当 BUCK 电路起振后，功率管 VT_1 按照“通→断→通→断→……”的模式工作于开关状态。

（1）当开关器件 VT_1 闭合时，$+V_{in}$ 经电感 L 向负载 R_L 供电，使电感线圈被励磁，实现能量的存储，L 两端的电压为 $V_{in} - V_{out}$。

（2）当 VT_1 断开后，$+V_{in}$ 不再向输出端提供能量，但由于二极管 VD_1 的存在，电感 L 存储的能量经负载 R_L、VD_1 形成电流回路而被释放，使电感线圈消磁。

（3）经上述能量转换过程，负载 R_L 在整个周期内均能得到“上正下负”的直流电压。

LM2596 是一款集成度高、外围元器件数量很少的降压型 BUCK 集成稳压器，在实际的降压型电源电路中应用很广。LM2596 具有 3.3V、5V、12V 及电压可调输出（ADJ）等多种版本，需要根据芯片的完整型号进行准确区分。LM2596 采用直插式 TO-220 或贴片式 TO-263 封装，输出电流上限可达 3A，LM2596 构成的降压电路如图 5-2-02 所示。

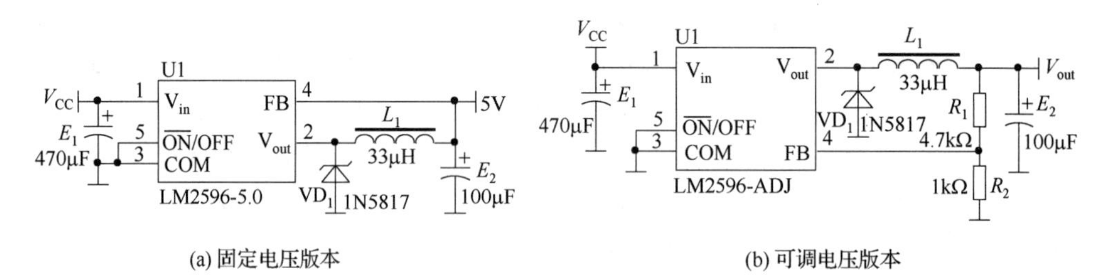

(a) 固定电压版本　　(b) 可调电压版本

图 5-2-02　LM2596 构成的降压电路

图 5-2-02 中的 VD_1 为续流二极管，L_1 为储能电感，E_1、E_2 为储能及滤波电容。图 5-2-02(b)中的 R_1、R_2 可对输出电压进行设置：$V_{out} = (1 + R_1 / R_2)V_{ref}$，式中的 V_{ref} 约为 1.23V，如果希望得到较为准确的输出电压 V_{out}，可以将 R_1 替换为 3296 多圈电位器。

☞**提示**　LM2576 与 LM2596 的功能相同，但 52kHz 的开关频率仅为 LM2596 的 $1/3$ 左右，故电路中 L_1、E_2 的参数值更大；另一款芯片 LM2575 则是 LM2576 的低电流版本，输出电流仅为 1A 左右。

5.2.2　升压型 BOOST 电路

较低的电源电压经过 BOOST 升压电路后，可以输出较高的电压。BOOST 电路的输出电压与输入电压的极性一致，电路拓扑如图 5-2-03 所示，电感 L、续流二极管 VD_1、负载 R_L 为串联关系。

（1）当开关管 VT_1 闭合时，输入电压 $+V_{in}$ 直接加载至电感 L 两端，对其进行励磁。

（2）当 VT_1 断开时，二极管 VD_1 导通，L 存储的电磁能量经 VD_1 向 R_L 提供能量。由于电感 L 的反电动势方向为“左负右正”，因而加至 VD_1 阳极的实际电压为电感 L 的反电动势 V_L 与输入电压 $+V_{in}$ 之和，显然超过输入电压 $+V_{in}$，从而实现升压。

LM2577 是一款常用的升压芯片，可将低至 3.5V 的直流电压升至较高的电压并输出，且能提供近 3A 的最大输出电流。LM2577 构成的基本升压电路如图 5-2-04 所示。

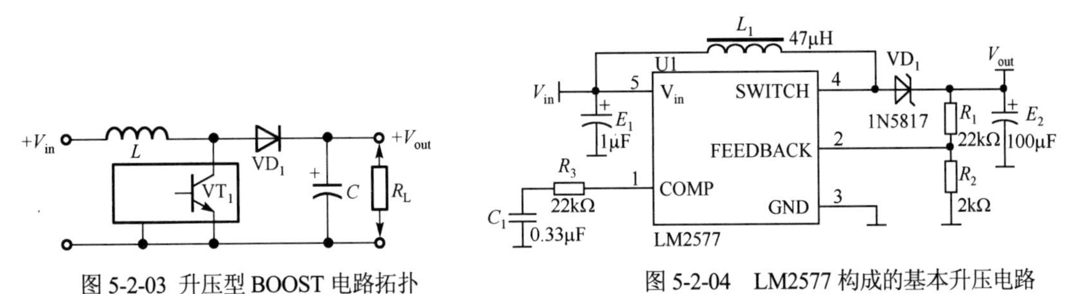

图 5-2-03　升压型 BOOST 电路拓扑　　图 5-2-04　LM2577 构成的基本升压电路

【例 5-2-1】 俗称“充电宝”的手机移动电源其实就是一种混合开关电源电路系统。

- 用+5V 输入电压对移动电源内置的锂电池充电，属于 BUCK 降压转换；
- 移动电源内部的锂电池向手机提供+5V 的充电电压，属于 BOOST 升压转换。

5.2.3　负电源转换电路

数字电路系统以单电源供电为主，而集成运放的供电则常会用到正/负双电源。除直接使用双路电源进行供电外，还可将正电压转换为负电压，得“单入-双出”的双电源输出。

- 如果负电源功率需求较大（电流大于或等于 100mA），可采用如图 5-2-05 所示的负压电路。
- 如果负电源所需工作电流较小（小于 100mA），可采用如图 5-2-06 所示的电荷泵负压转换电路。

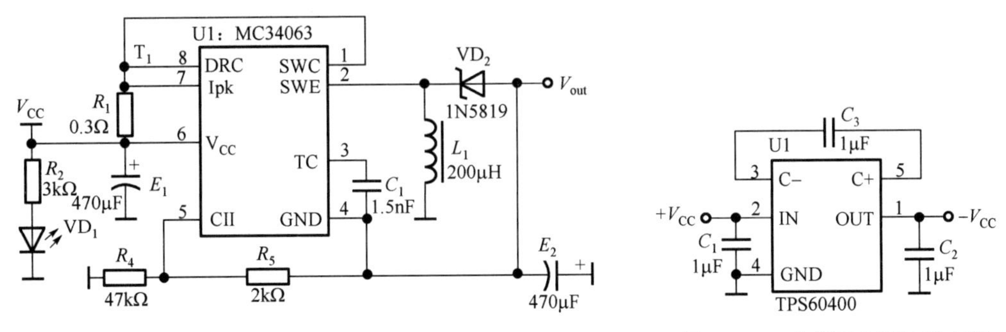

图 5-2-05　MC34063 构成负压电路　　图 5-2-06　电荷泵负压转换电路

TPS60400 是一种具有切换频率可变的电荷泵芯片，电路成本低，最大输出电流可达 60mA，供电电压在 1.6～5.5V 范围内均能正常工作，适合作为低压高速型集成运放的正/负双供电电源。

5.3　电流检测电路设计

电源电路中，需要重点关注并进行测试的物理量包括输出电压与负载电流。

输出电压可通过数字万用表以并联测试的方式获得较为精确的结果，输出电压的纹波（交流成分）可以通过示波器进行观测；而输出电流的测量往往需要切断负载回路，再串入电流表进行测量，测试过程比较烦琐。目前一种很好的测试方法是采用电压输出型电流分流监控芯片，不仅能够简化测量过程，而且还能够以较小的功耗进行电流的实时监测。

INA28×系列并联检流芯片具有 140dB 的共模抑制比，通过检测负载回路中串入的一只mΩ级取样电阻两端的电压，得到与流过取样电阻实际电流成比例的电压值，从而实现高精度的电流检测。INA282的基本应用电路如图5-3-01所示。

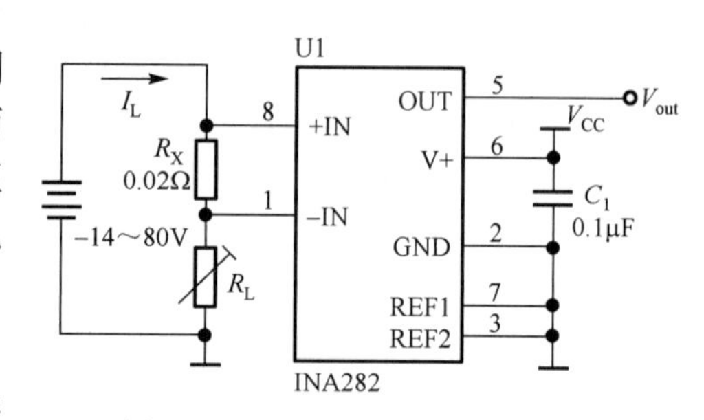

图 5-3-01　INA282 的基本应用电路

INA282的内部增益为50V / V，其5脚输出电压V_{out}与流经取样电阻R_X的电流I_L满足$V_{out} = 50R_XI_L$；如果选用0.02Ω的取样电阻R_X，则V_{out}与I_L的大小相等，计算非常方便。

★技巧　在对较小的负载电流进行测试时，可选择 INA285，其内部增益高达1000V / V，配合10^{-1}～10^{0}Ω数量级的取样电阻，可实现mA级电流的精密测量。

习　　题

5-1　英国的电网电压为 240V，在选用半波或桥式整流电路进行直接整流时，二极管的反向耐压值应该如何选择？

5-2　简要阐述电源滤波电路与有源滤波电路的主要异同点。

5-3　硅二极管在正向导通时具有0.7V左右的压降，对整流输出波形及电压有哪些影响？

5-4　分析当桥式整流电路中的任意一只二极管反接时，电源电路存在何种安全隐患。

5-5　分析电感滤波电路与电容滤波电路的结构及应用范围的主要区别。

【思政寄语】 我国是电源生产的大国，但暂时还不能算作电源强国；时代呼唤每一位学习者“敢闯会创”，亲身参与电源设计研发及生产制造的每个环节，不断增强自己内在的创新精神、创造意识和创业能力，为我国早日步入世界电源制造强国而不懈努力。

第6章　电路设计与软件仿真

【学习重点】

1）熟悉 Multisim 软件的电路绘制、参数设置、仿真测试流程；了解支电路、总线的应用。

2）掌握万用表、示波器、信号源、逻辑分析仪等虚拟仿真仪器的基本操作。

Multisim 是加拿大 IIT（Interactive Image Technologies）公司开发的虚拟电路集成仿真软件，基于 Windows 平台，采用 PSpice 内核。Multisim 软件提供了种类繁多的仿真元器件库及多达 19 种的仿真分析方法，特别设计的虚拟仿真仪器凭借接近于真实测试仪器的操作，实现了较好的人机交互。新版本的 Multisim 软件已经能够对模拟、数字、开关电源、单片机等多种形式的电路进行仿真。

☞**提示**　Multisim 软件的 Ultiboard 模块提供了印制电路板（PCB）设计功能，与 Altium Designer、Protel 99SE 等 PCB 设计软件的功能类似。

6.1　仿真软件的基本操作

Multisim 仿真软件包含输入、仿真模型、数据分析、后处理、虚拟仪器等功能模块，使用者以电路图的形式直接绘制仿真电路，在图形化界面中直观、生动地观察仿真结果，操作简便、功能强大。

6.1.1　软件使用须知

Multisim 仿真文件的扩展名为“.ms*”，如“.msm”、“.ms8”和“.ms14”等。在高版本通过向下兼容的方式打开早期版本的“.ewb”和“.msm”仿真文件时，文件名中一定不要出现中文字符。

Multisim 默认的仿真文件的存储路径是该软件的硬盘安装目录，为了避免由计算机系统故障引起仿真文件、仿真数据的破坏或丢失，建议将仿真文件存放到硬盘的某个数据分区。当一个完整的仿真系统由多个仿真文件构成时，最好将相关文件保存在同一个文件夹下。

Multisim 在进行复杂电路的仿真运行进程时，占用的 CPU 及内存资源较多，若此时打开或运行过大的程序（如 3D 建模软件、大型网络游戏），则容易使得计算机运行缓慢，甚至导致系统死机。

☞**提示**　虽然 Multisim 系统允许同时打开多个仿真文件，但只能对其中一个文件运行仿真。如果某个文件的仿真运行按钮 ▶ ‖ ■ 呈无效的灰色状态，需切换至正在运行的仿真文件页面，终止该文件的仿真后才能进行其他文件的仿真。

6.1.2　软件操作界面

Multisim 仿真软件的基本操作界面如图 6-1-01 所示。

1．仿真电路绘图区

仿真电路绘图区占据界面的面积较大，其背景为点状栅格，犹如一张设计图纸。使用者能够在电路绘图区中进行仿真电路的搭建、元器件参数的调整、虚拟测试仪器探头的连接、仿真数据及波形的观测等操作，与传统意义上的电子电路实验流程非常类似。

★**技巧**　在电路绘图区的空白区域拨动鼠标的滚轮，可缩小或放大电路绘图区的显示比例。

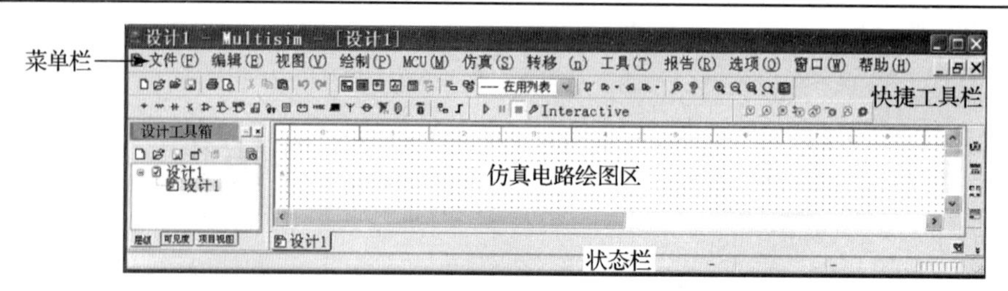

图 6-1-01　Multisim 仿真软件的基本操作界面

2. 设计工具箱

图 6-1-01 中左侧的设计工具箱与 Windows 操作系统的资源管理器的功能相似。

在图 6-1-01 中，当前打开了一个仿真文件“设计 1”。当多个仿真文件（注意只能运行其中一个）被打开时，设计工具箱中将出现多个文件图标，单击即可在不同的仿真文件之间切换。

☞**提示**　单击设计工具箱右上角的“区”按钮可将其关闭，为复杂仿真电路留出更大的显示空间。

3. 菜单栏

Multisim 默认有 12 条菜单项，常用的菜单项如表 6-1-1 所示。

表 6-1-1　Multisim 的常用菜单项

菜 单 项	主 要 功 能
文件（F）	进行文件的新建、存取、打印等操作，显示最近打开过的仿真文件、项目
编辑（E）	对电路绘图区中的内容进行复制、粘贴、搜索、选择、删除、排列等操作
绘制（P）	放置元器件、节点、连线、注释、几何图案、支电路等内容
仿真（S）	仿真进程的运行、暂停与终止，加载虚拟仪器，设定仿真参数，清空仿真数据
工具（T）	具有电路设计向导、SPICE 文件浏览、电气规则检查等辅助功能
选项（O）	电路绘图区的页面/系统参数的设置、快捷工具栏的锁定、自定义菜单等
帮助（H）	Multisim 软件的帮助信息、入门教程、版本信息等

4. 快捷工具栏

Multisim 的菜单栏下方有多组相互独立的快捷工具栏。

（1）系统工具栏

主要针对仿真文件进行操作，各按钮的功能依次为新建仿真文件、打开已有仿真文件、打开系统自带样本示例文件、保存、打印、打印预览、剪切、复制、粘贴、撤销、恢复。

（2）主工具栏 --- In Use List ---

主工具栏集成的快捷按钮较多，功能依次为打开/关闭设计工具箱、层次电子表格、SPICE 网表查看、图示仪、后处理器、母电路图、元器件向导、数据库管理器、在用列表、电气规则检查。

（3）视图工具栏

用于调整仿真电路图的显示比例，功能依次为放大、缩小、显示指定区域、缩放页面、全屏显示。

（4）仿真控制工具栏

三只按钮的功能依次为启动仿真、暂停仿真、终止仿真。

（5）仿真元器件工具栏

参见 6.1.3 节。

（6）虚拟仿真仪器工具栏

参见 6.1.4 节。

Multisim 共提供了 22 个浮动型的快捷工具栏，单击【视图】→【工具栏】菜单项，所有快捷工具栏的内容如图 6-1-02 所示。

使用者可根据实际需要勾选图 6-1-02 中相应的快捷工具栏，可以决定该快捷工具栏是否显示在主菜单下方的快捷工具栏区。除系统默认的“Instruments”（虚拟仪器工具栏）被竖直排列在绘图工作区右侧外，其余前方带有 ☑的快捷工具栏都将出现在 Multisim 基本操作窗口的菜单栏以下、电路绘图区以上的快捷工具栏区。

★**技巧**　右击快捷工具栏，在弹出的对话框中取消倒数第二项的“锁定工作栏”，就可以用鼠标左键随意拖曳快捷工具栏，使其停留在 Multisim 操作界面的任意位置。调整完成后，建议仍恢复为“锁定工作栏”的状态。

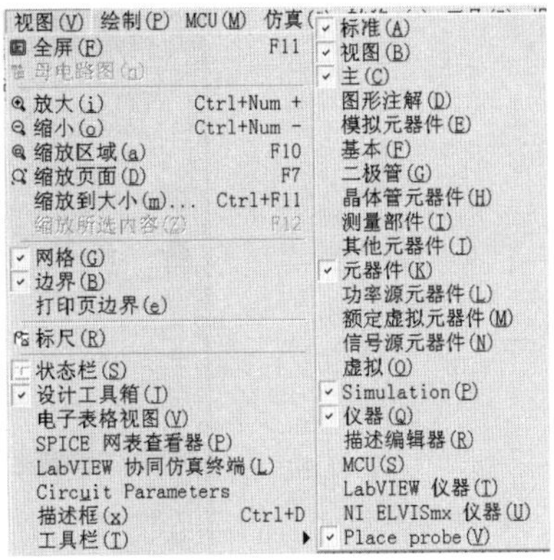

图 6-1-02　快捷工具栏的选择

5. 状态栏

如图 6-1-01 所示窗口的底部为状态栏。状态栏左侧会显示目前的系统操作状态或元器件信息。运行仿真后，状态栏右侧会新增一些如图 6-1-03 所示的显示信息。

图 6-1-03　状态栏右侧的显示信息示例

图 6-1-03 中的第一项内容提示目前一个名为“呼吸灯”的仿真文件正在运行中（Simulating…）；第二项内容提示目前的仿真进程已经持续 0.299s；第三项为仿真状态模拟指示灯。

☞**提示**　右击快捷工具栏，在弹出的对话框中可设定状态栏的隐藏或显示。

6.1.3　仿真元器件库

仿真元器件快捷工具栏由 20 个分类库构成，涵盖了电子电路中常用的大多数电子元器件，具体内容如表 6-1-2 所示。

表 6-1-2　仿真元器件快捷工具栏包含的分类库内容

图　标	库元器件名称	图　标	库元器件名称
	电源、信号源、受控源		电压基准、功率器件
	*R*、*C*、*L*、继电器、开关	 MISC	晶振、光耦、滤波器、开关电源控制器
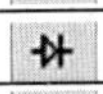	二极管、LED、可控硅		键盘、液晶模块、串口
	三极管、MOSFET 场效应管		有源射频器件、磁珠
	集成运放、比较器、功放		电机、开关、电控器件
	TTL 数字集成芯片		数据采集卡
	CMOS 数字集成芯片		连接器、接插件
	模拟开关、ADC、DAC、定时器		单片机、RAM、ROM
	可编程数字器件	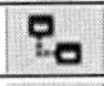	来自文件的层次模块
	数码管、指示灯、蜂鸣器、数字表头		总线

1. 调出仿真库元器件

在 Multisim 的电路绘图区搭建仿真电路时，关键的第一步正是从仿真元器件库中调用所需的元器件。建议操作者浏览并熟悉 Multisim 所包含的元器件类型及其归属库。

【例 6-1-1】 电阻元器件调用至电路绘图区。

（1）单击快捷工具栏中的 按钮，弹出如图 6-1-04 所示的“选择一个元器件”对话框。

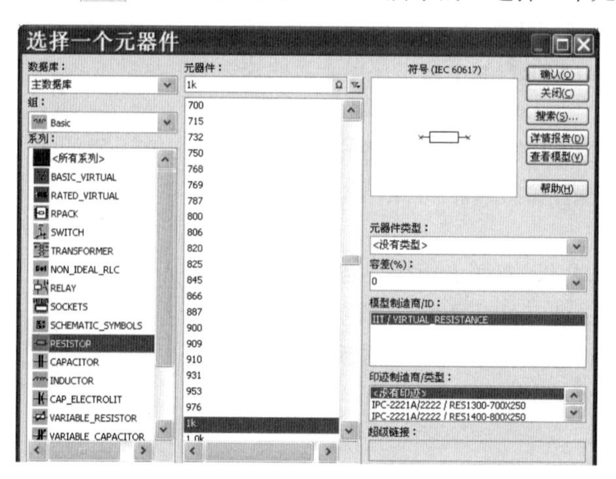

图 6-1-04　“选择一个元器件”对话框

（2）图 6-1-04 左侧的“系列”下拉列表框显示“Basic”中的所有仿真元器件，如表 6-1-3 所示。

表 6-1-3　“Basic”中的仿真元器件

仿真元器件	功 能 概 述	仿真元器件	功 能 概 述
BASIC_VIRTUAL	虚拟仿真元器件	RATED_VIRTUAL	额定虚拟仿真元器件
SWITCH	开关	NON_IDEAL_RLC	非理想电阻/电容/电感
RELAY	继电器	TRANSFORMER	变压器
SOCKETS	集成电路插座	SCHEMATIC_SYMBOLS	原理图的图形符号
RESISTOR	电阻	POTENTIOMETER	电位器
CAPACITOR	电容	VARIABLE_CAPACITOR	可变电容
INDUCTOR	电感	VARIABLE_INDUCTOR	可变电感
RPACK	集成电阻、排阻	CAP_ELECTROLIT	电解电容

☞**提示**　“系列”下拉列表框中的“BASIC_VIRTUAL”与“RATED_VIRTUAL”图标显示为绿色，表明其包含的所有仿真元器件均为具有理想特性的仿真模型。

（3）在图 6-1-04 中单击“RESISTOR”（电阻），然后在窗口中部第二列的“元器件”下拉列表框中将显示常用标准电阻值的电阻，此时，“1k”（Ω）的电阻处于选中状态，窗口右上方的“符号”图文框中显示了“RESISTOR”的欧标符号（IEC 60617）。

（4）在窗口右侧的“元器件类型”下拉列表框中选择电阻类型：碳膜、金属膜、线绕……具体的电阻类型可参见 2.2.1 节。“容量（%）”下拉列表框用于设置电阻值的误差范围：0.1%、0.5%、10%等。“模型制造商/ID”表明了该电阻的仿真模型。

2. 在电路绘图区放置元器件

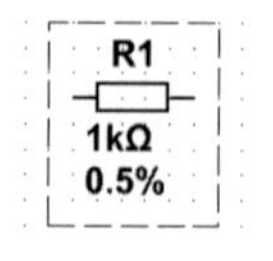

图 6-1-05　选中元器件

在如图 6-1-04 所示的窗口中依次选择 RESISTOR→1k 后，单击“确认”按钮，一只跟随鼠标移动的电阻将出现在电路绘图区。

（1）将电阻移动到合适的位置，单击即可将该电阻放置在电路绘图区。

（2）单击（不释放）元器件，即可在电路绘图区中拖曳该元器件来调整位置。

（3）单击已放置在电路绘图区的电阻，元器件周围将出现一个虚线矩形框，如图 6-1-05 所示，表明该元器件正处于选中状态。元器件被选中后，可进行复制、剪切、删除等基本操作。

（4）右击电路绘图区中的电阻，系统弹出如图 6-1-06 所示的快捷菜单。

快捷菜单包括元器件的“剪切”、“复制”、“粘贴”、“删除”、“水平翻转”、“垂直翻转”、“顺时针旋转 90°”、“逆时针旋转 90°”、“替换元器件”和“属性”等基本菜单内容。

（5）双击电路绘图区中的电阻，系统弹出如图 6-1-07 所示的元器件参数对话框。

在如图 6-1-07 所示的“值”选项卡中，可设置电阻、容差（电阻值误差）、元器件类型、温度、温度系数等参数。在如图 6-1-08 所示的“标签”选项卡中，可设置电阻的“RefDes”（序号）。

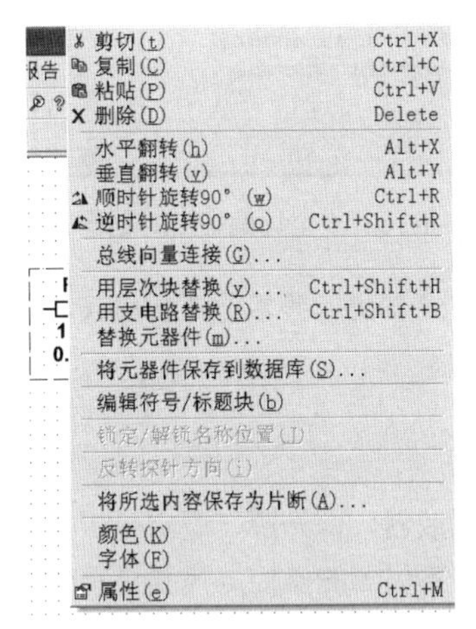

图 6-1-06　快捷菜单

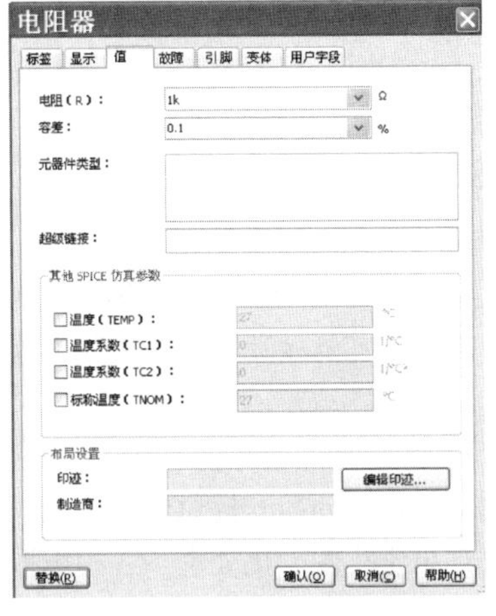

图 6-1-07　元器件参数对话框

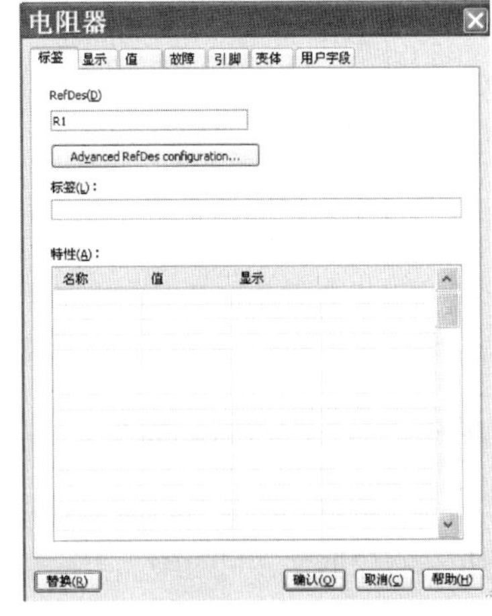

图 6-1-08　“标签”选项卡

☞**提示**　Multisim 中不允许出现重复的元器件序号。

如果需要调整或更换目前的仿真元器件，可单击图 6-1-07、图 6-1-08 对话框左下角的“替换”按钮，然后在弹出的如图 6-1-04 所示的元器件选择窗口中进行类似的操作。

3．元器件仿真模型的设置与修改

单击仿真元器件快捷工具栏的按钮，在系列下拉列表框中找到“OPAMP”（集成运放），接着在元器件下拉列表框中找到“LM358AD”，完成放置。

LM358AD 的参数属性对话框如图 6-1-09 所示。“值”选项卡中除包含“值”、“印迹”和“功能”等内容外，在对话框右下角还有“在数据库中编辑元器件”、“将元器件保存到数据库”、“编辑印迹”和“编辑模型”4 只按钮，可对该元器件的仿真模型的关键参数进行修改。

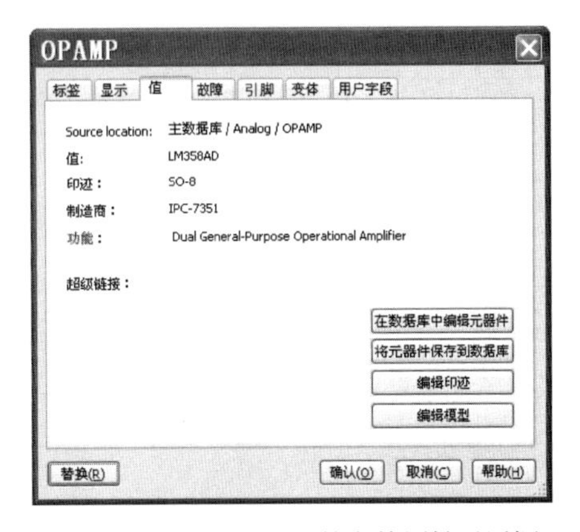

图 6-1-09　LM358AD 的参数属性对话框

☞**提示**　Multisim 采用 PSpice 的仿真内核，只有具备一定 PSpice 编程基础，同时熟悉元器件仿真模型中的各项参数含义，才能正确地对仿真模型进行修改。因涉及知识面太宽，故不提倡初学者随意编辑元器件仿真模型，以免错误的仿真模型影响仿真结果的正确性。

★**技巧**　若某些缺乏仿真模型的元器件在功能上与 Multisim 自带的某些仿真元器件近似，则可以打开并复制该元器件的仿真模型文件，然后对仿真模型文件进行有针对性的少量修改，最后保存得到新的仿真元器件，具体操作流程可参见文献[3]。

4. 选择元器件的布局模式、显示模式

单击【选项】→【全局偏好】菜单项，弹出如图 6-1-10 所示的“全局偏好”对话框，“元器件”选项卡下的“元器件布局模式”即可设置元器件的布局操作。

图 6-1-10　“全局偏好”对话框

建议首选“持续布局（按 ESC 退出）”选项，此时便于操作者连续放置相同的元器件，当按下 “Esc”键或右击时，均可终止放置元器件。

图 6-1-10 中的“符号标准”用于设定“ANSI”（美国国家标准协会制定的电气标准）、“DIN”（德国及欧洲标准化主管机构制定的电气标准）。

★**技巧**　ANSI 的集成电路符号较通用，但电阻符号与国内明显不同；DIN 的电阻符号规范，而其他元器件符号则不太常见。两种标准的电气符号差异较大，但仿真模型一致，混合使用并不会产生错误的结果。使用者可在两种标准之间切换，选择尽可能接近国标的电气符号。

6.1.4　虚拟仿真仪器库

为了提高仿真软件的可视性与易用性，Multisim 提供了万用表、示波器、信号源、逻辑分析仪等虚拟仿真仪器库，可对绝大多数仿真结果进行图形化处理。各种虚拟仿真仪器的操控方式及显示效果与实际的测试仪器比较接近，这也正是 Multisim 软件的特色与亮点之一。

虚拟仿真仪器的快捷工具栏被单独布置在电路绘图区的右侧，虚拟仿真仪器图标与实际等效测试仪器的功能对应关系如表 6-1-4 所示。

表 6-1-4　虚拟仿真仪器图标与实际等效测试仪器的功能对应关系

图　标	实际等效测试仪器的功能	图　标	实际等效测试仪器的功能
	数字万用表（电压、电流、电阻）		失真度测试仪
	函数信号发生器		频谱分析仪
	功率计		网络分析仪
	双踪数字示波器		15MHz 安捷伦 33120D 函数/任意波形发生器
	四踪数字示波器		6 位半安捷伦 34401A 数字万用表
	类似于扫频仪		100MHz 安捷伦 54622D 混合信号数字示波器
	频率计		4 踪 200MHz 泰克 TDS2024 数字示波器
	类似于数字信号发生器		测量探针
	无（具有逻辑转换功能）		虚拟仪器
	逻辑分析仪		—
	类似于晶体管图示仪		电流探针

6.2　模拟电路的仿真

模拟电路主要用于信号的放大与处理，涉及的有源核心器件为双极性晶体三极管、MOSFET 场效应管、集成运放、电压比较器、专用模拟集成电路等。常用的模拟信号测试仪器包括信号源、示波器、万用表、失真度仪、频谱分析仪、功率计等。

【例 6-2-1】如图 6-2-01 所示的单电源矩形波-三角波发生电路（呼吸灯电路）工作原理请参见 3.6.3 节。该电路包含双运放 LM358N、+5V 单电源、电位器、电容与若干电阻。本节以如图 6-2-01 所示电路为例，完整讲解 Multisim 软件进行模拟电路仿真的基本操作：①将所有仿真元器件调入 Multisim 的电路绘图区；②调整元器件的相对位置、方向；③电气连线；④设置元器件参数；⑤接入虚拟测试仪器；⑥保存电路、运行仿真，通过改变电路结构和调整参数，得到正确的运行结果；⑦保存仿真数据及波形。

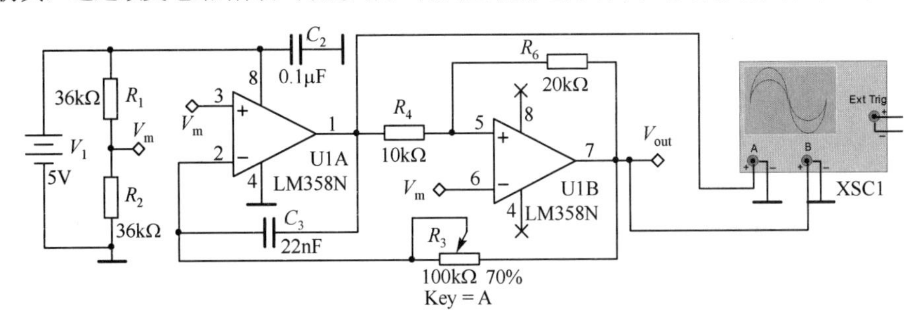

图 6-2-01　单电源矩形波-三角波发生电路（呼吸灯电路）

6.2.1　放置与删除电气连线、电气节点

Multisim 中用鼠标进行电气连线的操作步骤如下。

（1）当移动鼠标到元器件的引脚末端时，鼠标指针将从默认图标变为十字形图标，且在十字交叉处将出现一个实心粗黑点，表明鼠标目前所在位置可作为电气连线的起点。

（2）单击鼠标进入连线状态。

（3）拖动鼠标将出现一根实线（或 90°拐弯的折线）跟随图标及周边元器件的相对位置移动。如果希望改变电气连线的方向，那么单击即可。

（4）将鼠标移动到等待连接的电气节点的上方，单击即可绘制出所需的电气连线。

☞**提示**　Multisim 会根据周边元器件的相对位置确定电气连线的“智能”轨迹。为了使电气连线更加整洁、规范，在对元器件进行布局时，建议将元器件之间的距离适当拉开一些、位置错开一些，否则系统会产生如图 6-2-02 所示的连线结果。

（5）当某个节点的电气连线完成后，鼠标自动恢复为默认状态，暂时退出电气连线。

（6）如果 Multisim 在进行交叉连线时未能自动添加节点，可单击【绘制】→【结】菜单项，然后将鼠标移动到交叉连线的位置，单击即可添加所需节点。

（7）如果单击已完成的电气连线，那么连线上将会出现如图 6-2-03 所示的多只蓝色的正方块，然后按“Delete”键即可删除电气连线；如果右击电气连线，系统会弹出如图 6-2-04 所示的快捷菜单，选择“删除”，也可删除电气连线。

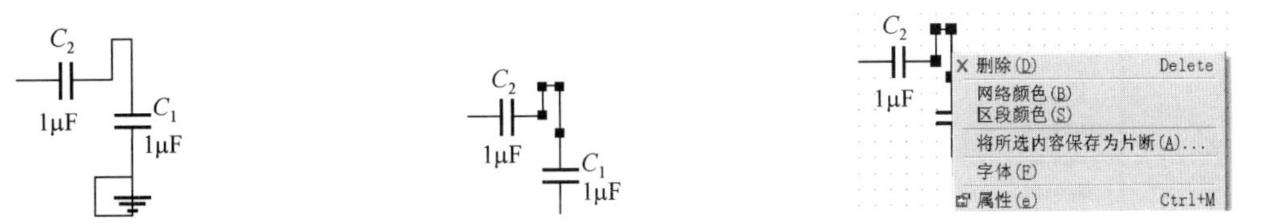

图 6-2-02　欠美观的自动连线　图 6-2-03　用“Delete”键删除电气连线　图 6-2-04　用快捷菜单删除电气连线

6.2.2　设置参考地、直流电源、信号源

电气连线完成后，需要向电路中添加仿真运行所必需的参考地、直流电源、信号源。

单击仿真元器件工具栏中的第一项 ，弹出如图 6-2-05 所示的“选择一个元器件”对话框。在左侧的“系列”下拉列表框中，第 1 项“POWER_SOURCES”（电源）用于配置交流、直流电源（侧重能量）与参考地，第 2 项“SINGNAL_VOLTAGE_SOURCES”（信号源）用于配置仿真信号源（侧重信号）。

1. 参考地

电路在运行仿真时必须设置参考地，作为仿真时的“0”电位参考基准。在图 6-2-05 中左侧的“系列”下拉列表框中选择“POWER_SOURCES”（电源），然后在中部的“元器件”下拉列表框中选择“GROUND”（模拟地），单击“确认”按钮，即可在 Multisim 电路绘图区中设置一个模拟电路的参考地 。遗漏了参考地的电路在运行仿真后，Multisim 会弹出如图 6-2-06 所示的错误提示。

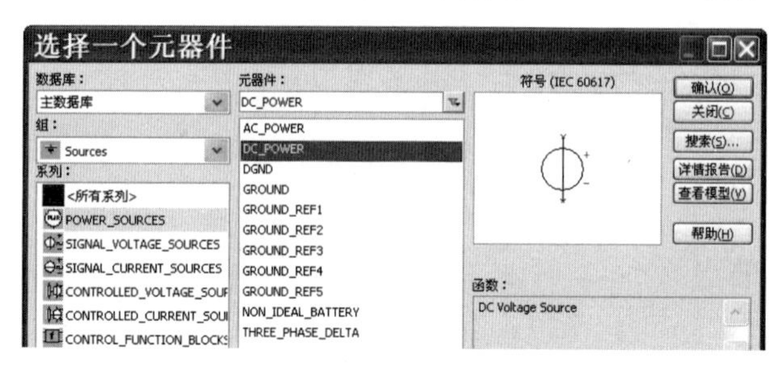

图 6-2-05　“选择一个元器件”对话框　　　　图 6-2-06　遗漏了参考地时的错误提示

☞**提示**　若选择“DGND”，则系统会提供一个数字电路的参考地 **GND** 。模拟地与数字地在仿真运行过程中差异较大，因此在同一仿真电路中，一般不允许模拟地与数字地同时出现。

2. 直流电源

图 6-2-05 中部“元器件”下拉列表框中的“DC_POWER”是为模拟电路提供能源的直流电压源，“AC_POWER”是交流电压源，可用于变压器电路、电路原理实验课程中的相关仿真。

“DC_POWER”的图标如图 6-2-07 左侧所示，V_1 为美标（ANSI）符号，V_2 为欧标（DIN）符号。双击“DC_POWER”图标，弹出直流电源的属性对话框，其中第一项“电压（V）：”必须设定。只有在进行交流分析、失真度分析等较为深入的仿真时，剩下的 7 项参数才需要补充设置。

3. 信号源

在图 6-2-05 的“系列”下拉列表框中，选择“SINGNAL_VOLTAGE_SOURCES”（信号源），切换到如图 6-2-08 所示的信号源选择对话框。

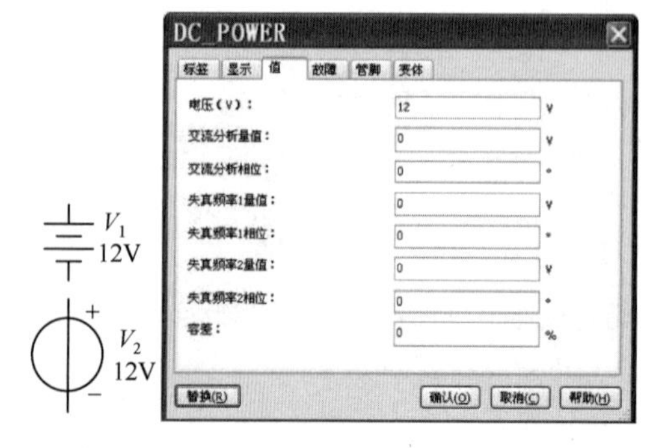

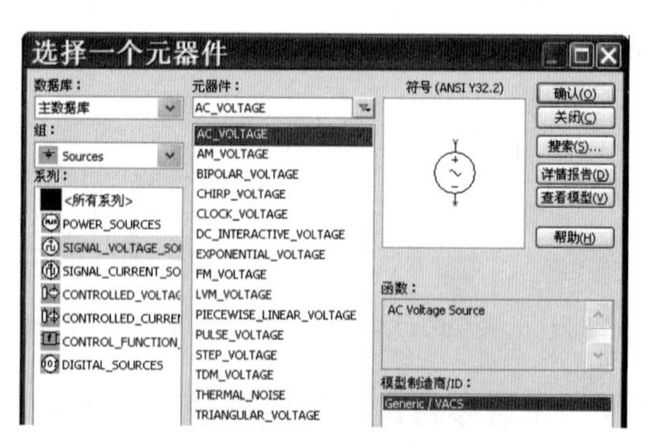

图 6-2-07　“DC_POWER”直流电压源　　　　图 6-2-08　信号源选择对话框

图 6-2-08 中部的“元器件”下拉列表框中提供了种类较多的信号源。模拟电路中常用的信号源包括“AC_VOLTAGE”（交流电压源）、“PULSE_VOLTAGE”（矩形波脉冲源）、“STEP_VOLTAGE”（阶跃电压源）、“TRIANGULAR_VOLTAGE”（三角波信号源）等。

☞**提示**　“CLOCK_VOLTAGE”（时钟源）类似于“PULSE_VOLTAGE”（矩形波脉冲源），只有两种交替变化的状态，但前者不会出现负电压，因而被广泛用于数字电路系统。

在电路绘图区双击图 6-2-09 左侧的“AC_VOLTAGE”图标 V_3 或 V_4，将弹出交流电压源的属性对话框，如图 6-2-09 右侧所示。在“值”选项卡下，“电压（Pk）”用于设定交流信号的峰值，“电压偏移”用于设定交流信号的直流漂移量，“频率（F）”用于设定交流信号的频率大小。

☞**提示**　“电压（Pk）”是交流信号的峰值，并不是常用的“峰峰值 V_{P-P}”。

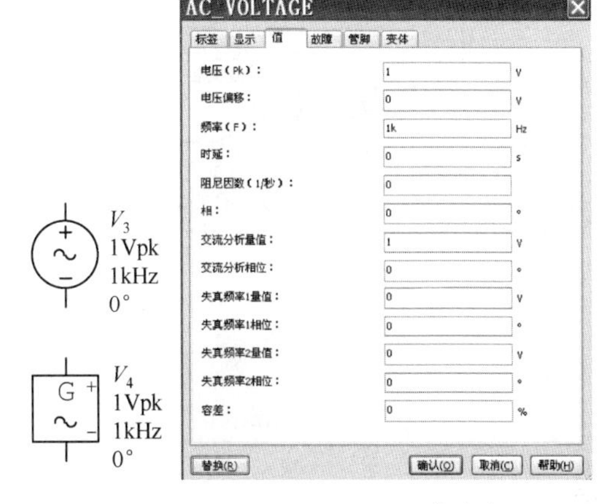

图 6-2-09　“AC_VOLTAGE”交流电压源

6.2.3　虚拟示波器的设置

示波器多用于模拟电路调试，主要观察与测试各类交/直流电压信号的波形形状、幅度、频率（周期）、相位等基本参数。

Multisim 提供了“Oscilloscope”（双踪）、“Four Channel Oscilloscope”（4 踪）、安捷伦 5462D、泰克 TDS2024 这 4 种虚拟示波器，电路绘图区的显示图标如图 6-2-10 所示。

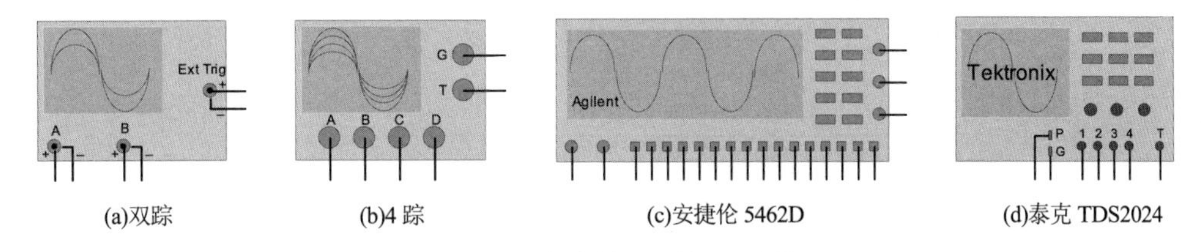

(a)双踪　(b)4 踪　(c)安捷伦 5462D　(d)泰克 TDS2024

图 6-2-10　电路绘图区的显示图标

☞**提示**　20 世纪 90 年代以前，出于成本考虑，曾经出现过只能显示一路波形的单踪示波器，不具备信号之间的对比功能，目前已基本淘汰。而双踪示波器可将两组信号显示于同一时间坐标（横轴）上，以便观测其幅度差（比例）、时间延迟、相位差、相关度等信息，因而得到了广泛的应用。

1. 虚拟示波器的加载

在 Multisim 右侧的虚拟仪器快捷工具栏中，单击双踪示波器的图标，一台虚拟示波器将跟随鼠标的移动而出现在电路绘图区。移动鼠标到合适位置后单击即可加载虚拟示波器。

双踪虚拟示波器包含 A、B 两通道测试探头，可同时测试仿真电路中的两个测试点相对于参考地的波形。按照如图 6-2-01 所示的电路结构，将虚拟示波器的 A 通道探头连接至反向积分电路 U1A 的输出端，将 B 通道探头连接至施密特触发器电路 U1B 的输出端。

☞**提示**　虚拟示波器图标右侧的“Ext Trig”是外触发端，应与待测试电路的外触发信号连接。如果电路中未使用外触发信号，那么“Ext Trig”应悬空。

★**技巧**　示波器测试连线默认为红色，建议修改为对比强烈的两种颜色，以便区分。

右击示波器 B 路探头的连线，弹出如图 6-2-11(a)所示的快捷菜单，可以很便捷地实现电气连线的删除及连线颜色、字体、属性设置等功能。

选择快捷菜单中的第 2 项“区段颜色”，弹出如图 6-2-11(b)所示的调色对话框供设计者选择。为了在虚拟示波器窗口中可以较好地对比两路波形，建议将两个通道区段颜色设置为对比强烈的颜色，例如，“蓝和红”及“紫和绿”的对比效果较好，建议优先选择。

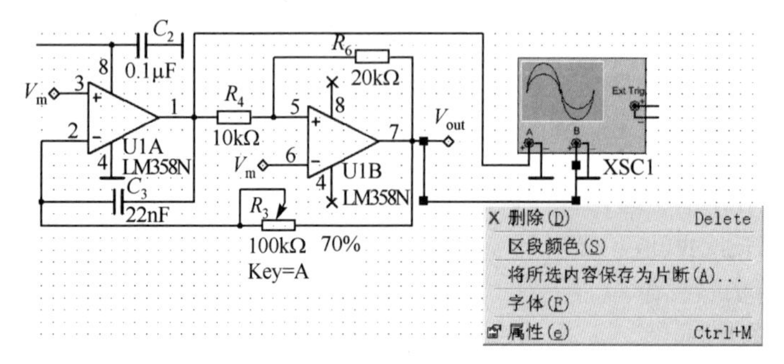

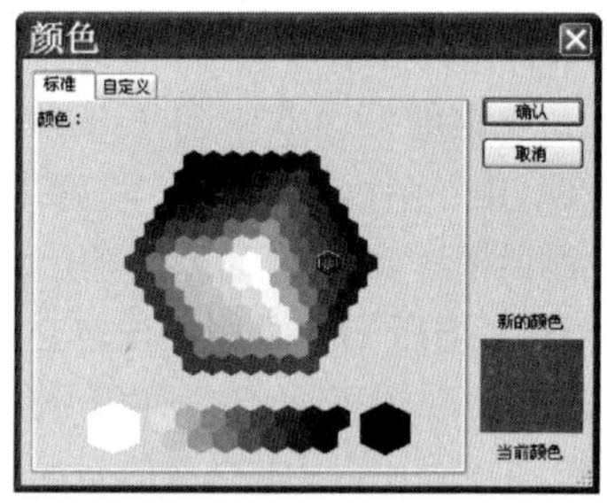

(a) 右键快捷菜单　　　　(b) 调色对话框

图 6-2-11　针对电气连线的右键快捷菜单及调色对话框

2. 虚拟示波器的面板功能

双击图 6-2-11(a)中的虚拟示波器图标，打开如图 6-2-12 所示的显示面板及仿真波形。显示面板从上到下依次为波形显示区、参数显示区、两只功能按钮、示波器参数设置区。

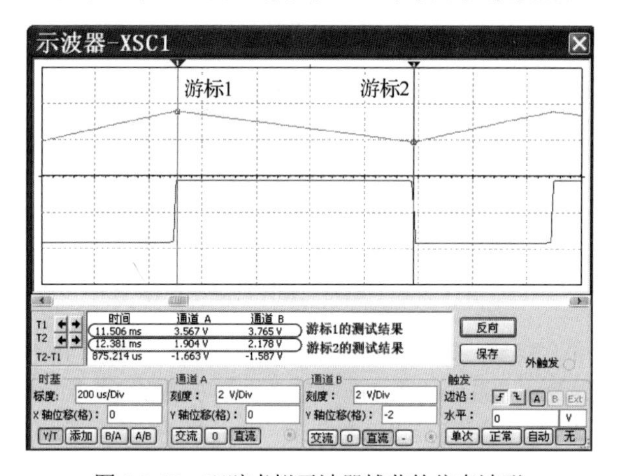

图 6-2-12　双踪虚拟示波器捕获的仿真波形

示波器显示面板最下方的示波器参数设置区从左至右依次为时基设置区、通道 A 区、通道 B 区、触发设置区。通过调整相关参数，可获得不同显示效果下的仿真波形。

★技巧　当鼠标移到示波器显示面板的边框上时，会变成双向箭头，单击并拖曳鼠标即可调整面板大小。

对如图 6-2-01 所示的呼吸灯电路运行仿真后，适当调节示波器参数设置区的控制参数，虚拟示波器面板的波形显示区将出现如图 6-2-12 所示的仿真波形。

1）波形显示区、参数显示区

波形显示区有虚线网格背景，默认背景颜色为黑色。波形显示区左侧有重叠在一起的红色、蓝色两根读数游标，游标上方有倒三角形标志，如图 6-2-12 所示。

★**技巧**　*用鼠标左键拖曳游标并放置在波形显示区的任意位置，可测量实时的波形数据。*

用鼠标左键拖曳游标并与仿真波形交汇后，显示面板中部的参数显示区将显示 A、B 两根探头在游标 1、游标 2 的位置所对应波形的电压数据、横轴时间信息，有助于使用者准确读取两路波形的峰峰值、周期、脉冲宽度、相位（差）等关键参数。

双踪虚拟示波器显示面板中部的参数显示区的内容如表 6-2-1 所示。

表 6-2-1　双踪虚拟示波器显示面板中部的参数显示区的内容

	时　间	通　道 A	通　道 B
T1 ← →	游标 1 所在的水平位置	游标 1 与 A 通道波形交汇点的电压瞬时值	游标 1 与 B 通道波形交汇点的电压瞬时值
T2 ← →	游标 2 所在的水平位置	游标 2 与 A 通道波形交汇点的电压瞬时值	游标 2 与 B 通道波形交汇点的电压瞬时值
T2-T1	游标 1、2 之间的时间差，可测量周期与脉冲宽度	游标 1、2 分别测出 A 通道波形电压瞬时值之差，可用于测量峰峰值与幅值	游标 1、2 分别测出 B 通道波形电压瞬时值之差，可用于测量峰峰值与幅值

2）时基设置区

双踪虚拟示波器横轴的时基设置区包含如图 6-2-13(a)所示的内容，可调整显示波形横轴方向的时间显示比例及位置。

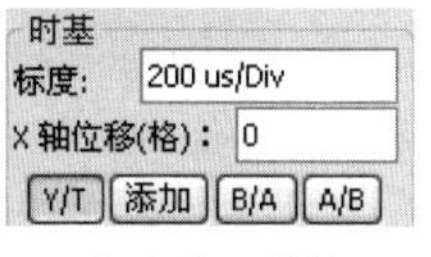

(a)水平时间（横轴）

(b)电压（纵轴）

(c)触发方式

图 6-2-13　双踪虚拟示波器的参数设置区

（1）标度：设置示波器横轴（时间轴）的显示比例，如 ns/Div、μs/Div、ms/Div、s/Div 等。

【例 6-2-2】 200μs/Div 表示波形显示区单个网格的横向宽度为 200μs。

（2）X 轴位移（格）：波形信号在横轴（时间轴）的起点位置；Multisim 提供了±5 格（Div）的时间轴位置调节范围，分辨率为 0.1 格。

（3）“Y/T”按钮：所显示的波形基于横轴（时间轴），是虚拟示波器的默认显示状态。

（4）“添加”按钮：将双踪虚拟示波器的两路信号相加后形成单路波形进行显示。

（5）“B/A”按钮：将 A 通道的信号作为横轴、B 通道信号作为纵轴得到的显示波形。

（6）“A/B”按钮：将 B 通道的信号作为横轴、A 通道信号作为纵轴得到的显示波形。

★**技巧**　*“B/A”和“A/B”按钮常用来获得李沙育图或传输特性曲线。*

3）通道 A 与通道 B 纵轴电压设置区

对虚拟示波器 A、B 通道垂直方向（纵轴）的波形显示比例及位置进行设置，如图 6-2-13(b)所示。

（1）　刻度：电压波形信号在虚拟示波器纵轴的显示比例，如 V/Div、mV/Div。

【例 6-2-3】 2V/Div 表示波形显示区的每个网格的纵向高度为 2V。

（2）　Y 轴位移（格）：波形信号在纵轴（电压轴）的高度位置。为避免两路波形之间因交叉而影响观测效果，可将 A、B 通道的“Y 轴位移（格）”参数设置为一正一负，如图 6-2-13(b)所示。

（3）“交流”按钮：交流耦合设置，待测波形只有交流成分进入示波器。

【例 6-2-4】 观察整流滤波电路（参见 5.1.2 节）的纹波波形时，可使用“AC”交流耦合。

（4）“0”按钮：屏蔽本通道的波形显示，可用于寻找波形的基线。

（5）“直流”按钮：直流耦合设置，待测波形的交流、直流成分均正常显示，这是系统的默认设置。

4）触发设置区

在如图6-2-13(c)所示的触发设置区，可以设置触发边沿、触发阈值电平、触发模式等参数，决定波形的显示条件。

（1） 触发边沿：按钮被按下后，被测信号的上升沿将触发波形的显示；按钮被按下后，被测信号的下降沿将触发波形的显示。

（2） 触发阈值电平：在上升沿触发状态时，待测输入信号只有高于此处设定的触发阈值电平，示波器才能显示相应的波形信号。同理，在下降沿触发状态时，待测输入信号只有低于设定的触发阈值电平，示波器才能显示相应的波形信号。

（3） 触发模式。

- “单次”触发按钮按下时，当待测信号到达设定的触发阈值电平时，示波器只扫描一次，得到一个单次波形。
- “正常”触发按钮按下时，每当待测信号到达触发电平时，示波器就执行扫描并显示。
- “自动”触发按钮按下时，系统自动触发并显示相应的扫描波形。
- “无”触发按钮按下时，A、B、Ext按钮均失效，系统将自动生成相应的扫描波形，这也是系统的默认触发方式。

（4）A按钮被按下时，虚拟示波器A通道的信号决定波形触发条件；同理，B按钮被按下时，虚拟示波器B通道的信号决定波形触发条件。若示波器图标中的“Ext Trig”端接有外部触发信号且Ext按钮被按下，则由外部触发信号决定波形的触发条件。

5）按钮区

双踪虚拟示波器的按钮区设置了“反向”和“保存”两个功能按钮。

（1）“反向”按钮用于切换波形显示区的黑背景与白背景。

☞**提示**　黑背景容易衬托其他颜色，而白背景更适用于教学视频播放、波形输出打印。

（2）“保存”按钮用于存储波形的数据信息。

☞**提示**　Multisim的数据存储格式包括：“*.scp”为示波器波形数据格式，可直接用Windows自带的记事本软件打开；“*.lvm”为文本格式；“*.tdm”为二进制文件格式。

3．虚拟的真实型号示波器

双踪、4踪虚拟示波器与真实示波器的操作仍有一些较明显的差异，Multisim特别提供了两种参照真实型号绘制而成的虚拟示波器。双击图6-2-10(d)中的泰克示波器图标，系统弹出如图6-2-14(a)所示的泰克TDS2024四通道示波器；双击图6-2-10(c)中的安捷伦示波器图标，系统弹出如图6-2-14(b)所示的安捷伦54622D混合型示波器。

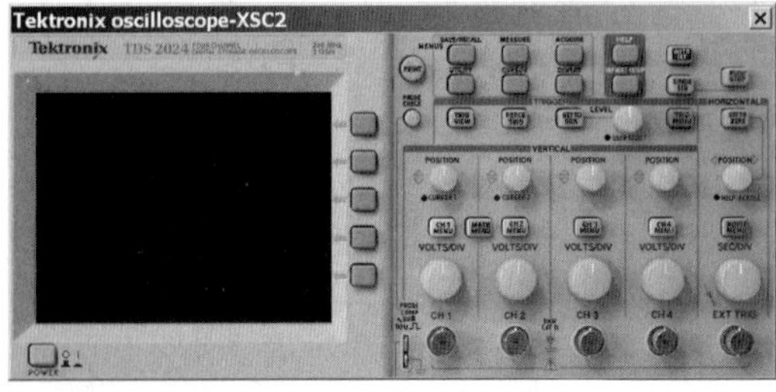

(a)泰克 TDS2024

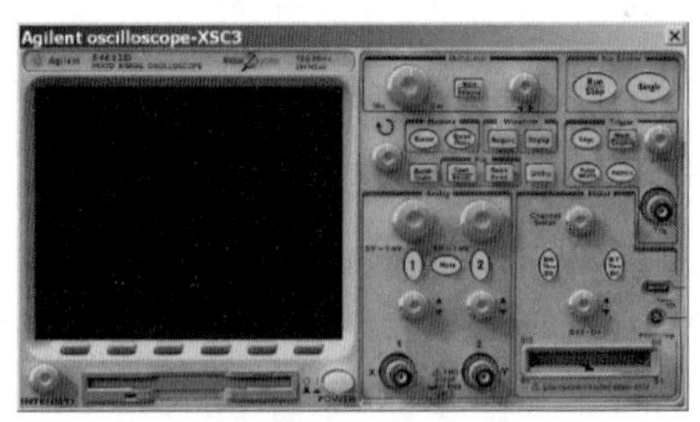

(b)安捷伦 54622D

图6-2-14　接近真实的虚拟示波器面板

这种真实的虚拟示波器便于使用者以接近实际仪器的操作，执行单击（方形按键）或拖曳（圆形按钮）操作，即可控制如图 6-2-14 所示显示面板中的按钮，如同真实的示波器操作场景。

6.2.4　虚拟万用表的设置

在模拟电路中，数字万用表常用于交/直流电压、电流及电阻的测量，Multisim 提供了虚拟万用表进行上述的测量工作。放置在 Multisim 的电路绘图区的图标如图 6-2-15(a)所示。

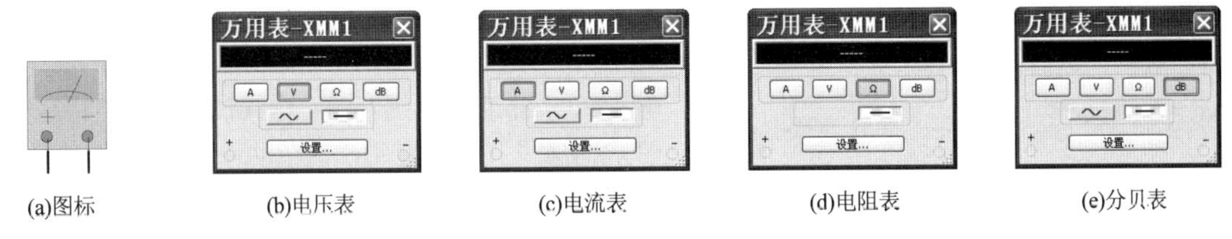

(a)图标　(b)电压表　(c)电流表　(d)电阻表　(e)分贝表

图 6-2-15　虚拟万用表的图标及其在不同功能下的面板图

双击虚拟万用表图标后分别单击 A 、 V 、 Ω 、 dB ，可得到电压表、电流表、电阻表、分贝表，如图 6-2-15(b)～图 6-2-15(e)所示；能够分别测试交/直流电流、交/直流电压、直流电阻、电平变化。

☞**提示**　虚拟万用表与真实数字万用表的操作方式完全相同：并联方式测量电压、串联方式测量电流、离线并联方式测量电阻。虚拟万用表测量交流信号所得到的结果为真有效值（RMS）；测量直流信号所得到的结果为平均值；直流电阻禁止在线测量。

单击图 6-2-15(b)～图 6-2-15(e)中的 设置... 按钮，进入如图 6-2-16 所示的万用表参数设置对话框。

在如图 6-2-16 所示的万用表参数设置对话框中，需设置的参数包括：安培计电阻（R）、伏特计电路（R）、欧姆计电流（I）、dB 相对值（V）。

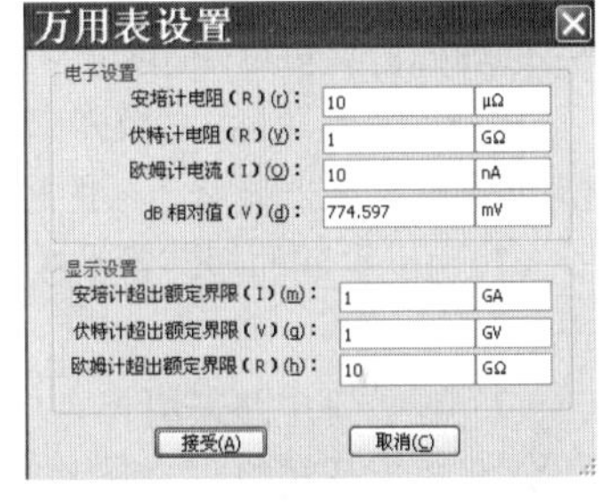

图 6-2-16　万用表参数设置对话框

Multisim 也提供了虚拟的 6 位半安捷伦 34401A 虚拟数字万用表，如图 6-2-17 所示。此外，Multisim 的仿真元器件库还提供了另一类电压表、电流表。在仿真元器件库的快捷工具栏中选择 （Indicator）图标，弹出如图 6-2-18 所示的仿真元器件选择对话框。

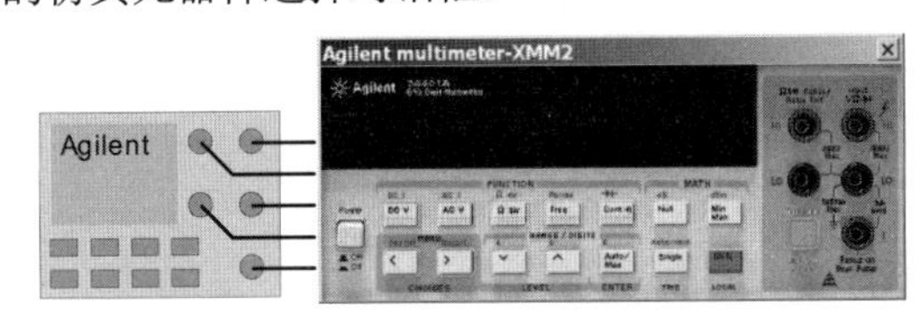

图 6-2-17　安捷伦 34401A 虚拟数字万用表

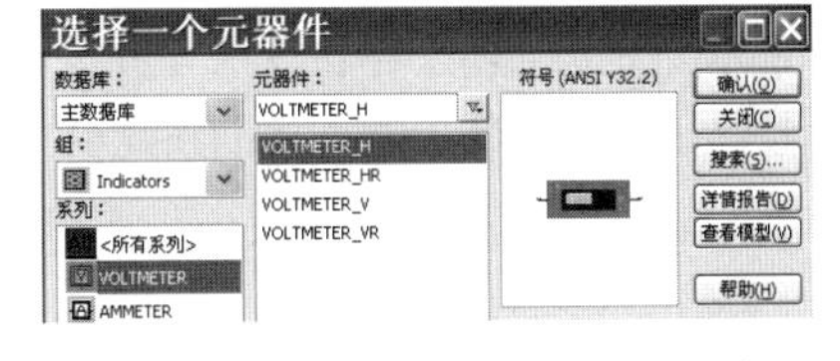

图 6-2-18　另一类电压表、电流表

在图 6-2-18 窗口左侧的“系列”下拉列表框中，“VOLTMETER”为电压表，包含水平正向、水平反向、垂直正向、垂直反向 4 种结构的电压表头，表头内阻默认为 10MΩ。“AMMETER”为电流表，同样包含水平/垂直、正向/反向组合的 4 种结构，表头内阻默认为 1nΩ。

☞**提示**　实际的数字电流表的表头内阻随挡位的不同而不同，但一般不会低于 0.01Ω。

6.2.5　电位器的参数调整

在图 6-2-01 中有一只电位器 R_3，与 C_3 构成反向有源积分电路，共同决定电路的振荡频率。电位

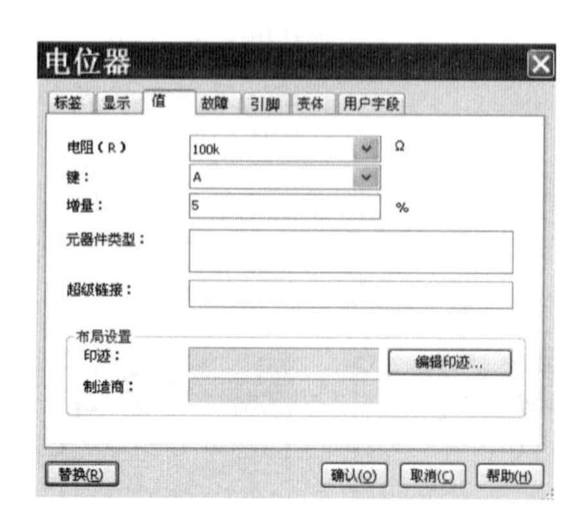

图 6-2-19　电位器参数设置

器是模拟电路中常用的一种可调元器件，其工作原理可参见 2.3 节。

双击电路图中的 R_3，弹出如图 6-2-19 所示的电位器参数设置对话框。

（1）“电阻（R）”用于设定电位器的标称值。

（2）“键”下拉列表框中的“A”表示仿真时可用键盘中的 A 键模拟电位器的调节操作：

- 按下 A 键，电位器的中间抽头位置值将增大；
- 按下“Shift+A”组合键，中间抽头位置值将减小。

（3）“增量”用来设定每次调节动作时电位器中间抽头的步进值，系统默认为 5%，可以设定的最小步进值为 0.1%。

- 设定 5%～10%的步进值，适用于参数的粗调，主要用于观察电路的工作趋势；
- 设定 0.1%～1%的步进值，适用于参数的微调，便于观测精细的变化量。

6.2.6　模拟电路的仿真、调试

在 Multisim 的电路绘图区搭建好仿真电路、将虚拟仿真仪器探头连接至电路中需要观察、测试的关键节点，保存文件后，即可单击快捷工具栏中的仿真按钮开启仿真。此时，Multisim 软件主窗口右下角的绿色仿真运行指示灯开始滚动闪烁，如图 6-1-03 所示。

双击示波器图标，系统弹出示波器的波形显示面板。如果无法观测到如图 6-2-12 所示的波形效果，则需要调整示波器显示面板的触发方式、时间轴、电压轴等参数。

（1）由于电路的振荡频率在几十至几百赫兹之间，因此需要将“时基”的“标度”调整为 100μs/Div～1ms/Div。

（2）呼吸灯电路采用+5V 单电源供电，故电路中各个节点的电压值不会超过 5V 电源电压上限。为了观察较为开阔的波形变化范围，可将“通道 A”和“通道 B”的“标度”设置为 2V/Div 或更小。

（3）系统默认 A、B 通道的“Y 轴位移（格）”均为 0，这将导致两组波形出现重叠，影响波形的观察效果。为了直观地比较各波形之间的关系，可将两路波形分别向上、向下移动，错开一定距离。

（4）只有在电路图中单击 R_3，才能在仿真时对电位器的参数进行调整。

☞提示　在 Multisim 中进行参数调节或开关切换时，一定要记得退出中文输入法。

☞提示　如果电路中存在多个需用键盘中的按键进行调节、控制的元器件，应给每个元器件指定不同的按键，避免重复，避免某个按键按下时引起其他元器件的误动作。

6.3　数字电路的仿真

本节以 74HC160D 为核心搭建十进制同步计数电路为例，讲解数字电路的仿真与设计流程。

6.3.1　数字集成芯片

在仿真元器件库的快捷工具栏中选择图标，弹出如图 6-3-01(a)所示的元器件选择对话框。

依次在“系列”下拉列表框中选择“74HC_4V”、在“元器件”下拉列表框中选择“74HC160D_4V”后，单击“确认”按钮，将 74HC160D 放置在电路绘图区。

☞提示　在图 6-3-01(a)的“元器件”下拉列表框中，还有一只采用贴片封装的“74LS160N_4V”，

其仿真模型与直插式封装的“74HC160D_4V”相同，可替代使用。

★技巧　在进行数字电路仿真时，仿真元器件的电气符号建议采用“ANSI”（美标）。

(a)74HC160D 选择对话框

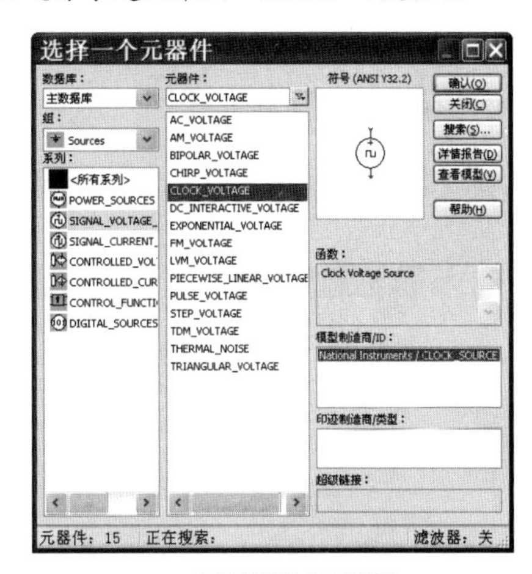

(b)时钟源选择对话框

图 6-3-01　关键元器件的选择

6.3.2　时钟源、电源及数字地

对大多数功能简单的数字电路而言，设计者更需要关注逻辑功能是否正确，与信号源频率高低的关联度并不太大。如果 74HC160D 使用低于 100Hz 的低频时钟信号源进行仿真，那么仿真速度会比较缓慢，产生一个完整的计数循环周期会消耗较长的等待时间，因此建议采用 1～10kHz 的较高频率的时钟信号源运行仿真，以尽快观察完整的仿真波形。

1．放置时钟源

单击仿真元器件库的快捷工具栏中的信号源图标，弹出如图 6-3-01(b)所示的时钟源选择对话框。

依次在“系列”下拉列表框中选择“SIGNAL_VOLTAGE_SOURCES”（信号源）、在“元器件”下拉列表框中选择“CLOCK_VOLTAGE”（时钟源），单击“确认”按钮，将时钟源放置在电路绘图区。

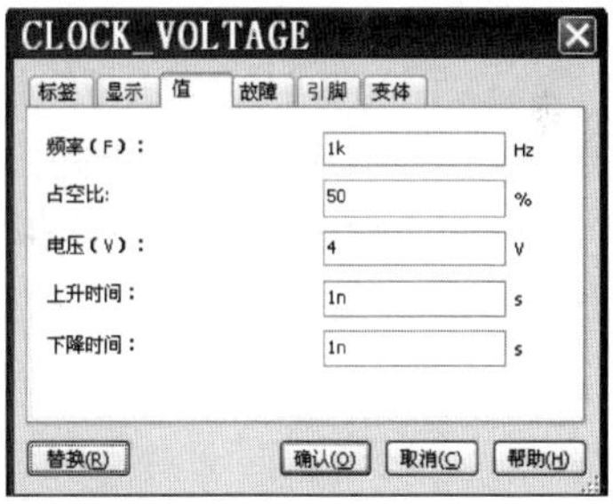

图 6-3-02　时钟源属性设置

双击时钟源 V1，弹出如图 6-3-02 所示的时钟源属性设置对话框。将“频率”设为 1kHz，将“占空比”设为 50%（高、低电平宽度相等的标准方波），将“电压”幅度设为 4V，与 74HC160D_4V 的电源电压一致。

2．放置电源与数字地

在如图 6-3-01(b)所示的对话框中，依次选择“系列”下拉列表框中的“POWER_SOURCES”（电源）、在“元器件”下拉列表框中选择“DGND”（数字地），然后单击“确认”按钮，将如图 6-3-03 所示的“DGND”（数字地）放置在电路绘图区。

图 6-3-03　数字电路的数字地及电源图标

如图6-3-03所示的“VCC”、“VDD”、“VEE”和“VSS”电源均在“元器件”下拉列表框中，一般而言，“VCC”用于TTL电路供电，“VDD”用于CMOS电路供电，“VEE”是用于数字电路的负电源，“VSS”是CMOS电路的零电源。所有电源的电压值均可按需修改。

6.3.3　虚拟函数信号发生器

在仿真仪器快捷工具栏中单击图标，将如图6-3-04(a)所示的虚拟函数信号发生器图标放置在电路绘图区。

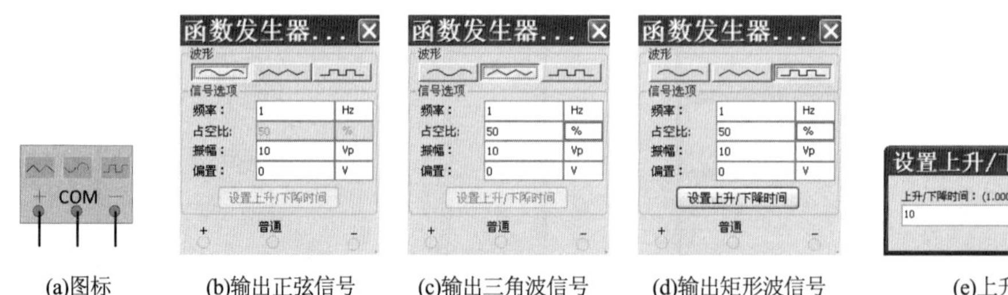

(a)图标　(b)输出正弦信号　(c)输出三角波信号　(d)输出矩形波信号　(e)上升/下降时间设置

图6-3-04　虚拟函数信号发生器

虚拟函数信号发生器包含三个接线端，当“COM”端接地时，从“+”端输出正极性信号，从“-”端输出负极性信号，因而可输出两路幅值相等的反相信号。

☞**提示**　如果将“+”和“-”端作为信号输出端，那么幅值将变为设定值的2倍。

虚拟函数信号发生器有三种波形输出模式，可提供正弦波、矩形波和三角波这三种波形。

（1）图6-3-04(b)为虚拟正弦信号发生器，需要设定频率、振幅、偏置这3项参数，唯一的缺点是无法设定信号的初相位。

（2）图6-3-04(c)为虚拟三角波信号发生器，需设定频率、振幅、偏置、占空比这4项参数。

★**技巧**　当占空比被设置为1%或99%时，虚拟函数信号发生器可输出跳变沿很陡的近似锯齿波。

（3）图6-3-04(d)为虚拟矩形波信号发生器，参数与三角波类似，另外增加了“设置上升/下降时间”按钮，单击按钮后系统弹出如图6-3-04(e)所示的对话框，以设定脉冲跳变沿的上升与下降时间。

Multisim还提供了一款虚拟函数/任意波形发生器，如图6-3-05所示，其面板、操作均与真实的安捷伦33120A函数/任意波形发生器的基本一致。

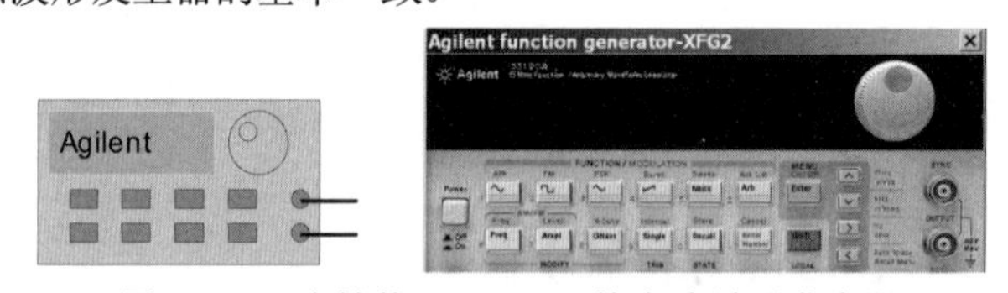

图6-3-05　安捷伦33120A函数/任意波形发生器

6.3.4　虚拟逻辑分析仪

数字电路具有较多的信号输入端与输出端，但每个端子只有高电平“1”、低电平“0”两种明确的状态；虚拟示波器最多只能提供4个通道，在观察输入、输出数量较多的数字电路时显得无能为力。如果将16通道虚拟逻辑分析仪用于数字电路的仿真、测试与分析，无疑将是最佳选择。

在仿真仪器快捷工具栏中单击图标，将16通道虚拟逻辑分析仪放置在电路绘图区。双击虚拟逻辑分析仪图标，弹出如图6-3-06所示的显示面板。

虚拟逻辑分析仪的显示面板包括16路波形显示区、数据显示表、“时钟”设置区、“触发”区、按钮区。

（1）虚拟逻辑分析仪的波形显示区可以对 16 路信号在相同的时间坐标下进行同步显示，建议根据实际仿真过程中所观测的数据节点功能修改每个通道的默认名称。

☞**提示**　*波形显示区也有两条读数游标。*

（2）虚拟逻辑分析仪的数据显示表反映两根读数游标在时间轴上所对应的电平高低状态及相对距离。通过计算两根游标的“T2–T1”时间差可以测算待测波形的周期、脉宽、占空比等参数。每根游标同时覆盖 16 个通道的波形数据，因此系统将 16 个通道对应的数据以十六进制形式（0000→FFFF）显示在数据显示表中，便于准确读出指定时间节点的逻辑状态。

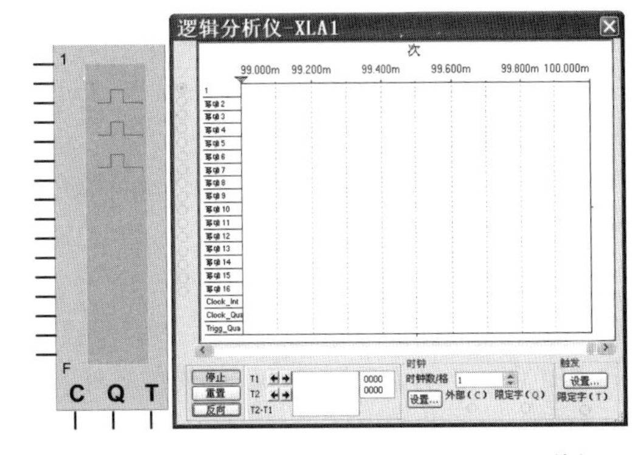

图 6-3-06　虚拟逻辑分析仪图标及显示面板

（3）为了在一屏中尽可能完整地显示所需波形，可在“时钟”设置区通过单击“时钟数/格”列表框的增/减按钮，调节虚拟逻辑分析仪的水平时间比例，横向压缩或拉伸波形显示区的波形。

（4）单击“触发”区的“设置…”按钮，用于设定波形的触发方式（↑、↓和↑↓）。

（5）按钮区的“停止”、“重置”和“反向”三只按钮分别用来停止仿真、复位仿真结果、设定波形显示区的背景色为黑色还是白色，黑色背景可较好地显示不同的通道颜色，白色背景便于打印输出。

6.3.5　运行数字电路仿真

将 74HC160D 计数器芯片的输入引脚接至合适的电平，同时接入时钟源，使其进入正常的自由计数状态。接着将虚拟逻辑分析仪的探头依次连接到时钟输入、4 位计数输出、进位输出等引脚，搭建完成的 74HC160D 自由计数电路如图 6-3-07 所示。

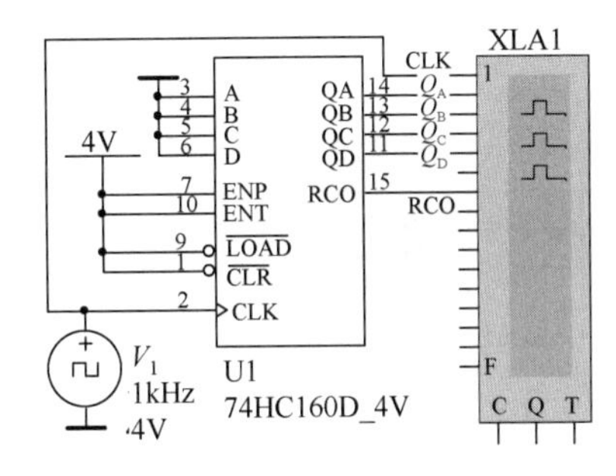

图 6-3-07　74HC160D 自由计数电路

双击 74HC160D 的时钟引脚“CLK”与虚拟逻辑分析仪之间的电气连线，弹出如图 6-3-08(a)所示的“网络属性”设置对话框，在“首选网络名称”文本框中输入“CLK”，以定义该节点的特征，同时该文本内容也将成为虚拟逻辑分析仪的通道名称。贴切的网络命名有助于设计人员在虚拟逻辑分析仪的波形显示面板中准确地识别每个波形对应的引脚或功能。下一步，将“显示网络名称”前面的复选框“□”选中，让该节点的网络名称能够直观地出现在电路绘图区，如图 6-3-07 所示。

单击“网络颜色”按钮，可在弹出的对话框中设置不同的波形显示颜色，以区分各类引脚的功能。右击图 6-3-07 中的电气连线，系统弹出如图 6-3-08(b)所示的快捷菜单，同样可设置电气连线的颜色及网络名称的字体，最实用的功能还属菜单第一项的删除该段电气连线的功能。

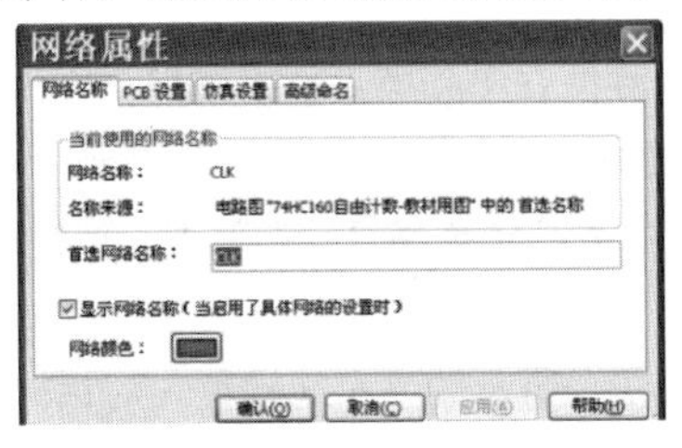

(a)“网络属性”设置对话框

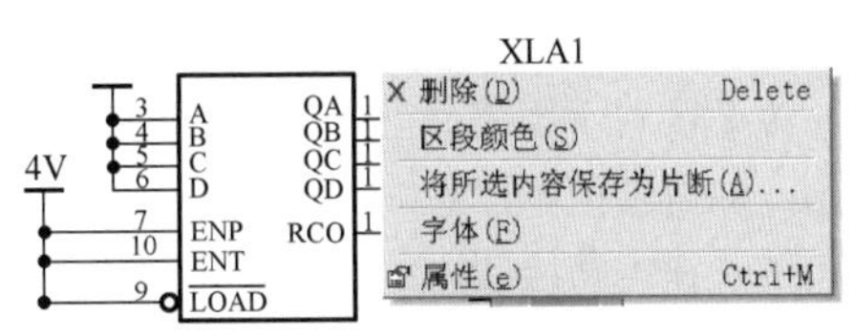

(b) 快捷菜单

图 6-3-08　电气连线（节点网络）的属性设置

运行图6-3-07所示的仿真电路，同时双击虚拟逻辑分析仪图标，系统将得到如图6-3-09所示的十进制自由计数仿真波形。

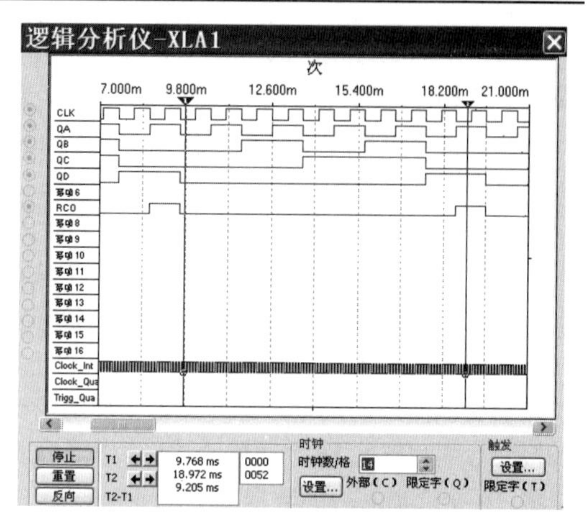

图6-3-09　十进制自由计数仿真波形

在如图6-3-09所示的虚拟逻辑分析仪波形显示区中，第1行为“CLK”时钟波形，这是信号源输出的1kHz方波，第2～5行依次为74HC160D的4位计数输出波形“Q_A”、“Q_B”、“Q_C”和“Q_D”，第7行的“RCO”显示了74HC160D的进位脉冲波形。

游标1对应的Q_D～Q_A状态为0000，下一个时刻的状态为0001，连续计数至游标2后，Q_D～Q_A的状态变为1001，同时令“RCO”输出高电平；下一个时刻将恢复为与游标1相同的状态，实现了从0到9的十进制循环，说明电路工作正常。

初次运行如图6-3-07所示的电路，仿真波形可能与图6-3-09有所不同。如无法观察到完整的十进制周期，可适当调大图6-3-09右下角“时钟”设置区的“时钟数/格”。

如果仿真电路存在错误，那么Q_D～Q_A输出波形与如图6-3-09所示的波形会存在很大差异，此时需重点检查仿真电路的电气连接是否正确。

6.3.6　绘制总线

向仿真结果正确的计数器电路添加显示译码器、限流电阻、七段数码管等元器件后，可以得到如图6-3-10所示的完整的十进制计数器电路。

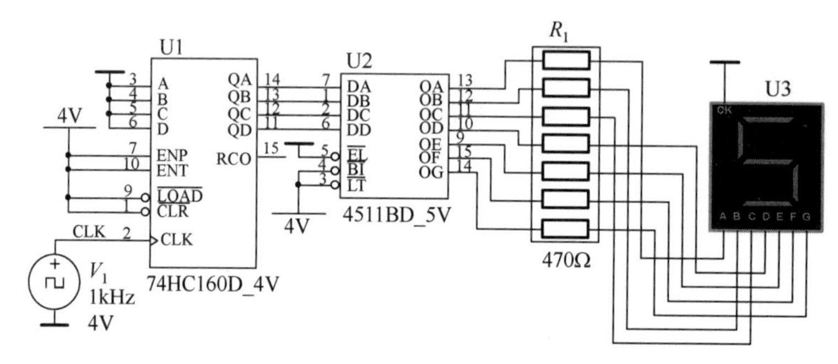

图6-3-10　完整的十进制计数器电路

在如图6-3-10所示的电路中，电气连接采用了传统的直接连线方式；较多的连线数量使电路图显得比较凌乱。如果系统中还存在反馈通道，那么电路结构将更加难以识别。如果采取总线连接方式，会使电路总体结构变得清晰、直观，特别适用于数字电路系统。

（1）单击【绘制】→【总线】菜单项，鼠标光标将变成带有实心黑点的十字形，在电路绘图区需要进行总线连接的元器件引脚周围单击，开始进行总线绘制。

★技巧　为了区别于普通的电气连线，建议对总线采取45°转角拐弯：先单击，再斜着移动鼠标。

（2）双击，即可结束本段总线的绘制。

（3）双击放置在电路绘图区的总线，将弹出如图6-3-11(a)所示的“总线设置”对话框。

☞**提示**　数字电路系统允许有多根不同功能的总线，建议在“首选总线名称”中输入带有功能描述的总线名，如“address”和“BCD_out”等。

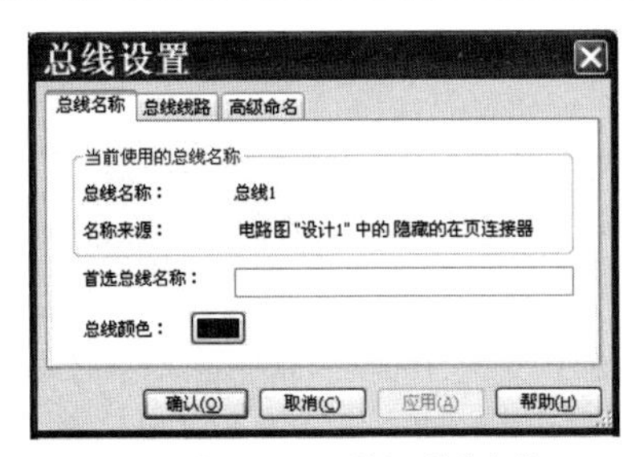

(a)“总线设置”对话框（总线名称）

(b)“总线设置”对话框（总线线路）

(c)“添加总线线路”对话框

图 6-3-11　添加总线的操作流程

（4）切换至如图 6-3-11(b)所示的“总线线路”选项卡，为总线添加具体的总线分支。单击“添加（A）...”按钮，弹出如图 6-3-11(c)所示的“添加总线线路”对话框。

（5）在图 6-3-11(c)中，勾选“添加总线线路”，在其下方的“名称（N）”文本框中输入 CLK，单击“确认”按钮。在如图 6-3-11(b)所示的“总线线路”选项卡的文本框中将出现一个暂未指定网络名称的总线线路分支“CLK”，如图 6-3-11(c)所示。同理，向总线添加其余的总线分支：$Q_{\rm A}\rightarrow Q_{\rm D}$（计数值），$O_{\rm A}\rightarrow O_{\rm G}$（译码值），$A\rightarrow G$（数码管段位）及 CLK（时钟），如图 6-3-12 所示。

（6）将 74HC160D 的 CLK（2 脚）连接至总线，当电气连线距离总线仅一个栅格的距离时，系统自动产生 45°倾斜的总线分支；单击“确认”按钮后，系统弹出如图 6-3-13 所示的“总线入口连接”对话框。选择图中“可用的总线线路”列表框中的“CLK”项，接着取消选中“使用全局显示设置”复选框，转而选中“显示标签”复选框，再单击“确认”按钮，74HC160D 的 2 脚即被接入总线。

图 6-3-12　添加所有的总线分支

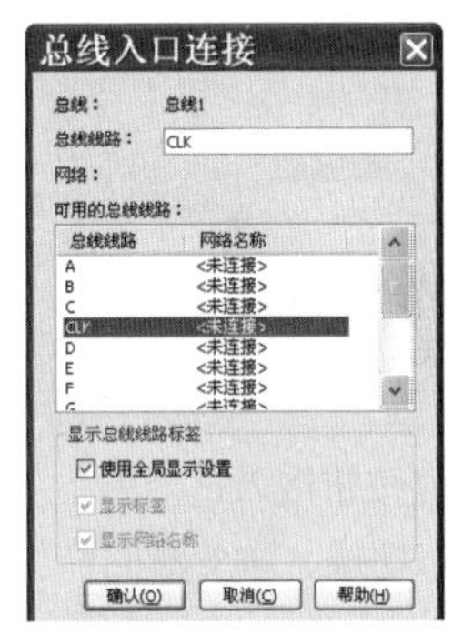

图 6-3-13　“总线入口连接”对话框

（7）同理，完成其余引脚的总线接入，最终得到的计数-译码-显示电路如图 6-3-14 所示。

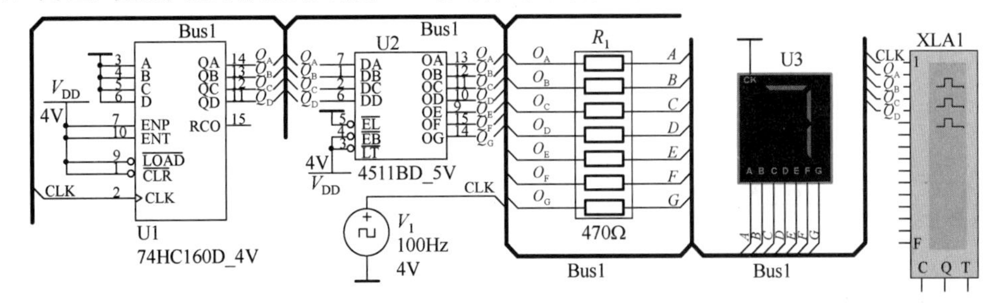

图 6-3-14　采用总线连接得到的计数-译码-显示电路

在图 6-3-14 中，74HC160D 的 14 脚、4511BD 的 7 脚、虚拟逻辑分析仪的 2 脚具有相同的总线名称，因此被系统自动识别为相同的电气节点。显然，采用总线绘制的电路图的条理更加清晰。

6.3.7　按钮与开关在数字电路中的应用

在数字电路设计过程中，常用自复位按钮、单刀单掷开关、单刀双掷开关实现状态的切换。

1．自复位按钮

自复位按钮是数字电路中使用最广的按钮开关，点动按钮将会产生某个状态的跳变，松开按钮后，在弹簧或簧片的作用下将自动恢复至初始状态，等待下一次点动操作。

单击仿真元器件的快捷工具栏的图标，在如图 6-3-15(a)所示的元器件选择对话框中，在“系列”列表框中选择“SWITCH”项、在“元器件”列表框中选择“PB_DPST”项，单击“确认”按钮，将如图 6-3-15(b)所示的自复位按钮放置在电路绘图区。

自复位按钮内部包含常开触点、常闭触点各一组。当自复位按钮被按下时，常开触点导通、常闭触点断开；按钮松开复位后，自动恢复初始状态。双击自复位按钮图标，弹出如图 6-3-15(c)所示的按钮属性设置对话框，通过指定某一只按键（英文字母、数字或空格键），控制仿真过程中按钮的动作。

☞**提示**　在仿真电路中，自复位按钮的 4 只引脚均不建议悬空。

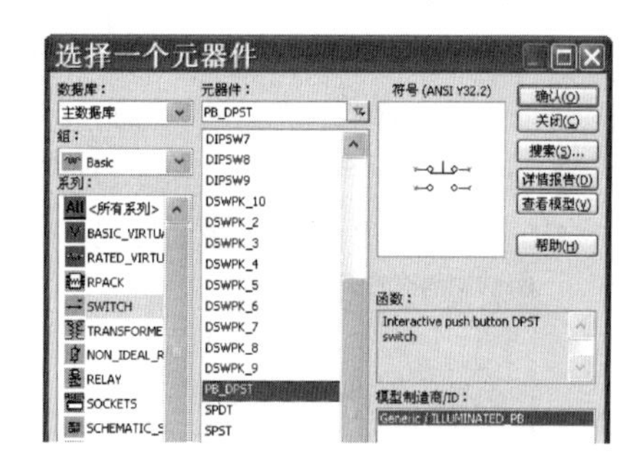

(a) 元器件选择对话框

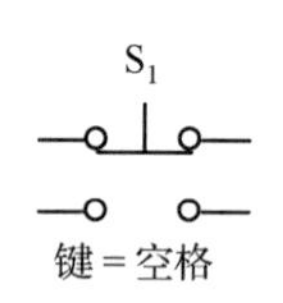

(b) 符号

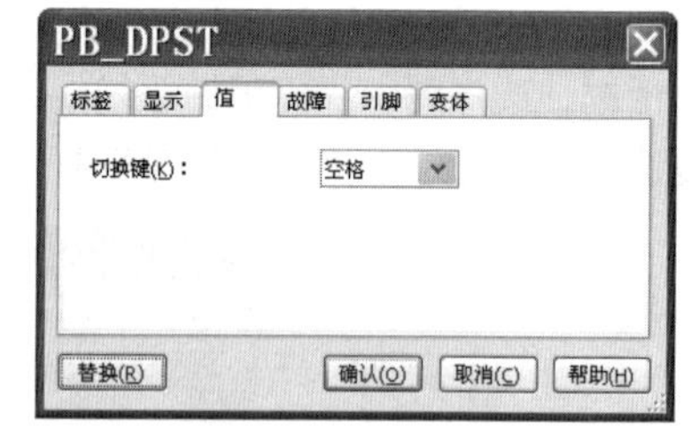

(c) 按钮属性设置对话框

图 6-3-15　自复位按钮

给自复位按钮接入适当的上拉电阻、下拉电阻，以设定引脚的初始状态与跳变状态，在数字电路中可用于状态切换、跳变沿的产生，如图 6-3-16(a)所示。单击图中的 S_1（或者在英文输入状态下按 A 键），将得到如图 6-3-16(b)所示的仿真波形。S_1 的常闭触点得到一个正脉冲，常开触点可以得到一个负脉冲，两个脉冲均有上升沿和下降沿产生，无抖动出现。

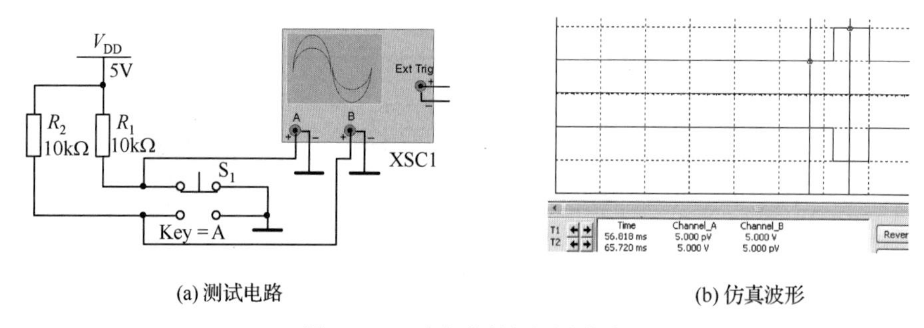

(a) 测试电路　　　　(b) 仿真波形

图 6-3-16　自复位按钮测试电路

☞**提示**　Multisim 将按钮或开关视为理想元器件，未考虑实际切换时的抖动（参见 2.15.4 节）。在设计含有按钮或开关的实际电路时，需要设计相应的按键消抖单元，避免系统出现逻辑紊乱。

2. 单刀单掷开关、单刀双掷开关

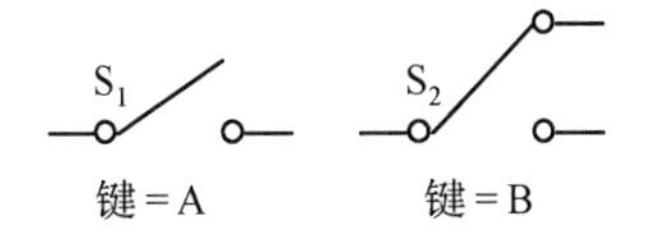

图 6-3-17　单刀单掷、单刀双掷开关

在如图 6-3-15(a)所示的元器件选择对话框的"元器件"列表框中选择"SPDT"项，得到单刀双掷开关 S_2，同时包含常开触点与常闭触点；选择"SPST"项，得到单刀单掷开关 S_1，只有一组常开触点，如图 6-3-17 所示。S_1 与 S_2 主要用于信号、电源的通/断控制，两者的属性对话框类似，一般只需设定开关动作按键。

☞**提示**　真实数字电路系统中所选用的按键开关主要是自复位按钮，但由于自复位按钮不能记忆动作时的暂稳态，因此可能需要增加锁存器或触发器来完成设计，具体内容请参见 4.5 节。

6.4　支　电　路

支电路（Subcircuit）是指由设计者自己设计并定义的电路单元，可存储在自定义仿真元器件库中，供电路设计时调用。支电路这一灵活的结构形式可使复杂电路系统设计具备可继承、模块化、层次化的特征，提高仿真电路的设计与测试的效率，此外也增强了电路设计文档的可读性。

【例 6-4-1】　在如图 6-3-14 所示的电路中，如果信号源 V_1 需要单独设计，无疑将会进一步增大电路结构的复杂程度，因而可以将信号源创建为一个单独的支电路。

(a)支电路创建对话框　　(b)支电路方框

图 6-4-01　支电路

6.4.1　创建支电路

单击【放置】→【支电路...】菜单项，弹出如图 6-4-01(a)所示的支电路创建对话框，在文本框中输入支电路名称"555_100Hz"，单击"确认"按钮，在电路绘图区放置如图 6-4-01(b)所示的支电路方框。当鼠标靠近方框左上角的灰色方块时，系统弹出"编辑支电路/层次块"的黄色提示框。单击该方块后，Multisim 会创建一个名为"555_100Hz(SC1)"的空白电路绘图区。

6.4.2　支电路的内部电路搭建

支电路内部的电路须通过仿真验证功能正确，只有功能正确的支电路被其他电路调用时，才不会引起仿真错误。在空白的"555_100Hz(SC1)"电路绘图区中，以集成定时器 555 搭建电源电压 4V、输出频率 100Hz 的方波发生电路，如图 6-4-02(a)所示。

★**技巧**　可以利用 Multisim 自带的"555 Timer Wizard"创建方波发生电路，具体设计过程可参见 4.10.1 节，设计完成后将其复制、粘贴至"555_100Hz(SC1)"电路绘图区。

6.4.3　支电路输入/输出端口的设定

单击【放置】→【连接器】→【HB/SC 连接器】菜单项，跟随鼠标将会出现一个 I/O 端口图标 IO1，将其放置在图 6-4-02(a)的 555 集成芯片的"OUT"引脚上。

双击 I/O 端口，弹出如图 6-4-03 所示的"Hierarchical Connector"端口设置对话框，在"Name:"文本框中输入合适的端口名称即可。向如图 6-4-02(a)所示的电路继续添加正电源端口"V_{DD}"和地端口"GND"后，得到如图 6-4-02(b)所示的电路结构。

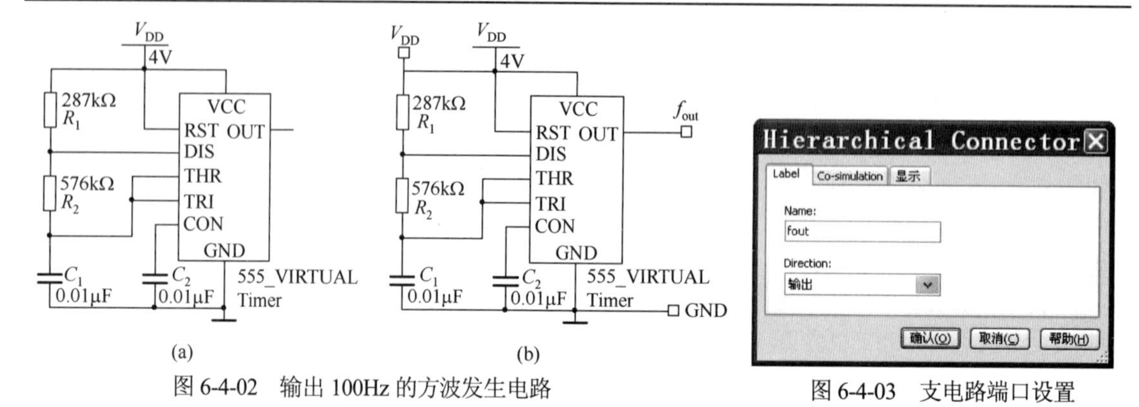

图 6-4-02　输出 100Hz 的方波发生电路

图 6-4-03　支电路端口设置

6.4.4　调用支电路进行仿真

在图 6-3-14 所示的计数-译码-显示电路中，删除系统自带的 100Hz 信号源，将支电路 SC1 接入 74HC160D 的时钟引脚，得到的仿真电路如图 6-4-04 所示。

运行仿真可以看到，图 6-4-04 中虚拟逻辑分析仪的仿真波形与图 6-3-14 的仿真波形完全一致，说明支电路正常工作，具备产生 100Hz 方波脉冲的功能。

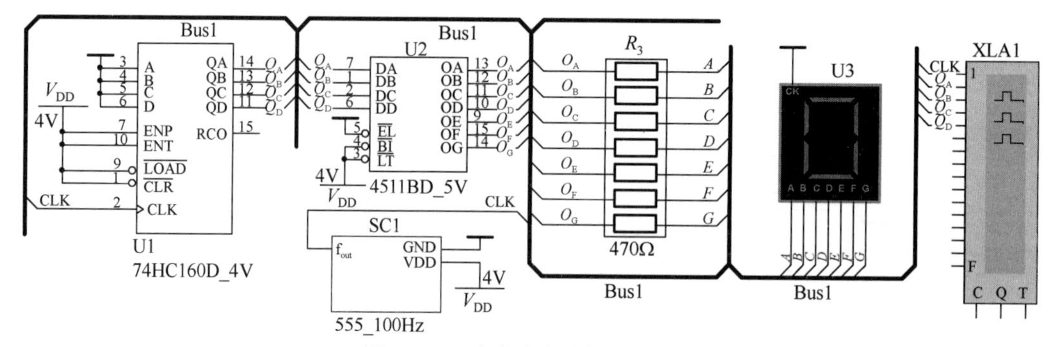

图 6-4-04　含有支电路的仿真电路

习　　题

6-1　如何修改仿真波形显示区中波形的颜色？颜色在波形观测中具有哪些作用？

6-2　创建如下电路，完成：①借助虚拟万用表调试电路的静态工作点；②用示波器观察输入与输出信号的波形，估算电路的放大倍数；③逐步增大输入信号，用失真分析仪测出失真度；④（扩展）如何利用仿真软件测出放大电路的输入电阻与输出电阻？

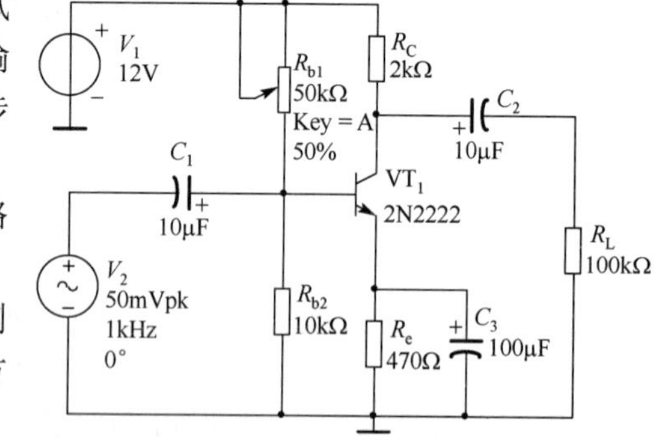

6-3　简述虚拟逻辑分析仪与虚拟示波器在仿真测试过程中，所面向的测试对象、测试方式等方面的实际区别。

【思政寄语】 在进行电路设计与仿真时，面对困难绝不认输，积极努力地去解决各种困难，越挫越勇；同时我们还应具备大胆试错、勇挑重担及良好的团队协作精神。

第7章　计算机辅助电路PCB设计

重点：

1）熟练掌握电路原理图设计的基本流程与操作规范。

2）熟悉电路PCB设计流程，掌握PCB中元器件布局、电气连线的技巧。

3）了解电路原理图库文件、PCB库文件的设计方法。

印制电路板（PCB，Printed Circuit Board）是硬件电路的载体，主要采用丝网印刷工艺制成。

20世纪80年代以前，PCB设计全部由设计人员采用手工绘制的方式完成：首先借助各种元器件的模板（类似于PCB设计软件中的封装）在坐标纸上画好草稿，再利用复印工艺或照相技术将设计图拓印到敷铜板表面，然后对电气图案进行描漆、蚀刻，最后得到所需的PCB。手工设计PCB的工作流程复杂、工作周期长、参与人员多、设计质量不稳定、电路板表面积普遍较大。

随着计算机产业的高速发展，人们意识到利用计算机强大的数据存储和运算能力，完全可以协助设计人员进行高质量、高效率、可重复的电路PCB方案设计。自此，大量具有PCB设计功能的EDA（电子设计自动化）软件风起云涌，计算机辅助PCB设计也逐步成为行业内的最佳选择。

7.1　PCB设计概述

印制电路板（PCB）是电子产品设计流程中的关键部件，除具有固定元器件的功能外，还为各种电子元器件提供了相互的电气连接。

7.1.1　PCB的演变历史

在PCB尚未出现时，20世纪初的技术人员首先将元器件（如电子管）安装在管座内，接着将其固定在绝缘平板表面，再用手工将需要连接的引脚用电线、电缆逐点焊接、绑扎，完成电路的制作。这种电路连接工艺目前在诸如配电箱内空气开关、接触器、接线桩、指示灯、保险的电气连接中仍有应用，但在高密度、高精度、“轻薄小”的电子线路领域则因可靠性低、体积大、效率低而被淘汰。

1903年，阿尔伯特·汉森（Albert Hanson）在电话交换机中发明并应用了最早的PCB：将金属箔切割成导体线条后粘贴在石蜡纸表面，然后在金属箔的另一面以同样的方式贴上另一层石蜡纸。1936年，奥地利人保罗·爱斯勒（Paul Eisler）在收音机装置内跨时代地采用了PCB的技术方案，得到了美国军方的认可并获得专利。从20世纪50年代中期开始，PCB技术开始广泛应用到民用领域，深入人们生产、生活的各个角落，从直观易见的计算机主板、手机电路板、节能灯板、实验箱/台，到较为隐蔽的计算机CPU、LED数码管，都随处可见PCB的踪迹。

☞**提示**　经过多年的发展，以深圳捷多邦为代表的中国PCBA打样与生产制造企业已经助力中国成为全球最大的电路板生产基地。

7.1.2　PCB设计的任务及要求

PCB设计的主要任务是将初步完成的原理性电路方案、电路图转变为电气连接关系准确、元器件封装规范的PCB板图，经PCB制作工序后得到电路板，成为电子元器件的硬件载体。

经过反复优化并排除各种错误、故障、缺陷之后，能够全面满足电路设计者所期待的功能或结果的PCB方案即可投入批量生产，正式装备到与其对应的电子产品中。

PCB设计并不是将所有元器件简单地堆砌到电路板表面，而需要根据实际的电气连接关系，将相关的元器件进行反复优化布局，尽可能减小电路板的尺寸、减少电气连线之间的交叉、缩短电气连线的实际长度，同时充分考虑信号间的互相干扰、电磁兼容、信噪比等因素或指标。

针对同一设计方案、甚至是完全相同的电路原理图，不同的设计者也会得到不同的PCB设计结果，甚至还可能导致不同的电路运行效果。即使对同一个设计者而言，在不同的工作阶段完成的PCB设计结果也会有明显的差异。高质量的PCB设计方案，更多体现为设计者实际工作经验的积累。

☞**提示** 判断某个PCB设计方案是否较好，可从以下几个方面进行粗略评估：

（1）PCB表面的元器件布局紧凑、整齐、美观；

（2）在元器件之间的电气连线中，飞线（短接线）的数量较少；

（3）电气连线的形状是否短而直（迂回连线很少），连线交叉的数量较少；

（4）PCB板载元器件与外部元器件、设备之间的连接不被遮挡；

（5）PCB板载元器件的发热、电磁辐射对周围元器件的影响程度较低；

（6）PCB的面积合理，紧凑的PCB设计方案对整机性能的不良影响趋于最小。

7.1.3 基于 Altium Designer 的 PCB 设计流程

Altium Designer是一款在国内普及程度较高的PCB设计软件，它的性能稳定、操作简单，能够在Windows XP及以上的操作系统中流畅地运行。Altium Designer包含电路原理图设计、PCB设计、库元器件设计等完备的功能，生成的PCB设计文件可直接交付厂家制作与生产。

利用Altium Designer进行PCB设计的基本流程如图7-1-01所示。

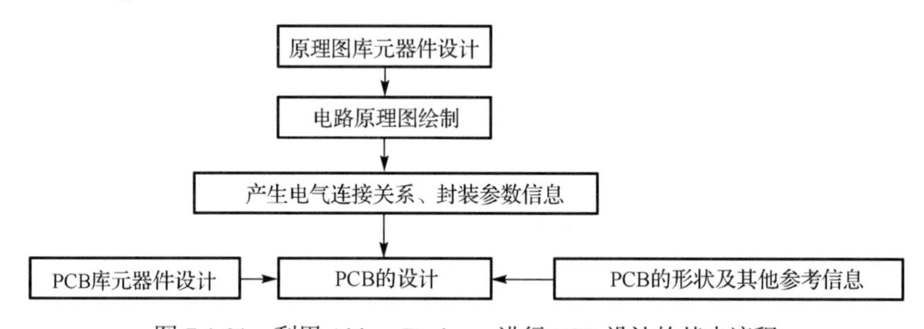

图7-1-01 利用Altium Designer进行PCB设计的基本流程

7.2 电路原理图设计

电路原理图一般来源于电路仿真的结果，可能还需要将多个仿真文件中的电路图进行提取、汇总及合并。绘制电路原理图的基本操作流程包括：

（1）加载原理图库文件；

（2）在原理图库文件中选择所需的库元器件；

（3）对于库文件中没有包含的库元器件，需自行创建；

（4）将选中的元器件放置在电路原理图的绘图工作区；

（5）通过旋转、翻转、移动等方式调整电路原理图的绘图工作区中元器件的位置状态；

（6）（可选）电路原理图的绘图工作区中元器件的删除、剪切、复制、粘贴等操作；

（7）设定、修改电路原理图的绘图工作区中的元器件参数、编号、封装等属性；

（8）根据电气连接关系，将属于同一节点的元器件引脚末端连为一体；

（9）向电路原理图添加电源并接地线网络；

（10）检查无误后，保存电路原理图设计文件。

☞**提示**　不同的设计人员，完成的电路原理图设计方案可能存在较大差异，判断一张电路原理图绘制质量的参考原则如下：

- 电路原理图中各个元器件的电气连接关系正确；
- 元器件在绘图工作区的整体布局紧凑，参数或型号信息详尽、准确；
- 按信号走向规范地布置相关元器件，有助于读图者快速地把握电路的单元结构及基本特征。

7.2.1　新建并保存 PCB 工程文件、电路原理图文件

6.2 节得到的矩形波-三角波发生电路的电路结构如图 7-2-01(a)所示，仿真波形如图 7-2-01(b)所示。

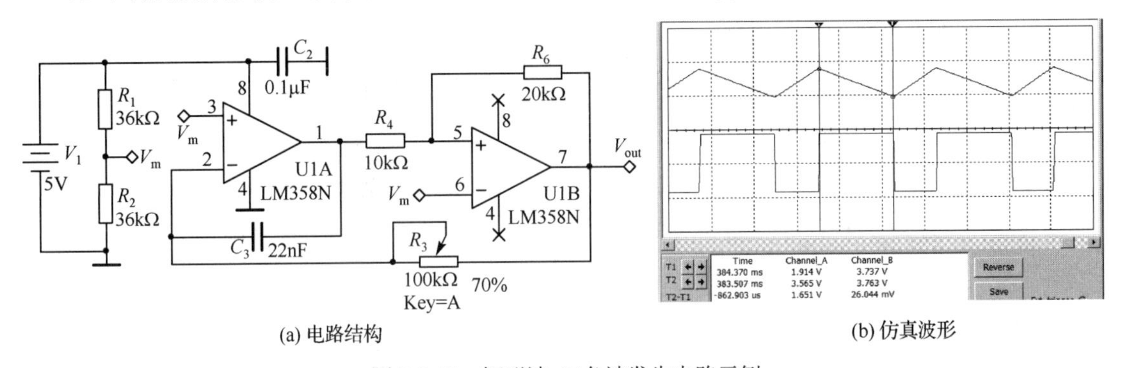

(a) 电路结构　　(b) 仿真波形

图 7-2-01　矩形波-三角波发生电路示例

由于运放的输出电流非常有限，直接驱动并点亮 LED 有些不妥。如果为三角波的输出增加一级三极管扩流电路，同时将便于仿真过程运行的千赫兹频率降低至赫兹数量级，使人眼容易观察 LED 的低频渐变闪烁效果，可得到如图 7-2-02 所示的呼吸灯电路。该电路结构简单，元器件的数量不多，但仍可清晰地划分为滞回比较、有源积分、驱动这三个电路单元。

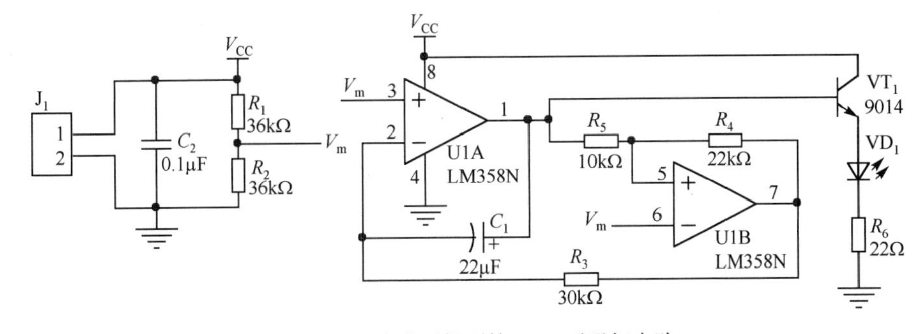

图 7-2-02　改进后得到的 LED 呼吸灯电路

本节以如图 7-2-02 所示的呼吸灯电路为例，简要介绍电路原理图的绘制流程。

1．新建并保存 PCB 工程文件

运行 Altium Designer 软件，在系统打开的窗口主界面中单击【文件】→【新建】→【工程】→【PCB 工程】菜单项，此时在系统主界面左侧的“Projects”导航区中出现一个名为“PCB_Project1.PrjPCB”

的工程项目文件，下方的红色图标“No Documents Added”提示该工程目前暂未添加任何设计文件，如图7-2-03所示。

在图7-2-03中单击【文件】→【保存工程为...】菜单项，系统弹出如图7-2-04所示的保存工程文件对话框。Altium Designer默认的设计文件存放路径在软件安装路径下的“C:\Program Files\Altium Designer Summer 09\Examples”文件夹中，但建议在计算机硬盘的非系统分区中新建一个专用文件夹，将工程文件（*.PrjPCB）和随后创建的原理图文件（*.SchDoc）、PCB板图文件（*.PcbDoc）及各类库文件均保存在这个文件夹中，便于统一管理。

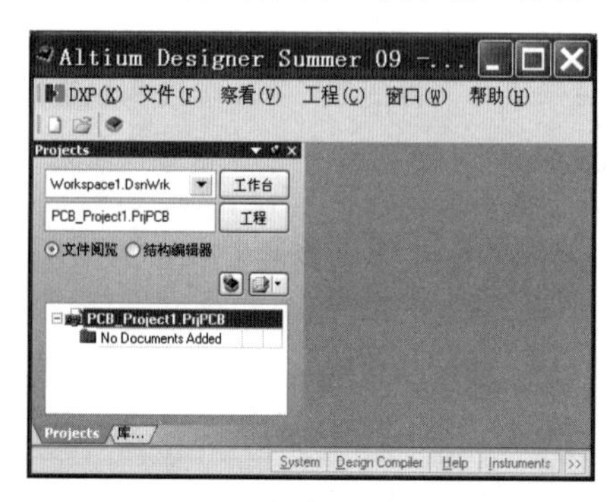

图7-2-03　新建PCB工程

图7-2-04　保存工程文件

☞**提示**　建议养成随时修改、随时存盘的设计习惯，时不时地单击快捷工具栏中的图标以保存正在编辑的文件，避免在系统自动保存间隔因计算机故障而导致关键的设计内容丢失。

2. 新建并保存原理图文件

在系统主界面单击【文件】→【新建】→【原理图】菜单项，新建一个原理图文件。此时，系统主界面右侧原有的大面积灰色背景消失，取而代之的是一个名为“Sheet1.SchDoc”的电路原理图绘制工作区，如图7-2-05所示，窗口的背景颜色为浅黄色。单击【文件】→【保存】菜单项，弹出如图7-2-06所示的保存原理图文件对话框。

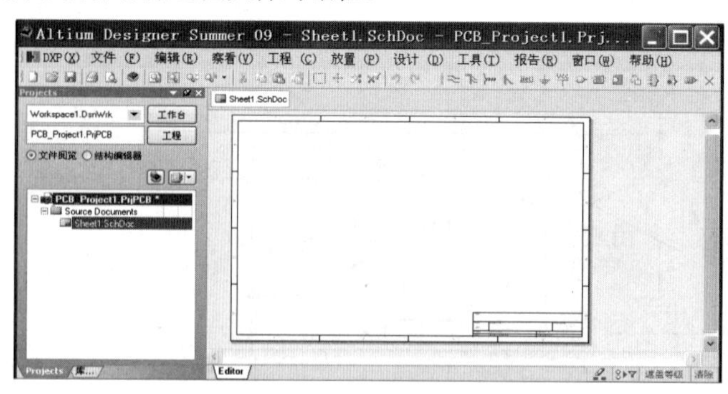

图7-2-05　电路原理图绘制工作区

图7-2-06　保存原理图文件

☞**提示**　图7-2-06与图7-2-04的对话框比较相似，但是两次操作所保存的文件不同：原理图文件的后缀为“*.SchDoc”，而工程文件的后缀为“*.PrjPCB”。

7.2.2　加载原理图库文件

图7-2-02所示呼吸灯电路的核心元器件是集成双运放U1，其内部包含两个相同的运放单元U1A和U1B。J_1为外接电源端口，与J_1并联的电容C_2为电源滤波电容，俗称“退耦电容”，用于滤除经电

源连线传导而来的高频噪声，多采用瓷介电容或独石电容，容量在 0.01～1μF 范围内进行选取。

图 7-2-02 中的元器件所在的三个需要加载的库文件信息如下所示。

- 在 Miscellaneous Devices.IntLib 库文件中，包括金属膜电阻 R_1～R_6、电解电容 C_3、无极性电容 C_2、三极管 VT_1、发光二极管 VD_1。
- 在 Miscellaneous Connectors.IntLib 库文件中，包括电源排针 J_1。
- 在 TI Operational Amplifier.IntLib 库文件中，包括集成运放 LM358。该库文件位于 Texas Instruments 文件夹中。

1. 默认库文件的加载

切换主界面左侧导航区下方的 Projects 库... 标签页面，如图 7-2-07 所示。在图中单击左上角的“库...”按钮，系统弹出如图 7-2-08 所示的“可用库”库文件加载对话框。

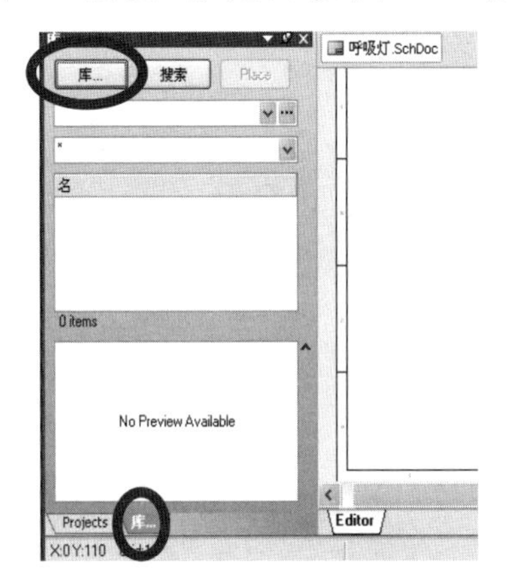

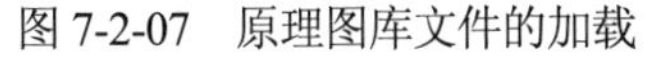

图 7-2-07　原理图库文件的加载　　　　图 7-2-08　“可用库”库文件加载

单击如图 7-2-08 所示对话框右下角的“添加库”按钮，系统弹出如图 7-2-09(a)所示的“打开”对话框，在“查找范围（I）”下拉列表框中依次单击库文件所在的路径，图 7-2-09(b)中出现 Altium Designer 默认提供的两个原理图库文件“Miscellaneous Devices”（常用分立元器件）、“Miscellaneous Connectors”（常用接插件）及若干库文件夹。选中所需库文件后单击对话框下方的“打开”按钮，完成库文件的加载。

(a)　　　　(b)

图 7-2-09　加载默认库文件

2. 自定义库文件的加载

除上述两个默认库文件外，系统提供的其余库文件全部包含在以元器件生产厂家命名的文件夹中。此外，Altium Designer 为正版用户提供了丰富的元器件库并保持在线升级。

呼吸灯电路中的集成双运放 LM358 并没有出现在上述两个默认库文件中，但是可以先在“C:\Program Files\Altium Designer Summer 09\Library\Texas Instruments\TI Operational Amplifier.IntLib”库文件中找到，然后再进行手动加载。

继续单击图 7-2-08 对话框右下角的“添加库”按钮，在图 7-2-10(a)所示对话框中找到“Texas Instruments”文件夹并打开，可以看到如图 7-2-10(b)所示的 TI 公司的库文件。选择“TI Operational Amplifier”文件，再单击右下角的“打开”按钮，完成该库文件的加载。

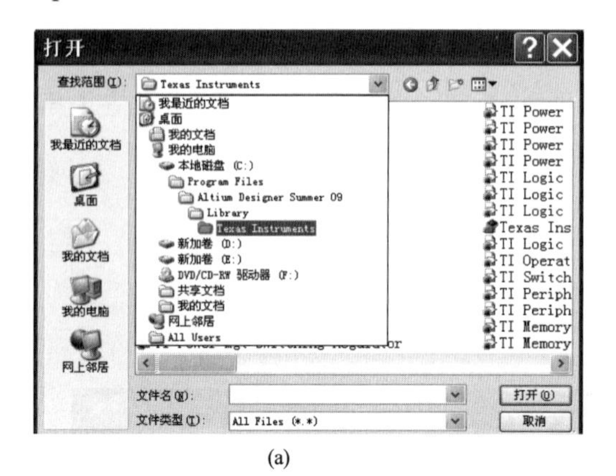

(a)

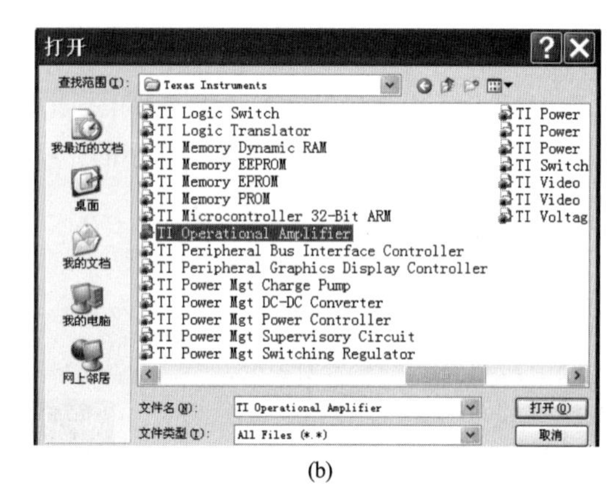

(b)

图 7-2-10　添加其他原理图库文件

加载完成的库文件将出现在如图 7-2-08 所示对话框的列表框中。此时，在如图 7-2-11 所示系统主界面左侧的“库...”导航区中出现了一些新内容。

- 原理图库文件的名称：Miscellaneous Devices.IntLib 等。
- 库文件中的元器件信息：Cap、CapFeed 等。
- 元器件的外形符号：三极管图标等。

图 7-2-11　加载库文件后的导航区

7.2.3　原理图库元器件在绘图工作区中的操作

库文件中的元器件相当于建筑工地的砖、瓦等基本要素，是构成电路（建筑）的基本单元。绘制原理图的第一步是从库文件中找出所需的库元器件，然后将选中的库元器件放置在电路原理图绘图区，再进行一些必要的调整。

☞**提示**　设计者很有必要充分熟悉库文件内的主要库元器件，以便在绘制电路图时能准确调用。

1. 从库文件中选择所需库元器件

集成双运放 LM358 位于“TI Operational Amplifier”库文件中，首先在系统主界面的左侧导航区的下方切换至 库... 页面，接着在左侧导航区的上方单击库文件的下拉列表框箭头 Miscellaneous Devices.IntLib [Comp 后，导航区如图 7-2-12(a)所示。选择不同的下拉列表项内容，即可在不同的库文件之间切换。

在图 7-2-12(a)中选择“TI Operational Amplifier.IntLib[Component View]”下拉列表项，然后在下方的元器件选择框中找到 LM358P，如图 7-2-12(b)所示。接着单击黄色芯片符号左侧的 ⊞ 按钮，LM358P 展开为“Part A”和“Part B”两个分支，表明 LM358P 内部包含两个单元，如图 7-2-12(c)所示。

☞**提示**　集成四运放 LM324D 包含“Part A”～“Part D”4 个分支；集成三运放 OPA3695 包含“Part A”～“Part C”3 个分支；而 TL081 根本不会出现分支项，因为这是一只单运放芯片。

☞**提示**　“TI Operational Amplifier.IntLib[Footprint View]”是 PCB 库文件，而非原理图库文件，不能在电路原理图绘图工作区使用，只能用于 PCB 设计，注意不要误选。

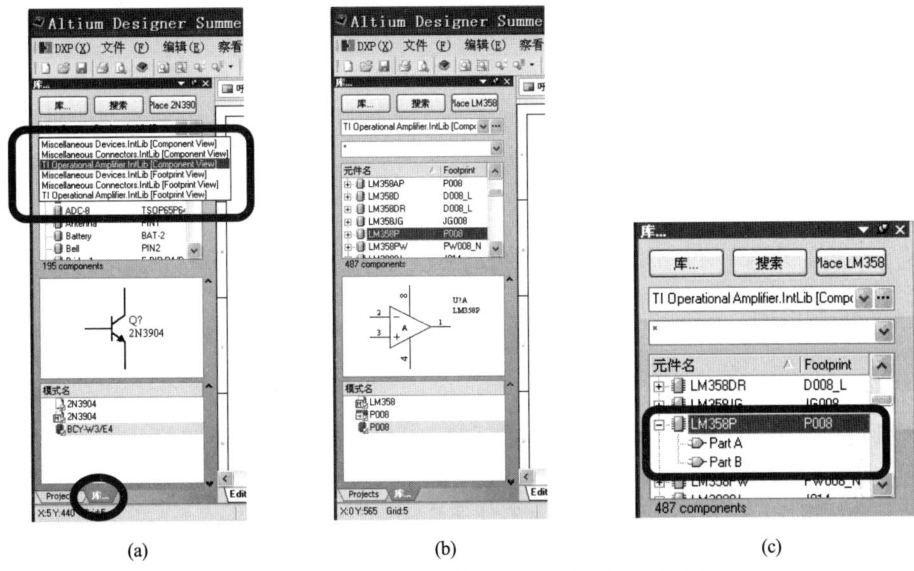

(a)　(b)　(c)

图 7-2-12　原理图库文件的切换、库元器件的调用

2．放置元器件

在图 7-2-12(c)中选择“Part A”，然后单击右上角的“Place LM358”按钮，系统右方浅黄色的绘图工作区将出现激活状态的 LM358P 的 A 单元跟随鼠标移动，如图 7-2-13 所示。

将鼠标移动到电路原理图绘图工作区的某个位置，单击即可将 LM358P 的 A 单元放置在绘图工作区。此时，系统仍然默认为刚才的元器件放置状态，LM358P 的 B 单元出现并跟随鼠标移动。再次单击，完成 B 单元的放置，如图 7-2-14 所示。其中，两个运放单元公用电源、接地引脚。

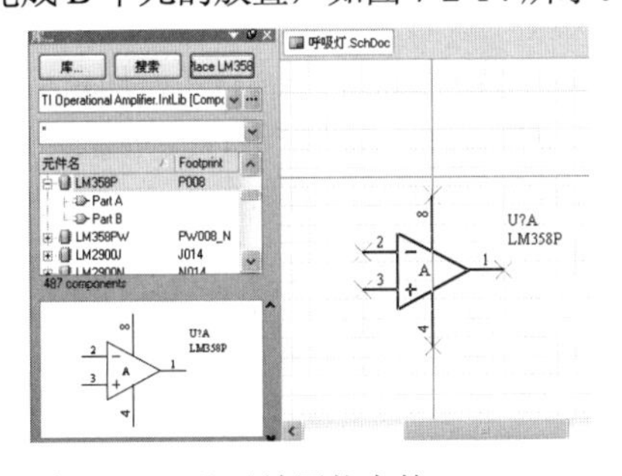

图 7-2-13　处于放置状态的 LM358P

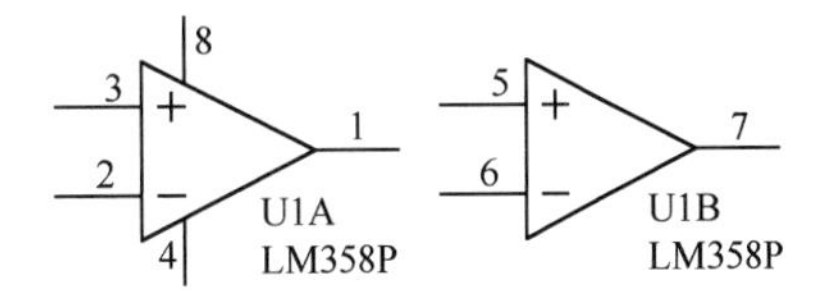

图 7-2-14　LM358P 的 A、B 单元

接下来右击，结束本轮元器件的连续放置操作。然后返回图 7-2-12(a)所示的导航区，准备放置其他原理图库文件中的库元器件，选择“Miscellaneous Devices.IntLib[Component View]”（通用元器件）库文件，分别找到电阻（Res2）、无极性电容（Cap）、极性电解电容（Cap Pol1）、三极管（NPN）、发光二极管（LED0）等元器件，依次摆放在绘图工作区的合适位置。

与上面的操作类似，再切换到“Miscellaneous Connectors.IntLib[Component View]”（通用接插件）库文件，找到电源接插件（Header 2），摆放在绘图工作区。

☞**提示**　在绘图工作区放置元器件时，应优先布置有源器件（如集成芯片、三极管、场效应管等），然后再根据实际的电气连接关系，摆放有源器件外围的无源元件。

3．元器件的移动、旋转、翻转

放置在绘图工作区的元器件可以通过相对距离、位置、方位的改变或调整，实现紧凑、美观的布局。此外，放置在绘图工作区的元器件可以进行选中、复制、粘贴、删除等操作。

1）元器件的移动

单击需要调整的元器件后并不松开左键，激活该元器件；接着拖曳鼠标，将该元器件移动到绘图工作区的某个位置后松开鼠标，即可实现元器件的移动。

2）元器件的旋转

单击需要调整的元器件后并不松开左键，激活该元器件；接着按“空格”键，即可将该元器件围绕鼠标箭头位置按照逆时针方向进行 90°旋转。

☞**提示**　元器件的旋转不会改变引脚的相对位置。

3）元器件的水平或垂直翻转

单击需要调整的元器件后并不松开左键，激活该元器件；按“X”键可实现元器件的水平翻转，按“Y”键可实现元器件的垂直翻转。

☞**提示**　翻转操作后的元器件与原始的元器件保持镜像（反向）关系。

☞**提示**　进行元器件翻转操作时，必须退出中文输入法。

4．元器件的删除与恢复

当需要删除放置在绘图工作区的某个元器件时，可单击【编辑】→【删除】菜单项，此时鼠标箭头末端出现十字形光标，将十字形光标移动到待删除元器件的上方，单击即可实现删除。删除完成后，右击或按“Esc”键均可退出当前的删除状态。

如果出现误删除，那么可单击菜单栏下方快捷工具栏中的 按钮，撤销错误的删除操作。

5．单个元器件的单击选中

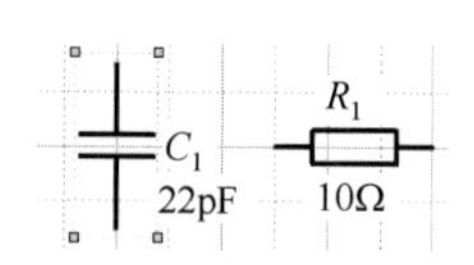

图 7-2-15　元器件被选中

元器件的快速单击选中是 Altium Designer 的一个特色。用鼠标左键快速单击绘图工作区的某个元器件后快速松开左键，可以对该元器件实施“单击选中”。选中后的元器件外围将出现一个绿色的虚线矩形框，矩形框的每个拐角会出现一个绿色小方块，如图 7-2-15 所示。

单击选中后的元器件处于激活状态，按“空格”键可实现元器件的 90°旋转，按“Delete”键则可以删除该元器件。

6．元器件整体选中、移动、复制、粘贴、剪切、删除

在电路原理图的绘制过程中，还可以对多个相关的元器件实施整体选中操作：在需要被整体选中的元器件外侧空白处按下鼠标左键，然后拖曳鼠标至选择区域的对角终点处松开左键，即可完成一批元器件的整体选中，每只被选中的元器件外侧均会出现如图 7-2-15 所示的虚线矩形框。

被整体选中的元器件可以方便快捷地实现整体移动、复制、粘贴、剪切、删除等操作。

（1）在处于选中状态的任意元器件的上方按下鼠标左键且不要松开，然后拖曳鼠标，即可实现所有处于选中状态元器件的整体移动。

（2）单击【编辑】→【复制】菜单项，即可复制所有处于选中状态的元器件，然后单击【编辑】→【粘贴】菜单项，即可将所有处于选中状态的元器件粘贴在电路原理图的绘图工作区。

（3）单击【编辑】→【剪切】菜单项，可将所有处于选中状态的元器件剪切到剪贴板。

- 如果下一步没有粘贴操作，那么刚才被剪切到剪贴板的元器件相当于已经被整体删除了。
- 如果下一步选择单击【编辑】→【粘贴】菜单项，可将所有被剪切的内容粘贴到新位置。

（4）在被整体选中元器件之外的空白绘图工作区单击，可取消元器件的被选中状态。

7．元器件属性的设置与修改

布置在绘图工作区的元器件需进行编号排序、设定参数及封装（FootPrint）信息等。

1）集成元器件的属性设置

双击集成运放 LM358P，系统弹出如图 7-2-16 所示的“元器件属性”对话框。

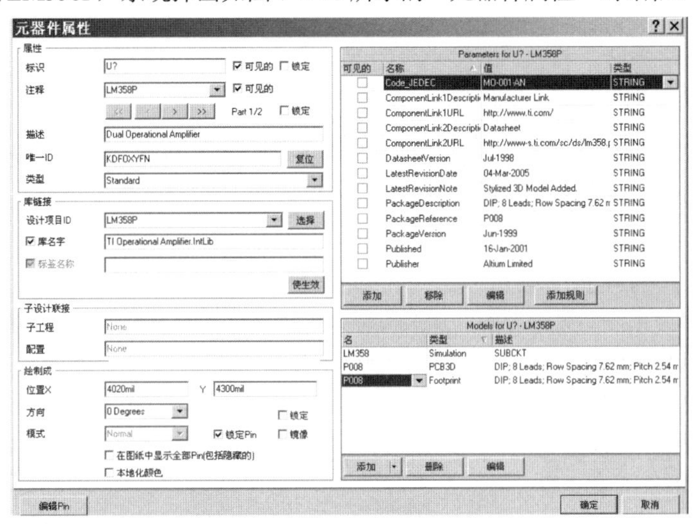

图 7-2-16　“元器件属性”对话框

图 7-2-16 中的“标识”对应该元器件的编号，应具有唯一性；当出现两只重名的元器件时，系统会在发生重名的元器件周围出现一条红色波浪线，以示提醒。

☞**提示**　两只运放单元被集成在同一块芯片结构（封装）之中，如下所示，因此必须采用相同的编号 U1，如果两只运放分别编号为 U1、U2，则设计出的 PCB 中会错误地出现两只运放芯片。

U1A LM358P　　U1B LM358P

	同相端	反相端	输出端	电源	地
A 单元	3	2	1	8	4
B 单元	5	6	7		

2）电阻、电容等分立元器件的属性设置

双击原理图中的电阻，弹出的属性对话框如图 7-2-17 所示。

在图 7-2-17 对话框左侧的“属性”框内第 1 行的“标识”文本框用于输入唯一的电阻编号，建议采用字母 R 开头；第 2 行的 注释 Res2 ☑可见的 文本框用于输入电阻的阻值，与之相对应，对话框右侧“Parameters for R1-Res2”框中，第 6 栏“Value”前方的复选框 ☑ 建议去掉。

★**技巧**　电阻的阻值单位“Ω”可以切换到中文输入状态，通过输入“oumu”得到。

☞**提示**　47 毫欧→47mΩ，47 兆欧→47MΩ，在输入时需要区分大小写，避免混淆。

电容默认的容量单位为 pF，标注 22 则表示 22pF 的电容量。

★**技巧**　切换到中文输入状态，输入“miu”即可得到电容常用单位 μF 中的字符“μ”。

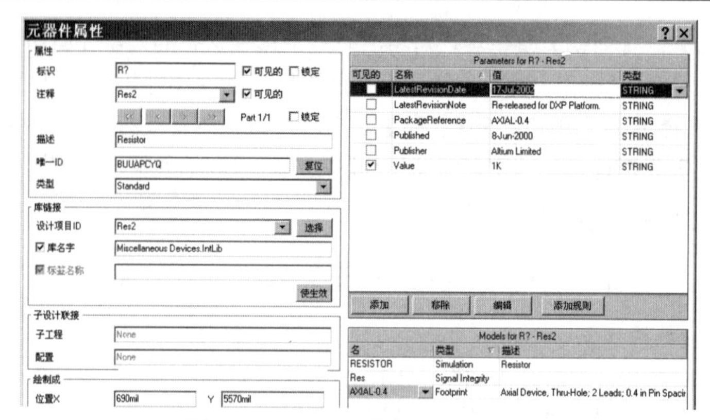

图 7-2-17　“元器件属性”对话框

8．元器件封装参数的设置

电路原理图中的元器件以“封装”（Footprint）的形式映射到 PCB 文件中，因此除设置元器件编号、参数（型号）外，还需要对元器件封装参数进行设置。

1）元器件封装的概念

封装主要反映元器件在 PCB 表面占据的外形轮廓及尺寸，同时还包括元器件引脚的数量、排列顺序、尺寸、形状，以及引脚与外形轮廓的相对位置等重要信息。对于电阻、电容等无源分立元器件，元器件封装还与元器件的安装方式有关，请参见 9.1.1 节。

元器件的封装种类繁多且层出不穷，需要设计人员随时关注、了解并进行设计。错误的封装参数将导致最终完成的 PCB 无法进入后续的装配、焊接工序。

2）元器件直插封装与贴片封装的对比

中小规模集成电路的常用封装包括 DIP（双列直插）、SIP（单列直插）、SOP（扁平双列贴片）等不同类型。DIP 封装与 SOP 封装的外形及大小对比如图 7-2-18 所示。

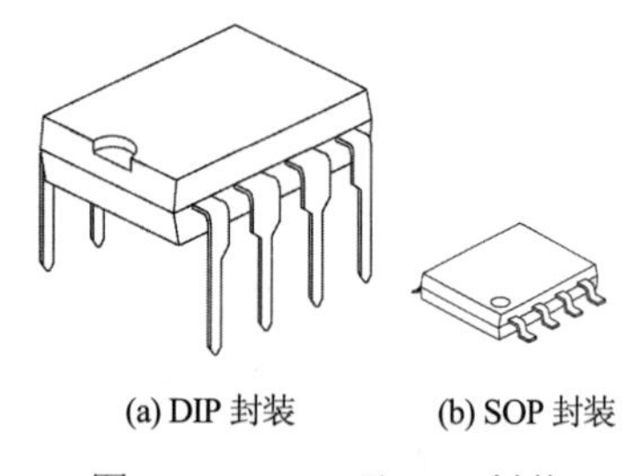

(a) DIP 封装　　(b) SOP 封装

图 7-2-18　DIP 及 SOP 封装

【例 7-2-1】 为满足不同客户的需求，厂家会对同一型号的集成芯片采用多种封装进行生产与销售，从芯片型号的后缀一般可以查到对应的封装，例如，集成运放“TL081ACP”为 DIP 封装，“TL081ACD”为 SOP 封装。

3）直插封装元器件的学习与应用价值

DIP 封装的芯片引脚间距的典型值为 100mil（2.54mm），SOP 封装的芯片引脚间距仅为 50mil（1.27mm），因而在 PCB 表面所占的空间较小，高度也较低，为电子产品扁平化、轻薄化的发展趋势打下了良好的基础。

毋庸置疑，贴片封装正在成为应用主流，但是直插封装的元器件对于初学者而言，具有不可替代的作用，建议初学者从直插封装开展 PCB 设计、电路系统装配与调试的入门学习。

（1）直插封装元器件的体积较大，下方允许通过的连线数量较多；贴片封装元器件下方的间隙较小，允许的布线数量少，有时甚至无法布线，因此采用直插封装元器件设计出的 PCB 的电气连线的布通率较高。

（2）大多数直插封装元器件相邻引脚的间距较大，相邻引脚之间可以尝试进行电气连线，而贴片封装元器件的相邻引脚之间因尺寸过小而难以进行电气连线。

（3）焊接贴片封装元器件时，不容易准确定位，而直插封装元器件的引脚需插入焊盘孔，故容易准确定位。

（4）对于大功率（如线绕电阻）、高电压（如高反压三极管）及不易微型化（如变压器）的元器件，只能选择直插封装。

（5）贴片封装元器件的封装参数复杂，如 8 脚的贴片封装就有 so-8、tssop-8、msop-8、vsop-8 等多种类型，初学者容易混淆，从而使得设计出的 PCB 因错误而成为废品。

☞**提示**　在 PCB 设计时，不能随心所欲地输入元器件的封装参数，而应该在实际可使用的元器件已经确认后，根据相关尺寸选择合适的封装值输入元器件属性对话框的封装（Footprint）文本框中。对系统没有给出的封装值，往往需要自行创建。

9. 常用元器件的封装参数

常用的基本元器件封装信息可参见附录 C。

1）电阻

电阻、电容这类引脚数量较少的元器件，常包括轴向（axial）、径向（radial）两种不同的封装结构。轴向封装的两只引脚为同轴状态，径向封装的两只引脚则处于平行状态，如图 7-2-19 所示。

电阻多采用轴向封装：AXIAL-0.3、AXIAL-0.4、…、AXIAL-1.0；电阻的功率越大，后缀字符的值越大。最常用的 0.25W 金属膜电阻推荐采用如图 7-2-20 所示的 AXIAL-0.3 封装。

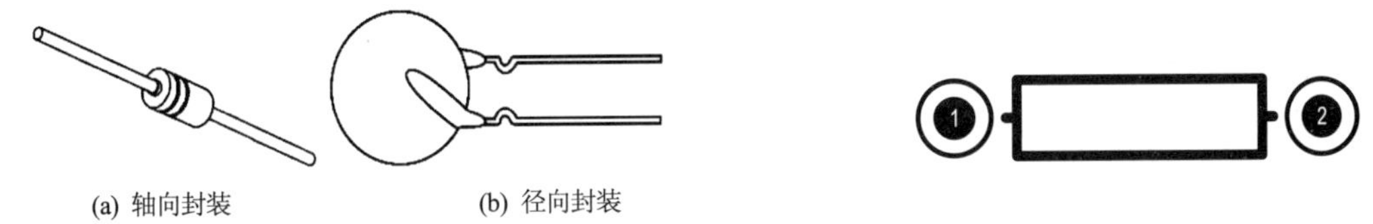

(a) 轴向封装　(b) 径向封装

图 7-2-19　轴向封装与径向封装的外形结构对比

图 7-2-20　AXIAL-0.3 封装

（1）在图 7-2-20 中，两侧的空心圆环代表电阻引脚将来需要插入 PCB 并进行焊接的焊盘，两个焊盘的间距为 0.3 英寸（1 英寸=2.54cm），AXIAL-0.3 也由此而得名（AXIAL 的中文释义为“轴状的”）。

☞**提示**　Altium Designer 提供了公制（mm）、英制（mil，千分之一英寸）两种长度单位，具体的换算关系为：100mil = 2.54mm；1mm ≈ 39.37mil。

（2）圆环内部的实心区域代表空心的焊盘孔，一般用高速台钻加工而成。

（3）焊盘孔内的数字 1、2 代表电阻两只引脚的编号。

（4）焊盘中间的矩形框代表电阻体的基本轮廓，用来设定电阻在 PCB 中占据的基本空间，以消除 PCB 中两只相邻元器件因距离过近而无法正常装配与焊接的弊端。

2）无极性电容

无极性电容多采用径向封装，如 RAD-0.1、RAD-0.2、RAD-0.3、RAD-0.4，其中，0.1 同样代表电容的两只引脚之间的间距为 100mil。此外也可以选择 CAPR2.54-5.1x3.2（引脚间距为 2.54mm、外形轮廓尺寸为 5.1mm×3.2mm）、CAPR5.08-7.8x3.2 等封装参数。

3）电解电容

电解电容具有极性，标记“+”的引脚在电路中需接直流高电位。电解电容多采用径向封装，引脚从同一侧引出。电解电容的常用封装包括 CAPPR2-5x6.8（引脚间距为 2mm，圆柱形径向封装的外径为 5mm，高度为 6.8mm）、CAPPR5-5x5、CAPPR7.5-16x35 等。

4）二极管

小功率二极管多采用轴向封装，如 DIODE-0.4、DIODE-0.7 等；大功率二极管需要外接散热片，因此多采用与大功率三极管类似的封装。

5）三极管

三极管分为大功率三极管与小功率三极管，封装的差异较大，封装的前缀一般为“TO-”，如TO-3（铁壳大功率）、TO-92B（塑封小功率）、TO-220（中功率直插式）等。

6）电位器

系统提供了VR3、VR4、VR5三种电位器的封装，其中VR5对应最常用的3296型多圈玻璃釉电位器，VR3对应3006型多圈电位器，VR4对应3386型单圈玻璃釉电位器。

7）发光二极管

系统提供了LED-1与LED-0两种封装，注意圆弧形的部位应该放置在PCB的外侧边缘。

8）单排排针与排插

单列直插元器件包括立式封装HDR1X*n*（*n*=2,3,4,…）与卧式封装HDR1X*n*H（*n*=2,3,4,…）两种。单列直插封装多用于信号、电源的连接。

9）双列直插IC插座

窄体双列直插IC插座的引脚数目包括4、6、8、14、16、20等，除用于常见的集成运放、电压比较器、CMOS数字集成芯片外，一些多位拨动开关、LED光柱、电阻排阻也采用了双列直插IC插座的封装结构，其封装参数的格式包括DIP-8、DIP-14、DIP-16、DIP-20等。

10）贴片元器件

由于贴片元器件的封装种类太多，基本库文件中仅提供了少量的贴片集成芯片的封装，如SOIC127P600-8L、SOIC127P600-16M等，其余引脚数量的集成芯片可自行创建。

11）数码管

系统提供了不同封装的两种数码管：引脚横排（LEDDIP-10/C15.24RHD）型与引脚竖排（LEDDIP-10/C5.08RHD）型，前者在国内更易购得。

12）双排排针与排插

双列直插接插件的布线密度较大，适用于PCB布局较为紧凑的场合，双列直插接插件与PCB的接触面积较大，在焊接装配的过程中不宜倾斜，位置相对较为稳固。但由于需要在相邻的两只引脚之间走线，因此要求PCB的布线宽度设置得较小。

HDR2X*n*（*n*=2,3,4,…）是立式双列直插封装，HDR2X*n*H（*n*=2,3,4,…）是卧式双列直插封装，引脚排列的计数顺序符合“S”形。HDR2X*n*_CEN（*n*=2,3,4,…）同样为立式双列直插封装，但是引脚排列的计数顺序符合“N”形。

13）双刀双掷开关

常用双刀双掷开关的封装为DPDT-6。

14）其他常用元器件

扬声器、电池一般通过接插件连接至PCB的外部，因此可以直接使用两只引脚的接插件封装，如HDR1X2。麦克风一般可以采用圆柱形的电解电容近似等效封装。

10．元器件封装参数的设置步骤

在“元器件属性”对话框右下方的“Models”栏中，可设置元器件的封装属性，如图7-2-21所示。

系统默认LM358P的封装值为P008，在图7-2-21第三列的“描述”项中可以清楚地看到，P008

封装的信息包括：DIP（双列直插外形）、8 Leads（8 只引脚）、Row Spacing 7.62mm（两排引脚的间距为 7.62mm，即 300mil）、Pitch 2.54mm（相邻两只引脚的间距为 2.54mm，即 100mil）。

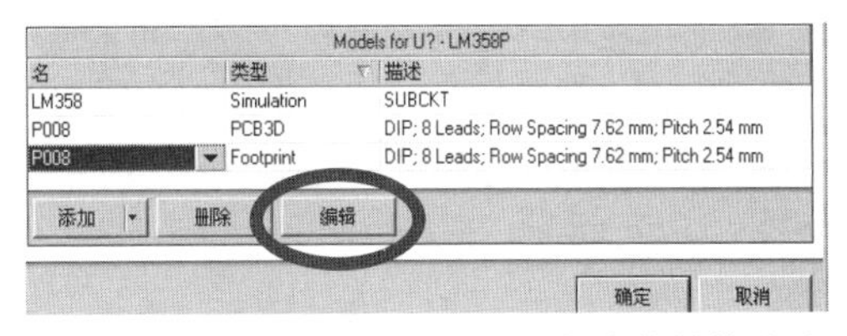

图 7-2-21　“元器件属性”对话框中的封装设置

如需修改 LM358P 的封装信息，先选中图 7-2-21 中第三行的“P008”，再单击下方的“编辑”按钮，弹出如图 7-2-22(a)所示的“PCB 模型”对话框，暂时处于无法编辑的状态，在对话框中部“PCB 库”栏选中第一项“任意”，则“封装模型”中的“名称”文本框开始有效，如图 7-2-22(b)所示。

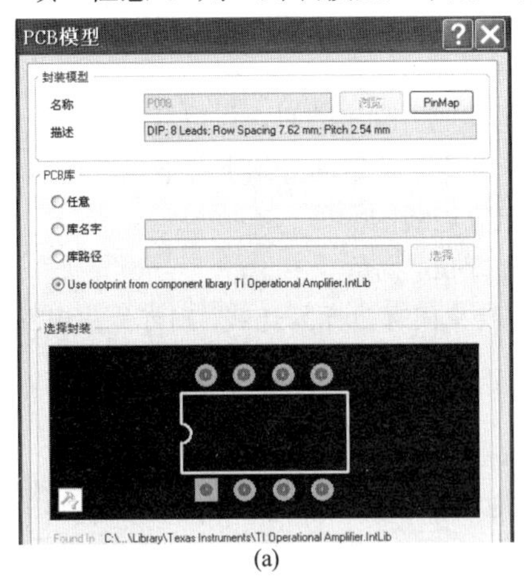

(a)

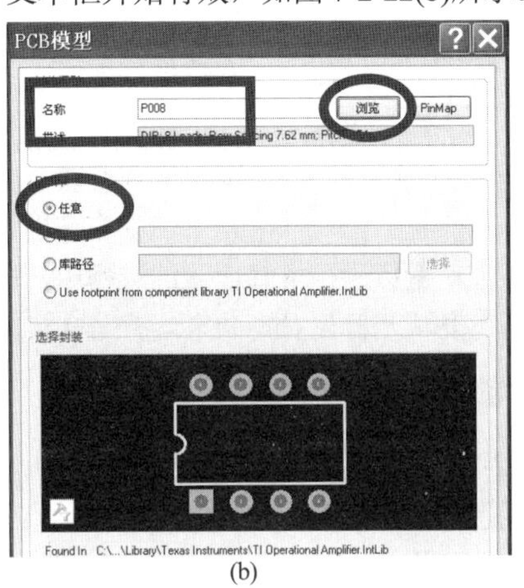

(b)

图 7-2-22　修改 LM358P 的 PCB 封装信息

单击图 7-2-22(b)中的“浏览”按钮，打开如图 7-2-23 所示的“浏览库”对话框，重设封装参数。对话框左侧中列出了可选的封装参数（名），同时对封装信息进行英文描述，窗口右侧的黑色背景框中显示该封装的外形示意。

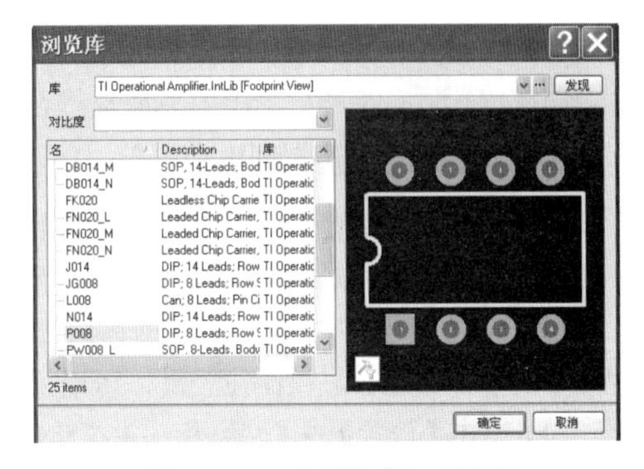

图 7-2-23　“浏览库”对话框

7.2.4　电气连线

初步完成的呼吸灯电路的元器件布局如图 7-2-24 所示，下一步操作将针对各个电气节点展开电气连线，使之逐步构成一幅完整的电路原理图。

电气连线是继元器件布局之后的关键工作。电气连线完成后所形成的电气节点在 PCB 中将被映射成铜箔线条，稍有疏忽就容易发生严重错误。

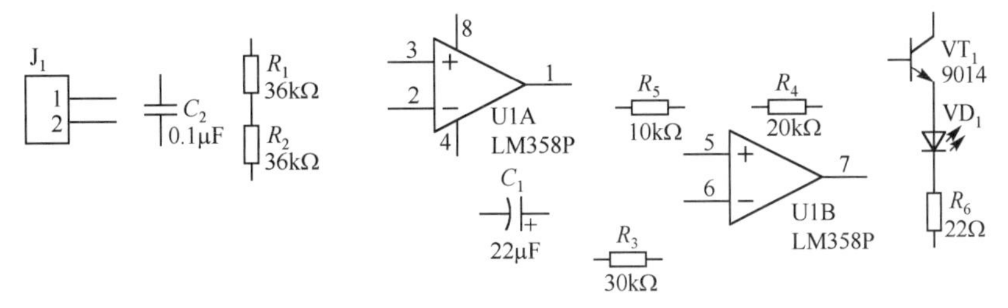

图 7-2-24　呼吸灯电路的元器件布局

- 如果在电气连线时出现“应连而未连”的故障，如节点遗漏、电气连接不准确，那么将导致PCB中导线缺失，不得不采用“飞线”的形式手工进行补救，影响电路的美观与可靠。
- 如果在电气连线时出现“不应连而连接”的情况，那么将造成严重的短路故障。

1．直接电气连线

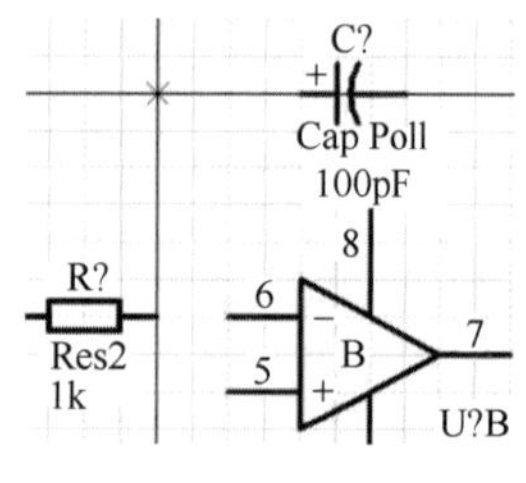

图7-2-25　米字形光标

单击【放置】→【线】菜单项，或者单击快捷工具栏的图标，将开始进行电气连线，鼠标将变成如图7-2-25所示的米字形光标。

（1）当将米字形光标移到待连线的元器件引脚末端时，光标将变为红色；单击，再移动光标到电气连线末端的另一只引脚，单击即可完成本轮电气连线。

（2）当将鼠标移动到其他引脚末端时，可以开始新一轮电气连线。每根电气连线完成后，系统均默认自动开始下一根电气连线。

（3）右击即可终止电气连线的操作。

（4）在拖动鼠标进行电气连线的过程中，单击可进行90°拐弯。

★技巧　要从元器件引脚的末端开始连线，若从引脚中间部位开始连线，则可能出现漏连的故障。

2．放置节点实现电气连接

【例7-2-2】　在如图7-2-26所示的电路中，R_1、R_2、R_3、R_4需要短接一只引脚，但是当依次连接R_1与R_2、R_3与R_4之后，两根电气连线相交的位置并没有自动出现节点，因此图中的R_1与R_3并未实现电气连接。

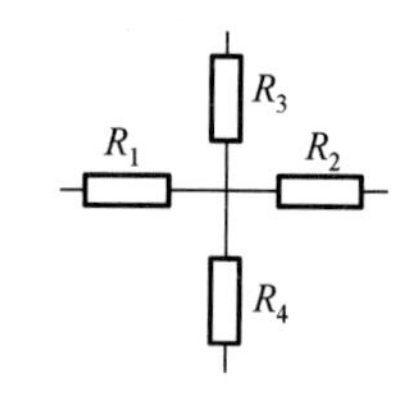

图7-2-26　电气节点疏漏

此时可采用手动方式向电气连线添加节点，以实现导线之间的电气连接：单击【放置】→【手工接点】菜单项，鼠标变为米字形光标，在光标交叉的位置附带一只暗红色粗点；移动鼠标到需要进行节点连接的位置单击即可，完成放置后右击即可退出节点放置状态。

3．通过网络标签实现电气连线

在电气连接关系复杂、连线数量过多的电路图中，若仍用点对点的直接连线，则将造成电路图的视觉效果凌乱，影响对图中电气关系的正确识读。对此，可使用网络标签进行辅助连接。

【例7-2-3】　图7-2-02中，集成运放U1的3、6脚需短接在一起，如果直接用导线连接，那么原理图中的整体布线会显得比较凌乱，可以采用网络标签V_m来实现两点的电气连接。

（1）单击【放置】→【网络标签】菜单项，或者单击快捷工具栏的Net1图标，一个名为“NetLabel1”的字符串NetLabel1将跟随米字形光标移动。

（2）将鼠标移动到需要放置网络标签的元器件引脚末端或电气连线上，当观察到米字形光标的斜十字叉变为红色时，表明目前该点允许放置网络标签实现电气连接，接着单击完成网络标签的定位。

★技巧　如果当鼠标放置在电路图中的某点时光标没有发生变色，那么表明该点不能因网络标签的放置而产生电气连接关系。

（3）双击已放置的网络标签，系统弹出如图7-2-27所示的“网络标签”对话框。

在图中“属性”栏内的“网络”下拉列表框中输入所需的网络名称。在电路原理图绘图工作区中，具有相同网络标签的节点（包括导线、元器件引脚）在电气关系上处于连通状态。窗口上方的“X”和“Y”指示了目前网络标签的绝对坐标值，“方位”用于设定网络标签在电路图中的方向。

4．通过电源与接地图标实现电气连接

快捷工具栏中的电源与接地图标同样可以实现电气连接。

（1）单击 VCC 或 GND，电源图标 VCC 或接地图标 GND 将跟随米字形光标同步移动。

（2）将 VCC 或 GND 图标放置在元器件引脚的末端或电气连线上。

（3）双击 VCC 或 GND 图标，系统弹出如图 7-2-28 所示的对话框。在“网络”文本框中输入电源端口名。与网络标签类似，同名的电源端口在电气关系上保持连通状态，电源端口的“类型”包括 Circle、Bar 等 7 种。

电源端口可以设置 4 种“方位”，以标识不同的电源端口种类，例如，正电源（$+V_{CC}$）推荐使用“90 Degree”，而负电源（$-V_{EE}$）推荐使用“270 Degree”。

☞提示　电源端口是外界向 PCB 供电的通道，在硬件结构上一般用接插件实现。

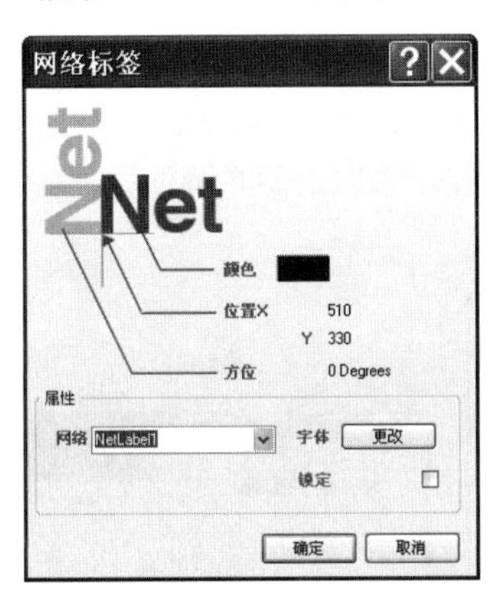

图 7-2-27　“网络标签”对话框

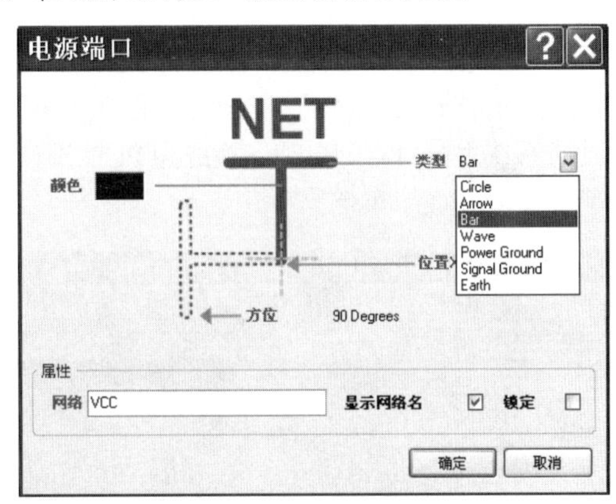

图 7-2-28　“电源端口”对话框

7.3　设计 PCB

电路原理图绘制完成后，下一步可将元器件的封装、电气连接关系映射到 PCB 中，形成由焊盘和铜箔线条组合而成的 PCB 板图方案，上述过程需要在 PCB 设计界面中完成。

7.3.1　PCB 设计的基本流程

PCB 的设计内容较多，过程也相对较为复杂，但基本操作的条理性很好，易于上手。

1．PCB 设计前的准备工作

（1）对设计完成的电路原理图进行检查排错。

（2）检查 PCB 封装库元器件是否满足需要，对于系统缺乏的库元器件，需手工进行创建。

（3）新建并保存 PCB 设计文件“*.PcbDoc”。

2．PCB 设计规则的设置

按照项目的实际需求，设置 PCB 的线宽、线距、板层、焊盘、过孔等参数。

3．元器件的手工布局

（1）根据实际要求设计 PCB 边框。

（2）参照电路原理图，充分考虑元器件之间的相互影响因素，对板载元器件进行规范布局。

4. 自动布线及手动调整

（1）参照原理图进行电气预布线，检查布线效果是否能够基本满足电路要求。

（2）手动调整不理想的布线结果，使之符合 PCB 设计规范。

5. 质量检查及完善

PCB 初步设计完成后，还需要对连线拐角、连通性、安全间距、覆铜、泪滴、文字标识位置等细节内容进行检查与修改。

7.3.2 新建 PCB 文件

单击【工程】→【给工程添加新的】→【PCB】菜单项，也可在主界面左侧的 Projects 导航区中右击“呼吸灯工程.PrjPcb”工程文件，在弹出的快捷菜单中单击【给工程添加新的】→【PCB】菜单项。此时，在 Projects 导航区的“呼吸灯工程.PrjPcb”下将出现一个新文件“PCB1.PcbDoc”，如图 7-3-01 所示。此时系统主窗口右侧自动切换成为 PCB 设计区，与电路原理图绘图工作区的界面、框架基本类似，但背景颜色变成了黑色。

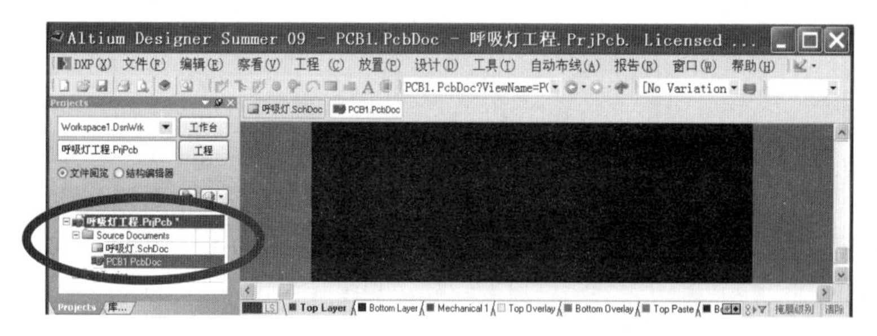

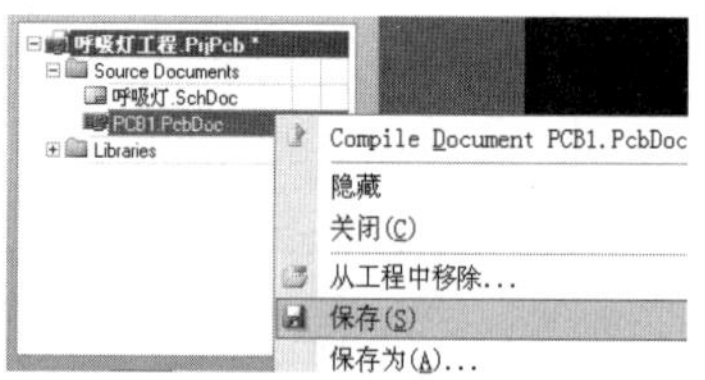

图 7-3-01 PCB 设计区的主界面

右击刚刚新建的“PCB1.PcbDoc”文件，在弹出的快捷菜单中选择【保存】，在系统弹出的文件保存对话框的“文件名”列表框中输入所需的 PCB 文件名，如图 7-3-02 所示。

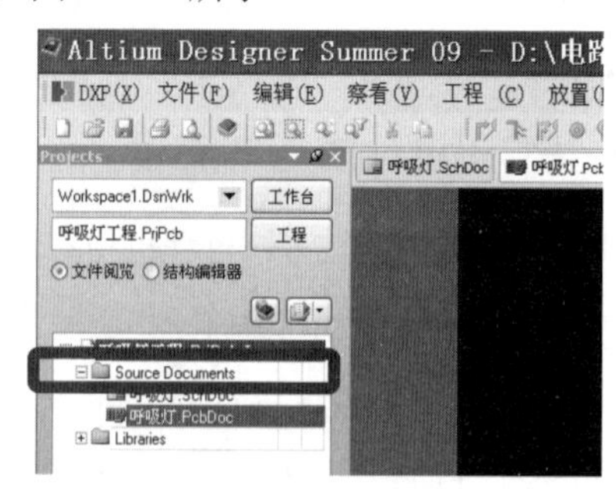

图 7-3-02 保存 PCB 设计文件

7.3.3 PCB 图层的概念

在黑色 PCB 设计区的横向滚动条下方，出现了若干名为 Top Layer、Bottom Layer、Multi-Layer 等的图层标签，每个标签内的彩色方框标示了本图层中绘制线条、字符、图形的默认颜色，如图 7-3-03 所示。设计者可根据颜色来区分不同功能的图层，这也正是设计区采用显色性较好的黑色作为背景的主要原因。

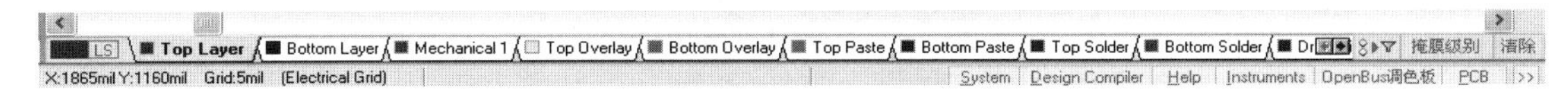

图 7-3-03　PCB 设计区的图层标签及状态栏

常用图层的颜色、含义及使用方法如下。

1. Top Layer（顶层）

Top Layer 表示 PCB 上表面，在装配直插封装元器件时，一般从 Top Layer 向下插入。

在双层板模式下，Top Layer 中的布线具有电气连接的功能。而在单层板模式下，Top Layer 内没有电气连线。系统默认 Top Layer 中的线条、符号为红色。

2. Bottom Layer（底层）

Bottom Layer 表示 PCB 下表面，也称为“焊锡面”。

在单层板模式下，只有 Bottom Layer 中的布线具有电气连接的功能。在双层板模式下，Bottom Layer 除了可以进行电气布线，还可以用来安装贴片封装元器件。系统默认 Bottom Layer 中的线条、符号为蓝色。

3. Top Overlay（顶部丝印层）

元器件的外形、轮廓、编号等信息一般采用颜料通过丝网工艺印制在 PCB 上表面，称为 Top Overlay，其位置在 Top Layer 之上。

Top Overlay 中的线条没有电气连接意义，但在元器件装配过程中具有指示作用。系统默认 Top Overlay 中的线条、符号为亮黄色。

4. Bottom Overlay（底部丝印层）

某些参数信息采用丝网工艺印制在 PCB 下表面，对应的图层称为 Bottom Overlay。一般而言，直插封装元器件的型号或参数常被印制在 Bottom Overlay。

Bottom Overlay 中的线条同样没有电气连接的功能，只具有指示作用。系统默认 Bottom Overlay 中的线条、符号为黄绿色。

5. Keep-Out Layer（禁止布线层）

Keep-Out Layer 为禁止布线层。设计人员可以在该层绘制 PCB 的禁止布线区域。在快速 PCB 设计时，均在 Keep-Out Layer 中绘制电路板边框作为元器件布局、电气布线的有效范围。

Keep-Out Layer 中的线条同样不具备电气连接关系。系统默认 Keep-Out Layer 中的线条为桃红（玫红）色。

6. Multi-Layer（贯穿层）

对于直插封装元器件而言，每只引脚均要从 PCB 的顶层、底层穿过，因此每只引脚所对应的焊盘（Pad）将从 Top Layer（顶层）一直贯穿到 Bottom Layer（底层），此时会用到 Multi-Layer（贯穿层），这一层主要被用来设计直插封装元器件的焊盘面。

Multi-Layer 中的焊盘（Pad）具有电气连接的功能。系统默认 Multi-Layer 中的线条为灰白色。

7.3.4　PCB 的长度计量单位

在图 7-3-03 中标签栏的下方还有一行状态栏，显示“X：1865mil　Y：1160mil　Grid：5mil”等

信息内容，这些信息表明了目前鼠标在PCB设计区中的准确坐标位置和鼠标单步移动时的步进值，单位均为mil。

☞**提示**　单击【查看】→【切换单位】菜单项，可在mil与mm两种单位之间切换。

7.3.5　PCB板框的规划设计

（1）在PCB设计区下方的图层标签中单击Keep-Out Layer标签并切换至该图层。

（2）单击【放置】→【走线】菜单项，系统进入连线状态，鼠标变为十字形光标。将十字形光标放在黑色PCB设计区的合适位置并单击，即可确定线条的绘制起点。松开左键、移动鼠标即可在绘图区进行线条的绘制，如图7-3-04所示。

（3）在线条绘制过程中，单击即可让线条改变方向。如果需要进行精确的直角拐弯，可以再次单击。线条绘制时的终点与起点应尽可能重合，以形成一个封闭的PCB板框，从而规划PCB的外形尺寸。在Keep-Out Layer中绘制完成的PCB板框如图7-3-05所示，板框先按较大尺寸进行预设，待最终的元器件布局、电气布线结果完成后，再对板框尺寸进行适当的缩减。

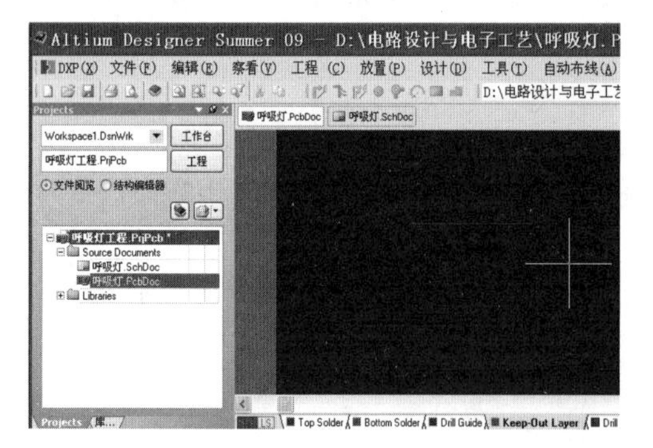

图7-3-04　在Keep-Out Layer图层内绘制线条

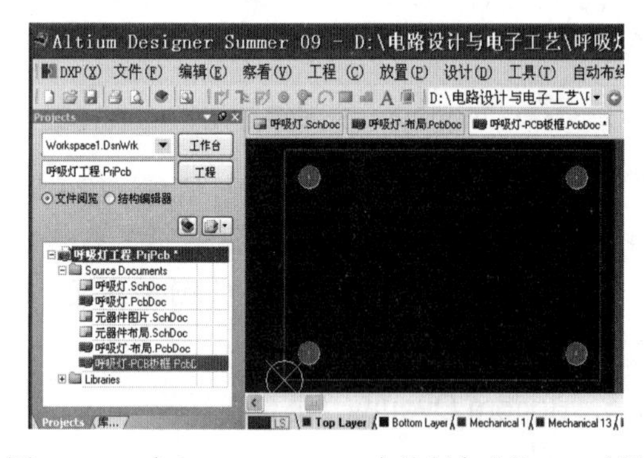

图7-3-05　在Keep-Out Layer中绘制完成的PCB板框

（4）建议在PCB板框的4个角落放置4只焊盘，作为4只螺钉固定孔；孔径一般为3mm，可与如图7-3-06所示的ϕ3螺钉、六角铜螺柱、尼龙隔离柱（脚钉）配套使用，支撑起PCB，避免PCB底板Bottom Layer接触调试台表面的金属物体而发生意外的短路事故。

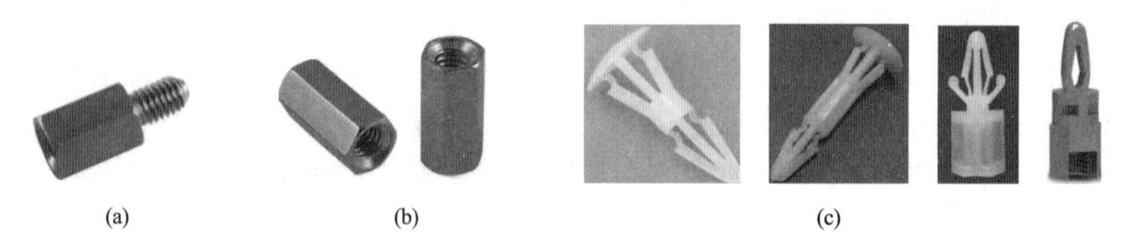

(a)　　(b)　　(c)

图7-3-06　用于支撑PCB的ϕ3螺钉、六角铜螺柱、尼龙隔离柱

单击【放置】→【焊盘】菜单项，即可连续放置无网络关系的焊盘。双击已放置在PCB设计区的焊盘，系统弹出如图7-3-07所示的“焊盘[mil]”对话框。

图中可以对焊盘（Pad）的形状、外径、孔径、位置、所在图层、网络关系进行设置。

☞**提示**　电路PCB的形状以矩形为主，个别电路板也采用了圆形、椭圆形、三角形等形状；实际的电路PCB形状并不能由工程师随意决定，而需要根据实际电子产品的外壳形状、内框空间、美学造型等多方面因素，综合得出PCB板框的形状及尺寸参数。

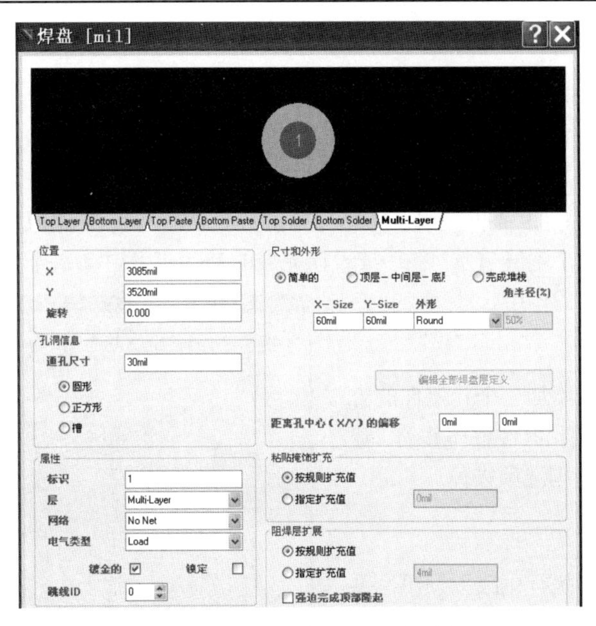

图 7-3-07　“焊盘[mil]”对话框

7.3.6　将电路原理图导入 PCB 设计文件

向 PCB 设计文件中导入电路原理图中的元器件封装、电气连接关系等重要信息后，系统会根据原理图文件中元器件的编号封装、电气连接关系，在 PCB 设计文件中自动生成相应的焊盘、封装图形，同时创建相应的电气连接关系，为后续的 PCB 板图设计做好准备。

上述导入过程是从电路原理图过渡到电路 PCB 板图的关键步骤。

1. 工程顺序更改

在主窗口左侧的导航区中双击“呼吸灯.SchDoc”，重新打开原理图文件。单击【设计】→【Update PCB Document 呼吸灯.PcbDoc】菜单项，系统弹出“工程更改顺序”对话框，如图 7-3-08 所示。

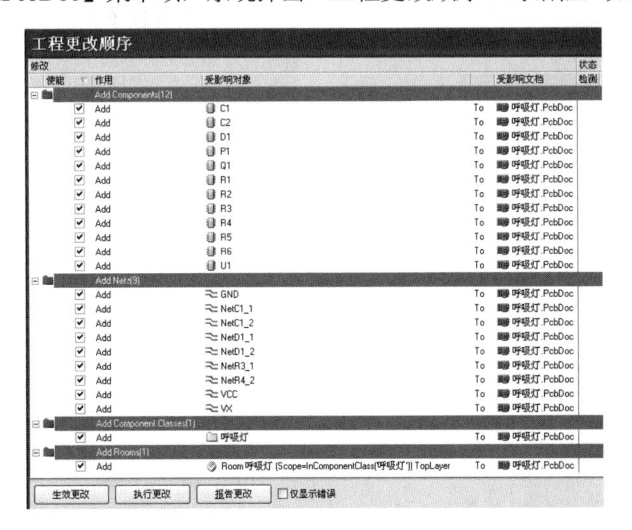

图 7-3-08　“工程更改顺序”对话框

“工程更改顺序”对话框包含以下内容。

1）Add Component[12]

向 PCB 设计文件中添加 12 只元器件的编号及封装参数。方括号中的数值“12”表示电路原理图中共有 12 只元器件。

2）Add Nets[9]

向 PCB 设计文件中添加 9 条网络表。方括号中的数值“9”表示电路原理图中的元器件在电气连接的过程中累计产生了 9 个电气节点；在后续设计完成的 PCB 板图中，每个节点将表现为连成一体的线条及焊盘，起电气连接的作用。

3）Add Rooms[1]

向 PCB 设计文件中添加一个元器件的容器，以便于将调入 PCB 的元器件整体移动。建议将 Add Rooms[1]下方的勾选项去掉。

2. 执行更改

单击对话框下方的“执行更改”按钮，系统将自上而下地依次执行 Add Component、Add Nets 等操作，执行更改后的“工程更改顺序”对话框如图 7-3-09 所示。

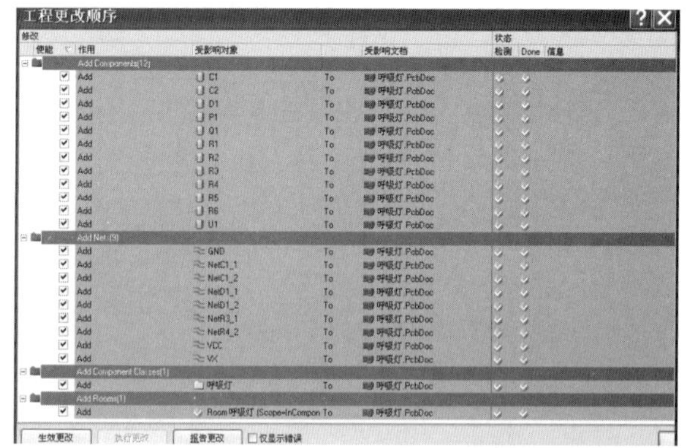

图 7-3-09　执行更改后的“工程更改顺序”对话框

在执行工程更改顺序的过程中，如果没有错误出现，那么在窗口右侧的状态栏中，“检测”列、“Done”列中将出现绿底白钩的圆形图标。如果更改过程中存在错误，那么将显示红底白叉的圆形图标，提示设计者有针对性地修改。

关闭“工程更改顺序”对话框后，PCB 设计区如图 7-3-10 所示，所有元器件被放置在名为“呼吸灯”的紫色 Room 框内。单击并选中 Room 框，按下“Delete”键将其删除后的 PCB 设计区如图 7-3-11 所示。

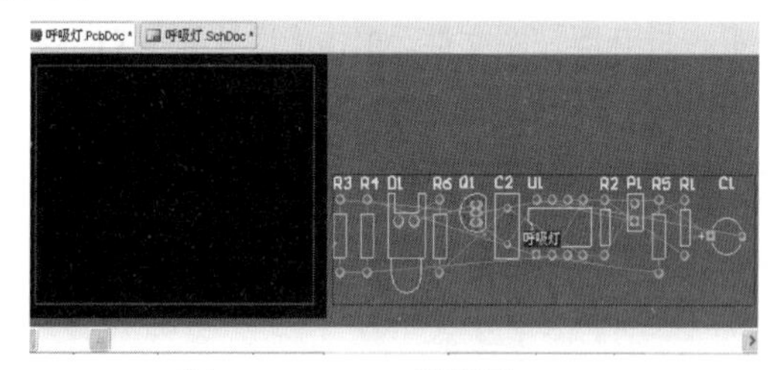

图 7-3-10　PCB 设计区

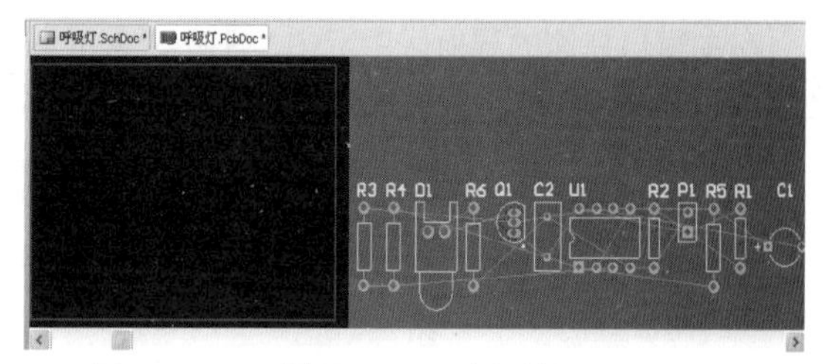

图 7-3-11　删除“Room”框后的 PCB 设计区

在图 7-3-11 中，元器件的引脚焊盘之间有一些很细的弹性线条，系统用它来表示元器件焊盘之间的电气连接关系，暂时还不是物理意义上的电气连线，常被称为“网络飞线”。

当元器件被执行移动、旋转等操作后导致相对位置发生改变时，飞线的方向、长度及位置等状态也将随之发生改变，如图 7-3-12 所示。

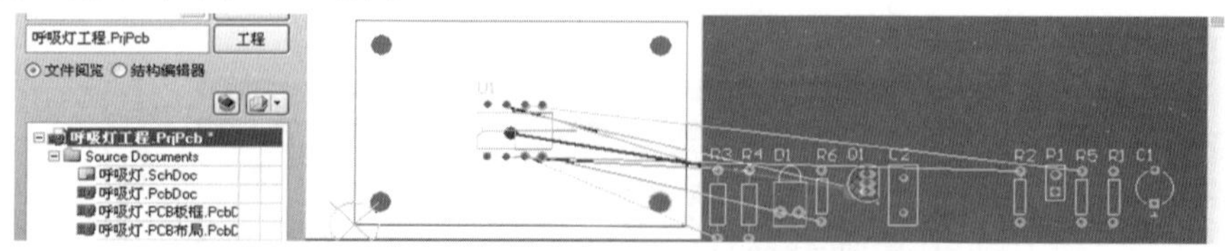

图 7-3-12　元器件位置调整后引起飞线的状态发生改变

通过观察 PCB 设计区的飞线状态，可以粗略判断 PCB 中生成电气连线的质量：

- 飞线之间的交叉越少，则整体电气连线的布通率越高；
- 飞线之间的距离越短，则两个焊盘之间的电气连线越短。

7.3.7 元器件在 PCB 中的布局

将图 7-3-11 中的所有元器件按照一定规律移入事先在 Keep-Out Layer 图层中绘制的矩形 PCB 板框中，并在板框内部进行元器件的布局。

★技巧 元器件在 PCB 中的布局是整个 PCB 设计环节中最重要的一环，对整个电路系统的性能有重要的影响。元器件布局耗时长、技术难度高，往往需要设计人员具有长期的经验积累与历练，才能逐步实现高质量的快速元器件布局。

元器件布局是否合理、布局质量的高低将会产生以下影响。

- 影响电路布线的通过率

如果电路布线不能达到 100%的通过率，那么设计完成的电路产品不得不使用额外的导线，才能实现完整的电气连接。不合理的元器件布局将使得过多的电气连线交叉，这是造成电路布线通过率不高的重要原因。

- 影响电气连线的长度及数量

布局不合理将使得电气连线必须绕过很长的距离后才能实现最终的电气连接。过长的电气连线将使电路系统更容易受到外界的干扰，对于小信号模拟电路的工作性能的影响尤其明显。另外，过长的电气连线还会增大导线的内阻。

- 影响电路的工作性能
- 影响最终生成 PCB 的实际面积

★技巧 一些电路 PCB 采用圆形、椭圆形、三角形等异形结构，但生产加工企业是按照 PCB 占据的最小矩形外框尺寸来计算加工费用的，面积越小，收费越低。单层板的加工费用比双层板的略低，多层板的层数越多，加工费用越高；厚度过大或过小、过孔过多、孔径过小的 PCB，加工费用较高。

☞ **提示** 捷多邦建议的最小孔径为 0.3mm（约 12mil）、孔外环 0.6mm（约 24mil），这是因为采用钻头进行机械钻孔的极限是 0.2mm（约 8mil），若需小于 0.2mm 的孔，则只能采用高成本的激光钻孔工艺。

1. 元器件布局的基本原则

为了保证 PCB 的设计质量，在进行元器件布局时，不能毫无目的地将所有元器件随意拖入 PCB 板框中。进行元器件布局的基本原则包括：

- 保证电路的功能和性能指标，尽可能实现较高的布通率；
- 满足工艺性、检测、维修等多方面的要求；
- 保证元器件在 PCB 中的布局紧凑；
- 适当兼顾布局结果的美观性，元器件密度均衡、疏密有序。

2. 元器件布局的参考经验

在进行元器件布局时需要考虑的指标、因素繁多，而且设计者往往还需要对具体电路的类型、结构有一定认识。以下是元器件布局的一些简单经验：

- 存在电气连接的元器件应就近安放，避免连线距离过长；
- 按照信号的流向布置元器件，避免输入信号与输出信号之间出现平行导线；
- 微弱信号放大电路与功率输出电路应尽量分开布局，减小后者对前者的影响；
- 信号与电源接插件、可调元器件应靠近 PCB 边缘；
- 功率输出器件应靠近 PCB 边缘，便于安装散热片；

- PCB 中的元器件朝向应尽可能一致；
- PCB 中的所有元器件应摆放整齐、均匀、紧凑；
- 传感器、热敏元器件必须远离发热量较大的功率元器件；
- 高压单元须远离传感器、主控芯片、可调元器件（如电位器）；
- 较重的元器件应尽量靠近 PCB 的安装孔、支撑点；
- 弱信号放大电路必须远离开关电源、高速数字电路单元；
- 电源退耦电容要尽量靠近集成电路的电源引脚和接地引脚。

3．元器件布局的主要流程

元器件布局的主要流程如下。

1）总体把握电路内部的基本连接关系

在进行元器件布局前，建议首先打印电路原理图，以便随时观察、对照元器件之间的电气连接关系，进行有针对性的布局。

2）布局对位置有特殊要求的元器件

PCB 的固定孔/定位孔、信号与电源接插件、对安装位置有特殊要求的元器件均需提前布局。

3）定位核心单元

根据元器件之间的隶属关系及连接关系，找到电路中的核心单元（如集成器件），原则上需将其布置在 PCB 的中间位置。

每个电路板中的核心单元的数量有限，而且比较容易识别。对于单芯片电路，芯片自然是系统的核心单元；对于单片机电路，CPU 是系统的绝对核心；对于模拟电路系统，按照信号走向，信号链上的所有芯片都属于核心单元。

4）按照就近原则布置外围元器件

依据集成器件与外围元器件的连接关系，将外围元器件按照就近原则摆放在 PCB 的合适位置，先布置底面积较大的元器件，再布置底面积较小的元器件。

综上所述，元器件布局需参照“飞线”所确认的关系，对相应的元器件进行移动、旋转等基本操作，完成元器件的预布局，适当减少飞线之间的交叉。

4．元器件布局的注意事项

在 PCB 设计区，可以通过鼠标拖曳元器件进行移动操作，还可以配合键盘中的“空格”键进行元器件的旋转操作。由于 PCB 设计结果直接生成刚性电路板，因此需注意以下三方面事项。

1）原则上不要对元器件进行翻转操作

随意的元器件翻转有可能使集成电路被错误地镜像处理，本来需要插装在 TopLayer（顶层）的元器件，结果只能被反向插装在 BottomLayer（底层），影响美观及可靠性。

2）保持元器件之间的相对距离

如果两只元器件在 PCB 设计区中的距离过近，那么在后续的装配、焊接工序中，将导致插入第一只元器件之后，第二只元器件无法按照正常方式插入的故障现象。对此，系统将两只摆放距离过近的元器件以绿色高亮状态显示，以提醒设计者拉开两只元器件之间的相对距离。

3）提高元器件在 PCB 中的摆放精度

在 PCB 设计窗口中单击【设计】→【板参数选项...】菜单项，系统弹出如图 7-3-13 所示的“板选项[mil]”对话框。

在图 7-3-13 左侧的“器件网格”栏中，X、Y 下拉列表框中的数值“20”表示元器件在布局过程中每次移动时的最小步进值。单击下拉箭头即可进行参数的选择。建议将图 7-3-13 中的 X、Y 步进值从 20mil 减小为 5mil，以改善元器件在 PCB 板框内的移动精度。

图 7-2-02 所示的呼吸灯电路的 PCB 初步布局方案如图 7-3-14 所示。

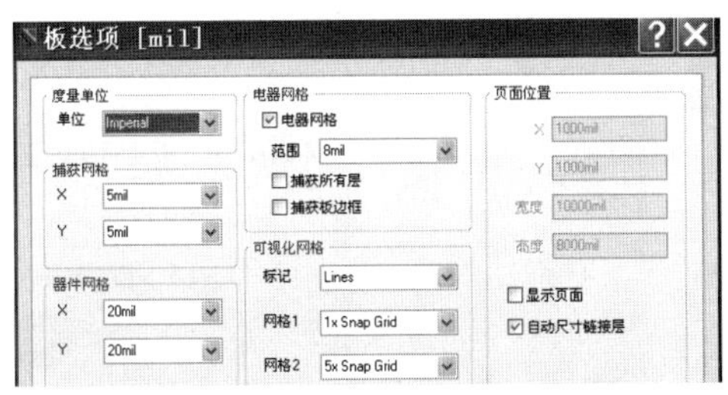

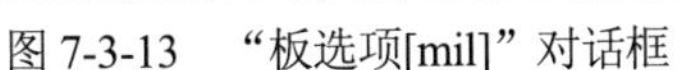
图 7-3-13 “板选项[mil]”对话框

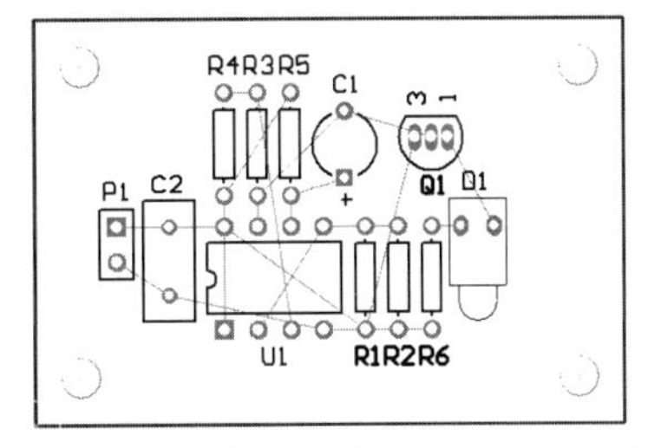

图 7-3-14 呼吸灯电路的 PCB 初步布局方案

☞**提示** 即使电路原理图相同，也会设计出不同的 PCB 布局，并没有唯一正确的标准答案，评判某个布局方案是否合理的参考依据为整机工作正常、PCB 面积较小、元器件布局紧凑。

7.3.8 设定 PCB 的布线规则

单击【设计】→【规则…】菜单项，弹出如图 7-3-15 所示的“PCB 规则及约束编辑器[mil]”对话框。

在进行简单的单层 PCB、双层 PCB 设计时，一般只需在“PCB 规则及约束编辑器[mil]”对话框中设置 Clearance（安全间距）、RoutingLayers（布线图层）、Width（布线宽度）等规则即可。

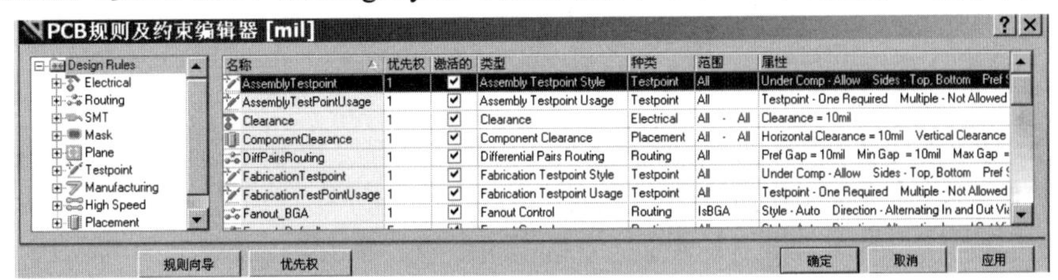

图 7-3-15 “PCB 规则及约束编辑器[mil]”对话框

1. 安全间距（Clearance）

★**技巧** 10mil 是 PCB 生产企业能够保证具有极低的废品率而优先选择的最小安全间距。对智能手机这类高精度 PCB 而言，最小安全间距甚至可降低到 5mil 以下。在实验室条件下用热转印、感光板等手工工艺制作 PCB，考虑到操作者的水平参差不齐，建议将最小安全间距设为 15～20mil。

1）设置安全间距值

在如图 7-3-15 所示对话框左侧的导航区中，单击“Electrical”→“Clearance”→“Clearance”项，“PCB 规则及约束编辑器[mil]”对话框的显示内容如图 7-3-16 所示。

2）新建安全间距规则

如果 PCB 中存在局部高压的电气布线，为提高耐压性，可新增局部的安全间距规则。

右击如图 7-3-16 所示对话框左侧导航区中的“Clearance”项，在弹出的快捷菜单中单击【新规则】菜单项。导航区的“Clearance”项下方将出现一个新的安全间距规则项“Clearance_1”，在对话框右下方以图形的方式显示系统默认的最小间隔，单击后即可输入所需的数值，来设定新的安全间距规则，如图 7-3-17 所示。安全间距新规则可以针对指定的网络、网络类、层等范围。

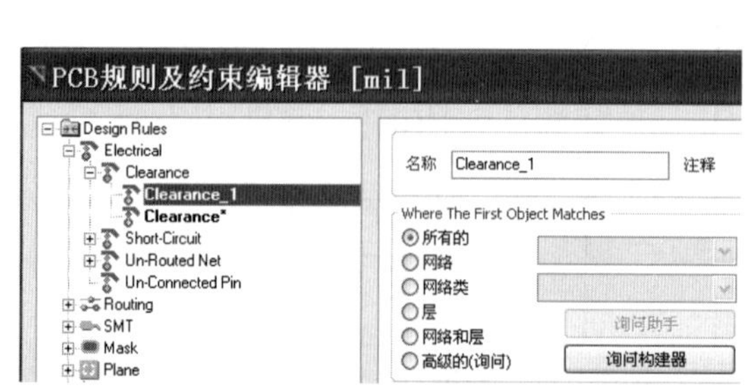

图 7-3-16　设置安全间距值

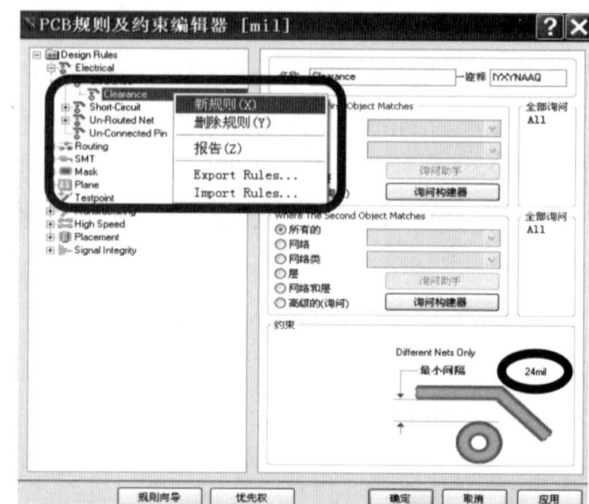

图 7-3-17　设定新的安全间距规则

【例 7-3-1】 将呼吸灯电路的电源网络 VCC 与其他网络之间的安全间距增大为 25mil，操作流程如下。

（1）在导航区新建安全间距规则“Clearance_1”，在对话框右侧上方的“名称”文本框中输入新的安全间距名“VCC”，如图 7-3-18 中的椭圆框所示。

（2）在“Where The First Object Matches”框中，选择“网络”单选框，然后在右侧的下拉列表框中选择“VCC”，如图 7-3-18 中的方框所示。

（3）将对话框右下方的“最小间隔”值从 10mil 修改为 25mil。

（4）单击下方的“确定”按钮，关闭“PCB 规则及约束编辑器[mil]”对话框。

2．布线图层（RoutingLayers）

单层 PCB 易于进行手工制作，是实验室条件下的首选；双层 PCB 的布通率很高，性价比高，应用最为广泛。可以通过布线规则设定 PCB 为单层或双层。

在“PCB 规则及约束编辑器[mil]”对话框左侧的导航区中，单击“Routing”→“Routing Layers”→“RoutingLayers”项，如图 7-3-19 所示。

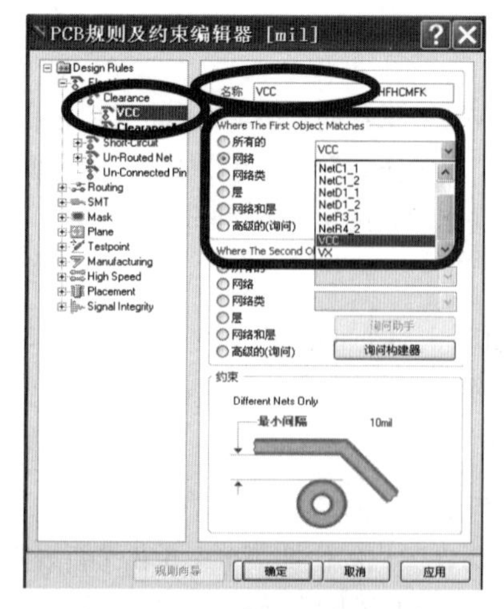

图 7-3-18　新建安全间距

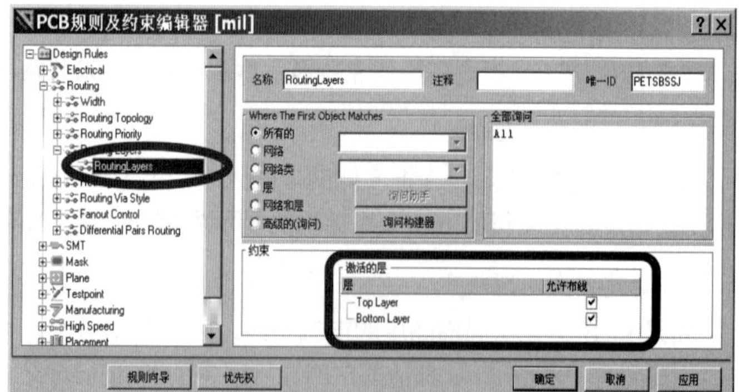

图 7-3-19　设置布线图层

在图 7-3-19 中右下角“激活的层”栏中，如果将 Top Layer、Bottom Layer 两个复选框全部选中，那么系统将按照双层 PCB 的模式进行布线；如果只选择 Bottom Layer 复选框，那么系统只会在 PCB 的底层进行电气布线（走线）。

【例 7-3-2】 在图 7-3-19 右侧的“Where The First Object Matches”栏中，可设定某些特殊布线图层的规则。例如，将信号放大的主通道全部限制在某一个PCB图层内，避免信号走线反复经焊盘（Pad）、过孔（Via）穿越 PCB，以减小寄生参数对放大器性能的影响。

3. 布线宽度（Width）

敷铜板是将铜箔面黏结在绝缘基板上而成的，PCB 则通过机械雕刻或化学腐蚀工艺去掉敷铜板表面多余的铜箔，仅保留所需电气连线（Wire）和焊盘（Pad）后得到的剩余部分，如图 7-3-20 所示。

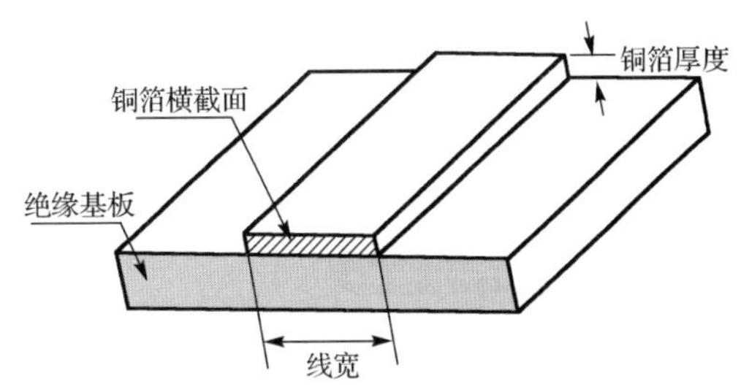

图 7-3-20　PCB 表面的电气连线

铜箔是电流流经的通路，铜箔的横截面积越大，电气连线的内阻就越小，允许通过的电流也就越大。当铜箔厚度固定时，线宽越大，则电气连线允许通过的电流就越大，导线内阻对电路的不良影响也就越小。铜箔厚度 35μm 的 PCB 线宽与最大允许电流的对应关系如表 7-3-1 所示。

表 7-3-1　铜箔厚度 35μm 的 PCB 线宽与最大允许电流的对应关系

线　宽/mm	0.1	0.2	0.3	0.5	0.8	1.0	1.5	2	3
最大允许电流/A	0.5	0.7	1.0	1.5	2.5	3.5	5.0	7.0	8.5

电气连线的线宽越大，有限的 PCB 面积内能够完成的布线数量相应也就越少，影响电路的布通率。反之，较小的布线宽度，能够明显增大电路布线的布通率，但导线内阻也显著增大，更关键的是，PCB 加工制作时容易出现线条断裂的情况，直接影响产品的质量。

☞**提示**　电气布线的宽度往往需要综合考虑流经铜箔线条的电流有效值、PCB 的加工工艺、工作温度及散热条件等诸多因素。

★**技巧**　铜箔厚度与线宽具有一定的内在关联：35μm（1oz）、70μm（2oz）、105μm（3oz）的铜箔厚度对应最小线宽及安全间距为 4mil/0.1mm、8mil/0.2mm、12mil/0.3mm。

在“PCB 规则及约束编辑器[mil]”对话框左侧的导航区中，单击“Routing”→“Width”→“Width”项，如图 7-3-21 所示。在图 7-3-21 右侧的“约束”栏内，分别有 Min Width（最小线宽）、Preferred Width（优先推荐线宽）、Max Width（最大线宽）三项参数供修改。

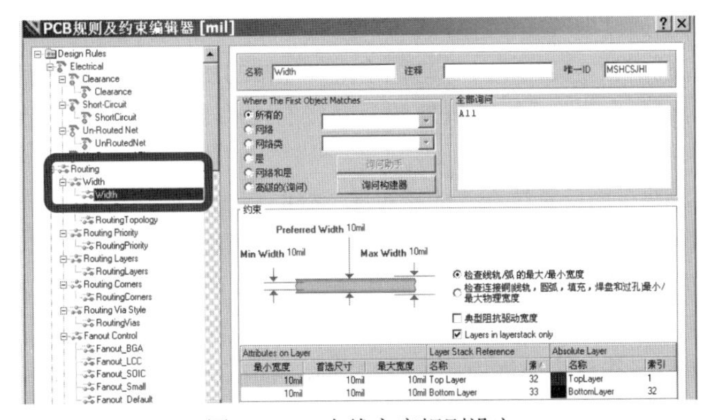

图 7-3-21　布线宽度规则设定

（1）系统默认的线宽为10mil，该数值对数字电路系统非常合适。

（2）模拟电路中的线宽尽量追求“短而粗”的效果，条件允许时可将线宽设为20mil以上。

（3）在实验室条件下采用热转印、感光等工艺制作PCB时，敷铜板表面过细的线条容易被蚀刻液损坏而引发断线故障，建议将上述三项线宽的参数值统一修改为30mil。

（4）专业的PCBA生产和打样企业（以捷多邦为例）建议线宽原则上不低于6mil（约0.152mm），如果采用小于4mil的线宽，那么制作PCB的难度增大、成本大幅提高。在设计条件允许的前提下，使用较大的线宽可以保证接近100%的良品率，制造成本也会显著降低。

【例7-3-3】 系统默认的布线宽度为10mil，将地线的线宽单独设置为较宽的25mil。

（1）右击左侧导航区的“Width”项，选择【新规则】菜单项，如图7-3-22(a)所示。

(a)

(b)

图7-3-22 新建布线宽度的规则

（2）在右侧的“名称”文本框中输入GND，如图7-3-22(b)所示。

（3）在右侧的“Where The First Object Matches”框内选择“网络”，然后在旁边的下拉列表框中选择GND，如图7-3-22(b)所示。

（4）在右侧下方的“约束”框内，将三项线宽全部设置为25mil。

7.3.9 对PCB进行电气布线

元器件在PCB设计区布局完成之后，即可开始电气布线。按照电路原理图给出的电气连接关系，结合系统已设置或默认的布线规则，再根据Altium Designer提供的布线算法，设定电气连线的走向与连接，最终将元器件焊盘通过电气线条连接成与电路原理图一致的有机整体。

完成电气布线所耗的时长主要由电路原理图中电气连接的复杂程度、布线规则、计算机CPU运算速度、内存容量等因素综合决定。系统对PCB进行布线的技术难度相对较低，在实际的操作过程中需要重点关注以下的技术细节。

- 电气布线和元器件布局反复结合，才能实现较好的布线结果。

布线并不是一项单纯的工作，不合理的元器件布局随时可能影响布线结果，因此需要返回并修改元器件布局。只有经过反复的试探与调整，才能实现较高质量的电气布线。

- 受PCB设计区背景中白色栅格的影响，电气连接关系容易出现疏漏。

系统虽然提供了弹性飞线作为电气连接关系的指示，但在面对复杂的电路结构时，漏掉个别电气连线的情况很容易发生。

- 自动布线的结果需要采用手动布线的方式进行调整。

系统自动布线完成后，基本的电气功能已经实现，但仍需要对某些位置的布线结果进行手动调整，以优化、改善布线质量。

1. 全局自动布线

单击 PCB 设计主界面中的【自动布线】→【全部…】菜单项，弹出如图 7-3-23 所示的“Situs 布线策略”对话框。按照图 7-3-23 中的默认设置，单击下方的“Route All”按钮，即可进入自动布线程序。系统在电气布线完成之后，会弹出如图 7-3-24 所示的窗口。

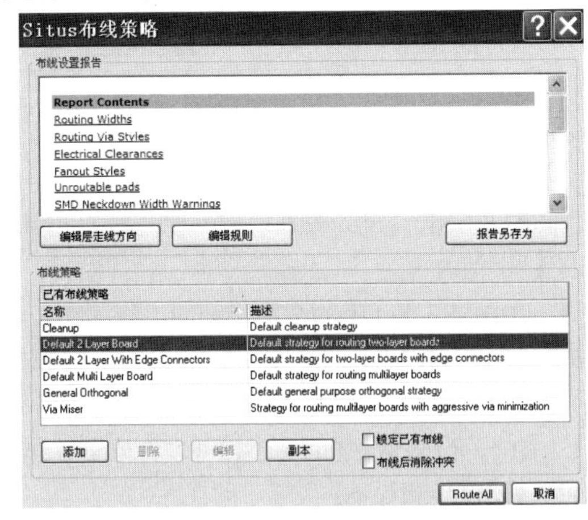

图 7-3-23　“Situs 布线策略”对话框

图 7-3-24　布线完成后的“Messages”窗口

自动布线完成后的呼吸灯 PCB 板图分层显示的效果如图 7-3-25 所示，效果并不理想。

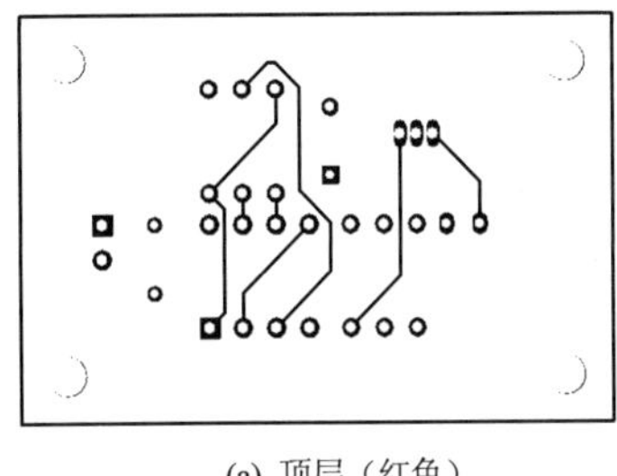

(a) 顶层（红色）

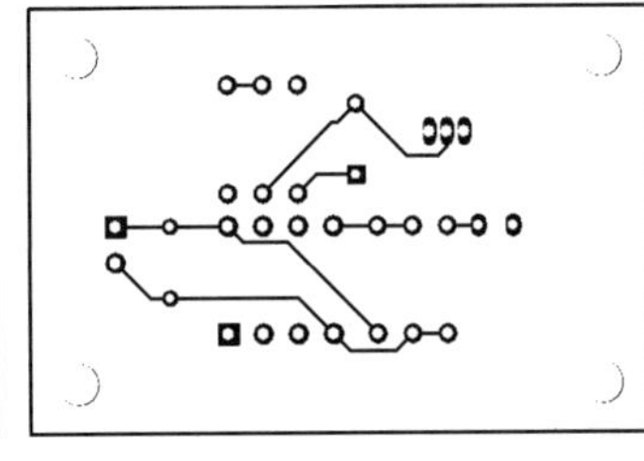

(b) 底层（蓝色）

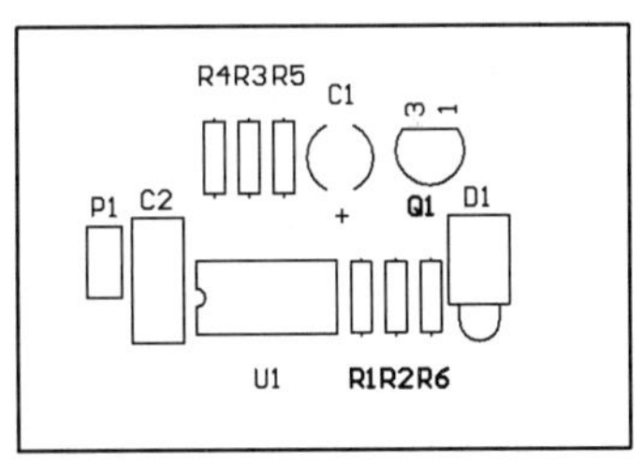

(c) 丝印层（黄色）

图 7-3-25　分层显示的 PCB 布线效果

2. 取消电气布线结果

如果对系统自动布线的结果不太满意，可单击【工具】→【取消布线】菜单项，取消全部或部分不合理的布线结果。“取消布线”的子菜单项包括下列 5 项。

- 【全部】：撤销 PCB 中的所有布线结果。
- 【网络】：撤销某个网络（节点）之间的所有布线。
- 【连接】：撤销某两个焊盘之间的布线结果。
- 【器件】：撤销某个元器件所有引脚的布线结果。
- 【Room】：撤销某个 Room 框内所有元器件引脚的布线结果。

3. 电气布线的手动调整

AD 软件在进行自动布线的过程中，其核心出发点是实现所有节点的几何方式连通，主要采用的方法包括：增加过孔实现 Bottom Layer 走线与 Top Layer 走线的来回切换、大范围、长距离的迂回走线（如图 7-3-26 所示）等。

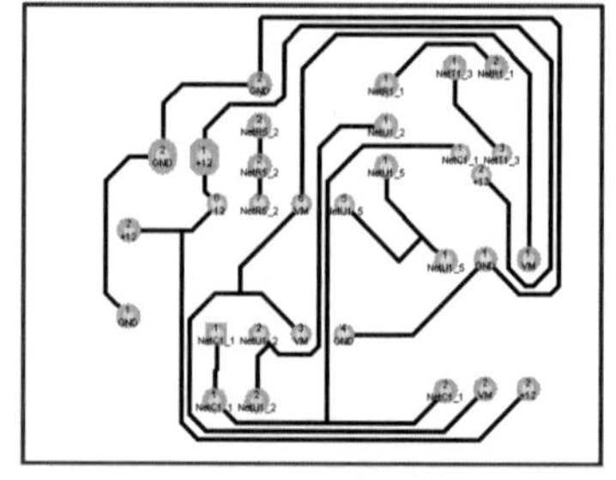

图 7-3-26　长距离的迂回走线

理论上，系统自动完成的电气连线的布通率能够达到 100%，但实际布线效果往往比较差，主要表现为布线与焊盘间错位、布线密度不均匀、走线较长、导线呈锐角交叉等，这些缺陷均需要设计人员进行反复的手动调整与修改。

需要修改的电气布线，可以采用先删除、再布线的操作，不过最好采用系统提供的交互式布线功能，在新一轮的电气布线过程中直接删除或修复原有的不良布线。

【例 7-3-4】 如图 7-3-25 所示的自动布线的质量一般，存在的主要原因及调整思路如下。

（1）将 R3 与 U1 的 7 脚、R5 与 U1 的 6 脚之间的底层电气布线改到顶层，使之与相同节点的其他连线一致；C1 的负极可以从上方直接连至 U1 的 2 脚焊盘。

（2）将 R5 与 R4 之间的连线从顶层调整到底层，缩短 R3 与 U1 的 2 脚之间的电气连线。

（3）R1 与 U1 的 8 脚之间的连线和 U1 的 7 脚焊盘的距离过近，但从图 7-3-26 可以看出 PCB 内部实际还有较大的空间可以利用。

（4）R4 与 U1 的 1 脚之间原先的电气连线从 U1 的 7、8 脚焊盘之间穿过，可以将该电气连线移动到 U1 的 8 脚焊盘的左侧穿过，具体的手动布线的基本操作步骤如下：

① 在 PCB 设计区下方选中即将开展手动电气布线的 Top Layer 图层标签；

② 单击【放置】→【Interactive Routings】菜单项，十字形光标将跟随鼠标出现在 PCB 设计区；

③单击放置在电阻 R4 的下方焊盘，然后移动鼠标从 U1 的 8 脚焊盘外侧向 U1 的 1 脚焊盘靠近，需要拐弯时单击即可；

④ 当鼠标移动到 U1 的 1 脚焊盘上方时，单击即可生成修改后的新连线；原先的电气布线结果被系统自动删除，修改完成后的电气布线结果如图 7-3-27 所示。

【例 7-3-5】 修改如图 7-3-28(a)所示的不合理布线。.

（1）**分析**：针对如图 7-3-28(a)所示的不合理布线，手动布线时可以考虑从最上方的 1 号焊盘经左侧的 5 号焊盘，再连接至下方的 1 号焊盘。

（2）**操作**：单击【放置】→【Interactive Routings】菜单项，用鼠标的十字形光标单击 1 号焊盘后，拖动鼠标至 5 号焊盘的上方并单击，完成第一组布线；接着再移动鼠标至 1 号焊盘后单击，系统自动保留此布线并删除先前的不合理布线，如图 7-3-28(c)所示。

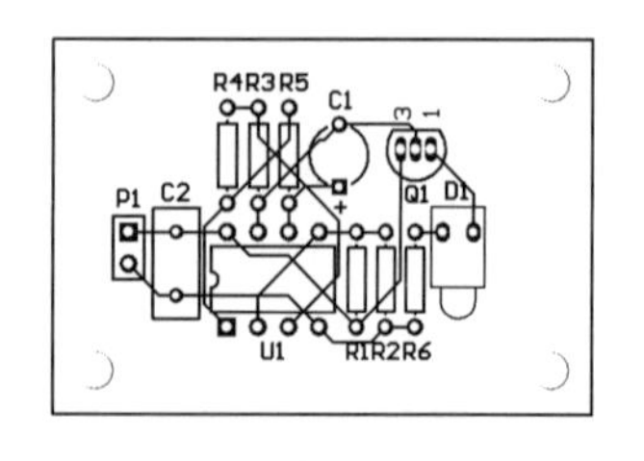

图 7-3-27　修改完成的电气布线图

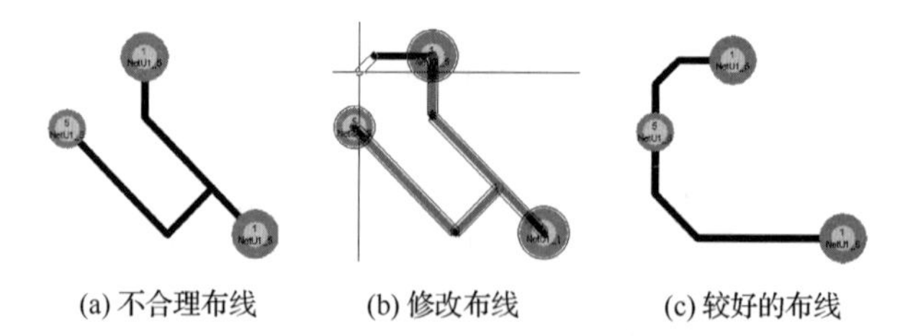

(a) 不合理布线　　(b) 修改布线　　(c) 较好的布线

图 7-3-28　Interactive Routings 交互式布线操作

4．手动布线的参考原则

在进行实际的手动布线操作过程中，可以参考以下基本原则。

- 选择合理的连线方式，如图 7-3-29 所示为合理及不合理的连线方式的对比，供参考。

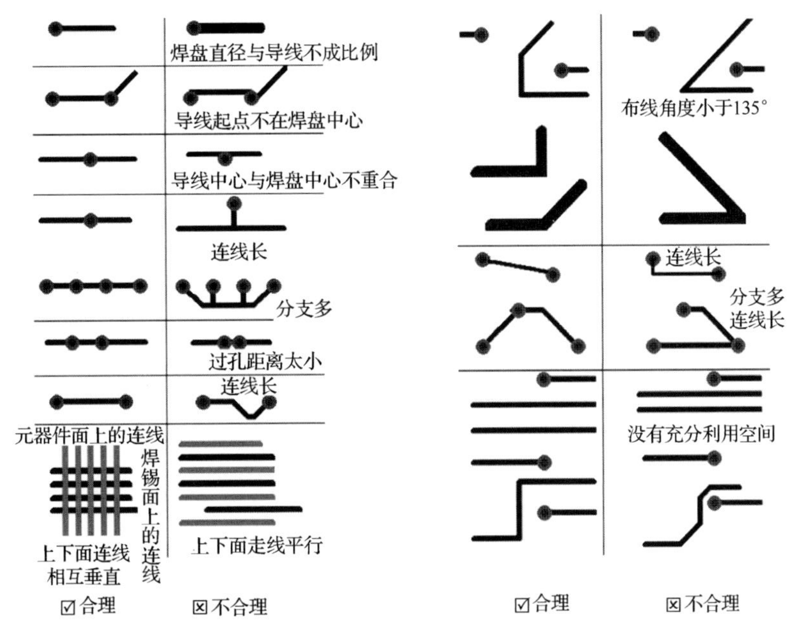

图 7-3-29 合理及不合理的连线方式的对比

- 移开与其他焊盘、导线距离过近的布线结果，降低 PCB 的废品率。
- 在双面 PCB 中，顶层与底层的信号线之间的布线结果相互垂直，避免出现平行走线，全面减小信号之间的相互耦合。
- 高压、大功率元器件应与弱信号放大单元隔离或远距离布线，避免前者通过电源线、地线的寄生参数干扰放大器。
- 避免在时钟电路、晶振电路的下方出现电气布线。
- 沿着主信号通道的电气布线应该尽可能拉直、缩短并加粗。
- 对于数模混合系统来说，模拟信号走线和数字信号走线尽量设置于不同的图层。
- 模拟电路和数字电路部分需要设置各自独立的地线，然后在某点连为一体。
- 必要时，使用额外的“桥接线”进行人为的接通，虽然以牺牲布通率为代价，但可能会缩短导线长度、减少过孔数量。

★技巧 在布线过程中，个别导线为了实现直接连通而被迫沿着 PCB 边缘做长距离的包围，直至形成回路。线虽然布通了，但由于连线过长，增大了受干扰的概率，同时也增大了线条内阻。这类布线建议在 PCB 中用一条短接线代替。虽然增加了一个元器件，但是会使电气连线的有效距离大幅缩短，有点类似桥梁的作用，个别文献中也将其称为“桥接线”，在实际的电路产品中被广泛采用。

- 检查丝印层的参数是否盖在器件焊盘表面，以免影响后续的装配工序。
- 在不影响布通率的前提下，适当增大电源线、地线、大电流导线的线宽。特别是接地线，在条件允许的情况下尽可能设置得宽一些。
- 电气布线的转折角度一般选择 135° 钝角，不宜小于 90°。锐角容易导致高频发射、尖端放电等问题，同时还容易引发寄生电感、增加布线总长度。因此，手动布线操作中需要检查并修改同一图层内呈锐角状态的自动布线结果。

★技巧 高频电路布线建议优先采用圆弧形走线。

- 除了某些兼有元器件功能的连线（如利用电气连线构成的电容、电感、保险丝等），PCB 中的所有布线（特别是小信号布线）都需要尽可能做到短、直、粗。

5. 提高焊盘强度

从敷铜板的生产工艺可知，敷铜板表面的铜箔是用胶粘在绝缘基板表面上而制成的。由于较小焊盘的上胶面积也比较小，因而其有效粘着力也相对较小。如果系统默认的元器件焊盘面积尺寸较小，那么在长时间的焊接装配过程中，极易发生焊盘脱落的现象。

提高焊盘强度的一些有效途径如下。

1）增大焊盘尺寸

在不影响电路布线结果的前提下，尽可能增大焊盘的外形尺寸。

2）减小焊盘孔径尺寸

在不影响元器件正常插入 PCB 的前提下，尽可能减小焊盘的孔径尺寸。

3）调整焊盘形状

将尺寸受限的焊盘形状修改成椭圆形（焊盘的 X-Size 与 Y-Size 的大小不等），尽可能增大焊盘的尺寸参数。

4）采用泪滴式焊盘

如果焊盘直径明显大于电气布线的宽度，那么当信号从焊盘到导线、从导线到焊盘传递时，可能出现局部阻抗的锐减或陡增，会引起信号反射。泪滴式焊盘可以使电气布线与焊盘、过孔之间的连接趋于平滑过渡，减小了信号反射现象的发生概率；同时，泪滴式焊盘有效解决了元器件在焊接（特别是反复焊接）的过程中，焊盘与电气布线连接处容易折断的问题。

单击【工具】→【滴泪...】菜单项，弹出如图 7-3-30 所示的“泪滴选项”对话框。

在右侧的“行为”栏内添加或删除泪滴式焊盘的设定。在“泪滴类型”栏内设定泪滴的构成形式，建议选择“Arc”圆弧形泪滴形式，更加圆滑。设置完成后，单击“确定”按钮，系统将自动对每个焊盘进行泪滴处理。

图 7-3-30　“泪滴选项”对话框及设定效果

若在如图 7-3-30 所示“泪滴选项”对话框的“行为”栏内选择“删除”单选项，然后单击“确定”按钮，则可去除焊盘与电气布线之间已经被添加的泪滴。

★技巧　“线”形泪滴式焊盘比“Arc”圆弧形泪滴式焊盘的外形略大。

☞**提示**　当焊盘直径与电气连线的宽度接近时，泪滴式焊盘看起来并不十分明显。

5）让焊盘成为多股电气布线的交点

尽可能让焊盘成为多股电气布线的交点，依靠导线的支撑，提高焊盘的附着强度，图 7-3-31 右侧芯片的 8 脚的电气连线比图 7-3-31 左侧芯片的 8 脚连线更为合理。此外，右侧芯片的焊盘在允许的空间内均尽可能地进行了加大。

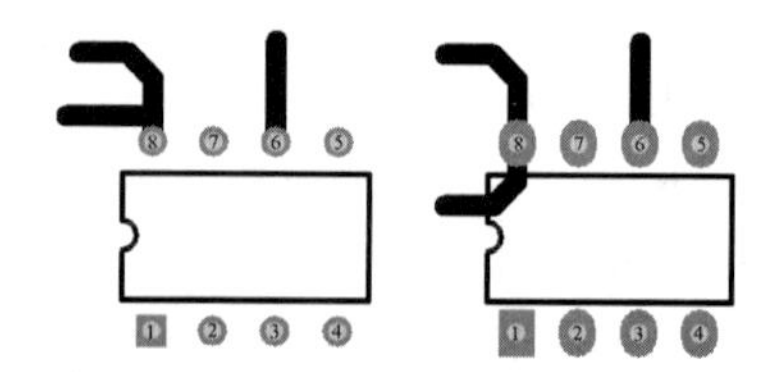

图 7-3-31　修改焊盘形状及附着导线

在 PCB 布局完成后，可以对电路中的焊盘进行全局化的批量修改，以提高工作效率。

6. 敷铜的添加与删除

PCB 布线完成、泪滴式焊盘添加之后，还可以在 PCB 的布线层（单层板为底层、双层板为底层加顶层）放置与地线相连的敷铜区。

敷铜是在 PCB 上空置的未布线区域用大面积的铜层填充，铜层一般与电路的地线相连，使得其他焊盘和电气布线被地线包围，以减小接地线内阻，提高电源效率与抗干扰能力。此外，敷铜还能避免 PCB 在焊接、调试过程中因受热不均而出现变形及铜箔脱落的现象。

☞**提示**　大面积敷铜工艺在 PCB 设计过程中被广泛使用，特别是在高频电路、微弱信号放大电路中早已成为必备选项。

单击【放置】→【多边形敷铜...】菜单项，弹出如图 7-3-32 所示的“多边形敷铜[mil]”对话框。

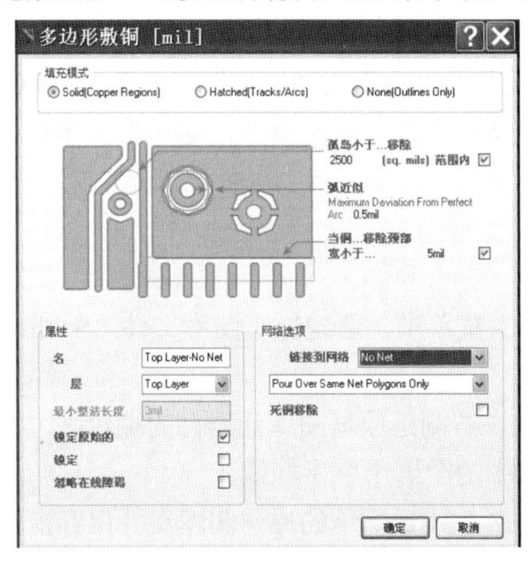

(a)

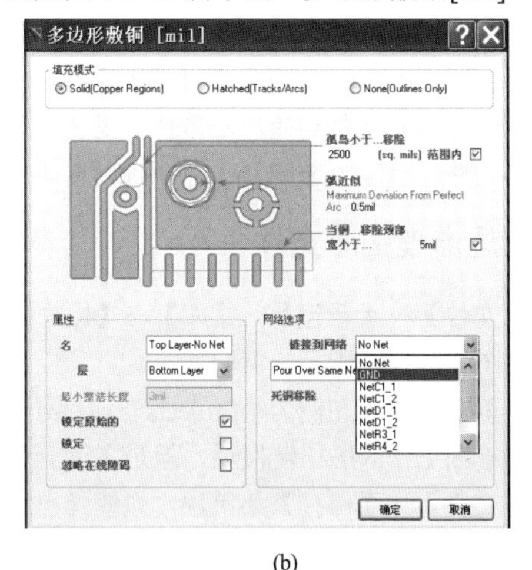

(b)

图 7-3-32　“多边形敷铜[mil]”对话框

【例 7-3-6】　针对呼吸灯 PCB 板图的 Bottom Layer 图层进行多边形敷铜。

（1）单击图 7-3-32(a)对话框的“属性”栏内的“层”下拉列表框，选择 Bottom Layer 项。

（2）在右下方的“网络选项”栏内，单击“链接到网络”下拉列表框，在其中选择 GND 网络项，如图 7-3-32(b)所示。

（3）选中“死铜移除”复选框后，单击“确定”按钮，鼠标箭头将变成一个十字形光标。

（4）将十字形光标放在如图 7-3-33(a)所示的 PCB 板框的左上角并单击，固定敷铜区的第一个顶点。

（5）移动鼠标至 PCB 板框的左下角顶点并再次单击。

（6）向右移动鼠标至 PCB 板框的右下角顶点并单击。

（7）将鼠标移动到 PCB 板框的右上角的最后一个顶点，右击即可自动完成大面积接地敷铜的填充与放置；敷铜完成的 PCB 如图 7-3-33(b)所示，敷铜区的轮廓与 PCB 板框基本重合。

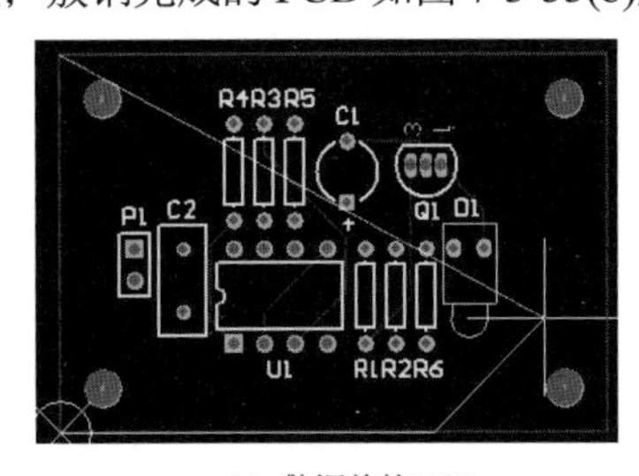

(a) 敷铜前的 PCB

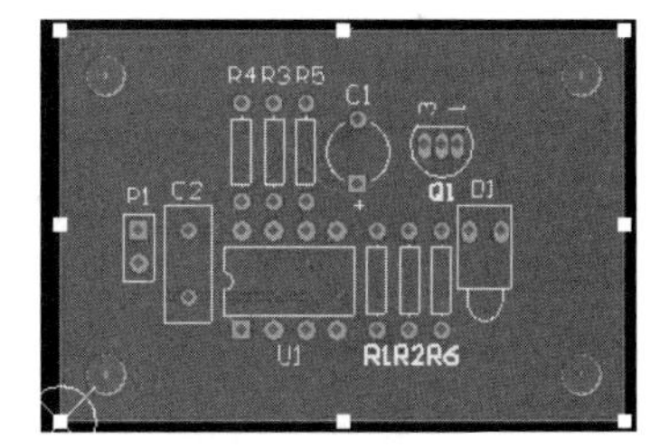

(b) 敷铜完成的 PCB

图 7-3-33　PCB 敷铜的操作及效果

（8）用鼠标在没有元器件或电气布线的空白敷铜区快速单击，即可选中该敷铜区，此时敷铜区呈高亮显示状态，按“Delete”键，可以删除不满意的敷铜区。

★**技巧**　无法连接上网络的敷铜被称为“死铜”，死铜不但起不到敷铜的作用，还会在 PCB 上增加额外的寄生电容，尤其在高频时对系统性能的影响较大，应注意清除。

7.4　编辑原理图库元器件

Altium Designer 的原理图库元器件编辑可以采用两种方式进行。

- 参考系统自带的原理图库文件中类似或接近的已有库元器件，复制、粘贴到自建的原理图库文件中，修改后得到自制的库元器件，可以有效地提高工作效率。
- 若系统自带的原理图库文件中没有类似的库元器件，则需根据该元器件的参数信息自行创建。

☞**提示**　无论是新创建的库元器件，还是经过修改后得到的库元器件，建议将其保存在一个单独的原理图库文件（后缀为.SchLib）中供设计时调用。

7.4.1　新建原理图库文件

单击【文件】→【新建】→【库】→【原理图库】菜单项，新建原理图库文件“Schlib1.SchLib”，同时打开如图 7-4-01(a)所示的窗口。

在图 7-4-01(a)中，左侧为“Projects”项目导航区，右侧是原理图库元器件的编辑区，背景颜色与电路原理图绘图工作区的比较接近，但是多了一个居中的全屏十字坐标线。

单击【文件】→【保存】菜单项，系统弹出如图 7-4-01(b)所示的原理图库文件保存窗口。在合适的路径下，将刚才新建的原理图库文件保存为“my_sch_lib.SchLib”。

(a) 新建原理图库文件“Schlib1.SchLib”

(b) 原理图库文件保存窗口

图 7-4-01　新建原理图库文件

7.4.2　创建并编辑原理图库元器件

INA188 是 TI 公司在 2015 年 9 月正式发布的一款 36V、零漂移、轨到轨输出仪表放大器，暂未收录到 Altium Designer 的原理图元器件库中，因而需要自行创建。

首先下载 INA188 的 PDF 文档，从文档中提取的芯片内部框图、引脚功能及编号如图 7-4-02 所示。

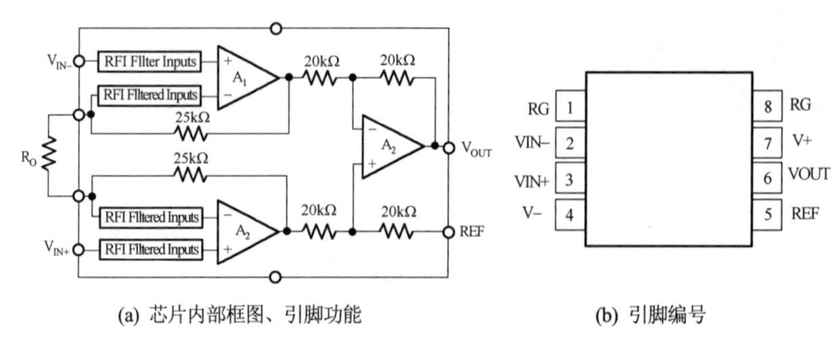

(a) 芯片内部框图、引脚功能　　(b) 引脚编号

图 7-4-02　INA188 的芯片内部框图、引脚功能及编号

1．新建原理图库元器件的重命名及删除

切换项目导航区底部页面标签至 SCH Library ，导航区变为如图 7-4-03 所示的效果。在“SCHLibrary”导航区的元器件列表中出现了库元器件“Component_1”。单击【工具】→【重新命名器件...】菜单项，系统弹出如图 7-4-04(a)所示的“Rename Component”对话框。

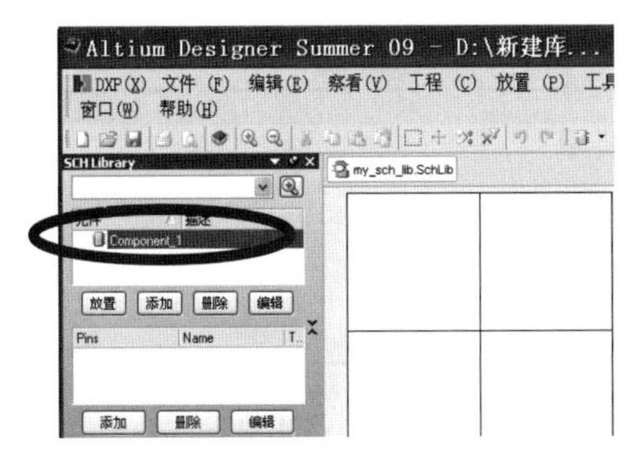

图 7-4-03　原理图库文件编辑区界面

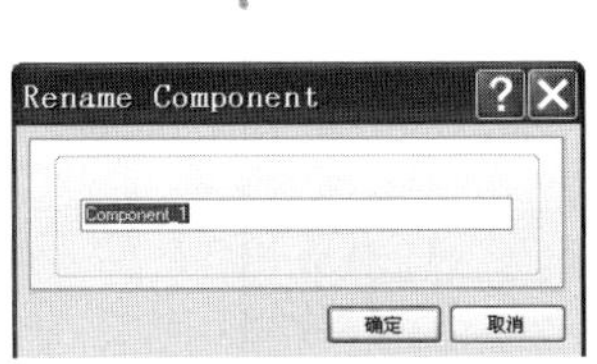

(a) 重命名库元器件

(b) 删除库元器件

图 7-4-04　库元器件的重命名及删除操作

将文本框内默认的“Component_1”修改为“INA188”并单击“确定”按钮。如需删除库元器件，可以右击“SCHLibrary”导航区中的库元器件名，在弹出的快捷菜单中选择【删除】，如图 7-4-04(b)所示。

2．放置原理图库元器件的实体轮廓

单击【放置】→【矩形】菜单项，一个小黄块将跟随鼠标出现在库元器件编辑区，如图 7-4-05 所示。在十字坐标的原点处单击，布置矩形框的左上角顶点，向下拖曳鼠标到合适位置后再次单击完成放置，这个矩形框即为 INA188 的原理图库元器件的实体轮廓。

3．放置原理图库元器件的引脚

单击【放置】→【引脚】菜单项，一只编号、名称均为“1”的引脚出现在原理图库元器件编辑区，将米字形光标对应的引脚末梢朝着矩形区域之外的方向放置，如图 7-4-06 所示。

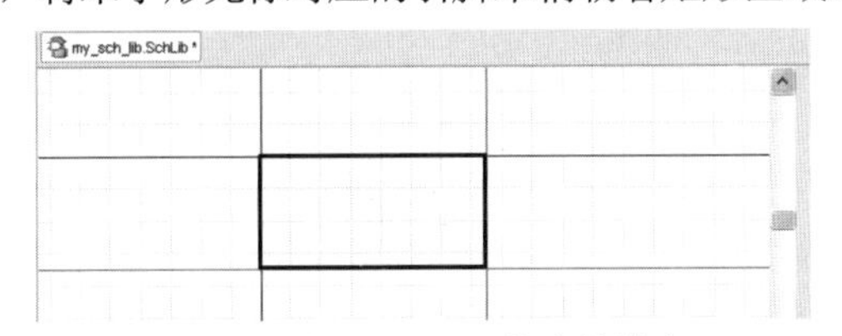

图 7-4-05　放置 INA188 的实体轮廓

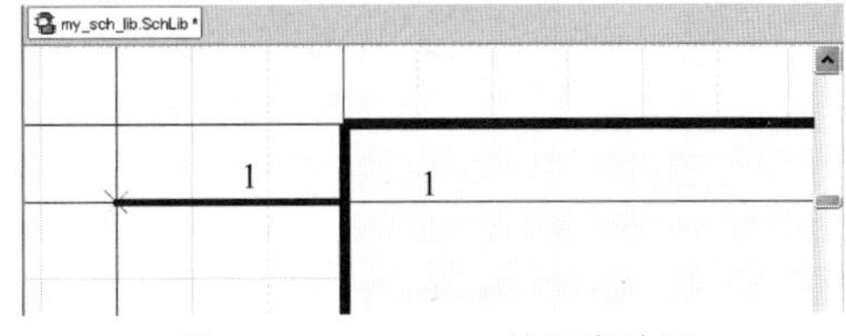

图 7-4-06　INA188 的引脚放置

落在矩形区域之内的“1”为原理图引脚的名称；矩形区域之外、引脚上方的“1”为原理图引脚的编号，必须输入具有唯一性的阿拉伯数字。同理，依次放置 INA188 的其余 7 只引脚。

★技巧　在引脚放置的过程中，退出中文输入状态后，即可使用键盘中的“空格”键实现引脚方向的 90°旋转，使用“X”键可使引脚水平翻转，使用“Y”键可使引脚垂直翻转。

4．原理图库元器件引脚的属性设置

双击已经放置在原理图库元器件编辑区的 1 号引脚，弹出如图 7-4-07 所示的“Pin 特性”对话框。

根据图 7-4-02 所给出的 INA188 引脚名称与引脚编号之间的对应关系，在“显示名称”下拉菜单中输入 RG。“电气类型”下拉列表框指示了该引脚的电气类型，如表 7-4-1 所示。

表 7-4-1　库元器件引脚的电气类型

电 气 类 型	功 能 说 明	电 气 类 型	功 能 说 明
Input	作为输入引脚使用	Output	作为输出引脚使用
I/O	双向型引脚，输入、输出均可	Power	电源引脚
Open Collector	集电极或漏极开路的输出引脚	Open Emitter	发射极或源极开路的输出引脚
Passive	无源元器件所使用的引脚	HiZ	具有高阻状态的引脚

引脚放置完成后的库元器件 INA188 的外形如图 7-4-08 所示。

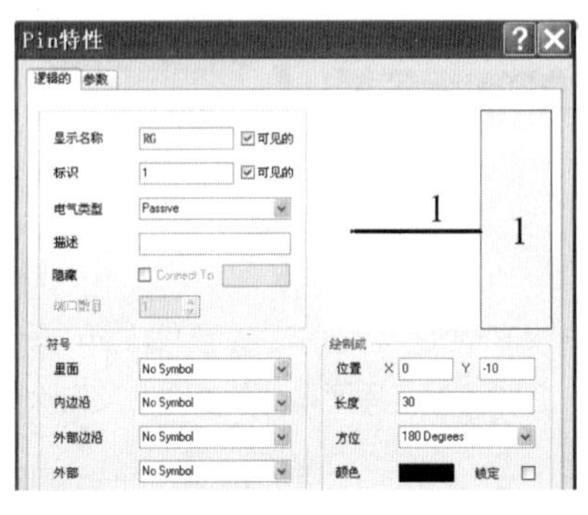

图 7-4-07　库元器件的“Pin 特性”对话框

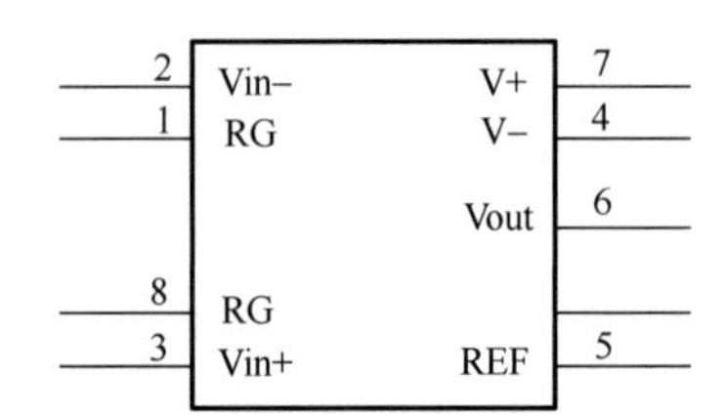

图 7-4-08　引脚放置完成后的库元器件 INA188 的外形

【例 7-4-1】 如果引脚名称中具有代表低电平有效的上画线，如“$\overline{\text{RD}}$”，可以在相应的字母后插入半角的 ASCII 字符“\”，如“R\D\”。

5. 原理图库元器件的属性设置

双击导航区的“INA188”库元器件，系统弹出如图 7-4-09 所示的“Library Component Properties”对话框，来设置原理图库元器件的属性。

（1）在“属性”栏中的“Default Designator”（默认元器件标号）列表框中输入“U?”，将来 INA188 被放置在电路原理图绘图工作区时，系统默认的元器件标号即为“U?”。

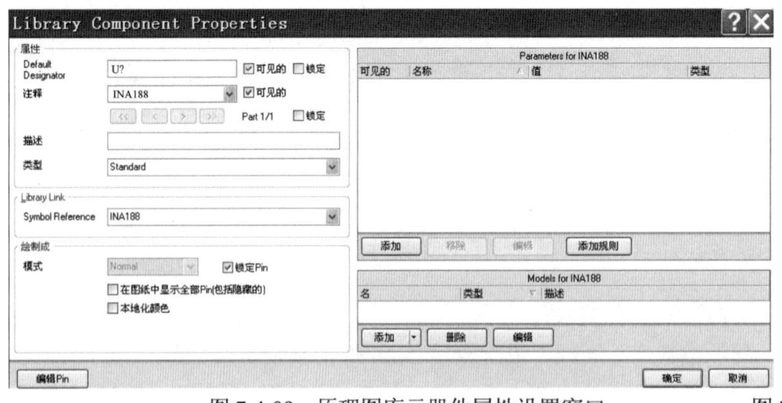

图 7-4-09　原理图库元器件属性设置窗口

图 7-4-10　“添加新模型”对话框

★技巧　为便于设计人员准确识别元器件种类，建议采用默认标号：电阻→“R?”、电容→“C?”、电感→“L?”、二极管→“D?”、晶体管→“T?”或“Q?”、开关→“S?”或“SW?”或“K?”、继电器→“RL?”、接插件→“J?”、电池→“B?”、电动机→“M?”、集成芯片→“U?”（注意：“?”只能用英文半角字符）。

（2）在“属性”栏的“注释”列表框中，输入元器件的实际名称“INA188”。

（3）单击右下角“Models for INA188”栏中的“添加”按钮，系统弹出如图 7-4-10 所示的“添加新模型”对话框，系统默认为“Footprint”（封装）模型。

（4）单击“确定”按钮，系统弹出如图 7-4-11(a)所示的“PCB 模型”对话框。

(a)

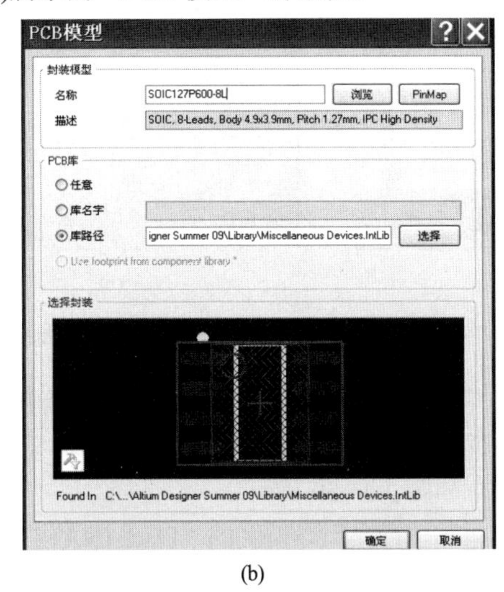

(b)

图 7-4-11　“PCB 模型”对话框

INA188 采用了两种封装形式，其中 SOIC-8 的封装体积较大，更方便初学者使用。SOIC-8 在 AD 的“Miscellaneous Device.SchLib”库中，封装名为“SOIC127P600-8L”。

在图 7-4-11(a)中部的“PCB 库”栏内选择“库路径”单选项后，单击文本框右边的“选择”按钮，在图 7-4-12 所示的库文件加载窗口选择“Miscellaneous Device”，单击“打开”按钮，完成相应库的加载。

回到图 7-4-11(a)中，在“封装模型”栏的“名称”列表框中输入“SOIC127P600-8L”后，“PCB 模型”对话框显示的内容如图 7-4-11(b)所示。

设置完成的“Library Component Properties”（库元器件属性设置）对话框如图 7-4-13 所示。

图 7-4-12　库文件加载窗口

图 7-4-13　设置完成的原理图库元器件属性对话框

再次保存原理图库文件“my_sch_lib.SchLib”，INA188 即被成功创建，并可被 Altium Designer 调用，从而进行电路原理图的绘制。

【例 7-4-2】调用自行创建的原理图库元器件“INA188”绘制 MIC 前置放大电路。

（1）单击“Projects”导航区下方的“库...”页面标签，切换到如图 7-4-14(a)所示的“库...”导航区。

（2）在图 7-4-14(a)中单击“库...”按钮，弹出如图 7-4-14(b)所示的“可用库”对话框。

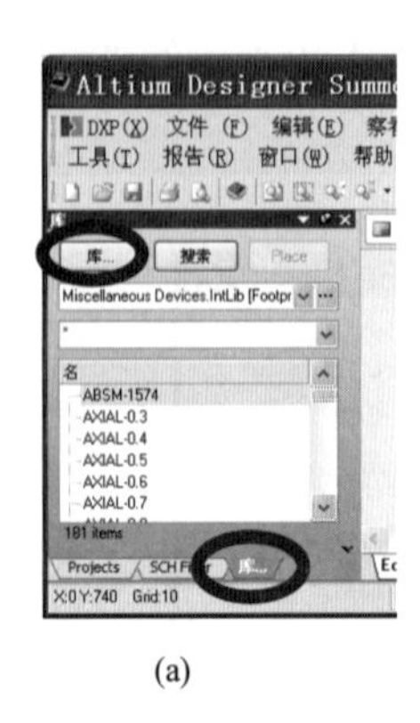

(a)　　(b)　　(c)

图 7-4-14　加载自建的原理图库文件

（3）单击下方的“安装”按钮，在系统弹出的“打开”对话框中找到“my_sch_lib.SchLib”所在的文件夹并安装该文件，如图 7-4-14(c)所示。（4）“my_sch_lib.SchLib”出现在“库...”导航区的库文件列表中，如图 7-4-15(a)所示。

（5）单击“库...”导航区的“Place INA188”按钮，将 INA188 放置在原理图绘图工作区。

（6）绘制完成的 MIC 前置放大电路如图 7-4-15(c)所示。

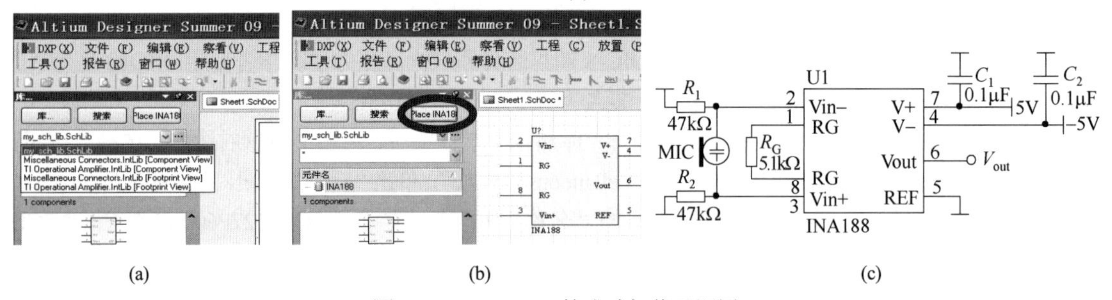

(a)　　(b)　　(c)

图 7-4-15　INA188 的成功加载及调用

7.4.3　修改并编辑系统自带的原理图库元器件

Altium Designer提供的一些库元器件与国内的电气原理图设计规范不太一致，如 Diode（二极管）、LED0（发光二极管）等，可以对其进行适当修改后再使用。

1．摘取系统自带原理图库文件中的某个库元器件

在 Altium Designer 安装路径下找到并打开库文件所在的文件夹（如 C:\Program Files\Altium Designer Summer 09\Library），双击“Miscellaneous Devices.IntLib”库文件，系统弹出如图 7-4-16 所示的“摘录源文件或安装文件”提对话框。

图 7-4-16　“摘录源文件或安装文件”对话框

单击“摘取源文件”按钮，此时系统在导航区的状态如图 7-4-17(a)所示。

双击图中的“Miscellaneous Devices.IntLib”原理图库文件，然后切换图中底部的页面标签 Projects SCH Library 库... 为 SCH Library，如图 7-4-17(b)所示。

右击“SCH Library”导航区元器件列表中需要复制的库元器件 Diode，在弹出的快捷菜单中选择【复制】，摘取系统自带的 Diode 库元器件。

(a)

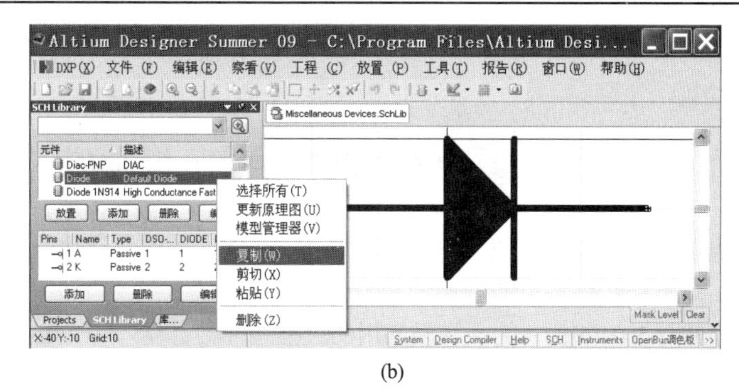

(b)

图 7-4-17　摘取系统自带库元器件

2．粘贴已经摘取的原理图库元器件至自建的原理图库文件中

切换至自建的“my_sch_lib.SchLib”库文件，在“SCH Library”导航区元器件列表的空白处右击，在弹出的快捷菜单中选择【粘贴】，如图 7-4-18(a)所示。此时，摘取的 Diode 库元器件出现在自建“my_sch_lib.SchLib”库文件的库元器件列表中，如图 7-4-18(b)所示。

(a)

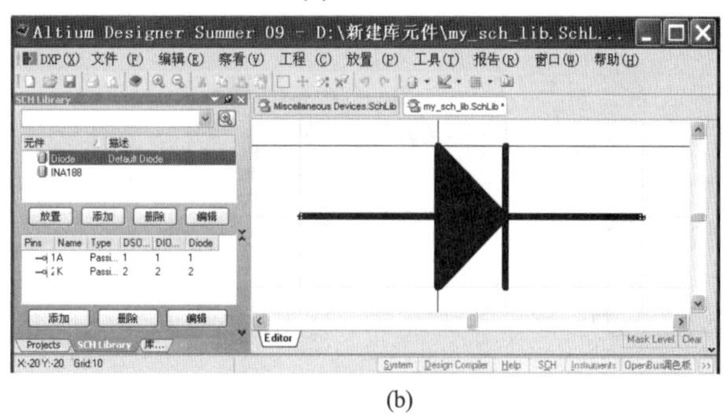

(b)

图 7-4-18　粘贴原理图库元器件至自建的原理图库文件中

3．编辑原理图库元器件

单击原理图库元器件编辑区的实心三角形，三角形的长边将出现两只绿色小方块，如图 7-4-19(a)所示，按“Delete”键，整个实心三角形消失，如图 7-4-19(b)所示。

单击【放置】→【线】菜单项，鼠标变为十字形光标，进入轮廓线的放置状态。在原先被删除的三角形顶点处开始连线，同时再连接二极管阳极与阴极两只引脚，完成后的二极管原理图库元器件外形如图 7-4-19(c)所示。

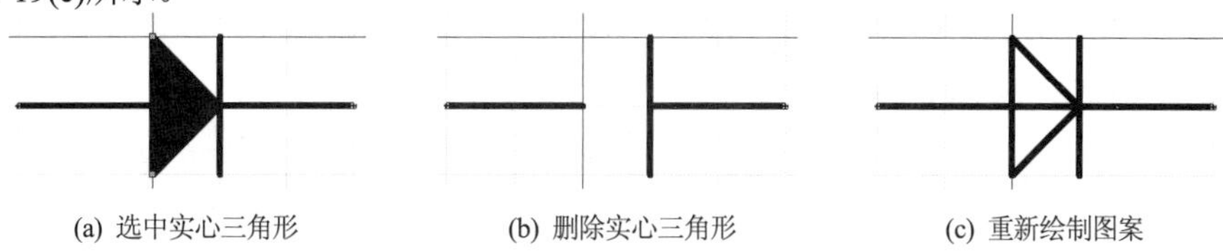

(a) 选中实心三角形　　(b) 删除实心三角形　　(c) 重新绘制图案

图 7-4-19　原理图库元器件内部轮廓及图案的编辑过程

4．原理图库元器件的重命名及保存

单击【工具】→【重新命名器件…】菜单项，系统弹出如图 7-4-20 所示的库元器件重命名对话框。

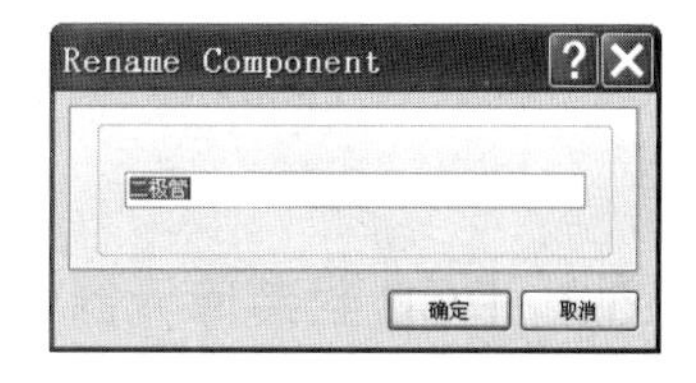

图 7-4-20　库元器件重命名

在图 7-4-20 的文本框中输入直观的中文字符“二极管”，接着单击【文件】→【保存】菜单项，保存“my_sch_lib.SchLib”库文件，

完成库元器件的摘取与编辑。至此，原理图库元器件“二极管”已能被系统识别，即可用于电路原理图的绘制。

7.5　创建 PCB 封装库元器件

与原理图库文件类似，AD 也提供了 PCB 库文件的设计功能，以适应日趋增多的新型元器件及其封装。

如图 7-5-01(a)所示为一种最常用的直插式轻触自复位开关，主要用于点动开关、键盘等。开关的型号一般为 6×6×n（n 是指开关塑料手柄的高度），常用的规格型号有 6×6×5、6×6×8 等。这种轻触开关有 4 只引脚，但其内部结构为两两连通的状态，如图 7-5-01(b)所示。

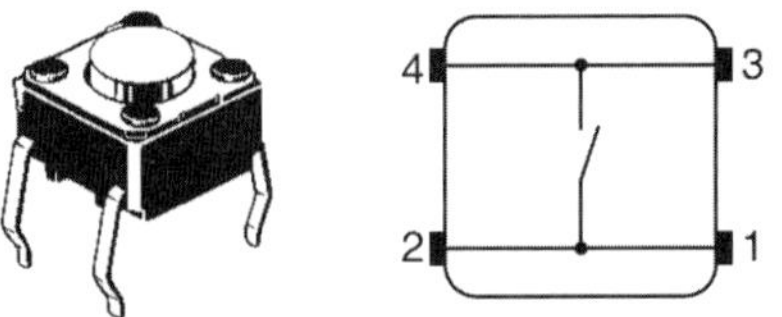

(a) 直插式轻触自复位开关　　(b) 轻触开关的内部结构

图 7-5-01　自复位轻触开关的外形及内部连接方式

某款轻触开关的尺寸参数如图7-5-02(a)～图7-5-02(c)所示，厂家推荐的焊盘布置方案如图 7-5-02(d)所示。图中的尺寸单位均为 mm，6±0.2 指长度尺寸为 6mm，公差为±0.2mm。

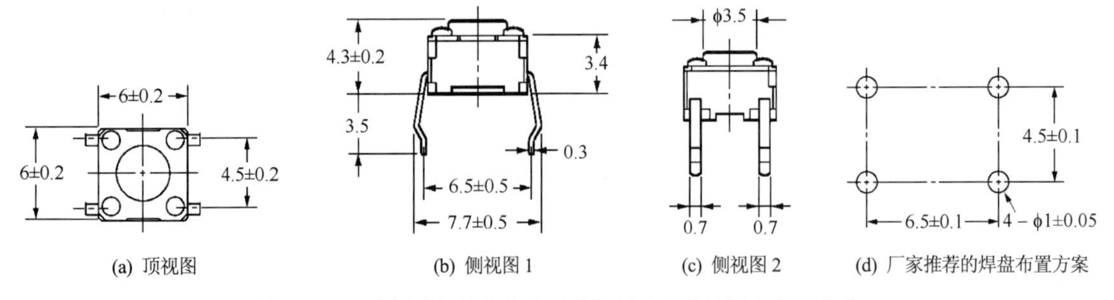

(a) 顶视图　　(b) 侧视图 1　　(c) 侧视图 2　　(d) 厂家推荐的焊盘布置方案

图 7-5-02　直插式轻触自复位开关的尺寸参数及焊盘布置方案

7.5.1　新建并保存 PCB 库文件

单击【文件】→【新建】→【库】→【PCB 元器件库】菜单项，系统自动创建一个 PCB 库文件“PCBlib1.PCBLib”，同时打开如图 7-5-03 所示的 PCB 封装库元器件编辑窗口，主界面的背景色为灰色。

单击【文件】→【保存】菜单项，在合适路径下将新建的 PCB 库文件保存为“my_pcb_ Lib.PcbLib”。

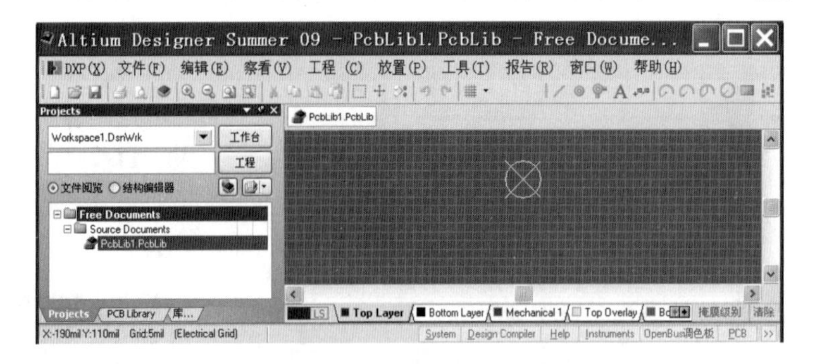

图 7-5-03　PCB 封装库元器件编辑窗口

7.5.2　PCB 封装库元器件的创建流程

在图 7-5-03 左侧的“Projects”导航区的下方，通过切换 Projects PCB Library 库... 页面标签，将导

航区切换至“PCB Library”页面下，如图 7-5-04 所示。图中左侧为“PCB Library”导航区，右侧灰色背景的区域为 PCB 封装库元器件编辑区，⊠图案所指示的位置是编辑区的坐标原点。

1. 重命名 PCB 封装库元器件

“PCB Library”导航区的元器件列表中有一只默认的 PCB 封装库元器件“PCBCOMPONENT_1”。双击该元器件，在弹出的“PCB 库元件[mil]”对话框中输入“名称”、“高度”和“描述”等参数内容，其中“名称”列表框必须以手动输入或修改的方式给出唯一的库元器件名。AD 系统对中文支持较好，可以采用直观的中文名作为 PCB 封装库元器件的名称，如图 7-5-05 所示。

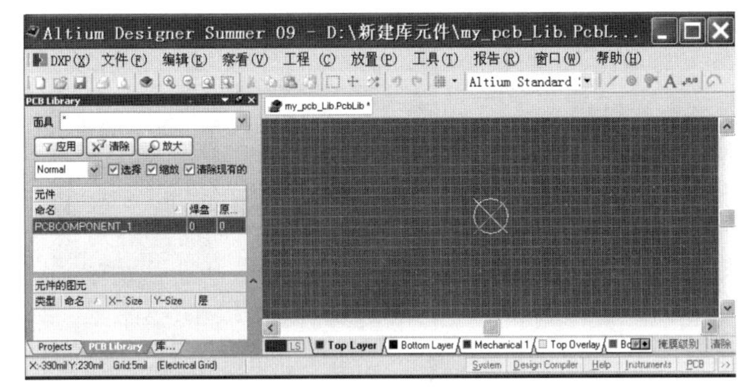

图 7-5-04　PCB 封装库元器件编辑区主界面

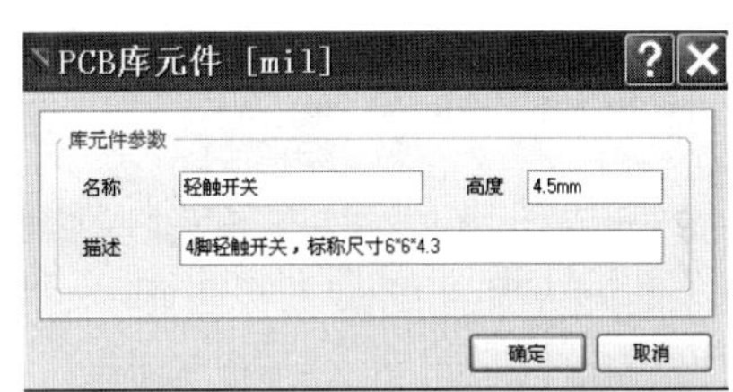

图 7-5-05　重命名 PCB 封装库元器件

2. 切换 PCB 封装库元器件编辑区的长度计量单位

根据图 7-5-02(d)所提供的推荐方案可以看出，开关共有 4 只焊盘，长、宽方向的距离分别为 6.5mm、4.5mm。考虑系统默认的长度计量单位为 mil，因此这里需要做计量单位的切换。

单击【工具】→【器件库选项...】菜单项，弹出如图 7-5-06(a)所示的“板选项[mil]”对话框。

（1）在左上角的“度量单位”栏中，选择“单位”下拉列表框为“Metric”（公制）。

（2）在“捕获网格”栏中，将“X”和“Y”下拉列表框中的数值设定为 0.100mm。

（3）在“器件网格”栏中，同样将“X”和“Y”下拉列表框中的数值设定为 0.100mm。

（4）将“电器网格”栏中的“范围”下拉列表框中的数值设定为 0.500mm，如图 7-5-06(b)所示。

（5）单击“确定”按钮，保存相关设置。

(a)

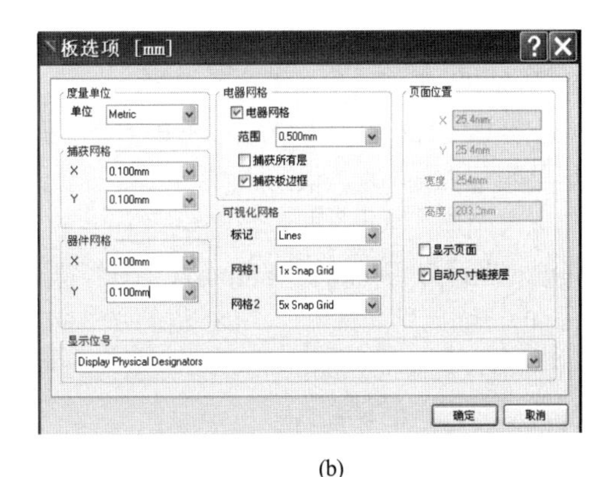

(b)

图 7-5-06　“板选项[mil]”对话框

此时，系统的长度计量单位切换为 mm，在 PCB 封装库元器件编辑区内，每次移动鼠标的最小步进值为 0.1mm。

☞**提示**　单击【查看】→【切换单位】菜单项，可在mm与mil之间切换。

3．放置焊盘

单击【放置】→【焊盘】菜单项，一只带有编号的焊盘将跟随鼠标移动，出现在PCB封装库元器件编辑区，如图7-5-07所示。

将第一只焊盘放置在图7-5-07(a)中的坐标原点⊗处，以便作为参考点，实现其余焊盘的精准定位；接下来按照顺时针方向在PCB封装库元器件编辑区依次放置2号、3号、4号焊盘，如图7-5-07(b)所示。

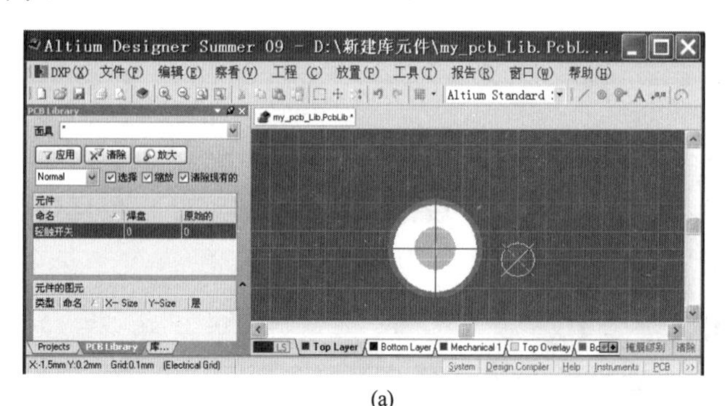

(a)

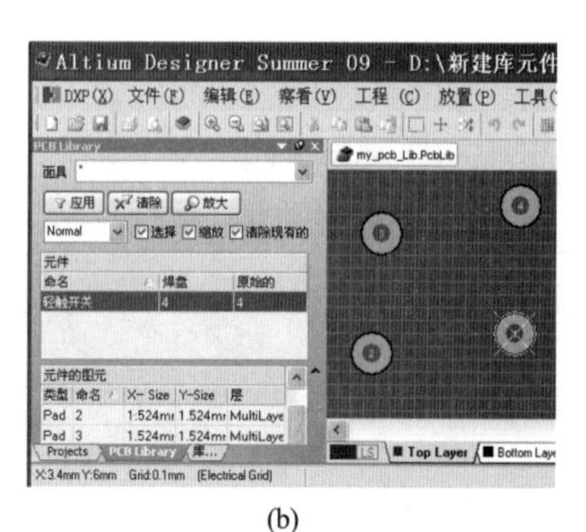

(b)

图7-5-07　库元器件焊盘的放置

4．焊盘坐标及尺寸参数的修改

双击2号焊盘，系统弹出如图7-5-08所示的“焊盘[mm]”对话框，需要对焊盘孔径、焊盘外形尺寸、焊盘的坐标定位等参数进行设定。

（1）孔径：图7-5-02(c)中给出了轻触开关引脚的最大尺寸为0.7mm，考虑一定的裕量，在图7-5-08中的“孔洞信息”栏中，将“通孔尺寸”设定为1mm。

（2）外形尺寸：焊盘呈圆环状，圆环的厚度越大，在后续焊接过程中附着焊锡的基面越大，从而可以确保较好的焊接质量。在图7-5-08右上方的“尺寸和外形”栏中，将“X-Size”和“Y-Size”均设定为1.8mm。

★**技巧**　贴片元器件的焊盘孔径一般为0，“X-Size”和“Y-Size”参数可以不相等。

（3）坐标定位：由于1号焊盘在PCB封装库元器件编辑区的坐标为（0,0），根据图7-5-02(d)提供的推荐方案，可以准确地计算出2号焊盘的坐标为（–6.5mm,0）、3号焊盘的坐标为（–6.5mm, 4.5mm）、4号焊盘的坐标为（4.5mm,0），因此只需将图7-5-08左上方“位置”栏的“X”坐标值设定为–6.5mm，将“Y”坐标值设定为0，即可完成2号焊盘的定位。

图7-5-08　“焊盘[mm]”对话框

☞**提示**　PCB封装库元器件编辑区的坐标有正负之分，而且遵守右手坐标系规则。

5．PCB封装库元器件外形轮廓的设置

从图7-5-02(a)、图7-5-02(b)可以看出，轻触开关的纵向高度为6mm，最大的横向宽度大于

(7.7+0.5)mm。根据这两个参数计算出轻触开关 PCB 封装库元器件的外形轮廓：左右两侧的最大宽度为±4.5mm，上下两侧的最大宽度为±3mm（考虑留出一定的参数裕量）。

（1）将图 7-5-07(a)中 PCB 封装库元器件编辑区下方的图层页面标签切换至“Top Overlayer”，即 LS ■ Top Layer ■ Bottom Layer ■ Mechanical 1 □ Top Overlay ■ B。

（2）单击【编辑】→【设置参考】→【中心】菜单项，此时坐标原点变动到 4 只焊盘的中心位置，如图 7-5-09(a)所示。

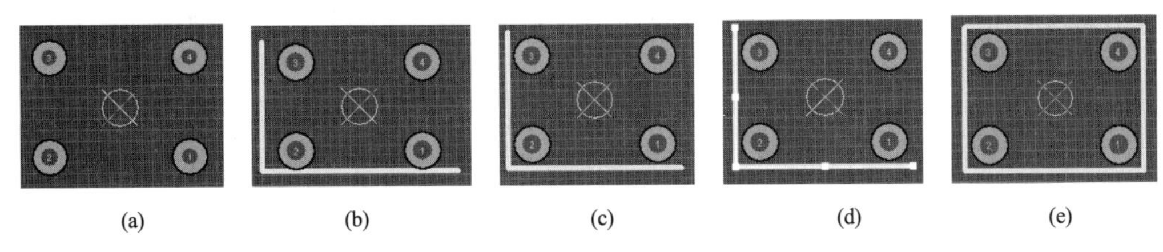

图 7-5-09　PCB 封装库元器件外形轮廓的设置步骤

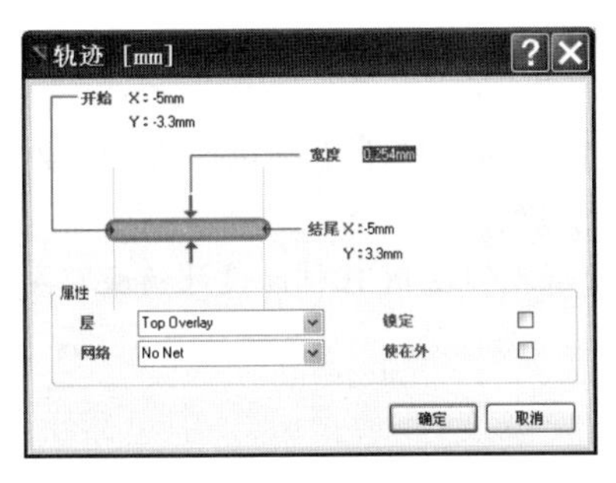

图 7-5-10　轮廓线坐标参数的设置

（3）单击【放置】→【走线】菜单项，在 PCB 封装库元器件编辑区随意放置两条相互垂直的线条，如图 7-5-09(b)所示。

（4）双击左侧垂直摆放的线条，弹出如图 7-5-10 所示的“轨迹[mm]”对话框，进行轮廓线坐标参数的设置。

根据轻触开关 PCB 封装库元器件左侧轮廓坐标尺寸从（–4.5mm, –3.5mm）到（–4.5mm, 3.5mm），对图中的“开始”和“结尾”的坐标值进行修改。同理，根据 PCB 封装库元器件下侧轮廓的坐标尺寸从（–4.5mm, –3.5mm）到（4.5mm, –3.5mm），对水平摆放的轮廓线参数进行设置。完成后的效果如图 7-5-09(c)所示。

☞**提示**　对于水平放置的轮廓线，“开始 Y”与“结尾 Y”的数值应相等，对于垂直放置的轮廓线，“开始 X”与“结尾 X”的数值应保持相等，才不会使线条发生倾斜、扭曲。

（5）按“Shift”键后依次单击两根轮廓线，对其进行连续选中操作，被选中的两根轮廓线上出现白色的矩形块，如图 7-5-09(d)所示。

（6）单击【编辑】→【复制】菜单项，鼠标变成十字形光标，将十字形光标放置在被选中的任意轮廓线上并单击。

（7）单击【编辑】→【粘贴】菜单项，跟随鼠标的移动，出现刚才复制完成的两根轮廓线。按“空格”键调整轮廓线的旋转角度，与原先绘制的两根轮廓线实现无缝对接，完成后的效果如图 7-5-09(e)所示。

6. PCB 封装库元器件的保存与删除

单击【文件】→【保存】菜单项，保存“my_pcb_ Lib.PcbLib”PCB 封装库文件，名为“轻触开关”的 PCB 封装库元器件即可在新的 PCB 设计文件中被调用。

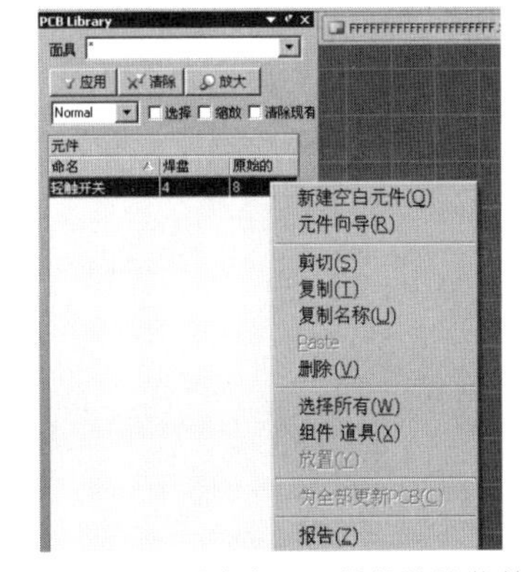

图 7-5-11　删除库元器件的快捷菜单

如果希望删除设计有误的 PCB 封装库元器件，可以右击该库元器件，在如图 7-5-11 所示的快捷菜单中选择【删除】，即可将“轻触开关”库元器件从“my_pcb_Lib.PcbLib”PCB 封装库文件中删除。

7.5.3 加载自制的PCB封装库文件

在图7-4-14(a)中的“库...”导航区内单击“库...”按钮，在如图7-4-14(b)所示的“可用库”对话框中寻找自制PCB封装库文件所在的准确路径，单击“安装”按钮即可。

★技巧 系统提供的库文件数量庞大，但是其中的绝大多数库元器件并不会被使用者用到。另外，使用者在熟练使用Altium Designer设计软件后，可以尝试逐步建立与自己工作联系密切的常用原理图库、PCB封装库文件，以实现更加高效、快捷的PCB板图设计，方便自己的设计工作。

习 题

7-1 元器件属性 “Footprint”主要包含哪些方面的内容？

7-2 放置在底层、丝印层的文字信息各有哪些特点？

7-3 为什么元器件标号、型号等信息不宜放置在焊盘或过孔表面、元器件轮廓下方？

7-4 PCB导线的宽度由哪项规则决定？选择印制导线宽度的主要依据是什么？

7-5 提高单层PCB布通率的途径有哪些？

【思政寄语】 优质的PCB设计对于初学者往往不易实现，我们只要从战略上藐视PCB设计、战术上重视PCB设计，勤加练习，完全可以将PCB作品质量不断做到极致。

目前已有立创EDA等多款国产软件供学习者选择使用，这也使得我们在PCB辅助设计领域不再一味受制于国外，开辟出一条自力更生、奋发图强的全新道路。

第 8 章　PCB 加工及制作工艺

绝大多数电路板均采用丝网印刷工艺制成，习惯上称其为 PCB（Printed Circuit Board）。PCB 将电气连接关系用铜箔线条的形式固化成型，同时为装配、焊接在其表面的电子元器件提供机械支撑与固定。完整的 PCB 包括绝缘基板层、导电图形层、丝印层（含元器件序号、参数等信息）、阻焊层。

8.1　PCB 制板工艺概述

电路 PCB 的生产制作工艺的类型较多，如手绘、雕刻、丝网印刷、曝光、热转印、金属墨水等。不同工艺涉及的工艺流程、生产成本、加工周期、铜箔最小线宽、安全间距、PCB 层数、PCB 质量的差异较大，需根据实际条件进行合理选择。大规模集成芯片的引脚越来越多，引脚间距、引脚尺寸则越来越小，对 PCB 的制造工艺和精度提出了越来越高的要求。

除金属墨水工艺是主动产生导电线条外，其余 PCB 制作工艺均是针对铜箔进行蚀刻加工的电子工艺。铜箔蚀刻工艺的基本流程如下：

（1）将设计好的 PCB 电气图形移植到敷铜板的铜箔面；

（2）采用不同的工艺形式，在电气图形表面形成阻止下部铜箔被蚀刻的保护层；

（3）利用机械或化学的方法去除保护层之外的所有铜箔，以得到所需的导电图形。

8.1.1　敷铜板

敷铜板是在一定的压力条件下，将很薄的铜箔平整地粘贴在绝缘基板表面而制成的特殊板材，是加工电路 PCB 的原材料，包括单层敷铜板（绝缘基板的其中一层有铜箔）、双层敷铜板（绝缘基板上、下两层均有铜箔）两类。铜箔厚度、绝缘基板材质是决定敷铜板性能与价格的关键因素。

绝缘基板的厚度规格包括 0.1、0.15、0.2、0.25、0.36、0.4、0.51、0.6、0.71、0.8、1.0、1.2、1.5、1.6、2.0、2.4、3.0（单位：mm）。板材越厚，制成的 PCB 的强度越高，但质量及生产成本也会相应增大。1.6mm 厚的敷铜板使用最为广泛。铜箔越厚，在相同条件下生成电气连线的横截面积就越大，内阻也越小。常见的铜箔厚度包括 18μm（0.5oz）、35μm（1oz）、70μm（2oz）等规格。

1．酚醛棉纸基层压敷铜板

酚醛棉纸基层压敷铜板（电木板）生产成本低，价格便宜，但阻燃强度低，高温性能差。绝缘基板吸水潮解后易分层，影响基板强度及铜箔的附着性，多用于电子玩具等低端民用产品中。

☞**提示**　在使用手锯对酚醛棉纸基层压敷铜板进行切割时，往往会伴随一种特殊的药味。

2．环氧玻璃纤维布基敷铜板 FR-4

环氧玻璃纤维布基敷铜板的铜箔厚度范围为 35～50μm，基板呈半透明状态，价格略高，但性能与质量较好，主流的 PCB 打样企业均优先选择此类板材。

3．聚四氟乙烯玻璃布基敷铜板 PTFE、陶瓷基敷铜板

聚四氟乙烯玻璃布基敷铜板（特氟龙板）用热塑性材料做基板，具有介电常数小（2.5～2.7）、介

质损耗小、信号传输速度快、耐高温、耐腐蚀、不吸潮等优点，工作频率可达1GHz以上，但价格昂贵，主要用于微波、射频、航天航空、军事等重要应用领域。

陶瓷基敷铜板的基材用陶瓷烧结而成，同样具有较好的综合性能，性价比较高。

4. 金属基敷铜板

金属基敷铜板具有良好的散热功能，由铜箔层、绝缘层、金属基层（铝基、铜基或铁基）、电路层组成。金属基敷铜板能够减小热阻，以实现较好的热传导性能。

5. 挠性电路板

挠性电路板是一类特殊的敷铜板，主要用于连接刚性板与活动部件、实现立体化电气连接。其绝缘基材采用质量小、薄、易弯折的柔性塑料制成，厚度范围为0.25～1mm。柔性绝缘基材的上下两层铜箔均能加工出导电图形，非弯折部分可加工出焊盘，以焊接小型贴片元器件。

【例 8-1-1】 挠性电路板主要用于内部空间狭小、组装密度高、具有相对机械位移的电子设备，如计算机硬盘磁头放大电路与电机驱动电路之间的连接、液晶屏与电路板之间的连接等。

8.1.2 PCB

1936年，奥地利人发明了PCB并用于制造收音机。在此之前，电子元器件是依靠绑扎工艺实现电气连接的，体积庞大、可靠性差，如图8-1-01所示。

☞**提示** 绑扎工艺的劳动强度高，完成的产品可靠性不高，除在配电箱、配电柜等电气设备中有所应用外，在电子电路领域已经完全淘汰，在绑扎工艺的基础上发展起来的PCB大幅减少了绑扎、接线的工作量，产品的一致性、互换性、维修性良好，能够实现高效的自动化生产，当之无愧地成为业界的主流产品。

PCB工艺成熟，铜箔蚀刻后得到的扁薄线条代替圆柱形电线实现元器件引脚之间的电气连接，整机体积大大缩小，批量成本显著降低，产品可靠性大幅提高。

常见的PCB分为单层、双层、多层三大类。

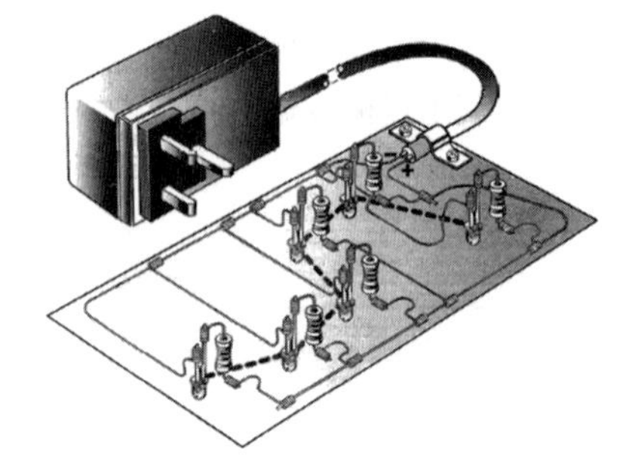

图8-1-01　利用绑扎工艺实现电气连接

1. 单层PCB

单层PCB使用只有一面铜箔的敷铜板，习惯将其铜箔面称为“底层”（BottomLayer），导电图形即在该层设计、加工。焊接在单层PCB中的直插式元器件如图8-1-02所示。

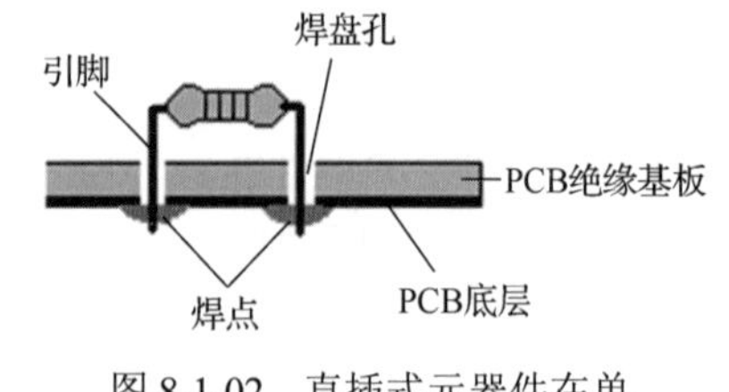

图8-1-02　直插式元器件在单层PCB中的焊接

绝缘基板没有贴铜箔的面主要用来放置无导电作用的丝印图形，常被称为“顶层丝印层”（Top Overlayer）。

单层板只能实现单面的电气布线，因而设计出的PCB的布通率较低，主要用于元器件密度较小、电气连接关系简单的玩具电路、小功率开关电源电路中。

★**技巧** 单层PCB的手工制作速度快、成品率高，在“大学生电子设计竞赛”等时间要求严苛的场合中应用广泛。

2. 双层PCB

双层PCB的剖面结构如图8-1-03(a)所示。双层PCB选用了双面敷铜板，绝缘基板的上、下两面均贴有铜箔，均可用于导电图形的制作。双层PCB采用了金属孔化工艺，在上、下两层之间通过沉铜工艺生成金属化的过孔（Via），使两层导电图形能够有选择地形成导电通道。

☞ **提示**　沉铜是化学镀铜的简称，俗称镀通孔（PTH），是一种自催化的氧化还原反应工艺，在敷铜板基材内壁生成铜层，实现两层或多层敷铜板铜箔面的电气连接，一般在钻孔结束后开始沉铜。

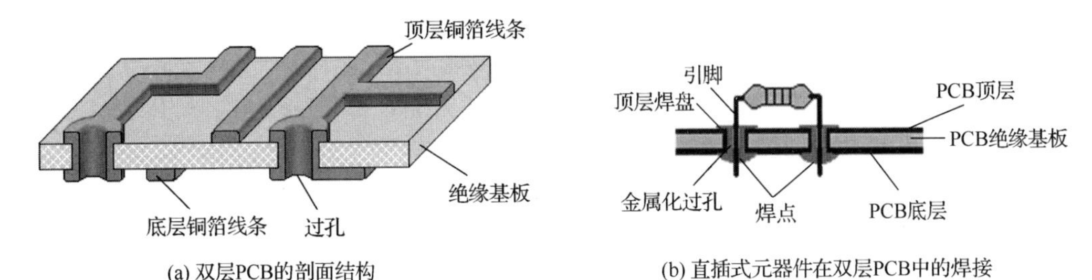

图 8-1-03　双层 PCB

在双层 PCB 中，大多数元器件主体所在的铜箔面被称为“顶层”（Top Layer），而将直插式元器件焊点所在的铜箔面定义为“底层”（Bottom Layer），如图 8-1-03(b)所示。双层 PCB 的底层与顶层均可设计电气布线，PCB 的布通率很高，布线的速度也远远快于单层 PCB 的布线速度。

☞**提示**　过孔有效地改善了电气图形之间的互连互通，但金属化过孔与其他导线之间存在寄生电容与寄生电感，在进行高频电路设计时，应尽量在关键的信号通道中避免引入过孔。

过孔生成速度慢、一致性差，这也使得手工制作双层 PCB 的流程更加复杂、工时长、成本高。

★**技巧**　过孔无须焊接，故孔径、外环直径往往比焊盘的小；为确保 PCB 质量，捷多邦要求过孔外径须大于内孔直径的两倍，否则过孔内环太小容易导致金属化过孔因无铜而无法实现电气连接。

3. 多层 PCB

大规模集成芯片的引脚数目多、引脚细而密，很多封装（如 BGA）的引脚从芯片腹部引出，在有效提高电子产品集成度的同时，也带来电气布通率大幅减小的负面影响。针对性的改进措施包括：减小安全间距、减小线宽、将双层 PCB 升级为多层 PCB。

多层 PCB 由较薄的单、双层 PCB 粘合而成，包含三层或更多层数的铜箔面，层与层之间设计了绝缘层。多层 PCB 的金属化过孔包括穿孔、盲孔、埋孔三种类型，如图 8-1-04 所示。

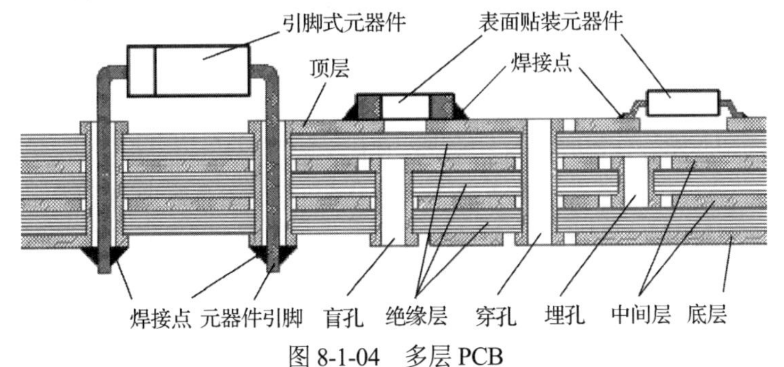

图 8-1-04　多层 PCB

8.2　丝网印刷制板工艺

丝网印刷制板工艺可以完成单层、双层、多层 PCB 的制作，自动化程度及精度都很高。但是，丝网印刷制板工艺的生产工时略长，对设备及生产成本的要求较高，主要用于专业的 PCB 制造。

自动丝印机经过制作感光膜、曝光、显影、退膜等化学感光工艺处理后，将 PCB 板图中的电气图形印制到丝网表面，形成阻止油墨印料下渗的图形区域。操作人员用刮板（胶刮）将油墨印料经丝网漏印至敷铜板表面，最后经化学蚀刻工艺即可得到所需的电气图形。

单层PCB的丝网印刷工艺流程：敷铜板下料及清洁干燥→电气图形印刷（湿膜）→曝光→显影→铜箔面蚀刻→铜箔面处理→退膜→制作阻焊→丝印层印刷→固化→热风整平→PCB铣边与切割→检验测试。双层PCB的丝网印刷工艺流程略微复杂，需先对敷铜板进行钻孔、沉铜与金属孔化处理。

电路PCB在大批量生产时，每张丝网可能要承受多达上万次的刮料，因而广泛采用了不锈钢网，工作原理与丝网完全一样，精度甚至可以做得更高。同理，阻焊、丝印也通过类似的丝网印刷工艺转移到电路PCB表面上，再经固化工艺得到阻焊层、丝印层。

电路PCB呈现的绿、蓝、黄、红、黑等不同颜色其实是阻焊层的颜色。阻焊层由耐高温的阻焊涂料制成，覆盖在PCB表面不需要进行焊接的部位，使熔化的焊锡只能在焊盘（Pad）内流动，在节省焊锡的同时，还避免了焊接过程中可能出现的搭接、粘连、短路等故障；阻焊层还可保护PCB铜箔线条不易被氧化、避免出现起泡和分层。

阻焊涂料分为热固化、紫外线固化、辐射固化几类类型。热固化工艺的价格低，但固化时间长，PCB易变形。PCB生产企业多采用光固化工艺，用高强度紫外线连续照射阻焊层2～3min即可实现固化。

8.3　手绘制板工艺

在计算机辅助PCB设计方法还未得到广泛应用时，手绘是用来制作电路PCB的主要工艺。设计人员首先在绘图纸上将元器件封装及电气连接关系设计完成，再用复写纸将电气图形刻印到敷铜板的铜箔面，然后用如图8-3-01(a)、图8-3-01(b)所示的鸭嘴笔蘸取油墨、油漆等化工材料，涂覆在需要保留的电气图形上，再利用化学蚀刻液去除多余的铜箔，即可完成PCB的制作。

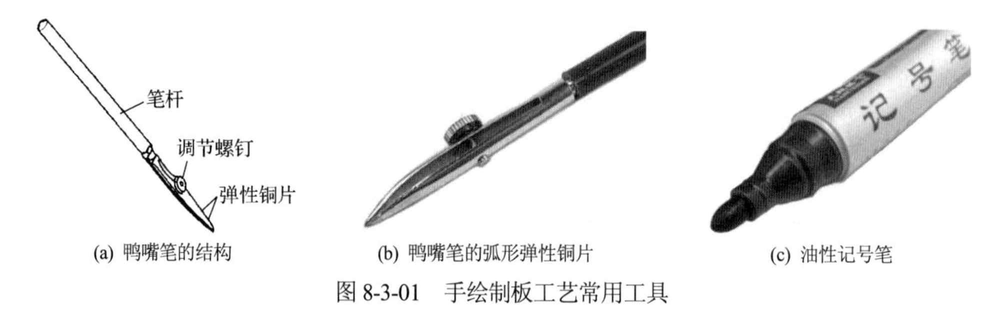

(a) 鸭嘴笔的结构　(b) 鸭嘴笔的弧形弹性铜片　(c) 油性记号笔

图8-3-01　手绘制板工艺常用工具

鸭嘴笔是工程制图中用来绘制墨线的用具，笔头由两片弧形的弹性铜片相向合成，略呈鸭嘴状。鸭嘴笔绘制出的直线边缘整齐，而且粗细一致。在使用鸭嘴笔绘制电气图形时，用细吸管或毛笔蘸上油墨或油漆，从鸭嘴笔笔头的弹性铜片的夹缝中滴出，通过调整笔头的调节螺钉，确定在PCB铜箔面所绘制线条的粗细。画线时，笔杆应该垂直于铜箔面，均匀、慢速地拖动笔尖进行绘制。弹性铜片上方的调节螺钉可以对两片弧形铜片的张开程度进行调整，以调节绘制线条的粗细。

★技巧　除鸭嘴笔外，也可以采用如图8-3-01(c)所示的油性记号笔在PCB的铜箔面进行电气图形绘制，记号笔自带油墨，易购且易用，效果较好。

★技巧　手绘制板工艺常被用于热转印等手工PCB制作工艺的辅助环节中，在对敷铜板进行蚀刻前，若手工修补不慎，则将折断电气连线。

8.4　紫外曝光制板工艺

感光敷铜板的PCB制板工作原理是：利用强紫外线照射感光胶膜的表面，经紫外线照射的胶膜将被显影剂溶解，如果将黑色不透光的电气图形遮挡在感光胶膜表面，那么紫外线未照射的胶膜将保持原态继续覆盖在铜箔面，不溶于显影剂。在随后的蚀刻工序中，经显影剂去除的胶膜下方的铜箔会被蚀刻消耗，直至露出绝缘基板；而在感光胶膜保护下的铜箔不会被蚀刻而保持原状，最终成为 PCB 的电气线条。

感光敷铜板采用曝光工艺制作电路 PCB 的详细工艺流程如下。

（1）用激光打印机在半透明的硫酸纸上打印出 PCB 板图，注意不能选择针式打印机。

（2）将感光敷铜板从密封包装袋中取出，暂时不要揭去铜箔面的保护纸。按照 PCB 板图实际尺寸裁切感光敷铜板，剩余感光敷铜板应重新放回原包装袋，在遮光、密闭的环境中保存，避免感光胶膜失效。

（3）揭去已裁剪感光敷铜板表面的保护膜，露出浅绿色的感光膜，将打印好电气图形的硫酸纸的背面盖在感光胶膜的表面。建议采用透明玻璃压紧硫酸纸及感光敷铜板。

（4）将硫酸纸与感光敷铜板放入曝光机并压紧，启动曝光操作；硫酸纸表面与紫外灯管之间的距离保持在 5cm 左右，曝光时间控制在 60s 以内。曝光时间不宜过长，不能使用白炽灯进行曝光。

（5）将显像剂与 20℃左右的温水按照 1:20 的比例配置显影液。

（6）将曝光后的感光敷铜板胶膜面朝上，投入配制好的显影液中进行显像。轻轻晃动显影液容器几十秒，感光敷铜板表面的电气线条逐渐清晰，当显影液中不再有绿色水雾状气泡时，则显像完成。

（7）捞出显像完成的感光敷铜板，用清水洗净后再用柔和的冷风吹干。仔细检查干燥的感光敷铜板胶膜表面，用小刀刮开短路点，在断线处用油性记号笔进行修补。

（8）将感光敷铜板投入 $FeCl_3$ 或由其他化学药剂配制而成的酸性药液中进行蚀刻操作。

（9）用粗布蘸水或酒精洗净蚀刻完成的感光敷铜板铜箔面的余胶，一款精度较高的 PCB 即制作完成。为避免 PCB 的铜箔线条被氧化，建议向铜箔面涂覆一层稀薄的松香酒精溶液。

曝光工艺的精度高、速度快，适用于时间紧迫、电路方案保密程度较高的场合。感光胶膜、显影液有毒，操作时应重点关注。紫外曝光制板工艺需要用感光敷铜板及专用的紫外线曝光箱，感光敷铜板铜箔面因涂有正性感光材料而无法长期保存，因而成本总体偏高。普通敷铜板手动丝网涂刮感光胶后也可制得低成本的感光敷铜板，但胶层厚度不匀的现象可能影响 PCB 的制板效果。

8.5　雕刻制板工艺

雕刻制板是采用机械方法铣削并除去敷铜板表面多余的铜箔、形成导电图形的 PCB 制板工艺。主流的雕刻制板工艺分为机械雕刻、激光雕刻与手工雕刻三类。雕刻制板工艺一般不会用到化学药品，对环境的污染较小，加工出的 PCB 导电图形精度较高，但加工速度较慢、生产设备及耗材成本偏高。

8.5.1　手工雕刻制板工艺

首先将设计完成的 PCB 板图按照 1:1 的比例打印在白纸表面，然后用复写纸将电气图形的背面复写到敷铜板的铜箔面，再用锋利的手术刀片或其他坚硬的雕刻刀具对铜箔面电气图形的边缘用力刻画，使之与不需要的铜箔分离，最后用尖嘴钳揭掉不需要的铜箔，即可得到所需的 PCB 板图。

但由于敷铜板表面的铜箔光滑且相对较硬，美工刀、手术刀用于手工雕刻制板时很容易导致事故发生，最好采用如图 8-5-01 所示的专用钩刀配合防切割手套进行操作，全面确保安全。

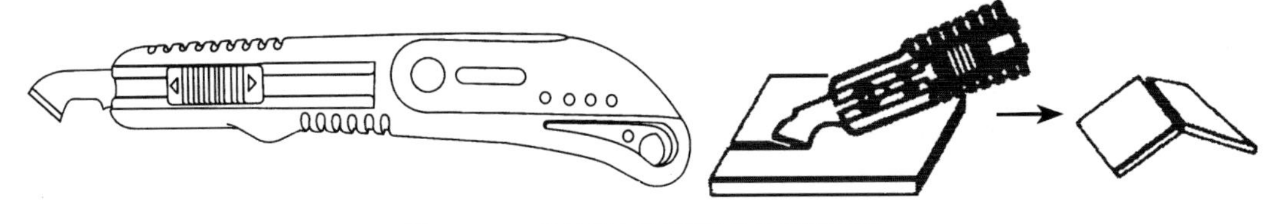

图 8-5-01　手绘雕刻制板工艺的常用工具

【例 8-5-1】 在手工雕刻光滑的敷铜板铜箔面时，圆形、弧形、锐角、钝角的图案雕刻难度均比较大。为了提高雕刻制板的效率，可以在进行 PCB 板图设计时，将所有电气线条设置为直线，电气线条尽量采用直角拐弯，采用正方形焊盘（为了雕刻方便，焊盘与导线往往融合为一体），焊盘边长与电气线条的宽度相等，如图 8-5-02 所示。

敷铜板表面的铜箔光滑，加之铜箔与敷铜板绝缘基板之间的粘接强度非常高，因此使用雕刻刀具在铜箔面刻线时的力度要大且均匀，否则难以切破铜箔面。手工雕刻制板工艺的工作效率很低，需要做好充分的安全防护，一般仅在某些元器件数量很少、电气连接关系简单的 PCB 中应急使用。

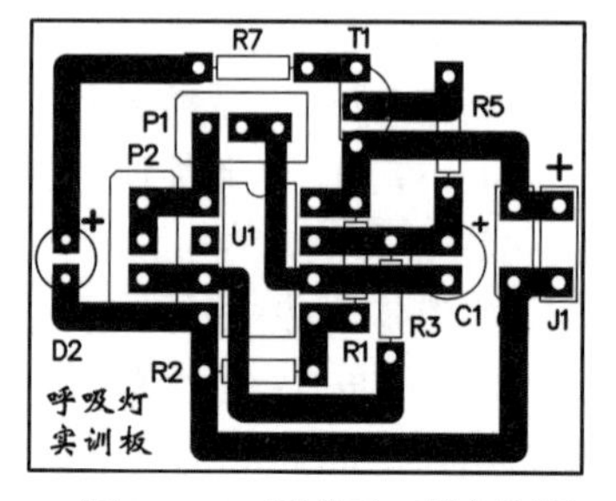

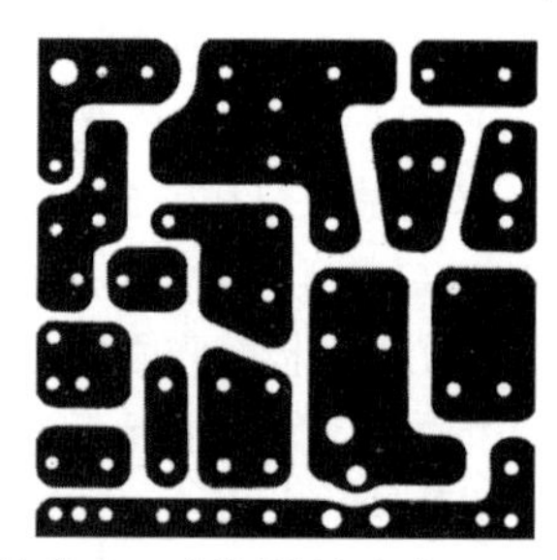

图 8-5-02　适应手工雕刻制板工艺的特殊 PCB 板图设计方案

★技巧　雕刻制板工艺在电路调试环节常用于切断某些测试连接点，以得到多种测试方案。

8.5.2　机械雕刻制板工艺

机械雕刻制板工艺在德国被首先发明并得以成功商用，在国内高校的电子工艺实验室中应用广泛。机械雕刻制板工艺的关键设备是一台专用的小型数控机床，俗称“雕板机”，该设备能够对 PCB 进行钻孔、铣削等机械加工，去掉敷铜板表面不需要的铜箔后，即可得到所需的电气图形。

与手工雕刻制板工艺类似，为提高机械雕刻的工作效率，需要对 PCB 板图设计方案进行一些修改，以减少 PCB 铣刀敷铜板铜箔面的工作量。可采取的主要工艺措施包括：①以常用 PCB 铣刀的铣削宽度作为 PCB 规则中的安全间距值，使相邻电气线条之间的加工可以一次完成；②增大电气线条的线宽，尽量采取相同方向的直线走线，减少线条拐弯；③采用方形焊盘。

对于连接关系较为简单的电路，采用机械雕刻制板工艺制作 PCB 的速度非常快。但雕刻铣刀是易损件，磨损后的加工速度会明显减慢，需要及时发现并更换。

8.5.3　激光雕刻制板工艺

激光雕刻制板工艺是一种高速工艺，在技术上具有绝对的领先性。该工艺利用大功率激光在小面积内产生集中的热量，以迅速切开敷铜板铜箔面，再通过辅助气泵及时吹走或吸掉加工过程中产生的粉屑，从而以极快的速度形成 PCB 电气图形。激光雕刻制板工艺的系统硬件成本、日常维护成本均非常高，主要适用于保密性要求较高的 PCB 加工，以及高精度射频、微波 PCB 的加工。

8.6　热转印制板工艺

热转印制板工艺将 PCB 板图用激光打印机打印在热转印纸表面，热转印纸表面的黑色碳粉在合适的温度与压力条件下熔化并转印到敷铜板铜箔面，墨粉冷却后即可形成 PCB 电气图形。激光打印机墨粉是一种高分子树脂微粒，能够抵挡 $FeCl_3$ 酸性溶液的蚀刻，有效保护墨粉下方的铜箔不被蚀刻。而没有墨粉覆盖的铜箔被蚀刻完成之后，即可得到与设计结果一致的 PCB。

热转印制板工艺主要用于单层 PCB、无金属过孔双层 PCB 的快速制作。

☞**提示**　近年来，国外电子爱好者成功试制了用丙酮和乙醇进行的冷转印制板工艺，省去了加热环节。

8.6.1　热转印制板工艺的特点

热转印制板工艺在工厂、实验室应用广泛。与其他工艺相比，热转印制板工艺的优势明显。

- 热转印制板工艺操作简单，技术要求低，制板速度快，单层 PCB 耗时仅十几分钟。
- 线条精度很高，理论最小线宽可达 5mil，仅略大于激光打印机的分辨率。
- 热转印制板设备的单价不足千元，热转印纸的单价仅 0.3 元左右；制作一块电路 PCB 仅需一张热转印纸及少量蚀刻药品，成本不足丝网工艺的 1/10，性价比很高。

8.6.2　针对热转印制板工艺对 PCB 进行修改

PCB 电气图形需要用激光打印机在热转印纸薄膜面进行清晰打印。建议从以下几方面着手，对已完成的 PCB 设计方案做一定的修改，以提高使用热转印制板工艺制作 PCB 的质量。

1. 增大电气连线线宽、增大安全间距

热转印制板工艺的精度可以轻松地达到 10mil，但是考虑打印机硒鼓质量、碳粉颗粒度与材质、热转印纸表面特性等因素，建议适当增大 PCB 中电气连线的线宽及安全间距：

- 数字电路的线宽尽量不小于 15mil（约 0.4mm），安全间距也不小于 15mil（约 0.4mm）；
- 模拟电路的线宽尽量大于 20mil（约 0.5mm），安全间距不小于 15mil（约 0.4mm）；
- 电源或地线的线宽尽量超过 30mil（约 0.8mm）；
- 对于存在高压的电路单元，安全间距需增大至 30mil（约 0.8mm）。

2. 增大焊盘直径

过细的钻头在对 PCB 打孔时容易折断，因此在使用小型台钻对 PCB 进行手工钻孔时，选用的钻头直径一般不小于 0.7mm。若 PCB 板图中的焊盘直径设置得过小，则钻孔之后的焊盘有效面积相应也会减小，建议焊盘直径设置为 70～75mil。

如果焊盘的 X、Y 尺寸不能同步增大，那么也可以只调整某个方向的尺寸，使之成为椭圆形焊盘。

3. 减小焊盘的孔径

直插式元器件的贯穿式焊盘一般用台钻加工，钻孔精度与操作人员的熟练程度密切相关。建议将需要钻孔的焊盘孔径统一减小为 20～25mil，以利于手工钻孔时的钻头对准，避免钻孔偏移后可能造成引脚数目较多且排列规则的元器件（如排针）无法全部正常地插入焊盘孔的情况。

【例 8-6-1】 图 8-6-01(b)是为适应热转印制板工艺而对图 8-6-01(a)进行调整的结果，主要的调整内容包括：电气连线的线宽增大、焊盘的外形尺寸增大、焊盘的孔径减小；在后续的热转印制作工序中，可以有效地减少断线、焊盘钻孔精度差、焊盘脱落等故障现象的发生。

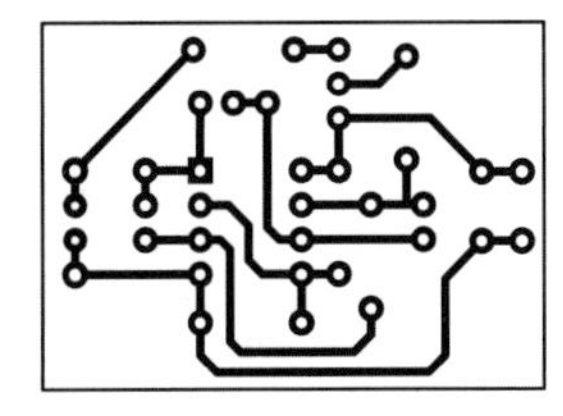

(a) 初步完成的 PCB 底层电气图形

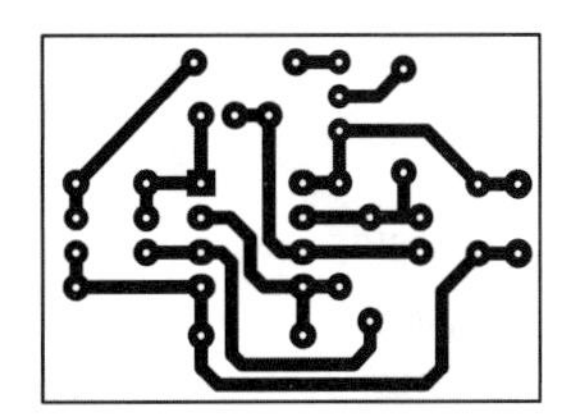

(b) 调整后的 PCB 底层电气图形

图 8-6-01　为适应热转印制板工艺而对初步设计方案进行调整

4. 图层及字符信息的翻转（镜像）

热转印纸薄膜表面的电气图形被转印至敷铜板铜箔面时，将会发生 180°的翻转；而在 Altium Designer 软件界面中，Top Layer（顶层）的电气图形按正常模式进行显示，而 Bottom Layer（底层）的电气图形则是按照 180°翻转后显示的，刚好抵消热转印过程中的 180°翻转。因此，对双面 PCB 而言，Bottom Layer 的电气图形可直接打印后转印，但 Top Layer 的电气图形则需要做 180°的整体水平翻转（镜像）处理。

【例 8-6-2】 在向单层 PCB 的 Bottom Layer 中放置 PCB 的功能、编号、日期等设计信息时，所有字符需进行镜像处理，基本的镜像操作步骤：①退出中文输入法；②单击并选中需要做镜像处理的字符；③按“X”或“Y”键，水平或垂直翻转被选中的字符。

☞**提示**　电路 PCB 底层的字符信息打印到热转印纸薄膜表面后，呈翻转状态。

5. 打印测试

修改完成的 PCB 板图建议首先打印至普通白纸表面进行检查，以查找可能存在的错误或不规范的细节，检查的重点应放在：电气线条与焊盘之间是否可靠连接、不同电气节点的线条间有无短路、线宽是否过小、安全间距是否过小、焊盘直径是否过小、焊盘孔径是否过大、图层镜像是否错误等，发现错误后需及时返回修改，避免疏漏。

8.6.3　热转印制板工艺的基本流程

完整的热转印制板工艺流程包括转印前的准备工作、打印 PCB 板图、热转印、蚀刻、钻孔、PCB 后处理等。

1. 转印前的准备工作

在热转印操作之前，除准备热转印纸及敷铜板外，还需要设置正确的热转印机参数。

1）敷铜板

敷铜板的质量将直接影响 PCB 的制板效果，建议选择厚度为 1～2mm 的全新单面敷铜板。不要用手指触摸新敷铜板光亮的铜箔面，以免在铜箔面留下指纹、油污而影响墨粉的热转印效果。

存放时间较长的敷铜板，铜箔的色泽会因为被氧化而变得暗淡，需要用尼龙砂轮在水龙头的水流作用下轻轻打磨，直至去掉氧化层、露出光亮的铜箔面。对于氧化非常严重的敷铜板，可以将其投入浓度很低的稀盐酸溶液或蚀刻废液中浸泡 10s，取出用清水冲洗干净后，再用冷风机吹干或用干布擦干水分。

若敷铜板的尺寸较大，则需要在 PCB 实际尺寸的基础上增大 10mm 左右裕量再进行裁切。常用的敷铜板裁切工具包括手动切板机、手锯、木工锯，如图 8-6-02 所示。

将如图 8-6-02(a)所示手动切板机的手柄向上抬起后，露出切板刀口，将敷铜板水平推入刀口，下压手柄即可对敷铜板进行裁切。敷铜板在裁切过程中应保持水平。如图 8-6-02(b)所示的手锯主要针对裁切深度较小的小尺寸敷铜板进行操作；若敷铜板尺寸过大，则锯条上方的横梁将挡住手锯的正常拉动，此时可以优先选择如图 8-6-02(c)所示的木工锯，俗称“手板锯”。

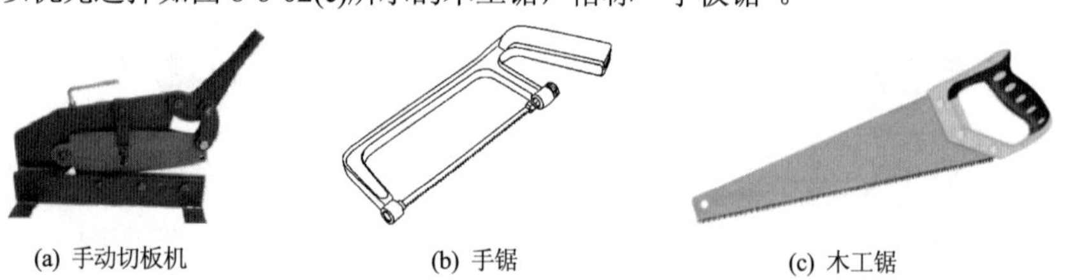

(a) 手动切板机　　(b) 手锯　　(c) 木工锯

图 8-6-02　常用的敷铜板裁切工具

裁切后的敷铜板边缘可能会产生尖锐的刺边，需要用尼龙砂轮或细砂纸打磨圆滑，以避免在热转印过程中使得热转印机内部的橡胶轧辊受损。处置完成的敷铜板应及时使用。用手指卡住敷铜板边缘对其进行取放，时刻注意保持敷铜板铜箔面的清洁、干燥，避免铜箔面被二次氧化或污染。

2）热转印纸

热转印纸的一面为光滑的高分子薄膜，不同于普通的打印纸，具有抗高温、易转印墨粉的特点。

每次转印后，绝大多数墨粉被转移到敷铜板的铜箔面，热转印纸的薄膜面会残留或多或少的墨粉与图痕；若二次使用该热转印纸，则可能影响激光打印机硒鼓的正常工作及下一次的热转印效果。热转印纸的价格低廉，建议不要重复使用。

★技巧　如果热转印纸在本地不易购得，那么可选择广告行业中用于粘贴不干胶的背膜纸代替。背膜纸一般为白色或黄色，可选择平整、无折痕的部分用于热转印。

3）热转印制板机

热转印制板机的外形类似照片过塑机，如图 8-6-03 所示。

热转印制板机内部有 4 根圆柱形的橡胶轧辊，每两根旋转方向相反的轧辊构成一套传动机构。轧辊区后方的轧辊传动机构负责卷入盖有热转印纸的待转印敷铜板，而轧辊区前方的另一组轧辊传动机构则负责将完成热转印的敷铜板推出至冷却放置区。

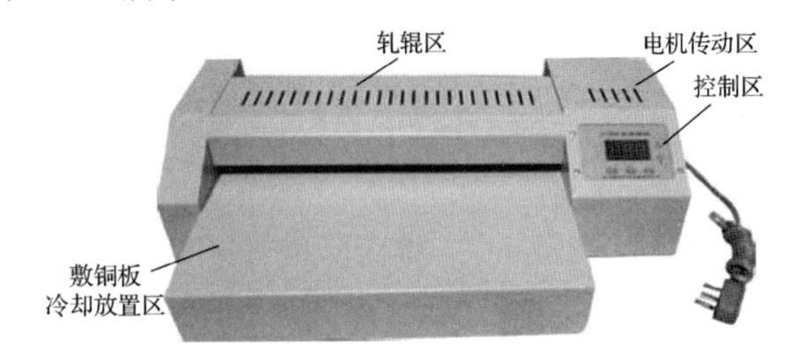

图 8-6-03　热转印制板机

两根橡胶轧辊之间具有一定的压力，加之两组轧辊上方安装有一只红外线石英电热管，能够将轧辊加热至 180℃以内的高温，从而给“热转印纸+敷铜板”施加一定的温度与压力，以熔化热转印纸薄膜面的墨粉，并将其转印到敷铜板铜箔面。为确保墨粉更好地转印至敷铜板，热转印制板机的温控精度比照片过塑机的更高，而轧辊的转动速度则更慢。

热转印制板机的冷却放置区的右下方有一只电源启动按钮，长按该按钮 2s 后，红外线石英电热管通电升温。在橡胶轧辊匀速转动的同时，轧辊表面的温度也开始缓慢上升。

热转印制板机可在右侧的控制区对轧辊转速比、热转印温度、敷铜板进给方向三项参数进行设定。轧辊转速比可在 30（0.8 转/min）～80（2.5 转/min）范围内进行设定，合适的轧辊转速比可以设定为 30～50。较为合适的热转印温度可设定为 125℃～150℃。系统默认敷铜板从热转印机的轧辊区后方进入，热转印完成后的敷铜板将自动停留在冷却放置区的平台表面，因此不建议随意更改敷铜板进给方向。

由于红外线石英电热管的加热功率及橡胶轧辊的热惯性较大，在高温状态下直接切断整机的工作电源，容易使得某个角度的轧辊因持续的电热管余热而变形与损坏。因此，热转印机采用了软关机模式：长按控制区的“加热控制”键，系统进入关机状态：红外线石英电热管停止加热，但橡胶轧辊仍继续转动；当轧辊温度降至 100℃以下时，系统自动切断轧辊驱动电机的电源。

2. 打印 PCB 板图

【例 8-6-3】 将如图 8-6-04 所示的单层 PCB 板图打印至热转印纸。对于单层 PCB 的设计，电气图形（导线线条、焊盘）位于 PCB 的 Bottom Layer，可以直接打印：单击【文件】→【打印预览...】菜单项，系统弹出如图 8-6-05(a)所示的 PCB 打印配置对话框。

在对话框右侧的电气图形显示区右击，弹出如图 8-6-05(b)所示的右键快捷菜单，选择【页面设置】，弹出如图 8-6-06(a)所示的“Composite Properties”对话框。

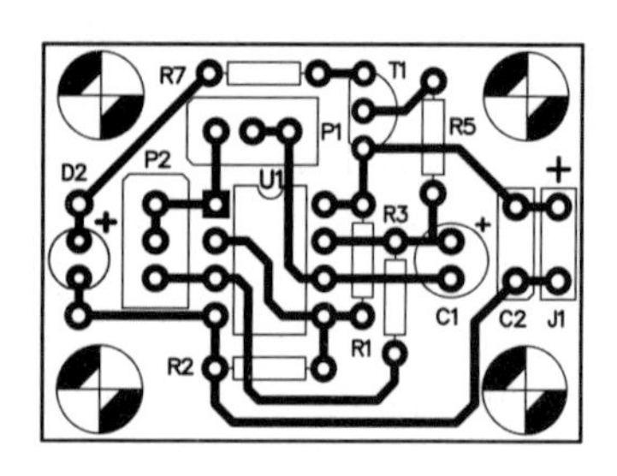

图 8-6-04　单层 PCB 板图示例

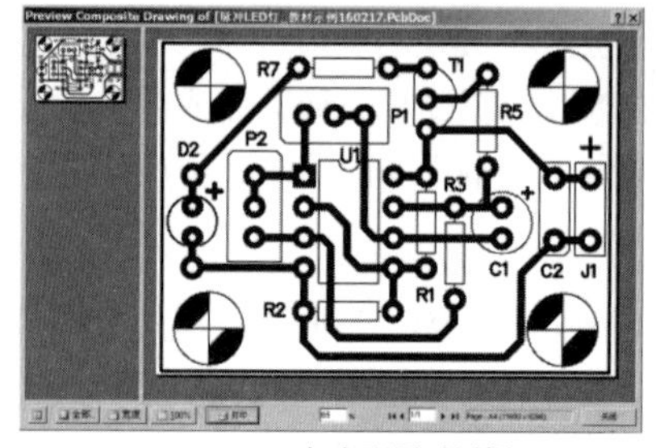

(a) PCB 打印配置对话框

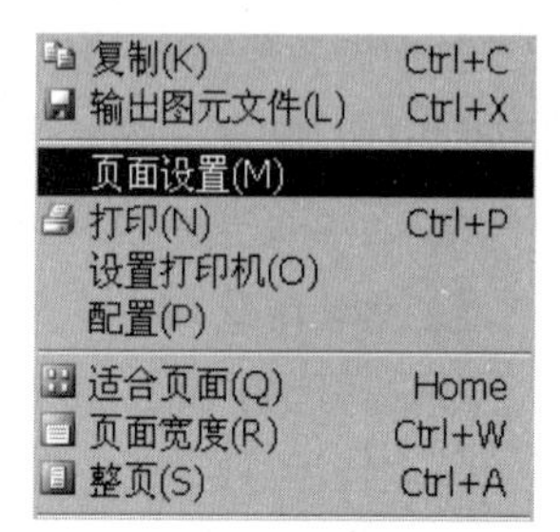

(b) 右键快捷菜单

图 8-6-05　PCB 打印配置对话框及右键快捷菜单

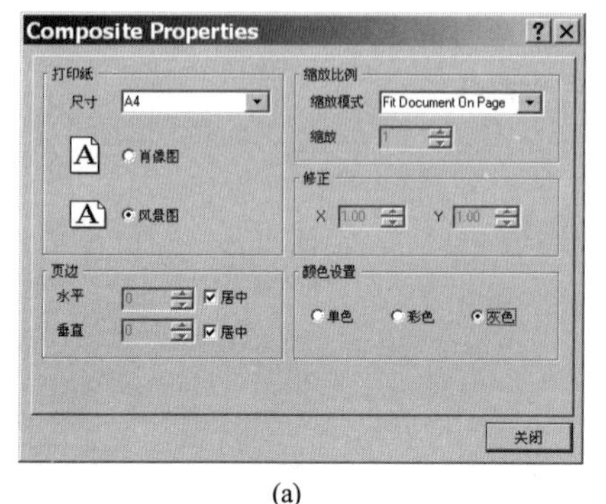

(a)

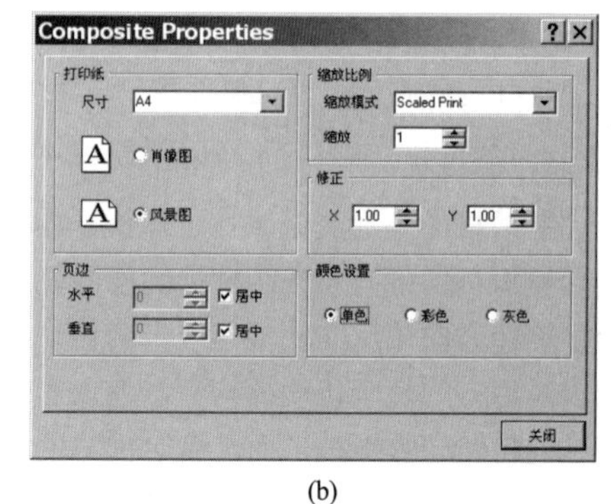

(b)

图 8-6-06　“Composite Properties”对话框

在图 8-6-06(a)对话框右上方“缩放比例”栏的“缩放模式”下拉列表框中，选择“Scaled Print”（按比例打印），在“缩放”列表框中输入 1，即按照 1:1 的比例打印单层 PCB 板图。然后在右下方“颜色设置”栏中选择“单色”，如图 8-6-06(b)所示。接着在如图 8-6-05(b)所示的右键快捷菜单中，选择【配置】，系统弹出如图 8-6-07(a)所示的“PCB Printout Properties”对话框。

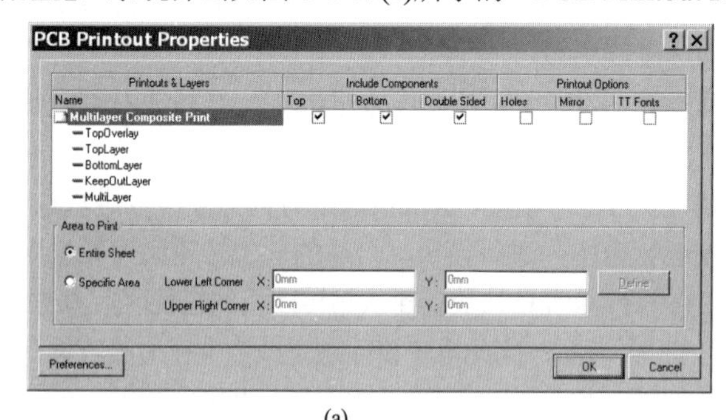

(a)

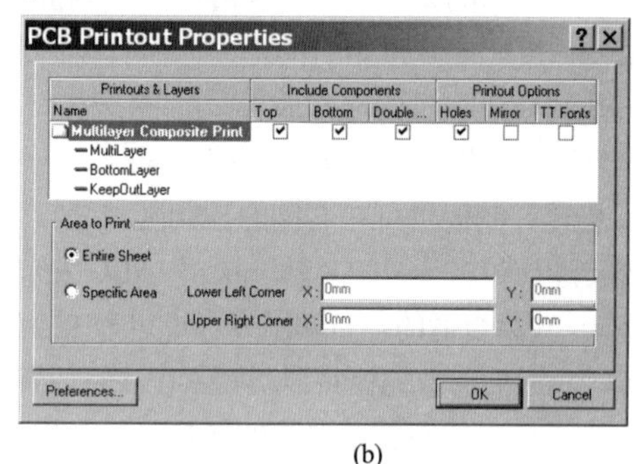

(b)

图 8-6-07　“PCB Printout Properties”对话框

- 在 Name 列中右击 TopOverlay、TopLayer 等无须打印的层，选择【Delete】进行删除。
- 继续右击 MultiLayer，在快捷菜单中选择【Move Up】，将贯穿层升至 Name 列的最上方，确保打印时经过焊盘孔的电气线条不会遮盖焊盘孔而使之无法露出。
- 勾选上方右侧的 Holes 复选框，使在后续的打印步骤中焊盘孔能够正确显示，确保蚀刻完成后 PCB 上会形成小洞，钻头在钻孔时不会出现打滑的现象。

★技巧　若需要打印位于 PCB 顶层（TopLayer）的电气图形，则需要勾选图 8-6-07(a)中的 Mirror 复选框，使整个电气图形做 180° 的水平镜像，再执行后续的打印操作。

单击图 8-6-07(b)中的“OK”按钮，关闭“PCB Printout Properties”对话框，此时的“PCB 打印配置”对话框如图 8-6-08 所示。

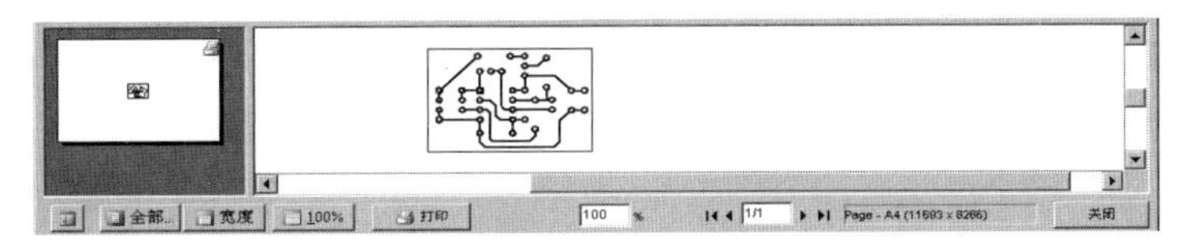

图 8-6-08　设置完成后的“PCB 打印配置”对话框

从图 8-6-08 可以看出，PCB 底层需要打印的电气图形的内容由电气线条与焊盘构成。单击“关闭”按钮后关闭该对话框，回到系统主界面。单击【文件】→【打印...】菜单项，系统弹出如图 8-6-09 所示的打印配置对话框。

在“打印机”栏的“名称”下拉列表框中，选择已安装的激光打印机型号后，将热转印纸的光滑薄膜面向上插入激光打印机的打印口，然后单击“确定”按钮，即可在热转印纸的高分子薄膜表面按照 1:1 的比例打印出需要热转印至敷铜板铜箔面的电气图形。

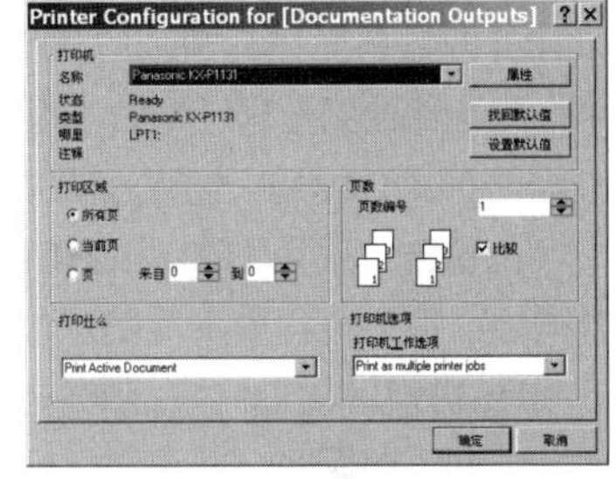

图 8-6-09　PCB 板图打印配置

⚠警告　刚打印完成的热转印纸的表面温度较高，墨粉尚未与薄膜牢固连接，故不能触摸纸面的墨粉线条，以防线条折断；待冷却后再剪下电气图形备用。

3. 热转印

打印有电气图形的热转印纸经过热转印机，即可转印至敷铜板的铜箔面，具体步骤如下。

（1）长按电源键启动热转印机，机器通电预热几分钟后，橡胶轧辊的表面温度上升至预设值。

（2）将打印有电气图形的热转印纸的薄膜面覆盖在敷铜板的铜箔面，用手指捏紧热转印纸与敷铜板，从热转印机的轧辊区后方的进板口送入轧辊，操作中注意不要让热转印纸与敷铜板之间发生相对移动，避免热转印纸中的部分墨粉无法正常转印至敷铜板铜箔面。

（3）热转印完成后的热转印纸与敷铜板从轧辊区前方的 PCB 出板口送出，并暂时停留在冷却放置区。热转印纸表面可能会出现褐色变焦的痕迹，属于正常现象。

（4）等到敷铜板的温度降低至室温后，再将热转印纸从敷铜板表面小心地揭除，此时可观察到热转印纸薄膜表面仅剩一些墨粉的痕迹，而绝大多数的墨粉已经被转印到敷铜板铜箔面。

（5）如果敷铜板铜箔面的电气图形因墨粉脱落而轻微断线，可用油性记号笔进行轻柔修补。油性记号笔能够保护笔迹下方的铜箔不会被蚀刻液所蚀刻。

（6）如果铜箔面出现多处墨粉脱落而无法进行正常的记号笔修补，则可以用尼龙砂轮在水流状态下对不完整的电气图形轻轻进行打磨，除掉所有墨粉并干燥后，再进行二次转印。

4. 蚀刻

热转印上墨粉的敷铜板经蚀刻工艺去除电气图形之外的多余铜箔之后，即可得到 PCB。

1）$FeCl_3$ 蚀刻工艺

$FeCl_3$ 有黄色固体与黑色粉末两种形式，后者不含结晶水，因而同等体积或质量的黑色粉末 $FeCl_3$ 配制出的蚀刻溶液的浓度更高、蚀刻速度更快。

$FeCl_3$ 与敷铜板表面铜箔的化学反应方程式为 $Cu + 2FeCl_3 = CuCl_2 + 2FeCl_2$，业余条件下可按照 $FeCl_3 : H_2O = 1:1$ 的比例配制。如果室温下 $FeCl_3$ 的蚀刻速度太慢，可用 50℃以上的热水配制蚀刻液；来回晃动盛装蚀刻液的容器，使蚀刻液来回冲刷敷铜板表面的铜箔层，也可加快化学反应的速度。

在蚀刻敷铜板时，应使铜箔面向上，以免在摇晃容器的过程中，容器底部蹭掉铜箔面的墨粉。蚀刻液的用量以基本淹没敷铜板即可，随时观察铜箔面的蚀刻进度。对于线条宽度较小的电气图形，蚀刻完成后应立即将敷铜板捞出，并用清水冲净后吹干，再涂覆松香酒精溶液。

⚠警告　$FeCl_3$ 的腐蚀性较强，取用 $FeCl_3$ 时需佩戴耐酸碱的橡胶手套。当 $FeCl_3$ 蚀刻液溅到皮肤、衣物或地板上时，应及时用清水冲洗或抹布擦净。酸性废液需通过酸碱中和处理，以消除对环境的不利影响。

采用 $FeCl_3$ 蚀刻敷铜板的工艺非常成熟，但在蚀刻过程中会出现黑色含铁物质的沉淀，而金属 Cu 的回收又比较困难，因此在工业上很少应用，目前主要用于实验室条件下的手工制板工艺。

2）H_2O_2+HCl 蚀刻工艺

使用双氧水（H_2O_2）配合稀盐酸蚀刻敷铜板的速度很快，仅仅几分钟即可顺利完成。使用 H_2O_2 和 HCl 对铜箔面进行蚀刻的化学反应方程式为 $Cu+H_2O_2+2HCl=CuCl_2+2H_2O$。

在配置蚀刻液时，先加入两份清水，再缓慢加入一份浓度为 30%左右的 HCl，最后加入一份浓度为 20%～30%的 H_2O_2。蚀刻液能够淹没敷铜板铜箔面即可，轻轻晃动盛装蚀刻液的容器，可加快蚀刻进度。

⚠警告　采用 H_2O_2 和 HCl 对敷铜板进行蚀刻时，一定要在蚀刻液配置完成后才能投入待蚀刻的敷铜板；蚀刻过程中不能随意加入 HCl 或 H_2O_2，以免强烈的化学反应使铜箔线条脱落或折断。

HCl 挥发性强并伴有刺激性气味，对人体健康有害，对金属制品的腐蚀性较强。采用 H_2O_2 和 HCl 工艺蚀刻敷铜板时，应注意保证室内通风换气，酸性废液需经过酸碱中和工艺处理。

★技巧　*废液搁置一段时间后再次使用时，蚀刻速度会显著减慢，此时可以适当添加一些 H_2O_2 以加快蚀刻进度，当废液的颜色从浅蓝色变为暗绿色时，需要重新配置蚀刻液。*

3）$Na_2S_2O_8$ 蚀刻工艺

$Na_2S_2O_8$（过硫酸钠）的化学特性温和、铜箔蚀刻速度快、废液污染小，而且购买不受安全管制。过硫酸钠蚀刻敷铜板铜箔面的化学反应方程式为 $Cu+Na_2S_2O_8=CuSO_4+Na_2SO_4$。

5. 钻孔

敷铜板中未覆盖墨粉的铜箔蚀刻完成后，剩下半透明的绝缘基材。为除去电气线条边缘残留的蚀刻液，可把完成蚀刻的敷铜板用弱碱溶液浸泡 5min，再用清水反复冲洗干净。

接下来的工序是对 PCB 中的焊盘孔进行钻孔。小体积、高精度微型台钻是进行 PCB 钻孔的首选设备，其外形如图 8-6-10 所示。微型台钻的钻夹允许夹持钻头的直径为 0.5～6mm，具有钻速高、扭矩小的特点，用来对 PCB 进行焊盘孔钻孔非常理想。

微型台钻采用 220V 交流供电，台钻主体用锁紧摇杆紧固在立柱上，需要根据钻夹的实际行程进行调节。工作台一般由较重的铸铁制成，避免台钻在工作时倾覆。钻头需要装夹在钻夹中使用，钻头转速采用无极调速方式进行设定，顺时针方向旋转调速旋钮，可提高转速。逆时针方向旋转调速旋钮，打开微型台钻的电源，将钻头的转速调节至合适位置后，将待钻孔的 PCB 放置在台钻的工作台表面，调整 PCB 位置，使待加工焊盘孔中心对准钻头尖部。逆时针方向匀速压下球状压杆端部，让高速旋转的钻头穿过 PCB 即可形成焊盘孔。

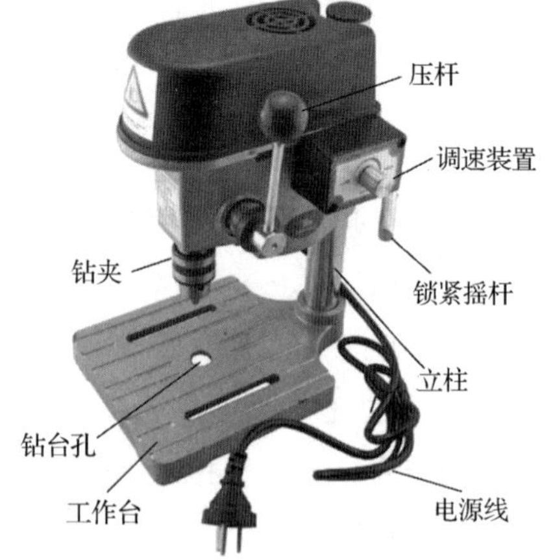

图 8-6-10　微型台钻

装夹在钻夹内的钻头需通电观察钻头尖的摆幅，过大的摆幅说明钻头在钻夹内存在偏心现象，应重新装夹。台钻内部的皮带、碳刷及钻头在钻孔操作中容易损坏，需经常更换。

⚠警告　不得佩戴手套进行台钻钻孔操作。

★技巧　*小功率直插电阻、瓷介电容、晶振、集成芯片插座的焊盘孔可选择 0.7～0.8mm 的钻头；排针、整流二极管、功率电感、大功率三极管等元器件的焊盘孔建议选择 0.9～1.0mm 的钻头。*

6. PCB 后处理

PCB 的焊盘孔钻孔完成之后，接下来要对覆盖在焊盘及电气线条表面的墨粉进行清理。规范的做法是利用焊盘铣刀铣削掉焊盘表面的墨粉，而电气线条表面的墨粉则保留作为阻焊层。如果焊盘孔数目过多、黑色墨粉影响 PCB 美观，那么可以用尼龙砂轮蘸水后将铜箔面的墨粉全部打磨清除，也可以使用较低号数的木砂纸打磨掉墨粉。打磨墨粉的力度要小，以不损伤铜箔面为原则。

除去墨粉后的铜箔面光亮，容易氧化，可以向其表面涂覆浓度较低的松香酒精溶液作为保护层，该保护层在随后的焊接工序中具有助焊剂的功能。

至此，PCB 已经基本制作完成，接下来可按以下内容对 PCB 进行检验、修补。

- 检查 PCB 是否平整，对于欠平整的 PCB，可用电吹风加热后在重物下压平；
- 检查电气线条有无断线、短路等故障，用刀片切断短路点，用焊锡连接断线点；
- 检查铜箔面有无氧化现象，可用木砂纸或尼龙砂轮对氧化点打磨处理；
- 检查并应及时补钻遗漏的焊盘孔，否则装上元器件后再钻孔会比较麻烦；
- 检查元器件引脚能否正常插入焊盘孔，焊盘孔若有偏斜，可用更粗的钻头对其扩孔。

8.7　金属墨滴制板工艺

金属墨滴制板工艺与前面所有的 PCB 制板工艺有本质区别，主要体现在这种工艺无须使用传统意义上的敷铜板，而是将含有良好导电性能金属微粒的墨滴喷涂在绝缘基板的表面，再采用成型剂将墨滴固化并粘接在绝缘基板表面，可得到线条精度很高的电气图形。

金属墨滴制板工艺无须敷铜板，故省去了蚀刻流程，而且可以将电路制作在具有良好的绝缘性纸张、塑料等柔性的绝缘基板表面，并能随意折叠、弯曲、卷绕。金属墨滴制板工艺的科技含量及运行成本均非常高，目前仍处于研究性应用阶段，暂未投入大规模的商业化应用。随着关键技术的突破、生产成本的大幅降低，金属墨滴制板工艺很可能成为未来 PCB 制板工艺的发展趋势。

☞**提示**　金属墨滴制板工艺与当前流行的 3D 打印技术异曲同工；以 Voxel8 为代表的 3D 打印机已经可以打印铜箔线条，成为一种先进的高速 PCB 制板工艺。

8.8　外协加工制板工艺

如需较高质量的 PCB 制板效果，可以将设计完成的 PCB 文件（*.PCBDOC 或*.pcb）交付厂家进行制作与加工，具体的操作流程如下。(1) 在 PCB 打样制作的官网（如图 8-8-01 所示）进行用户信息注册。(2) 在下单网页中填写工艺要求及快递收件信息。(3) 压缩“*.PCBDOC”或“*.pcb”后缀的 PCB 设计文件并上传。(4) 通过网页进行加工费的网络支付。(5) 厂家将在 1～2 天后发出制作完成的 PCB。

(a)官网

(b)微信公众号

图 8-8-01　PCB 打样链接

习　　题

8-1　从质量、成本、速度、可靠性、安全性等方面对比热转印制板工艺与感光制板工艺的优缺点。

8-2　与热转印单层 PCB 制板工艺相比，如果采用热转印工艺制作双层 PCB，需要考虑哪些因素？

8-3　（扩展）简要分析影响热转印制板工艺制板质量的主要因素及其改进措施。

【思政寄语】　我国 PCB 行业产值从 2014 年的 262 亿美元提升至 2021 年的 442 亿美元。2021 年同比增长达到 25.93%，在世界 PCB 产值规模中的比重将进一步提升。

第 9 章　元器件装配、焊接及拆焊工艺

重点：

1）熟悉并熟练掌握手工锡焊工艺的基本流程、操作步骤、应用技巧。
2）了解常用的电子装接工具设备及材料。
3）了解元器件的拆焊工艺及技巧。
4）掌握焊点质量的评判标准、电子装接过程中的主要故障种类及排除方法。

PCB 制作完成、设计方案所需元器件购买或领用齐备后，接下来的工作是参照电路原理图、PCB 板图设计结果，将所有元器件按顺序及规律装配到 PCB 的正确位置，然后通过焊接、压接等工艺实现元器件引脚的电气连接。该工艺流程被称为“电子电路装配焊接”，简称“电子装接”。

元器件的焊接质量、装配工艺对电路系统的整体性能影响重大，是保证系统可靠工作的关键环节。

9.1　装 配 工 艺

元器件在 PCB 中的装配工艺涉及的基本内容包括：①将直插元器件的引脚插入 PCB 对应的焊盘孔；②将贴片元器件的引脚对齐 PCB 中的焊盘；③确定直插元器件采用的插装结构（立式、卧式）；④ 直插元器件的引脚成型，清除引脚表面的氧化物质，确保引脚的易焊性。

合理的装配工艺、良好的装配质量，将为后续的焊接工序做好铺垫，不合理的元器件装配结果很可能导致电路出现故障隐患、整机性能劣化、工作失常。

9.1.1　直插元器件在 PCB 中的插装

对于直插元器件而言，在 PCB 中的主要插装形式包括立插、卧插、平插等，具体采用何种插装形式，需要根据 PCB 的尺寸、机箱内空间的高度进行选择。同一种元器件，可以使用如图 9-1-01 所示的不同插装形式。图 9-1-01(c)、图 9-1-01(d)采用了引脚成型工艺，避免翻转 PCB 时元器件从焊盘孔脱落。

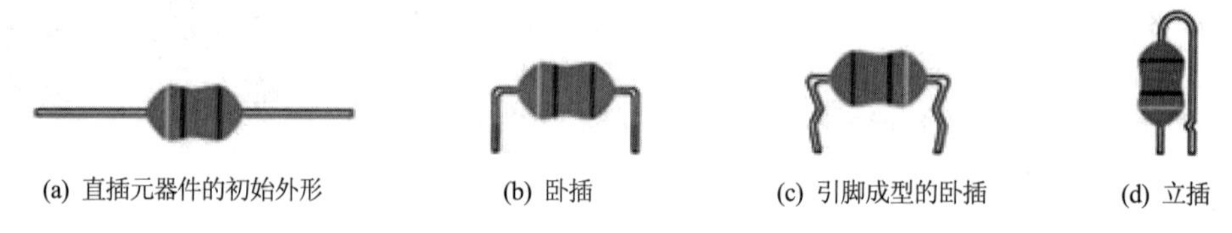

图 9-1-01　径向封装直插元器件的初始外形及可能采用的插装形式

1．立插

将电阻、二极管等轴向封装元器件的其中一只引脚弯折 180° 后再插入焊盘孔的插装工艺称为“立插”，如图 9-1-02 所示。从图可以看出，采用立插工艺的元器件占用的 PCB 表面积不大，安装密度较高，元器件布局紧凑。立插工艺多用于固定 PCB 的机箱内部高度大但面积较小的局部空间。

【例 9-1-1】 20 世纪七八十年代的调幅式收音机内部的元器件几乎都采用了立插工艺。

立插工艺存在较为明显的缺陷：①立插元器件的引脚弯折角度、长度均比较大，不建议用在较高

工作频率的电路中；②当立插元器件的外形尺寸不一致时，装配完成后的元器件的高度参差不齐，欠美观；③立插元器件的引脚间距小，引脚间允许通过的 PCB 布线数量少，对布通率有负面影响；④立插的元器件高度大、抗震能力弱，当发生倾斜并碰触到邻近元器件的引脚时，容易引发短路故障，为消除此类隐患，立插元器件的较长引脚常常被套上了塑料绝缘管，但严重影响了产品的生产效率。

【例 9-1-2】 立插元器件呈 180°弯曲状态的引脚不要齐根弯折，而应在引脚根部留出 1～2mm 的长度，色环应采用相同的排布方向，如图 9-1-03 所示。图中右侧的元器件插装高度明显不一，且电阻上方引脚留得过长，色环排布方向凌乱，将直接影响电阻值的快速、准确识读。

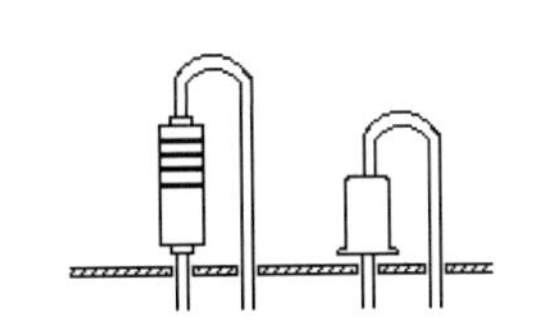

图 9-1-02　轴向封装元器件立插工艺

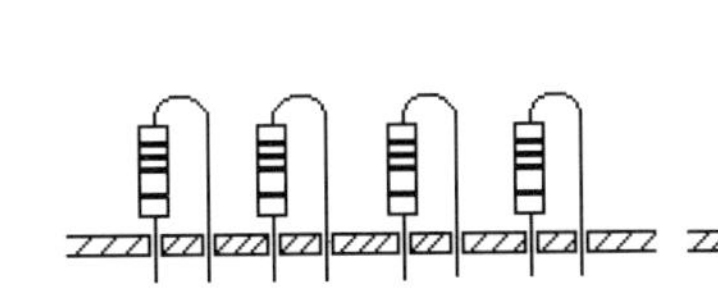
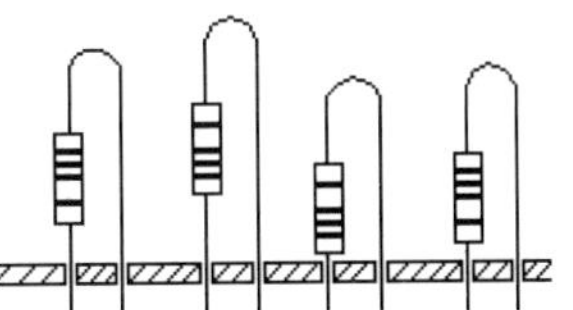

图 9-1-03　轴向封装元器件采用立插工艺的效果对比

2. 卧插

绝大多数轴向封装的元器件优先采用如图 9-1-04 所示的卧插工艺。小体积、小功率元器件可紧贴单层 PCB 顶层插装。双层 PCB 顶层存在裸露焊盘、过孔，可将元器件本体适当抬高后再进行插装。

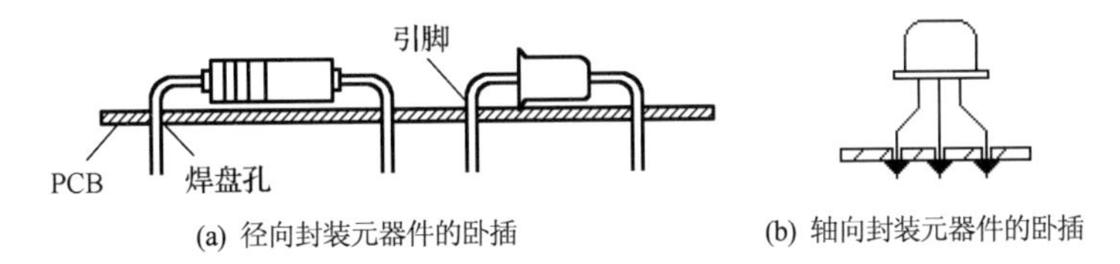

(a) 径向封装元器件的卧插　(b) 轴向封装元器件的卧插

图 9-1-04　元器件的卧插工艺

☞**提示**　卧插工艺有利于机械手进行大批量、高速度的元器件插装作业；卧插完成后的元器件排列整齐、美观，电路整机较薄。

【例 9-1-3】 在图 9-1-05 中，水平状态的卧插电阻均按从左到右的方式装配，竖直状态的电阻则按从上到下的顺序装配，便于快捷地识别电阻参数。电阻体应该在两只焊盘间居中，尽量避免偏移。即使图中右侧 PCB 的元器件布局较乱，同样建议按读数方向一致、元器件居中的原则进行插装。

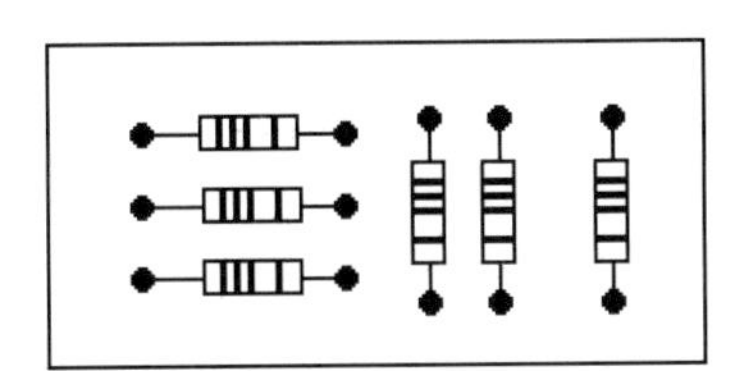
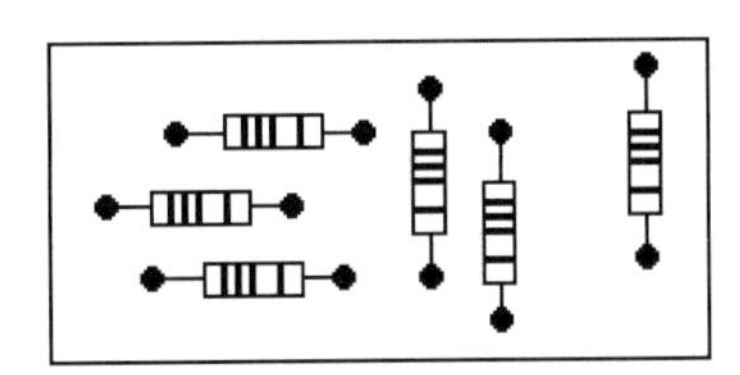

图 9-1-05　卧插电阻的插装示例（误差环与倍率环的距离较大）

元器件在采用卧插工艺进行插装时，需要注意以下事项。

- 卧插的三极管在 PCB 上方的引脚不宜留得过长，以使三极管保持稳定；三极管引脚如需弯折，可在引脚与管体连接点下方 2mm 左右的位置用镊子弯折，避免引脚折断，如图 9-1-04(b)所示。
- 大体积圆柱形电解电容在进行立插时，原则上电容体自然落在 PCB 表面；在条件允许时，可以在电容体与 PCB 表面之间插入一只弹性软垫。
- 采用卧插工艺的元器件引脚应尽可能剪短，元器件本体尽可能贴近 PCB 表面。

- 卧插元器件应该垂直、居中地插入焊盘孔，尽量避免倾斜、不均匀。
- 卧插元器件的型号、参数等标记信息应处于调试人员容易观察到的角度与方向。

3. 平插

某些轴向封装的元器件（如电解电容）如果采用卧插工艺，可能会占据较大的系统空间。而引脚被元器件本体遮盖后，PCB顶层将无法布置测试点，不利于后续的测试工作。此时可采用平插工艺，将元器件水平放置在PCB表面，引脚按照相同方向弯折90°后插入焊盘孔，如图9-1-06所示。

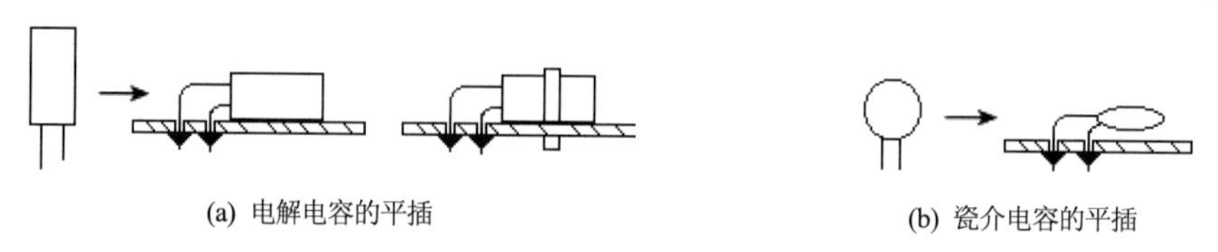

(a) 电解电容的平插　　(b) 瓷介电容的平插

图9-1-06　元器件的平插工艺

轴向封装元器件采用平插工艺后，可有效降低电路整机的高度、节省PCB在机箱内部占据的空间，同时为测试提供方便，但随之而来的问题则是引脚过长、占用PCB面积较大。

【例9-1-4】 轴向封装电解电容采用平插工艺后，圆柱形的电容本体与PCB之间呈线状接触，稳定性较差，对此可采用热熔胶、自锁式尼龙扎带对其进行固定，如图9-1-06(a)所示。

4. 混插

为了适应元器件的不同封装形式、机箱内空间尺寸的限制、电路结构的具体要求，在实际的电子电路中往往采用立插、卧插、平插相结合的混插工艺，如图9-1-07所示。

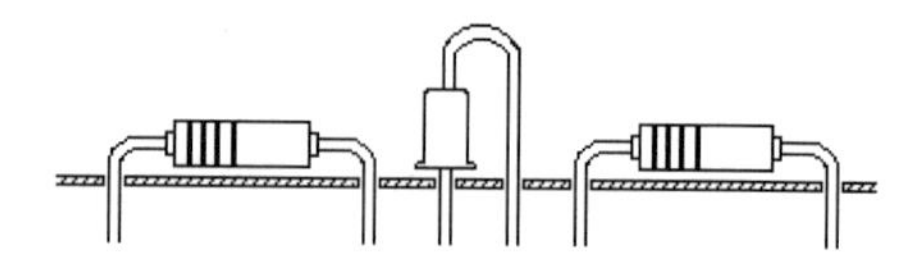

图9-1-07　元器件在PCB中的混插工艺

☞**提示**　元器件在PCB中的插装形式，主要受元器件的封装结构（轴向或径向）、PCB可用表面积的大小、PCB所在机箱的空间高度与结构等因素的制约。

常用元器件在PCB中的插装工艺可参照表9-1-1进行选择。

表9-1-1　常用元器件在PCB中的插装工艺

元器件类型	封　装	可 选 插 装	注 意 事 项
电阻	轴向	卧插、立插	大体积电阻与PCB需保持一定距离，以便散热
	径向	卧插	多为高精度或取样电阻
无极性电容	径向	卧插、平插	瓷介电容、薄膜电容
电解电容	轴向	立插、平插	插接时需重点关注电容极性
	径向	卧插	
电感	轴向	立插、卧插	平插时应轻柔弯折电感引脚，避免损坏磁芯
	径向	卧插、平插	
二极管	轴向	立插、卧插	插接时需重点关注二极管极性；高电压整流二极管以立插为主
晶体管	径向	卧插	重点关注引脚排列顺序、引脚弯折长度

9.1.2　元器件插装前的准备工作

元器件在被插装到PCB之前，需进行一些必要的准备工作，避免发生插装错误。

1. 正确识别元器件的型号及参数

一般情况下，元器件的型号及参数均直接标注在了元器件的表面，操作人员应仔细比对元器件的型号及参数内容，同时与电路原理图、PCB 的丝印层信息进行比对。需要重点关注的内容包括：电阻阻值及额定功率、电容容量及耐压值、集成电路型号等。

2. 元器件的极性识别

对于电解电容、二极管、BJT 三极管、MOSFET 场效应管、LED、电源接插件这些具有极性的元器件，需正确识别其极性，与 PCB 丝印层中的极性标识一致后方可插入。

3. 判断元器件的质量好坏

元器件的质量可通过仪器仪表进行检测，存在质量问题或质量不稳定的元器件不能轻易使用。

- 电阻、瓷介电容、薄膜电容的故障率低，可采用数字万用表、数字电桥进行检测。
- 电解电容的容量较大、性能较差，最好采用数字电桥对其容量、损耗因数、串联等效电阻进行准确测试，条件允许时建议对其漏电流、耐压值进行测试。
- 电感除可使用万用表的电阻挡判断是否存在短路或开路外，还可用数字电桥测量其品质因数。
- 二极管、LED、三极管、场效应管可用万用表或晶体管测试仪进行参数测试及性能筛选。
- 对于继电器、开关、按钮等元器件，可以采用数字万用表的低阻挡进行阻值检测。
- 采用集成电路测试仪对数字逻辑器件、集成运放、电压比较器、三端稳压器进行质量检测。

4. 元器件引脚的易焊性检测

元器件引脚的易焊性可通过观察引脚的表面状态进行判断，较差的易焊性将影响后续的焊接工序。

- 对氧化严重甚至已变色的引脚，可通过镊子刮擦、细砂纸打磨、表面镀锡等方式进行修复。
- 某些电位器、开关、接插件在出厂时可能会做机油涂覆等防锈工艺处理，需对表面沾染油污的引脚用软纸进行擦拭处理。

5. 元器件引脚成型

为确保直插元器件可靠、稳定地插入 PCB 的焊盘孔，可对元器件引脚进行成型，使之能够较好地贴合 PCB，满足插装角度或实际插装距离的要求。常用的元器件引脚成型工艺如图 9-1-08 所示。

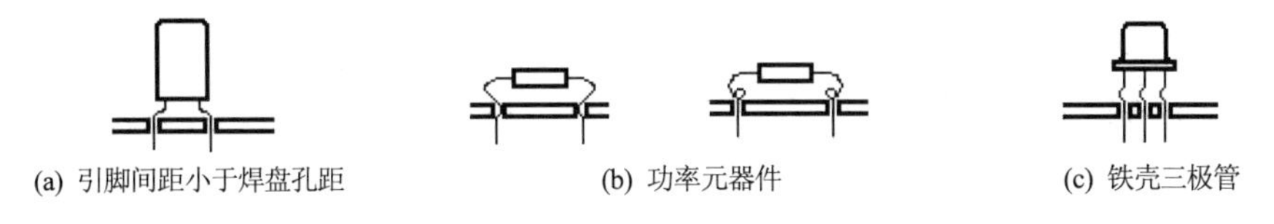

(a) 引脚间距小于焊盘孔距　(b) 功率元器件　(c) 铁壳三极管

图 9-1-08　常用的元器件引脚成型工艺

- 如果元器件引脚间距小于焊盘孔的实际距离，可按图 9-1-08(a)对引脚进行对称性弯折。
- 功率电阻、大电流二极管在工作时可能会产生较多热量，对此可采用如图 9-1-08(b)所示的引脚成型工艺，使弯折后的引脚卡在焊盘孔的上方，而不会紧贴 PCB 顶层。
- 立插式的铁壳三极管（TO-39 封装）底部导电，除采用如图 9-1-08(c)所示的引脚弯折工艺，避免管子的金属底板贴近裸露焊盘外，还可用穿孔的橡胶垫、塑料片隔在三极管底板与 PCB 顶层之间，起绝缘和缓冲的双重作用。
- 当玻封二极管（如 2AP 系列的锗管、1N4148 开关管等）进行引脚成型时，被弯折引脚的根部需适当留出一定距离，以避免玻壳因内部应力集中而发生破碎。

6. 插装体积、质量较大的元器件的特别处置工艺

高耐压及大容量的电解电容、PCB 焊板式变压器、大电流环型电感或扼流圈这类元器件的共同特

征是体积大、质量大，如果直接将其引脚插装到PCB的焊盘孔而不做任何辅助性的保护措施，那么在长期使用后，容易发生引脚松动、焊盘虚焊等严重故障。

当重型、大体积元器件插装至PCB时，还需要采用特别工艺对其进行固定处理，使之与PCB连接为一个有机整体，可用的辅助固定材料包括：自锁式尼龙扎带、螺钉与螺母、热熔胶、金属箍等。固定完成的重型、大体积元器件经确认没有明显松动后，才能进入焊接工序。

☞**提示** 重型、大体积元器件的固定操作以力度适中、略有弹性为宜，以避免机械紧固操作产生的过大应力导致日后焊点虚焊、焊盘松动、PCB变形、PCB铜箔线条断裂、元器件内部开路等故障。

7. 元器件插装顺序

在电路调试过程中，向PCB手工插装元器件时，必须按照电路的实际功能分单元、分模块地安排元器件的插装，尽量保证每个模块的功能完好，再进行下一个模块的元器件插装工作。

在一个单元模块内部，应遵循“先矮后高”和“先外围后核心”的原则设定元器件的插装顺序。简单来讲，可以按照“短接线（PCB飞线）→卧插电阻、二极管、电感→IC插座→独石电容→排针、排母→立插电阻或二极管→小功率晶体管→立插电解电容→功率元器件→散热片→支柱、支架、卡箍、脚钉等机械固定件及较重的元器件→不耐热注塑元器件”的顺序安排元器件的插装。

☞**提示** 与处于调试阶段的元器件插装顺序不同，对成熟电路可用插件机一次性插装完所有的元器件。

元器件被插装到PCB后，可以将处在PCB底层的引脚适当弯折一定角度，以避免PCB在被翻转焊接时出现掉落的现象。

9.1.3 元器件插装过程中的典型故障

规模化大批量生产环节主要采用高度自动化的插件机，元器件的插装故障率极小。而元器件手工插装的故障率相对较大，使得后续的调试难度及调试工作量有所增加。典型的元器件插装故障如下。

1. 型号插装错误

即使是熟练的工程师，对电阻的色环识读也难以保证完全正确，而初学者在遇到电阻参数种类较多、色环较密、色环印刷质量不佳等情况时，元器件插装错误更是在所难免。

此外，对于外形接近的元器件也容易引起插装错误，例如，径向封装的电感与电解电容均为圆柱形结构，色环电阻、色环电容、色环电感均采用了轴向引脚的结构。每批次的元器件插装完成后，可以采用交叉检查或通过参照PCB板图、电路原理图进行核查/比对的方法，以消除元器件型号插装错误。

2. 极性插反

电解电容、LED、二极管、BJT三极管、MOSFET、集成电路、接插件大多具有极性，当这类极性元器件被错误地插装后，电路轻则不能正常工作（LED插反后将无法发光），重则引发严重的故障（二极管、集成电路插反可能引起电源短路，电解电容插反将引起电容漏液损坏或爆炸，电源接插件插反可能损坏PCB中的元器件）。

在进行极性元器件的插装时，需要结合PCB丝印层的信息或标记、电路原理图中的电气连接关系，再进行正确的极性插装，以避免出现各类事故。

3. 漏插元器件

某些PCB可能包含若干电路设计方案，以便于在后续的调试过程中进行参数选择、性能比较，因而对于PCB中的元器件并不一定需要全部插装，这样势必会造成PCB中出现一些空焊盘孔。这些空焊盘孔恰恰容易分散调试者的注意力，引发元器件漏插故障，而且不容易被察觉。

4．插装后引发短路

采用轴向封装的元器件采用立插工艺时，容易与相邻元器件的引脚或外壳发生碰触而导致短路故障，采用立插工艺的电阻、二极管在插装到 PCB 后，应及时避免引脚与周边元器件潜在的短路故障隐患。对于因空间距离太近而实在无法避免的接触，可以通过给立插元器件的弯折引脚加装绝缘套管来实施保护。

当多只功率型 BJT 三极管、MOSFET 公用同一只金属散热器时，需要在管子自带散热片与散热器之间进行绝缘处理，避免出现短路故障，如图 9-1-09 所示。图中的绝缘帽也称为绝缘粒，一般采用绝缘性能较好的硬质塑料（尼龙）制成；功率晶体管自带散热片与外接散热器金属板之间还需要安装一层绝缘垫片，从而确保功率晶体管的自带散热片与外置散热器、螺钉、螺帽之间保持电气绝缘，这样即使在同一只外置散热器上安装多只功率晶体管，也不会发生短路故障。

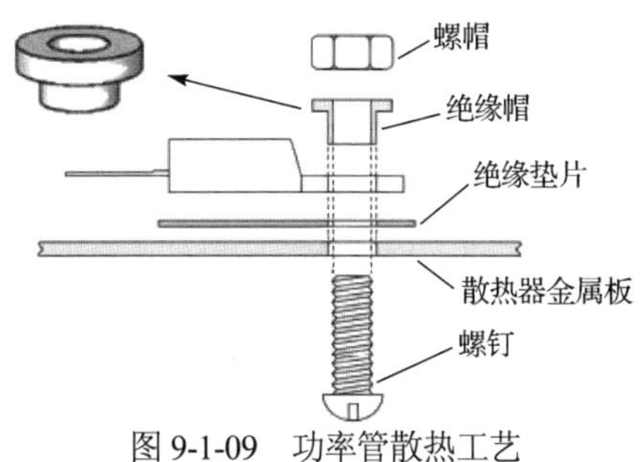

图 9-1-09　功率管散热工艺

绝缘垫片的外形与功率晶体管背板的形状相似，尺寸略大，开有螺钉通孔。绝缘垫片一般由云母、硅胶或氧化铝陶瓷制成。实际装配时往往会在绝缘垫片的两面均匀涂抹导热硅脂，以改善散热性能。

外置散热器插装、固定完成之后，需要使用万用表的高阻挡对功率晶体管的集电极与散热器之间的绝缘性能进行粗略检测，消除插装中可能存在的短路故障。

9.2　常规电子焊接工艺

焊接工艺是电路装配过程中最常用、最重要的电气连接手段，可以分为手工逐点焊接、全自动整体焊接两种。在进行电子电路全自动整体焊接时，直插元器件主要采用波峰焊工艺，对 SMT 表面贴装元器件则主要采用回流焊工艺。在重复性较低的电路维修、电子产品试制及测试环节中，手工逐点焊接是主要的工作形式。对电子工作者而言，熟练地进行手工逐点焊接更是一项必备的基础技能。

9.2.1　电子焊接工艺概述

各种元器件只有在被焊接到 PCB 之后，才能真正实现电路原理图中用导线表达的电气连接。

电子焊接工艺首先通过外部集中的热量融化熔点较低的焊料成为液态金属，再将待焊接元器件的引脚与 PCB 的焊盘连为一体，使之形成导通电阻很小的电气连接。利用电子焊接工艺在焊盘表面形成的金属连接点习惯上称为“焊点”。此外，元器件引脚与金属导线、元器件引脚之间均可通过电子焊接工艺形成良好的电气连接关系。

☞**提示**　除焊接工艺外，在大功率、高频等电路场合，通过对不同的导电物质之间施加外力、使之实现低电阻率结合的压接工艺，也是另外一种实现电气连接的工艺形式。

【例 9-2-1】　电炉丝的工作温度足以熔化焊锡，故电炉丝与电源线之间多采用压接工艺实现连接。

9.2.2　常用焊接工艺的分类

根据焊接过程中金属焊料所处的不同状态，可将焊接工艺分为锡焊、压力焊和超声焊等类型。

1．锡焊

电子电路的锡焊采用锡铅合金（Sn-Pb）或纯锡（Sn）作为焊料，在焊接过程中，元器件引脚、

PCB 焊盘、焊料被同时加热并升至 400℃以内的最佳焊接温度，元器件引脚及 PCB 焊盘不会熔化，焊料先熔化再固化，在不同金属（焊盘、引脚）表面之间相互浸润、扩散后形成合金层，完成电气连接。较短的焊接时间不会对大多数电子元器件造成热损坏。

含锡的合金焊料熔化、冷却后固化而成的焊点具有机械强度高、电阻率小、导电性能良好等优点。锡焊焊接工艺流程具有可逆性：焊料冷却后完成焊接任务、焊点熔化后可实现拆焊；焊料可回收、提纯后重复使用。此外，锡焊工艺对生产设备的要求低，焊接技术容易掌握，是进行电子电路焊接的首选。

2．压力焊

压力焊是一种典型的固相焊接工艺，在焊接过程中，焊料与待焊件在整体外观上均不会发生熔融，而是通过压力或局部熔化后，使待焊部位形成紧密接触。

【例 9-2-2】 18650 锂电池组的电池单体之间使用金属镍带连接，通过大容量电容瞬间放电实现焊接点局部升至高温，使镍带与电池电极之间形成稳固的电气连接。焊接处有明显的点状焊接痕迹，如图 9-2-01(a)所示。图 9-2-01(b)、图 9-2-01(c)中的法拉电容、CR2032 锂锰纽扣电池也采用类似的点焊工艺。

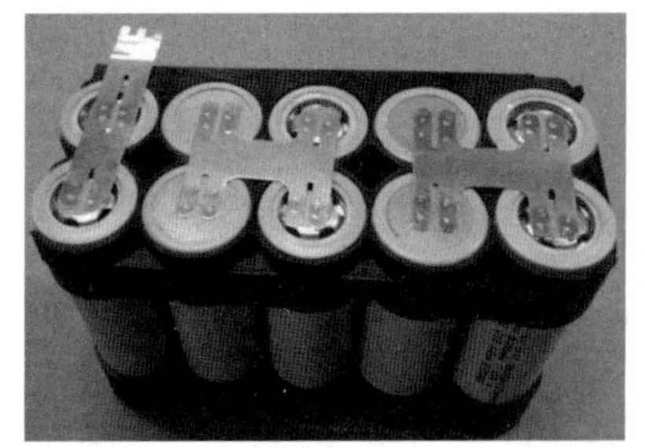

(a) 18650 电池组的点焊效果图

(b) 点焊法拉电容的引脚

(c) 点焊锂锰纽扣电池的引脚

图 9-2-01　采用点焊工艺的电子产品

3．超声焊

超声焊首先将工频电转换成 kHz 级的高频电，再通过超声波高频换能器转换为同频的机械振动，振动能量通过摩擦方式转换成热能，熔化热塑性硬塑料并形成焊缝。

【例 9-2-3】 手机充电器、笔记本电脑电源的外壳一般没有螺钉固定却难以拆开，其上下两层壳体之间的紧密连接即通过超声焊实现。

9.2.3　锡焊的基本条件

为了在锡焊时形成良好锡焊、得到优质焊点，需具备下列基本条件。

1．待焊件易于焊接

在合适的温度条件及助焊剂的辅助下，“易焊性”被用来衡量待焊金属材料（焊盘的铜箔、元器件引脚）与焊料（锡铅合金、纯锡）之间生成结合良好、内阻率较小的合金的能力。

☞**提示**　金、银、镍、锡、铜及其合金材料的易焊性较好，在电子产品中应用广泛。铁、铝、不锈钢等金属材料的易焊性很差，可采用在焊件表面镀锡、镀铜、镀银等工艺增强待焊件的易焊性。

【例 9-2-4】 碳膜电阻的引脚使用了铜材料，性能好但成本高；目前的金属膜电阻为降低成本，引脚用铁丝为基材，然后向其表面电镀一层铜锡合金后，可显著改善引脚的易焊性。

2. 待焊件表面清洁

为了让熔化的焊锡良好浸润待焊件表面、使焊料与焊件良好结合，待焊件表面须保持清洁。

【例 9-2-5】 即使是易焊性很好的铜材氧化后，易焊性也将明显变差，存放时间过长的 PCB 难以焊接正是铜质焊盘表面严重氧化所致。焊盘或元器件引脚沾染油污后，也会使易焊性变差、引发虚焊。

对已经氧化的 PCB 焊盘、元器件引脚，可以使用细砂纸、小刀、镊子、硬橡皮轻柔地打磨或刮擦，然后再向其表面镀锡以避免二次氧化。如果焊盘或引脚的氧化程度严重，可用弱酸性溶液快速清洗后搪锡保护。沾染油污的焊盘或引脚用湿布或酒精棉擦拭、清洗、晾干即可。

3. 焊接温度合适

焊接时，焊料中的锡、铅原子需要获得足够能量，才能渗透到待焊件的表面形成合金。只有焊接温度适中，才能获得优质的焊点。焊接温度过高容易氧化焊料，加快助焊剂挥发，并可能导致焊盘脱落；焊接温度过低无法充分熔化焊料，容易出现虚焊，影响焊接质量。

电烙铁通电升温后很快就达到热平衡状态，烙铁头温度将近似稳定。烙铁头的最高温度由电烙铁的额定功率及环境温度共同决定。调温型电烙铁可在一定范围内对烙铁头温度进行粗略设定。

【例 9-2-6】 手工焊接的烙铁头温度需要比焊料熔化温度高 50℃～100℃。锡铅焊料的焊接温度建议控制在 260℃～320℃范围内，无铅焊料的焊接温度需升至 350℃～370℃。焊点越大，焊接温度相应越高。

4. 焊接时长适中

焊接温度基本确定之后，合适的焊接时间对焊点的影响同样关键。焊接时间包括电烙铁加热待焊件使之达到焊接温度所需的时间、焊料熔化时间、焊点合金形成及固化时间，焊接时间的长短主要由焊料材质、被焊件大小、焊盘尺寸、焊盘连接 PCB 铜箔面积等确定。

初学者的焊接时间过长、过短都比较正常，焊接时间太短容易使焊锡无法充分熔化，产生焊点颜色灰暗、焊点表面不光滑等现象，严重时甚至可能引起“虚焊”故障。

从单层 PCB（参见 8.1.2 节）的结构及生产工艺可知，焊盘与绝缘基板表面用树脂粘接而成，在长时间焊接某个焊点时，会因热量堆积而造成局部温度升高、破坏树脂黏性，引起焊盘翘曲、脱落，因而每个焊点的焊接时间不宜超过 2s。双层及多层 PCB 的焊盘采用金属孔化工艺，容易散失烙铁头热量，为避免虚焊，焊接时间需延长 1～2s。

集成芯片、传感器引脚的焊接时间不应超过 2s，焊接时尽量采用镊子夹住引脚，以达到局部散热的效果。对于注塑接插件这类对温度非常敏感的元器件，会因为焊接时间过长而发生变形，故焊接时间需要严格控制在 1s 以内，同时烙铁头的温度还应适当降低。

★技巧　原则上每个焊点均应一次完成、无须修补，不合格的焊点需冷却后再修整或重焊。

9.2.4　焊料

焊料用熔点温度远低于待焊件的金属材料制成，当焊料被加热熔化后，会在被焊金属的表面形成具有导电性能的合金物质。了解各种焊料的特性，是合理选择焊料的基本依据。

常见的焊料包括锡铅焊料、纯锡焊料、锡铅银焊料等多种类型。在焊接电子电路时，常用锡铅焊料（俗称焊锡）与纯锡焊料。

⚠警告　重金属铅的毒性很大，人体吸收和蓄积后将引起血铅升高、铅中毒，影响神经、血液、消化系统的正常工作。电子焊接场所需安装专门的换（抽）气装置，以降低含铅烟雾在空气中的浓度。

纯锡（Sn）的价格较高，熔点为 232℃。液态锡的流动性较差，常温下的抗氧化能力较强。铅（Pb）的熔点为 327℃，可塑性比锡好，但纯铅的机械性能比较差。

锡铅焊料按照不同比例将锡与铅制成合金材料，对应的熔点曲线如图9-2-02所示。当锡、铅的比例分别为61.9%、38.1%时，锡铅合金的熔点降至最低的183℃，低温焊接性能优异，机械强度高于纯锡或纯铅的机械强度，液态时的黏度及表面张力较小、流动性较好，抗氧化性增强、熔化后不易被氧化。

按照上述锡铅合金的比例生产的焊锡丝在非环保焊接工艺中被普遍采用。

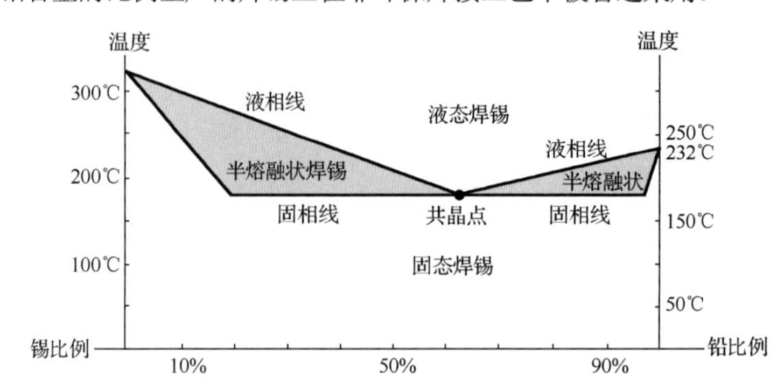

图9-2-02　不同比例的锡铅混合后对应的合金材料的熔点曲线

1．锡铅焊锡丝

焊锡丝多为管状结构，内孔填充有助焊剂，如图9-2-03所示。

常用的焊锡丝的直径有0.5mm、0.6mm、0.8mm、1.0mm等多种规格，含锡量为50%～63%，单卷焊锡丝的质量多在1kg以内。为便于生产及收纳，焊锡丝被绕制在空心线轴上从而构成焊锡丝卷轴，如图9-2-03所示。

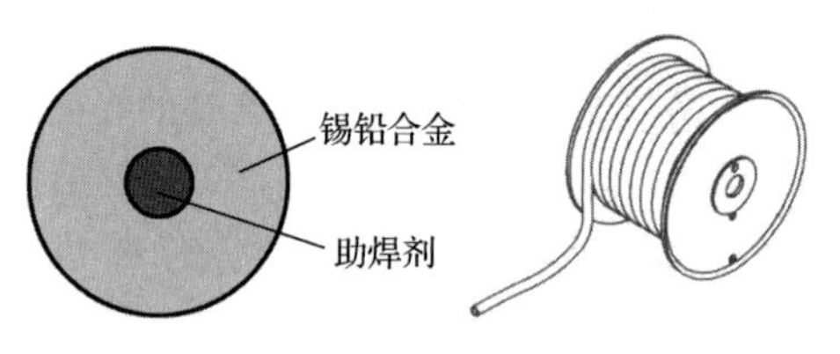

图9-2-03　焊锡丝横截面结构及卷轴

锡在地球中的储量并不丰富，价格远高于廉价的铅，因而从废旧电路板中回收提炼焊点废料制成的再生锡铅焊锡丝近年来在市场上开始走俏。这类廉价焊锡丝表面的金属色泽较暗、锡含量不足，还包含铝、铁、磷、砷等杂质，将对锡焊性能产生不利影响：加热熔化温度较高、完成的焊点呈豆腐渣状。为改善易焊性，再生焊锡丝中往往添加了酸性助焊剂，容易腐蚀PCB焊盘、元器件及烙铁头。

2．无铅焊锡丝

当前出于环保考虑，日本及欧美发达国家制定了严格的法律，控制有铅焊锡丝的使用，转而全面推广生产成本较高的无铅（Pb-Free）焊料，以消除重金属铅对环境及人体健康的不利影响。

无铅焊锡丝的主要成分包括锡（Sn）、银（Ag）、铜（Cu）等，常用的无铅焊锡丝的成分比例为Sn 99.3%、Cu 0.7%，熔点为227℃，合适的焊接温度接近350℃。无铅焊锡丝的性能比有铅焊锡丝的差，焊接工艺难度高于有铅焊接的，电路产品废品率明显较高。

无铅焊锡丝的表面一般能够找到如图9-2-04所示的环保标记，以便于识别。

图9-2-04　无铅焊锡丝表面的环保标记

9.2.5　助焊剂

电路焊接所涉及的金属铜、锡、铅长期暴露在空气中，其表面或多或少会生成一层氧化膜。时间越长、湿度越大，氧化越严重。氧化膜会阻止液态的焊锡在待焊接金属表面的流动，影响焊接质量。助焊剂（flux）这种专用化学材料在锡焊工艺中能有效解决上述问题。

- 清除氧化膜：助焊剂内部的化学物质与待焊件表面的氧化物发生还原反应，可清除氧化膜。

【例 9-2-7】 如果焊盘与元器件引脚仅仅轻度氧化，助焊剂在焊接时即可同步清除，但无法去除待焊件表面其他的污垢及多余的焊锡渣。

- 阻止再氧化：液态焊锡及加热的待焊件表面因温度较高，在空气中容易被氧化，而熔化后的助焊剂浮在焊料表面并形成一层隔离膜，可以缓解上述氧化进程。
- 增强焊料流动性：助焊剂可有效减小熔融状态下锡铅焊料的表面张力，增强焊料的流动性，有利于浸润过程，从而改善待焊件的易焊性，加快焊接进程。
- 使焊点美观：焊接过程中，助焊剂具有修整焊点形状、光滑焊点表面的作用。

松香是电子产品焊接过程中最流行的“万能型”树脂助焊剂，松香的焊接残留物在短时间内没有腐蚀性，是初学者练习手工焊接的首选助焊剂。

松香以松树的松脂为原料制成，主要成分为树脂酸、松脂酸酐及少量脂肪酸，熔点为 127℃。常温下松香的化学活性弱，被加热成熔化状态后，开始表现出助焊活性，通过化学反应除去金属氧化膜，同时形成保护层漂浮在液态焊锡的表面，防止焊锡表面被氧化。松香还能减小液态焊锡表面张力，增强流动性。焊点降至室温后，残留松香恢复为固体状态，无腐蚀性，不导电。

由于焊锡丝中包含一定的松香成分，因此不建议初学者焊接时频繁蘸取松香，避免焊点附近的松香残渣过多。粘附在焊盘表面时间过长的松香将呈现弱酸性，影响焊点的长期稳定性。

☞**提示**　采用松香作为助焊剂时，如果电烙铁的焊接温度过高或反复加热，松香将会出现发黑、松脆等碳化现象，失去助焊剂的作用。碳化的黑色松香渣应及时剔除，以免影响焊接质量。

★**技巧**　松香易溶于酒精等有机溶剂，可用酒精溶液擦洗、清除焊点附近多余的松香。

工业助焊剂在松香的基础上添加了酸、树脂、活性剂、有机溶剂等成分，对焊接质量的改善比较显著，包括有机、无机两大类：无机助焊剂的活性强，常温下即可去除金属表面的氧化膜，但酸性的无机助焊剂易腐蚀焊点、焊盘、元器件引脚，极少用于电子线路的焊接；有机助焊剂的助焊性较好，腐蚀性及酸性较弱，但焊接时产生的挥发烟雾、刺激性气味对人体健康有一定危害。

【例 9-2-8】 对于铝、铁、不锈钢等易焊性很差的待焊件，优先选择酸性的无机助焊剂：锡焊膏。焊锡膏的酸性强，焊接时能够强力去除金属表面的氧化物；同时，焊锡膏能够产生毛细作用，改善被焊件的易焊性。但是焊锡膏对被焊点具有强烈的腐蚀作用，使用后必须进行严格清洗、干燥工序。

9.2.6　电烙铁

电烙铁主要用于手工焊接，型号、参数合适的优质电烙铁是改善焊接质量、提高焊接效率的基础。常见的电烙铁包括直热式电烙铁、外热式电烙铁、感应式电烙铁、吸锡电烙铁、恒温电焊台等多种类型，此外，还有适合野外操作、不耗电的气体式烙铁。

1. 直热式电烙铁

顾名思义，直热式电烙铁就是直接将 220V 的交流电连接至电热芯的两个端子，并利用电热芯通电后产生的高温来加热烙铁头，以实施焊接。

直热式电烙铁可分为外热式（如图 9-2-05 所示）、内热式（如图 9-2-06 所示）两种基本类型。

外热式电烙铁的电热芯套壳的靠近手柄处开有若干小孔，类似机关枪枪管的散热孔，在焊接时起散热作用，避免电热芯的热量积聚而造成手柄发烫、变形。

内热式电烙铁的外形结构与外热式电烙铁的类似，但两者的主要区别在于电热芯与烙铁头的位置关系。从如图 9-2-07 所示的内热式电烙铁的前端结构可以看出，内热式电烙铁的烙铁头将电热芯包裹起来，与外热式电烙铁电热芯在烙铁头外部的结构恰好相反。

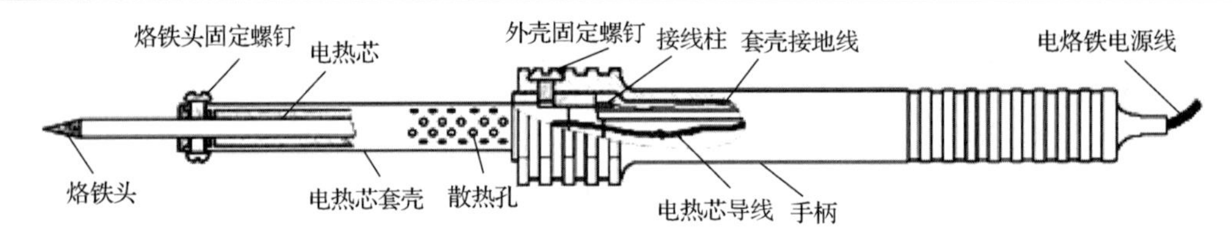

图 9-2-05　外热式电烙铁的外形及内部结构

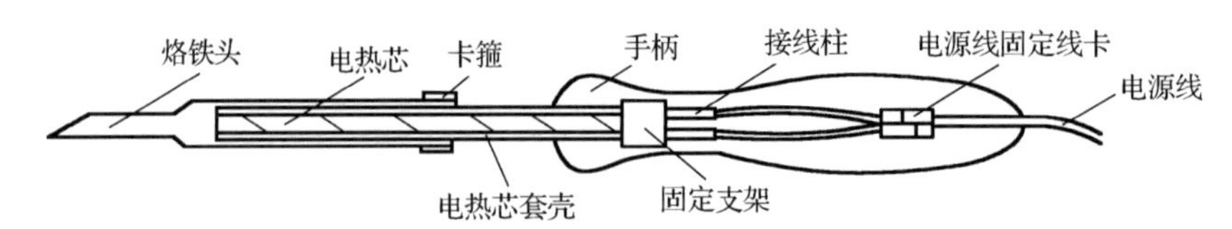

图 9-2-06　内热式电烙铁的外形及内部结构

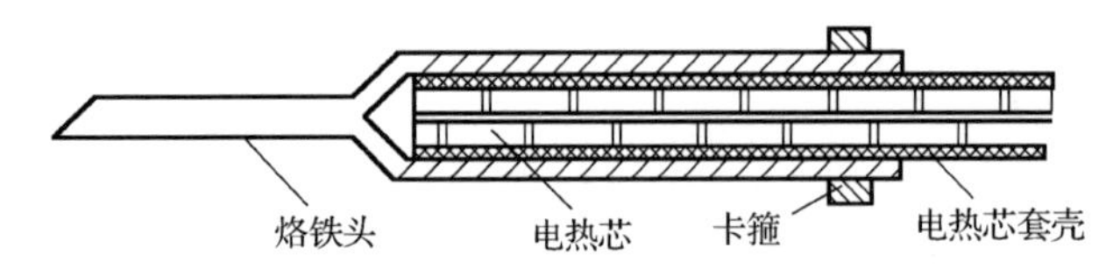

图 9-2-07　内热式电烙铁的前端结构

在功率相等的条件下，内热式电烙铁的传热速度比外热式电烙铁的快，体积与质量更小，能量转换效率更高。但由于内热式电烙铁的电热芯内部热量较为集中、散热效果不佳，容易产生局部过热的现象，因而内热式电烙铁的使用寿命一般不及外热式电烙铁的长。

1）电热芯

电烙铁内部的电热芯是进行"电能–热能"转换的核心部件。外热式电热芯将镍铬电热丝在陶瓷骨架或云母片等绝缘、耐热材料上绕制成螺旋状后固定而成，属于开放式结构，如图 9-2-08(a)所示。内热式电热芯则是将紧密绕制的电热丝放置在陶瓷材料内部后经高温烧结而成，只留出两根电源连接线，看不到螺旋状的电热丝，如图 9-2-08(b)所示，内热式电热芯损坏后无法维修，只能更换。

(a) 外热式电热芯　　(b) 内热式电热芯

图 9-2-08　电热芯

⚠警告　在高温状态下，电热丝的热应力比较集中，如果发生剧烈或高频率的震动，容易发生折断，因此不论是何种电烙铁，在加热焊接过程中都切勿敲击和磕碰。

2）烙铁头的分类及选型

烙铁头在电烙铁中起热量传递的作用，是焊接工艺的直接作用点，分为普通型、长寿型两大类。普通型烙铁头由易沾锡的紫铜制成，焊接性能较好但使用寿命短，需频繁修整或更换；长寿型烙铁头的内芯为铜、外层为铁镍合金，在 500℃以内表现出良好的抗腐蚀、抗氧化能力，使用寿命长，但烙铁头尖的沾锡效果不如普通型烙铁头的沾锡效果。

在电子电路的焊接中，需要根据待焊点处的焊盘尺寸、元器件引脚的粗细及导热性选择合适的烙铁头。烙铁头端部面积一般不得大于焊盘面积；端部过大的烙铁头，在焊接的接触过程中可能会把较多的热量传递给待焊点，容易烫坏 PCB 焊盘或元器件。

如果系统中涉及的待焊点的种类较多，为满足不同焊接对象的实际需求，可选配多种形状、规格的烙铁头。常见烙铁头的形状如图 9-2-09 所示，常见烙铁头的应用场合如表 9-2-1 所示。

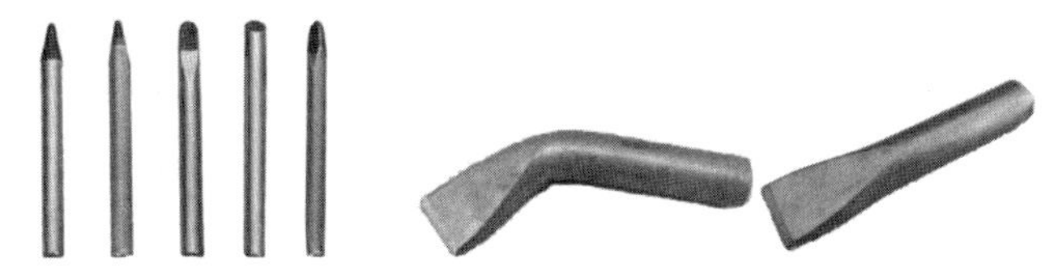

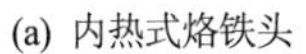

(a) 内热式烙铁头　(b) 外热式烙铁头　(c) 大功率外热式烙铁头

图 9-2-09　常见烙铁头的形状

表 9-2-1　常见烙铁头的应用场合

烙铁头形状	主要应用场合
	马蹄形烙铁头的沾锡面积较大，作为通用型烙铁头，是初学者练习焊接工艺的首选
	马蹄形烙铁头的背面也按照马蹄形锉削后得到凿式烙铁头，适用于较长的直插式焊点
	尖圆锥式烙铁头特别适用于焊接贴片（SMT）元器件、间隔很小的密集焊点
	刀形烙铁头是近几年快速发展的新型烙铁头，直插、贴片焊点均能胜任，特别适用于拖焊
	弯头烙铁头主要用于 100W 以上的外热式电烙铁，适用于大体积或散热较快的待焊件

3）普通烙铁头的修整

烙铁头表面因高温氧化后会发黑、烧蚀。虽然烙铁头温度很高，却无法充分粘锡，从而影响焊接效果。此外，长期使用后烙铁头表面会变得凹凸不平，因此需经常修整烙铁头表面的黑色氧化层及凹坑，以确保其能够很好地沾锡与焊接。

【例 9-2-9】 烙铁头的修整步骤：拔掉电烙铁的电源，令其自然冷却至室温→取下烙铁头，将其固定在小型台虎钳的钳口上，保持需修整的烙铁头表面水平向上→用细锉按相同方向水平打磨出现损伤的烙铁头表面→当烙铁头表面露出光滑、完整的红色铜材时，停止打磨→将烙铁头装回电烙铁并重新插上电源→用烙铁头熔化松香→待烙铁头附近的松香烟雾逐渐变浓，用焊锡均匀涂抹烙铁头表面，形成均匀的锡膜，以避免烙铁头表面的铜被高温氧化成沾锡性很差的黑色氧化层。

★技巧　随时检查烙铁头尖部是否有熔化的焊锡层覆盖，使用完毕的电烙铁应及时切断电源。

☞提示　不能用锉子或砂纸进行修整、打磨长寿型烙铁头，以免损伤或破坏其表面的合金层。

4）手柄

电烙铁的手柄需要具有很好的隔热性与绝缘性，目前主要采用耐热性较好的塑料制成，质量较好的电烙铁的手柄底端还加装了一层半透明的硅胶护套。

大功率电烙铁的发热量较高，因而多采用胶木、电木等耐高温的复合材料制成。

5）电源线及电源插头

电烙铁一般采用塑料电源线，容易被烙铁头烫伤；环境气温较低时，电源线容易发硬、打结。在条件允许时，可选择暗紫色的纱线橡胶线或硅胶橡皮线作为电烙铁的电源线，表皮不易烫坏。电烙铁多使用两脚式电源插头，无法去除静电感应，焊接集成芯片、传感器等敏感元器件时的安全性较差。

★技巧　电烙铁的手柄内部有一只接线柱，与电热芯金属套壳相连，如图 9-2-05 所示。从这只接线柱引出一根绝缘皮电线，插入三脚电源插座的地线孔，即可消除焊接时的感应电势。

6）新电烙铁的初次使用

初次使用新电烙铁之前，需用万用表的电阻挡测量电烙铁内部的电热芯内阻 $R_{\mathrm{L}}=U_{\mathrm{Z}}^{2}/P_{\mathrm{E}}$（式中，

U_Z为电网电压，P_E为电烙铁的额定功率）是否处在正常范围内。

【例9-2-10】 国内30W非调温型电烙铁电热芯的正常阻值为$220^2/30 \approx 1.6k\Omega$。如测出的阻值过小，说明电热芯内部的电热丝局部短路；如测得的内阻趋近于∞，说明电热芯内部开路或电源线与电热芯的连接脱落；如测得的内阻值时有时无，说明电热芯或电烙铁内部存在接触不良故障。

从安全角度考虑，还可用万用表的高阻（200M 或 R×10k）挡测量电烙铁金属套壳与电源插头电极之间的电阻值，判断有无碰壳短路或绝缘电阻偏低的故障。完好的电烙铁测出的阻值均应趋近于∞。

7）电烙铁的功率选择

常用的电烙铁的额定功率包括20W、25W、30W、35W、50W、60W、75W、100W等多种规格。在实际的焊接工艺流程中，操作者可根据待焊件的焊点大小、引脚尺寸，参照表9-2-2对电烙铁的功率进行合理选择，不要期望使用一把电烙铁就完成所有的焊接任务。

表9-2-2　电烙铁的功率选择建议

待焊件	电烙铁的功率
塑料绝缘皮电线、排针、排插、传感器	≤25W
集成芯片	25W、30W
电容、电位器、电阻及小功率晶体管	35W
大电流电感、金封晶体管、散热片	50～75W
金属板	≥100W
野外焊接	≥350W

若选择了额定功率较小的电烙铁，则焊锡熔化的速度较慢，从而影响焊接速度，甚至可能会因为烙铁头的温度过低而根本无法熔化焊锡。若选择额定功率较大的电烙铁，则容易在焊接过程中因热量堆积导致高温，从而烫坏待焊接元器件或PCB焊盘。

8）烙铁头温度范围的估测

烙铁头温度与焊接质量密切相关，用烙铁温度计可以准确地测出烙铁头的焊接温度，如果缺乏专业的测温装置，也可以根据烙铁头涂抹松香后产生的烟雾状态粗略地进行温度估计。

【例9-2-11】 将烙铁头熔化松香后拔出，根据涂抹松香后产生的烟雾状态可对烙铁头当前温度进行粗略估计。一般来说，松香烟雾越白、越浓，散去越快，则说明烙铁头温度越高，如表9-2-3所示。

表9-2-3　观察法估计烙铁头温度

烟雾状态	烟细长且薄	烟较大，持续时间较长	烟雾较浓，持续时间偏短	浓烈白烟，持续时间很短
估计温度	<200℃	230℃～250℃	300℃～350℃	>350℃
焊接能力	暂时无法进行焊接操作，可用于剥去塑料电线的外皮	SMT或其他小型焊点的焊接	已经达到正常的焊接温度	对粗导线、大面积敷铜或焊点进行焊接

★技巧　外热式电烙铁靠近手柄处的金属套管上开有均匀的散热孔，使用者可以将散热孔靠近鼻孔，通过呼吸散热孔附近的热气，根据积累的经验也可对烙铁头温度粗略地估测。

2. 恒温电焊台

直热式电烙铁的电热芯直接连到市电，容易产生感应电压；而间热式电烙铁的电热芯则一般通过变压器再连接至市电，与电网的隔离程度较高，综合安全性较高。

恒温电焊台是一种先进的间热式电烙铁，其电热芯工作在较低的电压状态下，具有焊接温度可按需设定、焊接时烙铁头的温度基本保持恒定等优点。

1）外形结构、面板及操作

恒温电焊台由主机和烙铁手柄两部分构成，手柄一般插在专用焊台的烙铁架中，如图 9-2-10 所示。

图 9-2-10　恒温电焊台

- 恒温电焊台的主机面板中有一只尺寸较大的温度调节旋钮，顺时针方向旋转可以设定更高的烙铁头温度，在相邻的两个温度值中，数值较小的以摄氏度（℃）为单位，数值较大的以华氏度（℉）为单位。
- 面板左下角的五芯插孔是焊台手柄“电热芯+热电偶”的接插件，该插孔采用了防呆设计，手柄插头只能从一个角度插入。
- 面板左侧中部是一只温度状态显示 LED，例如，长亮表示正在升温，闪烁表示保持恒温。
- 面板中下方有一个小孔“CAL”，可用来与专用温度计配合，进行烙铁头温度的校准。
- 面板右下角标注有“ESD SAFE”，表明该焊台采用低压供电，并采取了一些措施防护静电损坏，因而可用于焊接对静电敏感的元器件。

2）内部结构及工作原理

恒温电焊台的电路结构框图如图 9-2-11 所示。恒温电焊台内部的主体是一只较大功率的降压变压器，因而焊台整体较普通电烙铁更重、体积更大。变压器将 220V 的电网电压降低到 24V 左右的较低电压 u_2，然后通过晶闸管（或功率型 MOSFET）向电热丝供电。温控装置是恒温电焊台内部的工作核心，将温度设定电位器对应的等效温度与毗邻烙铁头热电偶所检测出的等效温度做比较，产生控制晶闸管导通角的控制信号（或控制 MOSFET 通断的 PWM 信号），维持烙铁头温度基本稳定。

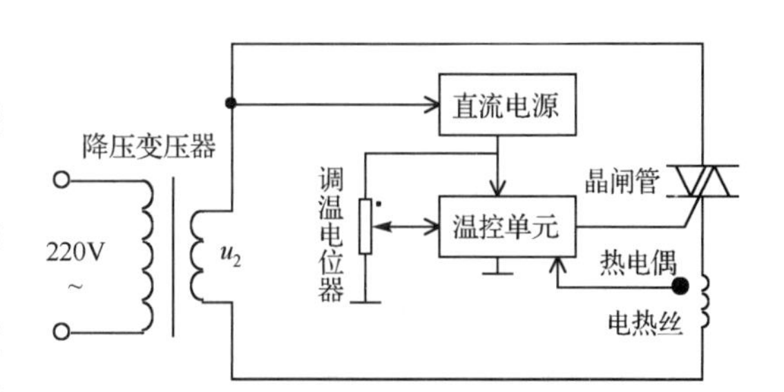

图 9-2-11　恒温电焊台的电路结构框图

恒温电焊台采用了长寿型烙铁头，烙铁头的形状包括细尖圆锥头、小马蹄头、刀头等。恒温电焊台主要面向小功率焊接使用，烙铁头尖部的热量集中但电热芯的热量有限，不宜用于高温、大焊点焊接。

3）焊接温度的设定

通过设定不同的焊接温度，恒温电焊台能在保证焊接效率的同时，不至于损坏待焊件。表 9-2-4 所示为对不同待焊件施焊时的建议温度范围。

在使用焊台进行焊接操作时，尽量从较低的焊接温度开始进行反复摸索、试验，以得到与自身焊接操作习惯匹配的焊接温度经验值。

表 9-2-4　对不同待焊件施焊时的建议温度范围

待焊件类型	建议温度范围
塑料绝缘皮电线	240℃～250℃
排针、排母等小功率接插件、贴片 LED、注塑元器件	250℃～280℃
贴片型集成芯片、电阻、电容、晶体管、二极管	270℃～300℃
直插型集成芯片、电阻、电容、电感、晶体管、电位器	280℃～320℃
无铅环保型元器件	310℃～350℃
大电流电感、焊板式变压器、散热片	330℃～400℃

3. 调温型电烙铁

调温型电烙铁是近几年才发展起来的电烙铁新品种，其外形结构如图 9-2-12 所示。

图 9-2-12 调温型电烙铁的外形结构

调温型电烙铁参考恒温电焊台的控温原理进行了简化设计，而在外形上则与普通型电烙铁非常接近，价格也比较适中。调温型电烙铁的手柄内部设置了一块细长的调温电路板，通过将调温旋钮设定的电压值与烙铁头末端热电偶检测出温度的等效电压值进行比较，产生相应的控制波形驱动晶闸管的导通或截止，最终将烙铁头的实际温度控制在一个较小的波动范围内，实现较好的控温效果。调温型电烙铁的调温范围为 200℃～450℃。

在焊接操作时，不要将电烙铁的调温旋钮转到尽头的高温挡位，避免因温度过高而导致烙铁头严重烧蚀。此外，调温型电烙铁属于直热式电烙铁，其电热芯与 220V 电网电压直接相连，在焊接对静电敏感的元器件时，一定要接上配备的接地线，以消除静电感应。

9.2.7 其他焊接辅助工具

作为最重要的焊接工具，电烙铁已经可以实现基本的焊接功能了。但如果希望以更好的焊接质量、更快的焊接速度、更高的装配效率将各式各样的电子元器件、结构各异的零部件组合成有机的整体并实现预期的功能，则还需要配置一些辅助工具，例如，使用镊子夹持待焊接元器件或引脚、使用斜口钳剪断过长的元器件引脚、使用无齿扁嘴钳弯折或修整元器件引脚等。

焊接辅助工具的种类非常多，而且还保持着高速发展、改良的趋势，其中最常用的焊接辅助工具包括：镊子、斜口钳、尖嘴钳、扁嘴钳、剥线钳、螺丝刀等。

1. 镊子

镊子是装配、焊接工艺流程中最常用的辅助工具，一般用弹性较好的不锈钢材料制成，近年来比较流行的防静电镊子则采用了轻质碳纤维与特种塑料混合后制成。

1）镊子的功能

在元器件的插装工艺环节中，镊子可用来夹持微小体积的元器件。金属材质的镊子是热的良导体，在焊接某些耐热性较差或容易热损伤的元器件时，可以充当临时散热片使用：在焊接时夹持元器件引脚或待焊的细导线，使烙铁头传导来的一部分热量经过金属镊子散发，从而降低热量的积聚，避免不耐热的元器件因过热而发生损坏。

在进行元器件的拆焊工艺过程中，镊子的作用更加明显：当焊点上的焊锡熔化后，在 PCB 的元器件面用镊子夹持住元器件，按照元器件焊接的反方向稍微用力撬动元器件，使之顺利地脱离焊盘，从而完成拆卸。

2）镊子的分类

电子工艺环节常用的镊子种类如图 9-2-13 所示。如图 9-2-13(a)所示的尖头镊应用最广，这种镊子头部尖而细，可以伸入狭小的工作空间中，操作灵活，在夹持贴片元器件时的效果较好；如图 9-2-13(b)所示的圆头齿镊原用于医学领域，在电子电路中使用时，具有夹持元器件不易打滑的优点，适用于夹持圆形、水滴形的小体积元器件；如图 9-2-13(c)所示的弯头无齿镊的镊尖与镊身呈一定的夹角，操作时不容易遮挡视线，深受熟练的电子装配、调试人员的青睐。

2．斜口钳

如图 9-2-14(a)所示的斜口钳（斜嘴钳）在电路装配工艺中用于剪断元器件的引脚及较细的金属导线。

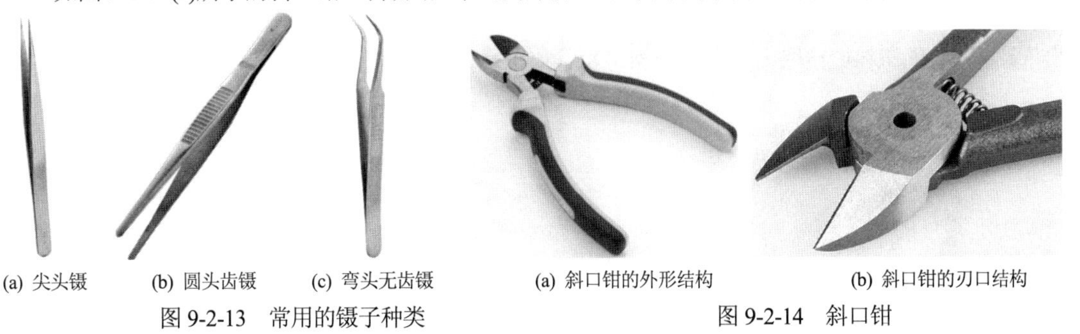

(a) 尖头镊　(b) 圆头齿镊　(c) 弯头无齿镊

图 9-2-13　常用的镊子种类

(a) 斜口钳的外形结构　(b) 斜口钳的刃口结构

图 9-2-14　斜口钳

斜口钳的刃口结构如图 9-2-14(b)所示，刃口钢材经过淬火处理，硬度更高，能够切断相对比较柔软的元器件引脚、细铜线。不要试图使用斜口钳的刃口去剪断韧性、强度均比较高的钢丝。为了使斜口钳在剪断操作时能够连续作业、提高效率，在斜口钳的转轴下方一般设置有助力弹簧，具有自动弹开的功能。

斜口钳也可以用来剥掉金属导线外部的绝缘外皮：将带绝缘外皮的导线放到斜口钳的刃口之间，轻微闭合刃口压住绝缘外皮，然后轻微转动斜口钳后再用力，即可剥去金属导线外层的绝缘外皮。

常用的斜口钳包括 4 寸、5 寸、6 寸、7 寸、8 寸等规格，数值越大，斜口钳的钳身、刃口越长，剪断力相应也就越大。

3．尖嘴钳

尖嘴钳由带齿的尖头牙口、刃口、转轴、复位弹簧、手柄、防滑绝缘护套等单元组成，外形结构如图 9-2-15 所示。

尖嘴钳头部带齿，形状尖且长，可以伸入狭窄的空间内进行元器件的夹持、螺母的紧固或拧松等操作。尖嘴钳带有较短的刃口，可以类似斜口钳那样进行金属导线的剪断。此外，尖嘴钳还常用于对较小直径的单股导线进行弯圈，以加工出接线环。

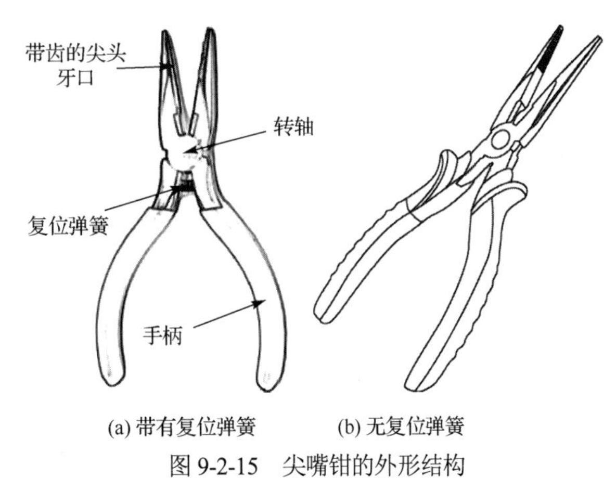

(a) 带有复位弹簧　(b) 无复位弹簧

图 9-2-15　尖嘴钳的外形结构

4．扁嘴钳

为了改善夹持力，尖嘴钳的钳口末端设计有平行齿，在夹持元器件或对元器件引脚进行成型操作时的稳固性很好，但是也很容易破坏元器件引脚表面的镀层，影响焊接质量、增大被氧化的概率。若更换为如图 9-2-16 所示的钳口末端无齿的扁嘴钳，则可以避免上述问题。

扁嘴钳也被称为“平口钳”，主要用于元器件引脚和较粗导线的成型、漆包线的拉直。在进行元器件的焊接时，也可以用扁嘴钳夹持待焊接的引脚，起到散热的作用。

5．剥线钳

斜口钳、尖嘴钳可以用来剥除多股铜芯线的绝缘外皮，但在拉拔过程中容易造成部分细铜芯折断。建议采用专用的剥线钳剥去塑料电线端头的绝缘外皮。剥线钳的外形结构及剥线动作示意如图 9-2-17 所示。

剥线钳无须像斜口钳、尖嘴钳那样用力拉动钳子的刃口，而是首先根据所剥塑料电线的线径，选用比较接近的圆形剥线刃口槽；同时根据计划切掉的绝缘外皮的长度，调整伸入刃口槽中的塑料电线的长度；接下来慢速握紧手柄至最小角度后松开，剥线钳的剥皮刃口槽、分线钳口轮流动作，先将塑料电线夹紧，再将剥线钳的钳口张开，剥去塑料电线端头外部的绝缘外皮；最后松开剥线钳的手柄，即可将剥制完成的塑料电线取出。具体的操作步骤如图9-2-18所示。

图9-2-16　扁嘴钳的外形结构

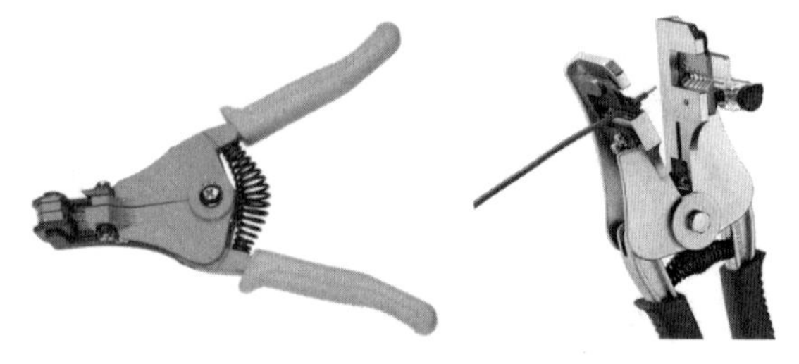

图9-2-17　剥线钳的外形结构及剥线动作示意

★技巧　在采用剥线钳进行剥线操作时，刃口槽的选择非常重要，过大的刃口槽无法剥去绝缘外皮，而过小的刃口槽容易剪断绝缘外皮内部的部分芯线。

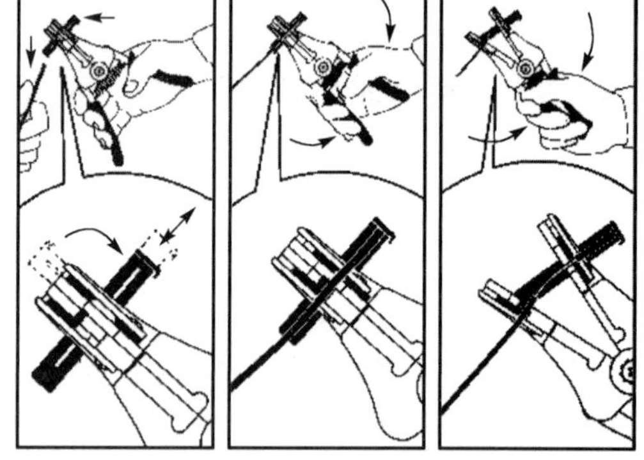

图9-2-18　使用剥线钳剥去绝缘外皮的基本动作

6. 钢丝钳

钢丝钳是一种用于夹持、固定工件或扭转、弯曲、剪断金属丝线的手工工具，在进行电子、电工作业时使用较为频繁。钢丝钳的外形结构如图9-2-19(a)所示。

钢丝钳的外形类似于尖嘴钳，从尺寸、质量、夹持力等方面均可认为是尖嘴钳的“强力版”，钢丝钳更适用于大力矩的拉拔或夹持作业。钳头的结构如图9-2-19(b)所示。

钢丝钳的钳嘴长度与尖嘴钳的相当，但钳嘴宽度明显大于尖嘴钳的宽度，更适用于夹持或校正金属片、细金属棒。钢丝钳同样具有剪断金属丝线功能的刃口，且剪断金属丝线的直径更大。钢丝钳增加了一对椭圆形的齿口，可用于紧固或拧松螺母。

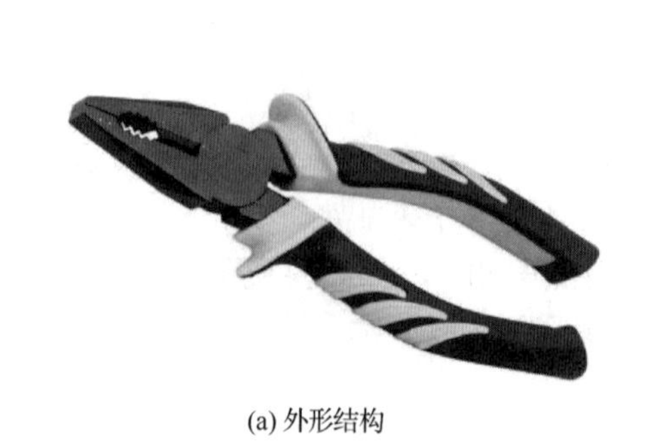

(a) 外形结构

(b) 钳头的结构

图9-2-19　钢丝钳

☞提示　钢丝钳较重，但不能替代锤子或榔头进行敲打，以免钳轴损坏，影响钳嘴、刃口的啮合度。

钢丝钳的钳柄装有耐压较高的聚氯乙烯绝缘塑胶护套，护套上设计有加大摩擦力的花纹。在使用钢丝钳前一定要仔细检查手柄处的护套有无破损。

7. 压线钳

压线钳通过较大的压力挤压接线端子，使其变形后与待连接的金属导线之间实现紧密的低电阻接合（俗称冷压），压线钳的外形结构如图 9-2-20(a)所示，能够压制多种接线端子。常用的压线钳还有网线水晶头压线钳、单芯杜邦端子压线钳、8p-64p 排线压线钳等。

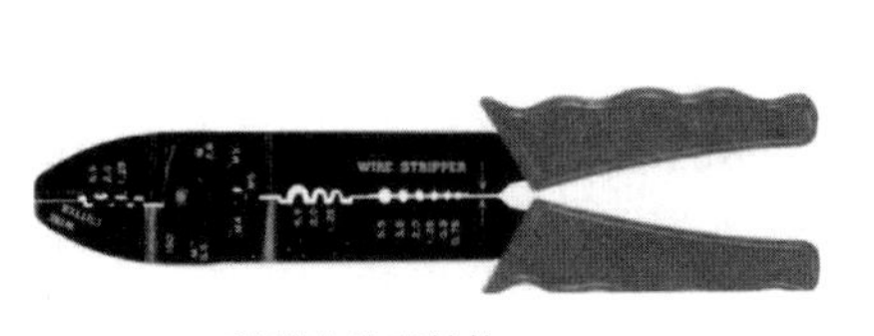

(a) 压线钳的外形结构

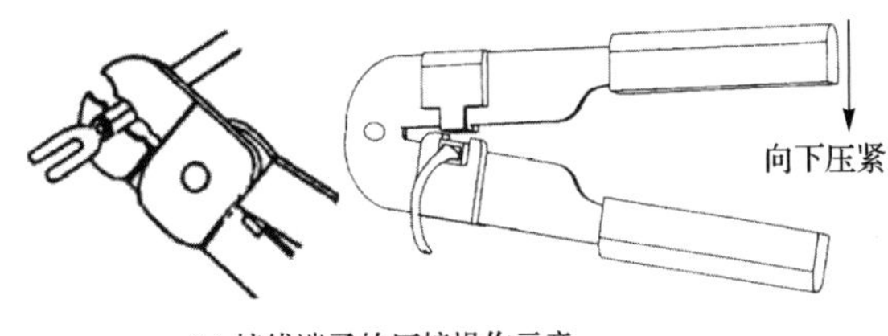

(b) 接线端子的压接操作示意

图 9-2-20　压线钳

利用压线钳进行单芯接线端子压接时，首先将待压接导线的绝缘外皮按照接线端子长度剥去一部分，将露出的铜芯线放入接线端子的卡槽内，然后用力压下压线钳的手柄，使卡槽金属件发生塑性变形，从而将导线与接线端子紧密地连为一体，如图 9-2-20(b)所示。

8. 螺丝刀

螺丝刀也被称为改锥、起子、改刀、旋凿，是一种用来旋拧螺丝钉使其固定或脱离的专用工具，由手柄、刀柄及刀头三部分组成，如图 9-2-21 所示。

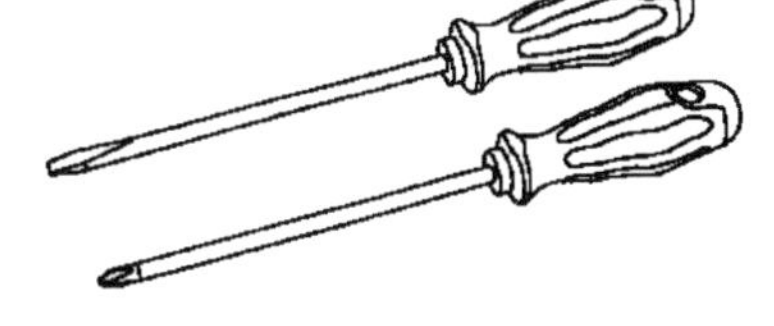
图 9-2-21　常用螺丝刀的外形结构

随着工艺及用途的不断升级、改进，螺丝刀已经发展成为具有上千品种的工具大类，不同螺丝刀的区别主要体现为刀柄的长度、刀头的形状及大小。常用螺丝刀刀头的横截面形状如图 9-2-22 所示。

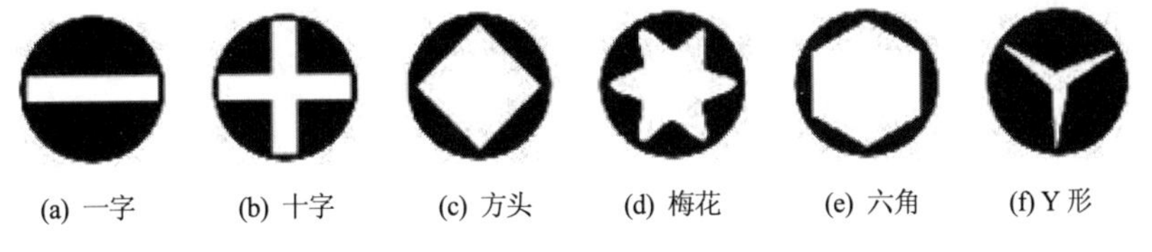
(a) 一字　(b) 十字　(c) 方头　(d) 梅花　(e) 六角　(f) Y 形

图 9-2-22　常用螺丝刀刀头的横截面形状

一字（平口）、十字、梅花三种螺丝刀在电子电路工艺中较为常用，其外形如图 9-2-23 所示。

【例 9-2-12】如图 9-2-23(a)所示的一字螺丝刀的刀头出现了颜色的分层，其中刀口附近一般为黑色或亮灰色，表明该螺丝刀刀头经过磁化处理，能够吸附铁质螺丝钉。

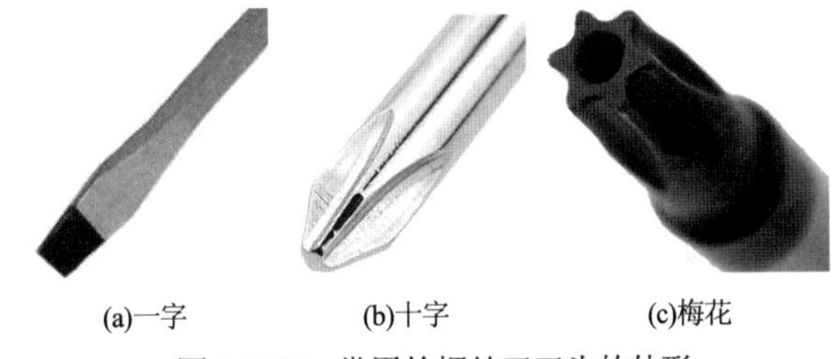
(a)一字　(b)十字　(c)梅花

图 9-2-23　常用的螺丝刀刀头的外形

在选择螺丝刀时，一定要根据螺丝钉槽口的具体尺寸选用合适参数的产品。如果螺丝刀的号数偏大，那么可能无法插入螺丝钉的槽口；如果螺丝刀的号数偏小，那么非常容易引起滑丝故障，螺丝钉槽口被扩大成圆形，无法继续进行正常的安装与拆卸。

9. 其他常用螺丝刀

除了常用的普通螺丝刀，在电子元器件的装配调试工艺流程中，还出现了一些特殊用途的螺丝刀。

1）电动螺丝刀

如果待装/卸螺丝钉的数量庞大，进行手工操作的劳动强度势必会很大。此外，手工完成的螺丝钉操作一致性较差，因此在生产线上广泛使用电动螺丝刀（电动螺丝批）。

电动螺丝刀有枪钻式、立持式两大类，如图9-2-24(a)、图9-2-24(b)所示。枪钻式电动螺丝刀基本都具有调速及正反向控制功能，调低转速后再安装如图9-2-24(c)所示的电动螺丝刀批头，即可作为电动螺丝刀使用。当枪钻正向低速旋转时，可以旋紧螺丝钉；当枪钻反向低速旋转时，可以拧松螺丝钉。

(a) 枪钻式电动螺丝刀

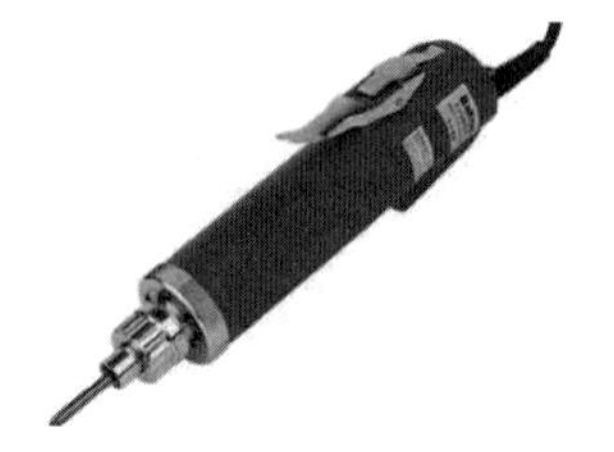

(b) 立持式电动螺丝刀

(c) 电动螺丝刀批头

图9-2-24 电动螺丝刀及其批头

2）钟表螺丝刀

在对小型螺丝钉进行操作时，一般采用如图9-2-25所示的钟表螺丝刀。钟表螺丝刀的中部有压花，主要起增大摩擦的作用；手柄末端具有可以相对手柄进行旋转的端帽。

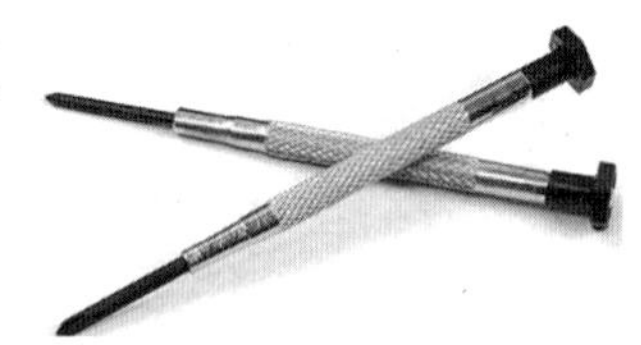

图9-2-25 钟表螺丝刀

钟表螺丝刀的手柄较细，属于精密螺丝刀，其操作方法与普通螺丝刀的差别较大：用食指压住手柄端帽，再用拇指及中指捏住钟表螺丝刀的压花部位，按顺时针或逆时针方向轻轻旋转钟表螺丝刀，即可对小尺寸螺丝钉进行拧紧或旋松的操作。钟表螺丝刀一般只有一字、十字两种刀头，但尺寸规格较多。

★技巧 3296电位器的调节螺母的尺寸非常小，普通的一字螺丝刀难以插入螺母的槽口，此时，一字形的钟表螺丝刀无疑是最佳选择。

10. 烙铁架及高温海绵

电烙铁的工作温度较高，在焊接操作的间歇应将其插入烙铁架中，以避免烙铁头烫坏周围物品或烙铁电源线而引起短路及触电事故，确保操作安全。烙铁架还兼有辅助散热的功能，可防止烙铁头烧蚀。

烙铁架主要由三部分组成：基座、托盘、插架，如图9-2-26(a)、图9-2-26(b)所示。基座一般用较重的铸铁材料制成，避免烙铁插入后引起烙铁架倾覆。基座的上表面设计有较浅的方形或圆形托盘，用来盛装高温海绵或松香助焊剂。插架与基座的夹角为45°～60°，用于容纳温度较高的电热芯金属套管。夹角过大容易造成电烙铁手柄的温度过高，夹角过小不方便电烙铁的插取。插架一般采用不锈钢钢丝或镀镍钢丝绕制成螺旋状，也有些插架采用带散热孔的薄壁不锈钢钢管制成，进一步避免可能发生的烫伤。

烙铁头上多余的焊锡，可以借助如图9-2-26(c)所示的高温海绵清除。烙铁头与高温海绵的水平表面成30°倾角，烙铁头压在吸水后的海绵表面，然后按照相同方向将烙铁头在海绵表面进行擦拭，即可去除多余的焊锡，保持烙铁头端部光亮。

高温海绵的质地比普通海绵的更加致密，吸水后体积将膨大2～3倍。依靠内部存储的水分，高温海绵不易被烙铁头烫坏。高温海绵一般为黄色或蓝色，失水时质地较硬，不能用来清理烙铁头。

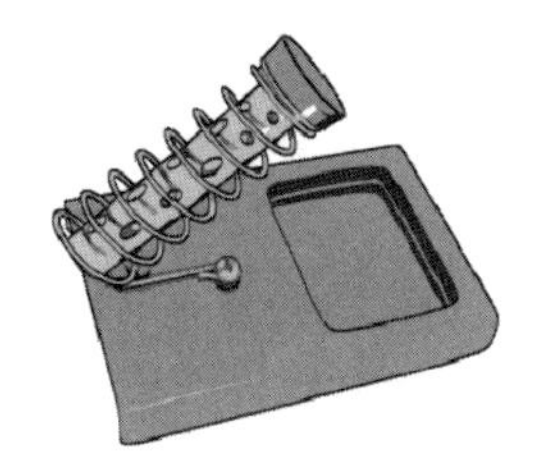
(a) 烙铁架

(b) 装有高温海绵的烙铁架

(c) 高温海绵

图 9-2-26　烙铁架及高温海绵

☞**提示**　当烙铁头表面被氧化而变色时，可以通过在高温海绵表面进行擦拭的方式去除。但是对于已经烧蚀严重、发黑的烙铁头，则需要采用细砂纸或细锉进行打磨去除。

★**技巧**　高温海绵临时找不到，可将常用的湿巾纸充分吸水后应急替代。

⚠警告　沾锡过多的烙铁头禁止在烙铁架的基座上敲击，否则容易损坏电热芯及烙铁头表面的合金镀层。

9.2.8　手工焊接工艺

手工焊接是一项重要的基本技能，即使当前回流焊、波峰焊等批量焊接技术已经被广泛采用，但在电路设计方案的调试阶段、电路系统的返修阶段，手工焊接依然必不可少。

手工焊接工艺的入门难度并不大，但焊接质量的高低将直接决定最终完成电子产品的可靠性及质量水平，因此，在初步掌握焊接技术的基础上往往还需要反复练习，以提高熟练程度。

1. 焊接的动作姿态

对于习惯使用右手的操作者而言，手工焊接时一般是左手送锡丝、右手握烙铁，如图 9-2-27 所示。对习惯使用左手的操作者而言，可交换左右手，完成与图 9-2-27 类似的操作。

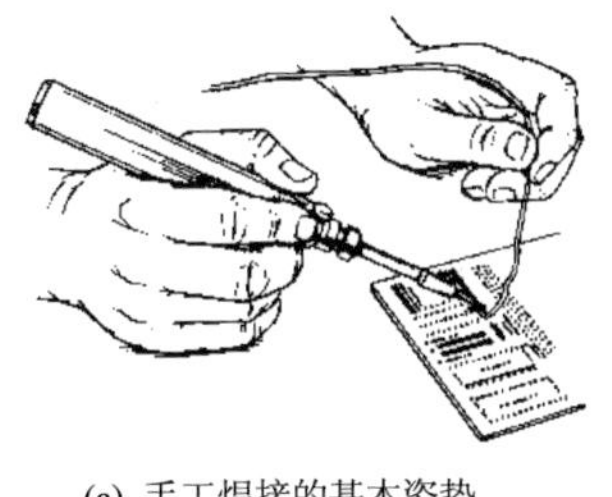
(a) 手工焊接的基本姿势

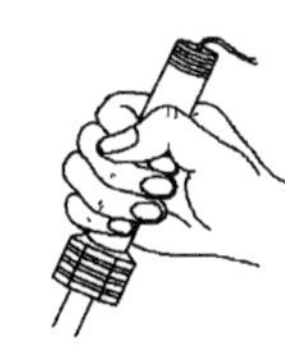
(b) 握杖势

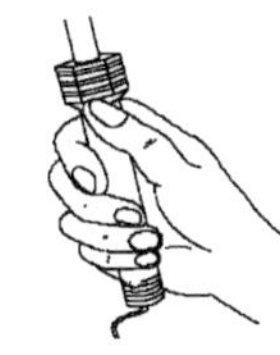
(c) 握剑势

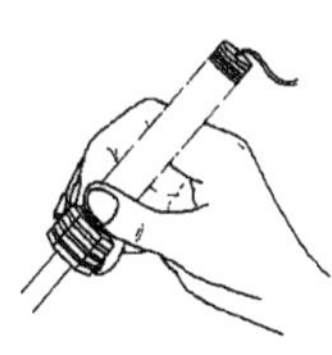
(d) 握笔势

图 9-2-27　手工焊接

电烙铁在手中的握持姿势如图 9-2-27(b)～图 9-2-27(d)所示。在使用比较笨重的大功率电烙铁焊接时，建议采用握杖势或握剑势，长时间操作也不容易疲劳。在使用小功率烙铁、焊台时，则推荐握笔势。

焊接操作时，烙铁手柄一般靠住食指的第三关节或虎口。在进行间距较小、焊点密集的电路焊接时，还可采用与毛笔类似的握持方法，让烙铁尖在接近竖直的状态下进行焊接。

用拇指与食指捏住焊锡丝向待焊点送锡。握持焊锡丝向待焊点送锡的两种基本姿势如图 9-2-28 所示，两种姿势差异不大。图 9-2-28(b)适用于大批量焊接、焊锡丝卷悬挂于工作台左上方时所进行的手工送锡；在图 9-2-28(a)中，焊锡丝被压在手掌下方，主要针对小段零散焊锡丝的手工送锡。

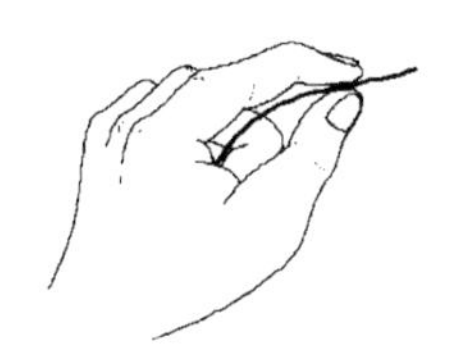
(a) 段状焊锡丝送锡

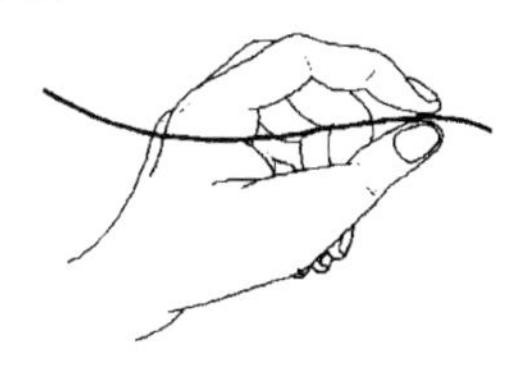
(b) 整卷焊锡丝送锡

图 9-2-28　握持焊锡丝向待焊点送锡的两种基本姿势

☞**提示**　在手工焊接过程中熔化焊锡时产生

的含铅烟雾、助焊剂受热挥发出的化学物质对人体健康会造成不良影响，在使用电烙铁进行焊接操作时，烙铁头与头部的距离不要小于20cm。为了避免吸入过多的有害气体，建议操作人员佩戴口罩；在条件允许时，焊接场地内最好能够配备通风装置，如换气扇、吸烟仪等。

⚠警告　若使用含铅锡丝进行手工焊接操作，则为避免体内摄入过多铅元素而引起慢性铅中毒，建议佩戴手套；在焊接过程中不要用手拿食物进餐；焊接完成后记得及时洗手。

2. 焊接的基本步骤

手工焊接的基本操作可分解为如图9-2-29所示的5个阶段。

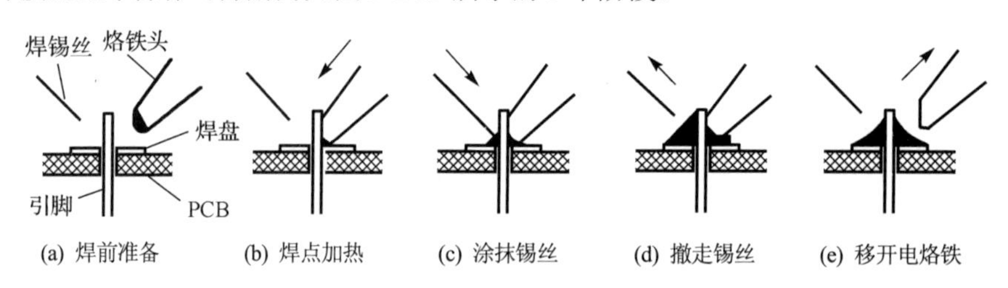

图9-2-29　手工焊接的基本操作分解

1）焊前准备

根据待焊点选择功率合适的电烙铁及烙铁头，去除待焊元器件引脚氧化层或油污、修整成型引脚、向引线镀锡、用砂纸或硬橡皮清洁焊盘。

2）焊点加热

将烙铁头同时接触PCB中的焊盘与引脚，对其进行均匀加热。

☞**提示**　烙铁头传递给待焊点的热量与烙铁功率、接触面积密切相关，烙铁头与焊点之间的压力对加快焊接速度并无帮助，反而在有些情况下可能损伤待焊件或焊盘。对于恒温电焊台这类具有尖而长的烙铁头，如果过于用力，可能弯曲或折断烙铁头的尖端。

【例9-2-13】　很多接插件、开关、电位器引脚固定在塑料结构件中，烙铁头温度较高，如果再向引脚施力，直接的后果是引起塑料结构件软化、引脚歪斜。

3）涂抹锡丝

当待焊件被加热到足以熔化焊锡丝的温度时，在升温后的焊盘表面涂抹焊锡丝使之熔化，熔化后的焊锡迅速向焊盘周围流动并形成一个锥形的焊点。

★技巧　不建议用烙铁头直接熔化焊锡丝后再涂抹到焊盘上形成焊点，这样的操作容易使烙铁头尖端或元器件引脚表面堆积过多的焊锡而无法有效地转移到焊盘表面的现象。

4）撤走锡丝

当焊锡丝熔化后形成焊点的尺寸合适时，将焊锡丝向上按照45°角回撤并移开。

☞**提示**　从涂抹焊锡丝到撤走焊锡丝的时间很短，基本是一气呵成。若时间过长，焊锡丝熔化量较多，则将使焊点体积过大而成为椭球形甚至圆球形，产生焊锡过多的不良外观，影响焊接质量。

5）移开电烙铁

当焊锡扩散并全部覆盖焊盘，助焊剂覆盖在焊点表面形成膜状物质且尚未完全挥发时，焊锡的流动性最强，此时若迅速移开电烙铁，则得到的焊点表面的光泽度最佳。

烙铁头如果以大于45°角向上移开，得到的焊点圆滑、锥体略微偏鼓；当烙铁头沿较小角度移开时，烙铁头会带走部分焊锡，使焊点的锥体高度降低，但可能会出现拉尖的现象。

6）注意事项

熔化的焊锡自然冷却后即可形成表面略凹的圆锥体焊点，必要时可以用嘴向焊锡吹气的方式加速其冷却凝固。在焊锡凝固之前，待焊接元器件的位置不能移动，以免影响焊点质量。

焊接时间需严格控制：每个焊点的焊接时长低于 3s、大焊点或焊盘与大面积铜箔相连时，焊接的耗时也不宜超过 5s；焊接流程需反复实践练习、总结规律，才能培养出高效、规范的焊接技能。

3. 焊点质量

焊点在电路中对焊盘与引脚起电气连接和固定的作用，焊接水平及焊点质量的高低直接关系到最终完成的电子产品能否正常工作。

1）焊点的质量要求

每个合格的焊点均需要具有稳定可靠的电气连接、较高的机械强度、整齐光滑的外观形态。焊点的剖面图如图 9-2-30 所示。

一个合格的焊点首先要将整个焊盘填满；其次，焊点的立体结构呈近似的圆锥体形状。由于锡铅合金具有热胀冷缩的性质，因而焊点的圆锥表层略微凹陷。焊锡与元器件引脚、焊盘铜箔之间表现为自然、平滑的连接状态，接触角很小。焊点圆锥体的表层光滑，金属光泽较好。

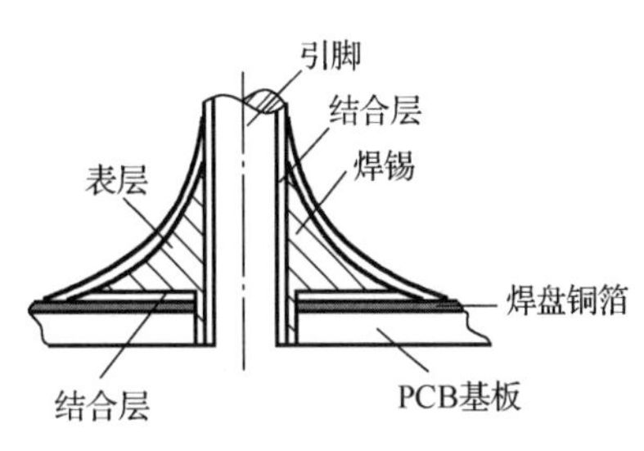

图 9-2-30　焊点的剖面图

2）常见缺陷焊点的外形特征及其产生原因

初学者练习手工焊接时完成的焊点可能无法达到如图 9-2-30 所示的效果，除基本的焊接操作手法外，元器件引脚及 PCB 焊盘质量、焊锡丝、助焊剂、电烙铁及烙铁头均可能是造成焊点缺陷的原因。常见缺陷焊点的外观特征、存在的隐患或危害、可能的产生原因如下，具体内容如表 9-2-5 所示。

表 9-2-5　常见缺陷焊点的外形示意、外观特征及其主要的产生原因

缺陷焊点的外形示意	缺陷焊点的外观特征	主要的产生原因
	【虚焊】 • 焊锡与焊盘铜箔、引脚之间存在边界 • 焊点颜色灰白 • 元器件引脚松动	• 焊接质量差　• 元器件引脚浸润较差 • 焊锡丝质量差　• 焊锡丝未能充分熔化 • 焊接时间过短　• 焊接温度不够高 • 焊锡冷却过程中，元器件引脚发生了晃动 • 元器件引脚、焊盘被严重氧化、存在油污
	【焊点的焊锡量不合适】 • 焊锡量过多，焊点呈球形或圆台形 • 焊点表层的圆锥面凹陷严重，没有形成光滑的过渡面	• 焊锡丝过粗　• 撤离焊锡丝的时间不合适 • 助焊剂不足或质量不好　• 焊接温度过低 • 焊锡丝质量不好、流动性差
	【焊点夹渣】 • 焊点中夹杂松香渣或气孔	• 松香助焊剂使用过多　• 松香碳化、失效 • 焊接加热的时间不足 • 引脚与焊盘孔的间隙过大 • 双层板的焊接时间过长，焊孔内空气膨胀未及时排出
	【焊点氧化严重】 • 焊点表层粗糙 • 焊点无金属光泽 • 焊锡与焊盘之间的接触不平滑	• 助焊剂不足或失效 • 电烙铁功率过大 • 焊接加热时间过长
	【焊点不对称、未填满焊盘】 • 焊点在焊盘表面分布不均匀 • 焊锡未能填满焊盘	• 焊锡的流动性较差 • 助焊剂不足或失效 • 焊接的加热时间不足

续表

缺陷焊点的外形示意	缺陷焊点的外观特征	主要的产生原因
	【焊点拉尖】 • 焊点表面出现尖刺	• 助焊剂不足或失效 • 焊接的加热时间太短 • 烙铁头撤离的角度不合适
	【相邻焊点搭桥】 • 相邻两个焊盘被同一段焊锡相连	• 焊接时焊锡使用量过多 • 烙铁头撤离的角度不合适 • 相邻焊盘的安全间距过小
	【焊盘被烫坏】 • 焊盘铜箔从PCB表面翘曲、剥落	• 烙铁头温度过高　• 电烙铁功率过大 • 焊接加热的时间太长　• PCB存放时间过长 • 敷铜板的基板材质太差

● 虚焊

某些貌似正常焊点的焊锡与元器件引脚、焊盘铜箔之间没有形成稳固的接触，机械强度不足；当电路系统工作时间过久或受到震动冲击后，容易出现“时断时通”的现象，影响正常工作。严重虚焊的焊点无法产生有效的电气连接。个别元器件的引脚甚至可以直接从PCB的焊孔中直接拔下。

★技巧　使用万用表的通断挡对疑似虚焊点的引脚、铜箔进行测试，有助于发现虚焊故障点。在实际测试时，可以通过晃动元器件引脚、用万用表的表笔尖拨压焊点的方式，发现不太明显的虚焊故障。

☞提示　虚焊仅从外观上往往难以准确识别，而且在大批量焊接条件下，根本无法对每个焊点都进行检测。因此，为降低后续的调试与维修工作难度，良好的焊接习惯是预防虚焊的关键。

● 焊点的焊锡量不合适

焊点的焊锡量过多或过少，都会直接影响焊接的美观程度，且有虚焊或接触不良的隐患。

● 焊点夹渣

理论上焊点只能由焊锡丝熔化而成，如果混有其他杂质，将会直接影响焊点的强度及美观，此外还容易导致元器件引脚与焊盘之间接触不良。

● 焊点氧化严重

氧化严重的焊点将直接影响其导电性能，同时容易造成焊盘损伤。

● 焊点不对称、未填满焊盘

不对称的焊点、未能完全填满焊盘的焊点直接影响焊点的强度及美观程度，还容易导致焊点及焊盘裸露面氧化、锈蚀。

● 焊点的表层出现拉尖

焊点的表层出现拉尖是初学者常见的焊接故障，焊点的美观性较差，且容易与邻近焊点发生短路或引起尖端放电现象，可通过调整焊接时间及烙铁头撤离方向来消除。

● 相邻焊点之间出现搭桥连接

若处于相同电气节点（同一段铜箔）的焊盘之间出现搭桥，则对电路性能的影响不大。但若是不同电气节点（两段铜箔）之间的焊盘出现搭桥，则属于严重的短路故障，须及时排除。

● 焊盘被烫坏

焊盘被烫坏后将脱离 PCB，电路板震动时容易使较大质量的焊点与焊盘之间的连接铜箔线条断裂，导致断路故障。

9.2.9　特殊元器件的焊接工艺

对高温敏感的注塑元器件、对静电敏感的集成芯片与传感器在焊接过程中容易损坏，需要采取特殊的焊接工艺。

1. 集成芯片、传感器的焊接

在焊接 CMOS 集成芯片时，如果未能消除电烙铁所带来的感应电压，那么容易导致器件被高压击穿而发生损坏。绝大多数集成芯片具有价格贵、体积小、密度大、引脚密等不同于电阻、电容这类无源元器件的特征，如果焊接持续时间过长、焊接温度过高，那么当集成芯片吸收了过多热量后容易发生损坏。此外，传感器对静电同样敏感。在焊接上述元器件时，应谨慎遵守以下规则。

- 在条件允许时，最好选择恒温电焊台，既实现了“ESD SAFE”（静电安全），又能实现对焊接温度的灵活调节。
- 焊接 CMOS 集成芯片时，需对电烙铁的金属套筒进行接地处理，防止烙铁头将感应电压带入芯片引脚而导致整个芯片被破坏。

★技巧　对于没有设置接地端子的电烙铁，可以首先让电烙铁温度达到平衡状态后拔下电源插头，再利用烙铁头的余热焊接少量焊点，然后停止焊接，重新插上电源插头，等待电烙铁温度再次达到平衡状态后拔下电源插头，接着进行剩余焊点的焊接工作。

- 焊接集成芯片的内热式电烙铁建议选择 20～25W 的功率规格，外热式电烙铁的功率不宜超过 35W。烙铁头建议选择加热接触面积较小的尖头或刀头。为了有效地消除静电，操作者有必要佩戴防静电腕带或手套进行防护。
- 建议对集成芯片采用较为安全的焊接顺序：先焊接接地引脚→再焊接输出引脚→接着焊接电源引脚→最后焊接输入引脚。
- 集成芯片不宜放在泡沫垫等易积累电荷的绝缘材料的表面，建议为工作台铺设防静电胶垫。

【例 9-2-14】 过去生产的 MOSFET 没有设置保护二极管，人体电荷足以使栅极 g、源极 s 之间产生较高的感应电压而击穿管子。这类 MOSFET 在保存时会用导线将所有引脚全部短接，以防止管子被感应电压击穿；在进行装配焊接时，不能直接拆掉短接线，而需将所有引脚全部插入 PCB 焊孔后，再按照源极 s、漏极 d、栅极 g 的顺序焊接，待三只引脚全部焊接完成后，再拆掉短路线。

☞提示　近年来生产的绝大多数元器件在制造工艺中已经设计有充分的防静电措施。只要遵循正确的操作规程，在正常的焊接工艺下损坏芯片的概率非常小。

2. 注塑元器件的焊接

聚乙烯、聚氯乙烯、树脂等材料通过注塑工艺可以制成各种形状复杂、结构精密的开关和插接件（如耳机插座），注塑元器件最大的缺点是无法承受较高的温度，因此在焊接注塑元器件时需要选择合适功率的电烙铁、尽量缩短焊接时间，避免烙铁头的高温经待焊点传导给塑料后使其软化、变形，造成零件失效或性能降低。正确焊接注塑元器件的流程如下：

（1）选择 25W 以内的小功率电烙铁，或者将调温型电烙铁的温度尽量调低；

（2）将烙铁头更换为尖头，以减小焊接时的热接触面积；

（3）做好待焊接引脚的表面清洁及涂抹助焊剂的工作；

（4）选择熔点较低的焊锡丝；

（5）如果待焊的注塑元器件的引脚已充分润湿、易焊性良好，那么只需用已挂锡的烙铁头轻点一下引脚与焊盘（或焊片）即可形成焊点，尽可能确保一次性焊接成功，并将焊接时间严格控制在 2s 以内，切忌长时间地反复烫焊；

（6）焊接时烙铁头切忌对被焊接的引脚施加任何压力，避免使塑料件变形；

（7）焊接完成后，在引脚及塑壳尚未冷却时，应保持注塑元器件静止，不得晃动或震动。

★技巧　使用恒温电焊台焊接注塑元器件的效果较为理想：先将恒温电焊台的温度调至 220℃～240℃，涂抹助焊剂；再将温度调至 260℃～280℃，完成待焊点的焊接。

9.3 拆焊工艺

当焊接工艺流程中出现元器件插装错误或发生损坏时，往往需要进行拆焊工艺处理。此外，在进行电路的调试或维修时，可能需要对某些疑似的故障元器件或参数不合适的元器件进行检测、更换，元器件的拆焊自然也是电子从业人员的必备技能。

在进行拆焊工艺操作时，电烙铁、镊子等基本的焊接工具仍然需要，其他常用的拆焊工具及配件还包括一字螺丝刀、不锈钢空芯针、铜网吸锡编织带、吸锡电烙铁等。基本的拆焊工艺包括毁坏式拆焊工艺、手工逐点拆焊工艺、局部集中加热拆焊工艺等。

9.3.1 毁坏式拆焊工艺

对已确定损坏的元器件，可先将元器件的引脚全部剪断后取走，然后再用电烙铁配合镊子去掉焊盘中的残余引脚即可。

9.3.2 手工逐点拆焊工艺

手工逐点拆焊工艺通过解除元器件每只引脚与PCB焊盘之间的焊锡连接关系，然后利用镊子、一字螺丝刀等工具轻轻撬动待拆卸的元器件，使之与PCB发生脱离。

1. 电烙铁直拆工艺

电烙铁直拆工艺主要针对单层PCB、引脚数目不多、焊盘孔大而引脚细的元器件。

1）引脚数较少的元器件拆焊

拆卸电阻、电容、二极管、无源晶振等两只引脚以内的元器件时，拆卸工艺比较简单，可以使用普通电烙铁直接完成。

（1）将电路PCB翻转后放置在工作台表面，斜向上露出底层的焊接面。

（2）用烙铁头熔化待拆卸元器件的其中一个焊点的焊锡。

（3）待焊锡熔化后，用镊子轻轻撬动元器件本体，使元器件的引脚从PCB的焊盘孔中脱离。

（4）用相同的方法拆焊另一个焊点，元器件即从PCB中拆出。

2）引脚数略多的元器件拆焊

对于三极管、电位器、接插件、继电器、8脚以内的集成芯片等引脚数目不太多的元器件，也可以采用电烙铁直拆工艺，将连接、固定焊盘与元器件引脚的所有焊锡全部除去之后，对元器件进行拆焊。

（1）用烙铁头交替加热、熔化待拆焊元器件的焊点。

（2）用镊子从PCB顶层均匀撬动待拆卸元器件，使元器件引脚略微翘起并离开焊盘孔。

（3）上述操作反复多次，使全部引脚脱离焊盘孔。

如果元器件的引脚数目较多，手工逐点拆焊工艺的难度及工作量均比较大。特别是对于双层PCB而言，由于焊盘为金属孔化结构，焊盘孔内壁的焊锡不容易被完全清除，这种工艺极易导致元器件损坏，因此在操作时需要格外谨慎。

2. 吸锡电烙铁拆焊工艺

吸锡电烙铁拆焊工艺与电烙铁直拆工艺的原理基本一致，也是逐点解除待拆元器件每只引脚与PCB之间的焊锡连接关系后，拔除待拆卸元器件。但吸锡电烙铁拆焊工艺是将焊点上的焊锡全部除去，不同于电烙铁直拆工艺（熔化焊点的焊锡），总体拆焊质量较高。

吸锡电烙铁利用负压吸走焊点表面与焊盘孔内的锡铅焊料，使元器件的所有引脚相对焊盘处于活动状态，然后用一字螺丝刀或镊子撬动元器件使其脱离 PCB。吸锡电烙铁的种类较多，外形及价格差异也非常大，常用的 4 种吸锡电烙铁的外形如图 9-3-01 所示。

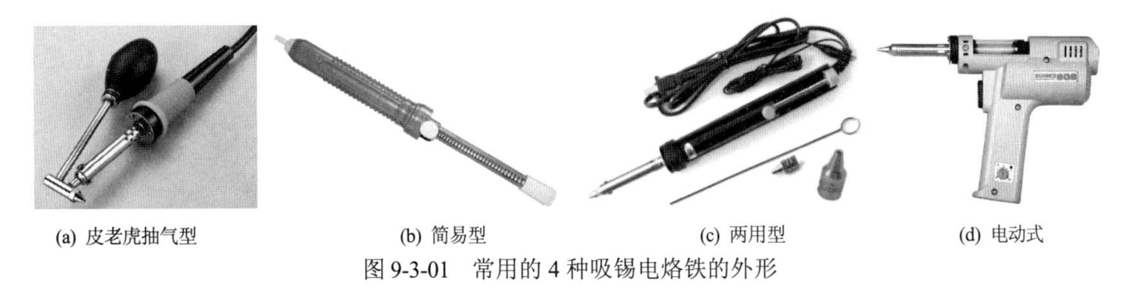

(a) 皮老虎抽气型　(b) 简易型　(c) 两用型　(d) 电动式

图 9-3-01　常用的 4 种吸锡电烙铁的外形

1）皮老虎抽气型吸锡电烙铁

皮老虎抽气型吸锡电烙铁的工作原理非常清晰，皮老虎通过空心金属管与普通型电烙铁的空心烙铁头相连。在进行吸锡操作时，首先捏扁皮老虎，然后利用烙铁头对焊点进行加热直至整个焊点的焊锡熔化，接着松开皮老虎，利用皮老虎恢复原态时产生的瞬间负压吸走处于熔化状态的焊锡。

2）简易型吸锡器

简易型吸锡器没有提供电加热功能，还需要配合额外的电烙铁才能进行吸锡操作：首先压下吸锡器末端的弹簧活动杆，使手柄内部的气囊处于压缩状态，接着用外接电烙铁对焊点加热直至焊锡熔化，最后按下吸锡按钮，利用内部气囊恢复原态时的瞬间负压吸走焊点上的焊锡。

每次吸锡完毕，建议推动活塞三四次，以清除吸管内残留的焊锡残渣，使吸头与吸管通畅。

3）两用型吸锡电烙铁

两用型吸锡电烙铁在普通外热式电烙铁的基础上，增加了负压气囊。为了具有吸锡功能，两用型吸锡电烙铁的烙铁头与电热芯套管均为中空结构，末端与负压气囊相通。

两用型吸锡电烙铁的操作与简易型吸锡器的类似，但更方便。冷却的焊锡容易粘覆在空芯吸锡管内，为保证气泵正常工作，需经常用如图 9-3-01(c)所示的不锈钢通针疏通、清洁吸锡气道。

4）电动式吸锡电烙铁

上述三种气囊型吸锡电烙铁在除去 PCB 单层板焊盘表面的焊锡时具有很好的效果，对于孔壁填充焊锡的双层板而言，吸锡效果并不是很理想。此时可以采用如图 9-3-01(d)所示的电动式吸锡电烙铁。

电动式吸锡电烙铁通过电机持续抽取真空的方式吸走熔化后的焊锡，吸力强劲。在进行吸锡操作时，首先利用升温后的烙铁头熔化焊盘表面及焊盘孔内的焊锡，然后用食指按下枪柄上方的吸锡按钮，启动电机进行持续的抽气吸锡。电动式吸锡电烙铁的吸锡效果很好，但生产成本及售价较高。

☞**提示**　在拆焊元器件时，需等待焊点的焊锡全部熔化后才能按下吸锡按钮。如单次吸锡操作不能有效清除全部焊锡，可进行重复操作，直至元器件引脚能够在焊盘孔中被镊子轻轻拔动。

3. 空芯针拆焊工艺

不锈钢空芯针是专用的拆卸工具，采用不沾锡的不锈钢材料制成，与常用的医疗注射用钢针类似，但是进行元器件拆卸用的不锈钢空芯针的针头为平头，而不是锋利的斜面尖头。不锈钢空芯针如图 9-3-02(a)所示。

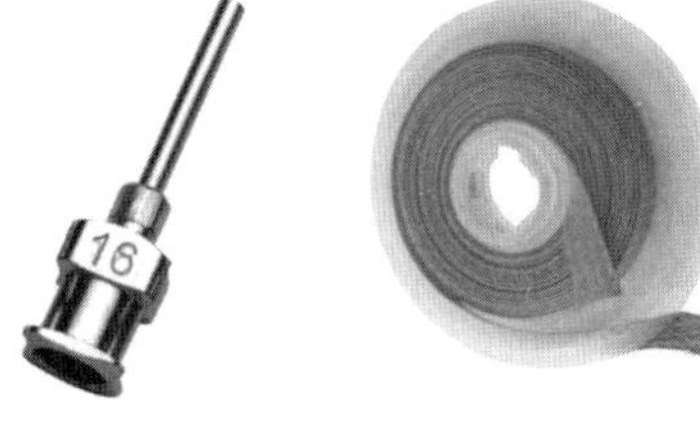

(a) 不锈钢空芯针　(b) 铜网吸锡编织带

图 9-3-02　专用拆焊工具

在使用不锈钢空芯针进行拆焊操作时，首先根据元器件的引脚直径选择合适的不锈钢空芯针头，以针头内径能够套住引脚并适当旋转为宜。接着利用烙铁头熔化焊点，并将空芯针针头竖直地插入焊盘孔与元器件引脚之间的间隙，略做旋转并迅速移开烙铁头，待焊点的焊锡凝固后拔出针头，即可使元器件引脚和PCB之间的焊锡连接分离。按照同样的操作工艺对元器件的其他引脚进行拆焊操作后，即可将元器件从PCB中拆出。

★**技巧**　不锈钢空芯针适用于拆焊单层PCB中的元器件，拆焊双层、多层PCB元器件的效率较低。

不锈钢空芯针的常用规格包括0.8mm、1mm、1.2mm、1.4mm、1.6mm、1.8mm、2mm。

4．吸锡编织带拆焊工艺

铜网吸锡编织带是进行元器件拆焊专用的空心扁平电缆，由很细的裸铜丝编织成网状，如图9-3-02(b)所示。铜网吸锡编织带的网状铜线结构容易吸附熔化的焊锡。

1）铜网吸锡编织带进行拆焊的步骤

由于铜网吸锡编织带散热较快，因此在采用该工艺拆焊时，建议换用功率略大的电烙铁，或者将恒温电焊台、调温型电烙铁的工作温度适当调高，而且最好选择马蹄形或刀形烙铁头。

（1）将吸锡编织带涂覆松香酒精溶液，或者在加热熔化的松香块上拖动、吃锡。

（2）将吸锡编织带斜靠着待拆卸焊点的圆锥面。

（3）等到烙铁头温度趋于平衡之后，将烙铁头隔着吸锡编织带压住并加热待拆卸的焊点。

（4）待焊点中的焊锡熔化后，将被吸锡编织带吸附，此时拖动吸锡编织带即可将整个焊点中的焊锡全部带走，从而断开元器件引脚与焊盘之间的焊锡连接。

（5）剪去吸满焊锡的吸锡编织带，重复上述步骤即可吸走其余焊点中的焊锡。

（6）当所有焊点上的焊锡全部被吸走时，用一字螺丝刀或镊子尖撬动并取下待拆焊的元器件。如果某个焊点中的焊锡未能被全部清除，在撬动元器件时可能会使这只引脚折断。

2）铜网吸锡编织带的替用

如果铜网吸锡编织带不容易购得，可以采用如图9-3-03(b)所示的多股绝缘软电线替用。用剥线钳剥去电线的塑胶外皮，露出长度合适的多股细芯铜线；接着将多股细芯铜线的端部捏紧，然后将裸露的细芯铜线压扁，最后均匀地刷上一层较稀的松香酒精溶液，待酒精挥发后即可作为铜网吸锡编织带使用。

(a) 单股绝缘硬电线　　(b) 多股绝缘软电线

图9-3-03　塑胶绝缘电线

如果能够购得单内芯的金属网屏蔽线，先抽去内芯，然后将金属网压扁并涂上松香酒精溶液，也可起到铜网吸锡编织带的作用。

9.3.3　局部集中加热拆焊工艺

局部集中加热拆焊工艺是将所有焊点进行整体加热熔化后，对待拆卸元器件进行操作并使之脱离PCB焊盘孔，这种拆焊工艺的效率较高，但是加热功率较大，容易损坏待拆焊元器件。

1．补锡拆焊工艺

虽然转换开关、接插件、多刀多掷继电器等元器件的引脚数目较多，但引脚间的距离较近，可以用焊锡丝对焊点进行补焊，使之连为一体，以利于热量传递；然后在PCB顶层撬动待拆焊元器件，并对这个超大型焊点进行加热；待焊点熔化后，用镊子或一字螺丝刀撬动待拆焊元器件，待其松动后即可拆下。补锡拆焊工艺省时、高效，操作手法也比较简单，反复练习几次即可掌握。

2. 锡锅拆焊工艺

锡锅是一种特殊的加热容器，将锡块或锡渣放入容器内，加热后使其熔化，然后将需要拆焊元器件的引脚整体浸入液态焊锡表面，然后用镊子或钳子拔出待拆焊元器件，即可完成拆焊操作。

锡锅拆焊工艺的成本高、功耗大，主要用在工业化的元器件拆焊及回收行业中。

9.3.4　拆焊工艺的特点

正所谓“上山容易下山难”，相对于元器件的焊接工艺，拆焊工艺的难度较大、元器件发生损坏的概率较大，而拆焊一个元器件的工作量也明显超过焊接相同元器件的工作量。

1. 拆焊操作中容易引发的故障种类

拆焊过程中容易发生的故障种类较多，常见的拆焊故障现象包括以下几类。

- 拆焊时间过长，引起待拆焊元器件（LED、电解电容、传感器等）因过热而损坏。
- 拆焊时间过长，造成元器件引脚所在的焊盘及铜箔翘曲、脱落。
- 对于引脚数目较多的元器件，如果其中某只引脚的焊锡未能有效清除干净，在撬动、拔下该元器件的过程中，容易引发引脚与元器件脱离的严重故障。

2. 拆焊操作中的注意事项

拆焊工艺的难度较大，在实际操作时，为避免损坏待拆焊元器件，需重点关注以下几个方面。

- 拆焊操作的动作要快，尽量缩短烙铁头与元器件引脚、PCB 焊盘的加热接触时间。
- 拆焊所用电烙铁的功率应比正常焊接时的电烙铁的功率大。
- 拆焊的操作时间、烙铁头的温度比正常焊接时的更长、更高，需要严格控制拆焊的时间与温度。
- 处于高温状态下的元器件封装强度会出现显著下降，特别是注塑元器件、玻璃端子，因此在使用镊子或一字螺丝刀撬动元器件时，动作应轻柔，避免元器件本体受损。
- 拆焊操作时尽量避免镊子、螺丝刀等工具损伤 PCB 及元器件。
- 拆焊操作时不要对烙铁头用力过大，以保护焊盘不受损伤。

9.4　表面贴装焊接工艺

20 世纪 70 年代面世的 SMT（Surface Mounting Technology）表面贴装工艺将扁平、超薄的电子元器件贴装在 PCB 表面，使电子产品微型化、扁平化，是传统 THT 通孔插装工艺的重大变革。

当前有大量直插元器件被贴片元器件取代，很多传统的直插封装的集成器件甚至已经停止生产，取而代之的是体积更小的小型、微型贴片封装。

9.4.1　贴片元器件的特点

贴片元器件一般呈片状，引脚紧贴 PCB 表面进行安装、焊接，在 PCB 中无须设计贯穿的焊盘孔。

- 体积小、质量小

大多数贴片元器件的引脚已经完全取消了引线；相邻引脚的间距可达到 0.3mm 甚至更小的数值。即使内部硅片相同，贴片元器件的体积也会缩小到不足直插元器件的 30%。

贴片元器件可在 PCB 的顶层与底层同时进行密集安装，有效提高了 PCB 的利用效率，减小了 PCB 的面积和质量。

- 拆焊方便

直插元器件的拆焊比较麻烦，这是因为元器件的引脚贯穿 PCB，只有将所有引脚与 PCB 焊盘的焊点连接关系解除，才能将元器件从PCB中拆焊。对于双层或多层PCB，金属化过孔更是将元器件引脚紧紧地包裹起来，拆焊的工作量巨大，且容易损坏焊盘及PCB。

贴片元器件的引脚全部在PCB表面，没有贯穿，加之焊盘面积小、用锡量少，因此拆焊非常方便：用热风吹焊台的风嘴对准贴片元器件的引脚进行均匀加热，待焊盘上的焊锡熔化后，用镊子拨动待拆焊贴片元器件即可顺利取下，对焊盘及PCB的破坏微乎其微，拆焊耗时仅为几秒。

- 可靠性高

贴片元器件的引脚结构减少了PCB的通孔数量，在高频电路中能够显著减小杂散电容、寄生电容等分布参数的影响，同时可有效抑制电磁干扰、改善高频特性，使产品的性能得以提升。无引脚的贴片元器件体积小、质量小，抗震性良好，焊点的失效率大幅减小，产品可靠性大幅提高。

☞**提示** 电子产品的故障率越来越低，除得益于先进的品质管理（QC）外，还与贴片元器件密不可分。

- 生产成本降低

贴片元器件体积小，批量制作的成本较低。贴片元器件的引脚很短甚至与元器件融为一体，在进行元器件的插装时，可省去引脚成型、剪线等基本工序，降低了电子产品的生产成本。

9.4.2 贴片元器件的手工焊接及拆焊工艺

直插元器件的引脚也具有定位的功能，但贴片元器件在PCB表面并没有现成的固定孔，故无法直接插装在PCB中。工业上对于贴片元器件常用的定位及焊接工艺如下：

- 利用钢网或丝网将锡浆漏印到PCB的焊盘表面；
- 用自动点胶机在贴片元器件的焊接位置下方、非焊盘处点上红胶；
- 用自动插件机将贴片元器件压在胶点上；
- 经过固化工艺处理后，红胶即可将贴片元器件牢牢地固定在PCB表面；
- 将PCB放置在回流焊炉中完成焊接。

如果工作现场没有自动点胶机，那么只能采用手工定位、手工焊接的操作工艺，定位精度略差，速度也相对较慢。但只要焊接工具的种类及型号选择恰当、操作工艺手法规范，再经过反复练习、摸索，贴片元器件的手工焊接及拆焊工艺还是比较容易掌握的。

☞**提示** 业余条件下，焊接直插元器件容易，但拆卸比较困难；贴片元器件与之恰好相反，焊接时略麻烦，主要原因在于元器件的体积太小，夹持比较困难，而且还需要进行手动定位；但直接用热风焊台即可快捷、方便地完成贴片元器件的拆焊任务。

1. 焊接贴片元器件的常用工具和材料

贴片元器件与直插元器件的焊接、拆焊工艺有一定的区别，常用工具和材料如下。

1）电烙铁

贴片元器件的引脚较细，排布较为密集，一般优先选择较尖的烙铁头。

2）焊锡丝

优质焊锡丝对贴片元器件的焊接尤为重要。在进行贴片元器件的焊接练习时，一般选择直径较小（小于或等于0.5mm）、熔点低、流动性好的有铅焊锡丝，以控制焊锡丝的用量，避免焊锡在引脚之间出现堆积。

3）镊子

由于贴片元器件的外形尺寸较小，一般采用尖头镊子进行元器件的夹持和放置。在夹持个别对静电敏感的贴片元器件时，多采用黑色防静电尖头镊子。

4）助焊剂

松香是焊接直插元器件最常用的助焊剂，能够增加焊锡的流动性、去除轻微氧化、防止二次氧化。而贴片元器件多采用免清洗的液态中性助焊剂，以使每个焊点均被充分浸润，从而保证焊点牢固、圆润、光亮。如果采用膏状助焊剂，焊接完成后需用洗板水或酒精清除掉残余的助焊剂。

5）热风焊台

热风焊台也称为“气泵焊台”，内部的气泵能够将电热芯产生的热量以高温热风的形式由风嘴喷出，熔化焊点的焊锡。热风焊台在焊点用锡量较少的贴片元器件中应用广泛，即能焊接，又能拆焊。850A 型热风焊台的性能稳定，市场保有量较高，其外形结构及风嘴外形如图 9-4-01 所示。

热风焊台的面板中添加了风量调节旋钮，可用于设定风枪手柄出风口的实际风量。

- 热风焊台的出风温度过低，将降低贴片元器件的拆焊效率，引起待焊贴片元器件特别是较大体积、较多引脚的 BGA 封装集成芯片出现虚焊故障；
- 热风焊台的出风温度过高，容易因为过热而引起贴片元器件及 PCB 损坏；
- 热风焊台的出风量过小，容易引起焊台内部出现过热保护；
- 热风焊台的出风量过大，容易将待焊接或待拆焊元器件周围的微小封装贴片元器件吹飞。

热风焊台的风枪手柄一般搁置在手柄支架上，避免高温损坏周围的实验物品。为了适应不同的焊接、拆焊对象，风枪手柄的出风口可配套如图 9-4-01 所示的不同风嘴。圆筒形的风嘴一般用于单只贴片元器件的焊接、拆焊操作；口字形的风嘴主要用于 TQFP 型贴片封装的集成芯片。

☞**提示**　热风焊台的电源开关在关闭后，将立刻切断内部电热芯的供电，停止加热，但往往还会延时一段时间再停止出风，主要目的是排除焊台电热芯因热惯性而产生的多余热量，避免热风焊台内部的结构件受此影响而变形、损坏。

6）放大镜或体视显微镜

引脚密集的贴片元器件在焊接完毕后，往往需要检查相邻引脚之间有无肉眼难以观察的短路或漏焊故障现象，可用放大镜或放大倍数更高的体视显微镜（如图 9-4-02 所示）进行观察。

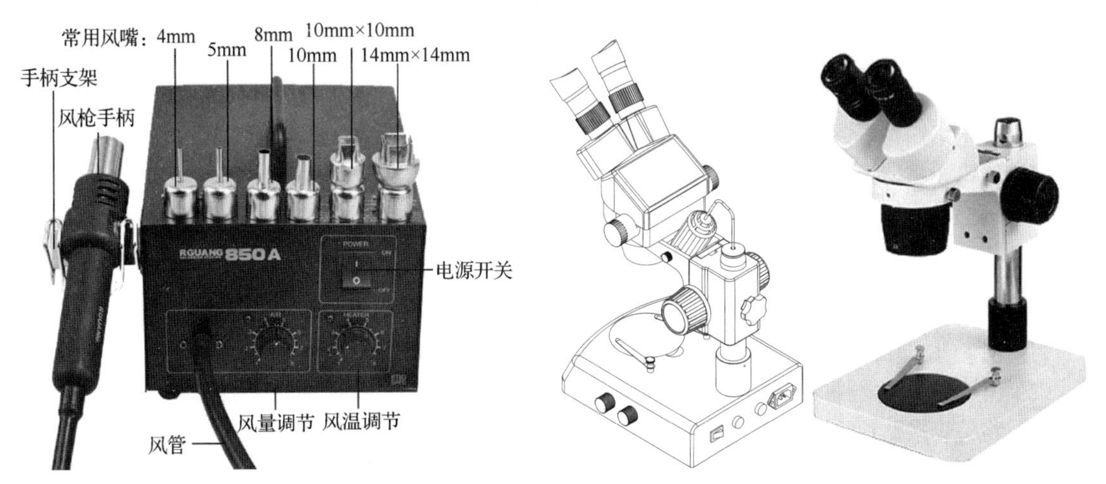

图 9-4-01　热风焊台的外形结构及风嘴外形　　图 9-4-02　体视显微镜

2. SMT 贴片元器件常规焊接工艺

引脚数量较少的 SMT 贴片元器件的焊接操作流程如图 9-4-03 所示。

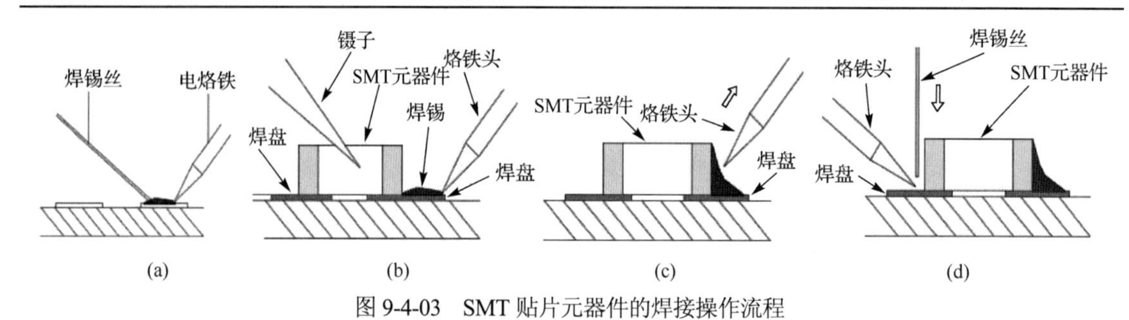

图 9-4-03　SMT 贴片元器件的焊接操作流程

首先用烙铁头熔化焊锡丝，给一只焊盘上锡；然后将烙铁头轻压在已经上好锡的焊盘表面，使焊锡处于熔融状态；接着用镊子夹持待焊接元器件放置在焊盘位置，使熔化的焊锡将焊盘、元器件引脚连为一体；接下来斜向上提起烙铁头；最后，将焊锡丝放置在其余焊盘及元器件引脚之间，用烙铁头熔化焊锡丝并形成焊点。

在手工焊接 SMT 元器件时，最好使用恒温电焊台、调温型电烙铁，或者选用 20～25W 的普通电烙铁，并确保焊接时间为 3～5s。在对存在缺陷的焊点进行补焊返修时，需要等到原焊点自然冷却至室温状态，避免持续高温使表面积较小的 SMT 焊盘脱落。

3. 多引脚 SMT 贴片元器件的焊接工艺

手工焊接贴片元器件时可采用拖焊的方式进行操作，而不是针对每个引脚进行逐点焊接。

1）清洁与固定 PCB

在焊接贴片元器件之前，需要对 PCB 焊盘表面的油污或氧化物进行处理，以提高焊接质量。在条件允许时，可以采用超声波清洗机对 PCB 表面进行清洗；在缺乏相关设备时，可用稀薄的弱碱性小苏打水溶液对 PCB 进行清洗。

为了避免在焊接过程中因 PCB 的抖动而造成元器件定位精度出现误差，最好将待焊接的 PCB 固定在专用夹具的卡槽内。

2）引脚数量较少的贴片元器件定位

对于电阻、电感、电容、保险丝、二极管、LED、三极管、MOSFET 等引脚数量较少的贴片元器件，主要采用先固定单引脚、再定位待焊接元器件的做法：

（1）用电烙铁将焊锡丝熔化后，涂抹在待焊接元器件的其中一个焊盘表面；

（2）用镊子将待焊接元器件放在 PCB 表面正确的位置，并用镊子轻轻压住该元器件；

（3）用烙铁头熔化刚才经过镀锡工艺处理的焊盘表面及待焊接引脚，完成焊接及定位操作。

3）引脚数量较多的贴片元器件定位

对于引脚数量较多的贴片元器件，一般采用对脚固定的方法来定位元器件：

（1）对 PCB 表面的贴片元器件边缘的一个焊盘进行镀锡工艺处理；

（2）检查贴片元器件的引脚有无变形、弯曲，判断该元器件在 PCB 中的正确安装方向与角度；

（3）将待焊接贴片元器件放置在对应的焊盘上方，用手指轻轻压住；

（4）用镊子拨动待焊接贴片元器件，使其引脚与焊盘全方位对准；

（5）用烙铁头熔化已经镀锡处理的焊盘及其上方的元器件引脚，使两者结合在一起；

（6）保持 PCB、待焊接贴片元器件的位置不变，在已焊引脚的对角位置的引脚进行焊接操作，完成贴片元器件的定位操作；

（7）如果贴片集成芯片的引脚未能精准地对齐焊盘，则需要使用热风焊台将其从 PCB 表面吹下，在平滑定位引脚的焊盘后，再重新定位。

4）焊接操作

定位完成后，元器件基本不会在PCB表面发生移动，接下来可对剩余引脚进行焊接。

对引脚数量很少的元器件，将烙铁头放置在未焊接焊盘表面及元器件引脚之间进行加热，然后用焊锡丝涂抹焊盘，待焊锡熔化并流动到边界位置后，撤走焊锡丝，即可完成焊接。

对于引脚数量多且密集的贴片集成芯片，一般先将液态助焊剂涂抹在引脚及焊盘表面；再向烙铁头的尖端挂上少许焊锡；接着拖动烙铁头尖端，让液态的焊锡从芯片的引脚表面拖过，此时，在助焊剂的作用下，焊锡在贴片元器件的引脚与PCB的焊盘之间将形成光滑的焊点。

5）清除多余焊锡

贴片元器件的引脚距离较近的特征，决定了其在焊接之后容易发生相邻引脚之间焊锡搭接（短路）的现象，在进行通电调试之前，一定要检查并及时清除。

铜网吸锡编织带是去除焊点上的多余焊锡、消除短路故障的重要工具。吸锡的操作步骤如下。

（1）在吸锡编织带上涂抹一层较稀的松香酒精溶液或其他中性助焊剂。

（2）将烙铁头在吸水的高温海绵表面擦拭掉所有的焊锡。

（3）将吸锡编织带贴在出现焊锡搭接的两个引脚焊点表面。

（4）将干净的烙铁头轻轻压在吸锡带表面，使熔化后的焊锡吸附在编织带裸铜线的间隙中。

（5）向引脚尖方向轻轻拉动吸锡编织带，使之带走大部分多余焊锡，在贴片元器件引脚与PCB焊盘之间仅留下极少量焊锡所形成的电气焊点。

（6）吸锡完成之后，将烙铁头与吸锡编织带同步撤离PCB焊盘，避免出现新的焊锡搭接。如果吸锡编织带撤离过慢，与焊盘之间发生粘连现象，那么应该重新加热吸锡编织带使其脱离焊盘，而不能强行拖动吸锡编织带使之分离。

当贴片元器件的引脚间距较大，发生的焊锡搭接并不是很严重时，可以在发生搭接的两只引脚之间涂抹少量的助焊剂，然后用干净的烙铁头尖端加热焊盘使其熔化，朝着元器件引脚尖的方向刮擦，即可使这部分焊锡粘覆到烙铁头表面而被清除。

6）PCB的清洗

贴片元器件焊接完成之后，引脚周围或多或少地会残留一部分助焊剂残渣或油污，影响PCB的美观及焊点质量的检查，同时还可能在耐压检测时引起严重的击穿故障，最好先用线路板清洗剂（俗称洗板水）配合牙刷对残渣或油污进行涂抹，然后用毛刷擦洗，使之脱落。擦洗力度应尽量柔和，避免擦伤PCB的阻焊层及贴片元器件的引脚。

此外，还可向超声波清洗机内倒入洗板水，再将PCB投入超声波清洗机进行10～20s的超声清洗，取出后在室温下干燥20s左右完成清洗。若没有洗板水，则可用脱脂棉签蘸取酒精对残渣进行擦洗。

4. SMT贴片元器件的拆焊工艺

贴片元器件拆焊工艺中的关键设备是热风焊台，相比直插元器件而言，贴片元器件的拆卸工艺更加简单。

- 调节好热风焊台的拆焊温度和手柄出风量。
- 将手柄风嘴竖直向下，使其吹出的热风尽量靠近待拆焊贴片元器件。
- 沿着待拆焊元器件引脚的排列方向，水平晃动热风焊台的手柄，均匀加热引脚表面的焊锡。
- 待所有引脚的焊锡全部熔化后，用镊子尖轻轻推动待拆焊元器件，使之离开PCB焊盘。

★技巧　为了避免热风对周围贴片元器件产生不良影响，应尽量使手柄风嘴吹出的热风气流垂直于PCB中的待拆卸元器件引脚。风嘴吹出的热风温度不宜太高、时间也不宜过长，以避免损坏PCB及焊盘。风嘴的出风量不宜过大，以免吹飞待拆焊元器件周围的其他元器件。

1）耐热性较好的贴片阻容元器件

将热风焊台的手柄倾斜 45°～60°对准贴片电阻、瓷介贴片电容引脚两端的焊点，待焊锡熔化后，用镊子从侧面夹住待拆卸贴片元器件，即可将其从 PCB 表面拔下。在操作过程中，镊子不要碰到相邻的贴片元器件，以防止该元器件因发生移位而造成电路开路。

贴片电阻、瓷介贴片电容的耐高温性能较好，但对于引脚强度不高的贴片叠层电容与其他不耐高温的贴片电容，不建议采用热风焊台进行拆卸操作，以避免元器件引脚脱落。

☞**提示**　黄色贴片钽电容在吹焊时表面颜色会明显加深，需严格控制吹焊的温度及时间。

2）耐热性较差的三极管、MOSFET、集成芯片

小功率贴片双极型三极管、MOSFET 场效应管和集成芯片的耐热性较差，因此在进行热风吹焊时不能使其本体温度过高，为此需要严格控制热风的温度及吹焊时间。

在拆焊不同封装结构的贴片集成芯片时，需根据贴片集成芯片的实际尺寸选择不同的风嘴，以提高吹焊效率，减少对周围元器件的热损伤。

3）耐热性很差的 LED、注塑元器件、塑料接插件、传感器等

PCB 中的 LED、注塑元器件、塑料接插件、传感器的耐热性很差。在进行拆焊操作时，需要将热风焊台的温度调节旋钮调至 250℃或更低，同时尽量避免热风直吹元器件的塑料部位。

由于风嘴的热风温度较低，因此熔化焊点上焊锡的时间可能会略长，需耐心等待。

习　题

9-1　比较直插元器件与贴片元器件在焊接和拆焊时的主要异同点。

9-2　当普通烙铁头与长寿型烙铁头出现不沾锡故障时，在处置工艺上有何区别？

9-3　简述易焊性较差的元器件引脚的正确处置流程。

9-4　减少元器件插装故障的主要方法有哪些？

9-5　（扩展）焊锡丝与保险丝在成分上有哪些区别与联系？

9-6　（扩展）列举常用的固体助焊剂、液态助焊剂、膏状助焊剂的产品类型。

9-7　为什么不能采用在烙铁架上敲击的方式去掉烙铁头末端多余的焊锡？

【思政寄语】　在电子装配焊接的过程中，我们应大力弘扬劳动精神与劳模精神，脚踏实地，吃苦耐劳，将“读万卷书”与“行万里路”紧密结合，积极推进自身德智体美劳全面发展。

绿色发展理念是习近平生态文明思想的重要内容，我们应该牢固树立、积极践行绿水青山就是金山银山的理念，加强生态文明教育。虽然有铅焊锡丝的焊接技能更易掌握，但其含有超过 27%的铅，将对环境产生严重不良影响，因此我们必须尽快推广无铅焊锡丝，全面淘汰有铅焊锡丝在电子工艺及产品中的应用。

第 10 章　元器件参数测试、质量检测及等效代换

重点：

1）掌握常用元器件的质量检测方法。

2）了解常用元器件的故障类型。

3）熟悉数字万用表的欧姆挡、“二极管/通断”挡、“h_{FE}”挡的正确使用。

元器件的参数测试、质量检测是在进行电路调试与维修时需掌握的一项基本技能。元器件种类繁多，测试工具与方法多种多样，能否准确、高效地对疑似故障元器件进行有效的检测，将直接影响电路调试的效率和维修结果。

对于初学者而言，熟练掌握常用元器件的参数测试、质量检测的方法是克服其“硬件恐惧”心理的一种有效训练手段，其必要性不言而喻。

10.1　电阻类元器件的测量与测试

电阻值是电阻类元器件的核心参数。无论是数字万用表，还是模拟万用表，欧姆挡都是基本配置，为电阻类元器件的测量与测试提供了便利。

- 模拟万用表对电阻值只能进行粗略的参数测试，测试精度不高。此外，模拟万用表的内阻偏小，不适用于测量高阻值的电阻。
- 目前数字万用表的价格已足够低，其欧姆挡的输入阻抗很高，因而能确保测得的电阻值的可信度高；但过高的输入阻抗可能因外界的干扰信号而使电阻值的读数不够精确。

★技巧　*在电磁干扰严重的工作场合，如开关电源、CRT 显示器的行振荡电路、发电机组附近，选择模拟万用表较为合适。*

- 对取样电阻、精密分压电阻等准确度较高的元器件，最好采用数字电桥进行测量。

10.1.1　固定电阻的检测

要判断固定电阻的质量好坏，首先应观察电阻体外观有无开裂、变色、霉变、烧焦，同时检查电阻引脚有无氧化、发黑、折断；接下来根据电阻的实际阻值选择万用表欧姆挡的合适挡位；若阻值读数与标称值相差太大或读数不稳定，则表明该元器件已经损坏，不能继续使用。

1．采用数字万用表进行电阻测量

常用的三位半（最大读数结果是 1999）数字万用表的外形及挡位如图 10-1-01 所示。

图 10-1-01　数字万用表的外形及挡位

图中，数字万用表的欧姆挡包括 200、2k、20k、200k、2M、20M 等。在进行电阻测试时，应选择一个大于并接近该电阻标

称阻值的挡位，否则测量误差会增大。如表10-1-1所示为三位半数字万用表的欧姆挡对应的电阻阻值范围。

表10-1-1　欧姆挡对应的电阻阻值范围

挡　位	电阻阻值范围	挡　位	电阻阻值范围	挡　位	电阻阻值范围
200	0.1～199.9Ω	2k	200Ω～1.999kΩ	20k	2～19.99kΩ
200k	20～199.9kΩ	2M	200～1999kΩ	20M	2～19.99MΩ

【例10-1-1】 三位半数字万用表的“2k”挡能够读出的电阻阻值范围是0～1.999kΩ，对超过1.999kΩ的电阻，测量结果一律显示“1”，表示测试结果超量程。

【例10-1-2】 数字万用表测试电阻的读数为“153.9”，若挡位处在“200k”位置，表明电阻的实际阻值为153.9kΩ；若挡位处在“200”位置，则实际阻值仅为153.9Ω。

2．高阻值电阻的数字万用表测量

为保证高阻值电阻（大于100kΩ）的测量精度，手指不要同时接触两只引脚或表笔的金属导电部分，避免将人体电阻并联到电阻两端，使实际测量值偏小，产生较大的误差。

在测试时，用手指捏住电阻体或电阻的某一只引脚，另一只手用类似于握筷子的方式同时握住两只表笔（不区分正负），分别碰触电阻的两只引脚进行测量读数。

- 高阻值电阻在测量前需用细砂纸、小刀、镊子等工具打磨掉引脚表面的氧化膜，再进行测量。
- 数字万用表内部采用了双积分型ADC，因此在使用“20M”和“200M”挡位进行阻值测量时的速度较低，往往需要几秒钟才能得到稳定的读数结果，阻值精度也较差。

3．低阻值电阻的数字万用表测量

阻值200Ω以下的电阻，“2k”挡的读数比“200”挡的读数少了一位有效数字，故精度有所缺失。在对阻值很小的电阻进行测量时，应采用数字万用表的“200”挡。

（1）短接万用表的红、黑表笔，读出表笔的内阻值a。

（2）接入待测电阻后得到实际的电阻值读数b。

（3）用b减去a，得到准确的电阻值。

☞**提示**　向表笔略微用力，使表笔的金属尖与电阻引脚紧密接触，可减小接触电阻的影响。

4．采用模拟万用表进行电阻测量

如图10-1-02所示模拟万用表表盘的最上方一圈刻度为欧姆挡。

从图10-1-02可以看出，模拟万用表的欧姆挡刻度的非线性很严重，处在表盘刻度40%～75%角度范围内的刻度较为均匀，表针落在这个角度范围内所得到的测量结果相对更为准确。

在采用模拟万用表进行电阻测量时，同样需要根据被测电阻的标称阻值选择合适的量程，以保证较好的测量精度。在实际测量时，万用表表针所指示的读数结果还需要与万用表表体下方拨盘开关所对应的挡位值相乘，才能得到最终的电阻阻值。模拟万用表的欧姆挡一般包括×1、×10、×100、×1k、×10k等挡位。

图10-1-02　模拟万用表

【例 10-1-3】 若表针停留在图 10-1-02 中最外圈刻度的 15 位置，挡位处在“×100”位置，则该被测电阻的阻值为 15×100Ω = 1.5kΩ。

5. 焊接在 PCB 中的电阻测量

在对焊接在 PCB 中的电阻进行测量时，如果测出的电阻值接近电阻的标称阻值，说明电阻质量基本正常。

- 若测出的电阻值明显大于其标称阻值，则说明该电阻已经开路或变质。
- 若测出的电阻值明显小于其标称阻值，则说明该电阻与 PCB 中的其他元器件可能存在各种各样复杂的连接关系，直接测量得到的电阻值无效。

在线电阻的正确测量方法是从 PCB 中拆焊待测电阻的某只引脚，再用万用表对该电阻进行离线阻值的准确测量，以判断是否存在故障。

【例10-1-4】 如果希望提高在线电阻的测试效率，可以根据“Y-△”变换的思路，对焊接在 PCB 中的电阻进行在线阻值测量，其典型电路如图 10-1-03 所示。

R_x 为待测的在线电阻，R_1、R_2 与 R_x 并联，三只电阻正好构成一个“△”电阻网络的三个臂。根据集成运放的“虚短”特性可知 $V_+ = V_-$，因此流经电阻 R_1 的电流近似为 0，故 R_1 可视为开路。将万用表的欧姆挡接在 R_x 的两端，即可进行在线阻值的测量。

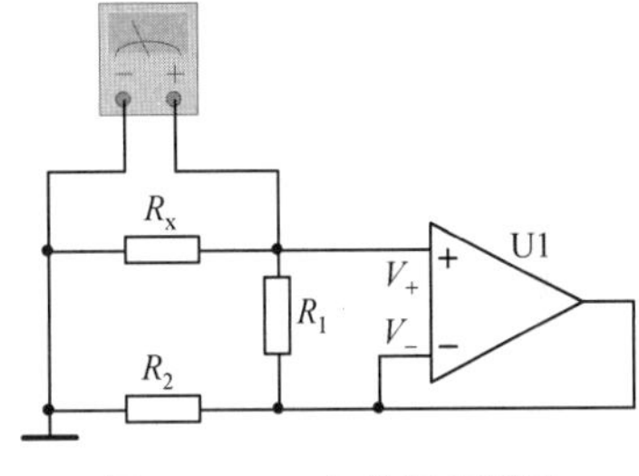

图 10-1-03　在线阻值测量

在线阻值测量电路消除了与被测电阻并联元器件的影响，无须拆焊电阻引脚即可进行测量工作。在实际操作时仍须切断供电电源，并分别对正、反向阻值进行测量，以消除可能存在的 PN 结单向导电性的影响，两次测量结果中的较小值为真实的电阻值。

10.1.2 固定电阻的故障判别及其替换

固定电阻的使用范围很广，在低电压电路中的故障率不高，可通过欧姆挡进行识别。

- 断路：可能原因包括电阻体或电阻膜烧断、电阻端帽脱落，测得的电阻值趋近于∞。
- 短路：可能原因包括电阻膜被击穿，测得的电阻值近似为 0。
- 变质：实际阻值与标称阻值之间的差异较大。

【例 10-1-5】 不能仅凭电阻外形状态就判断电阻的质量好坏。某些功率电阻的外壳出现发黑、烧焦的痕迹，但使用万用表测试后往往会发现阻值正常。造成电阻表面发黑、烧焦的原因在于电阻功率过大而引起较大的温升，使电阻表面的漆膜变质，但电阻体并没有实质损坏，选择同型号的电阻更换即可，在要求不高的场合甚至无须更换。

固定电阻损坏后，原则上应选用相同功率、相同阻值、相同型号规格的电阻替换，如果无法找到合适的电阻，那么可以采取等效或近似的方法进行替换。

- 碳膜电阻损坏后，可用功率、阻值相同的金属膜电阻替换；若金属膜电阻损坏，则不建议用碳膜电阻替换，因为相同功率的金属膜电阻的体积明显小于碳膜电阻的体积。
- 若暂时没有相同规格的电阻进行替换，则可采用电阻串/并联的方法进行应急替换。
- 在进行电阻替换时，新电阻的额定功率原则上不得低于故障电阻的额定功率。

10.1.3 敏感电阻的检测

敏感电阻的种类较多，但基本原理都是物理量（如光、热、磁场、电压等）的变化而引起电阻值的改变，因此可利用万用表的欧姆挡测试敏感电阻的阻值变化趋势，从而进行故障判断。

1. PTC热敏电阻的检测

PTC 是具有正温度系数的热敏电阻。在室温（20℃～25℃）测得的阻值与标称阻值存在±30%以内的误差属正常现象，若误差过大，则说明电阻性能不良或已经发生损坏。

使用发热的电烙铁靠近PTC电阻体，若观察到电阻值读数呈增大趋势，则说明其性能基本正常；同理，若将电阻体浸入冷水或冰水中，则电阻值读数会明显减小。

如果在加热或降温过程中，PTC电阻值的变化较小，那么说明其性能变劣，不能继续使用。

☞**提示** 测试时注意不要将烙铁头与PTC热敏电阻体接触，不要将热敏电阻的两只引脚同时浸入水中；此外，不要用手直接捏住PTC电阻体，以免人体体温对测试结果产生影响。

2. NTC热敏电阻的检测

NTC 是具有负温度系数的热敏电阻。其检测方法与PTC热敏电阻基本类似；当电阻体温度升高时，测得的电阻值会减小；当电阻体温度降低时，测得的电阻值反而会增大。

3. 光敏电阻的检测

用黑色或其他不透光的柔软物体遮盖住光敏电阻的感光窗口，再用万用表的高阻挡检测光敏电阻的阻值，此时测得的电阻值一般在$10^5\Omega$数量级，但不应该趋近于∞；若电阻值很小，则说明光敏电阻可能已被击穿，需要进行更换。

去掉光敏电阻感光窗口的遮盖物，万用表测出的阻值将会大幅减小，减小的幅度越大，说明光敏电阻的性能越好；若仍保持较高阻值，则说明光敏电阻已损坏，不能继续使用。

若将光敏电阻的感光窗口靠近白炽灯灯源，则万用表测出的电阻值会进一步减小。

★**技巧** 用日光灯、节能灯或LED作为光源测试光敏电阻的效果不明显。

4. 压敏电阻的检测

在用万用表的高阻挡测试压敏电阻的绝缘电阻时，读数均应趋近于∞；否则，说明该压敏电阻的漏电流较大，性能较差。若测得的阻值较小，则说明压敏电阻内部已损坏，不能继续使用。

10.1.4 电位器的检测

电位器在进行调整的过程中，电刷与电阻体处于反复摩擦的状态，是一种故障率很高的易损元器件。对电位器进行质量检测可参照以下步骤。

1. 外观及操作检测

旋转或滑动电位器的旋柄，感受旋柄的转动是否平滑、流畅，对于较大体积的电位器，还可以仔细聆听电位器内部电刷和电阻体摩擦的声音是否均匀，如果声响较大，那么说明电阻体的磨损已较大，需尽早更换。

2. 静态检测

从PCB中至少拆焊电位器的两只引脚，然后用万用表的欧姆挡测量电位器两只固定端之间的电阻值，观察测量值是否接近电位器的标称阻值。

3. 动态检测

动态检测可判断电位器内部的电刷与电阻体之间是否接触良好。测试时，按照相同方向旋转电位器旋柄至极限位置，用万用表的欧姆挡监测电位器中间抽头与任意一只固定端之间的电阻值变化。

- 使用模拟万用表检测时，性能正常的电位器将使万用表的表针均匀转动。若表针来回摆动，则说明电位器内部的电刷与电阻体之间接触不良，需要更换。
- 使用数字万用表检测时，若观察到电阻挡的读数朝着一个方向连续增大或减小（最小阻值趋近于 0，最大阻值趋近于标称阻值），则说明电位器性能正常；若读数出现不规则的跳跃，则说明电位器内部的电刷与电阻体之间接触不良，需要更换。

★技巧　把机油涂覆在出现磨损的电位器膜片表面，可在一定程度上缓解电位器的电阻体磨损所带来的噪声。

10.2　电容的测量与测试

模拟万用表一般没有设计电容测试挡，只能利用欧姆挡定性地评估较大容量电容（大于或等于 0.1μF）的充放电特性与绝缘电阻。

数字万用表基本都设置有电容挡，能够方便、快捷地对电容容量进行测试，以判断电容是否存在故障；但是所测电容的容量不能太大（小于 200μF），也不能太小（大于 10pF）。

10.2.1　使用数字万用表对电容进行参数测试

数字万用表的电容测试挡一般包括 2000pF、20nF、200nF、2μF、20μF 这 5 个挡位，使用数字万用表检测电容的基本步骤如下。

（1）使用万用表表笔的笔尖或金属镊子短接待测电容的两只引脚，进行放电操作。

（2）切换至数字万用表的电容测试挡。

（3）在万用表面板上找到如图 10-2-01 所示的电容测试插槽，部分万用表直接使用红、黑两只表笔直接取代电容测试插槽。

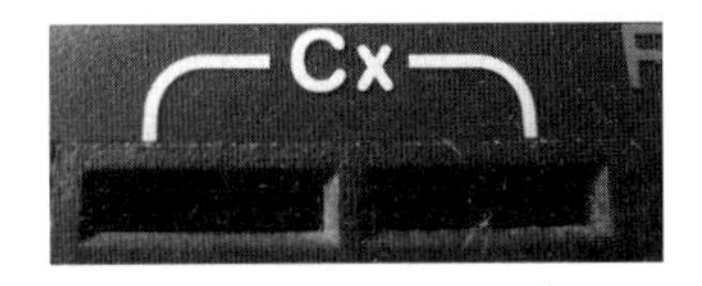

图 10-2-01　数字万用表的电容测试插槽

（4）电容引脚不分极性，插进电容测试插槽的弹性簧片中，即可读出待测电容的容量。

在测量电容容量时应注意挡位选择是否合理，不要用较大的测试挡去测试容量较小的电容。如果万用表显示的电容容量的有效位数较少，那么可切换至低一级的电容挡重新测试。

☞**提示**　部分品种的数字万用表的电容测试挡在量程切换后需要进行调零操作。

★技巧　对于容量小于 100pF 的电容，数字万用表显示的读数很小。此时可以将一只损耗较小、电容量在10^2数量级的 CBB 电容C_1与待测小容量电容C_x并联后进行测试，得到容量值C_2，然后根据公式$C_x = C_2 - C_1$计算出小容量电容C_x的近似容量。

★技巧　三位半数字万用表的最大电容挡位一般为 200μF，能够测得的最大电容量仅为 199.9μF。若待测电容量超过 200μF，则数字万用表显示超量程符号“1”。对此可根据“多只电容串联后的总容量低于任意一只串联电容的容量”的思路进行等效测量：取一只容量为 2.2～4.7μF 的无极性 CBB 电容，使用数字电桥获得其准确容量C_1，将该电容与待测大容量电容串联后插入数字万用表的电容测试插槽，读出串联电容值C_2，再根据公式$C_x = C_1 C_2 / (C_1 - C_2)$计算出待测电容的实际容量$C_x$。

数字万用表内部的电容测量电路的核心为 555 定时器，其中一个 555 单元构成多谐振荡器，产生某个频率的方波，另一个 555 单元构成单稳态触发器，输出脉宽与待测电容量相关的脉冲波形，经 RC 积分电路后得到与待测电容量成近似正比关系的直流电压。

显然，数字万用表测量电容的非线性及误差均比较大，仅有参考价值；而采用串并联方式计算出的电容量的累积误差更大。如果要进行高精度、容量过大或容量过小的电容参数测量，建议选择工作原理先进、精度等级更高的 LCR 数字电桥或专用的数字电容表。

10.2.2　使用模拟万用表对电容进行性能评估及故障检测

模拟万用表只能对较大容量的电容进行定性评估，具体操作步骤如下。

（1）使用镊子或万用表的表笔尖短接电容的两个引脚对其进行放电。

（2）切换至万用表的R×1k挡，如需测试小于0.01μF的电容，应切换至R×10k挡。

（3）将模拟万用表的红表笔与万用表内部的电池负极相连、黑表笔与电池正极相连，因此需要将黑表笔连至电容正极、红表笔连至电容负极进行测试。在表笔尖与电容引脚接触的瞬间，万用表表针将向右偏转一定的角度，通过观察万用表表针的偏转程度及复位状态，可以对电容的性能与质量进行定性判断。

- 若表针迅速向右偏转，再缓慢退回表针原位，说明电容性能基本正常。相同挡位下，容量越大，表针向右偏转的幅度越大。若表针不发生偏转，则说明容量消失、变质或内部发生了断路。
- 若表针向右偏转后不向左回转，则说明电容内部存在击穿、严重漏电或短路故障。
- 若表针向右偏转后无法向左回到表针原位，而与表针原位保持了微小角度，则说明电容的漏电阻较大，不宜继续使用。
- 对容量大于0.1μF的电容，若在测试时表针没有发生任何的偏转动作，则说明电容内部存在开路或变质故障。
- 电解电容具有极性，因此需要将电电容正极与万用表黑表笔相连、电容负极与万用表红表笔相连后进行测试。此外，电解电容的容量较大，故万用表表针反向回转的时间可能较长，对于容量大于100μF的电解电容，可用R×100挡进行快速测量。

★**技巧**　电解电容的漏电流远大于其他类型的电容，根据电解电容正向充电时漏电流小、反向充电时漏电流大的特点，选择模拟万用表的R×10k挡，将黑表笔连至负极、红表笔连至正极，对电容进行反向充电。此时能观察到万用表表针首先向右偏转，然后缓慢反转并停留在临近表针零位的某个角度位置；仔细观察表针在停止位有无抖动，以判断电解电容的反向漏电流是否恒定，从而粗略判断电容质量。电解电容的漏电阻一般为几百kΩ。

★**技巧**　在测试容量较小（1nF～0.1μF）的无极性电容时，表针偏转不明显，可在第一轮测试后交换两只表笔，对电容重新进行测试，此时表针的偏转角度会有所增大。此外，如果切换到模拟万用表的R×10k挡，那么表针的偏转角度也会明显增大。

- 1nF以下的电容由于容量太小，在使用模拟万用表测试时，基本观察不到表针的偏转，只能判断电容内部有无击穿故障。

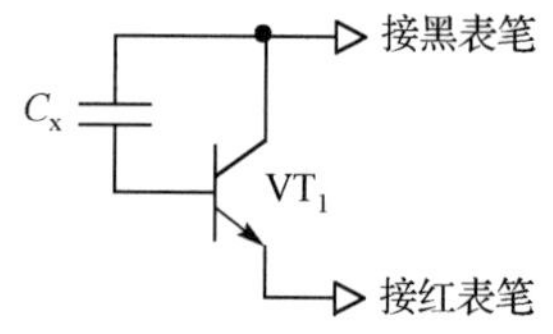

图10-2-02　小电容容量倍增电路

【例10-2-1】　小电容容量倍增电路如图10-2-02所示，图中的三极管VT_1具有放大作用，能够放大被测电容C_x的充放电过程，使R×1k挡或R×10k挡下的万用表表针偏转角度增大，以便于观察及判断小容量电容内部有无漏电、容量变质等故障。优先选择β值大于300的小功率三极管（如S9014）或达林顿型三极管（复合管，如TIP122）。

10.2.3　电容的故障类型及判别方法

电容（特别是电解电容）的故障率高于电阻与电感的，常见故障类型包括：①电容内部发生击穿短路；②电容引脚间的绝缘性能下降（漏电流变大）；③电容内部断路、电容引脚与极板间接触不良；④电容容量发生明显改变；⑤电容内部发生软击穿：上电时电容发生击穿、断电后无法观测到击穿故障。

1．瓷介电容的故障类型

瓷介电容的容量较小，大多处于 pF、nF 数量级。瓷介电容的漏电流小、耐压值较大，加之主要用于高频、低压电路单元，因此瓷介电容发生内部击穿的现象较为少见。但由于瓷介电容引脚的机械强度低，因而在焊接、调试过程中容易出现引脚脱落、断路等现象。

2．薄膜电容的故障类型

薄膜电容的容量处于 nF、μF 数量级，其性能稳定，故障率低。部分工作在高压条件下的薄膜电容（如节能灯、电子镇流器内部的高压谐振电容）容易发生击穿故障。

3．电解电容的故障类型

电解电容内部具有电解液，因此当电解电容工作时间过长、工作环境温度过高、长期未充电存放时，容易发生内部电解液干涸、变质而导致电容量改变、电容爆裂、电容壳体膨胀、电容漏液、电容失效等多种故障现象，需要定期检查更换。

4．可变电容的检测及其故障类型

可变电容的容量普遍较小，在用数字万用表的电容挡测试时准确度较差，建议使用数字电桥测量。

用手或螺丝刀旋动可变电容的转轴时，不能有时松时紧、卡滞的感觉。可变电容常见的故障包括极板间短路、极板与电容引脚间开路、极板变形、极板间存有污垢等。

采用金属极板的可变电容容易出现“碰片”短路的故障，用万用表的欧姆挡对动极板与定极板之间的电阻值进行检测即可准确判断。

10.2.4　采用观察法识别电容故障

某些怀疑发生故障的电容，可以直接通过外观判断故障类型。

- 电解电容的故障率非常高，仔细观察电解电容顶部的防爆阀有无鼓起、破裂，电容外壳蒙皮及相邻的电路板表面有无水迹，出现其中任何一种故障现象的电解电容均需更换。
- 瓷介电容发生过压击穿后，表面往往会出现黑色雾状的电击痕迹；当发生较为严重的电容击穿故障时，电容的陶瓷盘体可能会出现细小的裂纹甚至整体裂开。
- 过压击穿的薄膜电容的表面漆层会出现细小裂纹，甚至有灰色泥状物会从电容内部涌出。

10.2.5　电容的等效代换原则

电容损坏后需要进行代换，电容代换的基本原则是同型号代换、升额代换。

- 相同型号的电容生产厂家较多，但在代换时，电容类型（如瓷介、薄膜、电解等）、容量、耐压值、温度范围、体积大小等参数均需基本相同或比较接近；此外，可用指标、性能优于原电容的产品进行代换。
- 高频电容可用于代换容量、耐压相同的低频电容，如有机薄膜电容可代换纸介电容，聚丙烯电容可替代涤纶电容。
- 可用两只及以上相同耐压的电容并联后代换容量接近的单只电容。
- 可用多只耐压、容量相同的电容串联后代换高耐压电容。
- 可用容量更大的独石电容代换低频瓷介电容，作为电源滤波电容。
- 可用容量相等的无极性独石电容代换具有相同容量的极性钽电解电容。
- 如果不得已采用较大体积的电容代换较小体积的电容，可以改变电容在 PCB 中的插装形式，如由立式插装调整为卧式插装。

10.3 电感与工频变压器的检测

模拟万用表没有设计电感测试挡位，数字万用表中也只有少数高端型号具有电感测试功能，而且测试的电感量范围较小，常用的 μH 级电感量往往难以测试。为了获得较为准确的电感量、品质因数 Q 等参数，可使用 RLC 测试仪或数字电桥等专用设备进行测量。

10.3.1 电感的故障类型及检测

电感的故障类型主要包括：电感线圈断路、线圈匝间短路、磁芯损坏等，在业余条件下，可通过“外观检测”与“内阻检测”相结合的方式对电感的性能进行粗略评测。

1．外观检测

首先观察电感的磁芯有无损坏及破裂、电感的线圈与引脚之间有无脱落、线圈与磁芯之间有无松动等故障现象。一般而言，磁芯损坏后的电感量将明显减小，影响电感所在电路的正常工作。

2．内阻检测

电感的内阻较小，容易与电阻、电容区分。电感内阻值多处于10^{-3}～10^{1} Ω 数量级，可用万用表的低阻挡对电感引脚之间的内阻进行测试。若测得的阻值趋近于∞，则说明电感内部的线圈发生了开路故障；若在电感内阻测试过程中出现阻值过高（大于 1kΩ）的现象，则怀疑电感内部的金属导线存在锈蚀。

3．绝缘性检测

使用万用表的高阻挡测量电感线圈的引脚与磁芯之间的电阻值，若测得的电阻值较小（小于1MΩ），则说明电感的整体绝缘性能较差，需要更换。

4．品质因数的简单比较

对于具有相同电感量的电感，体积较大、线圈导线较粗、内阻较低、线圈采用铜质材料的电感的品质因数较大。此外，采用多线并绕的电感的 Q 值较大。

10.3.2 工频变压器的检测

工频变压器的检测内容较多，但测试工艺比较简单。

1．变压器外观检测

观察变压器的外观形态，可判断其是否存在线圈导线断裂、线圈与接线柱之间脱焊、线圈骨架烧焦或融化、铁芯紧固螺杆松动、硅钢片锈蚀、绕组线圈外露等故障。

2．初级绕组检测

工频变压器内部具有初级绕组与次级绕组，其中初级绕组将被连接至交流 220V，其线圈具有线径较小、匝数较多的典型特征；而次级绕组的线径较大、匝数较少。在使用万用表的欧姆挡进行内阻测量时，初级绕组与次级绕组之间的内阻值相差 2～3 个数量级。

使用万用表测试变压器初级绕组的直流内阻，若读数趋近于∞，则说明初级绕组的导线已经被烧断；若测得的内阻读数不足100 Ω，则说明初级绕组的匝间可能存在局部短路故障。

降压型电源变压器的初级绕组的线径较小，当次级绕组发生短路、负载过重等情况时，过大的电流容易使初级绕组被烧断，这正是降压型电源变压器的主要故障类型。

★技巧　某些变压器的初级绕组包含三只接线柱，若第三只接线柱与其余两只接线柱之间的内阻趋近于∞，则该接线柱与变压器内部初级绕组的静电屏蔽层相连，具有电气屏蔽、降低电磁辐射的作用。若测得第三只接线柱与其余两只接线柱之间的内阻相等或比较接近，则说明该接线柱为初级绕组的中间抽头，可用于连接 100V 或 110V 的交流电源。

3. 次级绕组检测

降压型电源变压器次级绕组的内阻较小，但不会为 0，需要与短路故障区分开。次级绕组的漆包线的线径较小，不易被大电流烧断；但粗漆包线的质地较硬，容易与变压器输出端的接线柱因虚焊或氧化而出现松动、开路等故障。

★技巧　传统的工频变压器使用铜芯漆包线绕制而成，近年来出现了大量采用铝芯漆包线进行次级绕制的工频变压器，以降低生产与制造成本。这类变压器的内阻较大，使用过程中的温升比较明显，长时间满负荷使用容易发生变压器过热及绕组烧毁等故障。

☞提示　次级绕组带有中间抽头的变压器较为常见，用于向运放、功放等电路单元提供正/负双电源；中间抽头所在的接线柱与次级绕组的其余两只接线柱的阻值近似相等。

某些电源变压器还需要进行绕组同名端的检测，以便于实现多个绕组的串联。

4. 温升检测

若变压器内部绕组存在匝间短路故障，则使用万用表的欧姆挡难以查明故障点。对此可以将变压器设置为满负荷工作状态，给初级线圈加载额定电压、次级线圈接入额定负载，在没有明显空气流动的环境中对变压器的绕组及铁芯进行温升检测。

小功率电源变压器的允许温升一般为 40℃～60℃，如果变压器所处的安装空间具有较好的通风散热条件，那么温升上限可适当提高。

5. 绝缘性检测

使用万用表的 R×10k 或 200MΩ 高阻挡对变压器初级线圈接线柱与次级线圈接线柱之间、接线柱与铁芯之间、金属屏蔽罩与绕组接线柱之间、静电屏蔽层与绕组接线柱之间进行绝缘电阻检测，正常情况下测得的电阻值应趋近于∞。若测得的电阻值较小，则说明变压器绕组间的绝缘性能变差，需要及时更换，以确保使用安全。

对于包含多个输出绕组的变压器，还需要逐个检测各绕组之间的绝缘性是否良好。

6. 空载电流检测

将变压器的次级绕组全部开路，切换至万用表 200mA 或 500mA 交流电流挡，将万用表表笔串联到变压器输入回路中，然后接入 220V 交流市电，此时万用表的读数即为变压器的空载电流值。空载电流与变压器的额定功率、铁芯材料密切相关，一般仅为几十 mA。如果变压器的空载电流过大，那么说明变压器次级绕组可能存在匝间短路故障。

7. 空载电压检测

将电源变压器的初级绕组接入 220V 交流市电，用万用表的交流电压挡即可测出每个次级绕组的空载电压值，空载电压值一般比变压器的额定输出电压值高 5%以上，接入一定的负载后，次级绕组的电压值将会减小并接近额定电压。

10.3.3 工频变压器的主要故障及维修

工频变压器的常见故障包括绕组线圈开路、匝间短路、绝缘性破坏等。当发生短路性故障时，变压器发热严重、次级绕组输出电压明显减小。变压器初级绕组的线径较小、容易折断；次级绕组较粗且硬度较大，容易与变压器的接线柱脱焊，这些均是造成绕组线圈开路的重要原因。

可以对发生故障的工频变压器进行维修，一般需要敲出铁芯的硅钢片，然后拆去存在故障的绕组，再根据原绕组的实际参数（线径、耐压值、匝数）重新进行绕制。

10.4 二极管的识别与测试

二极管外壳一般具有正负极性的标记，在接入电路时需要分清极性。二极管表面色环附近的引脚为阴极；发光二极管、光敏二极管的长脚为阳极、短脚为阴极。对于通过外观无法判断引脚极性的二极管，可用数字万用表的二极管挡或模拟万用表的 R×1k 挡进行判断。

10.4.1 利用数字万用表的二极管挡测试普通二极管

将三位半数字万用表切换至如图 10-4-01 所示的“二极管/通断”挡，将红、黑表笔分别接至二极管的两只引脚，若万用表读数为 3～4 位的整数值，交换表笔后显示超量程符号“1”，则正常读数时与红表笔相接的引脚为二极管的阳极，与黑表笔相接的是阴极。

图 10-4-01 “二极管/通断”挡

★技巧 数字万用表读出的 3、4 位整数值近似表示被测二极管的正向导通压降，默认单位为 mV。普通的 Si 整流二极管的正向导通压降为 500～700mV，肖特基二极管的正向导通压降为 100～300mV。

若两次读数均显示超量程符号“1”，则说明二极管内部发生开路。若两次读数均为有限的数值，则说明二极管的反向漏电流较大、单向导电性能较差，需要进行更换。

10.4.2 利用模拟万用表的欧姆挡测试普通二极管

模拟万用表没有专用的二极管挡，此时可通过 R×100 或 R×1k 的欧姆挡测试二极管的正、反向电阻，对二极管进行质量评判。

若二极管的正向电阻较小，反向电阻趋近于∞，则说明二极管性能良好，此时，与黑表笔相连的引脚为二极管的阳极。若测量得到的正、反向电阻均趋近于∞，则二极管内部开路。若两次测得的电阻值都很小，则说明二极管内部被击穿后短路。若两次测得的电阻值相差不大，则说明二极管的单向导电性较差。二极管的正、反向电阻阻值相差越大，说明二极管的单向导电性越好。

10.4.3 稳压二极管的检测

稳压二极管具有单向导电性，因此其基本测试流程与普通二极管的类似。当使用数字万用表的二极管挡测试时，其正向导通电压一般大于 700mV。对于稳压值 V_z 低于模拟万用表内部 R×10k 挡所使用 9V 叠层电池电压的稳压二极管，可用 R×10k 挡粗略估计其稳压值。

在稳压管生产厂家提供的元器件资料文档中，标称稳压值均为一个电压范围，即使是同一厂家、同一型号的产品，实际测得的稳压值也不尽相同，离散性较大。最直接、准确的稳压管测试方法是搭建如图 10-4-02 所示的测试电路，通过测量稳压二极管阴极与阳极之间的直流电压，得到稳压二极管的稳压值 V_z（V_z 应比电源电压 V_{CC} 小 0.5V 以上）。随着生产工艺的改进，小功率玻封稳压二极管的稳压值离散范围已经做得比较窄，同一批次生产的稳压管的稳压值差异并不太大。

由于稳压二极管具有反向击穿电流及额定功率的限制，因此当稳压管向电路提供稳压值时，需要反接在电路中，同时串联限流电阻 R_1。

【例 10-4-1】 2DW 系列温度补偿型双向稳压二极管的外形与普通中功率三极管类似，包含三只引脚，其内部结构如图 10-4-03 所示。

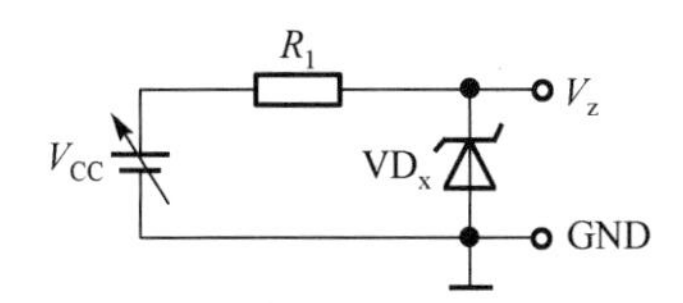

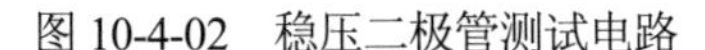
图 10-4-02　稳压二极管测试电路

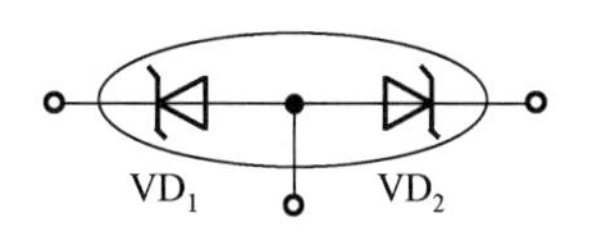

图 10-4-03　双向稳压二极管的内部结构

2DW 系列稳压二极管内部集成了两只特性非常接近的稳压二极管单元，反向串联的结构可使两只稳压二极管的温度系数相互抵消，进一步稳定稳压值。双向稳压二极管的中间引脚悬空，剩余两只引脚无须区分阴极与阳极即可提供稳定的稳压值，在由集成运放构成的振荡电路中应用较多。

★技巧 在现代电子线路中，+5V 的 TTL 电平使用广泛，低电压基准运用得较多，其中带隙基准源 TL431 常用来替代稳压二极管，并改善原电路的性能，具体内容参见 5.1.3 节。

10.4.4　LED 的检测

LED 同样具有单向导电性，可用数字万用表的“二极管/通断”挡进行检测。LED 被正向连接时会发出微弱的光芒，此时，万用表的读数值往往大于 1500。

使用模拟万用表的 R×10k 挡同样可以用来测试 LED。当黑表笔连至阳极、红表笔连至阴极时，万用表测得的正向电阻值较小，而交换表笔后测得的反向电阻值趋近于∞。因为 R×10k 挡的电流很小，所以在测试时难以观测到 LED 发光的现象。

若有合适的直流可调稳压电源，则可以将电源输出电压调节到 4V 左右，然后串联一只 kΩ 数量级的限流电阻 R_1，即可对各种型号的 LED 进行性能测试，如图 10-4-04 所示。

若测得 V_F 在 1.4～3.5V 范围内，发光亮度、颜色正常，则说明 LED 功能正常。二极管的工作寿命很长，故障率不高。常见的故障类型是正向工作电流过大而将 LED 芯体烧断，此时万用表测得的电阻值趋近于∞。

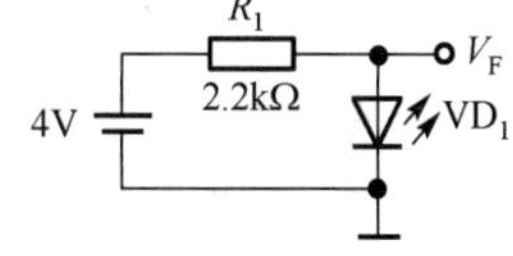

图 10-4-04　LED 测试电路

10.4.5　整流桥堆的检测

整流桥堆的工作电流、反向耐压均比较大，因而故障率较高，一般可采用类似于二极管质量检测的方法来判定整流桥堆的质量好坏。参照如图 2-9-06 所示的整流桥堆内部结构可以看出：

- 两个交流输入端“～”之间总有一只二极管反接，故交流输入端的总电阻趋近于∞；
- 直流输出端“+”或“−”与两只交流输入端之间均只有一只二极管；
- 直流输出端“+”与“−”之间为两只硅二极管串联，管压降之和大于 700mV。

因此，用数字万用表的二极管挡测交流输入端“～”的正、反向管压降时均显示“1”（溢出）。如果将万用表表笔接在直流输出端与交流输入端之间，那么将会有几百 mV 的读数；如果将红表笔接在直流输出端“−”、黑表笔接在直流输出端“+”，那么万用表显示 4 位正向压降值“1×××”。

10.5　三极管的引脚识别及质量检测

常用的三极管包括 BJT（双极型三极管）、JFET（结型场效应管）、MOSFET（绝缘栅型场效应管）等类型，由于内部结构与工作原理的差异较大，因而检测方法也明显不同。

10.5.1　三极管的引脚排列规律

在电子技术课程设计、实验及实训环节中，常用三极管的封装包括小功率的TO-92、SOT-23，中大功率的TO-220、TO-251、TO-263、TO-3等，如图10-5-01所示。

(a) TO-92　(b) SOT-23　(c) TO-220　(d) TO-251　(e) TO-263　(f) TO-3

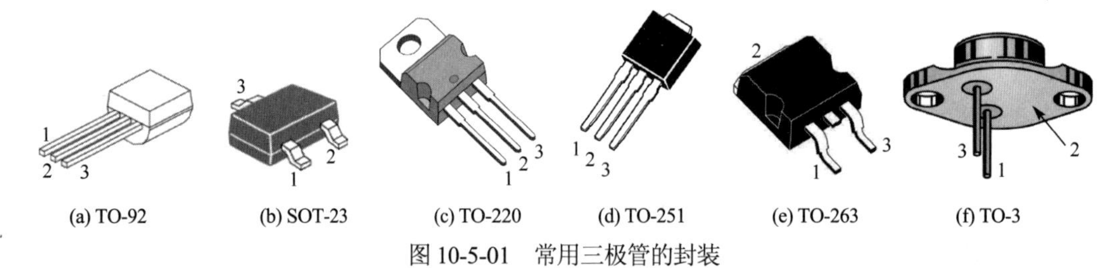

图10-5-01　常用三极管的封装

- 将如图10-5-01(a)所示TO-92直插封装的三极管型号面朝自己，下方的1、2、3号引脚依次为ebc或ecb或SGD或DSG，也有极个别高频三极管的引脚排列为cbe，如BC558B。
- 如图10-5-01(b)所示SOT-23贴片封装的三极管，上方的单只引脚3为c或D极，下方左侧的引脚1为b或G极，下方右侧的引脚2为e或S极。
- 如图10-5-01(c)所示TO-220封装的居中引脚2与带有螺丝孔的散热片相连，为c或D极，左侧的引脚1为b或G极，右侧的引脚3为e或S极。如图10-5-01(d)所示的TO-251、图10-5-01(e)所示的TO-263可视为TO-220的卧式封装变形，引脚排列规律与TO-220的相同。
- 对于如图10-5-01(f)所示的TO-3金属封装，只有两只较为明显的引脚1、3，但金属外壳也是一只隐藏的引脚2，为c或D极，将金属外壳下方的两只引脚面朝自己，位于菱形面短轴上方左侧的引脚1为b或G极，右侧的引脚3为e或S极。

10.5.2　双极型三极管的检测

目前双极型三极管（BJT）应用最为广泛，其引脚排列不如场效应管的有规律可循，因此往往需要进行极性（NPN或PNP）检测、引脚（e/b/c）识别、电流放大系数（h_{FE}、β）估测。

1. BJT的内部等效结构

BJT可以分为NPN与PNP两大类，从基极b到发射极e、从基极b到集电极c均可等效为一只PN结，可用数字万用表的“二极管/通断”挡测出，如图10-5-02所示。由于两只PN结处于反向串联的状态，因而集电极c与发射极e间的正反向电阻趋近于∞。

图10-5-02　BJT的内部等效结构

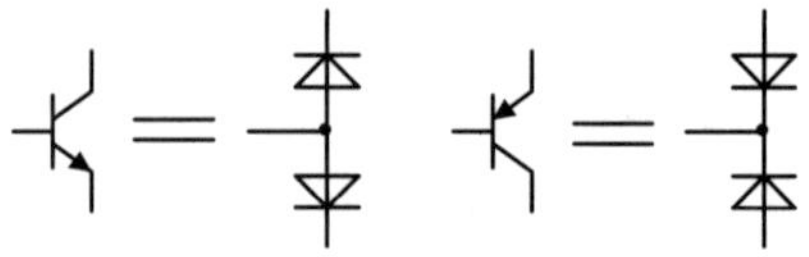

结合数字万用表“二极管”挡、“h_{FE}”挡，可对BJT进行引脚、极性及质量的检测。

2. 寻找BJT的基极b、探明管子极性

从图10-5-02可以看出，基极b是两只反向串联的二极管的中点，因此准确识别基极b对于管子极性、引脚排列具有重要意义。

（1）首先假设未知极性的BJT三极管为NPN型，将数字万用表切换至“二极管”挡。

（2）假设BJT三极管的某只引脚为基极b，然后将红表笔与之相连，再用黑表笔对剩余两只引脚进行两轮测试。

（3）若两轮测试均可得到几百mV的有效读数，则说明基极b假设正确，两轮测试时发射结与集电结均处于正向导通状态。由于数字万用表的红表笔处于高电位状态，因此同时也能得出被测三极管为NPN型的结论。

（4）如果两轮测试无法获得两次有效的读数，那么说明第（2）步的基极 b 假设不正确，需要重新假设另外一只引脚为基极 b，重新进行测试。

（5）若三极管的三只引脚被假设为基极 b 之后，均无法得到同时有效的两组读数，则说明该三极管不是 NPN 型，而是 PNP 型。

（6）重新假设某只引脚为基极 b，将黑表笔与之相连，用红表笔分别测试其余两只引脚。

（7）如果某只引脚被假设为基极 b 之后，得到两组几百 mV 的有效读数，那么说明基极 b 的假设正确，同时可以得出该三极管为 PNP 型的结论。

3．判断发射极 e 和集电极 c、估测电流放大系数

将数字万用表切换到"h_{FE}"挡，在万用表面板中找到与"h_{FE}"对应的 8 孔插孔，如图 10-5-03 所示。NPN 与 PNP 各占 4 只插孔，分别对应三极管的 e、b、c、e 极（发射极 e 重复，以适应小功率三极管 ebc 与 ecb 两种标准的引脚排列顺序）。

图 10-5-03　"h_{FE}"挡测试插孔

根据已经得出的 BJT 三极管极性和基极 b 引脚的位置，把其余两只引脚分别假设为集电极 c 与发射极 e，插入对应的 8 孔插孔，记录数字万用表两次显示的 h_{FE} 值。其中，读数较大的那次插入与插孔的标注吻合，根据插孔旁边标注的 e、c 标识即可准确识别被测三极管的发射极 e 与集电极 c。

4．大功率阻尼三极管的测试

阻尼三极管（参见 2.11.1 节）内部集成了二极管、保护电阻（分流匹配电阻）。由于保护电阻的阻值仅处于 10^1～10^2 数量级，从而使得 b-e 极之间的正向电阻 R_{be}、反向电阻 R_{eb} 的阻值均很小，而 b-c、e-c 极之间的特性类似于普通二极管的极性。

10.5.3　MOSFET 场效应管的检测

MOSFET 场效应管的引脚排列比较有规律，不同封装对应的引脚分布如图 10-5-01 所示。由于 MOSFET 场效应管是一种损坏率较高的元器件，因此在进行电路调试时，工作人员常常需要对管子进行准确的质量检测。

【例 10-5-1】 N 沟道 MOSFET 场效应管的质量检测流程。

解：（1）将数字万用表切换至"二极管/通断"挡（模拟万用表的测试流程参见文献[5]）。

（2）使用金属镊子或螺丝刀同时短接 MOSFET 场效应管的三只引脚。

（3）将万用表的红表笔连至漏极 D、黑表笔连至源极 S，此时万用表读数为超量程符号"1"。若此时万用表显示的读数很小且万用表内部的蜂鸣器发声，则说明被测管子的 D-S 之间已被击穿。

（4）交换表笔（红表笔连至源极 S、黑表笔连至漏极 D），由于绝缘栅型场效应管的 D-S 之间有一只寄生二极管，因此万用表显示几百 mV 的有效读数，即为二极管的正向压降值。

（5）将万用表的黑表笔连至源极 S、红表笔连至栅极 G，万用表仍显示超量程符号"1"。

（6）黑表笔位置保持不动，将红表笔从栅极 G 移动到漏极 D，此时 D-S 极之间微导通，万用表显示几十至几百不等的读数，该读数与管子型号、额定功率、开启电压、$R_{DS(on)}$ 等参数密切相关。当万用表显示读数很小时，内部的蜂鸣器可能会发声。

（7）如果黑表笔不动，在红表笔移动到漏极 D 的过程中，万用表依然显示超量程符号"1"，那么说明 MOSFET 场效应管的 D-S 之间可能出现了开路故障。

☞**提示**　PMOS 绝缘栅型场效应管的测试方法与上述流程基本类似，只是在操作过程中需交换红、黑表笔的位置。

10.6 集成芯片的测试

集成芯片只有被准确无误地安装在特定的电路系统中才能正常工作，如果外围元器件正常、电路 PCB 没有损坏，但所在电路工作异常，此时只能怀疑集成芯片已经损坏。由于集成芯片是在硅片上集成大量微电子元器件而制成的特殊电路结构，当确认集成芯片损坏后，唯一能做的就是更换已损坏的芯片，试图对已经确认损坏的集成芯片进行维修往往是徒劳的。

专用集成芯片的内部结构、功能、封装各异，因而无法设计出一种对所有集成芯片都适用的测试仪器。但是对于某些通用集成芯片，可以设计出专用测试系统。

- 对于通用的 74、4000、4500 系列数字集成芯片，每只芯片的逻辑关系是确定的，因此可以通过向特定的输入引脚加载高电平、低电平或时钟脉冲信号，然后对其相应的输出引脚进行测试，进而可分析出该芯片的型号，此外也可以对芯片的好坏进行判断。
- 对于集成电压比较器，可以采用向比较器输入端施加高低不等的电压，再通过检测比较器输出端的电平状态，对比较器的功能与质量进行检测。
- 集成运放的检测相对比较复杂，一种简单易行的检测思路是将集成运放接入一个含有负反馈网络的放大电路中，再向集成运放的输入端施加一组信号电压，通过测试输出信号的状态，验证被测试集成运放是否处于线性放大状态。

10.7 驻极体麦克风的简单性能检测

选择数字万用表的欧姆挡或“二极管/通断”挡，将红、黑表笔分别连接至麦克风的电源/输出引脚与信号地引脚，然后对着麦克风顶部的黑色防尘罩吹气。若万用表的读数出现明显的变化，则说明麦克风性能基本正常，可以正常使用。

10.8 开关类元器件的检测

开关类元器件具有“通”与“断”两种基本功能，当开关导通时，触点间的电阻值趋近于 0Ω；当开关关断时，触点间的电阻值实为触点间的空气电阻，可近似认为是∞。

开关触点的质量检测一般采用数字电桥或毫欧表，在实验室条件下也可以使用数字万用表的低阻挡，但在测量前需要短接红表笔和黑表笔，记录表笔的真实内阻。待测出开关触点的电阻后，再减去表笔内阻，得到实际的触点电阻值。

习 题

10-1 模拟万用表的黑表笔在进行电压、电流测试时，需连接至电路的高电位端还是低电位端？

10-2 当数字万用表切换至欧姆挡时，黑表笔与万用表内部的电池正极相连还是负极相连？

10-3 （扩展）万用表的通断挡与低阻“200Ω”挡的测试原理有哪些差别？

10-4 如何使用万用表区分三极管与 MOSFET 场效应管？

10-5 如何鉴别变压器的初级绕组、次级绕组、绕组中间抽头？

【思政寄语】 长江存储使用国产器件等效代换原本需国外进口的存储器芯片，把居高不下的固态硬盘价格直接拉低 50%以上，极大地增强了国人的自信心和自豪感。

第 11 章　电路系统调试工艺

重点：

1）明确电路系统调试工艺的基本任务。
2）掌握电路系统分块调试、整机联调的基本流程与操作技巧。
3）熟悉电路系统调试过程中常见故障的排除方法。

电路仿真完成并得到正确的仿真结果后，暂时可以认为系统的基本功能已经初步实现。但后续的 PCB 设计、元器件选型、插装、焊接工艺流程可能会引入潜在的故障因素，导致最终完成的硬件电路系统在上电后无法得到预期的运行结果。此时，需要进入电子设计流程中非常重要的电路系统调试环节。

电路系统调试主要包含以下三方面的基本任务：

- 查明并排除导致电路系统无法正常工作的设计缺陷和安装错误；
- 确保电路系统正常运行时的功能正确，各项性能、参数指标达到预定的设计要求；
- 发现并解决原设计方案中的不足，对电路结构、元器件参数进行有针对性的调整，进一步完善设计方案，确保电路系统能够长期、稳定、可靠地工作。

11.1　电路系统调试人员需要具备的基本技能

即便使用相同的设计方案和元器件，最终完成的产品质量可能仍会有一定的差异，这主要取决于电路系统调试人员对调试工艺掌握的熟练程度，以及调试工艺是否合理、规范。

1．拥有宽广、扎实的专业基础知识背景

电路系统调试人员需要熟悉掌握的专业基础知识理论，包括电路原理（分析）、模拟电子技术、数字电子技术、PCB 设计、电子工艺等。近年来各类电路系统中包含的数字单元越来越多，测试仪器的复杂化、智能化、虚拟化越来越明显，这都对电路系统调试人员提出了更高的要求。

2．严格遵守调试工艺流程、安全操作规程

错误、不规范的调试工艺可能导致元器件损坏，增加新的故障，在造成经济损失的同时还可能影响工作进度，因此需要电路系统调试人员在调试过程中小心谨慎、遵守标准的调试工艺流程。

在进行某些电路系统调试时，可能会接触到超过 36V 的不安全电压，因此电路系统调试人员要特别注意安全规范，采取必要的防护措施（如采用隔离变压器断开与市电的直接接触），避免产生人身伤害。

3．正确使用各类调试工具、测试仪器

在全面了解待测试电路的功能、测试模式（定量或定性）后，要选择正确的测试仪器。

【例 11-1-1】 若仅需测试电路的静态工作点，则完全没有必要选用四位半或更高精度的数字万用表。若需要观察动态的交流波形，则不应该选择万用表进行测试。

在使用仪器仪表进行测试之前，需要充分熟悉其性能指标和操作规程，避免操作错误而造成仪器

仪表损坏。此外还需要重点检查仪器仪表的操作安全性，杜绝事故隐患。

【例 11-1-2】 用万用表的电阻挡测试通电回路的元器件阻值、用电流挡测量电压、用直流挡测量交流都是常见的错误操作。某些测试仪器在联机测试时需进行阻抗匹配，错误的阻抗匹配会引起读数错误。

4．进行调试总结、积累调试经验

电路系统调试所涉及的知识、技术、方法、技巧非常重要，电路系统调试人员只有在日常的调试工作中经常总结，才能逐步掌握科学、规范的调试方法，积累丰富的调试经验，并形成相对较稳定、高效、成熟的调试风格。

11.2　常用的电路调试仪器仪表

可用于电路系统调试的仪器仪表与工具种类较多，需根据实际电路的具体功能进行有针对性的选择。在电路系统调试过程中常用的仪器仪表的类别及其基本功能如表 11-2-1 所示。

表 11-2-1　常用的仪器仪表的类别及其基本功能

类　别	仪器仪表的基本功能
信号源	产生正弦波、矩形波、三角波、锯齿波、方波等信号
电量测试仪	测量交流电压、电流、功率、功率因数等
万用表	测量电阻值、通断、交直流电压与电流、电容、电流放大倍数等参数
电桥	测量电阻、电容、电感的关键参数
示波器	观察、测量、测试各类交直流波形
频率计	测量工作频率、统计脉冲个数
逻辑分析仪	观察数字电路的多路输出波形状态
失真度测试仪	测量放大电路的信号失真度
扫频仪	测量放大电路、高频电路的频率特性、带宽、传输特性
频谱分析仪	测量信号的频谱成分及结构
晶体管参数测试仪	测量二极管、三极管、场效应管的输入/输出特性曲线、耐压值
集成电路测试仪	检测 TTL、CMOS 数字集成电路、集成运放及比较器的性能好坏
专用测试测量仪器	温度、压力、流量、磁场、线圈匝数、场强、照度测试仪等

电源在电路系统调试过程中不可或缺。实际使用的电源的种类并不多，常用电源的种类与基本特点如表 11-2-2 所示。

表 11-2-2　常用电源的种类与基本特点

电 源 种 类	电源的基本特点
直流稳压电源	向负载提供稳定的工作电压，输出电压的大小可调
恒流源	向负载提供稳定的工作电流，输出电流的大小可调
高压电源	电源输出电压在 kV 级以上
脉冲电源	按照一定时间规律，对负载进行周期性的加电、断电
隔离变压器	提供安全的调试用高压
电子负载	为自行设计的电源电路提供恒流、恒压、恒功率的负载类型

实验室中常用的直流稳压电源有 3 路（双路可调电压、单路 5V 固定电压）与单路两种，其面板如图 11-2-01 所示，通过数码管或液晶屏分别显示电压与电流参数，以便于使用者随时观察电路系统的工作状态是否正常。

3 路输出直流稳压电源具有 A 路、B 路输出，将 A 路的“+”端口与 B 路的“–”端口连接在一起后作为公共地，然后将 B 路的“+”端口作为正电压输出，将 A 路的“–”端口作为负电压输出，即可构成一组正/负双电源，用于向运放、功放供电。A 路、B 路的输出电压可以调节，为了提高调节精度，一般采用多圈电位器，其外形可参见 2.3 节。此外，A 路、B 路还设置了过流保护电位器，用来设定过流保护值。当电源输出电流超过该设定值后，稳压电源的输出电压下降、实施保护。第三路电源一般固定输出+5V 电压，与 TTL 电平一致。这路输出无过流保护，但提供了过流指示。图 11-2-01 中的两只功能按钮用来设定 A 路、B 路输出端电压的串、并联输出模式：A 路、B 路串联后，输出电压得以提高；A 路、B 路输出并联后，输出电流得以扩大。

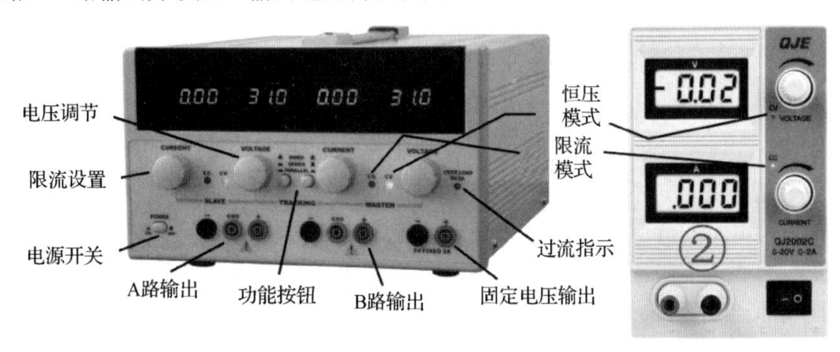

图 11-2-01　实验室中常用的直流稳压电源

单路稳压电源体积小巧，在调试数字系统等单电源供电的电路时使用较多。

除上述的各种测试仪表外，在进行电路测试时还经常用到各类辅助工具，如电烙铁、PCB 钩刀、热风吹焊台、螺丝刀、剥线钳、压线钳、导线通断测试器、镊子、尖嘴钳、斜口钳等。

11.3　电路系统调试的基本步骤

根据调试目的的不同，可将电路系统的调试分为两大类：

- 检验、测试设计方案正确与否，参数是否合理；
- 功能经过验证的成熟电子产品在生产完成后，进行性能测试与参数调整。

对电路系统进行调试的技术手段较多，不同电路之间的调试方法也存在较大差异，但调试的思路与步骤基本一致，往往包含电路单元调试和系统整机联合调试（联调）两个阶段。

11.3.1　预检查

对于电子装接工序之后即将进行调试的电路，可能存在元器件故障或失效、元器件型号或参数选择错误、元器件方向或极性插反等非原理性的错误，为了避免这些错误引起电路通电后出现连锁性的损坏，需要调试人员进行仔细的预检查，以发现和纠正较为明显的错误与故障。通过与电路原理图反复比对、肉眼检查、万用表检测等基本的预检查手段，能够及时发现以下常见错误。

- 电源的正/负极是否接反，正/负极之间有无短路故障。
- 元器件的型号是否有误，引脚之间有无短路故障。
- 对于有极性的元器件（如电解电容、二极管、LED 等），极性或方向连接是否有误。
- PCB 中的电气连线、铜箔有无脱落、断线、严重氧化等故障现象。
- PCB 的焊点有无漏焊、桥接、虚焊、氧化、短路等故障现象。
- PCB 中的飞线有无漏接或与其他元器件金属部位短路的故障。

由于电源、元器件极性反接等故障对系统的破坏性极强，最好采用肉眼观测与万用表通断挡（二极管挡）检测相结合的方式进行故障排查。

☞**提示**　在对需要进行故障维修的电路进行预检查时，应首先观察PCB中有无明显的元器件破损、短路、颜色变化、异味等故障，以发现直接的故障点。

11.3.2　通电调试

通电调试包括通电观察、静态调试、动态调试、分块调试等环节。无论电路系统的结构多么复杂，都应该养成“先静态、再动态”和“分单元、分阶段”的良好调试习惯。

1．通电观察

在对电路系统进行通电调试以前，需要充分熟悉被调试电路的基本功能原理、关键性能指标，明确调试的主要工作。

被调试电路接通电源后，不要急于进行电气指标的测量，而应密切关注直流稳压电源的工作指示是否正常（如电压与电流的指示是否正常、整机工作电流是否过大）。此外，还需要辨别电路系统有无异常气味、冒烟、打火、保险丝熔断等现象，用指尖或温度计接触集成芯片、三极管、二极管、场效应管、功率电阻等重点元器件、工作环境较为恶劣的元器件表面，判断有无异常温度状况出现。

☞**提示**　如果出现上述异常，说明电路内部存在严重故障，须立即断电进行故障排查。

★**技巧**　对复杂程度较高的电路系统，可采用分单元独立通电的模式进行通电测试。如果一次性向所有电路单元供电，在发生故障时不易准确查找故障所在的具体位置。

分单元独立通电是按照整个电路系统的功能单元划分，逐级依次接通各个单元的电源，观察有无异常情况并记录各个单元的实际工作电流。独立通电主要适用于各个电路单元之间的信号为单向流动、各单元的工作状态差异较大的场合。

如果各个电路单元之间的关联度不高，那么也可以采用独立通电的方法，对各单元进行独立的分时供电，并分别测试、记录每个单元的工作状态，确保将来在联调时整机能够正常工作。

2．静态调试

如果各个单元、整个系统通电后的供电参数正常，无明显的异常现象及故障，即可用示波器、万用表等测试仪器进行电路系统的静态参数测试。

静态调试针对电路系统的直流工作状态进行测试，可根据实际电路结构，选择输入信号接地、输入引脚高阻悬空等不同模式。正常的直流工作状态是整个电路正常工作的基础。

【例11-3-1】 早期电子产品提供的电路图中标注有详细的直流工作点参数（如三极管的直流电位或工作电流、集成芯片各引脚的工作电压），供电路维修、调试时参考。

在电路系统的静态调试阶段，主要的测试内容如下：

（1）电源的供电电压是否正常，电流表测出各级单元模块的静态工作电流是否正常；

（2）晶振电路是否起振；

（3）万用表测出的三极管静态工作点、集成芯片关键引脚的电压值是否正常。

☞**提示**　由于元器件的参数存在偏差，因此仪器仪表本身也有一定的测试误差，可能会出现测试数据与正常工作的参考值不完全相同的情况，但两者之间的差值不会太大，相对误差一般在±10%以内。

对于静态参数不正常的情况，可通过更换已损坏元器件或调整元器件参数，使电路的静态工作参数逐步恢复正常值，必要时可以适当修改电路结构。

3. 动态调试

电路系统动态调试应建立在静态调试已经完成的基础上。动态调试需在电路系统的输入端接入适当的信号，并按照信号走向，逐点测试信号链路上各个重要观测点的信号波形，发现问题后，需综合分析产生问题的原因，研究故障排除方案，进行针对性的调整，直至整个电路系统能够达到预定的各项功能、指标要求。

在电路系统动态调试过程中，一般会用到信号源、示波器、逻辑分析仪、频谱仪、扫频仪、失真度仪等基本的测试仪器。在进行电路系统的调试时，常常会涉及下列调整方法：

- 使用锋利的刀尖（如钩刀、美工刀、手术刀）切断已存在的电气线条；
- 使用带有绝缘外皮的导线连接因遗漏而未正确连接的节点。

☞**提示**　如果待调试电路系统的工作频率较高、信号比较微弱，那么需采取一定的屏蔽措施，防止因调试对电路系统产生干扰。

4. 分块调试

对于结构复杂的电路系统，直接通过输入与输出的连接即可完成调试的可能性较小。此时可将电路系统人为地划分成若干相对独立的子电路单元模块，然后针对每个单元模块分别进行调试，待各个模块功能调试完成后，再将电路系统作为一个整体进行联调。

由于各个单元模块之间具有相对独立性，因此电路系统的分块调试工艺能够迅速缩小故障的排查范围，以尽快发现故障点。

【例 11-3-2】 针对如图 11-3-01 所示电路系统进行调试时的参考步骤。

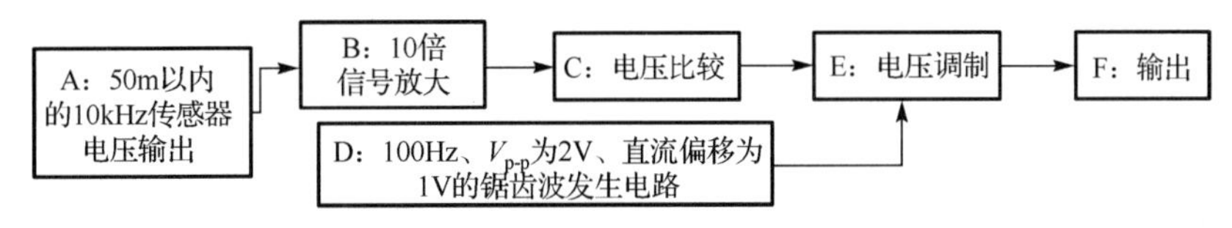

图 11-3-01　分块调试示例

解：（1）向 D 单元单独通电并进行调试，使其能够输出满足要求的低频锯齿波。

（2）通过信号发生器向 B 单元输入 10～50mV、10kHz 的正弦交流信号，通过调试，使 B 单元能够实现 10 倍不失真的信号放大。

（3）通过信号发生器向 C 单元输入 100～500mV、10kHz 的正弦交流信号，测试方波输出。也可以连接 B 单元与 C 单元，用 B 单元的输出对 C 单元进行调试。

（4）利用两只信号源，分别输出低频锯齿波与方波信号，调试 E 单元，检测调制信号的输出。也可以将 C、D 单元的输出同时输入 E 单元进行调试。

（5）将所有单元全部连接，进行电路系统的联合调试。

★**技巧**　为了快捷、准确地划分电路功能单元，有经验的设计人员常常在各个电路单元的供电、信号连接点之间添加跳线、开关、0Ω电阻、滤波电感等串联性隔离元器件。

【例 11-3-3】 电感常被用做电源通道的串联型隔离元器件，同时还具有 LC 滤波的重要功能，如图 11-3-02 所示。

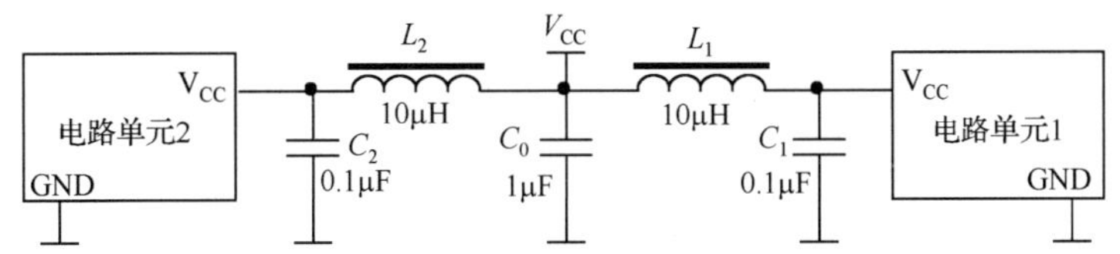

图 11-3-02　电感 L 具有调试隔离及电源滤波的双重功能

如需调试电路单元1，可将L_1焊接在PCB中，而将L_2从PCB中断开；调试电路单元2时，只需拆焊L_1的其中一只引脚，再将L_2正常焊接即可，以保证电路单元1与电路单元2在调试过程中具有独立性。L_1-C_1、L_2-C_2同时也具有较好的滤波功能。

★**技巧**　如果电路系统中没有单独设计隔离元器件，可以采用逐级装配与调试的方式，将某个电路单元调试完成后，再装配、调试另一个电路单元。

11.3.3　整机联调

整机联合调试简称“整机联调”，是在各个电路单元均通过调试并处于正常工作的状态下，接通所有的电源、信号通道隔离元器件，进入针对整个电路系统的调试和检测。通过对电位器、可变电容、可调电感、开关、跳线等可调元器件进行设置，更换不合理的元器件参数，纠正设计缺陷，改进设计方案。在进行整机联调时，由于各个单元模块被连接为一个有机的整体，系统可能会产生一些新的相互影响甚至冲突，因此常常进行反复调试，以确保整机各项功能和技术指标均达到或超过设计要求。

可调元器件在整机联调过程中的作用显著，不仅参数调节方便，而且即使电路在工作一段时间之后参数发生了改变，也可以重新调回最佳状态。但可调元器件的可靠性往往较差，体积也比普通元器件的大，因此当系统联调完毕时，建议用参数相等或接近的固定参数元器件对可调元器件进行更换。对于不便于更换的可调元器件，也可以用热熔胶、油漆等材料将调整端固定，以避免在后续的使用过程中因震动、受热等因素影响电路系统的可靠性与稳定性。

整机联调是确保电路工作状态完好、工作指标合格的重要环节。整机联调的步骤一般在调试工艺文件中被明确列出，便于调试人员理解并严格按照步骤执行。

整机联调完毕，条件允许时可对整个电路系统进行高温老化处理，以排除各种不稳定因素。

11.4　电路调试过程中的常见故障排查

并不是所有电路均能够保证一次性调试成功，出现故障是很正常的。电路系统的故障原因较多，进行故障排查时可重点怀疑、检查以下内容。

（1）电路方案设计不合理、可靠性不高，以及可能存在某些不易察觉的设计缺陷、潜在的错误或冲突。此时需要返回仿真电路，进行电路功能的验证。

（2）从仿真电路到原理图，再到PCB，可能会出现一些电气节点的遗漏与错误连接，因此需要仔细比对仿真电路与原理图、PCB是否一致、吻合。

（3）若电气连接关系确认无误，则故障主要集中在PCB的设计质量上，具体的故障种类包括：该连接的节点未完全连接（开路），不该连接的节点发生了连接（短路）。

（4）若PCB设计检查无误，则故障主要集中在装配工艺的质量水平上。

- 焊接材料不合格或焊接工艺太差，导致虚焊或焊点接触不良。
- PCB的安装密度过大，造成元器件引脚因震动或变形而出现短路故障。
- 元器件质量不达标、参数不匹配、元器件超额定参数使用而引起失效。

☞**提示**　电解电容在工作过程中逐步失效而引起电路故障的比例相当高，特别是国产电解电容的容量、耐压、温度范围往往存在虚标的情况，在进行器件选型时需注意。

- 可调元器件的调整端一般采用弹簧或簧片压接，容易因弹性变差或接触点氧化、存在污垢或粉尘而导致接触不良、噪声增大、连接开路等故障。
- 开关、接插件容易出现因氧化而导致的接触不良。

【例11-4-1】　对于以集成芯片为核心的电路系统，可首先检查所有的焊点质量是否合格，对质量不佳的焊点进行补焊。如果电路系统仍无法正常工作，那么可通过测量芯片引脚电压的方式来确定或排除集成芯片故障。若集成芯片无问题，而系统仍然无法正常工作，则需要仔细检测集成芯片的外围元器件是否存在参数差错（如 10kΩ 电阻被错误地装配成 100kΩ，4.7μF 的电解电容被错误地装配成 47μF）、极性反接（二极管、电解电容）等故障。元器件故障排除完毕，如果系统仍然无法正常工作，则可能需要检查 PCB 在生产加工时是否存在铜箔断裂、铜箔导线之间短路或粘连等隐性故障。

11.4.1 观察法

观察法借助“看”、“摸”、“闻”和“听”等人体感官来判断电路故障点的产生原因，这种检测方法适用于故障现象比较明显的场合，往往需要电路系统调试人员具有较丰富的工作经验。

1.“看”

仅凭肉眼就能够“看”到的常见故障现象包括以下几方面：

- 保险管是否熔断；
- 电阻表面是否有明显的烧焦、变色痕迹，电解电容是否出现爆裂或漏液；
- PCB 的铜箔或焊盘有无开裂、翘起或锈蚀（铜绿）等现象；
- 接插件、排线、电气导线有无松动、脱落、断线、机械损伤、过流烧毁的痕迹；
- 电气导线是否存在导线错接、漏接等故障；
- 元器件引脚之间是否有短路现象、元器件引脚是否与周围元器件外壳接触、短路；
- PCB 中的焊点有无松动、脱焊等现象；
- 大功率三极管、MOSFET、二极管、集成电路表面有无炸裂、鼓包等现象；
- 电路系统所在工作环境的湿度是否较大（元器件受潮、绝缘等级降低均易引发故障）。

2.“摸”

“摸”是指用手去触摸疑似故障元器件的表面，判断其温升是否正常；此外还可用手晃动元器件体，观察有无因引脚氧化、焊点虚焊而导致的松动。

⚠警告 在“摸”元器件进行故障排查时，必须确定电路系统处在无安全隐患的“冷地”状态（电路连线没有与市电的相线直接相连）下才能采用。

【例 11-4-2】 开关电源的开关管与电网相连，因而不能用“摸”的方式进行故障排查。

- 塑料封装的集成芯片在工作不正常时往往表面温度会异常升高。
- 大功率集成芯片、三极管、MOSFET 场效应管、二极管一般带有散热片，散热片温度一般比人体体温略高，如果没有温升或温升过高，那么均可能存在故障。
- 电源变压器在通电时由于存在铜损与铁损，因此会出现一定的温升，如果用手触摸变压器外壳时无温升或温升不明显，那么说明变压器的次级输出可能不正常。
- 使用年限长、容易出现反复冷热变化的大焊点，晃动元器件容易发现焊点松动的故障。

3.“闻”

当元器件承受的实际功率超过标称功率时，将产生较高的热量，导致元器件表面的漆膜变得焦臭，用鼻子即可闻到这种异味，从而快速找到故障点。

☞**提示** 烧焦的电阻不要轻易用等值、等功率的电阻直接更换，而应该观察该电阻所在的单元电路有无焊点短路、元器件装配错误、元器件参数选择错误等故障现象。

集成芯片承受的功率过大也会出现类似于塑料烧焦的臭味，与电阻烧焦的味道不同。

4．“听”

仔细聆听电路系统中的异常声响，也可以协助电路系统调试人员发现一些故障点。

1）高压打火

高压打火一般发出“噼啪”声，声音尖脆，多发生在含有高电压、大电流的电路单元中，如开关电源的开关管及附近、CRT 显示器的行扫描电路等。

2）继电器高频率的反复吸合

继电器在电路系统中具有电控开关的功能，主要用来进行状态转换，继电器在吸合或释放时会发出单次的“嗒”声，原则上不会出现高频率的反复吸合与释放。当继电器触点出现不正常的吸合与释放时，极易导致触点疲劳、损坏。如果流经触点的电流较大，甚至会出现拉弧、烧蚀现象，缩短触点的使用时限。

3）变压器次级短路或次级负载过重

当变压器的次级出现短路或负载过重的情况时，其硅钢片铁芯会发出低沉的“嗡嗡”震动声，变压器功率越大、次级短路电流越大，则声音越明显。此时往往还会伴随明显的焦糊味，证明产生了变压器的次级短路或次级负载过重的故障现象。

4）无规律的磕碰声、摩擦噪声

在硬盘、光驱、CD 机等存在电机与机械传动机构的电路系统中，当听到系统内部出现磕碰声、冲击声及无规律的摩擦噪声时，说明机械部件出现故障，需及时断电检查，以避免出现更为严重的故障。

11.4.2　测量法

测量法是指电路系统调试人员利用各种常规的仪器仪表（万用表、示波器、逻辑分析仪等），对电路系统中的某些关键节点的参数、波形进行测试、记录，再通过与参考指标进行比对，判断系统是否存在故障。

测量法是电路调试时的必备方法，也是排查电路故障的重要技术手段，其准确性较高。

1．电阻检测法

利用万用表的电阻挡或通断挡（二极管挡）测量疑似损坏元器件的阻值或 PN 结的正反向压降，再与正常的参考值比较，就有可能发现存在故障的元器件。电阻检测法主要针对电阻、电感、二极管、三极管、MOSFET、变压器、接插件、开关、电气导线等元器件。

1）在线阻值测量

在进行在线阻值测量时，元器件仍然焊接在 PCB 中。由于无法消除与被测电阻并联支路的影响，因此多用于粗略的定性估测，准确度不高。

集成芯片引脚的对地正反向电阻测量属于典型的在线阻值测量，通过测量每只引脚对地的电阻值，再与资料中提供的参考阻值范围进行比较，可大致判断被测集成芯片是否发生损坏。这种检测工艺在早期的收录音机、电视机电路调试、检测和维修环节中较为常见。

★技巧　如果利用运放的“虚地”特性，将被测回路等效为“△”网络，那么可以实现在线电阻的直接测量，可参见 10.1.1 节。

☞提示　无论以何种方式进行在线阻值的测量，均不允许在电路系统通电的状态下进行操作，以免损坏测试仪表。

2）离线阻值测量

离线阻值的测量是将电路系统中的元器件引脚从 PCB 中拆焊下来，再对元器件进行离线方式的阻值测量。离线电阻测量法消除了并联网络的影响，能够准确判断元器件的好坏，在实际的电阻测量中应用得最为广泛。

★技巧 对仅有两只引脚的电阻而言，仅需拆下其中一只引脚即可测量离线阻值。

2. 电压检测法

用万用表的电压挡测量电路中关键点的电压值，并与正常工作时的参考电压值进行比较，以判断故障源。电压检测法无须拆焊元器件引脚，因而在实际的测试过程中应用得最广。

根据万用表的实际测试挡位，电压检测法可分为直流电压检测、交流电压检测两类。

1）直流电压检测

通过测量关键点的直流电压，可判断单元电路的静态工作情况及故障所在的范围。

直流电压的检测对象一般为电源电压的测量、放大电路静态工作点的测量、集成电路引脚电压的测量。

2）交流电压检测

普通万用表测量的交流电压的频率多为工频，测量较高频率的交流电压（如各类放大器的输入信号、输出信号的测量）则需要采用交流毫伏表。

☞提示 多数万用表采用二极管对交流电压整流后得到的平均电压值进行直流测量的方式获取交流电压读数，未考虑二极管的死区电压，在测量小电压时的误差较大。

3. 电流检测法

电流检测法利用交直流电流表或万用表的电流挡检测电路系统中的整机电流、单元电路的工作电流、特定回路的工作电流，通过与参考值进行比较，可发现某些故障点。

⚠警告 在测试电流时不能将电流表并联在待测电路两端，而必须串入待测回路。

★技巧 将电流表串入被测回路往往需要切断回路或拆焊某些元器件的部分引脚，操作较为烦琐。有经验的设计人员会在 PCB 板图设计时留出如图 11-4-01 所示的调试缺口。在测试过程中，将缺口焊盘的焊锡用电烙铁分开，电流表表笔各接触一只半圆形焊盘即可测量回路的工作电流。用焊锡将其焊盘缺口连通、封闭后，即可使电路恢复正常运行。

图 11-4-01　调试缺口

电流检测法主要针对的故障类别包括：电流支路存在短路或过载引起工作电流显著增大、大电流引起保险丝熔断、大功率三极管或 MOSFET 内部开路、集成芯片发热严重、集成芯片焊接或插装时出现方向错误、元器件过热、二极管或电解电容接反等现象。

4. 波形检测法

电阻、电压、电流检测倾向于电路系统的静态测试，如果需要观察电路的动态工作情况或波形参数，那么应选择示波器、逻辑分析仪这类仪器设备。

用示波器、逻辑分析仪可以观察、测量出电路中关键节点的波形形状、幅度、频率及相位参数，可以帮助电路系统调试人员迅速地发现故障点并找出故障原因。在使用示波器、逻辑分析仪观测波形时，往往需要与信号源配合使用：将信号源的输出加到电路的输入端，按照信号通道的走向逐级逐点地跟踪、测量关键电气节点的信号。

【例 11-4-3】 当前级测试点的输出波形电压正常，而后级的测试波形消失或出现失真时，则故障点可以很容易地被集中在两级测试点之间的电路单元。

11.4.3 替换法

替换法主要用在大批量的电路调试过程中，由于备件充足，因此可以用完好或全新的元器件直接替代疑似引起故障的元器件进行测试。如果更换元器件后故障被排除，那么表明疑似故障件确实已经损坏；如果更换后故障依旧，那么需查找其他故障点。

☞**提示** 元器件的一般替换原则：先外围元器件再核心单元、先廉价元器件再贵重元器件。

电路系统中的所有元器件均有可能出现故障，对电阻、电容、电感、二极管、三极管、MOSFET、开关、接插件出现故障后可对其进行性能测试以准确判断有无故障。但是，对于集成芯片、电路模块等无法直接测试有无故障的元器件而言，应首先确认外围元器件无故障，再对其进行替换测试。

★**技巧** 接插件的损坏往往只是其中的个别簧片、导线出现接触不良，进行逐根逐点的检测，则耗费的工作量较大，而采用直接替换法是更为合适的选择。

替换法的使用必须有的放矢，绝不能盲目地随意更换元器件。例如：某电路的保险丝熔断后，如果是保险丝自身失效而引发的故障，直接更换即可；但如果是因为电路系统内部存在严重的击穿、短路故障而引起保险丝熔断，即使直接替换保险丝，新换上的保险丝也仍然会继续熔断，甚至还可能引发大面积的其他连锁故障或人为增添新的故障，使故障扩大化。对此，在使用替换法进行故障排查时，必须首先排查、清除故障源后再进行同参数元器件的替换。

由于硬件成本在电子产品中所占的比例越来越小，因此用模块替换检修已经成为一种技术发展趋势。将单元电路模块设计成标准接插件的形式，当单元电路模块出现问题时，直接拔下或拆下进行更换即可，提高了工作效率，降低了维护成本。

【例11-4-4】 在电视机的电路系统中，电源单元的工作环境比较恶劣（高压、大电流、高温），因而故障率较高。由于电源拓扑为开关电源的结构，专业性强、原理复杂、元器件数量较多，如果在进行调试、检修时因错误操作而引起输出电压增大，往往可能扩大故障面。目前，较为流行的电视机开关电源的设计思路是将其从系统主板中独立出来，使其成为一个单独的电路单元。当电源系统出现问题时，对其直接更换即可。类似的设计思路也出现在计算机系统的显卡、内存、网卡等诸多领域。

随着系统集成度越来越高，替换法已经成为一种最快速、高效的调试和检测方法。

习　　题

11-1　怎样用数字万用表检测电烙铁能否正常通电升温？

11-2　制定调试方案时应综合考虑哪些方面的要求？

11-3　简述电路系统整机调试过程中的故障特点及故障出现的主要原因。

11-4　简述电路系统整机调试过程中的故障处理步骤。

11-5　电子整机组装完成后，为什么还要进行必要的调试？

11-6　（扩展）电路系统上电后，即使未接输入信号，用示波器也能观测到输出端存在频率较高的杂乱波形，此时电路可能存在何种故障现象？

11-7　三极管放大电路的供电电压由+12V 降低为+9V，电路需做哪些方面的调整？

11-8　（扩展）调试工作中应特别注意的安全措施有哪些？

【思政寄语】 电路系统调试呼唤一丝不苟、精益求精的“工匠精神”，它是职业道德、职业能力、职业品质的体现，是从业者的职业价值取向和行为表现。

第12章　模拟电路课程设计示例

以模拟电路为主的课程设计的内容往往只涉及某些单一的功能，但对参数指标的要求比较明确。一般而言，模拟电路课程设计的结果通常需要使用万用表、示波器等仪器仪表进行观测。

对于模拟电路系统，设计者首先需要根据题目或任务要求，经可行性分析及方案对比后，提出初步的总体设计方案，同时将整个系统分解为若干彼此独立但又相互依存的功能模块，绘制出单元结构框图。接下来根据初步拟定的设计思路，选择合适的单元电路、选择所需元器件、设计/计算/仿真，得到具体的电路结构与元器件参数。最后将设计完成的各个单元电路进行有机组合，去除重复性的接口元器件，增加滤波电容、保护单元等辅助性元器件，逐步构建完整的设计电路。

下一步工作是针对模拟电路的硬件实物制作、装配、焊接、调试、测试。在调试、测试过程中可能会发现一些不易察觉的隐蔽性错误或故障，也可能会使得设计者对原先的设计思路、电路结构、元器件参数做反复调整、改进或优化，逐步完善设计结果。

最后，设计者可结合自己对课程设计题目的理解，收集、整理相关资料及整个设计过程中所遇到的困难或发现的问题，记录故障的现象，在进行有目的的特征提取、分析、检测、排除之后，连同课程设计方案对比与筛选、详细的参数计算、仿真步骤、测试数据等相关内容，有机地组合成一套完整的课程设计报告，以便参加后续的课程设计答辩。

【课程设计题目】 设计一个采用±12V双电源供电、包含可调直流分量输出的三角波发生电路，需要完成的技术指标如下：

1）三角波的频率调节范围为500Hz～5kHz;

2）三角波的电压峰峰值为 V_{P-P}=2V;

3）三角波的直流电压分量为 V_{DC}=+3V。

1. 课程设计任务分析

通过仔细阅读设计任务及要求，初步分析得到设计的核心为三角波发生电路，对得到的三角波通过与直流电平叠加，即可使输出波形包含三角波与直流成分。需要设计的硬件电路的结构框图比较清晰，如图12-01所示。

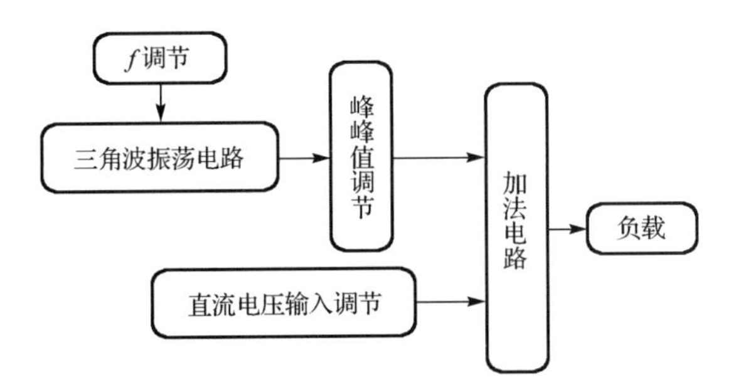

图12-01　包含直流成分的三角波发生电路的结构框图

2. 详细的三角波发生电路的设计过程

三角波发生电路可以产生非正弦波信号，其基本的电路结构如图3-6-07所示。电路由5V单电源

V_1供电，V_m为每只集成运放单元提供$V_1/2$=2.5V的直流偏置。

这里的设计任务要求采用±12V双电源供电，则可将V_m直接接地即可，如图12-02所示。

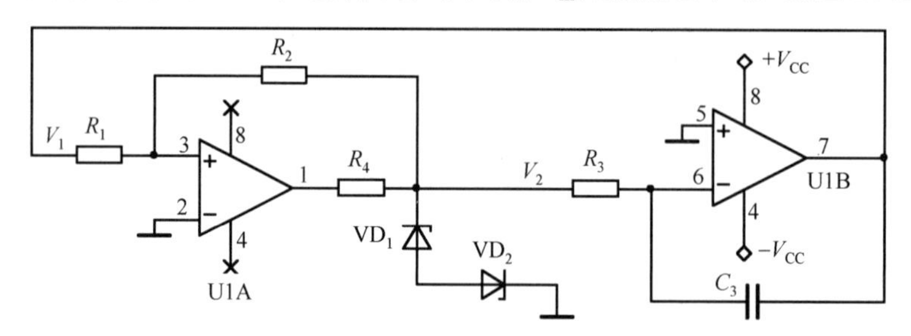

图12-02　三角波发生电路的初步设计思路

运放单元U1A构成施密特电压比较器，将输入的三角波V_1变换成方波V_2输出。设计任务对三角波的峰峰值提出了指标要求，故向电路添加限流电阻R_4、稳压二极管VD_1与VD_2构成双向稳压单元，使V_2只包含V_Z与$-V_Z$这两种高精度的输出电压值，不受电源电压波动及集成运放型号的影响。

运放单元U1B构成反相积分电路，对U1A输出的方波V_2进行积分，得到线性较好的三角波。

查阅附录E提供的参考资料后，选择VD_1与VD_2的型号为1N4680，其标称稳压值为2.2V，此时，V_2的电压值近似为2.2+0.7=2.9V，R_4为稳压二极管的限流电阻，在近似计算时，取kΩ数量级的电阻。

根据3.6.3节提供的三角波频率的计算公式$f_0=R_2/(4R_1R_3C_3)$可知，两只运放单元U1A、U1B的外部反馈电阻或电容均会影响三角波的频率。由2.4.2节可知，可变电容的容量调节范围很小，加之可变电容的容量分辨率很低，要实现500Hz～5kHz范围内的频率调节非常困难。因此，要满足设计任务所规定的频率范围，只能采用多圈电位器实现电阻值的改变。

经过计算可知，如果固定R_1=10kΩ、R_2=20kΩ、C_3=0.1μF等阻容元器件参数，当积分电阻R_3的取值为1kΩ与10kΩ时，基本对应500Hz与5kHz的三角波频率。

由第2章所讲述的元器件特性可知，阻容元器件的参数或多或少会存在一定的误差，为了得到较精确的频率参数，修改如图12-02所示的设计电路后得到如图12-03所示的电路：将R_3更换为910Ω的电阻，同时串联一只10kΩ的电位器P_3，确保积分电阻的实际取值能覆盖1～10kΩ的调节区间。

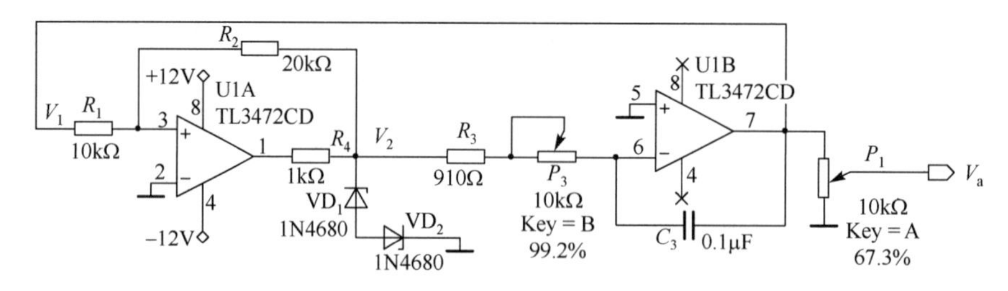

图12-03　进一步完善得到的三角波仿真电路

在图12-03中，另一只新增的电位器P_1用于调节三角波的峰峰值电压。为了让电位器在仿真过程中的调节分辨率更高，双击P_1图标，将阻值变化的步进值修改为0.1%。

调节电位器使三角波的频率及峰峰值满足设计任务的要求，仿真波形如图12-04所示。

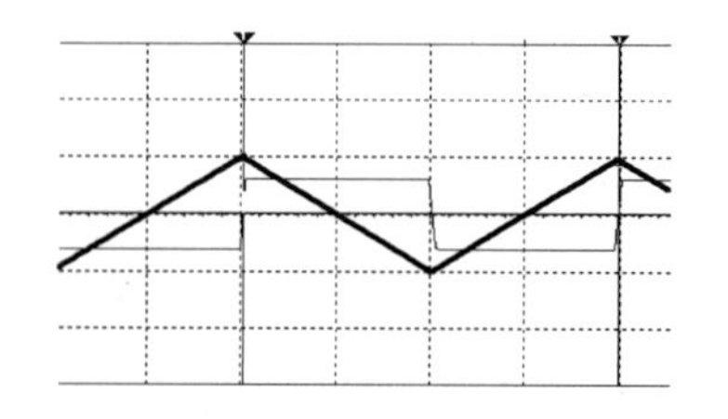

图12-04　三角波的仿真波形

参考3.3.1节可知，电压跟随器凭借较大的输入电阻与较小的输出电阻，能够在电路中起隔离作用；结合电压跟随器的优点，

在电位器 P_1 与三角波发生电路的输出之间补充一级电压跟随器，以避免后续电路给三角波发生电路带来不利影响，如图 12-05 所示。

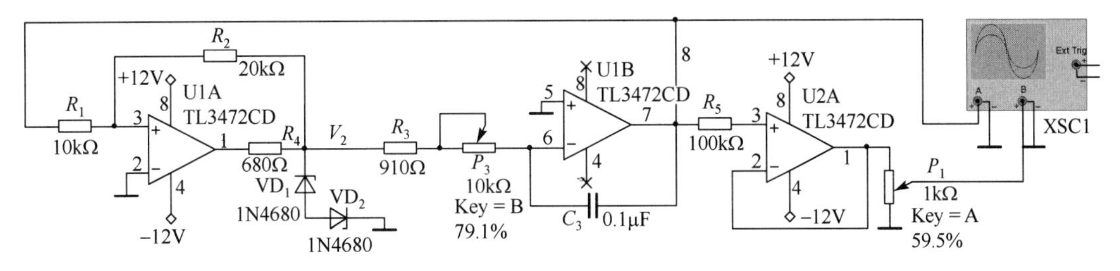

图 12-05　在三角波发生电路的输出端补充一级电压跟随器

设计任务要求电路最终输出的三角波 V_{out} 包含+3V 的直流成分，则如图 12-05 所示的电路还需要继续设计加法电路，将三角波输出与直流偏置电压叠加，使输出波形满足设计任务的要求。

由集成运放构成的反相加法电路结构可参见 3.3.6 节的图 3-3-09。三角波 V_a 为纯交流分量，反相加法电路的输出 V_{out} 若包含+3V 的直流成分，则直流偏置 V_b 应设置为负电压，最简单的负电压获取方式可使用电位器对负电源 $-V_{CC}$ 分压后得到。

将三角波 V_a、直流偏置 V_b 两路信号作为输入，完成的电路如图 12-06 所示。

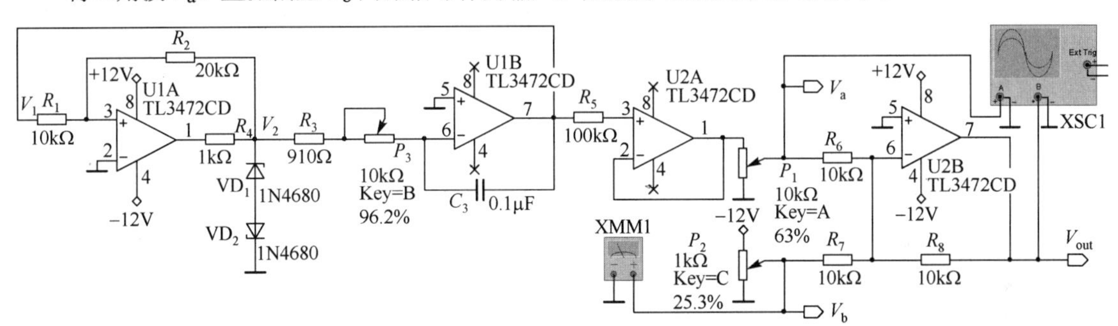

图 12-06　添加直流偏置与反相加法电路

参考 3.3.6 节给出的反相加法电路计算公式，U2B 的输出电压 V_{out} 与两路输入电压 V_a、V_b 之间的关系为 $V_{out} = -R_8(V_a/R_6+V_b/R_7) = -(V_a+V_b)$。显然，当纯交流三角波的峰峰值 V_a=2V、V_b=–3V 时，即可满足题目给定的设计任务要求。

在仿真时，向直流偏置电位器 P_2 的中间抽头添加一只电压表以观测直流电压的变化。调节电位器 P_1 与 P_2，使输出三角波的波形幅值满足设计任务要求，仿真数据及波形如图 12-07 所示。

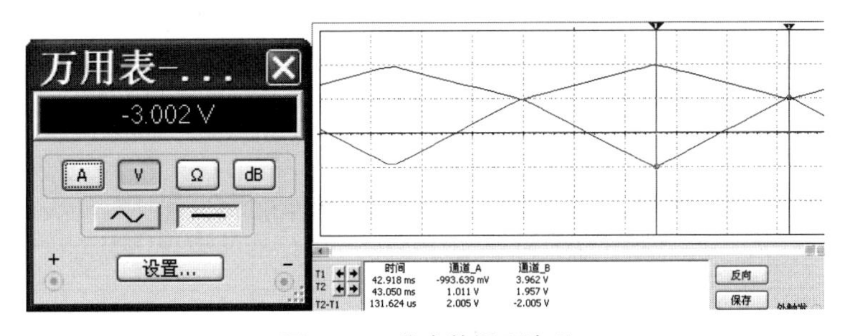

图 12-07　仿真数据及波形

在图 12-07 中，下方为三角波发生电路输出的纯交流波形，上方的三角波包含直流偏置。移动虚拟示波器游标至上方三角波的峰顶与峰谷位置，读出三角波的峰值电压 V_{P1}=3.962V、谷值电压 V_{P2}=1.957V，计算出三角波的峰峰值 $V_{P-P}=V_{P1}-V_{P2}$=2.005V、直流分量 $V_{DC}=(V_{P1}+V_{P2})/2\approx 2.96$V。

此外，调节电位器 P_3 的中间抽头位置，当处于 99.1%与 9.7%时，输出三角波的频率分别为 5kHz 的上限值与 500Hz 的下限值，达到了题目所要求的指标要求。

3. 元器件选型

在进行电路仿真时，采用了引脚数量较少的 TL3472CD 双运放，但是从最后得到的电路结构来看，系统需要用到 4 只集成运放单元，因此可将两只双运放 TL3472CD 调整为一只 TL3474CD 四运放，使整个电路系统的结构与体积更加紧凑。

由于电位器 P_1、P_2 需要进行精细调整，故参考 2.3.3 节的相关知识后，选择 3296 型多圈电位器，电位器 P_3 可以选择单圈型的 3362 型电位器。

电容 C_3 的容量及精度将直接影响三角波的频率，需要较高的精度及容量稳定性，可选择聚丙烯（CBB）电容、聚苯乙烯（CB）电容或金属化薄膜电容。

出于输出三角波电压精度的考虑，结合 2.2 节所讲述的电阻知识点，图 12-06 中的所有电阻均采用±5%误差范围的金属膜电容或 0805 型贴片电阻，基本可以满足设计任务的要求。

4. 完善仿真电路，设计得到完整的电路原理图

仿真电路中没有考虑元器件的封装信息、滤波电容、接插件等要素，在设计 PCB 时需要进行有针对性的添加。根据图 12-06 绘制得到的电路原理图如图 12-08 所示。

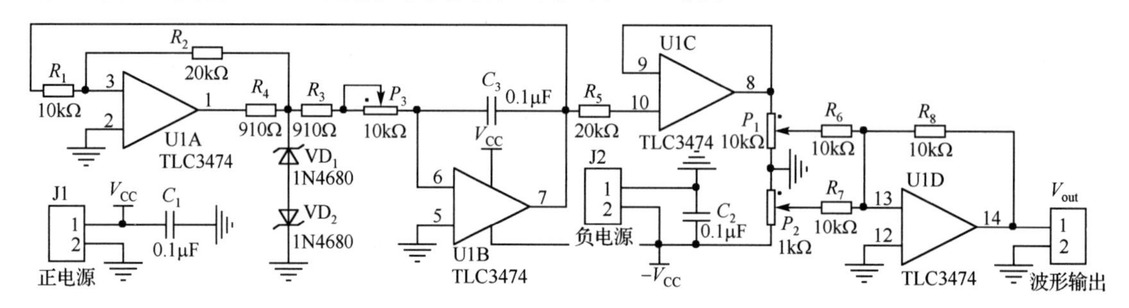

图 12-08 带可调直流成分的三角波发生电路原理图

图中的电容 C_1、C_2 为集成运放 TL3474CD 的电源引脚滤波电容，容量在 0.01～0.1μF 范围内。J1、J2 为正、负电源接口的接插件。在进行实际的 PCB 装配、调试时，J1、J2 焊接为排针，通过使用 4 根杜邦线（参见 2.14.2 节）连接至外部的实验室电源接线柱（参见图 11-2-01）。杜邦线应该采用单头杜邦线，即线的一头压制了标准的杜邦头，另一头剥离出 1～3cm 的铜线即可。V_{out} 为输出波形的接插件，两只引脚需要分别连接至示波器探头，以便对三角波波形进行观测。

根据如图 12-08 所示的电路原理图，单击 Altium Designer 软件的【报告】→【Bill of Materials】菜单项，得到如表 12-1 所示的元器件 BOM 清单。

表 12-1 三角波发生电路所需元器件 BOM 清单

元器件编号	功 能 描 述	型号或参数	封 装	数 量
U1	集成 4 运放	TL3474CD	DIP-14	1
R_1，R_6，R_7，R_8	电阻	10kΩ，五环金属膜，±5%	AXIAL-0.3	4
R_3，R_4	电阻	910Ω，五环金属膜，±5%	AXIAL-0.3	2
R_2，R_5	电阻	20kΩ，五环金属膜，±5%	AXIAL-0.3	2

续表

元器件编号	功 能 描 述	型号或参数	封　装	数　量
C_3	积分电容	0.1μF 薄膜电容	RAD-0.2	2
C_1，C_2	滤波电容	0.1μF 独石电容	RAD-0.2	4
VD_1，VD_2	稳压二极管	1N4680	DIODE-0.4	1
J1，J2	接插件	2.54mm 间距排针	SIP-3，SIP-2	1
P_1，P_3	电位器	10kΩ，3296 电位器	VR5	2
P_2	电位器	1kΩ，3296 电位器	VR5	1
—	IC 插座	—	DIP-14	1
—	单头杜邦线	—	—	若干
—	脚钉	孔径 3mm	—	4

考虑集成运放在测试过程中可能发生损坏，因此建议将运放芯片插入焊接在 PCB 中的 14 脚 IC 插座中，并不直接焊接在 PCB 上，便于后续的器件测试与更换。此外，在装配、调试的过程中，建议用脚钉将 PCB 垫高，以避免因疏忽使得工作台中的金属工具（如螺丝刀、镊子）引起短路故障。

IC 插座、脚钉、电源连接线等辅助性元器件不会自动出现在上述 BOM 清单中，需要手动添加至表 12-1 中带有灰色阴影的最后 3 行。

5. PCB 板图设计

三角波发生电路涉及的元器件数量较少，元器件之间的电气连接关系相对比较简单，因此可以使用热转印工艺设计、制作单层 PCB。

根据如图 12-08 所示的电路原理图，经优化设计后得到的 PCB 分层打印效果图如图 12-09 所示，其中底层（Bottom Layer）的电气导线布通率为 100%，顶层丝印层（Top Overlayer）的元器件布局紧凑。

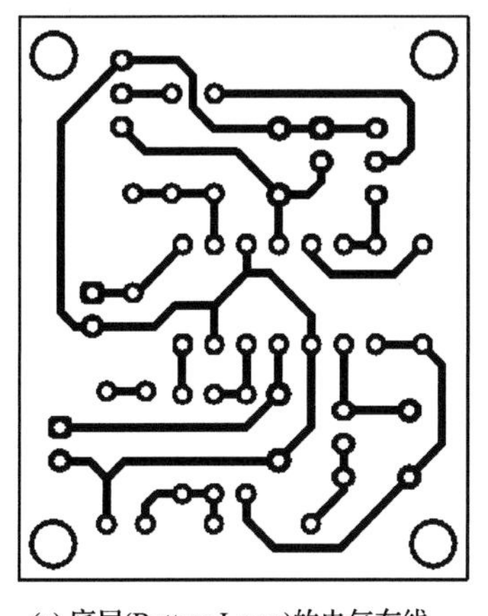

(a) 底层(Bottom Layer)的电气布线

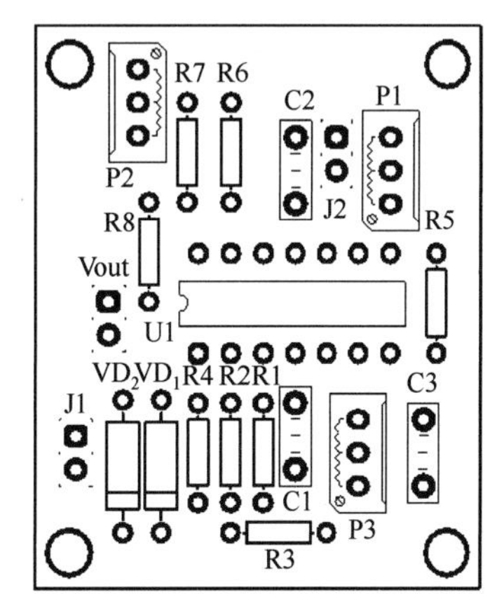

(b) 顶层丝印层(Top Overlayer)的元器件布局

图 12-09　三角波发生电路的 PCB 分层打印效果图

6. PCB 的制作

设计完成得到的 PCB 方案可以发送到 PCB 厂家委托生产，也可以在实验室中利用热转印工艺进行手工制作，制作完成的 PCB 实物图略。

7．元器件的焊接、装配

在 PCB 加工制作的过程中，同步地启动元器件购买或领用流程；等待 PCB 完成后，按照规范的流程将各只元器件准确地装配、焊接在 PCB 对应的焊盘孔中。

8．电路系统调试及参数测试

焊接装配完成并检查无误后，即可开始静态调试与动态调试工作，直至电路功能达到设计任务规定的各项指标要求。

静态调试时只需要向电路系统提供±12V 的双电源电压。将双路实验室电源的电压均调节为 12V，将每路的限流旋钮逆时针方向调至较小的位置，然后将两路电源串联，用单头杜邦线引出+12V、GND、−12V 这三路输出至 PCB 的对应排针位，接着按下电源开关，向电路板供电。

正常情况下，每路的工作电流均很小，仅处于 mA 数量级。如果电源电压出现明显的下跌，或者听到电源内部继电器的吸合声，那么说明电路系统中存在短路现象，需要断电后重新检查。

接下来用示波器的探头连接至电阻 R_5 的引脚，观察有无纯交流状态的三角波波形。若没有出现波形，则将重点放在 U1A、U1B 两只运放单元及其外围电路上，观察有无装配故障，适当调节电位器 P_3 的螺帽位置，并注意观察稳压二极管 VD_1 的阳极有无方波波形产生。

示波器中得到了三角波波形后，接着检查电压跟随器 U1C 的输出电压是否正常。

然后，用钟表螺丝刀调节直流偏置电位器 P_2 的螺帽，检查 U1D 运放单元的输出波形有无上下移动。用钟表螺丝刀调节电位器 P_1，检查 U1D 运放单元输出的三角波峰峰值有无改变。待两只电位器的工作故障均排除后，最后需要反复联调，使 V_{out} 输出题目中设计任务规定的波形。

9．课程设计作品及实验数据的记录

完成调试任务之后，保存电路原理图、仿真电路及波形数据、电位器不同位置对应的不同偏置电压等关键内容，并写入课程设计报告，具体内容略。

【思政寄语】 在模拟电路的设计、仿真、制作、调试过程中，努力实践、大胆尝新，不断积累与总结，可以对理论知识的学习起到很好的互补、反哺及提高的作用。

第 13 章　数字电路课程设计示例

【课程设计题目】 通过点动按钮的方式，对七段数码管的显示状态进行“–1”方式下的递减控制。如当前的显示状态为 1，点动按钮之后的下一个状态将恢复为 7，开启新一轮的递减计数。

1．课程设计任务分析

通过分析课程设计题目，得出以下基本任务：①系统的核心单元为七进制减计数器，计数初值为 0001；②以点动按钮的方式向计数器端提供单个的时钟脉冲；③计数器的 4 位输出经译码器芯片译码后，显示在七段数码管中；④消除点动按钮动作过程中的抖动现象。

初步绘制得到如图 13-01 所示的系统设计方案结构框图。

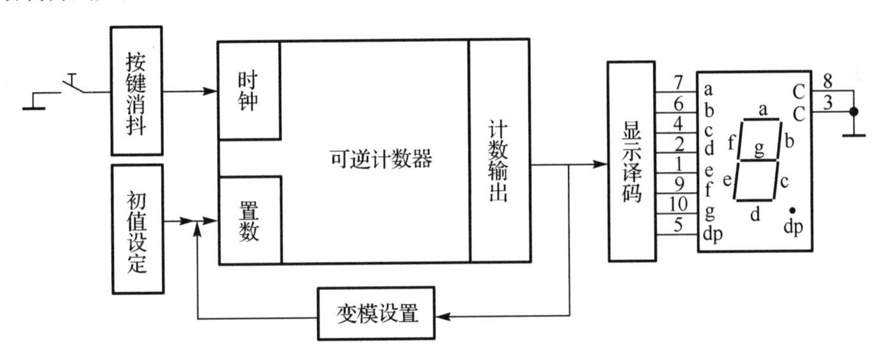

图 13-01　初步设计得到的系统设计方案结构框图

2．选择需要进行仿真设计的电路单元

译码器的逻辑功能单一，与七段数码管的硬件连接非常成熟，唯一需要设计的内容只有限流电阻的参数，对此可直接引用 4.2.2 节的示例电路，限流电阻经简单计算或实验后选定。

对于按键过程中存在的抖动现象，可以在单稳态电路、施密特触发器、RS 锁存器中任选一种进行消抖电路的设计。

由于译码、消抖两个电路单元均直接引用现成电路，可省去相应的仿真环节，因此在如图 13-01 所示的整个系统中只有计数单元需进行仿真设计。

3．集成计数器选型

具有可逆计数功能的集成芯片可以分为以下几种类型。

- TTL 型：74LS190、74LS191、74LS192、74LS193、74LS168、74LS169。
- 低速 CMOS 型：CD4510、CD4516、CD40110。
- 高速 CMOS 型：74HC190、74HC191、74HC192、74HC193。

TTL 型数字集成芯片的绝大多数型号早已停产，可购买的多为二手翻新或积压产品，价格高、质量不稳定，因此本次设计不选择这几款芯片。十六进制 CMOS 同步可逆计数器包括 CD4516、74HC191、74HC193，十进制 CMOS 可逆计数器包括 CD4510、74HC190、74HC192，均可完成本次设计。

阅读相关芯片的PDF文档资料后发现，74HC192的参考资料略比CD4510、74HC190的丰富，加之74HC192的引脚设置较为合理（加/减计数的时钟、借位/进位的引脚均彼此独立），计数电路的设计难度不高。同时，在电商网站进行芯片价格查询与对比后发现，74HC192的零售价格略低于其他几种CMOS芯片的价格，故本次设计选取74HC192作为可逆计数器芯片。

4．74HC192的基本计数功能测试

仔细阅读厂家提供的芯片文档，不难发现74HC192的主要功能包括：从0到9的加计数、从9到0的减计数、从输入到输出的并行置数、输出端的异步复位，74HC192的功能表如表13-1所示。

表13-1　74HC192的功能表

功　能	CLR	$\overline{\text{LOAD}}$	UP	DOWN	A	B	C	D	$Q_A\ Q_B\ Q_C\ Q_D$
复位	1	×	×	×	×	×	×	×	0000
置数	0	0	×	×	A	B	C	D	$Q^{n+1}=ABCD$
加计数	0	1	↑	1	×	×	×	×	$Q^{n+1}=Q^n+1$
减计数	0	1	1	↑	×	×	×	×	$Q^{n+1}=Q^n-1$

根据功能表首先搭建如图13-02所示的74HC192减计数测试电路，将加计数时钟引脚UP、$\overline{\text{LOAD}}$设置为高电平无效，将复位引脚CLR设置为低电平无效，向减计数时钟引脚DOWN引入1kHz的测试时钟，令74HC192开始自由减计数，仿真波形如图13-03所示。

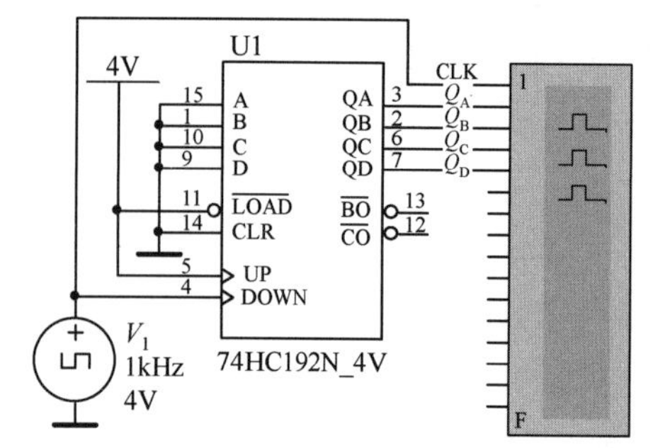

图13-02　74HC192减计数测试电路

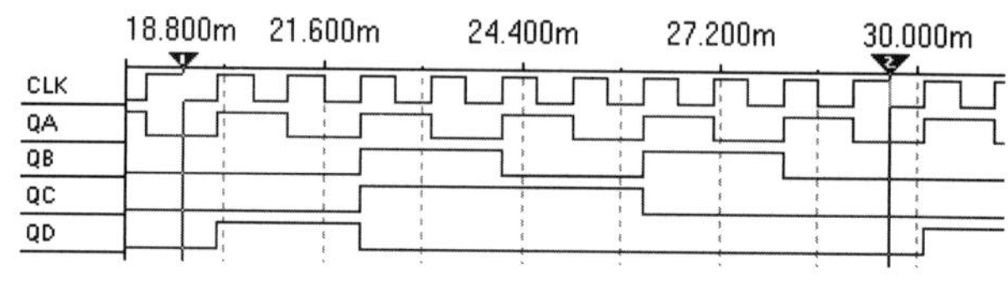

图13-03　74HC192减计数仿真波形

两只游标之间一个完整计数周期的Q_D～Q_A状态表明了74HC192的减计数进程的正确性：1001→1000→0111→0110→0101→0100→0011→0010→0001→0000→1001→……循环往复。

5．74HC192并行置数功能测试

当$\overline{\text{LOAD}}$引脚低电平有效时，74HC192进入并行置数状态，输入引脚D～A的实时状态直接传送给输出引脚Q_D～Q_A。设计任务要求每一轮的计数均从7开始，因此需要将D～A的输入引脚设置为0111。

在正常的减计数过程中，74HC192的$\overline{\text{LOAD}}$引脚必须恢复至高电平无效状态，为了验证并行置数与减计数过程之间的切换过程，向$\overline{\text{LOAD}}$引脚接入如图13-04所示的单刀双掷开关静触点，开关的两个动触点分别连接至高电平与低电平，仿真波形如图13-05所示。

- 在游标1左侧，$\overline{\text{LOAD}}$保持为低电平，系统并行置数：Q_D～Q_A为D～A，即0111；
- 在游标1右侧，$\overline{\text{LOAD}}$切换为高电平，74HC192开始减计数，Q_D～Q_A从0111减计数至游标2位置的0000，然后进入下一轮的计数周期，Q_D～Q_A为1001→1000→…

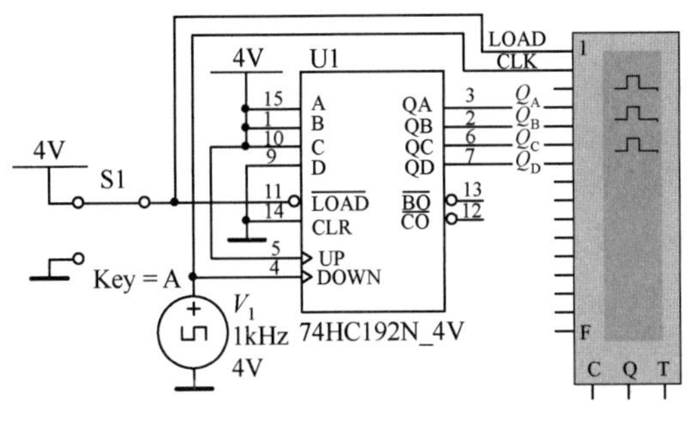

图 13-04　74HC192 并行置数测试电路

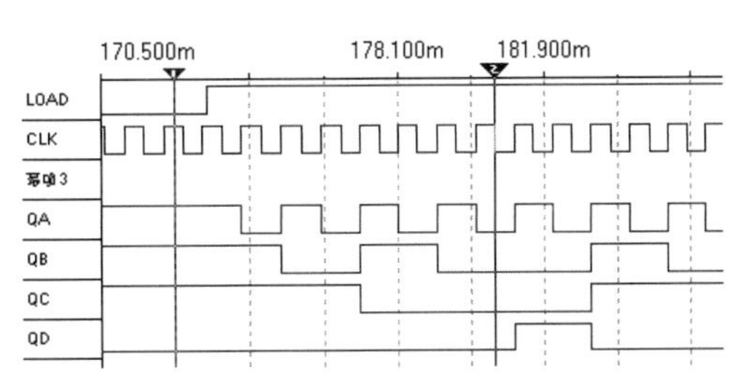

图 13-05　并行置数的仿真波形

6. 74HC192 的计数变模设计

设计从 7 到 1 的减计数循环，7 的初值已经通过输入引脚实现，下一步任务是如何利用 $Q_D \sim Q_A$ 减计数至 0001 时的状态，产生一个低电平脉冲反馈至 $\overline{\text{LOAD}}$ 引脚，实现并行置数。

但是，从表 13-1 可以看到，$\overline{\text{LOAD}}$ 的置数过程采取的是异步方式，$\overline{\text{LOAD}}$ 一旦有效，就立刻将 $Q_D \sim Q_A$ 置为输入端的状态 $Q_D \sim Q_A$。因此，为了确保计数过程完整，需要将 $Q_D \sim Q_A$ 的计数结果从 0001 进一步推迟至下一个计数状态 0000，用 0000 状态去触发 $\overline{\text{LOAD}}$ 引脚。取出多位的 0 数据，最合适的逻辑运算关系显然应该是或逻辑，用 4 输入或门取出 $Q_D \sim Q_A$ 的状态。

考虑本次课程设计任务所需要的最高计数值为 7，仅使用了 3 位有效输出，故选择 3 输入或门，取出 $Q_D \sim Q_A$ 的低三位输出状态。

常见的 3 输入或门仅有 CD4075 等低速型 CMOS 产品，且价格较贵，因此这里选择容易获取的三-3 输入或非门 74HC27 进行两级串联后得到等效的 3 输入或门，如图 13-06 所示。变模计数仿真波形如图 13-07 所示。

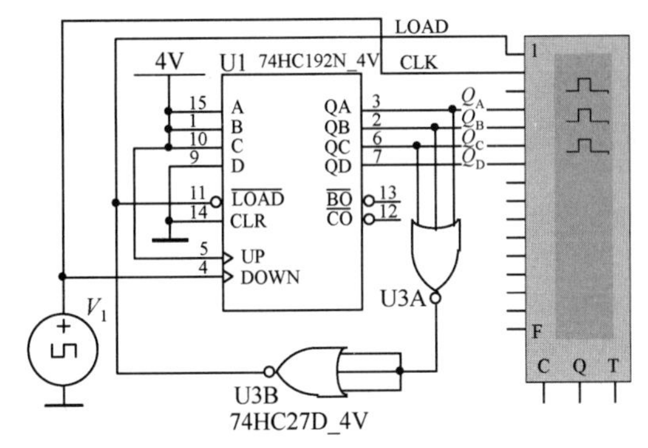

图 13-06　74HC192 变模计数测试

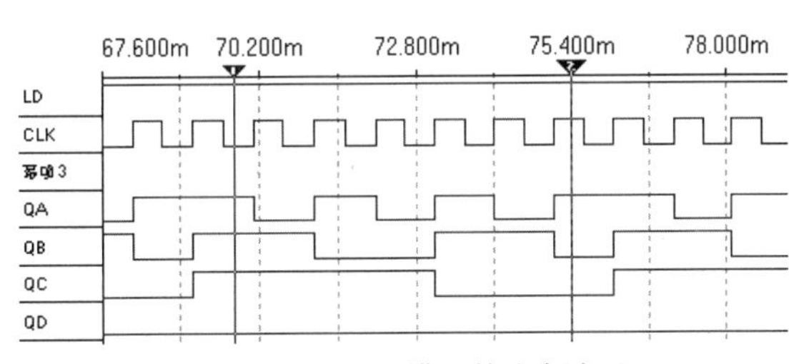

图 13-07　变模计数仿真波形

从如图 13-07 所示的仿真波形可以看出，游标 1 所处的输出端状态为 0111，游标 2 所处的输出状态变为 0001，$Q_D \sim Q_A$ 在下一时刻跳变为 0111，进入新一轮减计数，实现了从 7 到 1 的任务要求。

7. 设计用来产生时钟脉冲的按钮电路

将图 13-06 中的 V_1 更换为如图 13-08 所示的点动按钮后，当前的设计方案已经基本达到了设计题目的要求。

但是，通常的仿真软件均将按钮的动作视尾理想的“通-断”过程，在实际的按钮发生点动时，弹性的簧片一定会造成动、静触点间产生反复的“通-断-通”现象。如果按照如图 13-08 所示电路进行实物测试，容易发生点动按钮时 $Q_D \sim Q_A$ 出现多次计数的现象，造成逻辑紊乱。

这里直接引用图 2-15-16 所示的消抖电路，得到如图 13-09 所示的电路。

图13-09中使用RC串联网络及施密特非门74HC14（或CD40106）实现点动按钮消抖。每次快速按下S2，施密特非门的输出均只会产生一个有效的负脉冲跳变。

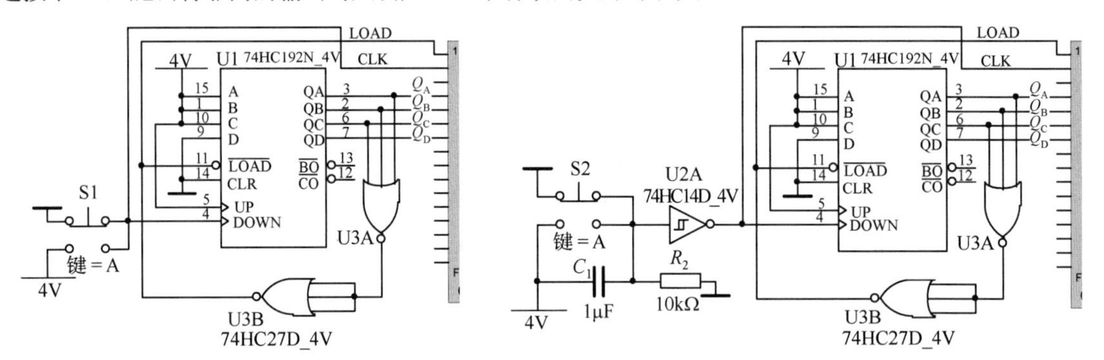

图13-08　用按钮实现74HC192减计数　　　　图13-09　具备消抖功能的74HC192减计数电路

8．数码管的显示译码驱动电路设计

74HC192输出的4位二进制减计数结果经显示译码芯片编译为字段码之后，即可驱动七段数码管进行正常的数据显示。本次设计准备采用共阴极数码管作为显示器件，对应的译码器型号较多，这里选择廉价的CD4511，直接引用2.2.4节中图2-2-13所示的译码驱动电路，然后将图13-10中的D～A对应连接至74HC192的Q_D～Q_A端即可。

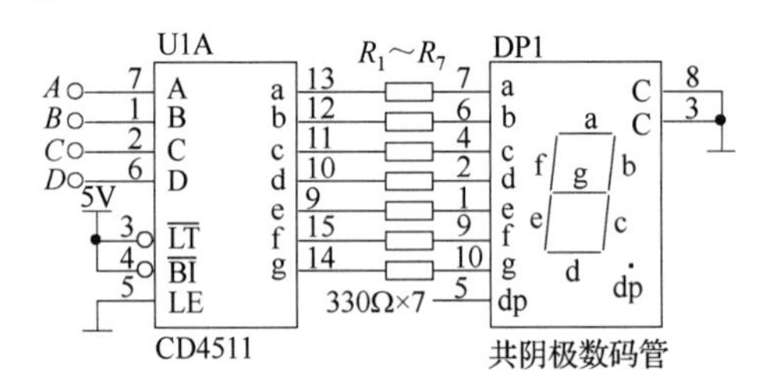

图13-10　共阴极数码管译码驱动电路

限流电阻R_1～R_7的具体数据根据数码管内LED的颜色进行计算或通过实验测试后再做出选择，最终选定510Ω的0.25W金属膜电阻。

9．将多个仿真电路单元组合、转换为完整的电路原理图

将图13-01所示结构框图中的各个电路单元逐一设计完成后，将各个仿真电路单元进行集成转换，得到如图13-11所示的完整的电路原理图。

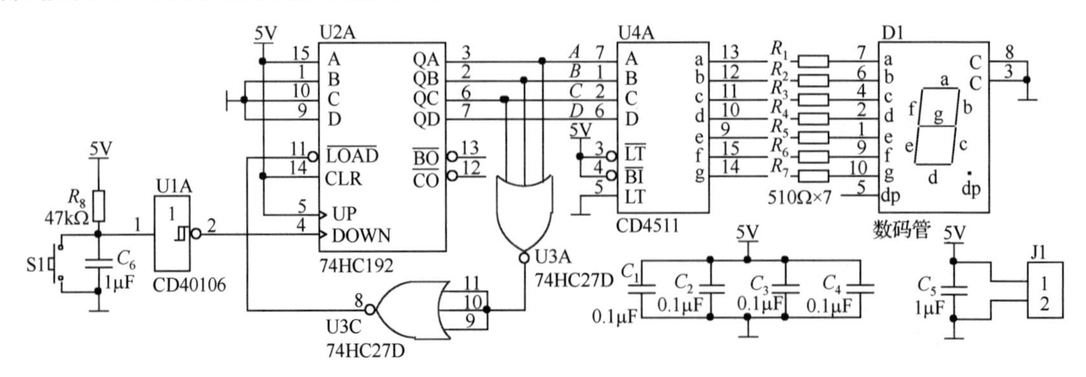

图13-11　完整的电路原理图

在转换过程中添加了向整个电路供电的电源接插件 J1、紧邻电源接插件的滤波电容 C_5、集成芯片电源引脚附近的退耦电容 C_1～C_4。其中 C_1～C_4 分别对应 U1（施密特非门 74HC14）、U2（可逆计数器 74HC192）、U3（三-3 输入或非门 74HC27）、U4（CD4511），电容容量均取 0.1μF，耐压值为 25V。

在 Altium Designer 中单击【报告】→【Bill of Materials】菜单项，得到本次设计用到的元器件清单，如表 13-2 的前 11 项所示。

表 13-2　元器件清单

型号或参数	功 能 描 述	元器件编号	元器件数量
CD40106	非门（施密特）	U1	1
74HC192	十进制可逆计数器	U2	1
74HC27D	3 输入或非门	U3	1
CD4511	共阴极数码管显示译码器	U4	1
DPY1	共阴极数码管	D1	1
510Ω	电阻	R_1，R_2，R_3，R_4，R_5，R_6，R_7	7
47kΩ	电阻	R_8	1
0.1μF	电容	C_1，C_2，C_3，C_4	4
1μF	电容	C_5，C_6	2
CON2	接插件	J1	1
SW_PB	2 脚自复位按钮	S1	1
—	14 脚 IC 插座	手动添加	2
—	16 脚 IC 插座	手动添加	2
—	脚钉	手动添加	4

为了便于调试，一般需要将集成芯片插入 IC 插座，便于对芯片进行测试与更换。

整个 PCB 用脚钉垫高，避免工作台表面的镊子等金属物件无意引发的短路故障。

表 13-2 中带有灰色背景的 IC 插座、脚钉等辅助性元器件栏目并没有自动出现在“Bill of Materials”中，需手动添加。

10. 设计 PCB 板图

根据电路原理图，设计完成 PCB 板图的分层打印布线结果如图 13-12～图 13-14 所示。

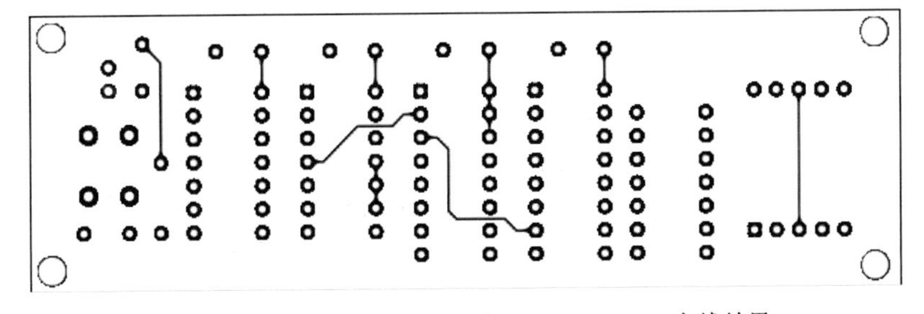

图 13-12　分层打印的 PCB 顶层（Top Layer）布线结果

11. 制作 PCB

设计完成的 PCB 结果经检查确认无误后，可利用热转印、感光板等工艺手工制作成规范的 PCB。在条件允许时，可将设计完成的“*.PcbDoc”文件发送到 PCB 生产厂家进行委托加工。

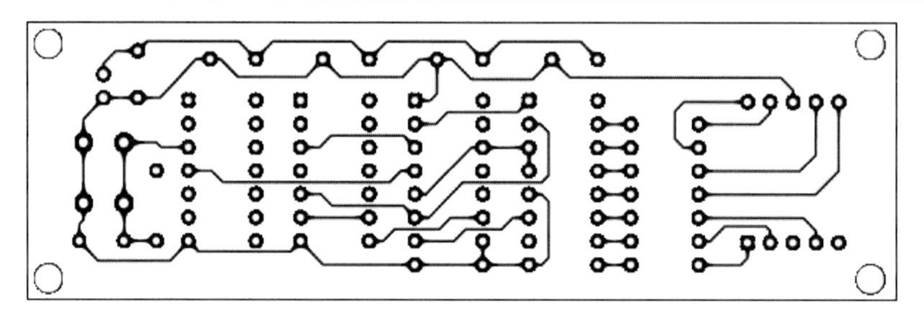

图 13-13　分层打印的 PCB 底层（Bottom Layer）布线结果

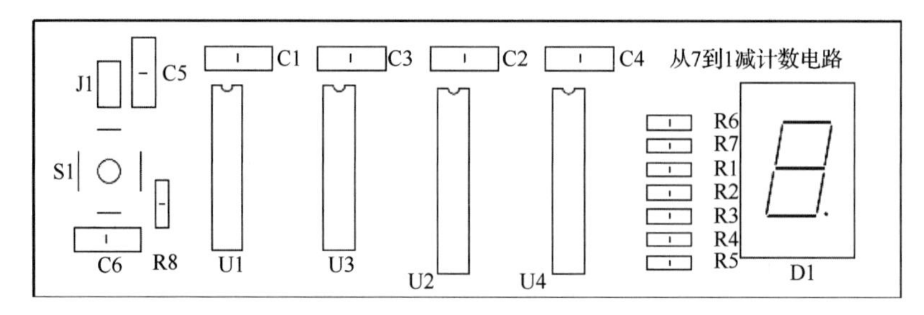

图 13-14　元器件在顶层丝印层（Top Overlayer）的布局效果

12．电路的装配与焊接

与 PCB 加工制作过程同步，完成元器件的购买或领用。下一步按照规范的流程将元器件焊接、装配至对应的 PCB 焊盘孔。

13．电路测试过程及设计结果记录

整个电路的结构分块比较清晰，可以分为三步展开调试。

（1）借助示波器调试、测试自复位按钮 S1 与施密特非门 U1 的输出波形，确保正常点击 S1 时无抖动输出，可能需要对 C_6 的容量进行适当微调。

（2）借助逻辑笔或 4 只带有限流电阻的 LED，测试 74HC192 变模计数电路的输出是否正常。

（3）接入译码器 U3、限流电阻 R_1～R_7、数码管，测试数字的显示是否符合设计任务的规定要求。

调试过程中遇到的问题及其分析思路与解决流程、调试结果的数据记录及视频录制等内容略。

14．设计总结与展望

在学习了数字电子技术课程之后，利用所学知识完成简单的数字电路设计按理说是很简单的，但完成的电路设计常常无法正常工作，与自己的设计初衷相去甚远。分模块、走流程是化繁为简的思路，不断修改、调整、升级设计内容，设计结果也会向最终的正确结果逐步靠拢并获得最终的成功。

【思政寄语】 数字电路的学习是一个不断推陈出新的过程，新知识不断涌现，这就要求我们不能固步自封，要用于接受新鲜事物，敢于迎接新技术、新思路带来的各种挑战。

第 14 章　电源电路课程设计示例

【课程设计题目】 12V 铅蓄电池组的正常工作电压范围为 10.5～13.8V，设计以 12V 铅蓄电池供电、工作效率较高的 3 路输出直流稳压电源：

1）B 路输出+3.3V/3A 直流电压，为单片机及其外围芯片供电；

2）A 路输出+24V/0.5A 直流电压，为直流电机供电；

3）C 路输出+5V/100mA、纹波较小的直流电压，为传感器单元供电。

1. 设计任务分析

B 路是典型的降压输出，由于输出电压很小、电流较大，若采用最简单的线性降压电路，则线性降压电路自身的损耗较高。由于该路输出为单片机等数字芯片供电，因此考虑采用 BUCK 降压电路方案。A 路输出电压比输入电压大，因此只能采用升压电路。C 路也是降压输出，但要求纹波很小，加之所需的电流很小，因此考虑采用传统的线性降压电路。

3 路输出直流稳压电源的设计任务可以简单、清晰地划分为 BOOST 升压电路单元、BUCK 降压电路单元、LDO 线性稳压电路单元 3 部分，如图 14-01 所示。

2. BUCK 降压电路设计

参考 5.2.1 节讲述的降压型 BUCK 电路的工作原理，结合设计任务给出的电压、电流、纹波等指标参数，选择合适的 DC-DC 集成芯片即可开始设计。采用辅助设计软件可大幅提高设计效率。

打开网页 http://www.ti.com.cn，或者扫描如图 14-02 所示的二维码，进入 TI 的官网主页。

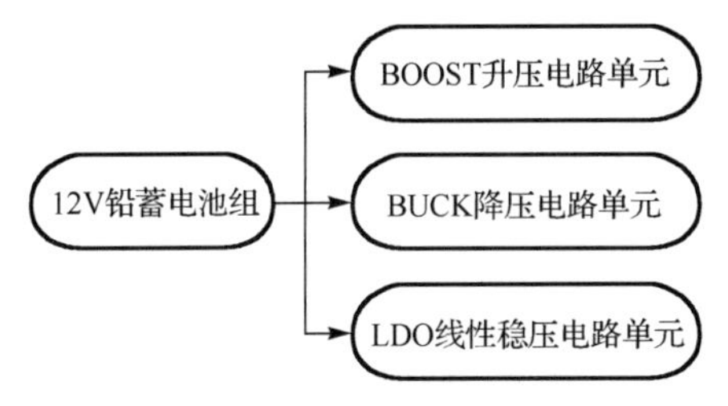

图 14-01　3 路电源电路的结构框图

图 14-02　TI 的官网主页

在 TI 官网的“工具与软件”主菜单下，选择左侧第一栏的“WEBENCH® 设计中心”，在新打开页面的右侧可以看见如图 14-03 所示的“WEBENCH® Designer”。

12V 铅蓄电池组的输出电压范围为 10.5～13.8V，因此设置输入电压最小值为 10.5V、最大值为 13.8V。输出电压 V_{out} 为设计任务中规定的 3.3V，输出电流 I_{out} 为 3A。

单击“开始设计”按钮，系统弹出如图 14-04 所示的电源拓扑结构选择界面。

“Module”拓扑的电源结构简单、设计效率很高，尤其适用于初学者。选择 Module 后，系统弹出如图 14-05 所示的窗口，在“解决方案（247 找获）”下方的列表中，选择 DC-DC 芯片 TPS563200。

单击“开启设计”按钮，系统弹出 TPS563200 的设计结果，如图 14-06 所示。

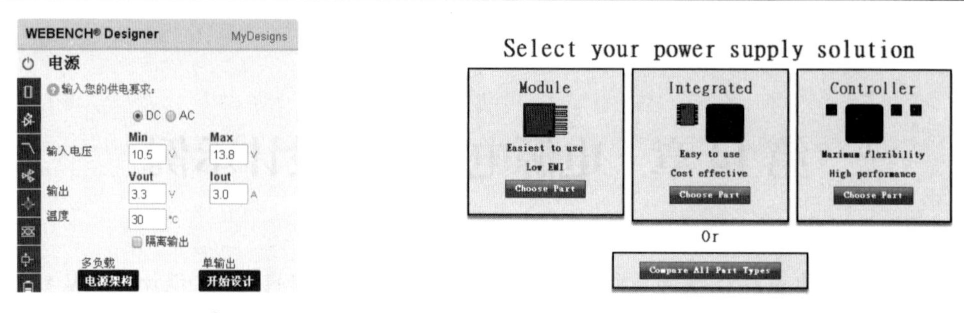

图 14-03 WEBENCH® Designer

图 14-04 电源拓扑结构选择界面

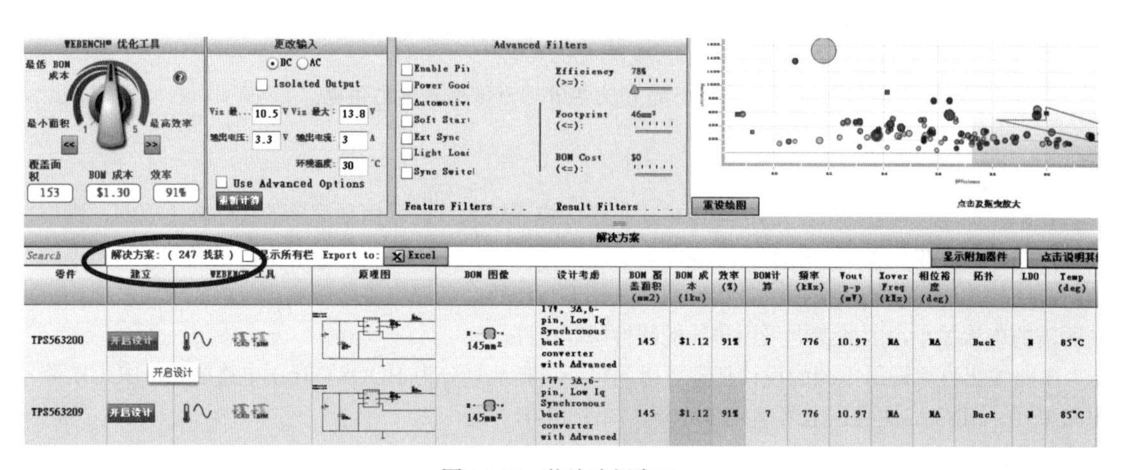

图 14-05 芯片选择窗口

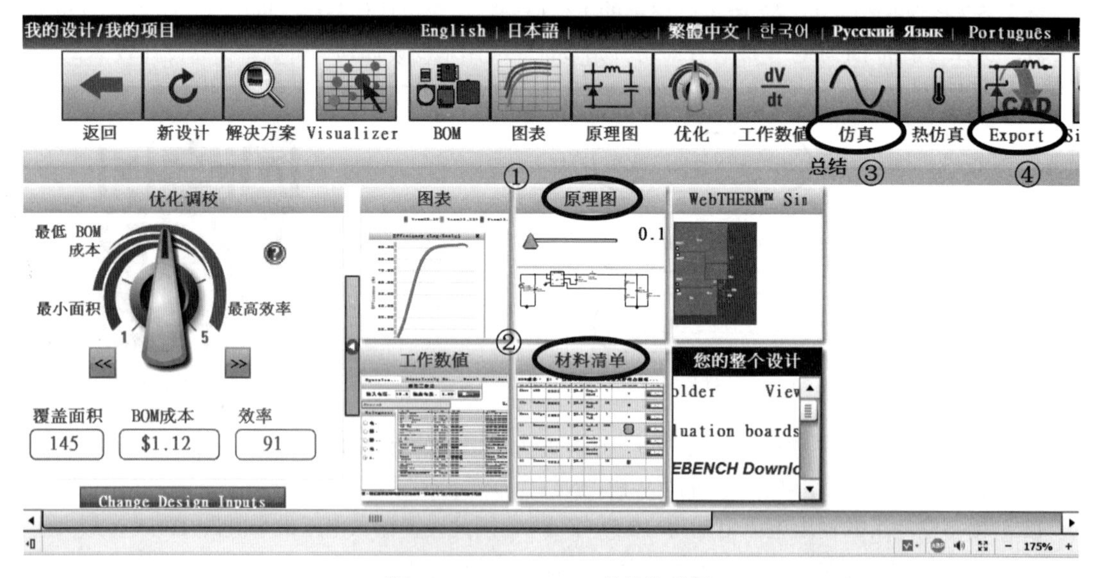

图 14-06 TPS563200 的设计结果

（1）单击“原理图”项，系统将生成 TPS563200 构成的降压电路，如图 14-07 所示。

（2）单击“材料清单”项，在弹出的对话框中选择“EXCEL 电子表单”，即可保存图 14-07 中所有元器件的参数信息。

（3）单击窗口顶部的“仿真”快捷工具栏，可对感兴趣的节点进行电气仿真。

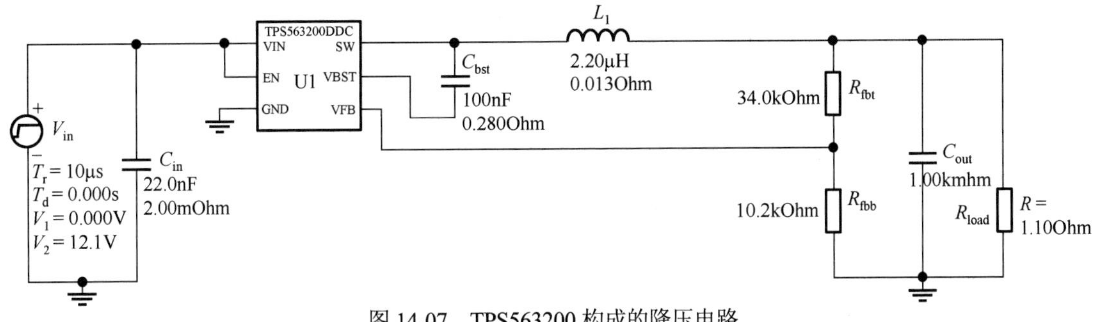

图 14-07　TPS563200 构成的降压电路

（4）单击窗口顶部的“Export”快捷工具栏，在如图 14-08 所示的窗口左侧的“Schematic”中选择 Altium Designer，单击下方的“Export”按钮，接着在弹出的新对话框中选择“Download file”按钮，WEBENCH 软件将为设计者自行创建 TPS563200 的原理图文件，如图 14-09 所示。

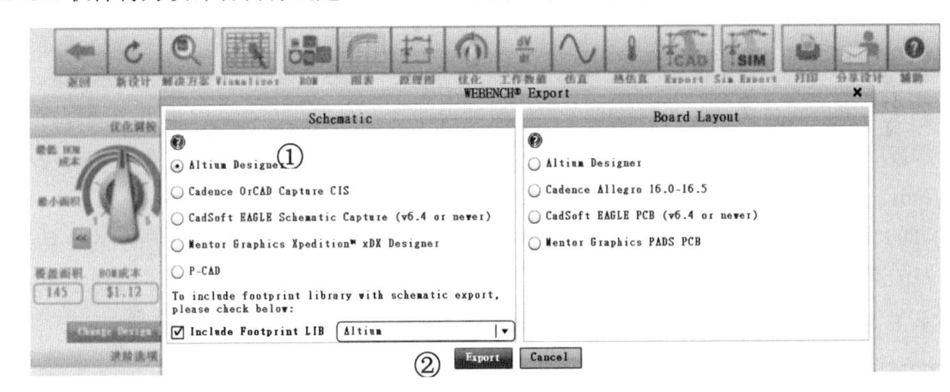

图 14-08　“Export”原理图文件

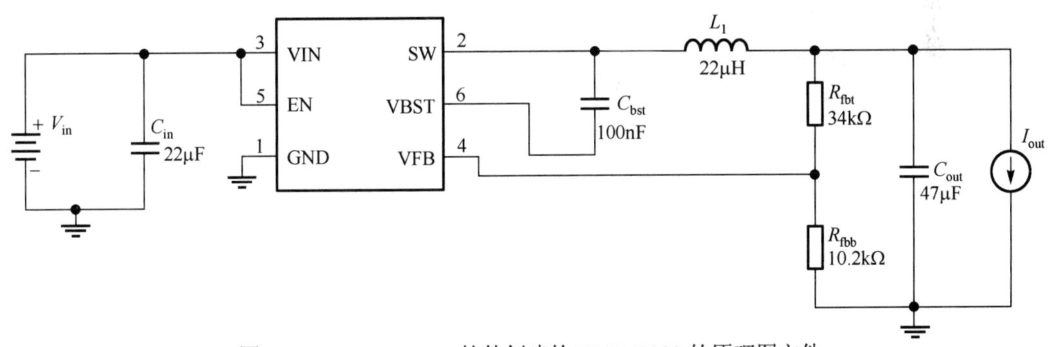

图 14-09　WEBENCH 软件创建的 TPS563200 的原理图文件

WEBENCH 也可以给出供参考用的 PCB 设计方案图，但所有元器件的封装尺寸均非常小。进行电子技术课程设计时可将其调整为容易购得且便于焊接、测试的直插或大型贴片封装。

3. BOOST 升压电路设计

与 BUCK 降压电路的设计过程类似，采用 WEBENCH 软件设计 BOOST 升压电路。在“WEBENCH® Designer”栏中输入如图 14-10 所示的参数选项。WEBENCH 给出了 9 种满足设计任务要求的解决方案，这里选择第一种方案 TPS61175，得到的电路原理图如图 14-11 所示。

图 14-10　设置升压参数

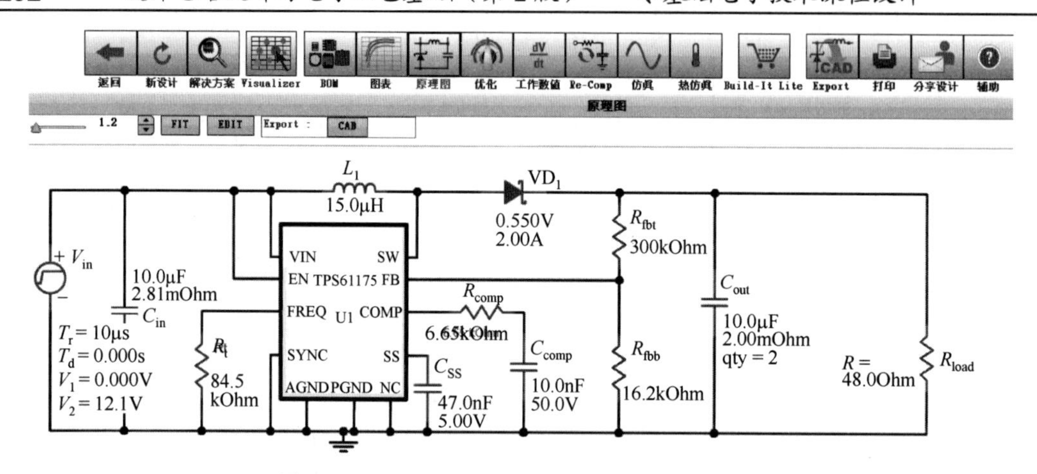

图 14-11 WEBENCH 创建的 TPS61175 参考电路

4. LDO 线性稳压电路设计

线性稳压电路虽然效率很低，但输出电压的纹波也非常小，因此在传感器供电领域具有不可替代的作用。常规的 LDO 线性稳压芯片种类并不多，进行芯片选型及电路设计的工作量相对较小。设计者可输入 http://www.ti.com.cn，进入 TI 公司的官网主页。

在主页的“产品”标签栏下方，单击“电源管理”超链接，打开如图 14-12 所示的产品结构树。产品结构树的第一行为线性稳压器（LDO），括号中的数字 577 表示共有 577 种芯片选型方案。本次设计只需 12V 到 5V 的降压，故选择“单通道 LDO（524）”，后续网页如图 14-13 所示。

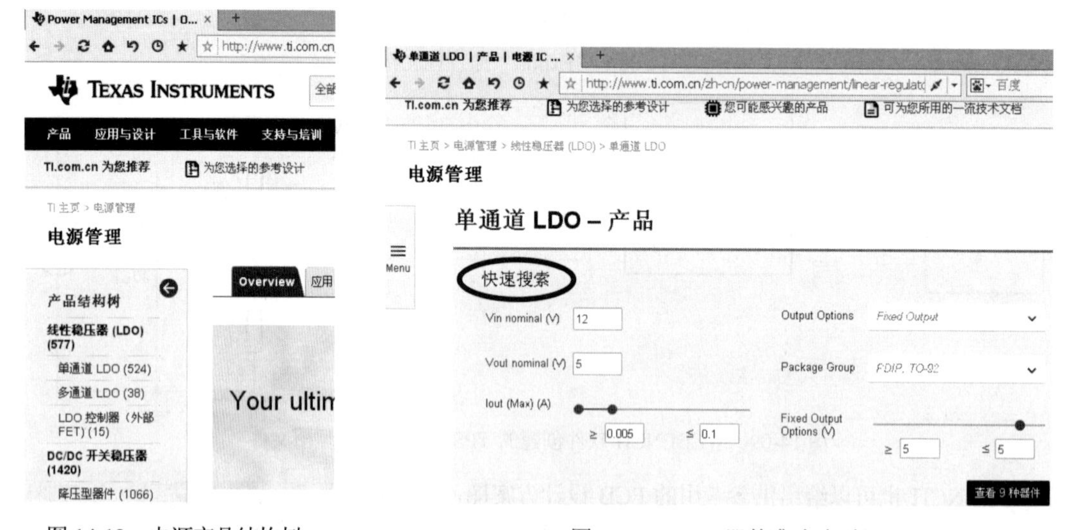

图 14-12 电源产品结构树　　　　图 14-13 LDO 器件准确选型

在“快速搜索”下，按照设计任务要求，输入 Vin nominal（输入电压）、Vout nominal（输出电压）、Iout（输出电流范围）、Output Options（输出选项）、Package Group（封装）等内容后，单击右下角的“查看 9 种器件”按钮，WEBENCH 将以列表的形式显示如图 14-14 所示的 9 种 LDO 器件型号及主要参数。

选中第一款 LDO 芯片“LP2950”，单击“技术文档”超链接，WEBENCH 在新窗口中打开如图 14-15 所示的元器件信息页面。

为了进一步完成设计，单击“立即查看”超链接，系统弹出如图 14-16 所示的快速设计页面。在快速设计页面的目录中单击“Pin Configuration”选项，明确 LP2950 的引脚排列。接着查阅 LP2950 的 PDF 文档，得到 LP2950 常用封装与基本电路，如图 14-17 所示。

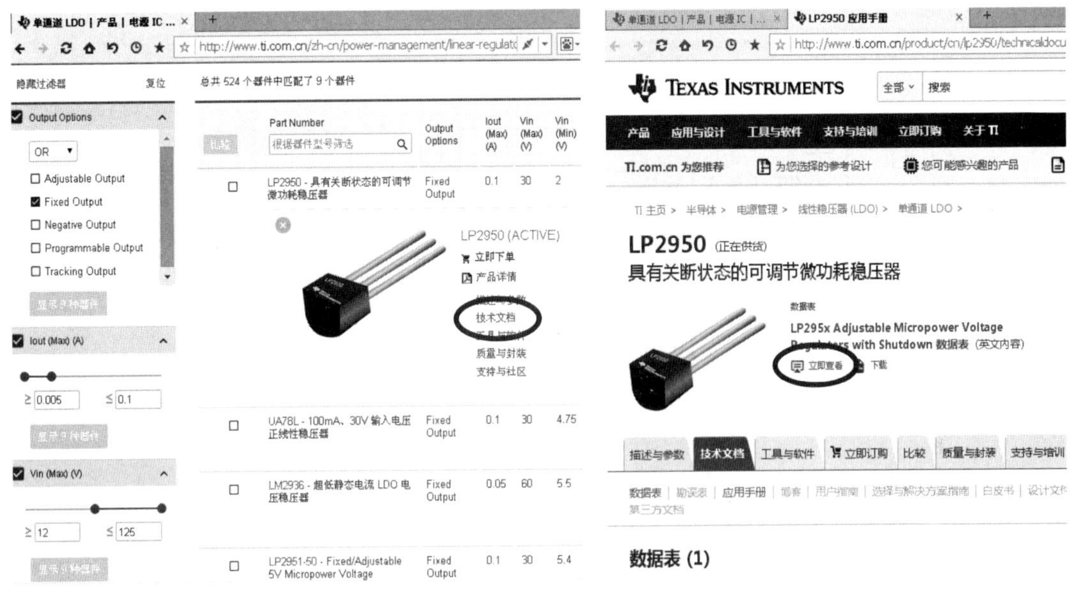

图 14-14　LDO 元器件选型页面　　　图 14-15　LP2950 元器件信息页面

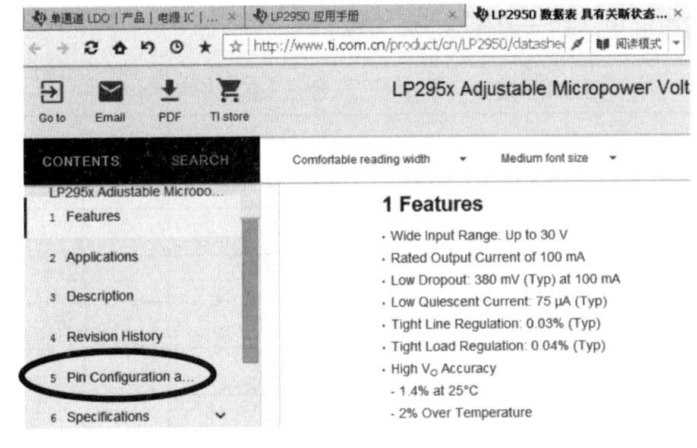

图 14-16　LP2950 快速设计页面

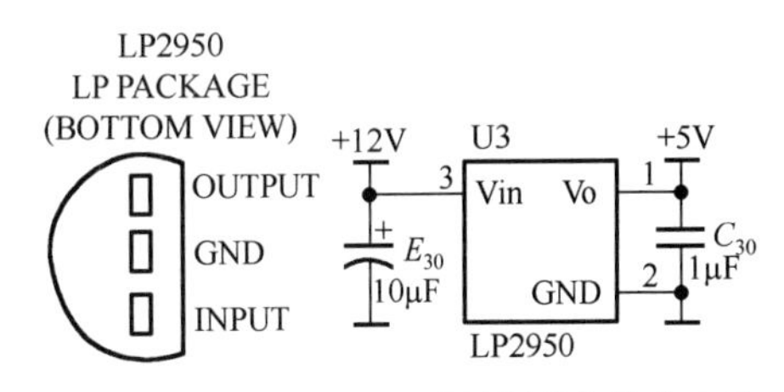

图 14-17　LP2950 常用封装与基本电路

5. 汇总并设计得到完整的电路原理图

添加每组电源输出端的 LED 状态指示与端口接插件，去掉 WEBENCH 给出参考设计方案中的负载电阻，适当增大滤波电容、储能电容的容量，将个别非标准序列或不易购得的电阻用 3296 电位器替换，以实现输出电压的精密微调。最终得到的 3 路直流稳压电源电路如图 14-18 所示。

为了便于设计 PCB 板图，采用分单元绘制原理图的方式。为了在汇总 PCB 时避免元器件的编号出现重复，3 路直流稳压电源的元器件分别按 1、2、3 的顺序编号。

根据如图 14-18 所示的电路原理图，在各自的原理图设计界面下单击【报告】→【Bill of Materials】菜单项，得到如表 14-1 所示的元器件 BOM 清单。

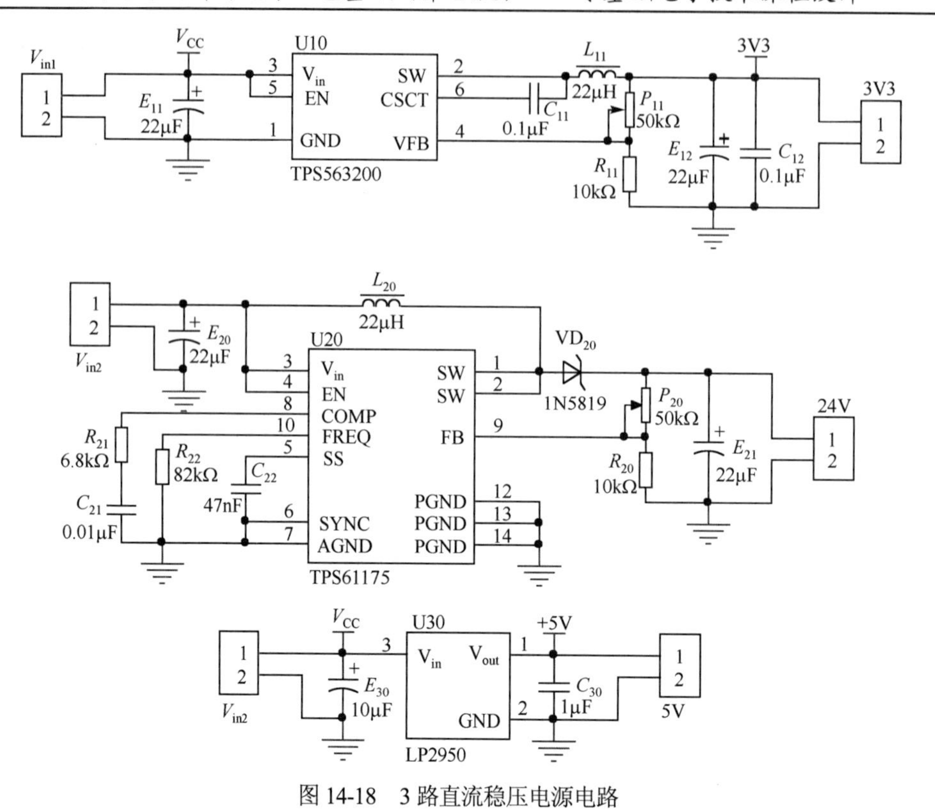

图 14-18　3路直流稳压电源电路

表 14-1　3路直流稳压电源电路的元器件 BOM 清单

元器件编号	功 能 描 述	型号或参数	封　装	数　量
C_{11}，C_{12}	独石电容	0.1μF	RAD-0.2	2
E_{11}，E_{12}，E_{20}，E_{21}，E_{30}	电解电容	22μF	CAPPR2-5X6.8	5
L_{11}，L_{20}	磁芯功率电感	2.2μH	4X4	2
P_{10}，P_{20}	3296 型电位器	50kΩ	VR5	2
R_{11}	电阻	10kΩ	AXIAL-0.3	1
U10	降压稳压芯片	TPS563200	SOT23-6	1
C_{21}	电容	0.01μF	0805	1
C_{22}	电容	47nF	0805	1
VD_{20}	肖特基二极管	1N5819	SMA	1
R_{20}	电阻	10kΩ	0805	1
R_{21}	电阻	6.8kΩ	0805	1
R_{22}	电阻	82kΩ	0805	1
U20	升压稳压芯片	TPS61175	TSSOP-14	1
C_{30}	电容	1μF	RAD-0.2	1
U30	LDO 稳压芯片	LP2950	TO-92B	1
—	转接板	SOT23-6 转 DIP-6	DIP-6	1
V_{in1}，V_{in2}，V_{in3}，5V，3V3，24V	排针接插件	2 位	SIP-2	6

6. PCB 板图设计

由于TPS563200芯片的封装SOT23-6的体积不大，这类小体积芯片在课程设计阶段直接进行焊接、装配、调试的综合难度较大。考虑课程设计的结果并不等同于最终的标准产品，而应该以基本功能实现为首要任务，因此采用如图 14-19 所示的转接板工艺，先将小体积的 TPS563200 芯片焊接到转接板中，然后将转接板插装或焊接在测试用电路 PCB 中，便于调试与更换，降低工艺难度。

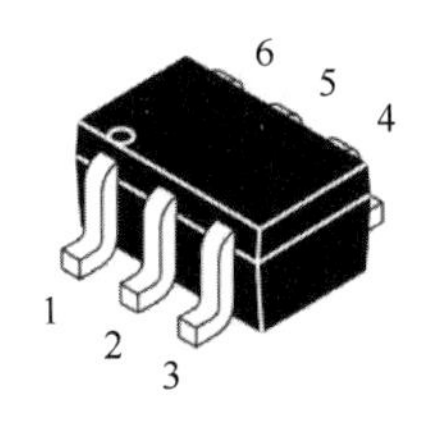

(a) SOT23-6封装外形

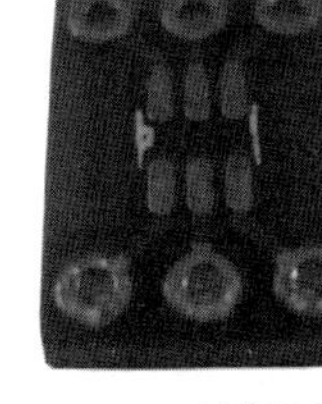
(b) SOT23-6封装的转接板

(c) 装接完成的转接板

图 14-19　微小封装元器件采用的转接板工艺

如图 14-19(b)所示的转接板包含 SOT23-6 微小封装，封装的每只引脚连接至整齐排列的焊盘孔，相邻焊盘孔的间距为标准的 100mil，可将如图 14-19(c)所示、焊接好排针的转接板再被插入比微小封装体积更大的 IC 插座或万能板中，便于后续的调试环节。

BOOST 升压电路单元、BUCK 降压电路单元、LDO 线性稳压电路单元的元器件在 PCB 布局中处于相对独立的状态，电气连线无须交叉。分别针对 3 路直流稳压电源独立设计得到的 PCB 分层打印效果如图 14-20～图 14-22 所示。

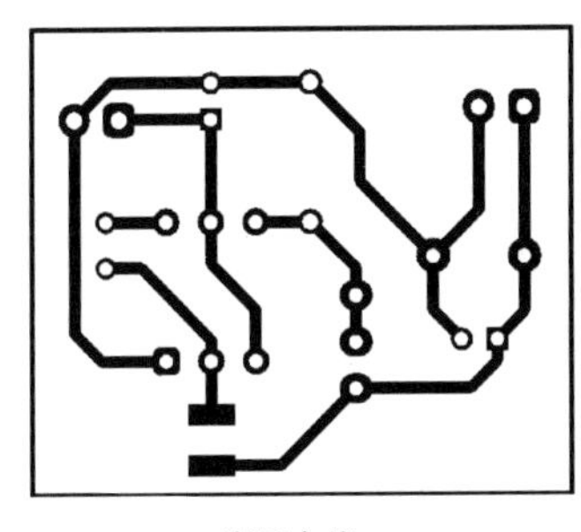
(a) 底层布线

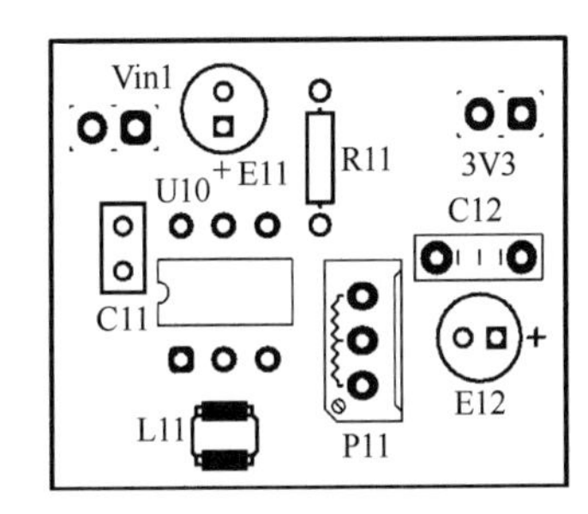

(b) 元器件在顶层丝印层的布局

图 14-20　TPS563200 构成升压电路的 PCB 分层打印效果

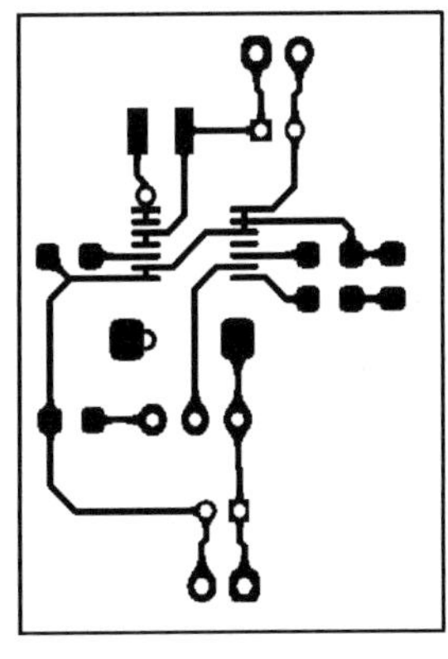
(a) 顶层布线

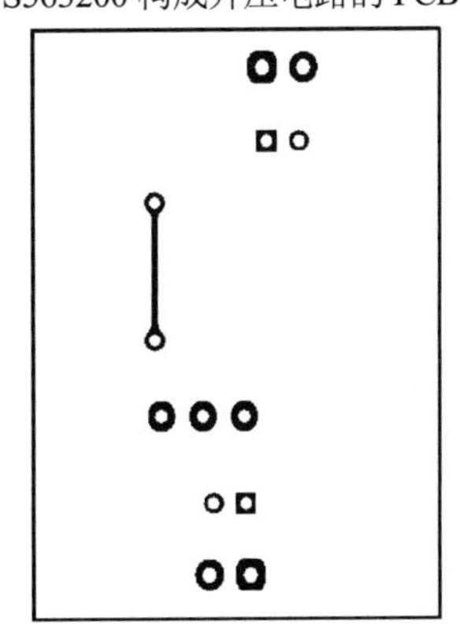
(b) 底层布线

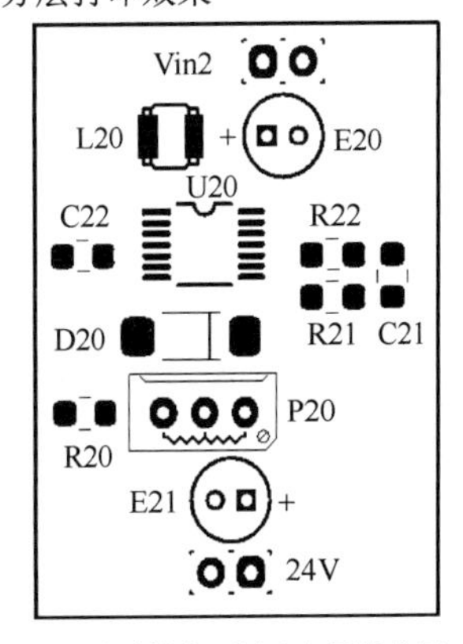

(c) 元器件在顶层丝印层的布局

图 14-21　TPS61175 构成升压电路的 PCB 分层打印效果

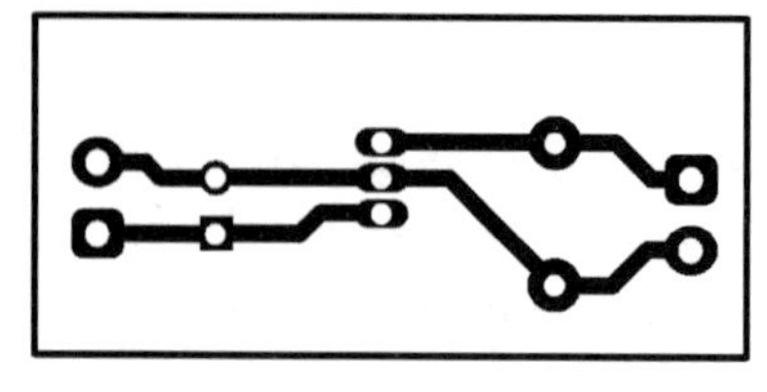

(a) 底层布线

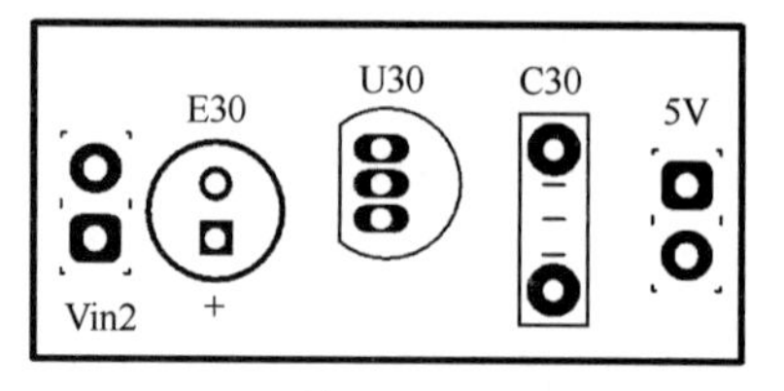

(b) 元器件在顶层丝印层的布局

图 14-22　LP2950 构成线性降压电路的 PCB 分层打印效果

7. PCB 拼板

3 路直流稳压电源分属同一设计任务的不同的独立内容，分别完成的 3 块 PCB 应合成一块完整的 PCB，此时需要采用拼板工艺进行处理。

直接将 3 块独立设计完成的 PCB 紧贴并拼为一体的效果如图 14-23 所示。3 块 PCB 的尺寸大小不一，不够美观，而且存在明显的板材浪费。而元器件丝印编号方向不一致，也会影响总体设计结果的美观程度。具有针对性的改进措施如下。

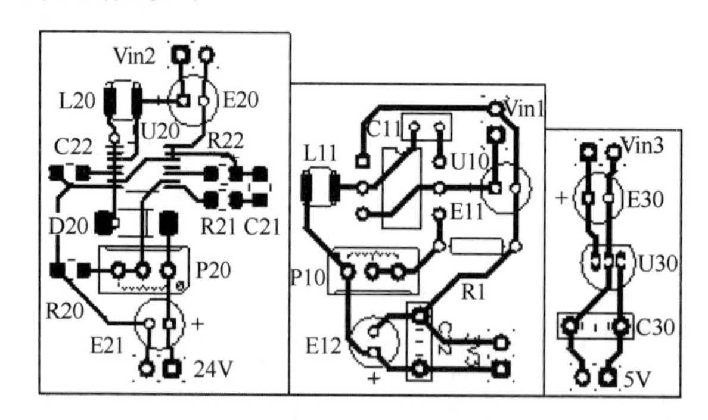

图 14-23　直接拼接 3 块 PCB 的效果图

- 24V 升压板的 PCB 高度过大，但观察到 V_{in} 与 24V 接插件的布局相对较为松散，可以将两只接插件移动到 PCB 的空位，以减小板子的高度，使其与 3.3V 的降压板的高度一致。
- 3.3V 降压板的元器件丝印方向与 24V 升压板的丝印方向不一致。
- 5V 降压板的尺寸偏小，无法布置脚钉的焊盘孔，元器件丝印方向也与 24V 升压板的不一致。
- 3 只 PCB 的地线（GND）网络需要连为一体。
- 每只 PCB 的外框轮廓线在 KeepOut Layer 中定义，造成相邻两块 PCB 之间无法正常连线，因此需要将中间的两根 PCB 轮廓线调整到顶层丝印层中进行定义。

经过调整后的 PCB 拼接效果图如图 14-24 所示。

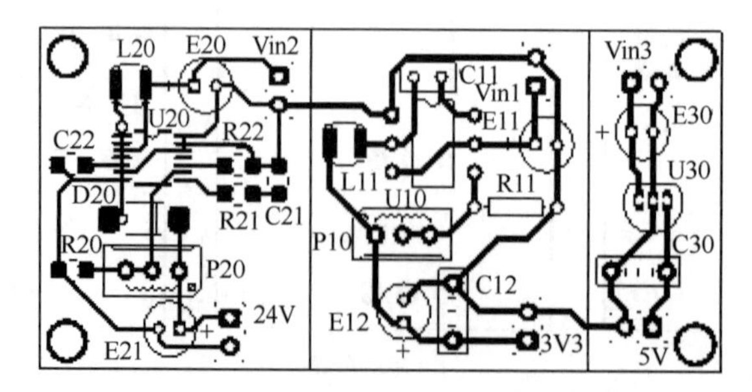

图 14-24　经过调整后的 PCB 拼接效果图

8．元器件的焊接、装配，电路系统调试及参数测试

本设计包含 3 组相对独立的电路单元，应优先采用分块装配与焊接的工艺流程。为了有效地达到分单元调试的目的，在原理图及 PCB 的设计过程中，分别设置 V_{in1}、V_{in2}、V_{in3} 三只接插件，保留了 3 路直流稳压电源的输入端子彼此独立。当 3 路直流稳压电源均调试完成之后，再将 3 路输入电压的接插件同时连接至电池的输出端。

在焊接过程中，可以首先调试最简单的 LDO 线性稳压电路，再调试稍微复杂一点的 BUCK 降压电路，考虑 TPS61175 的 TSSOP 封装较难焊接，因此最后焊接、装配 BOOST 升压电路。在静态调试时，需要将电源的电流保护旋钮调至较小的位置，避免待调试电路因短路、反接等错误而产生供电电流过大的故障。对于极性电解电容，装配前需要反复检查极性有无错接，避免电容发生爆炸。

9．课程设计作品及实验数据的记录

焊接装配完成的电源系统，可以通过实验室电源模拟铅蓄电池进行供电。在调试过程中，首先需要使用数字万用表测量每路输出的空载电压。各单元的输出电压正常并不能代表该电源电路能够有效地驱动负载，此时可以向电源输出端接入大功率的滑线变阻器或设置好参数的电子负载（一种专用的耗能设备，负载的类型及参数可调），观察输出电压的跌落情况，还需要利用示波器的交流挡观测输出电压的纹波。

带负载的电流/电压调整率、负载调整率、纹波电压等多项参数与输出电压同等重要，涉及数字万用表、电子负载、数字示波器等多种测试仪器，得到的相关测试数据及电压波形略。

【思政寄语】 电源电路在所有的电子电路系统中都是必不可少的，具体的参与过程对提高自身的动手能力、工程实践能力和创新能力将大有裨益。

附　　录

附录 A　模拟电路常用元器件的内部结构及引脚排列

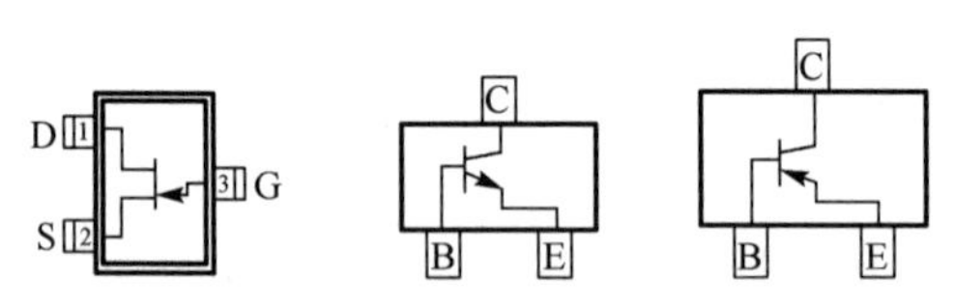

图 A-1　SOT-23 微小封装的三极管及场效应管

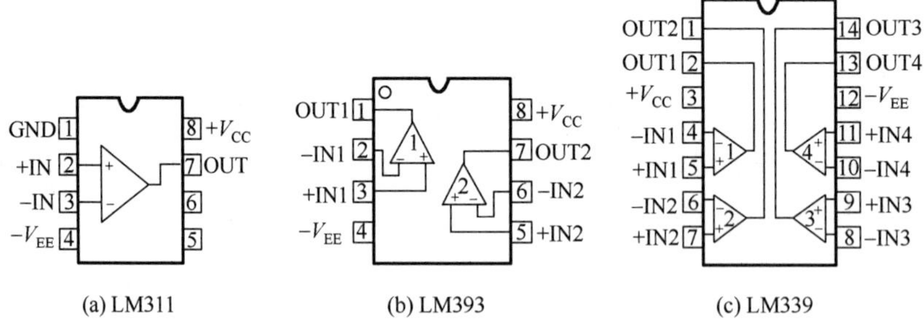

图 A-2　常用电压比较器

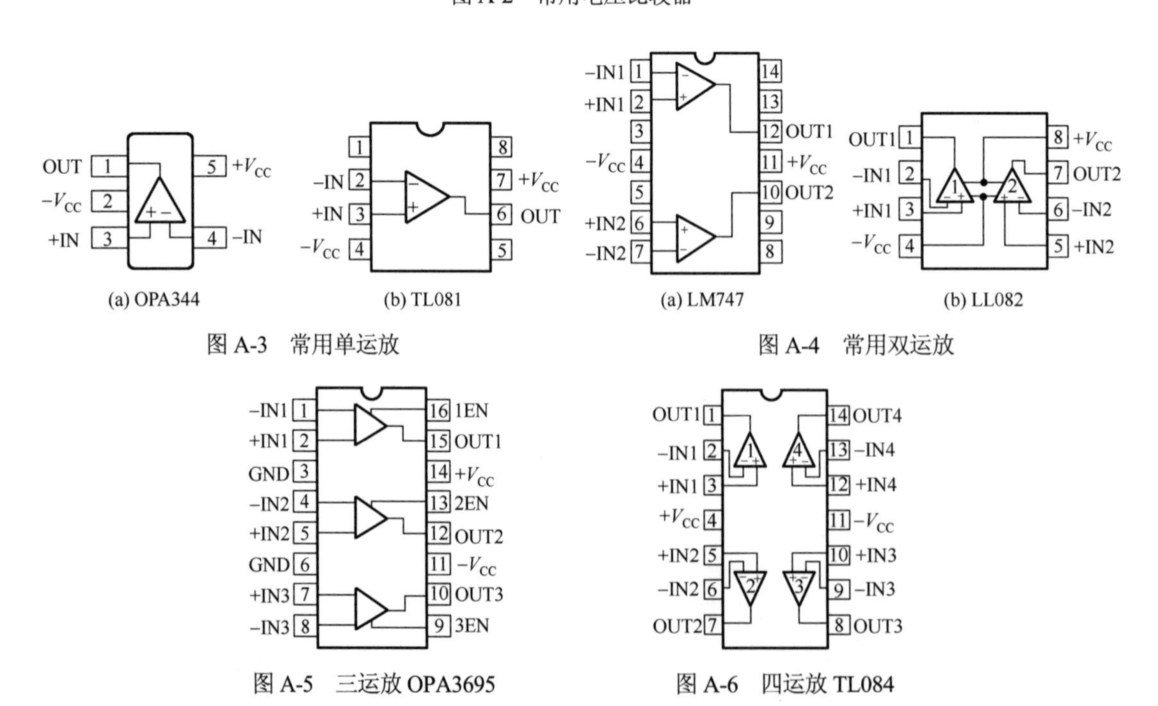

图 A-3　常用单运放

图 A-4　常用双运放

图 A-5　三运放 OPA3695

图 A-6　四运放 TL084

附录 B 常用 CMOS 数字集成逻辑芯片的型号及功能

型 号	逻辑功能	型 号	逻辑功能	型 号	逻辑功能
74HC00	四-2 输入与非门	74HC01	四-2 输入 OD 与非门	74HC02	四-2 输入或非门
74HC04	六非门	74HC05	六 OD 非门	74HC08	四-2 输入与门
74HC09	四-2 输入 OD 与门	74HC10	三-3 输入与非门	74HC11	三-3 输入与门
74HC14	六施密特非门	74HC20	二-4 输入与非门	74HC21	双 4 输入与门
74HC27	三-3 输入或非门	74HC30	八输入与非门	74HC32	四-2 输入或门
74HC36	四-2 输入或非门	74HC42	BCD-十进制译码器	74HC51	3+3 与或非门
74HC73	双 JK 触发器	74HC74	双 D 触发器	74HC75	4 位双稳锁存器
74HC76	双 JK 触发器	74HC77	4 位双稳态锁存器	74HC78	双 JK 触发器
74HC85	4 位数字比较器	74HC86	四-2 输入异或门	74HC107	双 JK 主从触发器
74HC109	双 JK 触发器	74HC112	双 JK 触发器	74HC113	双 JK 触发器
74HC114	双 JK 触发器	74HC125	四总线缓冲门（三态输出）	74HC126	四总线缓冲门（三态输出）
74HC133	13 输入与非门	74HC137	3-8 锁存译码器/分配器	74HC138	3-8 译码器/分配器
74HC139	双 2-4 译码器、分配器	74HC147	10 线-4 线优先编码器	74HC148	8-3 线优先编码器
74HC151	8 选 1 数据选择器	74HC152	8 选 1 数据选择器	74HC153	双-4 选 1 数据选择器
74HC154	4-16 译码器/分配器	74HC157	四-2 选 1 数据选择器	74HC158	四-2 选 1 数据选择器
74HC160	可预置 BCD 计数器	74HC161	4 位二进制计数器	74HC162	可预置 BCD 计数器
74HC163	四位二进制计数器	74HC164	8 位串行移位寄存器	74HC165	并入 8 位移位寄存器
74HC166	8 位移位寄存器	74HC173	4 位 D 寄存器	74HC174	六 D 触发器
74HC175	四 D 触发器	74HC180	9 位奇偶产生/校验器	74HC190	同步可逆计数器
74HC191	同步可逆计数器	74HC192	同步可逆计数器	74HC193	同步可逆计数器
74HC194	4 位双向移位寄存器	74HC195	4 位移位寄存器	74HC240	八缓冲器
74HC241	八缓冲器	74HC242	八缓冲器	74HC243	4 同相三态总线收发器
74HC244	八缓冲器	74HC245	八双向总线收发器	74HC251	8 选 1 数据选择器（三态）
74HC253	双 4 选 1 数据选择器	74HC257	四-2 选 1 数据选择器	74HC258	四-2 选 1 数据选择器
74HC259	8 位可寻址锁存器	74HC266	四-2 输入 OD 异或非门	74HC273	八 D 触发器
74HC280	9 位奇偶发生器/校验器	74HC283	4 位二进制全加器	74HC298	四-2 输入多路转换器
74HC365	6 总线驱动器	74HC366	六反向三态缓冲器	74HC367	六反向三态缓冲器
74HC368	六反向三态缓冲器	74HC373	八 D 锁存器	74HC374	八 D 触发器（三态同相）
74HC375	4 位双稳态锁存器	74HC377	带使能的八 D 触发器	74HC378	六 D 触发器
74HC379	四 D 触发器	74HC386	四-2 输入异或门	74HC390	双十进制计数器
74HC393	双 4 位二进制计数器	74HC595	8 位输出锁存移位寄存器	74HC221	双路单稳多频振荡器
74121	单稳态触发器	74123	双单稳态触发器	74130	双单稳态触发器
4001	四-2 输入或非门	4002	双 4 输入或非门	4008	4 位超前进位全加器
4009	六反相缓冲/变换器	4010	六同相缓冲/变换器	40106	六施密特触发器
4011	四-2 输入与非门	4012	双 4 输入与非门	4013	双主从 D 型触发器
4014	8 位串出移位寄存器	4015	双 4 位移位寄存器	4016	四传输门
4017	十进制计数/分配器	4018	可预制 1/*N* 计数器	4019	四与或选择器
4020	14 级串行计数/分频器	4021	8 位移位寄存器	4023	三-3 输入与非门
4024	7 级串行计数/分频器	4025	三-3 输入或非门	4027	双 JK 触发器

续表

型　号	逻辑功能	型　号	逻辑功能	型　号	逻辑功能
4028	BCD码十进制译码器	4029	可预置可逆计数器	4030	四异或门
4032/4038	三串行加法器	4035	4位移位寄存器	4040	12级串行计数/分频器
4041	四同相/反相缓冲器	4042	四锁存D触发器	4043/4044	四-RS三态锁存触发器
4049	六反相缓冲/变换器	4050	六同相缓冲/变换器	4060	14级串行计数/分频器
4066	四传输门	4068	八输入与非门/与门	4069	六反相器
4070	四异或门	4071	四-2输入或门	4072	双-4输入或门
4073	三-3输入与门	4075	三-3输入或门	4076	四D寄存器
4077	四异或非门	4078	8输入或非门/或门	4081	四-2输入与门
4082	双4输入与门	4085/4086	与或非门	4093	四-2输入施密特触发器
4094	8位移位寄存器	4099	8位可寻址锁存器	4502	三态输出六反相/缓冲器
4503	六同相三态缓冲器	4510	BCD码加/减计数器	4511	BCD七段显示译码器
4512	八路数据选择器	4514/4515	4线-16线译码器	4516	4位二进制加/减计数器
4518	双BCD同步加计数器	4519	4位与或选择器	4520	双4位同步加计数器
4522	BCD同步1/*N*计数器	4526	4位二进制1/*N*计数器	4531	12位奇偶校验器
4532	8位优先编码器	4539	双4路数据选择器	4543/4544	BCD七段显示译码器
4555/4556	双1-4译码器/分配器	4585	4位数值比较器	4047	无/单稳态多谐振荡器

附录C　元器件常见封装前缀的含义及尺寸

名　称	英文全称	备　注	常用元器件
MLD	Molded Body	模制本体元器件	钽电容，二极管
CAE	Aluminum Electrolytic Capacitor	有极性	铝电解电容
MELF	Metal Electrode Face	两个金属电极	无引脚圆柱形玻璃二极管
SOT	Small Outline Transistor	小型晶体管	小体积二极管、三极管、MOSFET、集成芯片
TO	Transistor Outline	晶体管外形贴片元器件	较大功率二极管、三极管、场效应管、集成芯片
OSC	Oscillator	4引脚的晶振	有源、无源晶振
XTAL	Crystal	2引脚的晶振	无源晶振
SOD	Small Outline Diode	小体积贴片二极管	二极管
SOIC	Small Outline IC	小型贴片封装，也称SO、SOP	贴片型集成芯片
DIP	Dual In-line Package	双列直插式封装	直插型集成芯片、排阻、开关
PLCC	Leaded Chip Carriers	塑料封装的带引脚的芯片载体	可以配LCC的IC插座，便于芯片测试
QFP	Quad Flat Package	四方形扁平封装	引脚数量较多的集成芯片
BGA	Ball Grid Array	球形栅格阵列	引脚数量较多、体积较小的集成芯片
QFN	Quad Flat No-lead	四方扁平无引脚器件	很小体积的集成芯片
SON	Small Outline No-Lead	小型无引脚器件	很小体积的集成芯片、传感器

附录D　SMT元器件封装的外形尺寸

0402：1.0mm×0.5mm　0603：1.6mm×0.8mm　0805：2.0mm×1.2mm

1206：3.2mm×1.6mm　1210：3.2mm×2.5mm　1812：4.5mm×3.2mm

2225：5.6mm×6.5mm　钽电容A型：3.2mm×1.6mm　钽电容B型：3.5mm×2.8mm

钽电容C型：6.0mm×3.2mm　钽电容D、E型：7.32mm×4.3mm　钽电容V型：7.3mm×6.1mm

附录 E　常用稳压二极管的标称稳压值

功　率 稳 压 值	0.5W	0.5W	1W	1.5W	2.5W	5W
3.0V	1N4683	1N5987B	1N4727A	—	—	—
3.3V	1N4684	1N5988B	1N4728A	1N5913B	1N5008A	1N5333B
3.6V	1N4685	1N5989B	1N4729A	1N5914B	1N5009A	1N5334B
3.9V	1N4686	1N5990B	1N4730A	1N5915B	1N5010A	1N5335B
4.3V	1N4687	1N5991B	1N4731A	1N5916B	1N5011A	1N5336B
4.7V	1N4688	1N5992B	1N4732A	1N5917B	1N5012A	1N5337B
5.1V	1N4689	1N5993B	1N4733A	1N5918B	1N5013A	1N5338B
5.6V	1N4690	1N5994B	1N4734A	1N5919B	1N5014A	1N5339B
6.0V	—	—	1N4735A	—	—	1N5340B
6.2V	1N4691	1N5995B	1N4736A	1N5920B	1N5015A	1N5341B
6.8V	1N4692	1N5996B	1N4737A	1N5921B	1N5016A	1N5342B
7.5V	1N4693	1N5997B	1N4738A	1N5922B	1N5017A	1N5343B
8.2V	1N4694	1N5998B	1N4739A	1N5923B	1N5018A	1N5344B
8.7V	1N4695	—	1N4740A	—	—	1N5345B
9.1V	1N4696	1N5999B	1N4741A	1N5924B	1N5019A	1N5346B
10V	1N4697	1N6000B	1N4742A	1N5925B	1N5020A	1N5347B
11V	1N4698	1N6001B	1N4728A	1N5926B	1N5021A	1N5348B
12V	1N4699	1N6002B	1N4729A	1N5927B	1N5022A	1N5349B

注：耗散功率为 0.5W 的低稳压值的稳压二极管型号：1N4678（1.8V），1N4679（2.0V），1N4680（2.2V），1N4681、1N5985B（2.4V），1N4682、1N5986B（2.7V）。

附录 F　CMOS 逻辑门的电气符号及型号

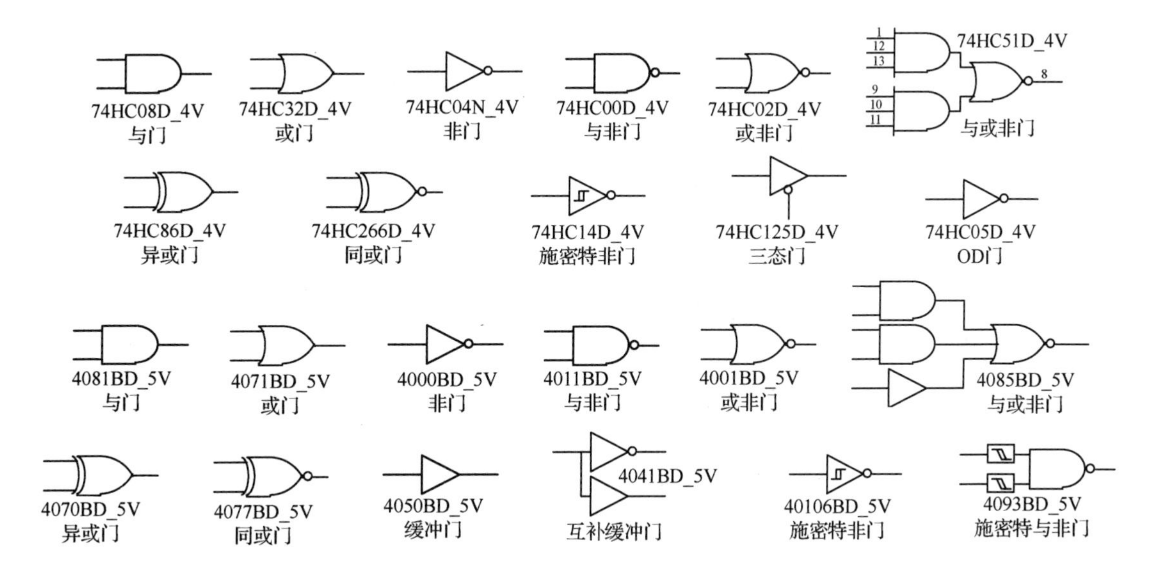

附录 G　Altium Designer 软件的常用原理图库元器件

1．“Miscellaneous Devices.IntLib”原理图库文件中的常用元器件

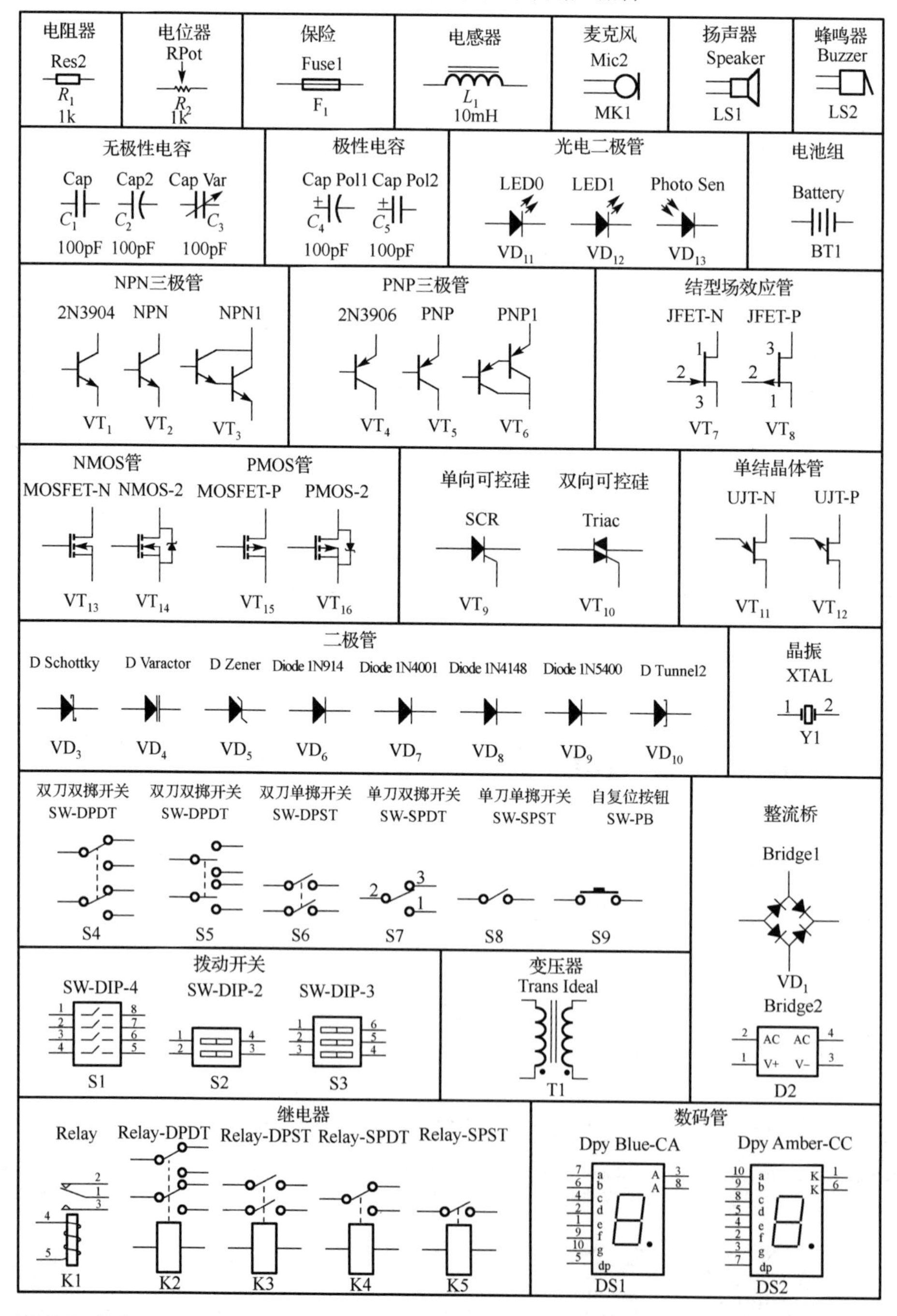

（1）系统提供的 Res2 电阻器的外形符号与中国国标（GB）比较接近，应优先选择。

（2）选择电容器时需要注意有无极性。

（3）系统提供了 Inductor（空芯电感）、Inductor Adj（可变电感）、Inductor Iron（带有铁芯或磁芯的电感）等多种电感类型。

（4）数码管是将多只发光二极管（LED）的阴极或阳极相连后得到的，分为共阴极、共阳极两大类。

2．“Miscellaneous Connectors.IntLib”通用接插件原理图库文件中的常用元器件

（1）单排接插件：Header 2、Header 3、…、Header 24、Header 25、Header 30

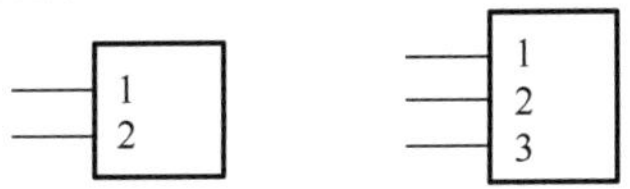

（2）双排接插件：Header 2X2、Header 3X2、…、Header 25X2、Header 30X2

（3）耳机插孔：Phonejack2 、Phonejack3

（4）电源插孔：PWR2.5

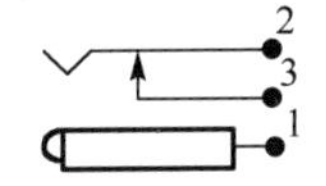

（5）对插接插件：Socket（插座）、Plug（插头）

（6）同轴电缆接插件：BNC

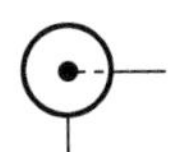

（7）D 形接插件：D Connector 9、D Connector 15、D Connector 25

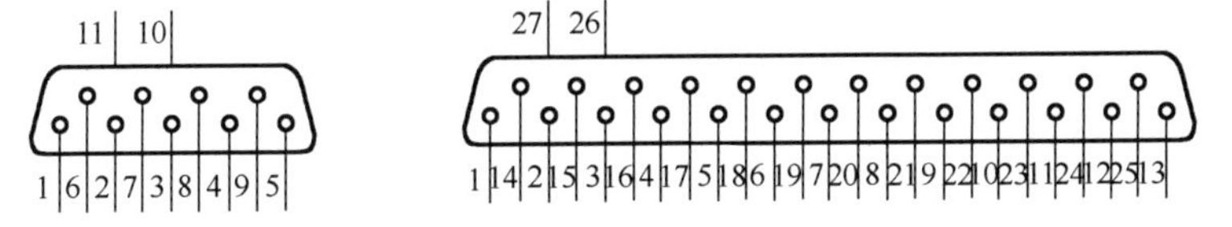

附录H　常用元器件在 Altium Designer 软件中的封装参数（单位：mil）

（1）常用七段数码管的封装

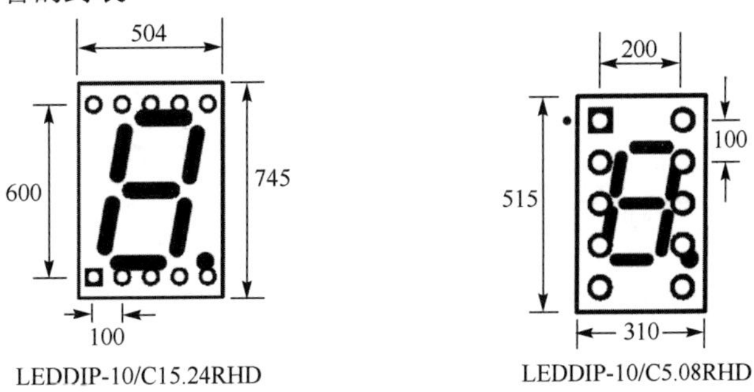

LEDDIP-10/C15.24RHD　　LEDDIP-10/C5.08RHD

（2）双列直插集成器件、双刀双掷开关的封装

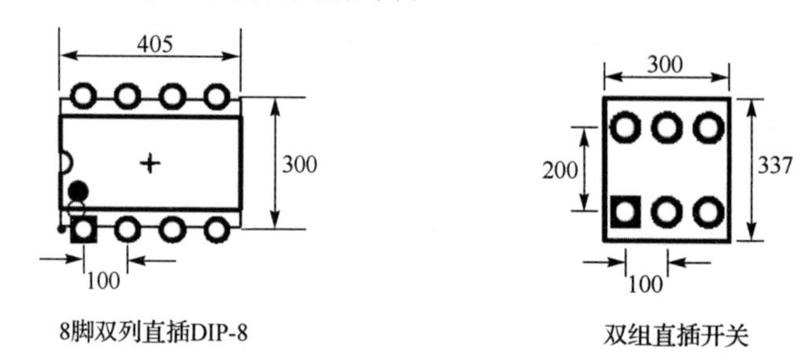

（3）常用二极管的封装

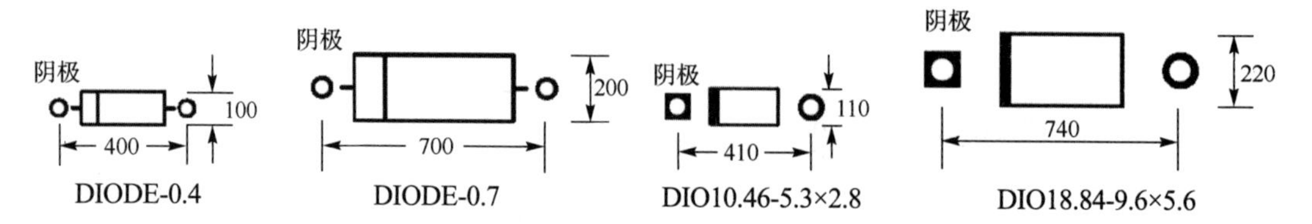

（4）常用三极管、MOS管的封装

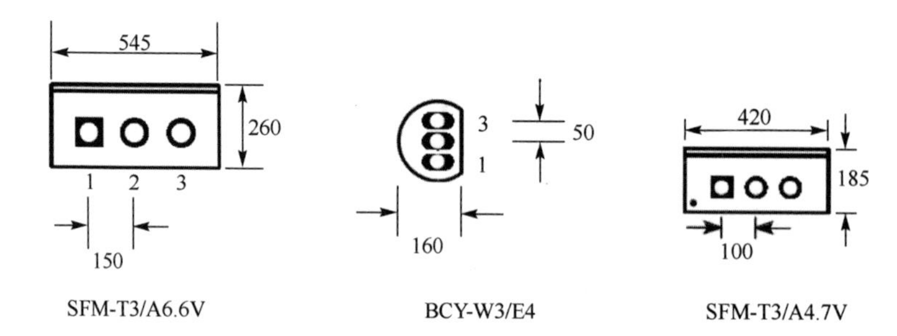

（5）常用LED的封装

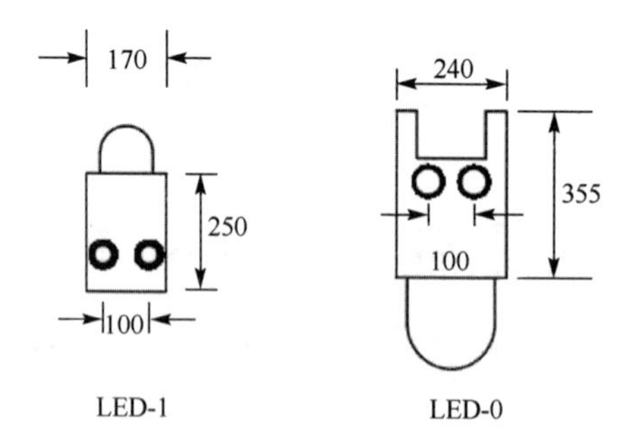

（6）常用电阻器和电位器的封装

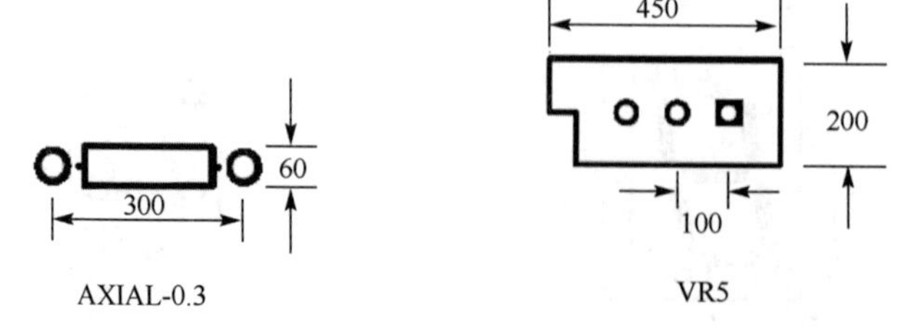

（7）常用无极性电容器的封装

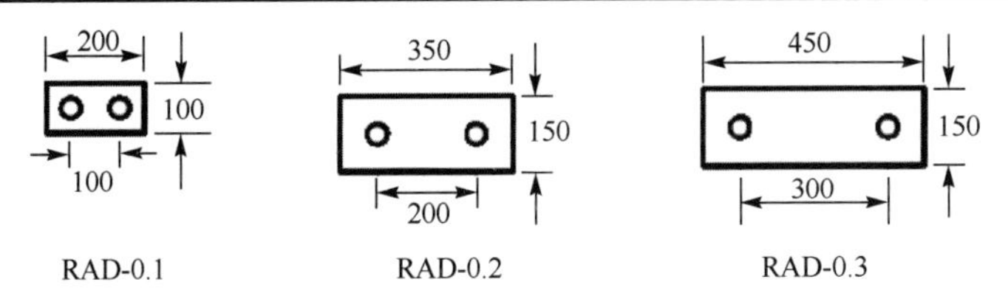

（8）轴向电解电容的封装

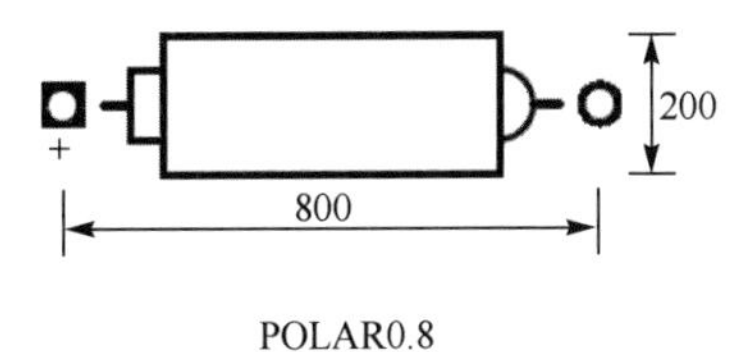

（9）圆柱形立式电解电容的封装

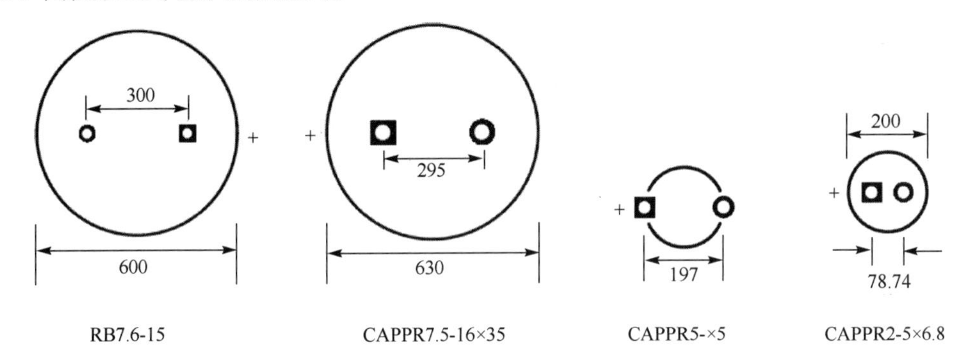

（10）单排直插（立式/卧式）排针、排插封装示例，其余引脚数量的封装以此类推

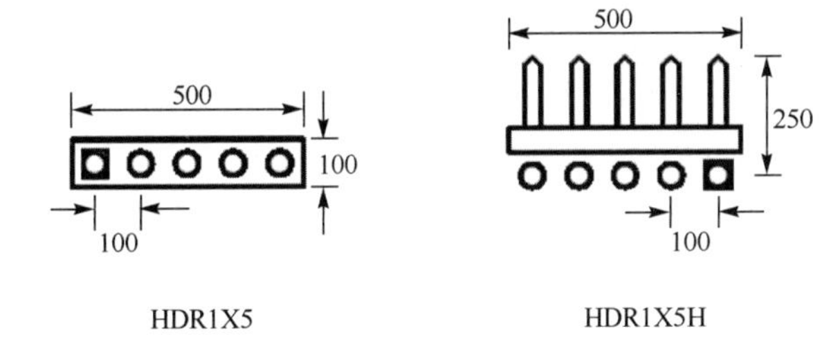

（11）双排直插（立式/卧式）排针、排插封装示例，其余引脚数量的封装以此类推

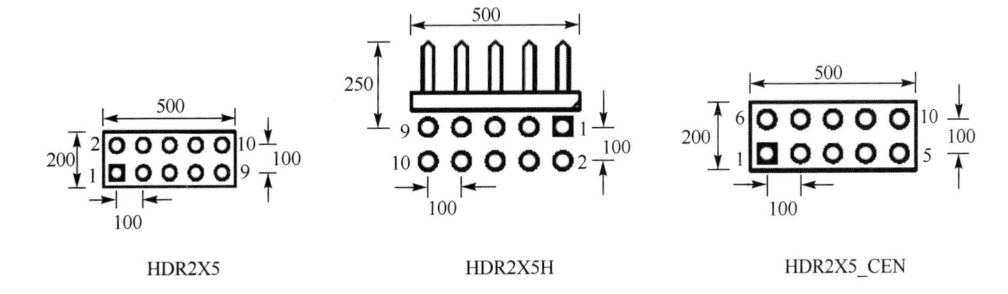

参 考 文 献

[1] 曹文. 电子设计基础[M]. 北京：机械工业出版社，2012.

[2] （美）Paul Scherz. 实用电子元器件与电路基础（第 3 版）[M]. 北京：电子工业出版社，2014.

[3] （日）三宅和司. 电子元器件的选择与应用[M]. 北京：科学出版社，2006.

[4] 曹文. MOSFET 实用检测技巧[J]. 电子报，2004（44）.

[5] 曹文. 前级分频技术在音响中的应用[J]. 电子制作，1998（4）.

[6] 康华光. 电子技术基础模拟部分（第 6 版）[M]. 北京：高等教育出版社，2013.

[7] 华成英，童诗白. 模拟电子技术基础（第 4 版）[M]. 北京：高等教育出版社，2006.

[8] 阎石. 数字电子技术（第 5 版）[M]. 北京：高等教育出版社，2006.

[9] 康华光. 电子技术基础数字部分[M]. 北京：高等教育出版社，2014.

[10] 蔡惟铮. 模拟与数字电子技术基础[M]. 北京：高等教育出版社，2014.

[11] 曹文. 桥式推挽功率放大器的原理及应用[J]. 家庭电子，2005. 9.

[12] 曹文. 用 STK6153 做射极输出的功率放大器[J]. 电子报，2003（47）.

[13] 黄智伟. 印制电路板（PCB）设计技术与实践（第 2 版）[M]. 北京：电子工业出版社，2013.

[14] 曹文. 数字门电路的线性应用技巧[J]. 电子报，2006. 27.

[15] 任艳频. DC-DC 变换电路原理及应用入门[M]. 北京：清华大学出版社，2015.

[16] 曹文. 清华紫光扫描仪电源的维修[J]. 无线电，2005（12）.

[17] 曹文. 面向课程的开关电源实训电路设计与实践[J]. 江苏科技信息，2015（24）.

[18] 曹文. 9V 叠层电池的代换方法两则[J]. 家庭电子，2004（10）.

[19] 曹文. 单电源供电回路中获得正负电源的特殊方法[J]. 家庭电子，2005（11）.

[20] 郭锁利. 基于 Multisim 的电子系统设计仿真与应用（第 2 版）[M]. 北京：人民邮电出版社，2012.

[21] 曹文. 修改模型参数创建 Multisim8 元器件[J]. 电子制作，2007（7）.

[22] 曹文. Multisim8 使用技巧两则[J]. 电子报，2006（17）.

[23] 曹文. 计算机仿真在《电子技术》实验中的应用[J]. 职业技术教育，2003（31）.

[24] TI（德州仪器）模拟/数字集成器件的选择，http://www. ti. com. cn.

[25] （美）罗伯特森. 刘雷波编译. 印制电路板（PCB）设计基础[M]. 北京：电子工业出版社，2013.

[26] 李敬伟，段爱莲. 电子工艺训练教程（第 2 版）[M]. 北京：电子工业出版社，2009.

[27] 王天曦. 电子技术工艺基础（第 2 版）[M]. 北京：清华大学出版社，2009.

[28] 王卫平. 电子产品制造技术[M]. 北京：清华大学出版社，2005.

[29] 本柏忠，曹文. 日用家电的原理与维修[M]. 成都：电子科技大学出版社，2000.

[30] （日）熊谷文宏. 图解电气电子测量[M]. 北京：科学出版社，2000.

[31] 李杰. 电子电路设计、安装与调试完全指导[M]. 北京：化学工业出版社，2013.

[32] TI（德州仪器）有源滤波器设计，http://www. ti. com. cn/tool/cn/filterpro.

[33] 武丽，曹文. 电子技术（II）[M]. 北京：机械工业出版社，2014.

[34] 刘泾，曹文. 电路与模拟电子技术实验指导[M]. 成都：西南交通大学出版社，2011.